VOGEL und PARTNER
Ingenieurbüro für Baustatik
Leopoldstr. 1, Tel. 07 21 / 2 02 36
Postfach 6569, 7500 Karlsruhe 1

B

Erdbebenbemessung von Stahlbetonhochbauten

Thomas Paulay

Hugo Bachmann

Konrad Moser

Birkhäuser Verlag
Basel · Boston · Berlin

Teile der Kapitel 4 bis 8 basieren auf Grundlagen zum Buch von T. Paulay und M.J.N. Priestley
»Design of Reinforced Concrete and Masonry Buildings for Earthquake Resistance«,
© J. Wiley & Sons, Inc., New York.

CIP-Titelaufnahme der Deutschen Bibliothek

Paulay, Thomas:
Erdbebenbemessung von Stahlbetonhochbauten / Thomas Paulay; Hugo Bachmann; Konrad
Moser. – Basel ; Boston ; Berlin : Birkhäuser, 1990
    ISBN 3-7643-2352-3
NE: Bachmann, Hugo:; Moser, Konrad:

© 1990 Birkhäuser Verlag Basel
Printed in Germany on acid-free paper
ISBN 3-7643-2352-3

Vorwort

Der praktisch tätige Bauingenieur steht in zunehmendem Masse vor der Aufgabe, mit seinen Bauwerken Anforderungen aus Erdbebeneinwirkungen zu genügen.

Verschiedene Erdbeben der letzten Zeit zeigten, dass moderne Bauten nicht unbedingt ein besseres Erdbebenverhalten aufweisen als ältere. Aus Schäden an gewissen Bauwerken kann auch eine Gefährdung der Umwelt entstehen. Die Sicherheitsansprüche der Gesellschaft nehmen laufend zu. Diese und weitere Gründe führen dazu, dass auch in Regionen mit mässiger Seismizität vermehrt Vorkehrungen gegen Personen- und Sachschäden infolge von Erdbeben zu treffen sind.

Das vorliegende Buch behandelt für *Stahlbetonhochbauten* die Erdbebenbemessung von *Rahmensystemen, Tragwandsystemen* und *Gemischten Tragsystemen* sowie von *Fundationen* für *volle* und *beschränkte Duktilität.*

Grosses Gewicht wird sowohl auf die eigentliche Bemessung, d.h. auf die Ermittlung der Schnittkräfte und der Beton- und Bewehrungsquerschnitte, als auch auf die konstruktive Durchbildung gelegt. Grundlage dazu ist die rationale Festlegung der Erdbebenkräfte, basierend auf einem elastischen Bemessungsantwortspektrum, in Verbindung mit einer zweckmässig gewählten Duktilität.

Als grundlegende Methode für die Konzeption, Bemessung und konstruktive Durchbildung der Tragwerke wird die *Kapazitätsbemessung* verwendet. Sie kann wie folgt umschrieben werden:

In einem Tragwerk werden die plastifizierenden Bereiche bewusst gewählt, so bemessen und konstruktiv durchgebildet, dass sie genügend duktil sind. Die übrigen Bereiche werden mit einem höheren Tragwiderstand (Kapazität) als die plastifizierenden Bereiche versehen, damit sie immer elastisch bleiben. Dadurch wird sichergestellt, dass die gewählten Mechanismen auch bei grossen Tragwerkverformungen zur Energiedissipation unverändert erhalten bleiben.

Die empfohlene konstruktive Durchbildung ermöglicht Verformungen der plastifizierten Bereiche, die grösser sind als jene, welche die gewählte Bemessungsduktilität erfordert. Daher sind kapazitätsbemessene duktile Tragwerke sehr gutmütig in bezug auf die durch Erdbeben erzeugten und nicht genauer voraussagbaren inelastischen zyklischen Verformungen.

Die in Neuseeland entwickelte Methode der Kapazitätsbemessung führt bei den meisten Stahlbetonhochbauten und insbesondere auch bei hohen Gebäuden zu sehr zweckmässigen Lösungen. Die Methode leistet ausgezeichnete Dienste sowohl bei hoher Seismizität, wie sie etwa im Mittelmeerraum vorhanden ist, als auch bei mässiger Seismizität, wie sie in verschiedenen Regionen Westeuropas, so auch in Deutschland, Österreich und der Schweiz bei der Bauwerksbemessung berücksichtigt werden muss. Der Bezug zu den einschlägigen Normen (z.B. DIN 4149, ÖNorm B4015, SIA 160, EC 8) ist gewährleistet.

Die in Neuseeland für die dortigen Bewehrungsstähle entwickelten Empfehlungen zur konstruktiven Durchbildung plastifizierender Bereiche wurden im Hinblick auf die Verwendung von Bewehrungsstählen mit höherer Streckgrenze und geringerer Dehnfähigkeit modifiziert.

Die *Zielsetzungen dieses Buches* können wie folgt zusammengefasst werden: Dem bei Stahlbetonhochbauten mit Erdbebenfragen konfrontierten Bauingenieur sollen nebst Hinweisen zur Wahl eines zweckmässigen Tragsystems die Grundlagen für die folgenden wichtigen Arbeitsschritte gegeben werden:

1. Rationale Festlegung der Erdbebenkräfte in Verbindung mit einer zweckmässig und bewusst gewählten Duktilität

2. Effiziente Bemessung des Tragwerks mit Hilfe der Methode der Kapazitätsbemessung

3. Sorgfältige konstruktive Durchbildung des Tragwerks zur Sicherstellung des erforderlichen Tragwiderstandes und der gewählten Duktilität

Das Buch ist somit ganz auf die *Bedürfnisse des praktisch tätigen Bauingenieurs* ausgerichtet, der vor der Aufgabe steht, einen Stahlbetonhochbau für Erdbebenbeanspruchungen zu bemessen und konstruktiv durchzubilden. Dies erforderte eine sorgfältige Behandlung zahlreicher Einzelheiten. Anderseits war es aus Gründen des beschränkten Umfangs nicht möglich, verschiedene Themen der Erdbebensicherung von Bauwerken, die nicht spezifisch Stahlbetonbauten betreffen, zu behandeln.

Die Verfasser sind der *Stiftung für wissenschaftliche, systematische Forschungen auf dem Gebiet des Beton- und Eisenbetonbaus des Vereins Schweizerischer Zement-, Kalk- und Gipsfabrikanten (VSZKGF)* und der *Kommission zur Förderung der wissenschaftlichen Forschung der Schweizerischen Eidgenossenschaft (KWF)* zu grossem Dank verpflichtet für die grosszügige Förderung des Forschungsprojektes 'Erdbebenbemessung von Stahlbetonhochbauten', in dessen Rahmen das vorliegende Buch verfasst wurde, wie auch der *Eidgenössischen Technischen Hochschule (ETH) Zürich* für die Zurverfügungstellung der Infrastruktur.

Ein besonderer Dank gilt *Prof. Dr. R. Park* und *Dr. A. Carr* von der University of Canterbury, Christchurch, Neuseeland, sowie *Prof. Dr. M.J.N. Priestley* von der University of California, San Diego, USA, für die Erlaubnis zur Benützung zahlreicher in neuseeländischen Forschungsprojekten erarbeiteter Ergebnisse, wie auch der *University of Canterbury* und dem *Ministry of Works and Development*, Wellington, Neuseeland, welche diese Forschungsprojekte finanziell unterstützten.

Die Verfasser danken auch dem Verlag *J. Wiley & Sons, New York*, für die Erlaubnis zur Benützung von Grundlagen zum dort demnächst erscheinenden Buch von T. Paulay und M.J.N. Priestley 'Design of Reinforced Concrete and Masonry Buildings for Earthquake Resistance'.

Ein aufrichtiger Dank geht an Frau *T. Grob* und Frau *H. Wepf* für ihren unermüdlichen Einsatz beim Schreiben und Korrigieren des umfangreichen Manuskriptes sowie an Herrn *G. Göseli* für das Zeichnen der Bilder. Schliesslich danken die Verfasser auch herzlich ihren Ehegattinnen *Herta, Margrith* und *Helen*, ohne deren liebevolle Fürsorge und tatkräftige Unterstützung diese vieljährige Arbeit nicht hätte durchgeführt werden können.

Christchurch und Zürich, November 1989

Thomas Paulay, Hugo Bachmann, Konrad Moser

Inhaltsverzeichnis

Kapitel 1

Einleitung

1.1 Problemstellung

Bei der Bemessung von Bauwerken werden vom Bauingenieur immer mehr auch
Nachweise gefordert, welche die Erdbebensicherung betreffen. Diese Entwicklung
dürfte auf folgende Ursachen zurückzuführen sein:

- o Verschiedene Erdbeben der letzten Zeit haben auch auf moderne Bauwerke
  verheerende Auswirkungen gehabt. Dies war beispielsweise der Fall beim Erdbeben von Mexiko vom September 1985, bei dem eine grosse Anzahl von
  wenige Jahre alten Bauwerken einstürzte oder beträchtliche Schäden erlitt
  (vgl. Bild 1.1). Die weitverbreitete Meinung, wonach neue und moderne Bauwerke im Vergleich zu älteren Bauwerken ohne besondere Massnahmen und
  Nachweise eine bessere oder sogar meist genügende Erdbebensicherung gewährleisten, hat sich als falsch erwiesen. Im Gegenteil, Baustoff sparende moderne Bauwerke können sehr verletzlich sein und müssen deshalb sorgfältig
  auf Erdbeben bemessen werden.

- o Die Sicherheitsansprüche der Eigentümer und Benützer von Bauwerken sind
  gestiegen, und die negativen Auswirkungen von Erdbeben werden nicht mehr
  als unabwendbar hingenommen. Der Schutz von Menschenleben wird ernster
  genommen. Gleichzeitig hat sich auch die Bereitschaft erhöht, für eine bessere
  Erdbebensicherung der Bauwerke einen gewissen Mehraufwand in Kauf zu
  nehmen.

- o Neben dem Schutz von Menschenleben durch eine genügende Sicherheit gegen
  den Einsturz der Bauwerke wird vermehrt auch ein Schutz vor Sachschäden
  angestrebt. Bei relativ häufigen, schwächeren Beben sollen Sachschäden
  überhaupt vermieden werden. Bei stärkeren Beben sind Schäden unvermeidbar, sollten aber, vor allem am Tragwerk, in Grenzen gehalten werden.
  Schäden an den nichttragenden Elementen sind zulässig, obwohl der damit
  verbundene Reparaturaufwand beträchtlich werden kann. Nur bei sehr seltenen, starken Beben werden grosse Schäden, auch am Tragwerk, zugelassen, es
  darf jedoch kein Einsturz erfolgen.

o Für Bauwerke, deren Funktion für die Zeit unmittelbar nach einem Erdbeben unentbehrlich ist, wird die Erhaltung der Betriebsfähigkeit zur dominierenden Zielsetzung.

o Es werden vermehrt Bauwerke erstellt, deren Beschädigung durch ein Erdbeben eine beträchtliche Gefährdung der Umgebung und der Umwelt hervorrufen kann. Dazu gehören Chemieanlagen, Lager umweltgefährdender Stoffe, Kernkraftwerke, Staudämme etc.

o Auch in Ländern und Regionen mit mässiger Seismizität werden vermehrt Vorkehrungen gegen die Auswirkungen von Erdbeben gefordert, was vor allem mit der Verletzlichkeit und Konzentration grosser Sachwerte auf kleinem Raum und einem somit beträchtlichen Schadenpotential auch bei mässigen Erdbeben zusammenhängt.

o Die Erdbebennormen werden laufend neuen Erfahrungen und Erkenntnissen angepasst. Weltweit ist ein starker Trend zur Erhöhung des geforderten Erdbebenschutzes festzustellen. Deshalb werden die Anforderungen an die Bauwerke bezüglich konzeptioneller Gestaltung und konstruktiver Durchbildung im Hinblick auf ein günstigeres Erdbebenverhalten stetig verschärft.

Die Beanspruchung durch Erdbeben stellt an die Tragwerke von Hochbauten sehr spezielle Anforderungen. Diese sind stark verschieden von denjenigen, welche sich aus der Beanspruchung durch Schwerelasten, d.h. durch Eigenlasten, ständige Lasten und Nutzlasten, sowie durch Windkräfte ergeben. Durch die mit den Bodenbewegungen verbundenen Beschleunigungen und die entsprechenden Trägheitskräfte wird ein Bauwerk zu Schwingungen angeregt. Die bei starken Erdbeben eingetragene Bewegungsenergie kann sehr gross sein. In diesem Fall wird nur ein kleiner Teil dieser Energie durch elastische Verformungen bzw. als kinetische Energie absorbiert. Der grösste Teil muss durch plastische Verformungen und damit hauptsächlich durch Umwandlung in Wärme dissipiert werden. Dadurch wird die im elastischen Zustand vorhandene Dämpfung durch hysteretische Dämpfung bedeutend vergrössert.

Als Kenngrösse für die maximal möglichen plastischen Verformungen wird die Duktilität, auch Verformungsvermögen oder Verformungsfähigkeit genannt, verwendet. Sie ist das Verhältnis der totalen Verformung zur grössten elastischen Verformung beim Fliessbeginn (vgl. Gl.(3.4)). Duktile Tragelemente weisen eine erhebliche plastische Verformungsfähigkeit auf, im Gegensatz zu spröden Tragelementen, die daher möglichst zu vermeiden sind. Die plastischen Verformungen werden mit Vorteil auf bestimmte Zonen des Tragwerks, die plastischen Gelenke, beschränkt, welche für das geforderte plastische Verhalten speziell auszubilden sind. Unter den Einwirkungen im Gebrauchszustand wie Schwerelasten, Windkräften oder auch schwächeren Erdbebenkräften sollen diese Zonen unbeschädigt bleiben (i.a. elastisches Verhalten). Unter wiederholten grossen Verformungen soll jedoch der maximale Tragwiderstand nur wenig abnehmen.

Die Erdbebeneinwirkungen auf Bauwerke werden meist durch horizontale statische Kräfte, die Erdbeben-Ersatzkräfte, dargestellt. Zwischen den für eine bestimmte Erdbebenstärke anzusetzenden Ersatzkräften und der Duktilität des Trag-

Bild 1.1: Beispiele von eingestürzten modernen Bauwerken in Mexiko-City, 1985:
Theater (oben), Skelettbau mit Aussteifungen (links), Flachdeckenbau (rechts) [A15]

werks besteht eine ausgesprochene Wechselwirkung. Da Energie dissipiert werden soll, muss im wesentlichen das Produkt aus Tragwiderstand und Verformung eine bestimmte Grösse erreichen. Deshalb erfordert eine kleine Duktilität grosse Ersatzkräfte, eine grosse Duktilität erlaubt niedrige Ersatzkräfte. Die Grösse der Ersatzkräfte ist massgebend für den erforderlichen Tragwiderstand.

Die Stahlbetonbauweise ist bei Hochbauten allgemein sehr verbreitet. Für hohe Bauwerke in erdbebengefährdeten Gebieten wurde jedoch bisher überwiegend auf Tragwerke aus Stahl zurückgegriffen. In den letzten Jahren hat sich aber gezeigt, dass auch Tragwerke aus Stahlbeton für höhere Bauwerke grundsätzlich geeignet sind. Allerdings sind bei deren Bemessung, ähnlich wie bei Stahlbauten, besondere Regeln und Vorgehensweisen zu beachten.

Das oft ungenügende Verhalten von Stahlbetonhochbauten unter Erdbebeneinwirkung ist auf die folgenden Inkonsequenzen und Mängel der *verbreiteten Vorgehen* zurückzuführen:

o Es wird eine erhebliche Duktilität angenommen, ohne konstruktive Massnahmen anzuordnen und durchzusetzen, welche die diese Duktilität auch gewährleisten. Die zu gross angenommene Duktilität führt zu entsprechend kleinen Ersatzkräften und Tragwiderständen, wodurch die Tragwerke im Ereignisfall überbeansprucht werden und unter Umständen einstürzen (vgl. Bild 1.1).

o Bei der Bemessung werden keine eindeutig bestimmten potentiellen plastischen Gelenkbereiche angenommen. Die vorausgesetzte Duktilität wäre somit im gesamten Tragwerk zu gewährleisten, was kaum möglich ist und deshalb meist unterlassen wird. Damit kann aber keine Hierarchie der Tragwiderstände erreicht werden, die Fliessgelenke bilden sich mehr oder weniger unkontrolliert in Ort und Zeit, und das wirkliche Verhalten des Tragwerks entspricht im allgemeinen nicht den Rechenannahmen. Es fehlt also eine bewusste Bemessungsstrategie.

o Die Bedeutung von detaillierten dynamischen Berechnungen wird oft überbewertet. Zudem sind die Resultate solcher Berechnungen stark von den verwendeten Zeitverläufen der Bodenbewegung abhängig. Je nach Frequenzgehalt des Bebens, sei dies eine auf das gewünschte Niveau skalierte Aufzeichnung oder ein künstlich erzeugter Zeitverlauf, werden die Eigenschwingungsformen des Tragwerks unterschiedlich stark angeregt. Der Einbezug mehrerer verschiedener Zeitverläufe in die Berechnung lässt den Rechenaufwand jedoch schnell sehr gross werden.

o Im Gegensatz zur Berechnung wird die konstruktive Durchbildung eher vernachlässigt. Dadurch bleibt, verstärkt durch die schon erwähnten optimistischen Annahmen bezüglich der ohne spezielle Massnahmen erreichbaren Duktilität, das Verhalten des Bauwerks im plastischen Bereich weit hinter den Erwartungen zurück. Dies führt früh zu Schäden und grossen Verformungen, wodurch die Beanspruchungen verlagert werden und die Einsturzgefahr beträchtlich zunimmt.

Obwohl die verbreiteten Vorgehen oft mit grossem Aufwand verbunden sind, wird das wirkliche Verhalten des Bauwerks nur unzureichend erfasst bzw. vorbestimmt.

Sie können daher nicht zu befriedigenden Resultaten führen. Eine Ausnahme bilden Hochbauten, die sich auch unter der Erdbebeneinwirkung elastisch verhalten sollen und deshalb nach den üblichen Methoden bemessen werden können. Diese allgemein bekannten Methoden erfordern keine besondere konstruktive Durchbildung des Tragwerks und werden in diesem Buch nicht weiter behandelt.

1.2 Zielsetzung

Das Ziel dieses Buches besteht darin, Anleitung zur Erdbebenbemessung von Stahlbetonhochbauten mit den folgenden wichtigsten Arbeitsschritten zu geben:

1. Die Erdbeben-Ersatzkraft wird aufgrund einer zweckmässig und bewusst gewählten Duktilität bestimmt, deren Erreichbarkeit experimentell genügend abgesichert ist.

2. Das Tragwerk wird nach der direkten, deterministischen *Methode der Kapazitätsbemessung* bemessen. Es muss nicht rekursiv, mit Annahmen und Nachrechnung, vorgegangen werden.

3. Das gesamte Tragwerk wird sorgfältig konstruktiv durchgebildet, wobei an die *eindeutig festgelegten Bereiche potentieller plastischer Gelenke* besondere Anforderungen gestellt werden.

Dieses Vorgehen weist im Vergleich zu den oben beschriebenen verbreiteten Vorgehen wesentliche Vorteile auf:

o Die Tragwerkbeanspruchungen werden im Rahmen der Genauigkeit der übrigen Rechengänge bestimmt. Sie sind nicht von spezifischen Verläufen der Bodenbewegung natürlicher oder künstlicher Erdbeben abhängig. Das Vorgehen erfordert jedoch die Ermittlung und Berücksichtigung des in den plastischen Gelenken tatsächlich vorhandenen wahrscheinlichen Tragwiderstandes.

o Das Tragwerk kann unter Beachtung der folgenden Hauptpunkte *deterministisch* bemessen werden (Bemessungsstrategie):

   1. Eine logische, eindeutige Hierarchie der Tragwiderstände wird festgelegt.

   2. Die gewählten plastischen Bereiche werden mit der zur Sicherstellung der vorausgesetzten Duktilität erforderlichen Verformungsfähigkeit versehen.

o Das Tragwerk erhält ein eindeutiges Verhalten unter den grössten erwarteten Verschiebungen, obwohl die Bodenbewegung von relativ zufälliger Natur ist.

o Die gegebenen Regeln zur konstruktiven Durchbildung erleichtern und standardisieren die Gestaltung der Stahlbetontragelemente bis in die Einzelheiten. Trotzdem bleibt unter Beachtung der beschriebenen Bemessungsstrategie ein relativ grosser Freiraum für neue Konstruktionsideen.

o Die dargestellte Bemessungsstrategie kann auf beliebige Konstruktionen angewendet werden und führt auch dort zu einem klaren Konzept für die Detailbemessung.

Es wurde Wert darauf gelegt sowohl die Bemessungsanleitungen und -regeln als auch die Grundlagen dazu in leicht verständlicher Form darzustellen. Damit sollen allfällige Erweiterungen der dargestellten Methode der Kapazitätsbemessung oder andere Detaillösungen, vor allem im konstruktiven Bereich, ermöglicht werden.

1.3   Beanspruchungen und Widerstände

Die Bemessungsmethode soll das Verhalten der Tragwerke möglichst zutreffend erfassen. Bei Erdbebeneinwirkungen spielen plastische Verformungen und somit der Tragwiderstand des gesamten Tragwerks und seiner Teile, der Tragelemente, eine grosse Rolle. Die Beanspruchungen werden dementsprechend auf Bemessungsniveau angesetzt und müssen kleiner sein als die reduzierten Tragwiderstände.

1.3.1   Allgemeine Bemessungsbedingung

Die allgemeine Bemessungsbedingung lautet:

$$S_u \leq \Phi R_i \quad \text{bzw.} \quad S_u \leq \frac{R_i}{\gamma_R} \tag{1.1}$$

S_u	:	Bemessungswert der Beanspruchung
R_i	:	Tragwiderstand
Φ	:	Widerstandsreduktionsfaktor
γ_R	:	Widerstandsbeiwert
ΦR_i , R_i/γ_R	:	Bemessungswert des Tragwiderstandes

Der Bemessungswert der Beanspruchung ist in der Regel eine Schnittkraft (Biegemoment, Normalkraft, Querkraft, Torsionsmoment). Er wird mit den Bemessungswerten der Einwirkungen bestimmt. Der Tragwiderstand wird mit den Rechenfestigkeiten der Baustoffe bestimmmt. Der Widerstandsreduktionsfaktor bzw. der Widerstandsbeiwert hängt ab von der Bauweise und von der Versagungsart.

Die Grundlagen zur Annahme oder Ermittlung der genannten Grössen sind meist in Normen gegeben. In besonderen Fällen muss der Ingenieur selbst entsprechende Grundlagen ermitteln oder Annahmen treffen. Im vorliegenden Buch werden im allgemeinen die in Neuseeland gebräuchlichen Werte verwendet. Diese sind gleich oder sehr ähnlich den in den meisten angelsächsischen Ländern wie USA, Kanada und Australien gebräuchlichen Werten.

1.3.2   Einwirkungen

Lasten sind Einwirkungen, die aus der Wirkung der Erdbeschleunigung entstehen. Sie werden daher auch Schwerelasten genannt: Eigenlasten, ständige Lasten, Nutzlasten, usw.

Kräfte sind Einwirkungen, die nicht aus der Wirkung der Erdbeschleunigung entstehen: Windkräfte, Erdbebenkräfte (Trägheitskräfte), Zwängungskräfte aus behinderten Formänderungen, usw.

Die meisten Normen geben *Kennwerte der Einwirkungen* an, die mit einer gewissen Wahrscheinlichkeit auftreten, z.B. Mittelwerte für Eigenlasten, Fraktilenwerte für Nutzlasten, für Windkräfte, usw. Die *Bemessungswerte der Einwirkungen* hingegen sind im wesentlichen Extremalwerte, die im allgemeinen durch Multiplikation des Kennwertes der Einwirkung mit einem Faktor – meist Lastfaktor genannt – ermittelt werden.

Die folgenden Ausführungen über verschiedene Einwirkungen beziehen sich auf den Kennwert der Einwirkungen.

a) Dauerlasten

Dauerlasten sind Eigenlasten und ständige Lasten. *Kennwerte für Eigenlasten des Tragwerks* (Mittelwerte) können, vor allem beim Vorliegen der Detailpläne, relativ leicht bestimmt werden. *Kennwerte für ständige Lasten* wie Beläge, Zwischenwände, usw. werden meist gemäss den Normen angenommen, wobei jedoch erhebliche Unterschiede festgestellt werden können. Ein Teil derselben wird allenfalls durch unterschiedliche Lastfaktoren für Eigenlasten und ständige Lasten berücksichtigt.

Eigenlasten und ständige Lasten werden bei üblichen statischen Berechnungen aufgrund von Sicherheitsüberlegungen oft höher als die tatsächlichen Lasten angenommen. Dies ist bei Erdbebenberechnungen zu berücksichtigen, so zum Beispiel bei der Abschätzung der minimalen Normalkraft in Stützen.

b) Nutzlasten

Kennwerte für Nutzlasten (bewegliche Lasten) sind im allgemeinen in Normen festgelegt. Die Werte basieren auf ingenieurmässigen Abschätzungen und Beurteilungen, in letzter Zeit auch auf Erhebungen [C2]. Die Nutzlasten in Hochbauten werden meist vereinfacht als gleichmässig verteilte Lasten angegeben. Für gewisse Fälle wie Parkgaragen, Treppenhäuser und Maschinenräume sind auch Einzellasten vorgeschrieben.

Da mit zunehmender Lastfläche die Wahrscheinlichkeit, dass der Kennwert der Nutzlast auf der ganzen Lastfläche erreicht wird, abnimmt, wird in den Normen meist eine entsprechende Abminderung vorgesehen. Beispielsweise darf gemäss [X8], [C2] in einem mehrgeschossigen Gebäude der Kennwert der Nutzlast im Hinblick auf die Beanspruchung eines Riegels oder einer Stütze mit dem Faktor α abgemindert werden:

$$Q_{r,\alpha} = \alpha\, Q_r \tag{1.2}$$

$$\text{mit} \quad \alpha = 0.3 + \frac{3}{\sqrt{A}} \le 1.0 \quad \text{wobei } A \ge 20 \qquad [\text{m}^2] \tag{1.3}$$

Q_r : Kennwert der Nutzlast
$Q_{r,\alpha}$: Kennwert der abgeminderten Nutzlast
A : Lastfläche

Für die Bemessung der Tragelemente auf horizontale Erdbebeneinwirkung mag es angezeigt sein, nicht den (allenfalls mit α abgeminderten) Kennwert der Nutzlast, sondern einen kleineren, nämlich die wahrscheinlichste Nutzlast, einzusetzen, da sowohl zu grosse als auch zu kleine Werte ungünstige Folgen haben können (z.B. bei der Interaktion von Biegung und Normalkraft in Stützen). In verschiedenen Normen (z.B. [X12]) werden deshalb die gleichzeitig mit den Erdbebeneinwirkungen anzusetzenden Nutzlasten speziell angegeben. Dies kann auch in Form eines Lastfaktors, mit dem der Kennwert der Nutzlast zu multiplizieren ist, geschehen (vgl. Bild 1.2).

c) Erdbebeneinwirkungen

In diesem Buch wird als *Kennwert der Erdbebeneinwirkung* meist die gesamte horizontale *Erdbeben-Ersatzkraft* verwendet (vgl. Kap.2). Es ist dies die gesamte an einem Tragwerk als statisch wirkend angenommene Kraft, welche die tatsächlichen Erdbebeneinwirkungen ersetzen soll. Die Verteilung der Ersatzkraft über die Höhe des Tragwerks führt zu horizontalen statischen *Stockwerk-Ersatzkräften*, auch einfach *Ersatzkräfte* genannt.

Die Methode der Kapazitätsbemessung lässt sich aber in gleicher Weise auch anwenden, wenn die Beanspruchungen mit Hilfe des Antwortspektrenverfahrens mit Superposition der Anteile der verschiedenen Eigenschwingungsformen auf der Grundlage inelastischer Spektren oder mit Hilfe dynamischer Zeitverlaufsberechnungen ermittelt werden. Diese Verfahren entbinden jedoch nicht von der Notwendigkeit, eine klare Hierarchie des Tragwiderstandes zu schaffen. Insbesondere sind bei Rahmen die Stützen im allgemeinen stärker als die Riegel auszubilden.

d) Weitere Einwirkungen

Bei der Bemessung eines Tragwerks müssen neben den erwähnten Einwirkungen natürlich auch solche infolge anderer Ursachen wie Wind und Temperaturänderungen berücksichtigt werden. Üblicherweise nimmt man an, dass diese nicht gleichzeitig mit den Erdbebeneinwirkungen auftreten bzw. bei Erdbeben nicht massgebend sind. In diesem Buch wird daher vorausgesetzt, dass sich die massgebende Beanspruchung aus der Kombination der Einwirkungen von Schwerelasten (Eigenlasten, ständige Lasten und Nutzlasten) und Erdbeben-Ersatzkräften ergibt.

1.3.3 Beanspruchungen

Der *Bemessungswert der Beanspruchung* wird in der Regel aus Kombinationen von *Bemessungswerten der Einwirkungen* bestimmt. Diese entsprechen dem Produkt aus Lastfaktor und Kennwert der Einwirkung.

$$S_u = S(\gamma_D D, \ \gamma_L L, \ \gamma_E E) \tag{1.4}$$

S_u	:	Bemessungswert der Beanspruchung
D, L, E	:	Kennwert der Einwirkung Dauerlast bzw. Nutzlast bzw. Erdbeben
$\gamma_D, \gamma_L, \gamma_E$	:	Lastfaktor für den Kennwert der Einwirkung Dauerlast bzw. Nutzlast bzw. Erdbeben
$\gamma_D D, \gamma_L L, \gamma_E E$	:	Bemessungswerte der Einwirkungen

Um die in einem betrachteten Querschnitt ungünstigsten Bemessungswerte der Beanspruchung zu erhalten, müssen verschiedene Kombinationen von Bemessungswerten der Einwirkungen in Betracht gezogen werden. Dementsprechend sind die Bemessungswerte der Einwirkungen bzw. die Lastfaktoren zu variieren. Typische Kombinationen von Lastfaktoren sind in der Tabelle von Bild 1.2 gegeben.

Land	γ_D	γ_L	γ_E
Neuseeland [X8]	1.4	1.7	-
	1.0	1.3 [a]	1.0
	0.9	-	1.0
Schweiz [X12]	1.3	1.5	-
	1.0	0.3 - 1.0 [b]	1.0

[a] Für Beanspruchungen unter Berücksichtigung der Überfestigkeit plastischer Gelenke gilt $\gamma_L = 1.0$

[b] abhängig von der Nutzungsart

Bild 1.2: Typische Lastfaktoren

Der Bemessungswert der Beanspruchung hat in der Regel die Form einer Schnittkraft und kann daher als *Bemessungswert der Schnittkraft* bezeichnet werden. Zur Ermittlung eines Bemessungswertes der Schnittkraft können die Schnittkräfte aus den Bemessungswerten der einzelnen Einwirkungen addiert werden, wenn angenommen wird, dass diese sich gegenseitig nicht beeinflussen (d.h. keine Interaktion). Damit ergibt sich beispielsweise mit den in Neuseeland (und gleich oder sehr ähnlich in den meisten angelsächsischen Ländern) gebräuchlichen Lastfaktoren der Bemessungswert einer Schnittkraft:

o Im allgemeinen:

$$S_u = 1.4\,S_D + 1.7\,S_L \qquad (1.5)$$

$$\text{oder} \quad S_u = 1.0\,S_D + 1.3\,S_L + 1.0\,S_E \qquad (1.6)$$

$$\text{oder} \quad S_u = 0.9\,S_D + 1.0\,S_E \qquad (1.7)$$

S_D, S_L, S_E : Schnittkräfte infolge der Kennwerte der entsprechenden Einwirkungen

o Wenn die Beanspruchungen unter Berücksichtigung der durch Erdbeben bewirkten plastischen Verformungen und somit der Überfestigkeit (vgl. 1.3.4c) plastischer Gelenke ermittelt wurden:

$$S_u = 1.0\,S_D + 1.0\,S_L + 1.0\,S_{o,E} \qquad (1.8)$$

$$\text{oder} \quad S_u = 0.9\,S_D + 1.0\,S_{o,E} \qquad (1.9)$$

$S_{o,E}$: Schnittkraft aus der Überfestigkeit infolge Erdbebeneinwirkung

○ Gl.(1.7) bzw. Gl.(1.9) ist anzuwenden, wenn die Beanspruchungen durch die
Schwerelasten günstig wirken (z.B. ungleiche Vorzeichen der Momente aus
Dauerlasten und Erdbeben).

Diese bzw. analoge Gleichungen gemäss anderen Normen gelten für die Ermittlung
des Bemessungswertes des Biegemomentes M, der Querkraft V, der Normalkraft N
und des Torsionsmomentes T. Die Bemessungswerte der Schnittkräfte werden auch
Bemessungsmoment, Bemessungsquerkraft, Bemessungsnormalkraft, usw. genannt.

Die Bezeichnung S_E hat in diesem Buch eine allgemeine und eine besondere
Bedeutung:

○ Gemäss dem Konzept der Gleichungen (1.4) bis (1.7) und den dazugehörigen
Definitionen entspricht die *allgemeine Bedeutung von* S_E der obigen Definition, d.h. S_E ist die Schnittkraft infolge des Kennwertes der Einwirkung
Erdbeben. Diese Schnittkraft kann auf verschiedene Weise ermittelt werden,
z.B. mit Hilfe von

– Ersatzkraftverfahren
– Antwortspektrenverfahren (modale Superposition)
– Dynamische Zeitverlaufsberechnungen für
   verschiedene Erdbebenanregungen

an elastischen oder inelastischen Systemen (Tragwerkmodellen).

○ In diesem Buch wird meist die an einem elastischen System berechnete
Schnittkraft infolge der Erdbeben-Ersatzkräfte verwendet (vgl. 1.3.2c). Somit ist die *besondere Bedeutung von* S_E:

S_E : Schnittkraft (M_E, V_E, P_E, T_E) im elastischen System
       infolge der Erdbeben-Ersatzkräfte F_j

Da aus dem Zusammenhang stets ersichtlich ist, welche der beiden Bedeutungen von
S_E gemeint ist, wurde darauf verzichtet, zwei verschiedene Symbole einzuführen.

Die Bezeichnung $S_{o,E}$ gilt für Schnittkräfte aus der Überfestigkeit, die im wesentlichen durch bedeutende Horizontalverschiebungen infolge Erdbebeneinwirkung
und nicht durch äussere, klar erfassbare Kräfte erzeugt werden. Dabei bleiben die
Schwerelasten mehr oder weniger unverändert. Die Schnittkräfte $S_{o,E}$ entstammen
oft dem Nachbarelement (z.B. $M_{o,E}$ im plastischen Gelenk eines bereits bemessenen
Riegels wirkt auf die anschliessende Stütze). Das betrachtete Element muss dann für
den Bemessungswert der Schnittkraft gemäss Gl.(1.8) bzw. (1.9) bemessen werden.

1.3.4   Widerstände

Bei der Bemessung für Erdbebeneinwirkungen sind verschieden definierte Widerstände zu unterscheiden:

– Tragwiderstand R_i
– Mittlerer Widerstand R_m
– Widerstand bei Überfestigkeit R_o

a) Tragwiderstand

Der *Tragwiderstand* R_i wird mit den Rechenfestigkeiten der Baustoffe ermittelt. Die Rechenfestigkeiten sind idealisierte, durch Normen festgelegte Werte.

Der *Bemessungswert des Tragwiderstandes* (auch *reduzierter Tragwiderstand* genannt) wird durch Abminderung des Tragwiderstandes ermittelt:

$$\Phi R_i \qquad \text{bzw.} \qquad \frac{R_i}{\gamma_R} \qquad\qquad (1.10)$$

Der Widerstandsreduktionsfaktor Φ bzw. der Widerstandsbeiwert γ_R wird in den Normen gegeben und oft von der Bauweise und von der Versagensart (duktil, spröd, usw.) abhängig gemacht. Typische Werte sind

o $\Phi = 0.7$ bis 0.9; z.B. nach [X3] für Biegung $\Phi = 0.9$, für Schub $\Phi = 0.85$
o $\gamma_R = 1.1$ bis 1.3; z.B. nach [X13] allgemein $\gamma_R = 1.2$

Bei der Bemessung auf Beanspruchungen, die unter Berücksichtigung der Überfestigkeit plastischer Gelenke ermittelt wurden, ist $\Phi = \gamma_R = 1.0$ zu setzen.

Im folgenden wird nur noch der Widerstandsreduktionsfaktor Φ verwendet, ein Ersatz durch $1/\gamma_R$ ist jedoch überall möglich. Der Bemessungswert des Tragwiderstandes ist wie der Bemessungswert der Beanspruchung in der Regel eine an einem Querschnitt wirkende Schnittkraft.

Der *erforderliche Tragwiderstand* beträgt nach Gl.(1.1):

$$R_i = S_u/\Phi \qquad \text{bzw.} \qquad R_i = S_u \cdot \gamma_R \qquad\qquad (1.11)$$

b) Mittlerer Widerstand

Bei Zeitverlaufsberechnungen oder zur Nachrechnung von Versuchen sind zur Ermittlung des wahrscheinlichen Verhaltens eines Tragwerks die Widerstände mit den wahrscheinlichen mittleren Festigkeiten, die von einer Grundgesamtheit von Proben der verwendeten Baustoffe stammen, zu bestimmen. Der wahrscheinliche *mittlere Widerstand* R_m für eine an einem Querschnitt wirkende Schnittkraft beträgt:

$$R_m = \Phi_m R_i \qquad\qquad (1.12)$$

Φ_m : Faktor zur Berücksichtigung des Verhältnisses der mit Rechenfestigkeiten bzw. mit mittleren Festigkeiten ermittelten Widerstände

Typischerweise ergibt sich für den mittleren Biegewiderstand eines Riegelquerschnittes mit Stahl S500c gemäss Abschnitt 3.2.2b $M_m = 1.20 M_i$. Für die Vergrösserung von M_i ist praktisch allein die höhere Fliessgrenze der Zugbewehrung massgebend, da dank der Druckbewehrung, einer gewissen Umschnürung und entsprechender Überfestigkeit des Betons sich der innere Hebelarm kaum verändert.

c) Widerstand bei Überfestigkeit

Zur Anwendung der Methode der Kapazitätsbemessung bei Tragwerken mit starken Erdbebeneinwirkungen wird der effektiv vorhandene, d.h. der sogenannte *Wider-*

stand bei Überfestigkeit benötigt. Bei grossen plastischen Verformungen der Tragelemente werden Festigkeiten der Baustoffe aktiviert, die über deren mittleren Festigkeiten und weit über den Rechenfestigkeiten liegen. Der Widerstand bei Überfestigkeit für an einem Querschnitt wirkende Schnittkräfte wird angesetzt zu:

$$R_o = \lambda_o R_i \qquad (1.13)$$

R_o :   Widerstand bei Überfestigkeit

λ_o :   Überfestigkeitsfaktor für den Tragwiderstand

Typischerweise ergibt sich für den Biegewiderstand bei Überfestigkeit eines Riegelquerschnittes mit Stahl S500c gemäss Abschnitt 3.2.2b: $M_o = \lambda_o M_i = 1.23 M_i$. Der Überfestigkeitsfaktor wird hier vor allem durch den Unterschied zwischen der mittleren Festigkeit und der Rechenfestigkeit des Bewehrungsstahles sowie durch dessen Verfestigung nach Überschreiten der Fliessgrenze bestimmt. Bei Stützen und Tragwänden mit wesentlicher Normalkraft muss der Widerstand bei Überfestigkeit unter Berücksichtigung der Normalkraft ermittelt werden. Bei bedeutender Druckbeanspruchung kann auch der umschnürte Beton einen wesentlichen Beitrag an die Überfestigkeit leisten (vgl. 3.3.2).

Oft ist es zweckmässig, den Widerstand bei Überfestigkeit, anstatt mit dem erforderlichen Tragwiderstand R_i, mit der Schnittkraft infolge des Kennwertes der Erdbebeneinwirkung S_E (hier: Am elastischen System ermittelte Schnittkraft infolge der Ersatzkräfte, vgl. 1.3.3) in Beziehung zu bringen. Es gilt:

$$R_o = \Phi_o S_E \; ; \quad \Phi_o = \frac{R_o}{S_E} \qquad (1.14)$$

Φ_o :   Überfestigkeitsfaktor für die Schnittkraft
        infolge des Kennwertes der Erdbebeneinwirkung

Mit Φ_o werden im Vergleich zu λ_o die folgenden zusätzlichen Einflüsse einbezogen:

- Widerstandsreduktionsfaktor Φ
- Schnittkräfte infolge Schwerelasten
- Zur Bemessung vorgenommene Umverteilung der elastischen Schnittkräfte
- Überschuss an Tragwiderstand infolge Wahl einer konkreten Bewehrung

Sind die Schnittkräfte infolge Schwerelasten verglichen mit denjenigen infolge der Erdbebeneinwirkung unbedeutend und fehlen die beiden letztgenannten Einflüsse, so ergeben sich mit $R_i \geq S_E/\Phi$ entsprechend Gl.(1.11) die folgenden *idealen Werte* für R_o und Φ_o:

$$R_{o,ideal} = \frac{\lambda_o}{\Phi} S_E \; ; \quad \Phi_{o,ideal} = \frac{\lambda_o}{\Phi} \qquad (1.15)$$

Typischerweise ergibt sich in solchen eher seltenen Fällen mit $\lambda_o = 1.23$ (Stahl S500c) und $\Phi = 0.9$ für Biegung ein Überfestigkeitsfaktor von $\Phi_{o,ideal} \approx 1.4$ und somit $M_o \approx 1.4 M_E$.

Bei ganzen Tragsystemen oder bei Teilsystemen kann die *System-Überfestigkeit* erfasst werden mit Hilfe von:

$$\psi_o = \frac{\Sigma R_o}{\Sigma S_E} = \frac{\Sigma \Phi_o S_E}{\Sigma S_E} \qquad (1.16)$$

ψ_o : System-Überfestigkeitsfaktor

Mit $R_{o,ideal}$ und $\Phi_{o,ideal}$ für R_o und Φ_o in Gl.(1.16) ergibt sich der *ideale Wert* für den System-Überfestigkeitsfaktor

$$\psi_{o,ideal} = \Phi_{o,ideal} \tag{1.17}$$

Mit ψ_o und $\psi_{o,ideal}$ kann die Überfestigkeit eines Tragsystems oder eines Teilsystems gegenüber den Beanspruchungen aus den Ersatzkräften beurteilt werden. Dies wird am Beispiel eines Stockwerkrahmens im Abschnitt 4.4.2f gezeigt.

1.4 Methode der Kapazitätsbemessung

Die in diesem Buch dargestellte *Methode der Kapazitätsbemessung* wurde während der letzten 15 Jahre vor allem von neuseeländischen Forschern entwickelt und auf den heutigen praxisgerechten und anwendungsorientierten Stand gebracht. Sie hat sich zur rationalen und deterministischen Bemessung von Bauwerken aller Art, vor allem für Erdbebeneinwirkungen, als sehr gut geeignet erwiesen. Sie ermöglicht unter anderem auch die sichere und wirtschaftliche Verwendung von Stahlbeton für hohe Bauten in erdbebengefährdeten Gebieten.

Der Methode der Kapazitätsbemessung liegen folgende Prinzipien zugrunde:

1. Begrenzung der Beanspruchung:
Die im Bauwerk maximal möglichen Beanspruchungen werden über den ganzen Verformungsbereich durch entsprechende Massnahmen in tragbaren Grenzen gehalten.

2. Festlegung der Zonen der Energiedissipation:
Die Zonen der Energiedissipation im Tragwerk werden beim Bemessungsvorgang eindeutig festgelegt und ihrer Beanspruchung entsprechend konstruktiv durchgebildet.

3. Schutz der spröden Bereiche vor Überbeanspruchung:
Bereiche, die zu sprödem Versagen neigen oder sich allgemein nicht für eine stabile Energiedissipation eignen, werden vor übermässiger Beanspruchung geschützt und bleiben ungeachtet der Grösse der Erdbebeneinwirkung immer elastisch.

4. Duktiles Tragwerksverhalten:
Das gesamte Tragwerk weist trotz spröden Teilen ein duktiles Verhalten mit grossem Verformungsvermögen auf.

Diese vier Prinzipien ermöglichen ein deterministisches Vorgehen bei der Bemessung sowie die Beschränkung von speziellen konstruktiven Massnahmen auf nur wenige aber eindeutig festgelegte Bereiche.

1.4.1 Einführungsbeispiel

Da speziell unter Erdbebeneinwirkung die Beanspruchungen der einzelnen Tragelemente schwierig abzuschätzen sind und vor allem von den Verformungen des Gesamttragwerks abhängen, werden die stabilitätserhaltenden Tragelemente auf die von den plastifizierenden Zonen ausgehenden effektiven Schnittkräfte ausgelegt.

Dadurch wird die Bemessung an sich unabhängig von den Verformungen. Tritt eine grössere als die erwartete Verformung des Tragwerks auf, so entstehen keine neuen Fliessgelenke, sondern dasselbe zum Teil plastifizierte Tragsystem verformt sich etwas mehr. Werden die plastifizierenden Zonen gemäss den in diesem Buch gegebenen Regeln konstruktiv durchgebildet, so ist sichergestellt, dass eine genügend grosse, über die bei der Ersatzkraftermittlung vorausgesetzte Duktilität noch hinausgehende Verformungsfähigkeit vorhanden ist. Die plastischen Gelenke begrenzen also die Beanspruchung des Tragsystems. Auf diese Weise ist gewährleistet, dass die elastisch bleibenden und eher spröde ausgebildeten Elemente des Tragsystems nicht überbeansprucht werden können.

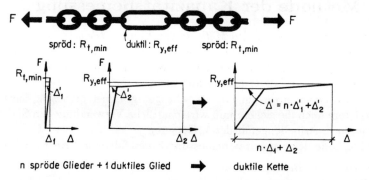

Bild 1.3: Prinzip der Begrenzung der Beanspruchung mit Hilfe duktiler Elemente

Ein einfaches System dieser Art stellt die in Bild 1.3 gezeigte Kette dar: Ein sehr duktiles Glied mit dem effektiven Tragwiderstand $R_{y,eff}$ schützt die übrigen spröden Kettenglieder mit einem garantierten minimalen Tragwiderstand $R_{t,min}$, falls gilt

$$R_{y,eff} < R_{t,min} \qquad (1.18)$$

Die Kraft auf die spröden Kettenglieder bleibt, im Rahmen der Dehnfähigkeit des duktilen Kettengliedes, für beliebige Dehnungen auf $R_{y,eff} < R_{t,min}$ beschränkt. Der Tragwiderstand bzw. die Kapazität des einen duktilen Gliedes ist also für diejenige des Gesamtsystems massgebend: *Methode der Kapazitätsbemessung.*

Unter Verwendung der bisher definierten Begriffe nehmen wir die Erdbebenbeanspruchung der Kette an zu: $F = S_u = S_E$. Der Tragwiderstand des duktilen Gliedes betrage nach Gl.(1.11) gerade: $R_i = S_E/\Phi$. Der Widerstand des duktilen Gliedes bei Überfestigkeit (Entwicklung grosser plastischer Verformungen) wird nach Gl.(1.13): $R_o = \lambda_o R_i$. Der Überfestigkeitsfaktor beträgt deshalb:

$$\Phi_o = \frac{R_o}{S_E} = \Phi_{o,ideal} = \frac{\lambda_o}{\Phi}$$

(In einem Bauwerk gilt meist $R_i > S_E/\Phi$; daher wird auch der Überfestigkeitsfaktor $\Phi_o > \Phi_{o,ideal}$). Der erforderliche Tragwiderstand der spröden Kettenglieder lässt sich damit angeben zu:

$$R_i \geq \frac{\Phi_o S_E}{\Phi} \quad \text{mit} \ \Phi = 1.0 \Rightarrow R_i \geq \Phi_o S_E$$

Dabei ist Φ der Widerstandsreduktionsfaktor der spröden Glieder. Allgemein wird $\Phi = 1.0$ gesetzt.

Die Diagramme im Bild 1.3 zeigen einen weiteren wichtigen Effekt: Die plastische Verformung der Kette entspricht derjenigen des einen duktilen Gliedes und wird zur Ermittlung der Duktilität der Kette auf die gesamte elastische Verformung bezogen. Dieses Verhältnis $\mu_\Delta = (n\Delta_1 + \Delta_2)/(n\Delta_1' + \Delta_2')$ ist bedeutend kleiner als die Duktilität des einen duktilen Kettengliedes $\mu_{\Delta,2} = \Delta_2/\Delta_2'$. Mit den Annahmen $\Delta_1 \approx \Delta_1' \approx \Delta_2' \approx \Delta_3$ und $\Delta_2 = 9\Delta_2'$ ergibt sich für die abgebildete Kette von acht spröden und einem duktilen Glied nur eine Gesamtduktilität von $\mu_\Delta = 17\Delta_3/9\Delta_3 = 1.9$.

1.4.2 Kapazitätsbemessung bei Hochbauten

Das am Einführungsbeispiel einer Kette erläuterte Prinzip wird nun auf ganze Tragsysteme angewendet. Dabei ist wie folgt vorzugehen:

1. Es wird ein kinematisch zulässiger plastischer Mechanismus gewählt.

2. Der gewählte Mechanismus soll bei kleinen plastischen Rotationen in den Fliessgelenken eine möglichst grosse Verschiebeduktilität des Gesamtsystems (vgl. Bild 1.4) ermöglichen.

3. Ausgehend vom gewählten Mechanismus können die Zonen der Energiedissipation, d.h. die Fliessgelenke, genau festgelegt werden.

4. Die nichtplastifizierenden, d.h. elastisch bleibenden, Bereiche werden derart ausgelegt, dass sie sich unter den von den Fliessgelenken ausgehenden Schnittkräften nicht plastisch verformen können. Diese nichtplastifizierenden Bereiche oder Tragelemente dürfen daher auch ein sprödes Verhalten aufweisen. Die von den plastischen Gelenken ausgehenden Schnittkräfte entsprechen dem dortigen Widerstand bei Überfestigkeit. Sie sind von den elastisch bleibenden Bereichen wie andere Beanspruchungen durch den Bemessungswert des mit den Rechenfestigkeiten der Baustoffe ermittelten Tragwiderstandes aufzunehmen ($\Phi = 1.0$, vgl. 1.3.4a). Dadurch kann die zur Gewährleistung der plastischen Verformungsfähigkeit erforderliche konstruktive Durchbildung auf die plastifizierenden Bereiche beschränkt werden.

Der Vergleich der Beispiele von Bild 1.4 zeigt, dass beim Rahmenmechanismus a) mit zahlreichen Fliessgelenken in den Riegeln (Riegelmechanismus) für eine gleiche Gesamtverformung Δ ein wesentlich kleinerer Rotationswinkel θ_1 in den Fliessgelenken erforderlich ist als θ_2 beim Stockwerkmechanismus b) mit Fliessgelenken nur in den Stützen (Stützenmechanismus, 'soft storey-Mechanismus'). Mit dem Mechanismus a) ist ein duktiles Tragwerksverhalten über einen weiten Verformungsbereich gewährleistet. Der Mechanismus b) führt bei stärkeren Erdbeben oft zu übermässigen plastischen Rotationen in den Fliessgelenken der Stützen und damit zum Versagen des Tragwerks. Er stellt die häufigste Ursache bei Einstürzen von Rahmen durch Erdbebeneinwirkungen dar.

Bild 1.5 zeigt ein einfaches Beispiel zu den Aspekten der Beanspruchungsbegrenzung und der Festlegung der Zonen der Energiedissipation. Der Einfluss einer vari-

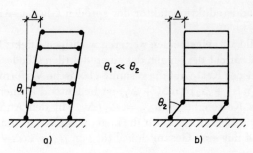

Bild 1.4: Vergleich verschiedener Mechanismen: Energiedissipation a) vorwiegend in zahlreichen Riegelfliessgelenken eines Rahmenmechanismus mit Riegelgelenken (Riegelmechanismus) und b) in wenigen Stützenfliessgelenken eines Stockwerkmechanismus (Stützenmechanismus)

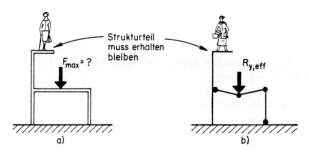

Bild 1.5: Beispiel für die allgemeine Anwendung der Kapazitätsbemessung: a) Tragsystem und b) plastischer Mechanismus

ablen Einwirkung F von schwer abschätzbarer Grösse auf den zu erhaltenden Teil der Struktur wird durch bewusst eingeplante plastische Gelenke in unschädlichen Grenzen gehalten. Dabei wird in Kauf genommen, dass bleibende plastische Verformungen entstehen.

Bild 1.6 zeigt ein Beispiel mit schweren Schäden, welche mit der Methode der Kapazitätsbemessung leicht vermieden werden können [P1]. Die meisten Fassadenriegel dieses Hochhauses versagten und zwar infolge Querkraftbeanspruchung (Pfeile A). Eine zweckmässige Bewehrung zur Aufnahme der Querkraft bei Biegeüberfestigkeit der Riegel hätte ein Versagen dieser Art verhindert.

Bei diesem Gebäude wurde zudem die Normalkraft in den Tragwänden infolge Erdbeben nicht als Resultierende der über die Höhe eingeleiteten Riegelquerkräfte berechnet. Daher ergab sich auch das frappante Zugversagen der Tragwand im dritten Geschoss (Pfeil B).

Die Vorteile der Kapazitätsbemessung treten bei dynamisch beanspruchten Tragwerken besonders stark hervor, da die Beanspruchungen der stabilitätserhaltenden Tragelemente auf andere Weise auch mit grossem Rechenaufwand kaum sicher abgeschätzt werden können.

Ein günstig gewähltes, derart bemessenes Tragwerk verhält sich über einen weiten Beanspruchungs-Verformungsbereich äusserst gutmütig. Die Verformungen sind

Bild 1.6: Schäden am Mt. McKinley Gebäude nach dem Erdbeben von Anchorage, 1964, Alaska

primär von der eingetragenen Energie abhängig und nicht vom je nach Beben unterschiedlichen Frequenzgehalt der Bodenbewegung. Wird mehr Energie ins Tragwerk eingetragen, führt dies wohl zu grösseren Verformungen, kaum aber zum Kollaps. Daher erübrigen sich umfangreiche dynamische Berechnungen.

Erfahrungen in Neuseeland zeigen, dass der Mehraufwand des Ingenieurs bei der Anwendung der Methode der Kapazitätsbemessung beim ersten ausgeführten Projekt von Bedeutung sein kann, nachher aber mit zunehmender Erfahrung wieder auf ein unerhebliches Mass absinkt, das durch eine wesentliche Erhöhung des Erdbebenschutzes mehr als gerechtfertigt ist.

1.4.3 Andere Anwendungen der Kapazitätsbemessung

Die Kapazitätsbemessung wird in diesem Buch hauptsächlich auf Tragwerke des Stahlbetonhochbaus (Gebäude) angewendet. Die gleichen Tragelemente finden sich jedoch auch in anderen Bereichen des Ingenieurbaus, und es ist daher einleuchtend, dass die Methode auch im Industriebau, Brückenbau etc. zu besseren Lösungen führen kann. Dabei handelt es sich meist sowohl um ein besseres Tragwerksverhalten als auch, begünstigt durch das klar definierte Tragverhalten mit genau bekannten maximalen Schnittkräften, um eine wesentliche Reduktion der gesamten Kosten.

Eine *andere Anwendung der Kapazitätsbemessung* wird am einfachen Beispiel eines Schornsteines aus Stahl im *Anhang A* im Detail erläutert. Auch bei anderen Sonderbauten können mit dieser Methode grosse Risiken verringert werden, indem z.B. die plastischen Verformungen auf speziell gestaltete, die Funktion nicht gefährdende Tragelemente beschränkt werden [H2].

Für derartige Anwendungen ist es wichtig, dass die Bemessungsprinzipien konsequent und lückenlos von der Wahl des Tragsystems über die Festigkeiten der verwendeten Baustoffe bis zur konstruktiven Durchbildung durchgezogen werden. Dies bedingt jedoch eine umfassende Kenntnis der Methode. Die in diesem Buch für Stahlbetonhochbauten beschriebenen Vorgehensweisen und Bemessungsschritte können auch für solche Fälle als Richtlinie dienen.

1.5 Ablauf der Bemessung

1.5.1 Übersicht

Zur Erleichterung der Übersicht ist der Ablauf der Bemessung in Bild 1.7 schematisch dargestellt. Wesentlich dabei sind die zwei grundsätzlichen Möglichkeiten der konventionellen Bemessung bzw. der Kapazitätsbemessung.

1.5.2 Kurzbeschreibung der Schritte

Zu Beginn sind aus einem gegebenen oder angenommenen elastischen Bemessungsspektrum (siehe 2.2.5) die inelastischen Bemessungsspektren zu ermitteln, sofern sie nicht schon, z.B. in Normen, zur Verfügung stehen. Damit ist ein Abwägen der Verschiebeduktilität des Gesamttragwerks (vgl. 3.1.4) und der Grösse der Erdbeben-Ersatzkraft möglich.

1. In Abhängigkeit von Tragwerksart und tolerierbaren Verformungen wird eine Verschiebeduktilität gewählt, worauf die entsprechende Erdbeben-Ersatzkraft bestimmt werden kann. Die Wahl der Duktilität beeinflusst über die Ersatzkraft auch die Steifigkeit des Tragsystems in wesentlichem Masse (vgl. 1.6).

   Mit den Ersatzkräften und den Schwerelasten können nun mit Hilfe bekannter Methoden und Rechenprogramme die Schnittkräfte an einem elastischen System berechnet werden.

2. Anschliessend verzweigt sich der Bemessungsablauf:

   o Wurde eine kleine Verschiebeduktilität von nur wenig über 1.0 gewählt, z.B. $\mu_\Delta \leq 1.5$ (vgl. Gl.(3.4)), so kann das gesamte Tragwerk auf konventionelle Weise bearbeitet werden, da die Duktilitätsanforderungen auch in den am stärksten beanspruchten Bereichen klein sind. Stahlbetontragwerke, die konventionell bemessen und auf konventionelle Weise sorgfältig konstruktiv durchgebildet sind, genügen im allgemeinen diesen Anforderungen ('natürliche Duktilität').

   o Tragwerke, die aus anderen Gründen bereits einen grossen Tragwiderstand gegen Erdbeben aufweisen, können ebenfalls konventionell bemessen und konstruktiv durchgebildet werden. Typische Beispiele sind Gebäude mit wenigen Geschossen und zahlreichen, oft gedrungenen Tragwänden.

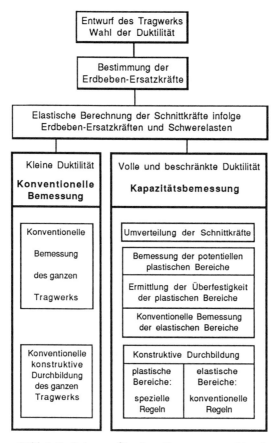

Bild 1.7: Schema für den Bemessungsablauf

o Bei der Annahme einer grösseren Verschiebeduktilität findet die Kapazitätsbemessung Anwendung, wobei zwei grundsätzliche Möglichkeiten
bestehen: Eine Bemessung unter der Voraussetzung *voller Duktilität* mit
hohen Anforderungen an die konstruktive Durchbildung (vgl. Kapitel 4
bis 6) oder aber eine Bemessung für *beschränkte Duktilität* mit weniger hohen Anforderungen (Kapitel 7). Da die Ersatzkraft sich etwa umgekehrt proportional zum Verschiebeduktilitätsfaktor μ_Δ verhält, kann
die zweite Lösung vor allem bei relativ kleiner Erdbeben-Ersatzkraft
zweckmässig sein.

3. Bei der Methode der Kapazitätsbemessung ist es wie allgemein bei duktilen
Tragwerken zulässig, die elastischen Schnittkräfte bis zu einem gewissen Grad
umzuverteilen, d.h. Tragwiderstand dort anzubieten, wo dies konstruktiv gut
möglich ist. Bei den im Erdbebenfall erwarteten grossen plastischen Verformungen stellt sich eine Schnittkraftverteilung entsprechend den gewählten

Tragwiderständen relativ rasch ein. Durch diesen Schritt werden einfachere Bewehrungsführungen und Wiederholungen der gleichen Tragelemente über grosse Bereiche des Tragwerks möglich.

4. Zuerst werden die potentiellen plastischen Bereiche bemessen (Fliessgelenke = duktile Glieder in Bild 1.3). Anschliessend werden die übrigen, elastisch bleibenden Bereiche auf konventionelle Weise bemessen (spröde Glieder in Bild 1.3). Dabei sind die bei Überfestigkeit in den Fliessgelenken entstehenden Schnittkräfte von den elastisch bleibenden Bereichen bzw. Tragelementen durch den mit den Rechenfestigkeiten ermittelten Tragwiderstand aufzunehmen. (In diesem Fall wird $\Phi = 1.0$ gesetzt, vgl. 1.3.4a). Die Wahrscheinlichkeit einer Überbeanspruchung dieser Teile wird damit sehr klein, da durch den Widerstand bei Überfestigkeit in den Fliessgelenken die dortigen mittleren Baustofffestigkeiten und bei grossen Dehnungen auch die Verfestigung des Bewehrungsstahles berücksichtigt werden.

5. Das gesamte Tragwerk ist nun sorgfältig konstruktiv durchzubilden. Die plastifizierenden Bereiche unterliegen dabei hohen Anforderungen, da durch die zyklische Beanspruchung bis in den plastischen Bereich die Betonüberdeckung bis zu den Bewehrungsstäben abplatzen kann und relativ weitgehende Massnahmen zur Querschnittserhaltung erforderlich sind (Betonumschnürung, Verbügelung gegen Ausknicken der Längsbewehrung etc.). Die elastisch bleibenden Bereiche können auf konventionelle Weise konstruktiv durchgebildet werden.

Der grosse Vorteil der Kapazitätsbemessung liegt darin, dass sie ein deterministisches Vorgehen darstellt und gleichzeitig Gewähr dafür bietet, dass das Tragwerk nicht nur auf einen spezifischen Zeitverlauf der Bodenbewegung ausgelegt wird, sondern mit Hilfe der eingebauten, die Beanspruchung begrenzenden plastischen Bereiche (vgl. Bild 1.5), sehr unterschiedlichen Einwirkungen, natürlich auch mit unterschiedlichen Verformungen, widerstehen kann.

1.6   Hinweise zum Entwurf des Tragsystems

1.6.1   Tragwerkseigenschaften

Die wichtigsten Eigenschaften, die beim Entwurf eines Tragwerks für Erdbebeneinwirkungen beachtet werden müssen, sind

- – Steifigkeit
- – Tragwiderstand
- – Duktilität.

Eine gewisse Steifigkeit ist insbesondere erforderlich, um bei häufigen verhältnismässig schwachen Erdbeben Schäden an nichttragenden Elementen (Fassadenbauteile, Zwischenwände, usw.) zu vermeiden.

Ein bestimmter Tragwiderstand ist erforderlich, um bei weniger häufigen stärkeren Erdbeben noch ein elastisches Verhalten des Tragwerks zu erreichen und somit am Tragwerk Schäden zu vermeiden sowie nur beschränkte Schäden an den nichttragenden Elementen zu erhalten.

Eine genügende Duktilität, d.h. ein genügendes plastisches Verformungsvermögen, ist erforderlich, damit bei starken Erdbeben am Tragwerk unvermeidlich entstandene Schäden noch wirtschaftlich reparierbar bleiben, sowie um beim stärksten in Betracht gezogenen Erdbeben (Bemessungsbeben) den Einsturz des Tragwerks zu verhindern.

Steifigkeit, Tragwiderstand und Duktilität können bei verschiedenen Bauwerken von unterschiedlicher Bedeutung sein, je nach dem Gewicht, das den erwähnten Erdbebenfolgen beigemessen wird.

1.6.2 Tragwerksarten

Dieses Buch behandelt die in den folgenden Abschnitten kurz charakterisierten Tragwerksarten:

- Stahlbetonrahmen   (4. Kapitel)
- Stahlbetontragwände und Tragwandsysteme   (5. Kapitel)
- Gemischte Tragsysteme aus Stahlbetontragwänden
  und Stahlbetonrahmen   (6. Kapitel)

a) Stahlbetonrahmen

Ein System von möglichst regelmässig angeordneten Stahlbetonstützen wirkt zusammen mit Stahlbetonriegeln und -decken als biegesteife Rahmen zur Abtragung der Schwerelasten und der Horizontalkräfte aus Wind und Erdbeben. Meist handelt es sich um räumliche Rahmen, bestehend aus zwei rechtwinklig zueinander angeordneten Gruppen von ebenen Rahmen (vgl. Bild 4.102).

Rahmen sind relativ weich und erfordern meist schon bei verhältnismässig geringen Horizontalkräften spezielle konstruktive Massnahmen zur Vermeidung von Schäden an den nichttragenden Elementen.

Nach dem für die Bemessung massgebenden Einfluss können zwei Arten unterschieden werden:

- erdbebendominierte Rahmen und
- schwerelastdominierte Rahmen.

Bei erdbebendominierten Rahmen werden die Riegelabmessungen durch die Erdbebenbeanspruchung dominiert, und für die Bemessung der Stützen ist die Riegel-Überfestigkeit massgebend. Fliessgelenke in den Stützen, die zu einem Stockwerkmechanismus führen können (vgl. Bild 1.4b), sind unbedingt zu vermeiden. Davon ausgenommen sind niedrige Tragwerke mit bis zu etwa drei Geschossen und Dachgeschosse. Um die konstruktive Durchbildung der Stützen zu erleichtern, ist es aber vorteilhaft, wenn Fliessgelenke überhaupt nur in den Riegeln und nicht in den Stützen auftreten, ausgenommen am Stützenfuss über Fundamenten, wo das Entstehen plastischer Gelenke unvermeidlich ist (vgl. Bild 1.4a).

In manchen Fällen ist jedoch der Tragwiderstand der Riegel infolge Schwerelasten relativ gross. Dies kann zutreffen bei Gebäuden mit wenigen Geschossen und bei aus relativ grossen Schwerelasten und grösseren Stützenabständen resultierenden grossen Riegelabmessungen. In diesen Fällen werden vor allem kleinere Erdbeben-Ersatzkräfte aus mässiger Seismizität für die Riegel nicht mehr massgebend. Die Bemessung der Riegel wird von den Schwerelasten dominiert, die Bemessung der Stützen aber nach wie vor von den Schnittkräften aus der Riegel-Überfestigkeit (vgl. Bild 1.8). Bei schwerelastdominierten Rahmen, mit dem vorhandenen grossen Tragwiderstand der Riegel, können unter gewissen Bedingungen jedoch Fliessgelenke auch in den (Innen-) Stützen toleriert werden (vgl. 4.8).

Bild 1.8: Arten von Stahlbetonrahmen

b) Stahlbetontragwände

Stahlbetontragwände sind zur Aufnahme von Horizontalkräften aus Wind und Erdbeben allgemein sehr geeignet, da sie aus betrieblichen Gründen (Liftschacht, Treppenhaus, Servicekern) oder auch aus gestalterischen Gründen oft relativ grosse Abmessungen aufweisen (vgl. Bild 5.60).

In vielgeschossigen Hochbauten ist zudem das Verhältnis von Wandhöhe zu Wandlänge derart, dass die Wände schlank sind und als eigentliche Biegestäbe (Kragarme) modelliert werden können. Die oft verwendete Bezeichnung 'Schubwände' hat nur ihre Berechtigung bei gedrungenen, d.h. langen, niedrigen Wänden. Meist entspringt diese Bezeichnung aber einer falschen stockwerkweisen anstelle einer integralen Betrachtung des Systems.

Oft liegen Tragwände in der gleichen Ebene und sind durch kurze, hohe Riegel und/oder Deckenstreifen miteinander gekoppelt. Bild 1.9 gibt schematisch eine Übersicht über die verschiedenen Arten von Stahlbetontragwänden.

Bild 1.9: Arten von Stahlbetontragwänden

c) Gemischte Tragsysteme

In der Praxis kommen oft gemischte Tragsysteme aus Stahlbetontragwänden und -rahmen vor (vgl. Bilder 6.2ff). Die Tragwände übernehmen meist den Hauptanteil der horizontalen Einwirkungen, besonders in den unteren Geschossen vielstöckiger Hochbauten. Der Anteil der damit zusammenwirkenden Rahmen kann aber wesentlich sein und ist deshalb im allgemeinen zu berücksichtigen. Das Hauptproblem bei der Bemessung gemischter Systeme besteht in der richtigen Erfassung der kombinierten Tragwirkung und der daraus resultierenden Aufteilung der Erdbeben-Ersatzkräfte. Das Gesamtverhalten wird ähnlich demjenigen des überwiegenden Tragsystems. Die verschiedenen Einflüsse wie Wandfusslagerung, Wände nur über einen Teil der Gebäudehöhe etc., sind dabei gebührend zu berücksichtigen. Das elastische Verhalten derartiger gemischter Systeme ist allgemein bekannt, die Wechselwirkungen im inelastischen Bereich, speziell unter dynamischer Beanspruchung, jedoch weit weniger.

Jedes der drei Tragsysteme, Rahmen, Tragwände und gemischte Systeme, hat seine spezifischen Eigenschaften, und die Wahl hängt sowohl von architektonischen und nutzungsorientierten Überlegungen als auch von der Stärke der erwarteten Erdbebeneinwirkungen ab. In Mitteleuropa liegt häufig ein gemischtes Tragsystem vor. Bei mässiger Seismizität kann die Ableitung der erdbebeninduzierten horizontalen Kräfte allein durch die Tragwände unter Umständen vorteilhaft sein.

1.6.3 Entwurfsgrundsätze

Beim Entwurf von wesentlich erdbebenbeanspruchten Bauwerken kann durch Beachten einiger verhältnismässig einfacher Grundsätze ein sehr viel besseres Tragsystem resultieren, als dies sonst der Fall wäre (vgl. auch [A14] für den architektonischen Entwurf). Die wichtigsten dieser Entwurfsgrundsätze sind:

o *Regelmässiger Grundriss:*
Quadratische und rechteckige Grundrisse sind am besten geeignet. L- und T-förmige sowie andere unregelmässige Grundrissformen sind möglichst zu vermeiden oder durch Fugen in rechteckige Teile aufzuteilen.

o *Symmetrie:*
Gebäude sollen im Grundriss soweit möglich symmetrisch ausgebildet werden. Bei unsymmetrischen Bauwerken können infolge Erdbeben wesentliche, relativ schwierig erfassbare Torsionsbeanspruchungen entstehen, die durch das Tragsystem ebenfalls aufgenommen werden müssen.

Bei verschiedenen Erdbeben hat sich gezeigt, dass die Schäden an Gebäuden bei Strassenkreuzungen, die i.a. unsymmetrische und oft unregelmässige Grundrisse aufweisen, bedeutend grösser sind als diejenigen an Gebäuden entlang von Strassen, da diese eher symmetrische, regelmässige, meist rechteckige Grundrisse aufweisen.

o *Einheitliche Fundation:*
Die Fundation sollte über die ganze Grundfläche eines zusammenhängenden Gebäudeteiles auf eine genügend tragfähige, einheitliche Gründungsschicht

hinunter geführt werden. Fundationen, die z.B. teilweise auf Fels und teilweise auf Moränen oder gar Sedimenten ruhen, sind möglichst zu vermeiden. Einzelfundamente sind in beiden Hauptrichtungen miteinander zu verbinden.

o *Stetige Steifigkeitsverhältnisse:*
Über die gesamte Höhe des Bauwerks sind möglichst stetige Steifigkeitsverhältnisse anzustreben. Kleine Änderungen in den Steifigkeiten einzelner Elemente bis zu 30% führen wohl zu Umlagerungen der Schnittkräfte, sind jedoch bei geeigneter konstruktiver Durchbildung durchaus möglich ohne die Tragsicherheit zu gefährden, sofern die Grenzen der Verformungsfähigkeit nicht erreicht werden. Die aus den Steifigkeitsunterschieden resultierenden Effekte sind bei der Bemessung zu berücksichtigen (vgl. z.B. 6.2.4). Sehr wichtig ist, dass alle Erdbebenkräfte abtragenden Tragwände und Rahmen bis auf die Fundation durchgeführt werden.

o *Geringe Torsionsbeanspruchung:*
Der Abstand im Grundriss zwischen dem Steifigkeitszentrum (Schubmittelpunkt, Rotationszentrum) und dem Massenzentrum (Schwerpunkt) und damit die resultierende Exzentrizität der Trägheitskräfte soll möglichst klein sein, um die Torsionsbeanspruchung gering zu halten (vgl. Kap. 4 und 5).

o *Angepasste Duktilität:*
Bei sämtlichen plastifizierenden Elementen des Tragsystems (z.B. verschiedene Kragwände oder Rahmen) darf die Verformungsfähigkeit nicht geringer sein als der gewählten Verschiebeduktilität des Gesamttragwerks entspricht. Bei einer Umverteilung der Schnittkräfte gegenüber der elastischen Verteilung müssen die weniger beanspruchten Teile eine höhere Duktilität aufweisen, die bei stärker beanspruchten Teilen erforderliche Duktilität wird anderseits geringer. Die zulässige Abminderung des Widerstandes wird jedoch eher durch Anforderungen der Gebrauchstauglichkeit als durch solche der Duktilität begrenzt, da bei schwächeren Erdbeben auch diese Bereiche elastisch bleiben sollen (vgl. Schadengrenzbeben im Abschnitt 2.2.3).

Wesentliche Aspekte dieser Entwurfgrundsätze werden in den folgenden Abschnitten meist anhand von ausgewählten Beispielen erläutert. Damit soll der entwerfende Ingenieur auf die wichtigsten Probleme aufmerksam gemacht werden. Meist kommen mehrere der hier einzeln dargestellten Aspekte kombiniert vor, und eine Lösung kann unter Umständen nicht mehr durch Verbesserungen, sondern nur noch durch eine grundsätzliche Neukonzeption des Tragsystems erreicht werden.

a) Gestaltung im Grundriss

Eine wichtige Voraussetzung für das Zusammenwirken aller vertikalen Elemente eines Tragsystems zur Abtragung der horizontalen Erdbebenkräfte ist deren wirksame horizonale Verbindung auf geeigneten Höhen. Ist diese Verbindung sehr steif bzw. starr, so übernehmen die einzelnen Tragelemente Kräfte entsprechend ihren Steifigkeiten. Diese Kraftverteilung kann normalerweise mit steifen Deckenscheiben gewährleistet werden. Ein derartiges Tragwerk weist einen eindeutigen Zusammenhang zwischen den Horizontalverschiebungen infolge Erdbebeneinwirkungen und den durch die einzelnen Tragelemente übernommenen Kräften auf.

Unter dieser Voraussetzung kann angenommen werden, dass sich die Lage von Tragwänden und Stützen relativ zueinander während eines Erdbebens praktisch nicht verändert. Die Deckenscheiben führen aus horizontalen Verschiebungen und Verdrehungen bestehende Starrkörperbewegungen aus. Die Berechnung dieser Bewegungen wird in den Kapiteln 4 bis 6 behandelt.

1. Form der Deckenscheiben

Die Trägheitskräfte in jedem Stockwerk müssen meist in mehrere vertikale Tragelemente eingeleitet werden. Daher unterliegt die kraftübertragende Deckenscheibe Biege- und Schubbeanspruchungen. Diese Beanspruchungen und die entsprechenden Verformungen sind bei einfachen Grundrissen, wie sie im oberen Teil von Bild 1.10b gezeigt sind, im allgemeinen vernachlässigbar. Deshalb sind in solchen Fällen keine speziellen konstruktiven Massnahmen zu ergreifen.

Bei aufgelösten Grundrissen gemäss Bild 1.10a kann jedoch die Steifigkeit der Deckenscheiben ungenügend sein. Die relative Lage der vertikalen Tragelemente auf bestimmter Höhe ändert sich, und die Berechnung der Kraftverteilung und der erforderlichen Duktilität der einzelnen Tragelemente wird wesentlich schwieriger. Dazu kommen die Schwierigkeiten bei der Ermittlung der Beanspruchung der Deckenscheiben, welche sich z.B. entsprechend den in Bild 1.10a gestrichelten Lagen verformen können. Die Beanspruchung der Scheiben während eines Erdbebens kann vor allem bei einspringenden Ecken zu wesentlicher, frühzeitiger Rissebildung führen. Falls sich derartige Formen nicht vermeiden lassen, sind die Deckenscheiben zu überprüfen und entsprechend zu bewehren oder zu verstärken, um die Rissebildung zu beschränken und inelastische Verformungen zu verhindern (vgl. unterer Teil von Bild 1.10b). Die erwähnten Schwierigkeiten können weitgehend vermieden werden, wenn das Bauwerk in kompakte, vorzugsweise symmetrische Teilbauwerke gemäss dem oberen Teil von Bild 1.10b aufgelöst wird. Die Fugen müssen breit genug sein, um einen Zusammenprall der Teilbauwerke mit verschiedenem dynamischem Verhalten zu vermeiden. Zur Abschätzung der Fugenbreite wird allgemein die Summe der grössten zu erwartenden inelastischen Verschiebungen auf Dachhöhe verwendet.

2. Aussparungen in den Deckenscheiben

Aus betrieblichen Gründen lässt sich meist nicht vermeiden, dass in den Decken Aussparungen verschiedener Grösse angeordnet werden. Während der Einfluss von verteilten kleinen Aussparungen für Leitungen, Kabel, etc. meist vernachlässigbar ist, können grosse Aussparungen für Lichtschächte, Innenhöfe, nichttragende Liftschächte und Treppenhäuser, etc. die Tragwirkung der Deckenscheiben wesentlich beeinträchtigen (vgl. Bild 1.10c).

Die Wirkung der Aussparungen lässt sich anhand des Kräfteflusses in der Deckenscheibe abschätzen. Die Kräfte können mit Hilfe des Gleichgewichtes zwischen den Trägheitskräften und den erforderlichen Reaktionen bei den vertikalen Tragelementen wie Tragwänden und Stützen ermittelt werden. Die Aussparungen dürfen die Übertragung der Schubkräfte und der Biegemomente nicht gefährden. So können die grossen Aussparungen entlang der Tragwand im Bild 1.10c zum Schubversa-

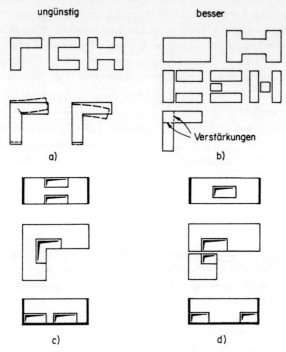

Bild 1.10: Gestaltung der Gebäudeform im Grundriss

gen der relativ schmalen verbindenden Deckenteile führen. Auch die an den beiden Längsseiten liegenden Aussparungen im anderen Beispiel von Bild 1.10c führen leicht zu Überbeanspruchungen der Deckenscheibe, da sie am Ort der grössten Biegebeanspruchung liegen. Bild 1.10d zeigt je einen Verbesserungsvorschlag zu den ungünstigen Grundrissen von Bild 1.10c.

Im allgemeinen sind Deckenscheiben für die Bildung von Fliessgelenken zur Energiedissipation nicht geeignet. Es empfiehlt sich sicherzustellen, dass sie nicht über den elastischen Bereich hinaus beansprucht werden, womit auch spezielle konstruktive Anforderungen entfallen. Gemäss der Methode der Kapazitätsbemessung können die grössten auf diese Scheiben wirkenden Kräfte aus den Überfestigkeiten der beanspruchungsbegrenzenden Tragelemente zuverlässig bestimmt werden.

3. Anordnung der Elemente zur Abtragung der Erdbebenkräfte
Fehlende Symmetrie in der Anordnung der Elemente zur Abtragung der horizontalen Erdbebenkräfte führt zu übermässigen Exzentrizitäten und Torsionsbeanspruchungen und oft sogar zum Einsturz.

Bild 1.11a zeigt ein Beispiel mit steifen Wänden, z.B. um das Treppenhaus, wodurch das Steifigkeitszentrum S weit vom Massenzentrum M entfernt zu liegen kommt, bei dem die Resultierende der Trägheitskräfte angreift. Die sich daraus ergebende Verschiebung und Verdrehung der Deckenplatte kann bei den dem steifen Kern gegenüberliegenden Tragelementen (Rahmen) zu übermässigen Bean-

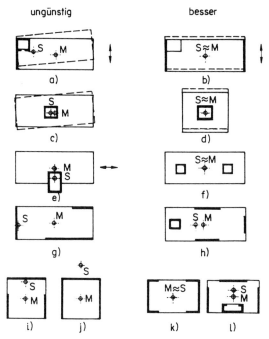

Bild 1.11: Anordnung von Masse und Steifigkeit im Grundriss (Vorwiegend der Schwerelastabtragung dienende Rahmen, welche ebenfalls zur Torsionssteifigkeit beitragen, sind nicht gezeichnet)

spruchungen führen. Diese Elemente erfahren daher eine grössere Abnahme der Steifigkeit, wodurch sich das Steifigkeitszentrum weiter zum Kern hin verschiebt, und die Torsionseffekte sich noch vergrössern.

Mit der in Bild 1.11b gezeigten symmetrischen Anordnung der steifen Tragwände und Ersatz von drei Kernwänden durch nichttragende Wände können Steifigkeits- und Massenzentrum zur Übereinstimmung gebracht werden. Dies führt zu kleineren und vor allem gleichen Verschiebungen für alle Punkte der Deckenscheibe.

Obwohl die Torsion durch geschlossene Kerne (vgl. Bild 1.11c) grundsätzlich gut aufgenommen werden kann, erfahren die weit vom Steifigkeitszentrum (Rotationszentrum) entfernt liegenden vertikalen, die Schwerelasten abtragenden Tragelemente u.U. übermässige Verschiebungen. Nur wenn solche Tragelemente relativ nahe beim Kern liegen, ist es sinnvoll, die Torsion allein durch Kerne aufzunehmen (Bild 1.11d).

Grosse Exzentrizitäten ergeben sich vor allem bei unsymmetrischer Anordnung von Kernen und Tragwänden (Bilder 1.11e, g, i, j). Obwohl derartige Systeme nicht sehr geeignet sind, können sie in Fällen mit sehr steifen Tragwänden und entsprechend kleinen resultierenden Verdrehungswinkeln verwendet werden. Bei U-förmiger Anordnung liegt das Steifigkeitszentrum beim Steg des U-Querschnittes, also weit vom Massenzentrum entfernt (vgl. Bilder 1.11i und j). Die Bilder 1.11f, h, k und

1 zeigen vorteilhaftere Anordnungen von Kernen und Tragwänden mit minimaler Torsionsbeanspruchung. Durch Torsionskräfte beanspruchte Tragwände werden im 5. Kapitel eingehender behandelt (vgl. Bilder 5.2 bis 5.4).

b) Gestaltung im Aufriss

Aus der Erdbebeneinwirkung resultieren horizontale Querkräfte sowie Kippmomente, welche vom Tragwerk aufgenommen werden müssen. Hohe, schlanke Bauwerke (Bild 1.12a) benötigen sehr grosse Fundationen um das Kippmoment in den Untergrund ableiten zu können.

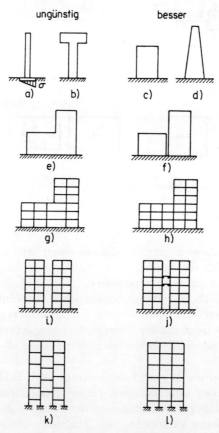

Bild 1.12: Gestaltung der Gebäudeform im Aufriss

Sind beträchtliche Massen in grosser Höhe angeordnet (Bild 1.12b) so kann das Kippmoment besonders gross werden. Die in den Bildern 1.12c und d gezeigten Bauwerksformen führen dagegen zu besseren Lösungen.

Im Aufriss unregelmässig gestaltete Gebäude gemäss Bild 1.12e können zu ungewöhnlichem dynamischem Verhalten führen, welches schwierig und kaum zuverlässig voraussagbar ist. In solchen Fällen empfiehlt sich die Zerlegung in zwei oder mehrere regelmässige Bauwerke gemäss Bild 1.12f mit wohl unterschiedlichem, aber relativ gut berechenbarem dynamischem Verhalten. Es handelt sich hier um ein ähnliches Problem wie bei Bild 1.10b.

Die Ableitung der inneren Kräfte aus Schwerelasten und Erdbebeneinwirkung hat so direkt als möglich zu erfolgen. Tragsysteme gemäss Bild 1.12g sind daher zu vermeiden, da während starker Erdbeben, welche das Tragwerk bis in den inelastischen Bereich beanspruchen, zur Schwerelastabtragung ungeeignete Mechanismen entstehen können. Das Tragsystem gemäss Bild 1.12h verhält sich günstiger, wobei aber die zu Bild 1.12e gemachten Einwände bleiben.

Selbst identische oder sehr ähnliche Tragsysteme wie z.B. nach Bild 1.12i sollten nicht lokal verbunden werden. Während starker Beben können sich die scheinbar gleichen Strukturen, etwa infolge leicht unterschiedlicher Erdbebenanregung, derart verschieden verhalten, dass in den Verbindungselementen grosse Kräfte auftreten. Die Abtrennung nach Bild 1.12j bewirkt, dass derartige unerwünschte und schwer berechenbare Horizontalkräfte gar nicht erst entstehen. Allfällige Verbindungsbrücken sind deshalb so auszubilden, dass bei unterschiedlichen Bewegungen der beiden Bauwerke möglichst keine gegenseitigen Störungen auftreten.

Beim Tragsystem von Bild 1.12k treten in den Innenstützen wahrscheinlich übermässige Querkräfte auf. Dazu kommt, dass die Scheibenwirkung der Geschossdecken als Folge des vertikalen Versatzes teilweise oder ganz verhindert wird. Die Tatsache, dass die elastischen Schnittkräfte eines derartigen Tragwerks einfach berechnet werden können sollte den Ingenieur nicht zu einem falschen Sicherheitsgefühl verleiten. Das inelastische dynamische Verhalten kann auch in diesem Fall nur sehr schwer wirklichkeitsnah vorausgesagt werden.

Bild 1.13 zeigt ungeeignete und anzustrebende Verteilungen der Steifigkeit über die Höhe des Tragsystems sowie die resultierende Verformung.

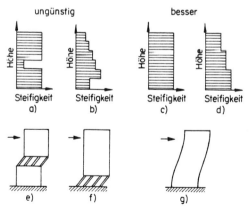

Bild 1.13: Verteilung der Steifigkeit im Aufriss

c) Allgemeine Unregelmässigkeiten

In der Praxis lassen sich gewisse Unregelmässigkeiten in Massen- und Steifigkeitsverteilung oft nicht vermeiden. Leider gibt es keine einfache Grösse zur quantitativen Beschreibung und Behandlung der daraus resultierenden Effekte. Verschiedentlich wurden schon Vorschläge gemacht, wie derartige Einflüsse abgeschätzt werden könnten. Im Abschnitt 4.2.6 wird näher auf diese Problematik der Quantifizierung von Unregelmässigkeiten sowohl im Aufriss als auch im Grundriss eingetreten.

Die Ausfachung von Rahmensystemen mit Backsteinmauerwerk ist zu vermeiden, da dieses bei Querbeschleunigungen leicht herausfällt. Besonders ungeeignet sind Teilausfachungen nach Bild 1.14. Die Stütze rechts im Bild wird durch die Ausfachung in ihrer Verformung behindert und die gesamte Stockwerkverschiebung muss über eine wesentlich kürzere freie Stützenlänge aufgenommen werden. Da die Steifigkeit eines kurzen Biegeträgers viel höher ist, nimmt die Stütze im Bild rechts ein Vielfaches an Kräften auf, was meist zu deren Schubversagen führt.

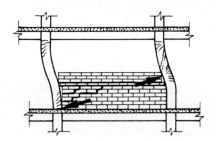

Bild 1.14: Teilausfachung von Rahmen

1.6.4   Wahl des Tragsystems

a) Wichtigste Einflussgrössen

Die wichtigsten Einflussgrössen auf die Wahl des Tragsystems sind in Bild 1.15 dargestellt. Bei Bauwerken mit wesentlichen Erdbebeneinwirkungen erhält die Wahl

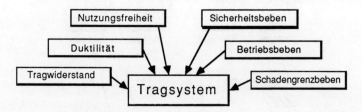

Bild 1.15: Wichtigste Einflussgrössen auf die Wahl des Tragsystems

des Tragsystems weit grössere Bedeutung als dies bei einem vorwiegend durch Schwerelasten beanspruchten Bauwerk der Fall ist. Je nach Steifigkeit des Systems kann diese Wahl einen mehr oder weniger grossen Einfluss auf nichttragende Elemente wie Fassadenbauteile und Zwischenwände sowie auf Leitungsstränge etc. haben und damit die Gesamtkosten wesentlich beeinflussen. Im folgenden werden diese Einflussgrössen kurz diskutiert:

○ *Nutzungsfreiheit:*
Um eine grösstmögliche Freiheit in der Nutzung des umbauten Raumes zu
gewährleisten, sind 'störende' Elemente wie Tragwände und Stützen oft unerwünscht, was zu einer Vorliebe für Rahmensysteme mit möglichst grossen Spannweiten führt. Rahmen haben jedoch die Eigenschaft, sich bei
grossen horizontalen Einwirkungen entsprechend stark zu verformen. Dies
erfordert spezielle Massnahmen bei den nichttragenden Elementen, damit
allfällige Anforderungen bezüglich Schadengrenzbeben und Betriebsbeben
(Definition vgl. folgende Seiten) eingehalten werden können. Die nichttragenden Elemente müssen meist vom stark verformbaren Tragwerk getrennt
werden, um sie vor frühzeitigem Schaden zu schützen. Die oft notwendigen, verhältnismässig breiten Trennfugen können zu Problemen und Kosten
bezüglich der Gewährleistung von Wetterschutz, Wärmedämmung, Schall-
schutz und Feuerwiderstand führen. Anderseits ist zu beachten, dass die
verhältnismässig weichen und deshalb langsam schwingenden Rahmen eine
geringere Erdbeben-Ersatzkraft aufzunehmen haben als steifere Konstruktionen (vgl. Verlauf der Bemessungsspektren, Bild 2.28 für $T > 0.2$ sec und Bild
2.29 für $f < 2.0$ Hz).

Tragwandsysteme gewährleisten einen hohen Erdbebentragwiderstand bei relativ kleinen Verformungen und relativ einfacher Bauweise, haben aber den
Nachteil, dass sie unter Umständen die Nutzungsfreiheit des Gebäudes erheblich einschränken können. Infolge der grossen Steifigkeiten werden die
Trägheitskräfte und damit die Erdbeben-Ersatzkraft grösser als bei anderen
Tragsystemen (Bilder 2.28 und 2.29). Oft können jedoch diese Kräfte dank
der vorhandenen grossen Wandabmessungen problemlos und wirtschaftlich
aufgenommen werden.

Häufig bieten sich aber gemischte Tragsysteme an: Aus betrieblichen Gründen
erforderliche Servicekerne aus Stahlbeton mit Treppenhäusern, Lift- und Lei-
tungsschächten werden mit Rahmensystemen kombiniert. Diese Lösung hat
für die Nutzung gewisse Vorteile und wird deshalb oft gewählt.

○ *Duktilität und Tragwiderstand:*
Ein Tragwerk kann dynamische Einwirkungen grundsätzlich auf zwei Arten
aufnehmen: Entweder durch eine grosse Verformungsfähigkeit, dann benötigt
es nur einen verhältnismässig geringen Tragwiderstand und die dynamischen
Kräfte werden dadurch begrenzt, oder durch einen grossen Tragwiderstand,
dann ist nur eine geringe Verformungsfähigkeit erforderlich, das Tragsystem
kann den in diesem Falle hohen dynamischen Kräften direkt widerstehen. Um
die Kosten für ein Bauwerk tief zu halten, wird vor allem bei stärkerer Seismizität meist ein duktiles Tragsystem gewählt. Die Duktilität ist grundsätzlich
wählbar, es müssen jedoch geeignete konstruktive Massnahmen ergriffen werden, damit die der Bemessung zugrundegelegte Verformungsfähigkeit wirklich
gewährleistet ist. Oft wird aber die an sich mögliche Duktilität nicht voll aus-
geschöpft, da es einfacher ist bei weniger aufwendiger konstruktiver Durchbildung einen etwas höheren Tragwiderstand zu gewährleisten (vgl. 2.2.7).

Tragwände bieten den Vorteil, dass sie im Gegensatz zu den Rahmen nur einen einzigen Fliessgelenkbereich aufweisen, sofern die vertikale Biegebewehrung über die Höhe entsprechend abgestuft ist (vgl. 5.4.2i). Die speziellen konstruktiven Anforderungen sind in diesem Fall nur in diesem Bereich einzuhalten, der ganze Rest der Wand kann nach den konventionellen Regeln konstruktiv durchgebildet werden. Erdbebendominierte Rahmen dagegen weisen im Idealfall in jedem Riegel zwei Fliessgelenke auf, die, obwohl standardisierbar, beim Bau doch einen gewissen Mehraufwand bedeuten. Mit der Methode der Kapazitätsbemessung bemessene Stützen weisen nur am Stützenfuss im untersten Stockwerk je ein Fliessgelenk auf und können deshalb über den grössten Teil der Höhe konventionell durchgebildet werden.

o *Sicherheitsbeben:*

Im allgemeinen werden Hochbauten mit Erdbebeneinwirkungen primär auf das Sicherheitsbeben, d.h. das grösste ohne Einsturz des Tragwerks zu überstehende Beben bemessen. Die absolute Grösse dieses Bebens beeinflusst Wahl und Entwurf des Tragsystems recht stark. Schwächere Sicherheitsbeben können oft aufgrund des für Windkräfte erforderlichen Tragwiderstandes mit geringen Plastifizierungen und damit ohne grosse zusätzliche Massnahmen aufgenommen werden. Stärkere Sicherheitsbeben erfordern dagegen ein speziell konzipiertes, meist verstärktes Tragwerk. Der für Windkräfte mögliche Rahmen- oder Tragwandabstand muss u.U. verkleinert, Stützen-, Riegel- oder Wandabmessungen müssen vergrössert werden. Das Sicherheitsbeben ist für Hochbauten in Gebieten mit stärkerer Seismizität meist massgebend. Einzig bei sehr hohen Bauten (über ca. 40 Stockwerke) kann die Windeinwirkung massgebend werden. Aber auch in solchen Fällen können unter Erdbebeneinwirkung plastische Gelenke entstehen, was eine entsprechende konstruktive Durchbildung erforderlich macht.

o *Betriebsbeben:*

In bestimmten Fällen, speziell bei wichtigen Funktionen eines Bauwerkes, ist ein sogenanntes Betriebsbeben bei der Bemessung zu berücksichtigen. Für einen Hochbau ist dies ein Beben, das wohl beschränkte Schäden an den nichttragenden Elementen bewirken darf, bei dem die wichtigen Funktionen dienenden Einrichtungen aber betriebsfähig bleiben müssen. Das Betriebsbeben ist daher vom Tragwerk ohne wesentliche Plastifizierungen, d.h. quasielastisch, aufzunehmen. Dies bedingt ein Tragwerk mit einem entsprechend hohen Tragwiderstand. Die beim Betriebsbeben auftretenden Verformungen des Tragwerks dürfen jedoch Grössen erreichen, die zu den in der Definition erwähnten Schäden an den nichttragenden Elementen führen.

o *Schadengrenzbeben:*

Ausgehend vom Tragwerk, bemessen auf Sicherheits- und evtl. Betriebsbeben, kann das sogenannte Schadengrenzbeben, bei dem die ersten Schäden am Bauwerk auftreten, bestimmt werden. Die Stärke dieses Bebens ist vor allem von den verwendeten nichttragenden Elementen und der Steifigkeit des Tragwerks im elastischen Bereich abhängig.

Werden Trennwände und Fassadenelemente mit steifem, sprödem Verhalten ohne Anordnung von Fugen verwendet, so führen kleine Verformungen schon zu Schäden. Nichttragende Elemente, bei denen Bewegungen ohne Schäden möglich sind, z.B. durch entsprechende Fugenkonstruktionen oder Befestigungsdetails, verlagern die Stärke des Schadengrenzbebens bis zur Stärke des Betriebsbebens oder unter Umständen sogar darüber hinaus.

Alle drei definierten Beben können als Bemessungsbeben bezeichnet werden, meist wird darunter jedoch das Sicherheitsbeben verstanden. Obwohl im allgemeinen das Sicherheitsbeben für die Bemessung des Tragwerks massgebend ist, können bei weichen Tragwerken (Rahmen) oder bei hohen Anforderungen bezüglich der Betriebsfähigkeit das Betriebsbeben oder sogar das Schadengrenzbeben bestimmend sein. In Abhängigkeit vom entsprechenden Beben sind die folgenden Tragwerkseigenschaften erwünscht:

Sicherheitsbeben	→	Grosse Duktilität
Betriebsbeben	→	Hoher Tragwiderstand
Schadengrenzbeben	→	Hohe Steifigkeit

b) Optimierung der Gesamtkosten

Zur Festlegung der massgebenden Bemessungsbeben kann auch das Kriterium der gesamten während der Lebensdauer des Bauwerks infolge der Erdbebengefährdung zu erwartenden Kosten wertvolle Hinweise geben.

Ist ein Tragsystem, wie allgemein üblich, auf das Sicherheitsbeben bemessen, so lassen sich für verschiedene schwächere Beben die zu erwartenden Verformungen bestimmen. Je nach Verformbarkeit und Beweglichkeit der nichttragenden Elemente treten die ersten Schäden bei unterschiedlicher Bebenstärke auf (Schadengrenzbeben). Speziell gestaltete oder abgefugte Fassadenelemente und Trennwände können ohne Schäden grosse Verformungen mitmachen.

Aufgrund dieser Abklärungen können für verschieden aufwendige Konstruktionen einerseits die Erdbebenstärke bei der Schadengrenze bestimmt (vgl. Abschnitt 2.2.7c) und andererseits für darüber liegende Bebenstärken die Höhe der entsprechenden Schäden abgeschätzt werden.

Mit der Auftretenswahrscheinlichkeit dieser Beben (vgl. Abschnitt 2.2.2) kann der für die Lebensdauer des Bauwerks zu erwartende reale Schaden berechnet und den Zusatzkosten für die Erdbebensicherung von Tragsystem und nichttragenden Elementen gegenübergestellt werden.

Im allgemeinen besteht eine Abneigung (Aversion) gegen katastrophale Ereignisse. Erdbebenschäden sind zwar eher selten, treten aber flächenhaft auf und werden deshalb von der Gesellschaft als katastrophal empfunden. Der empfundene Schaden ist also grösser als der reale Schaden. Es werden daher eher grössere Zusatzkosten für die Erdbebensicherung aufgewendet, als dies rein materiell gesehen gerechtfertigt wäre.

In Bild 1.16 sind diese Zusammenhänge dargestellt. Der während der Lebensdauer des Bauwerks zu erwartende Schaden und die Zusatzkosten für die Erdbebensicherung ergeben die Gesamtkosten infolge der Erdbebengefährdung. Der Wert K_1 bezeichnet die zu den minimalen realen Gesamtkosten und damit auch zum zu erwartenden realen Schaden gehörenden Zusatzkosten für die Erdbebensicherung. Infolge der obenerwähnten Aversion und weil verschiedene Aspekte der Nutzung durch Erdbebenschäden ebenfalls beeinträchtigt werden, sowie weil neben den materiellen Schäden auch immaterielle Schäden entstehen, werden höhere Zusatzkosten K_2 für die Erdbebensicherung als angemessen betrachtet, als sich aus den zu erwartenden realen Schäden ergeben würde. Das Minimum der Gesamtkosten und die Erdbebensicherheit vergrössern sich.

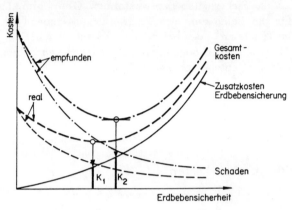

Bild 1.16: Optimierung der realen und der empfundenen Gesamtkosten infolge Erdbebengefährdung

Die Erfahrungen in Neuseeland haben gezeigt, dass die Auslegung von Rahmentragwerken auf eine Erdbebeneinwirkung etwa entsprechend dem ausserordentlich starken El Centro-Beben ([X8], Zone A) gegenüber einer solchen nur auf die Windeinwirkungen zu etwa 5 bis 10% Zusatzkosten am Tragwerk führt. Bezogen auf die gesamten Gebäudekosten dürfte dies Zusatzkosten von etwa 1 bis 3% entsprechen.

1.6.5   Wahl der Querschnittsabmessungen

Bei der Vorbemessung erdbebenbeanspruchter Hochbauten wird wie bei normalen Hochbauten vorgegangen. Die erforderlichen Querschnittsabmessungen werden vorerst mit Hilfe der konventionellen, für den Fall dominierender Schwerelasten geltenden Entwurfsregeln abgeschätzt. Anschliessend sind die Abmessungen derjenigen Tragelemente, die durch die Erdbebeneinwirkung besonders beansprucht werden, gemäss den folgenden Regeln zu vergrössern.

a) Stabilitätsbedingungen bei Riegeln und Stützen

Für rechteckige Querschnitte mit an den Enden angreifenden Biegemomenten (Riegel, Stützen) sollten wegen der Gefahr des Kippens und des lokalen Ausbeulens die folgenden Stabilitätsbedingungen eingehalten werden [X3]:

$$\frac{l_n}{b_w} \leq 25 \qquad (1.19)$$

$$\text{und} \quad \frac{l_n h}{b_w^2} \leq 100 \qquad (1.20)$$

Dabei ist l_n die lichte Spannweite, b_w die Breite senkrecht dazu und h die Höhe des Querschnitts (Abmessung in der Ebene des Ausbeulens).

Für Kragarme mit rechteckigem Querschnitt gelten die Bedingungen:

$$\frac{l_n}{b_w} \leq 15 \qquad (1.21)$$

$$\text{und} \quad \frac{l_n h}{b_w^2} \leq 60 \qquad (1.22)$$

Ist mindestens einseitig ein mit dem Rechteckquerschnitt monolithisch verbundener Flansch vorhanden, so können die in den obigen Gleichungen gegebenen Werte um 50% erhöht werden.

b) Stützen

Für Stützen von wesentlich erdbebenbeanspruchten Rahmen gelten folgende Entwurfshinweise:

1. Die in der Rahmenebene gemessene Breite von Innenstützen h_c ist so zu wählen, dass die Verankerung der in den Knoten durch die Stütze laufenden Riegelbewehrung gewährleistet ist. Dies ergibt bei der Verwendung von Bewehrungsstäben S500 von 20 mm Durchmesser $h_c \geq 600$ mm (vgl. 4.7.4h, Tabelle von Bild 4.68).

   Aussenstützen können im Rahmen der Vorbemessung etwas weniger breit angenommen werden.

2. Die geometrische Schlankheit von Stützen sollte etwa den Wert $l_n/h_c = 8$ nicht überschreiten.

3. Als grobe Richtwerte für die Stützenquerschnittsabmessungen h_c und b_c können bei üblichen Geschosshöhen um 3.50 m auch die folgenden Werte dienen:

1	bis	5 Stockwerke:	≥ 0.40 m
5	bis	10 Stockwerke:	≥ 0.60 m
10	bis	20 Stockwerke:	≥ 0.80 m

c) Riegel

Bei erdbebendominierten Riegeln und wenn angrenzend an die Stützen plastische Gelenke erwartet werden, wird der Gehalt an oberer Bewehrung für die Riegelabmessungen massgebend. Überschreitet der Bewehrungsgehalt $\rho = A_s/(b_w d)$ den Wert von etwa $4.5/f_y$ [N/mm²], so sind bei der Knotenbewehrung Schwierigkeiten zu erwarten. Durch eine Vergrösserung der Riegelhöhe kann die bei den Stützen erforderliche Biegebewehrung auf praktikable Werte reduziert werden.

Bei schwerelastdominierten Riegeln können die Abmessungen nach den üblichen Regeln festgelegt werden. Dabei ist jedoch zu beachten, dass die Regeln für die

Riegelhöhe, welche zur Einhaltung der Durchbiegungsgrenzwerte der Normen erforderlich ist, typischerweise $20 < l/h_b < 25$ [A1], normalerweise zu übermässigen Bewehrungsquerschnitten führen. Die Riegelhöhe ist also etwas grösser zu wählen.

Die absoluten Riegelabmessungen sind stark vom Stützenraster abhängig. Typische Abmessungen bei Bürohochbauten sind etwa:

Stützenraster	Riegelabmessungen
6 m × 6 m:	$h_b \times b_w = 0.50$ m × 0.35 m
8 m × 8 m:	$h_b \times b_w = 0.75$ m × 0.40 m

Dabei empfiehlt es sich aus Gründen der Bewehrungsführung die Riegel etwa 60 bis 100 mm schmaler als die Stützen auszubilden.

d) Tragwände

In Tragwänden sind allgemein beidseitig je zwei Lagen Bewehrung einzulegen. Die Wandstärke sollte daher 200 mm nicht unterschreiten. Ausnahmen sind jedoch möglich bei sehr kleiner Schubbeanspruchung oder wenn nur 2 bis 3 Geschosse vorhanden sind.

Zur Verhinderung des vorzeitigen Ausbeulens soll in der Zone des plastischen Gelenkes das Verhältnis der lichten Höhe zur Wandstärke l_n/b den Wert von etwa 12 nicht überschreiten (genauere Angaben siehe 5.4.2b).

e) Koppelungsriegel

Um die Anordnung von Diagonalbewehrung zu ermöglichen, sollten Koppelungsriegel und die dadurch gekoppelten Wände mindestens 250 mm stark ausgebildet werden.

1.7 Begriffe

Es wurde auf eine klare Definition und systematische Verwendung der benötigten Begriffe geachtet. Die Begriffe wurden praktisch vollständig den Richtlinien der ISO [X14] bzw. einer darauf aufbauenden deutsch-österreichisch-schweizerischen Übereinkunft [X15] angepasst. Der zentrale Begriff der Methode der Kapazitätsbemessung wird in Abschnitt 1.4 erklärt. Sämtliche übrigen wichtigen Begriffe werden meist dort definiert, wo sie zum ersten Mal verwendet werden. Sie sind auch im *Sachwort-Verzeichnis* am Schluss des Buches aufgeführt, mit Hinweis auf den hauptsächlichen Ort der Definition (fettgedruckte Seitennummer).

Kapitel 2

Ermittlung der Ersatzkräfte

Die in diesem Buch dargestellte Methode der Kapazitätsbemessung verwendet horizontale statische Ersatzkräfte zur Ermittlung der Beanspruchungen des Tragwerks. Diese können aber auch mit den Antwortspektrenverfahren oder mit Hilfe dynamischer Zeitverlaufsberechnungen bestimmt werden (vgl. 1.3.2c und 1.3.3). Der wesentlichste Bauwerksparameter für die Ermittlung der Ersatzkräfte ist die Grundschwingzeit. Der Einfluss der höheren Schwingungsformen wird anschliessend bei der Bemessung berücksichtigt. Bei einem allgemeinen Vorgehen zur Ermittlung der Ersatzkräfte sind zuerst ein Bemessungsbeben, d.h. eine Bemessungsintensität, eine Bemessungsbodenbeschleunigung und ein Beschleunigungs-Bemessungsspektrum, festzulegen.

Zum Verständnis der wesentlichen Zusammenhänge gibt dieses Kapitel zuerst einen kurzen Überblick über die wichtigsten Grundlagen. Dabei wird ein gewisses Grundwissen vorausgesetzt, da eine umfassende Darstellung den Rahmen dieses Buches sprengen würde. Für ein weitergehendes Verständnis der hier in gedrängter Form dargestellten Grundlagen wird ein vertieftes Studium anhand der einschlägigen Fachliteratur empfohlen. Speziell für einen Leserkreis von Ingenieuren können etwa die Fachbücher [B20], [H3], [N3], [B26], [D2] empfohlen werden.

Anschliessend wird das allgemeine Vorgehen zur Ermittlung des Bemessungsbebens und der daraus resultierenden Ersatzkräfte dargestellt. Damit soll einerseits das Verständnis der den Normen zugrunde liegenden Annahmen ermöglicht und andererseits dem Ingenieur Hand geboten werden, beim Fehlen jeglicher Norm-Ersatzkräfte oder in speziellen, von den Normen nicht abgedeckten Fällen, die Ersatzkräfte mit der nötigen Vorsicht selbst zu bestimmen.

2.1 Grundlagen

Zum Verständnis der physikalischen Zusammenhänge werden in den folgenden Abschnitten die wichtigsten Vorgänge bei Erdbeben beschrieben. Spezielle Begriffe werden im Zusammenhang mit der Bemessung von Hochbauten definiert, und die Beziehungen zwischen den physikalischen Grössen und den Bemessungswerten werden hergestellt.

2.1.1   Entstehung und Ausbreitung von Erdbebenwellen

Erdbeben entstehen vor allem infolge von Bewegungen der Erdkruste: Die Kontinentalplatten verschieben sich gegeneinander, wodurch in den Kontaktbereichen der Platten und in den Bruchzonen allgemein sehr hohe Spannungen aufgebaut werden. Die derart gespeicherte Energie wird bei plötzlichen Bruchverschiebungen teilweise in Form von Erdbebenwellen freigesetzt. Dieser Mechanismus ist in Bild 2.1 schematisch dargestellt. Die Verschiebungsfläche, auch Herdfläche genannt, weist oft

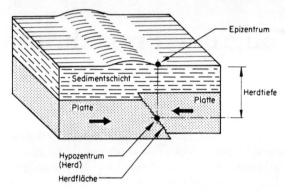

Bild 2.1: Erdbebenmechanismus bei Plattenbewegungen (nach [M16] und [B21])

beträchtliche Ausdehnungen auf. Der Mittelpunkt der Herdfläche wird mit Hypozentrum bzw. mit Herd bezeichnet, der Punkt an der Erdoberfläche direkt über dem Herd ist das Epizentrum. Obwohl die Erdbebenquelle meist als punktförmig angenommen wird, kann die Herdflächenausdehnung vor allem im Nahbereich den Charakter eines Bebens wesentlich beeinflussen.

Erdbeben anderer Ursache wie vulkanische Ausbrüche, Einstürze von Minenabbaugebieten, stauseeinduzierte Beben etc. sind meist von geringerer Bedeutung. Ihr Einflussbereich beschränkt sich im allgemeinen auf relativ kleine Gebiete.

Ein Erdbeben bewirkt Wellen verschiedenster Art und Fortpflanzungsgeschwindigkeit (vgl. Bild 2.2). Von grossem Einfluss bezüglich Reichweite und Wirkung sind die Raumwellen: Die P-Wellen sind die Primär- bzw. Kompressionswellen. Die

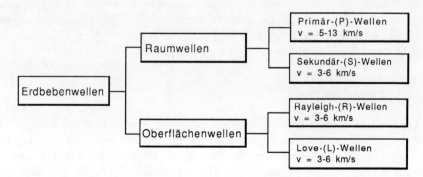

Bild 2.2: Arten von Erdbebenwellen und typische Fortpflanzungsgeschwindigkeiten

S-Wellen sind die Sekundär- bzw. Scherwellen, die sich langsamer als die P-Wellen ausbreiten. Die Raumwellen werden an der Erdoberfläche sowie an Grenzen von Bodenschichten reflektiert. Dies führt zu den in Bild 2.3 schematisch dargestellten Seismogrammen, die neben den direkten P- und S-Wellen jeweils noch die entsprechenden, z.T. mehrfach reflektierten indirekten Wellen (PP, PPP usw., SS, SSS usw.) enthalten. Die Oberflächenwellen (R- und L-Wellen) breiten sich etwas langsamer aus als die Scherwellen und werden stärker gedämpft. Es dürfte daher einleuchten, dass ein und dasselbe Erdbeben an jedem Standort auf der Erdoberfläche ein anderes Seismogramm erzeugt, d.h. die aus der Überlagerung aller eintreffenden Wellen resultierende räumliche Bodenbewegung ist an jedem Standort verschieden.

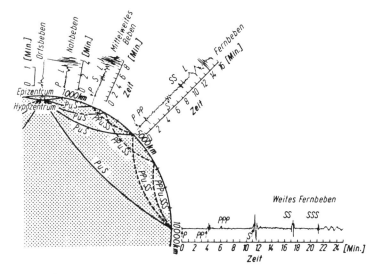

Bild 2.3: Fortpflanzung der Erdbebenwellen und ihr Erscheinen im Seismogramm [M16]

Die Stärke eines Erdbebens wird durch die Magnitude angegeben. Die Magnitude ist ein Mass für die im Herd in Form von Erdbebenwellen abgestrahlte Energie. Oft wird der folgende empirische Zusammenhang zwischen derart freigesetzter Energie E und Magnitude M verwendet (Richter-Skala):

$$M = \frac{2}{3} \left(log E - 11.8 \right) \quad [erg] \tag{2.1}$$

Die grössten Erdbeben auf der Erde seit 1900 erreichten $M \approx 8.7$. Typische Werte von Magnituden bekannter Beben sind etwa:

El Centro	1940	:	$M = 7.1$
Alaska	1964	:	$M = 8.4$
Friaul	1976	:	$M = 6.7$
Mexiko	1985	:	$M = 8.1$
Armenien	1988	:	$M = 6.9$
Nordkalifornien	1989	:	$M = 7.1$

2.1.2   Wirkungen an einem Standort

a) Bodenbewegung

Ein Bauwerk wird an einem bestimmten Standort erstellt. Deshalb sind für die Bemessung die Erdbebeneinwirkungen an diesem Standort allein massgebend.

Die Stärke eines Bebens an einem bestimmten Standort ist hauptsächlich von den folgenden Parametern abhängig:

- Magnitude
- Entfernung vom Herd
- Geologische und topographische Verhältnisse
- Bodenverhältnisse

Basierend auf der Magnitude M und der Herdentfernung r existieren verschiedene Formeln, z.B. für die maximale Bodenbeschleunigung a_o, der folgenden Art:

$$a_o = \frac{b\, e^{cM}}{r^2} \quad [\text{m/s}^2] \tag{2.2}$$

Solche Formeln mit einer Exponentialfunktion geben aber wegen der vielen nicht berücksichtigten Einflussfaktoren nur grobe Richtwerte. Sie können zwar für einzelne Beben recht gute Resultate liefern, dürfen aber nicht verallgemeinert werden. Für amerikanische Verhältnisse werden meist die Werte $b = 12.30$ km^2 und $c = 0.8$ eingesetzt [M16].

Als Beispiel für den Einfluss lokaler Bodenverhältnisse diene das Beben von Mexico 1985. Bild 2.4 zeigt Beschleunigungsaufzeichnungen dieses Bebens von zwei Stationen in Mexico-City. Die Station SCT befindet sich im Gebiet der Seesedimente und zeigte einen maximalen Ausschlag von 1.68 m/s^2. Die Station CU befindet sich nur etwa 8 km entfernt auf felsigem Untergrund, bei etwa gleicher Herdentfernung von ca. 400 km. Hier beträgt der maximal gemessene Wert 0.35 m/s^2, d.h. 4.8mal

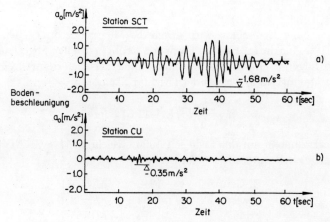

Bild 2.4: Ost-West-Komponenten der Bodenbeschleunigungen des Mexico-Bebens 1985: a) Station SCT in der Sedimentzone und b) Station CU in der felsigen Zone [B17]

weniger. Die lokalen Gegebenheiten führten in diesem Fall zu einer sehr erheblichen Verstärkung der Bodenbewegung und zu einer Veränderung des Frequenzgehaltes (vgl. Bild 2.12), da die weiche Schicht der Seeablagerungen zu starken Eigenschwingungen angeregt wurden.

Die Bilder 2.5 und 2.6 zeigen Aufzeichnungen der Beben von El Centro 1940 und San Fernando (Pacoimadamm) 1971. Diese beiden Beben werden häufig für dynamische Berechnungen im Zeitbereich herangezogen und finden auch in den Kapiteln 4, 5 und 6 dafür Verwendung.

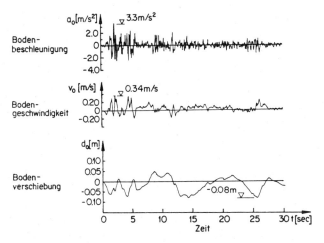

Bild 2.5: Nord-Süd-Komponente des El Centro Bebens 1940: Bodenbeschleunigung a_o, Bodengeschwindigkeit v_o und Bodenverschiebung d_o (nach [W4])

b) Wirkungen auf Bauwerke

Eine Bodenbewegung infolge eines Erdbebens bewirkt bei einem Bauwerk eine relativ rasche räumliche Fusspunktbewegung. Das Bauwerk vermag wegen der Trägheit seiner Masse dieser Bewegung nicht ohne Verformung zu folgen, und es entstehen innere Verschiebungen, d.h. Relativverschiebungen. Infolge der Tragwerksteifigkeit ergeben sich Rückstellkräfte, und Schwingungen werden angeregt. Dadurch entstehen Beanspruchungen des Tragwerks wie Biegung, Zug-, Druck- und Querkräfte sowie Torsionsmomente.

Die aus den Relativverschiebungen resultierenden Beanspruchungen betragen oft ein Vielfaches derjenigen des Gebrauchszustandes. Das Bauwerk wird überbeansprucht und es treten Schäden auf. Stärkere Beben können zu Einstürzen führen. Im Bestreben, verschiedene Beben und damit auch ihre Auswirkungen auf Bauwerke besser erfassen und vergleichen zu können, sind im Laufe der Zeit verschiedene Vergleichsgrössen und Skalen definiert worden. Die gebräuchlichsten werden in den folgenden Abschnitten kurz beschrieben.

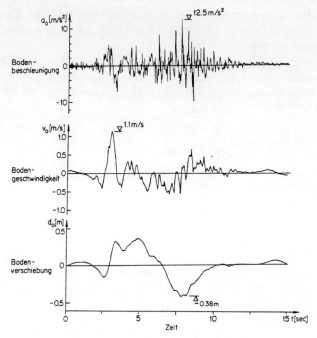

Bild 2.6: S16°O-Komponente des San Fernando-Bebens 1971 (Pacoimadamm): Bodenbeschleunigung a_o, Bodengeschwindigkeit v_o und Bodenverschiebung d_o [B23]

2.1.3   Intensität

Verschiedene Forscher haben Intensitätsskalen aufgestellt, die auf der Wahrnehmung der Erdbeben durch Personen und auf den an Bauwerken und auf der Erdoberfläche sichtbaren Wirkungen beruhen. Diese Skalen sind relativ grob und sagen über den Zeitverlauf des Bebens oder über einzelne Bewegungsgrössen kaum etwas aus. Die heute gebräuchlichsten Intensitätsskalen sind:

- Modified-Mercalli (MM)-Skala
- Medvedev-Sponheuer-Karnik (MSK)-Skala

Beide Skalen gehen über zwölf Intensitätsstufen, die sich bis auf etwa eine halbe Stufe genau entsprechen, wobei bei den Intensitäten V bis XI ein Wert auf der MSK-Skala grössere Schäden bedeutet als der gleiche Wert auf der MM-Skala. Bild 2.7 zeigt eine Gegenüberstellung der beiden Skalen mit einer Kurzbeschreibung der dazugehörigen Wahrnehmungen und Schadenwirkungen. Wie in Abschnitt 2.1.4 gezeigt wird, ist der Unterschied zwischen den beiden Skalen klein verglichen mit den Streuungen der den Intensitätsstufen zuzuordnenden Werte der Bodenbewegungsgrössen. Die Intensität erlaubt eine Erfassung der Wirkungen von Erdbeben auf Personen und Bauwerke, eignet sich aber nicht direkt als Bemessungsgrundlage.

Intensität MSK	Wahrnehmung / Wirkung	Intensität MM
I	Unmerklich; nur von Seismografen registriert	I
II	Kaum merklich; nur vereinzelt von ruhenden Personen wahrgenommen	
		II
III	Schwach; nur von wenigen verspürt	
		III
IV	Grösstenteils beobachtet; von vielen wahrgenommen; Geschirr und Fenster klirren	IV
V	Aufweckend; in Gebäuden von allen wahrgenommen; hängende Gegenstände pendeln	V
		VI
VI	Erschreckend; leichte Schäden an Gebäuden	
		VII
VII	Schäden an Gebäuden	
		VIII
VIII	Zerstörungen an Gebäuden	
		IX
IX	Allgemeine Gebäudeschäden, Erdrutsche	
		X
X	Allgemeine Gebäudezerstörungen, Spalten im Boden bis zu 1m Breite	
XI	Katastrophe; schwere Zerstörungen selbst an bestkonstruierten Bauten; zahlreiche Hangrutschungen und Spalten im Boden	XI
XII	Landschaftsverändernd; Hoch- und Tiefbauten werden vernichtet; starke Veränderung der Gestalt der Erdoberfläche	XII

Bild 2.7: Intensitätsskalen MSK und MM ([M16] und [B23])

2.1.4 Bodenbewegungsgrössen

Seit Erdbebenaufzeichnungen gemacht werden können, wird versucht, neben der recht groben Aussage der Intensität, aussagekräftigere Grössen zu definieren. Dabei liegt auf der Hand, die *maximalen Werte* der Bodenbeschleunigung a_o, der Bodengeschwindigkeit v_o und der Bodenverschiebung d_o eines Erdbebens festzuhalten, welche eine genauere Beurteilung von Beben erlauben.

Es wurden verschiedene, relativ stark voneinander abweichende Vorschläge zur Verknüpfung der Intensitätsstufen und dieser physikalischen Bodenbewegungsgrössen gemacht. Die Diskrepanzen sind verständlich, da z.B. der Frequenzgehalt des Bebens und die Dauer der Starkbebenphase nicht in solche Beziehungen eingehen.

Bild 2.8 zeigt die Auswertung einer grossen Anzahl registrierter Beben, bei der die aufgetretenen maximalen Bodenbeschleunigungen a_o für die bestimmten Intensitäten I als Summenkurven $F(a_o)$ der jeweils n ausgewerteten Beben dargestellt sind. In Bild 2.9 sind die in verschiedenen Quellen angegebenen Beziehungen zwi-

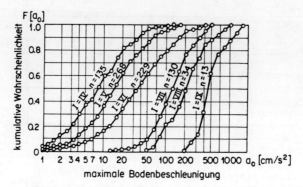

Bild 2.8: Summenkurven der bei bestimmter Intensität (MM) registrierten maximalen Bodenbeschleunigung [M16]

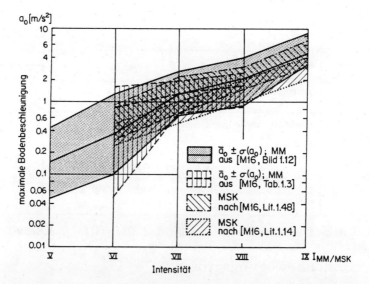

Bild 2.9: Vergleich der maximalen Bodenbeschleunigung in Funktion der Intensität (MM bzw. MSK) nach verschiedenen Angaben

schen der maximalen Bodenbeschleunigung und der Intensität aufgetragen. Dabei wurden die Mittelwerte mit den 16%- und 84%-Fraktilenwerten oder die unteren und oberen Grenzwerte dargestellt. Es zeigt sich eine prinzipielle Übereinstimmung, die unteren und oberen Fraktilenwerte liegen jedoch, auch wenn man die Unterschiede zwischen der MM- und MSK-Skala berücksichtigt, vom ingenieurmässigen Standpunkt aus betrachtet, weit auseinander. So ergibt sich für $I = $VII eine Bandbreite für a_o von 0.5 m/s^2 bis 2.6 m/s^2, der häufigste Wert liegt etwa bei 1.3 m/s^2.

Die Tabelle von Bild 2.10 gibt Werte für alle drei Grössen a_o, v_o und d_o, wobei jeweils die 16%-, 50%- (Mittelwert) und 84%-Fraktilenwerte angegeben sind. Diese drei Werte sollten eine Eingrenzung der zu erwartenden Bodenbewegungsgrössen ermöglichen. Der Variationsbereich der Werte ist allerdings gross, und genauere Angaben sind erwünscht. Immerhin können unter Einbezug der lokalen Bodenverhältnisse die Grössenordnungen der maximalen Bodenbewegungsgrössen festgelegt werden (vgl. auch 2.2.4).

Intensität I		VI[a]	VII[a]	VIII[a]
a_0	[m/s²]	0.05- **0.83** -1.60	0.70- **1.30** -1.90	0.80- **1.70** -2.50
v_0	[m/s]	0.02- **0.08** -0.14	0.08- **0.16** -0.25	0.09- **0.19** -0.29
d_0	[m]	0.01- **0.04** -0.07	0.04- **0.08** -0.13	0.02- **0.09** -0.15

[a] Angabe der Mittelwerte ± Standardabweichung

Bild 2.10: Zusammenhang zwischen Intensität (MM) und maximaler Bodenbeschleunigung a_o, Bodengeschwindigkeit v_o und Bodenverschiebung d_o (nach Tab. 1.3 in [M16])

2.1.5 Antwortspektrum

Eine umfassendere Darstellung der bei einem Erdbeben aufgetretenen Bodenbewegung ist mit dem *Antwortspektrum* möglich, das folgendermassen ermittelt werden kann: Ein Einmassenschwinger wird am Fusspunkt durch die Bodenbewegung zu Schwingungen angeregt. Der Maximalwert der Antwort (Beschleunigung, Geschwindigkeit oder Verschiebung der Masse) wird über der Eigenschwingzeit oder der Eigenfrequenz aufgetragen. Diese Berechnung wird für elastische Einmassenschwinger verschiedener Eigenschwingzeit und Dämpfung durchgeführt, üblicherweise im Bereich von etwa $T = 0.05$ bis 10 sec. Die dadurch erhaltene Kurve wird als Antwortspektrum bezeichnet.

Bild 2.11 zeigt dieses Vorgehen in schematischer Form für verschiedene *Dämpfungsmasse* ξ (Verhältnis der Dämpfung zur kritischen Dämpfung).

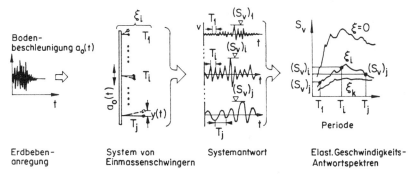

Bild 2.11: Ermittlung von elastischen Antwortspektren (nach [H3])

Es wird allgemein angenommen, dass Antwortspektren von Einmassenschwingern auch für das Verhalten von Mehrmassenschwingern, d.h. deren Eigenformen, und damit für ganze Bauwerke repräsentativ sind.

Bauwerke können im elastischen Beanspruchungsbereich sehr unterschiedliche Dämpfungswerte aufweisen. Dabei ist zu unterscheiden zwischen der Dämpfung des eigentlichen Tragwerks und derjenigen des gesamten Bauwerks, welche auch die Energieabsorption durch nichttragende Elemente umfasst. Ungerissene Stahlbetontragwerke, auch vorgespannte, können ein äquivalentes viskoses Dämpfungsmass ξ von etwa 1%, gerissene Tragwerke bis zu 3% aufweisen [D1]. Durch den Einfluss der nichttragenden Elemente kann die Dämpfung bis auf 5% oder mehr ansteigen. In neuerer Zeit werden zur Bemessung von Gebäuden vor allem Spektren mit 5% Dämpfung verwendet.

Bild 2.12 zeigt die elastischen Spektren der in Bild 2.4 gezeigten Zeitverläufe der Bodenbeschleunigung von Mexico City 1985. Die maximalen Bodenbeschleunigungen a_o sind bei der Periode $T = 0$ (Beschleunigung eines unendlich steifen Schwingers) ablesbar. Die Unterschiede zwischen den beiden Standorten treten in dieser Darstellung besonders deutlich hervor. Die Sedimentunterlage bewirkte eine Vergrösserung der maximalen Antwortbeschleunigung auf etwa den 11-fachen Wert für Schwinger mit Eigenschwingzeiten von rund 2 Sekunden.

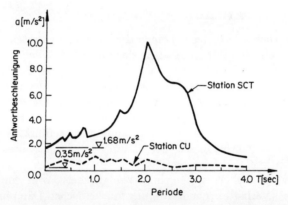

Bild 2.12: Elastische Antwortspektren der Stationen SCT und CU in Mexico City 1985, Ost-West-Komponenten, Dämpfung $\xi = 5\%$ (nach [B17])

Die Darstellung im Antwortspektrum gibt einen realistischen bauwerksbezogenen Eindruck der Wirkungen eines bestimmten Erdbebens auf eine elastisch schwingende Struktur. Der Frequenzgehalt des Bebens ist direkt ablesbar. Es wirkt sich, zusammen mit der Dauer des Bebens, im *Amplifikationsfaktor α* (Verhältnis des Antwortwertes zum Bodenwert) aus. Der Informationsgehalt ist also deutlich höher als derjenige einer einzelnen Kenngrösse, z.B. a_o. Die Bilder 2.13 und 2.14 zeigen die elastischen Antwortspektren des Bebens von El Centro 1940 und der Aufzeichnung beim Pacoimadamm des Bebens von San Fernando 1971. In der bei Bild 2.13 gewählten vierfach-logarithmischen Darstellung sind die maximale Bodenbeschleunigung, Bodengeschwindigkeit und Bodenverschiebung ersichtlich. Die Antwortkurven geben in diesem Fall die maximale Relativverschiebung zwischen Schwingermasse und Fusspunkt sowie die entsprechende Pseudogeschwindigkeit und

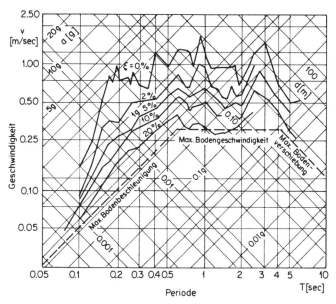

Bild 2.13: Elastisches Antwortspektrum des El Centro Bebens NS 1940, Dämpfung ξ = 0%, 2%, 5%, 10% und 20% (nach [R4] und [N2])

-beschleunigung an. Es gelten die folgenden Beziehungen:

$$v_{ps} = \omega d_{rel} \tag{2.3}$$

$$\text{und} \quad a_{ps} = \omega^2 d_{rel} \tag{2.4}$$

$$\text{wobei} \quad w = 2\pi f \tag{2.5}$$

v_{ps} : Pseudogeschwindigkeit
d_{rel} : Relativverschiebung zwischen Schwingermasse und Fusspunkt
a_{ps} : Pseudobeschleunigung
w : Kreisfrequenz des Schwingers
f : Eigenfrequenz des Schwingers

Ein Vergleich von Antwort- und Erregungsfunktion bei einer grossen Anzahl amerikanischer Beben zeigt, dass bei 5% Dämpfung im Bereich der grössten Amplifikation die folgenden mittleren Faktoren auftreten [N2]:

$$\text{Beschleunigung} \quad : \quad \alpha_a = 2.12$$
$$\text{Geschwindigkeit} \quad : \quad \alpha_v = 1.65$$
$$\text{Verschiebung} \quad : \quad \alpha_d = 1.39$$

Die in den Bildern 2.13 und 2.14 abgebildeten elastischen Antwortspektren wurden aufgrund von Bebenaufzeichnungen ermittelt. Sie weisen einen charakteristischen unsteten Verlauf auf. Treten bei gewissen Frequenzen stärkere Bodenbewegungen auf, führt dies zu einer Amplifikation des Schwingers und deshalb im Spektrum zu Spitzen.

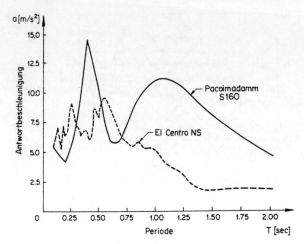

Bild 2.14: Vergleich der elastischen Antwortspektren: San Fernando (Pacoima-damm) S16°O 1971 und El Centro NS 1940, Dämpfung $\xi = 5\%$ (nach [A16])

Zu Bemessungszwecken werden meist die Umhüllenden der Antwortspektren verschiedener als massgebend beurteilter Beben verwendet, die sogenannten Bemessungs-Antwortspektren oder kurz *Bemessungsspektren*. Diese weisen einen stetigeren Verlauf auf, sie sind meist geglättet oder werden z.B. in der logarithmischen Darstellung durch Geraden begrenzt.

2.1.6 Bemessungsbeben

Zur Bemessung eines Bauwerks benötigt der Bauingenieur Angaben über das massgebende Erdbeben, das Bemessungsbeben. Die Art dieser Angaben ist von der gewählten Berechnungsmethode abhängig. In Bild 2.15 sind die üblichen Verknüpfungen von Berechnungsmethoden und Angaben über das Bemessungsbeben dargestellt. Im Rahmen der Kapazitätsbemessung wird, ausgehend von elastischen bzw. von inelastischen Bemessungsspektren, auf der Basis der Grundfrequenz des Bauwerks die statische Ersatzkraft bestimmt. Diese wird nach einem einfachen Verfahren über die Höhe des Bauwerks verteilt. Der Einfluss der höheren Eigenfor-

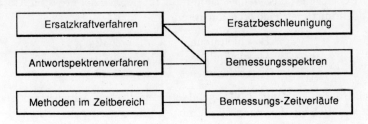

Bild 2.15: Berechnungsmethoden und entsprechende Angaben über das Bemessungs-beben

men wird bei der Festlegung der massgebenden Hüllkurven der Beanspruchungen berücksichtigt. Dazu kommt, dass der Mechanismus zur Energiedissipation bei der Methode der Kapazitätsbemessung bekannt und eindeutig festgelegt ist.

Unabhängig von der Berechnungs- und Bemessungsmethode stellt sich die Frage nach der Stärke bzw. der Art des Bemessungsbebens. Gemäss Abschnitt 1.6.4a können drei Stufen von einwirkenden Beben eingeführt werden:

- - Sicherheitsbeben
- - Betriebsbeben
- - Schadengrenzbeben

Für jedes dieser Beben sind die zur Bemessung erforderlichen Grössen anzugeben, was meist in der Form von Bemessungs-Antwortspektren geschieht. Dabei wird, ausgehend vom Sicherheitsbeben, für das Betriebs- und das Schadengrenzbeben meist nur eine Skalierungsgrösse, i.a. der Wert der Bodenbeschleunigung a_o, angepasst, und es werden damit zum Bemessungsspektrum für das Sicherheitsbeben ähnliche Spektren bestimmt.

Oft werden zur Bemessung auch künstlich generierte Zeitverläufe einer Bodenbewegungsgrösse (v.a Beschleunigungszeitverläufe) verwendet. Da diese Zeitverläufe meist das Bemessungsspektrum über den ganzen Frequenzbereich möglichst gut erfüllen, ist der Energieinhalt eines solchen künstlichen Bebens im allgemeinen wesentlich grösser als derjenige der zur Konstruktion des Bemessungsspektrums verwendeten natürlichen Beben. Dies kann zu gewissen Reserven im Tragwerk führen.

Die Grundlage für die Wahl der Bemessungsbeben bildet der Zusammenhang zwischen Beanspruchungshöhe (Intensität, maximale Bodenbeschleunigung etc.) und Auftretenswahrscheinlichkeit bzw. Wiederkehrperiode. Damit kann, ausgehend von der Nutzungsdauer des Bauwerks, eine Schadenerwartung abgeleitet werden. Aufgrund einer Optimierung (vgl. 1.6.4b) oder von diskreten, als Schadengrenzen festgelegten Werten (vgl. 2.2.7c), kann die entsprechende Einwirkung bestimmt werden.

Die Bemessung von Hochbauten auf Erdbebeneinwirkungen beginnt normalerweise mit der Bemessung auf das Sicherheitsbeben. Anschliessend wird das Verhalten des Bauwerks unter den reduzierten Einwirkungen von Betriebs- und Schadengrenzbeben ermittelt und bezüglich der Bemessungsanforderungen überprüft. Oft wird auch umgekehrt vorgegangen: Für das auf das Sicherheitsbeben bemessene Bauwerk werden die zulässigen Betriebs- und Schadengrenzbeben bestimmt. Anschliessend können für diese Beben die Wiederkehrperioden ermittelt und auf Zulässigkeit hin überprüft werden.

In den folgenden Kapiteln wird vor allem die Bemessung auf das Sicherheitsbeben behandelt. Deshalb hat der Ausdruck Bemessungsbeben im allgemeinen die Bedeutung des Sicherheitsbebens.

2.2 Allgemeines Vorgehen

In diesem Abschnitt wird das Vorgehen zur Bestimmung der Erdbeben- Ersatzkraft beschrieben. Der Ingenieur sollte damit in der Lage sein, ausgehend von bestimmten charakteristischen Grössen, die Ersatzkraft selber zu ermitteln. Diese charak-

teristischen Grössen können meist der Literatur entnommen werden (z.B. Erdbebengefährdungskarten). Sind keine derartigen Unterlagen verfügbar, so sind, um ein
ökonomisches Bauwerk zu gewährleisten, entsprechende Abklärungen durch Spezia-
listen, wie Ingenieurseismologen, erforderlich. Abschätzungen auf der sicheren Seite
bewirken möglicherweise einen höheren baulichen Aufwand mit entsprechenden Kosten und sind deshalb höchstens für Vorabklärungen und evtl. Vorbemessungen
sinnvoll.

2.2.1 Übersicht

Oft sind Normen vorhanden, welche einige der gezeigten Schritte enthalten (siehe
auch 2.3). Zur Behandlung von speziellen Problemstellungen, für Fälle ohne an-
wendbare Normen sowie zur Erleichterung des Verständnisses ist im Bild 2.16 das
Vorgehen mit den wichtigsten Teilschritten dargestellt.

Das Ablaufschema zeigt, dass ausgehend von einer Beziehung zwischen Inten-

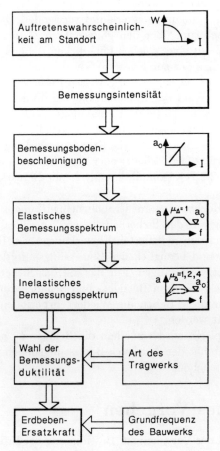

*Bild 2.16: Schema für das allgemeine Vorgehen zur Bestimmung der Erdbeben-
Ersatzkraft*

sität I und Auftretenswahrscheinlichkeit W für einen Standort eine für den vorliegenden Anwendungsfall geltende Bemessungsintensität bestimmt wird. Diese Intensität I erlaubt die Bestimmung der Bemessungsbodenbeschleunigung a_o, welche allgemein als charakteristische Grösse zur Skalierung des Bemessungsspektrums verwendet wird. Aus dem elastischen Bemessungsspektrum können die für verschiedene Verschiebeduktilitäten μ_Δ (vgl. 3.1.4) geltenden inelastischen Bemessungsspektren bestimmt werden. Nach der Wahl der Bemessungsduktilität kann aus dem entsprechenden inelastischen Bemessungsspektrum für die Grundfrequenz des Bauwerks die massgebende Beschleunigung a ermittelt werden, womit sich die Ersatzkraft berechnen lässt.

Der dargestellte Ablauf soll einerseits das Verständnis für die Zusammenhänge fördern und andererseits die Möglichkeiten zu speziellen Untersuchungen und Variantenvergleichen aufzeigen. Je nach Stand der Bemessungsgrundlagen kann der Ingenieur bei einem beliebigen Zwischenschritt in den Ablauf einsteigen. Es wird ihm aufgrund der in den folgenden Abschnitten gezeigten grundlegenden Zusammenhänge auch ermöglicht, seinen Datensatz den allenfalls veränderten Anforderungen (z.B. bezüglich der Auftretenswahrscheinlichkeit) relativ einfach anzupassen. Dies erlaubt eine Optimierung des Tragwerks, wie sie in Abschnitt 1.6.4b grundsätzlich dargestellt ist.

2.2.2 Auftretenswahrscheinlichkeit von Erdbeben

Zur Festlegung des Bemessungsbebens und damit für die Ermittlung der Erdbeben-Ersatzkraft eines bestimmten Bauwerks ist die Beziehung zwischen Intensität I und Auftretenswahrscheinlichkeit W am Standort von grosser Bedeutung. Allgemein gilt, dass Erdbeben höherer Intensität seltener auftreten als solche geringerer Intensität.

Die Bestimmung der I-W-Beziehung geschieht folgendermassen: Die Wirkung (Intensität) von Erdbeben aus den bekannten Starkbebenquellen der Umgebung im betrachteten Standort wird ermittelt. Durch eine Überlagerung der Wirkung aller wesentlichen Quellen können für verschiedene Auftretenswahrscheinlichkeiten die zu erwartenden Intensitäten bestimmt werden, woraus sich die gesuchte Beziehung ergibt. Die Schwierigkeit dieses Schrittes liegt allerdings darin, alle Quellen zu kennen und dazu die jeweiligen Magnituden (oder die Epizentralintensitäten) und die zugehörigen Auftretenswahrscheinlichkeiten, basierend auf der meist recht spärlichen Datenbasis, genügend zuverlässig abschätzen zu können. Oft sind auch die Abminderungsgesetze zur Berücksichtigung der Entfernung zum Erdbebenherd bzw. die geologischen Gegebenheiten zu wenig genau bekannt. Die I-W-Beziehung lässt sich nur von Fachleuten und mit erheblichem Aufwand zuverlässig ermitteln, andernfalls können höchstens grobe Stützdaten z.B. für Vorabklärungen abgeschätzt werden.

Bild 2.17 zeigt einige der zahlreichen in der Literatur vorgeschlagenen Abminderungsgesetze für die maximale horizontale Bodenbeschleunigung in Funktion der Entfernung. Die recht grossen Unterschiede lassen sich zum Teil auf unterschiedliche Herdmechanismen, Herdtiefen und geologische Verhältnisse zurückführen. Es ist leicht einzusehen, dass derartige Abminderungsgesetze nur für begrenzte geographische Bereiche und für bestimmte Bebenarten und -stärken sinnvoll verwendet

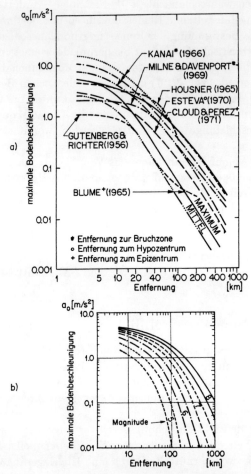

Bild 2.17: Vergleich empirischer Beziehungen für die Abnahme der maximalen Bodenbeschleunigung mit der Entfernung für a) Erdbeben der Magnitude 6.5 [B23] und b) gemittelt für Erdbeben verschiedener Magnituden [H3]

werden können.

In einigen Ländern sind Erdbebengefährdungskarten erarbeitet worden [H3]. Sie geben für gewisse Auftretenswahrscheinlichkeiten bzw. Wiederkehrperioden (reziproker Wert) die Intensität des grössten zu erwartenden Bebens an. So sind für die Schweiz Karten für die Wiederkehrperioden von 100, 1000 und 10'000 Jahren sowie eine Karte mit der Auftretenswahrscheinlichkeit für ein Beben der Intensität I_{MSK} = VIII erstellt worden [M18]. Aus diesen Informationen lässt sich die Beziehung zwischen Intensität I und Auftretenswahrscheinlichkeit W für einen beliebigen Standort innerhalb der Karte ermitteln.

Als Beispiele sind diese Beziehungen für je einen Ort im Wallis (Turtmann), am Rheinknie (Basel) und im Schweizer Mittelland (Bern) ermittelt und im Bild 2.18 dargestellt. Die Auftretenswahrscheinlichkeit und damit die Gefährdung durch Beben höherer Intensität ist demnach in Bern wesentlich kleiner als in Basel oder gar in Turtmann.

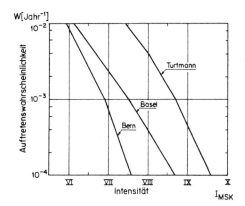

Bild 2.18: Beziehungen zwischen Erdbebenintensität I und Auftretenswahrscheinlichkeit W für Bern, Basel und Turtmann (Schweiz) nach [M18]

Unter der Annahme einer bestimmten Beziehung zwischen maximaler Bodenbeschleunigung und Intensität (vgl. Bilder 2.9 und 2.21) kann daraus ohne weiteres auch eine Beziehung zwischen maximaler Bodenbeschleunigung und Auftretenswahrscheinlichkeit hergeleitet werden. Diese Beziehung kann mit der maximalen Bodenbeschleunigung bei einer bestimmten Auftretenswahrscheinlichkeit normiert werden. Daraus ergibt sich ein Faktor in Funktion der Auftretenswahrscheinlichkeit, der als Risikofaktor R bezeichnet werden kann. In Bild 2.19 ist eine solche Beziehung dargestellt, wobei anstelle der Auftretenswahrscheinlichkeit deren reziproker Wert, die Wiederkehrperiode, verwendet wird. Sie ist auf $R = 1.0$ bei einer Wiederkehrperiode von 150 Jahren normiert. Eine Wiederkehrperiode von 400 Jahren ergibt den Wert $R = 1.9$, eine solche von 1000 Jahren ergibt $R = 2.7$.

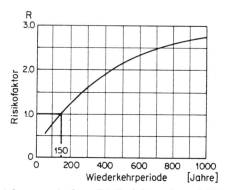

Bild 2.19: Beziehung zwischen Risikofaktor R und Wiederkehrperiode [H4]

Ausgehend von der maximalen Bodenbeschleunigung bei einer bestimmten Auftretenswahrscheinlichkeit kann mit Hilfe von Bild 2.19 für eine beliebige Wiederkehrperiode die entsprechende maximale Bodenbeschleunigung ermittelt werden.

2.2.3   Bemessungsintensität

Mit Hilfe der nach dem vorherigen Abschnitt ermittelten *I-W*-Beziehung kann für
eine bestimmte Auftretenswahrscheinlichkeit die für die Bemessung des Bauwerks
massgebende Intensität, die Bemessungsintensität, festgelegt werden. Im allgemeinen wird, wie in Abschnitt 1.6.4a erklärt, primär auf das Sicherheitsbeben bemessen. Je nach Art und Nutzung des Bauwerks sind bei der Bemessung jedoch auch
Betrachtungen zur Beanspruchung bei Beben geringerer Stärke und grösserer Auf-
tretenswahrscheinlickeit erforderlich.

Sofern zusätzlich auf ein Betriebsbeben zu bemessen ist, muss auch dessen
Bemessungsintensität ermittelt werden. Falls ein auf das Sicherheitsbeben bemessenes Tragwerk unter dem Betriebsbeben ein unbefriedigendes Verhalten aufweist,
kann das Schadenausmass durch entsprechende Massnahmen reduziert werden. So
können die nichttragenden Elemente

  – mit Bewegungsfugen versehen (Abtrennung), oder
  – punktweise duktil befestigt, oder
  – duktiler ausgeführt werden.

Eine weitere Möglichkeit besteht darin, den Tragwiderstand zu erhöhen oder das
Tragwerk steifer auszubilden. Beides ist mit einem gewissen Mehraufwand verbunden.

Das Schadengrenzbeben wird oft rückwärts ermittelt, d.h. anhand des bemessenen Tragwerks wird das Schadengrenzbeben bestimmt und diskutiert (vgl. 2.2.7c).
Falls die Schadengrenze angehoben werden muss, sind ähnliche Massnahmen wie
oben dargelegt zweckmässig.

Typische Werte für die Wiederkehrperioden der bei Hochbauten massgebenden
Bemessungsbeben sind in der Tabelle von Bild 2.20 aufgeführt. Eine Wiederkehrperiode von beispielsweise 400 Jahren bedeutet, dass während der Lebensdauer des
Gebäudes von z.B. 100 Jahren ein Erdbeben mit der Bemessungsintensität eine
mittlere Auftretenswahrscheinlichkeit von rund 20% aufweist [B25].

Art des Bebens	Wiederkehrperiode	
Sicherheitsbeben	150 - 1000	Jahre
Betriebsbeben	50 - 200	Jahre
Schadengrenzbeben	10 - 50	Jahre

Bild 2.20: Typische Wiederkehrperioden zur Bemessung von Hochbauten

Vergleiche der für verschiedene Normen angenommenen Auftretenswahrscheinlichkeiten bzw. der Wiederkehrperioden sind ohne umfassende weitere Informationen schwierig, da oft durch zusätzlich eingeführte Faktoren die angenommene
Wiederkehrperiode implizit verändert wird. Zudem sind die den Normenangaben
zugrunde liegende Beziehung zwischen der Intensität und der maximalen Bodenbeschleunigung (vgl. 2.2.4) sowie die bei der Ermittlung des erforderlichen Tragwiderstandes verwendeten Sicherheitsfaktoren, Fraktilen der Materialfestigkeiten etc.
in solche Vergleiche mit einzubeziehen.

Mit Hilfe von Bild 2.19 können Bemessungsbeben in Funktion der Wiederkehrperiode variiert werden. Damit ist ein Vergleich der Zusatzkosten für die Erdbebensicherung für verschiedene Auftretenswahrscheinlichkeiten möglich, und es kann eine allfällige Optimierung gemäss 1.6.4b durchgeführt werden.

2.2.4 Bemessungsbodenbeschleunigung

Ausgehend von der Bemessungsintensität kann die Bemessungsbodenbeschleunigung bestimmt werden. Der Zusammenhang zwischen Intensität und maximaler Bodenbeschleunigung ist jedoch nicht sehr eindeutig und weist einen ziemlich grossen Variationsbereich auf (vgl. Bild 2.9). Der Grund liegt vor allem darin, dass weitere Parameter wie Dauer und Frequenzinhalt des Bebens sowie die lokalen Bodenverhältnisse einen grossen Einfluss auf die zerstörerische Wirkung eines Erdbebens und damit auf die daraus bestimmte Intensität haben.

Ein typischer numerischer Zusammenhang zwischen Intensität und maximaler Bodenbeschleunigung kann z.B. für das Erdbeben im Friaul, Oberitalien 1976, angegeben werden [B23]:

$$log \, a_o = 0.26 \, I_{MSK} - 1.81 \quad [\text{m/s}^2] \qquad (2.6)$$

Die Zahlenwerte dieser empirischen Formel können für Beben im Alpenraum mit Herdtiefen zwischen 10 und 20 km als einigermassen allgemeingültig angesehen werden. Für Beben mit anderen Herdtiefen oder in anderen Gebieten sind sie nicht unbedingt repräsentativ.

Bild 2.21 zeigt von verschiedenen Autoren ermittelte Beziehungen zwischen Intensität und maximaler Bodenbeschleunigung.

Als Bemessungsbodenbeschleunigung wird häufig eine sogenannte 'effektive Bodenbeschleunigung' verwendet, welche während eines Bebens mehrere Male auftritt und somit kleiner ist als die nur einmal auftretende, nicht unbedingt für die Zerstörungskraft repräsentative maximale Bodenbeschleunigung [B25]. Dies entspricht einer Verschiebung der Beziehung zwischen Intensität und maximaler Bodenbeschleunigung. In Gl.(2.6) ist dann beispielsweise anstatt der Konstanten 1.81 ein Wert von 1.88 einzusetzen.

Mit Hilfe der maximalen Bodenbeschleunigung können die Beschleunigungsspektren skaliert werden (vgl. 2.2.5). Zur Konstruktion von Bemessungsspektren im 4-fach logarithmischen Massstab (vgl. Bild 2.13) werden jedoch neben der maximalen Bodenbeschleunigung a_o auch die maximale Bodengeschwindigkeit v_o sowie die maximale Bodenverschiebung d_o benötigt (vgl. Bild 2.10).

2.2.5 Elastisches Bemessungsspektrum

Elastische Antwortspektren stellen das Verhalten eines elastischen, gedämpften Einmassenschwingers bei Fusspunkterregung dar. Der Maximalwert der Antwort wird über der Eigenfrequenz oder Eigenperiode aufgetragen, wobei sowohl lineare als auch logarithmische Massstäbe, einfache und kombinierte Darstellungen gebräuchlich sind. Dabei resultieren die typischen relativ unstetigen Kurven wie in Bild 2.13.

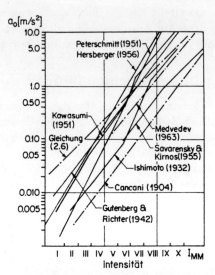

Bild 2.21: Empirische Beziehungen zwischen Intensität und maximaler Bodenbeschleunigung [B23]

Elastische Bemessungsspektren hingegen sind mit gewissen Überschreitungswahrscheinlichkeiten (Fraktilen) behaftete Umhüllende aller am Standort zu erwartenden Beben.

Der grundsätzliche, von einer bestimmten Skalierung mehr oder weniger unabhängige Verlauf eines Spektrums kann je nach Herdmechanismus, Herdtiefe, Herdentfernung, regionalen und lokalen geologischen Verhältnissen stark verschieden sein. So weisen für Kalifornien oder den europäischen Alpenraum gültige Spektren (Herdtiefen 10 - 40 km, relativ steifer Untergrund) die grösste Amplifikation im Bereich von etwa 2 bis 8 Hz auf, während z.B. für Bukarest (grosse Herdtiefe und Herdentfernung, weicher Untergrund) oder Mexico City (grosse Herdentfernung, sehr weicher Untergrund) geltende Spektren ausgeprägte Maximalwerte bei wesentlich kleineren Frequenzen (etwa 0.3 bis 2 Hz) haben. Der grundsätzliche Verlauf eines Spektrums für bestimmte Verhältnisse wird auch als Normspektrum bezeichnet und ist auf eine horizontale Bodenbeschleunigung von 1g skaliert. Zu Anwendungszwecken müssen solche Normspektren nur noch auf die Bemessungsbodenbeschleunigung umgerechnet werden.

Bild 2.22 zeigt die aus kalifornischen Beben ermittelten elastischen Normspektren (84% Fraktilen) für verschiedene Dämpfungsmasse, wie sie für die Erdbebenbemessung von Bauwerken verwendet werden. Diese Normspektren können mit Hilfe der Verhältniswerte bei den charakteristischen Punkten A bis D (sogenannte Eckfrequenzen) für jedes Dämpfungsmass konstruiert werden, wobei die Spektralwerte der Beschleunigung S_a (absolut) und der Verschiebung S_d (relative Verschiebung zwischen Massenschwerpunkt und Fusspunkt) Verwendung finden. Mit S_v wird die zugehörige Pseudogeschwindigkeit bezeichnet.

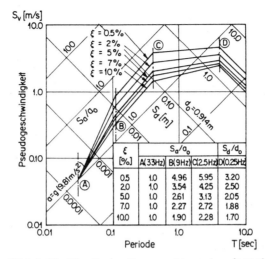

Bild 2.22: Elastische Normspektren (aus[M16])

2.2.6 Inelastische Bemessungsspektren

Bei elastischen Spektren wird vorausgesetzt, dass der Einmassenschwinger über den ganzen Verformungsbereich ein linearelastisches Verhalten aufweist. Die so erhaltenen Antwortspektren werden nur durch erhöhte Dämpfung abgemindert.

Unter der Annahme eines inelastischen bzw. elastisch-plastischen Verhaltens des Einmassenschwingers mit einem Fliesswiderstand F_y (= Tragwiderstand), der kleiner ist als die in einem elastischen Schwinger gleicher Grundfrequenz maximal auftretende elastische Beanspruchung, erhält man bei identischer Erregungsfunktion im allgemeinen eine grössere maximale Verschiebung, welche einen inelastischen Anteil aufweist.

Ein inelastischer Schwinger mit einem Tragwiderstand, der unter demjenigen des analogen elastischen Schwingers liegt, kann somit dieselbe dynamische Erregung wie der stärkere elastische Schwinger überstehen, falls inelastische Verformungen möglich sind. Diese Tatsache wird bei dynamischen Einwirkungen von ausserordentlicher Grössenordnung und relativ seltenem Auftreten, wie dies bei stärkeren Erdbeben der Fall ist, mit Vorteil ausgenützt. Dadurch, dass gewisse inelastische Verformungen, die natürlich die Erhaltung des Tragsystems in seinen wesentlichen Teilen nicht gefährden dürfen, zugelassen werden, reduziert sich der erforderliche Tragwiderstand auch bei starken Beben auf ein ökonomisch günstigeres Mass. Wie kann nun dieser reduzierte erforderliche Tragwiderstand ermittelt werden?

Tragelemente und Tragwerke unter stetig zunehmender quasi-statischer Beanspruchung weisen allgemein kein bilineares, d.h. kein ideales elastisch-plastisches Verhalten auf. Ausgehend vom anfänglich linear-elastischen Verhalten beginnt die Verformung bei zunehmender Beanspruchung überproportional zuzunehmen. Bei Stahlbetonelementen unter Biegebeanspruchung hat dies verschiedene Ursachen: mit zunehmender Beanspruchung bilden sich mehr und mehr Risse, die Lage der

neutralen Achse und damit die Biegesteifigkeit verändern sich. Dann beginnt zuerst die am weitesten von der Neutralachse liegende Bewehrungslage zu fliessen,
darauf sukzessive allfällige weitere Lagen. Dies führt zu einer stetigen Abnahme
der Steifigkeit bis hin zum Fliessen des Querschnittes (Fliessgelenk, plastisches Gelenk). Betrachtet man ein ganzes Tragwerk, so kommen weitere Effekte hinzu, insbesondere die bei zunehmender Beanspruchung sukzessive Bildung von mehreren
Fliessgelenken.

Im allgemeinen ist also ein Verformungsverhalten gemäss der ausgezogenen
Kurve in Bild 2.23 vorhanden, welche sich im Falle wiederholter Beanspruchung im
Anfangsbereich leicht verändert (die Einflüsse von dynamischer zyklischer Wechselbeanspruchung werden später behandelt). Zur Vereinfachung der rechnerischen Behandlung wird diese Kurve durch ein ideales bilineares, d.h. vollkommen elastisch-
plastisches Verhalten gemäss dem gestrichelten Verlauf in Bild 2.23 ersetzt. Dabei
wird die Verschiebung beim Fliessbeginn, die Fliessverschiebung Δ_y, mit Hilfe des
Punktes bei 0.75 F_y und einem im plastischen Bereich gemittelten Tragwiderstand
F_y bestimmt.

Der Bestimmung des Betrages von Δ_y kommt zentrale Bedeutung zu, da er
gemäss der Definition der Duktilität als Bezugsgrösse dient (vgl. 3.1.4). Eine internationale Angleichung an die von neuseeländischen Forschern vorgeschlagene,
einfache und praxisbezogene Definition nach Bild 2.23 würde den Vergleich sowohl
von experimentellen Forschungsarbeiten als auch von Berechnungsannahmen wesentlich erleichtern.

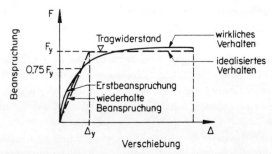

*Bild 2.23: Definition des idealisierten bilinearen Verformungsverhaltens aus ei-
ner rechnerisch oder experimentell ermittelten Beanspruchungs-Verformungs-Kurve
[P53]*

Die vorgeschlagene Bestimmung der Fliessverschiebung Δ_y nützt die Tatsache
aus, dass der Tragwiderstand F_y meist relativ gut definiert werden kann. Die idealisierte elastische Steifigkeit hängt mit dem Punkt 0.75 F_y zusammen. Bei dieser
Beanspruchung darf die Rissebildung im Beton als abgeschlossen betrachtet werden, die oben beschriebenen ausgeprägt nichtlinearen Einflüsse sind jedoch noch
relativ klein. Die Fliessverschiebung Δ_y wird somit unter Annahme einer konstanten Steifigkeit bis zum Erreichen des Tragwiderstandes bestimmt. Die erhebliche
grössere Steifigkeit bei der Erstbeanspruchung ist für die Erdbebenbemessung ohne
Bedeutung.

Zu Beginn dieses Abschnittes wurden das Verhalten eines elastischen und eines inelastischen Schwingers und insbesondere deren erforderliche Tragwiderstände

verglichen. Da bei der Bemessung die Grösse des erforderlichen Tragwiderstandes eine direkte Folge der Grösse der Erdbeben-Ersatzkraft ist (praktisch linearer Zusammenhang), kann mit Hilfe der Definition der Verschiebeduktilität (vgl. 3.1.4) die Erdbeben-Ersatzkraft inelastischer Systeme im Vergleich zu derjenigen analoger elastischer Systeme festgelegt werden. Je grösser die vorhandene bzw. zulässige Duktilität desto grösser ist die mögliche Reduktion der 'elastischen Ersatzkraft'. Dem entspricht eine Reduktion der Spektralwerte (vgl. 2.2.5) der elastischen Bemessungsspektren, welche mit verschiedenen Abminderungsfunktionen durchgeführt werden kann.

a) Empirische Abminderungsfunktionen

Empirische Abminderungsfunktionen können mit Hilfe von Erdbeben-Zeitverläufen als Fusspunkterregung von inelastischen bzw. elastisch-plastischen Einmassenschwingern mit bestimmter Dämpfung ermittelt werden. Solche Schwinger mit einer bestimmten Eigenschwingzeit, jedoch mit unterschiedlichem Tragwiderstand, erfahren unterschiedliche maximale Verschiebungen, d.h. es werden unter ein und derselben Fusspunkterregung unterschiedliche inelastische Verformungen und Duktilitätsfaktoren μ_Δ erreicht. Werden nun für ausgewählte Verschiebeduktilitätsfaktoren (z.B. $\mu_\Delta = 1, 1.5, 2, 3, 4$) die entsprechenden Widerstände über der Eigenschwingzeit aufgetragen, und wird das Prozedere für Schwinger mit anderer Eigenschwingzeit wiederholt, so ergibt sich eine Schar inelastischer Antwortspektren. Bild 2.24 zeigt die inelastischen Spektren des Bebens von El Centro 1940.

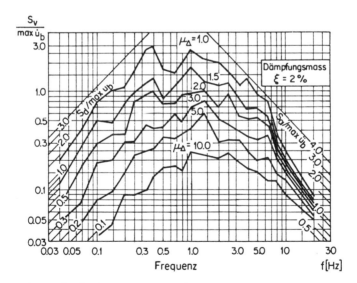

Bild 2.24: Inelastische Spektren: Einfluss des Verschiebeduktilitätsfaktors μ_Δ auf die Spektralwerte (El Centro NS 1940, $\xi = 2\%$) [W6]

Solche inelastische Spektren können für verschiedene Erdbeben-Zeitverläufe ermittelt und jeweils auf das zugehörige elastische Spektrum normiert werden. Damit lassen sich, wiederum für ausgewählte Duktilitätsfaktoren, durch Mittelwertbildung und Glättung empirische Abminderungsfunktionen bestimmen. Daraus kann bei gegebener Eigenschwingzeit das Verhältnis der inelastischen zur elastischen Erdbeben-Ersatzkraft abgelesen werden.

b) Mathematische Abminderungsfunktionen

Das im vorangehenden Abschnitt beschriebene Vorgehen ist relativ jung und erfordert sowohl detaillierte, für das betrachtete geographische Gebiet massgebende Zeitverläufe als auch einen erheblichen Rechenaufwand. Die resultierenden Kurven lassen sich mathematisch nur näherungsweise beschreiben, was deren Anwendung allenfalls erschwert.

Deshalb werden zur Ermittlung inelastischer Spektren auch mathematisch formulierte Abminderungsfunktionen gewählt:

Prinzip der gleichen Verschiebung:
Diesem Prinzip liegt die Annahme zugrunde, dass die maximale Verschiebung eines elastisch-plastischen Einmassenschwingers gleich gross sei wie diejenige des analogen vollkommen elastischen Schwingers mit der gleichen Anfangssteifigkeit (vgl. Bild 2.25a). Der Abminderungsfaktor

$$\alpha_\mu = \frac{F_y}{F_{el}} \tag{2.7}$$

wird mit der Definition

$$\frac{F_{el}}{F_y} = \frac{\Delta_u}{\Delta_y} = \mu_\Delta \tag{2.8}$$

$$\alpha_\mu = \frac{1}{\mu_\Delta} \tag{2.9}$$

Prinzip der gleichen Arbeit:
Dieses Prinzip basiert auf der Annahme, dass die von beiden Systemen geleistete Formänderungsarbeit E gleich sei. Mit Hilfe von Gl.(2.8) und

$$E = \frac{1}{2}F_{el}\left(\Delta_y \frac{F_{el}}{F_y}\right) = F_y\left(\Delta_u - \frac{\Delta_y}{2}\right) \tag{2.10}$$

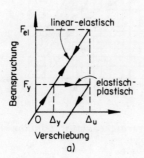
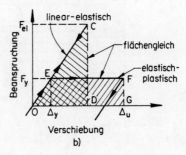

Bild 2.25: Prinzipien zur Abminderung des erforderlichen Tragwiderstandes bzw. der Erdbeben-Ersatzkraft für elastisch-plastische Einmassenschwinger: a) Prinzip der gleichen maximalen Verschiebung, b) Prinzip der gleichen Arbeit

ergibt sich der Abminderungsfaktor zu

$$\alpha_\mu = \frac{F_y}{F_{el}} = \frac{1}{\sqrt{2\mu_\Delta - 1}} \qquad (2.11)$$

In Bild 2.26 sind die Abminderungsfunktionen nach den beiden Prinzipien in Abhängigkeit von der Duktilität dargestellt. Der Unterschied zwischen den beiden Funktionen wird mit zunehmender Duktilität relativ gross.

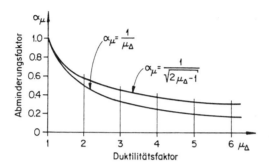

Bild 2.26: Vergleich der beiden mathematischen Abminderungsfunktionen

Vergleichsrechnungen haben ergeben, dass Gl.(2.11) im mittleren Frequenzbereich von etwa 2 bis 10 Hz recht gute Resultate liefert, während Gl.(2.9) für niedrige Frequenzen ($f < 0.7$ Hz) besser zutrifft. Für hohe Frequenzen ($f > 33$ Hz) verhält sich der sehr steife Einmassenschwinger quasi-elastisch, und α_μ nimmt den Wert 1.0 an. Diese Zusammenhänge sind in Bild 2.27 dargestellt, wobei in den Zwischenbereichen im logarithmischen Massstab eine lineare Interpolation angenommen wurde.

Die dargestellten mathematischen Abminderungsfunktionen erlauben es, den Einfluss der gewählten Duktilität (vgl. 2.2.7) auf die Grösse der aufzunehmenden Ersatzkräfte z.B. bei Projektstudien zu ermitteln. Die erste Eigenfrequenz des

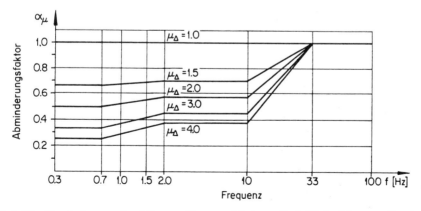

Bild 2.27: Abminderungsfunktionen für verschiedene Duktilitätsfaktoren (basierend auf den mathematischen Abminderungsfunktionen)

Bauwerks unter Berücksichtigung der Rissebildung ist in diesem Planungsstadium näherungsweise bekannt, und damit kann die Abminderung abgeschätzt werden.

Es muss jedoch daran erinnert werden, dass diese Abminderungsprinzipien auf dem Verhalten eines Einmassenschwingers beruhen. Für Systeme mit zahlreichen Freiheitsgraden stellen sie nur eine Näherung dar.

c) Bemessungsspektren

Natürlich besteht auch die Möglichkeit der direkten Darstellung von inelastischen Bemessungsspektren, ermittelt auf der Basis empirischer oder mathematischer Abminderungsfunktionen. Bild 2.28 zeigt ein solches Beispiel, bei dem die Kurvenschar auf den Maximalwert ('Plateauwert') des elastischen Spektrums ($\mu_\Delta = 1$) normiert worden ist.

Als weiteres Beispiel zeigt Bild 2.29 unter einem elastischen Bemessungsspektrum nach [X12] durch Multiplikation mit den Abminderungsfunktionen von Bild 2.27 erhaltene inelastische Bemessungsspektren.

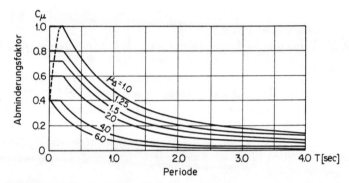

Bild 2.28: Normierte inelastische Bemessungsspektren für normale Böden [P53]

2.2.7   Wahl der Bemessungsduktilität

Zur Bestimmung der Ersatzkraft muss eine Bemessungsduktilität gewählt werden. Diese hat einen grossen Einfluss auf die wirksame Beschleunigung (vgl. Bild 2.29) und damit auf die Höhe der Ersatzkraft. Eine höhere Duktilität ergibt kleinere Ersatzkräfte, es müssen aber grössere Verformungen und damit im allgemeinen auch grössere Schäden in Kauf genommen werden. Die höhere plastische Verformungsfähigkeit ist im Bauwerk durch entsprechende konstruktive Massnahmen sicherzustellen. Der Ingenieur hat also bei der Festlegung der Bemessungsduktilität einen gewissen Spielraum und kann zwischen der Höhe der Ersatzkraft und der Verformungsfähigkeit des Tragwerks abwägen.

a) Allgemeine Erwägungen

Bei der Wahl der Bemessungsduktilität sind folgende Punkte zu beachten:

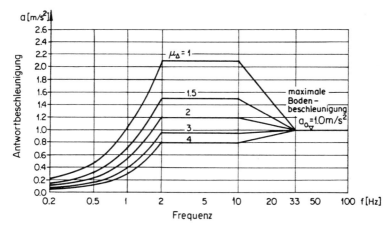

Bild 2.29: Absolute inelastische Bemessungsspektren für die Schweiz (Zone 2, mittelsteife Böden; nach [X12] und Bild 2.27)

Duktiles Tragsystem:
Das Tragsystem muss grundsätzlich für ein duktiles Verhalten geeignet sein. Vorhandene spröde Tragelemente sind gemäss der im 1. Kapitel beschriebenen Methode der Kapazitätsbemessung durch bewusst gewählte duktile Bereiche vor Überbeanspruchung zu schützen.

Zulässige Verformungen:
Die Grösse der zulässigen Verformungen hängt je nach Bemessungsfall (Schadengrenzbeben, Betriebsbeben, Sicherheitsbeben) von verschiedenen Faktoren ab. Die wichtigsten sind gegeben durch die Art der Nutzung und die Konstruktion der nichttragenden Elemente. Bei Bauten ohne nichttragende Elemente (z.B. Parkgaragen) oder bei entsprechender baulicher Abtrennung (Bewegungsfugen), können grössere Kraftabminderungen, wie entsprechend $\mu_\Delta = 6$, vorgenommen werden. Die Konstruktion der Verbindungen und Befestigungen, die Art der konstruktiven Durchbildung der potentiellen plastischen Bereiche wie auch das unterschiedliche Verformungsverhalten von Rahmen und Tragwänden, haben einen grossen Einfluss auf die unter den verschiedenen Kriterien zulässigen Verformungen.

Die beiden Grundtypen von Stahlbetontragsystemen (Rahmen- und Tragwandsysteme) unterscheiden sich hinsichtlich der Verformungen ganz wesentlich. Während bei Tragwandsystemen, auf die untersten ein bis zwei Stockwerke beschränkt, relativ kleine Stockwerkverformungen auftreten, weisen Rahmensysteme grössere, über das ganze Tragsystem verteilte Verformungen auf.

Baulicher Zusatzaufwand:
Der bauliche Zusatzaufwand zur Erreichung der angenommenen Duktilität ist abhängig von deren Grösse. Eine hohe Duktilität vermindert die Bewehrung in den erdbebenbeanspruchten Tragelementen wie Riegel, Stützen und Tragwände, erfordert aber speziell bei Rahmen eine konstruktiv saubere Durchbildung von vielen Bereichen potentieller plastischer Gelenke, damit deren Rotationsfähigkeit

gewährleistet ist. Daraus resultieren ein gewisser Aufwand an sekundärer Bewehrung und entsprechende Mehrkosten. Es kann daher durchaus sinnvoll sein, die bei geringerer Duktilität höheren Ersatzkräfte bei einer beschränkten Duktilität aufzunehmen, besonders wenn Schwerelasten dominieren.

Vorhandener Tragwiderstand:

Aus verschiedenen Gründen kann der Tragwiderstand der vorhandenen Elemente, verglichen mit der Beanspruchung durch die Ersatzkräfte, relativ gross sein. In solchen Fällen kann schon eine verhältnismässig kleine angenommene Duktilität zu gut aufnehmbaren Ersatzkräften führen. Damit können die konstruktiven Massnahmen reduziert werden (vgl. 7. Kapitel).

b) Duktilitätsklassen

Aus praktischen Gründen beschränkt man sich pro Konstruktionsart zweckmässigerweise auf wenige Duktilitätsklassen. Dies ermöglicht eine sinnvoll abgestufte Systematisierung der konstruktiven Durchbildung. Auch bei der Bauausführung werden dadurch gewisse Tragelemente mindestens über einen Teil der Geschosse baugleich und erleichtern die Rationalisierung, indem etwa die Schalung gleich bleibt und die Riegelbewehrung als Körbe serienartig vorgefertigt werden kann.

In der Tabelle von Bild 2.30 sind typische Verschiebeduktilitätsfaktoren μ_Δ für drei verschiedene Duktilitätsklassen von Stahlbetontragwerken zusammengestellt. Die angegebenen Werte können mit hoher Sicherheit erreicht werden, sofern die in den Kapiteln 4 bis 8 dargestellten Regeln zur Bemessung und konstruktiven Durchbildung eingehalten werden. Insbesondere wurden die Regeln für die Duk-

Duktilitätsklasse	Rahmen	Tragwände ($h/l > 3$)
wenig duktil ('elastisch')	1.0 - 1.5	1.0 - 1.3
beschränkt duktil	3.5	3
voll duktil	6	5

Bild 2.30: Duktilitätsklassen und entsprechende Verschiebeduktilitätsfaktoren μ_Δ für Stahlbetontragwerke

tilitätsklasse 'voll duktil' vor allem in Neuseeland mit Hilfe ausgedehnter experimenteller Untersuchungen entwickelt. Die Regeln sind auf die bei den gegebenen Verschiebeduktilitäten des Systems am Tragelement höchstens auftretenden Verformungen ausgelegt. Sie gewährleisten ein zufriedenstellendes Verhalten der Tragelemente auch unter inelastischen Verschiebungen von bis zu 50% über den gemäss Bild 2.30 der Bemessung zugrunde liegenden Werten. Damit erübrigt sich eine detaillierte Kontrolle der Verformungsfähigkeit für jedes Tragelement.

Das wiederholte Erreichen grosser inelastischer Verformungen ist allerdings ohne eine gewisse Verminderung des Tragwiderstandes nicht möglich. Diese sollte aber bei einem Tragwerk nach viermaligem Erreichen von Verformungen entsprechend der Bemessungsduktilität in beiden Beanspruchungsrichtungen rund 20% nicht überschreiten. Für einzelne Tragelemente kann eine etwas grössere Verminderung in Kauf genommen werden. Deshalb haben in einem Standard-Versuch Riegel und

Stützen eines Rahmens nach vier vollständigen Beanspruchungszyklen bei Bemessungsduktilität eine Verminderung des Tragwiderstandes von weniger als 30% des
Rechenwertes aufzuweisen.

Die Duktilität ist ein geeignetes Mass für die Fähigkeit eines Tragwerks, Energie
zu dissipieren. Dabei liegt es jedoch auf der Hand, dass die Zuverlässigkeit eines
Bauwerks höher ist, wenn die Energiedissipation in zahlreichen Fliessgelenken stattfinden kann und nicht nur in einzelnen Bereichen, wie dies bei Tragwänden der Fall
ist. Deshalb werden den hochgradig statisch unbestimmten Tragwerken wie Rahmen
normalerweise höhere Duktilitäten zugeordnet. Dieser Effekt tritt auch im Vergleich
zwischen zwei gekoppelten Wänden mit einer grossen Anzahl von Fliessgelenken
und zwei ungekoppelten Wänden im Abschnitt 5.3.2 zutage. Aus diesen Gründen
werden an das Verhalten von Tragwänden im Standard-Versuch höhere Anforderungen gestellt. Der Tragwiderstandsverlust nach vier vollen inelastischen Zyklen
bei Bemessungsintensität darf höchstens 20% betragen.

c) Abschätzung der Stärke des Schadengrenzbebens

Im Zusammenhang mit der Wahl der Duktilität für das Bemessungsbeben (Sicherheitsbeben) erscheint es angezeigt, einige Überlegungen zur Stärke des Schadengrenzbebens und deren Verhältnis zur Stärke des Bemessungsbebens anzufügen.

Bild 2.31 zeigt das Beanspruchungs-Verschiebungsverhalten (z.B. Stockwerkquerkraft – Stockwerkverschiebung) für drei Tragwerke, und zwar für ein elastisches
Tragwerk A mit der Duktilität $\mu_{\Delta,A} = 1$ und für die elastisch-plastischen Tragwerke
B und C mit den Duktilitäten $\mu_{\Delta,B} = 2$ und $\mu_{\Delta,C} = 4$. Alle drei Tragwerke wurden
für das gleiche Bemessungsbeben mit der gleichen maximalen Bodenbeschleuni-
gung a_o ausgebildet, wobei für B und C als Abminderungsfunktion das Prinzip
der gleichen Arbeit (vgl. 2.2.6b) angewendet wurde. Die Tragwiderstände sind mit
$F_{y,A}$, $F_{y,B}$ und $F_{y,C}$ bezeichnet. Mit kleinerem Tragwiderstand verringert sich auch
die Steifigkeit, d.h. die Neigung der elastischen Geraden.

Sofern sich alle drei Tragwerke unter dem Bemessungsbeben elastisch verhalten
müssten, so hätten sie mindestens den 'elastischen Tragwiderstand'

$$F_{el,i} = F_{y,i} \sqrt{2\mu_{\Delta,i} - 1} \qquad (2.12)$$

aufzuweisen. Wegen der obigen Voraussetzung ist $F_{el,i} = F_{el} = F_{y,A}$.

Beispielsweise aufgrund der Eigenschaften der nichttragenden Elemente kann
eine zum Schadengrenzbeben gehörende Verschiebung (Schadengrenzverschiebung)
festgelegt werden, welche als Δ_s im Bild 2.31 eingetragen ist. Hiefür ist der Anteil
der inelastischen Verschiebung beim Tragwerk C mit der höheren Duktilität grösser
als beim Tragwerk B, während beim Tragwerk A kein solcher Anteil auftritt.

Gemäss 2.2.6 entsprechen sich im Beanspruchungs-Verschiebungsdiagramm
Tragwiderstand und Erdbeben-Ersatzkraft, d.h. die Betrachtungen gelten grundsätzlich jeweils für beide Grössen. Insbesondere kann anstelle des 'elastischen Tragwiderstandes' die 'elastische Ersatzkraft' betrachtet werden.

Es kann nun eine zum Schadengrenzbeben bzw. zu Δ_s gehörende elastische
Ersatzkraft $F_{s,i}$ eines mit $\mu_\Delta > 1$ bemessenen Tragwerks mit der Fliessverschiebung

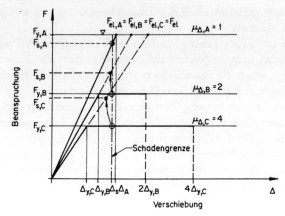

Bild 2.31: Abschätzung des Schadengrenzbebens ausgehend von Tragwiderstand und Schadengrenze.

$\Delta_{y,i}$ definiert werden. Sie beträgt wiederum nach dem Prinzip der gleichen Arbeit:

$$F_{s,i} = F_{y,i}\sqrt{2\frac{\Delta_s}{\Delta_{y,i}} - 1} \qquad (2.13)$$

Dieser Ausdruck gilt für den Fall $\Delta_s > \Delta_{y,i}$, wenn sich also das Tragwerk unter dem Schadengrenzbeben bereits inelastisch verformt (Tragwerke C und B). Für $\Delta_s \leq \Delta_{y,i}$ ist $F_{s,i}$ die zu Δ_s gehörende Ersatzkraft im elastischen Bereich des Beanspruchungs- Verschiebungsdiagrammes (Tragwerk A). $F_{s,i}$ entspricht in beiden Fällen der Bebenstärke, welche Δ_s erzeugt, also der Stärke des Schadengrenzbebens. In Bild 2.31 sind die Grössen $F_{s,i}$ durch ausgefüllte Kreise dargestellt.

Die maximale Bodenbeschleunigung $a_{o,s,i}$ des Schadengrenzbebens im Verhältnis zu derjenigen des Bemessungsbebens a_o kann nun als Verhältnis der zugehörigen elastischen Ersatzkräfte ausgedrückt werden, woraus folgt:

$$a_{o,s,i} = a_o \frac{F_{s,i}}{F_{el}} \qquad (2.14)$$

Mit der maximalen Bodenbeschleunigung des Schadengrenzbebens kann dessen Wiederkehrperiode abgeschätzt werden. Ist diese zu klein, so ist das Tragsystem mit grösserer Steifigkeit bzw. mit einem höheren Tragwiderstand auszubilden, unter Umständen sind z.B. anstelle von Rahmen Tragwände zu verwenden. Durch den höheren Tragwiderstand sinkt die erforderliche Duktilität beim Bemessungsbeben, $F_{s,i}$ wird grösser, und die maximale Bodenbeschleunigung des Schadengrenzbebens sowie dessen Wiederkehrperiode nehmen ebenfalls zu.

Das folgende einfache Beispiel illustriert diese Zusammenhänge. Ein Tragwandsystem D soll auf ein Sicherheitsbeben mit einer Wiederkehrperiode von 250 Jahren und einer Verschiebeduktilität $\mu_\Delta = 4.0$ bemessen werden. Die Schadengrenzverschiebung für die vorgesehenen nichttragenden Elemente liege bei $\Delta_s = 1.5\,\Delta_{y,D}$. Nach Gl.(2.13) und (2.12) erhalten wir:

$F_{s,D} = F_{y,D}\sqrt{2 \cdot 1.5 - 1} = F_{y,D}\sqrt{2}$ und $F_{el,D} = F_{y,D}\sqrt{2 \cdot 4.0 - 1} = F_{y,D}\sqrt{7}$

Daraus ergibt sich nach Gl.(2.14): $a_{o,s,D} = a_o\sqrt{2/7} = 0.53a_o$.

Zum Schadengrenzbeben gehört also rechnerisch eine maximale Bodenbeschleunigung, die 53% derjenigen des Bemessungsbebens beträgt.

Die zugehörige Wiederkehrperiode kann mit Hilfe von Bild 2.19 abgeschätzt werden. Ausgehend von $R = 1.4$ bei 250 Jahren erhalten wir für $R = 0.53 \cdot 1.4 = 0.74$ eine Wiederkehrperiode von etwa 100 Jahren. Dieser Wert ist für Hochbauten höher als allgemein üblich (vgl. Bild 2.20). Falls Einsparungen möglich würden, könnte daher dieses Tragsystem auf eine höhere Duktilität bemessen werden, allerdings sollten die Grenzwerte von Bild 2.30 eingehalten werden. Im vorliegenden Fall könnte daher mit $\mu_\Delta = 5$ bemessen werden, wodurch die rechnerische Wiederkehrperiode für das Schadengrenzbeben auf etwa 70 Jahre abnehmen würde ($R = 0.47 \cdot 1.4 = 0.66$).

Analoge Überlegungen wie bei der Festlegung von Δ_s für das Schadengrenzbeben können zur Festlegung einer meist etwas grösseren Verschiebung Δ_b für das Betriebsbeben führen, bei dem die Betriebsfähigkeit gerade noch erhalten ist. In den Gleichungen (2.13) und (2.14) sind dann die Grössen Δ_s durch Δ_b, $F_{s,i}$ durch $F_{b,i}$ und $a_{o,s,i}$ durch $a_{o,b,i}$ zu ersetzen.

d) Stockwerkverschiebungen und Schadenbegrenzung

Das obige Vorgehen zur Schadenbegrenzung ergibt nur einigermassen zuverlässige Ergebnisse, wenn die Verformung Δ_y beim Fliessbeginn (vgl. Bilder 2.23 und 2.31) relativ genau vorausgesagt werden kann. Ein Tragwerk hat also auch eine entsprechende berechenbare Steifigkeit bezüglich horizontalen Einwirkungen aufzuweisen.

Es wird für sehr flexible, voll duktile Rahmen in Gebieten mit hohem Erdbebenrisiko empfohlen [X1], die Stockwerkverschiebung infolge der Erdbeben-Ersatzkräfte auf $h/300$ zu begrenzen (h = Stockwerkhöhe). Die verwendete Steifigkeit soll dieselbe sein wie bei der Ermittlung der Grundschwingzeit T_1 des Bauwerks. Eine Verschiebeduktilität von $\mu_\Delta = 3$ entspricht bei üblichen Rahmen etwa einer gesamten Verschiebung von $h/100$, d.h. 1% der Stockwerkhöhe. Gewisse Normen [X1] beschränken die maximale Verschiebung auf 2% der Stockwerkhöhe, was etwa $\mu_\Delta = 6$ entspricht. Oberhalb dieses Wertes kann der Erdbebenwiderstand durch den sogenannten P-Δ-Effekt stark abgemindert werden (vgl. Abschnitt 4.6).

Ein Rahmen mit der Schwerelast P_g und der gesamten Stockwerkverschiebung $\Delta_u = \mu_\Delta\Delta_y$ erfährt eine Abnahme des noch für die Erdbebeneinwirkung bzw. die Energiedissipation verfügbaren horizontalen Tragwiderstandes um $P_g\Delta_u/h$ (Bild 2.32). Die erwähnte Beschränkung auf $\Delta_y \leq h/300$ soll diese Abnahme in annehmbaren Grenzen halten. Auch bei kleinen Erdbeben-Ersatzkräften in Gebieten geringer Seismizität ist die Stockwerkverschiebung zu beschränken, sonst kann die Abnahme des für die Erdbebeneinwirkung verfügbaren Tragwiderstandes um $P_g\,\mu_\Delta\,\Delta_y/h$, im Verhältnis zu dem in diesem Falle kleinen vorhandenen Tragwiderstand, zu gross werden. Es bieten sich grundsätzlich zwei Massnahmen oder deren Kombination an:

1. Verminderung der Verschiebung bei Fliessbeginn Δ_y
   (Erhöhung der Steifigkeit)

2. Wahl einer kleineren Verschiebeduktilität μ_Δ zur Ermittlung der Ersatzkräfte
   (Erhöhung des Tragwiderstandes).

Diese Überlegungen führen dazu, dass zwei identische Rahmentragwerke, bemessen
auf die gleiche Verschiebeduktilität μ_Δ, aber mit verschiedenen maximalen Bodenbeschleunigungen, dieselbe Steifigkeit aufweisen sollten, da sonst die Abnahme des
verfügbaren Tragwiderstandes infolge der P-Δ-Momente gemäss Abschnitt 4.6 zu
gross wird.

Bild 2.32 zeigt den Einfluss dieses Effektes. Es werden zwei analoge Tragwerke
betrachtet, wobei das zweite 60% des Tragwiderstandes des ersten aufweist. Im Falle
einer kleineren Steifigkeit des zweiten gegenüber dem ersten Tragwerk (Bild 2.32a)
wird der Anteil der Reduktion sehr gross (im Beispiel mit $\mu_\Delta = 3$ und $P_g =$ konstant:
30%) während er bei gleicher Steifigkeit (Bild 2.32b) nur rund zwei Drittel davon
(18%) beträgt.

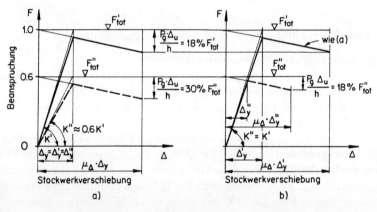

*Bild 2.32: Abnahme des für die Erdbebeneinwirkung verfügbaren Tragwiderstandes
durch den P-Δ-Effekt bei verschiedener Bauwerksteifigkeit*

Aus ungenügend bewehrten und durchgebildeten Rahmenknoten können infolge
von Schub- und Schlupfverformungen wesentliche Vergrösserungen der Gesamtverschiebung Δ_u resultieren. So zeigte sich bei neueren amerikanischen Versuchen [L3],
dass nach den ACI-Normen bewehrte Rahmen, bei einer Verschiebeduktilität von
$\mu_\Delta = 2$, Stockwerkverschiebungen in der Grössenordnung von 2-3% aufwiesen. Daraus ergibt sich $\Delta_y \approx h/70 >> h/300$, was zu einer übermässigen Abnahme des für
die Erdbebeneinwirkung verfügbaren Tragwiderstandes führen kann.

Bei der Wahl der Bemessungsduktilität μ_Δ ist die Steifigkeit des Tragwerks
von grosser Bedeutung, wenn Schadengrenzen, d.h. absolute Verschiebungswerte,
zu beachten sind. Nehmen Tragwände mit kleinen Werten Δ_y den Hauptteil der
horizontalen Kräfte auf, so können bei gleicher Schadengrenze grössere Verschiebeduktilitäten verwendet werden als bei Rahmen.

Wurden mit dem gewählten Wert μ_Δ die Ersatzkräfte bestimmt und das Tragwerk entsprechend bemessen, so kann die maximale Verschiebung mit $\Delta_{max} = \Delta_u =$

$\mu_\Delta \, \Delta_y$ abgeschätzt werden, welche zur Beurteilung des Schadenverhaltens verwendet wird.

Sind nichttragende Elemente, die mit dem Tragwerk fest verbunden sind, vor Schäden zu schützen, so ist die Stockwerkverschiebung auf etwa $h/1500$ zu beschränken, ein Wert der mit Rahmen schwer bis unmöglich zu erreichen ist. Bei Rahmen führt eine Abtrennung der nichttragenden Elemente vom Tragwerk viel eher zum Ziel als eine Erhöhung der Tragwerksteifigkeit. In diesem Fall werden die obigen Verschiebungen zur Bestimmung der erforderlichen Bewegungsfugen zwischen nichttragenden Elementen und Tragwerk verwendet. Bei der Festlegung der Bewegungsfugen sind die folgenden vier Aspekte zu beachten:

1. Die Halterung und Befestigung der Fassadenbauteile erfordert besondere Aufmerksamkeit, da deren Versagen eine Gefährdung von Leib und Leben bedeuten kann. Niederstürzende Glasbauteile und Fenster, Betonelemente, Füllwände aus Mauerwerk, usw., evtl. mit spröden Verbindungen, stellen während eines Erdbebens und der darauffolgenden Rettungsoperationen, meist noch verschärft durch Nachbeben, eine grosse Gefahr dar (vgl. Bild 2.33).

Bild 2.33: Heruntergestürzte Fassadenelemente aus Beton (Penney-Gebäude, Alaska 1964 [A14])

2. Falls die Schäden an inneren Zwischenwänden zu verringern sind, müssen auch diese vom Tragwerk abgetrennt werden, auch wenn keine Gefährdung von Leben besteht. So können Bewegungsfugen mit einer Breite von rund 25% der erwarteten maximalen Verschiebung $\Delta_u = \mu_\Delta \, \Delta_y$ im allgemeinen akzeptiert werden.

3. Nichttragende Elemente, welche Tragelemente wie Stützen beschädigen oder das vorgesehene Verhalten des Tragsystems wesentlich stören können (vgl.

Bild 1.14), sind unbedingt abzutrennen. Bei Treppenläufen, Brüstungswän-
den, Backstein-Zwischenwänden usw. soll bei der maximalen Verschiebung Δ_u
keine Behinderung des Tragsystems und kein Aufprall erfolgen können. Bei
Fassadenbauteilen dürfte eine Fugenbreite von rund 60% von Δ_u im allgemeinen genügen.

4. Um einen Zusammenprall benachbarter Gebäude A und B zu verhindern, ist
   dazwischen eine Fuge gemäss den folgenden Regeln vorzusehen:

$$\Delta \geq 1.2 \, (\Delta_{u,A} + \Delta_{u,B}) \qquad (2.15)$$

$$\Delta \geq 0.004 \, H \qquad (2.16)$$

$$\Delta \geq 25 \text{ mm} \qquad (2.17)$$

Δ :   Fugenbreite

$\Delta_{u,A}, \Delta_{u,B}$:   maximale Horizontalverschiebung der Gebäude A bzw. B
auf der Höhe H (unter Berücksichtigung allfälliger Baugrundverformungen)

H :   Höhe des niedrigeren Gebäudes

Die Fugenbreite Δ ist in allen Richtungen zu gewährleisten. Die Bewegungsfugen brauchen, gewisse Spezialfälle ausgenommen, nicht durch die Fundation
geführt zu werden (vgl. Bild 1.12f).

2.2.8   Erdbeben-Ersatzkraft

Die Erdbeben-Ersatzkraft ist die gesamte horizontal auf das Bauwerk wirkende
statische Kraft infolge der Erdbebenerregung am Fusspunkt:

$$F_{tot} = a M_{tot} \qquad (2.18)$$

F_{tot} :   gesamte horizontale Erdbeben-Ersatzkraft

a :   Spektralbeschleunigung

M_{tot} :   Masse entsprechend den Dauerlasten des gesamten Gebäudes
oberhalb der Fundation und den wahrscheinlich vorhandenen
Nutzlasten

Das Vorgehen zur Ermittlung der Spektralbeschleunigung wird in den folgenden
Abschnitten im einzelnen beschrieben.

a) Bestimmung der Grundschwingzeit

Aufgrund der gemäss dem vorangehenden Abschnitt gewählten Bemessungsduktilität kann aus dem entsprechenden inelastischen Bemessungsspektrum die Spektralbeschleunigung ermittelt werden. Dazu muss zuerst die Grundschwingzeit des
Bauwerks bestimmt werden. Die Einflüsse der höheren Eigenschwingungsformen
werden erst bei der Bemessung berücksichtigt.

Die Grundschwingzeit bzw. die Grundfrequenz kann mit verschiedenen Methoden, die sich bezüglich Aufwand und Genauigkeit erheblich unterscheiden, ermittelt
werden:

1. Grobe Abschätzung aufgrund der Anzahl der Stockwerke oder der Gebäudeabmessungen

2. Methode nach Rayleigh am vorhandenen Tragsystem

3. Handrechnung am Modell des Ersatzstabes, evtl. unter Berücksichtigung der
   Nachgiebigkeit des Baugrundes.

4. Ermittlung mit einem Rechenprogramm am vollständig und diskret model-
   lierten Tragwerk

Die *Wahl der Methode* hängt insbesondere von den folgenden Aspekten ab:

Stand der Projektierung:
Für eine erste Orientierung genügt meist die grobe Abschätzung (1). Für Vorpro-
jekte und Ausführungsprojekte werden eher die Methoden (2), (3) und (4) verwendet.

Verlauf des Bemessungsspektrums im Bereich der Grundschwingzeit:
Im mittleren Bereich von etwa 2 bis 10 Hz (vgl. Bild 2.29) bleibt die Spektralbeschleunigung bei einer Änderung der Grundschwingzeit konstant. Deshalb ist hier
keine grosse Genauigkeit erforderlich. Bei stark variablem Verlauf (unterhalb 2 Hz
im Bild 2.29) ist eine genauere Bestimmung jedoch wesentlich.

Unsicherheiten der Modellbildung:
Bei erheblichen Unsicherheiten, z.B. bezüglich der Nachgiebigkeit des Baugrundes,
müssen Grenzwertbetrachtungen durchgeführt werden, wobei z.B. die nicht allzu
aufwendige Methode (3) verwendet werden kann.

Im folgenden werden *Hinweise zu verschiedenen Methoden* gegeben:

1. Grobe Abschätzung
Näherungsformeln mit Berücksichtigung des Bodeneinflusses [X12]:

- Gebäude bei denen die Erdbebenkräfte durch Rahmen abgetragen werden:

$$f_1 = C_s \frac{12}{n} \quad [Hz] \qquad (2.19)$$

- Gebäude, bei denen die Erdbebenkräfte durch Tragwände inkl. Kerne, Fach-
  werke u.a. abgetragen werden:

$$f_1 = 13 \, C_s \frac{\sqrt{l}}{H} \quad [Hz] \qquad (2.20)$$

f_1 : Grundfrequenz (Grundschwingzeit $T_1 = 1/f_1$)
n : Anzahl Stockwerke ab Einbindungshorizont
l : Gebäudeabmessung in Schwingungsrichtung [m]
H : Gebäudehöhe ab Einbindungshorizont [m]
C_s : Baugrundbeiwert: Für steife Böden $C_s = 0.9$ bis 1.1,
       für mittelsteife Böden $C_s = 0.7$ bis 0.9

Weitere Abschätzungsformeln empirischer oder halbempirischer Art sind in Hand-
büchern und Normen zu finden.

2. Methode nach Rayleigh
Die Eigenschwingzeit kann nach Rayleigh wie folgt berechnet werden [X8]:

$$T_1 = 2\pi \sqrt{\frac{\sum_{j=1}^{n} W_j d_j^2}{g \sum_{j=1}^{n} F_j d_j}} \qquad (2.21)$$

W_j = $m_j\,g$: Schwerelast infolge der Masse m_j auf der Höhe h_j
d_j : horizontale Verschiebung auf der Höhe h_j infolge der
        Erdbeben-Ersatzkräfte F_j
F_j : Erdbeben-Ersatzkraft auf der Höhe h_j (vgl. Bild 2.35)
g : Erdbeschleunigung (9.81 m/s^2)

Diese allgemeine Bestimmungsgleichung kann für 'einigermassen regelmässige Bauwerke' [X8] vereinfacht werden zu:

$$T_1 = 0.063 \sqrt{\Delta_n} \quad [\text{sec, mm}] \qquad (2.22)$$

Δ_n : horizontale Verschiebung der obersten Decke n des Tragsystems
      unter den horizontalen Kräften

$$F_j^W = W_j(h_j/H)$$

in allen Geschossen auf der Höhe h_j, wobei $H = h_n$ (vgl. Bild 2.35)

Die Verschiebung Δ_n kann mit jedem 'statischen' Rechenprogramm ermittelt werden. Vergleichsrechnungen zeigten für regelmässige Gebäude eine sehr gute Übereinstimmung mit den Resultaten aus der Eigenwertbestimmung ('dynamische' Rechenprogramme). Für stark unregelmässige Gebäude wird die Eigenschwingzeit leicht unterschätzt.

3. Ersatzstab in elastischem Baugrund
Eine ebenfalls auf der Methode von Rayleigh beruhende Formel zur Berücksichtigung von Bauwerks- und Bodensteifigkeit aus [M16] lautet:

$$T_1 \approx 1.5 \sqrt{\left(\frac{H}{3EI} + \frac{1}{C_k I_F}\right) \sum_{j=1}^{n} m_j h_j^2} \qquad (2.23)$$

T_1 : Grundschwingzeit [sec]
H : gesamte Gebäudehöhe über der Fundamentsohle (Einbindungs-
      horizont) [m]
EI : Biegesteifigkeit eines Ersatzstabes [kNm^2]
      (Kann durch Ansetzen einer Einzelkraft im höchsten Punkt
      und Vergleich der Verschiebung mit derjenigen eines einfachen
      Kragstabes ermittelt werden. Damit können auch Schubverfor-
      mungen berücksichtigt werden)
C_k : Kippbettungsmodul: $C_k = 4E_{s,dyn}/\sqrt{A}$

$E_{s,dyn}$: dynamischer Steifemodul des Baugrundes
(Richtwerte vgl. [M16]; zwischen 50'000 kN/m² für steifen Ton und 400'000 kN/m² für Kies)

A : Fläche der Fundamentsohle [m²]

I_F : Trägheitsmoment der Fundamentsohle um die Kippachse [m⁴]

m_j : Masse der Dauerlasten des j-ten Stockwerks inklusive ständige Nutzlasten [kg]

h_j : Höhe der Masse des j-ten Stockwerkes über der Fundamentsohle (Einbindungshorizont) [m]

Diese Formel mit Berücksichtigung der Fundamentkippung erscheint primär anwendbar für Hochbauten mit einem steifen und kompakten Fundationstragwerk. Falls der Anteil der Fundamentkippung für die Vorbemessung vernachlässigt werden soll, so kann in Gl.(2.23) der Ausdruck $1/(C_k I_F) = 0$ gesetzt werden.

Für n konstante Geschosshöhen $h = H/n$ und Geschossmassen $m_j = M/n$ ergibt die Summe

$$\sum_{j=1}^{n} m_j h_j^2 = m_j h^2 \frac{n(n+1)(2n+1)}{6} \tag{2.24}$$

Weitere ähnliche Methoden zur Bestimmung der Grundschwingzeit sind in der Literatur zu finden.

4. Diskretes Tragwerksmodell

Bei Hochbauten mit mehreren Feldern und einer gewissen Anzahl von Stockwerken werden zur statischen Berechnung der elastischen Schnittkräfte und Verschiebungen häufig Rechenprogramme verwendet. Ist nun ein diskretes Tragwerksmodell eingegeben, so können mit den meisten Programmen auch die Eigenformen und Eigenfrequenzen ohne grossen Zusatzaufwand berechnet werden.

In diesem Zusammenhang stellt sich die Frage, inwieweit die aussteifende Wirkung der nichttragenden Elemente berücksichtigt werden soll. Wirken bei einem Erdbeben diese Elemente, zumindest anfänglich, noch mit, so kann dies infolge der grösseren Steifigkeit beim üblichen Verlauf der Bemessungsspektren, z.B. zwischen 1 und 3 Hz, eine erheblich grössere Erdbebenkraft bewirken.

Dieser Effekt wird meist aus guten Gründen vernachlässigt. Ist das Erdbeben erheblich schwächer als das Sicherheitsbeben, so absorbieren und dissipieren die nichttragenden Elemente Energie, und die Beanspruchung des Tragwerks ist geringer als der erhöhten Eigenfrequenz (höherer Spektralwert) entsprechen würde. Entspricht das Erdbeben jedoch etwa dem Sicherheitsbeben, so nimmt die Mitwirkung der nichttragenden Elemente rasch ab (Risse, Zerstörung). Die Grundfrequenz des Bauwerks verringert sich auf jene des Tragwerks und die Beanspruchung entspricht etwa der damit bestimmten Erdbeben-Ersatzkraft. Daher kann die Steifigkeit der nichttragenden Elemente zur Bestimmung von Tragwerksteifigkeit, -eigenfrequenz und Erdbeben-Ersatzkraft im allgemeinen vernachlässigt werden. Sind gewisse Anforderungen bezüglich eines Schadengrenzbebens zu erfüllen, so ist aus ökonomischen Gründen eine Abtrennung der nichttragenden Elemente einer Erhöhung des Tragwiderstandes oder der Tragwerksteifigkeit vorzuziehen.

b) Einfluss der Baugrundverformungen

Sind Baugrundverformungen zu erwarten, so ist bezüglich der Interpretation der Verschiebeduktilität und der Ermittlung der Ersatzkraft Vorsicht am Platz. Zur Erläuterung dieses Aspektes sind folgende Definitionen erforderlich (Bild 2.34):

o Mit $\Delta_{y,t}$ wird die gesamte Verschiebung beim Fliessbeginn infolge Baugrund- und Bauwerkverformungen bezeichnet.

o Die Verschiebung Δ_f, beim Kragarm definiert als $\Delta_f = H\theta_f$, ist der Anteil aus der Fundamentverdrehung θ_f infolge der Ersatzkräfte. Da inelastische Verformungen des Baugrundes allgemein nicht zugelassen sind, bleibt Δ_f unabhängig von der Duktilität konstant.

o Die Verschiebung beim Fliessbeginn aus der elastischen Verformung des Tragwerks wird wie bisher mit Δ_y bezeichnet.

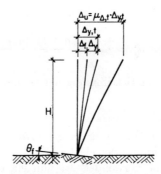

Bild 2.34: Einfluss der Baugrundverformungen auf die Verschiebungen beim Kragarm

Wie Bild 2.34 zeigt, setzt sich die Verschiebung beim Fliessbeginn aus zwei Anteilen zusammen:

$$\Delta_{y,t} = \Delta_f + \Delta_y \tag{2.25}$$

Mit Hilfe der Grundschwingzeit, der maximalen Bodenbeschleunigung und dem gewählten Wert $\mu_{\Delta,t}$ wird die Spektralbeschleunigung bzw. die Ersatzkraft F_{tot} bestimmt. Für die Bemessung des Tragwerks ist jedoch nur der Anteil der Tragwerkverformung, nicht aber derjenige der Starrkörper-Rotation infolge der elastischen Baugrundverformung bestimmend. Die erforderliche Tragwerkduktilität lässt sich berechnen zu:

$$\mu_\Delta = \frac{\Delta_u - \Delta_f}{\Delta_y} = \frac{\mu_{\Delta,t}\,\Delta_{y,t} - \Delta_f}{\Delta_y} \tag{2.26}$$

Mit Gl.(2.25) ergibt sich

$$\mu_\Delta = (\mu_{\Delta,t} - 1)\frac{\Delta_f}{\Delta_y} + \mu_{\Delta,t} > \mu_{\Delta,t} \tag{2.27}$$

Die erforderliche Tragwerkduktilität μ_Δ ist im Falle von Baugrundverformungen immer grösser als die Gesamtduktilität $\mu_{\Delta,t}$ (Duktilität aus der Gesamtverformung). Dieser Zusammenhang soll mit den folgenden Zahlenbeispielen verdeutlicht werden:

o Falls gilt $\Delta_f = 0.5\Delta_y$ und $\mu_{\Delta,t} = 3$, dann ergibt sich $\mu_\Delta = (3-1)\cdot 0.5 + 3 = 4$, d.h. ein um 33% höherer Wert als für $\mu_{\Delta,t}$.

o Bei höherer Gesamtduktilität von $\mu_{\Delta,t} = 5$ wird die Tragwerkduktilität $\mu_\Delta = 7$, d.h. 40% grösser als $\mu_{\Delta,t}$.

o Bei Kernen aus Tragwänden auf Flachfundationen ist es durchaus möglich, dass $\Delta_f = 2\,\Delta_y$, und mit $\mu_{\Delta,t} = 3$ wird $\mu_\Delta = 7$, was einer Zunahme von 133% entspricht.

Diese Überlegungen sind beim Entwurf zu berücksichtigen. Die Gesamtduktilität $\mu_{\Delta,t}$ kann dazu aus der erforderlichen bzw. zulässigen Tragwerkduktilität μ_Δ und dem Verhältnis Δ_f/Δ_y ermittelt werden:

$$\mu_{\Delta,t} \leq \frac{\mu_\Delta + \Delta_f/\Delta_y}{1 + \Delta_f/\Delta_y} \qquad (2.28)$$

Mit Gl.(2.28) kann ausgehend von der zulässigen Tragwerkduktilität für einige typische Beispiele die entsprechende Gesamtduktilität bestimmt werden:

1. Falls $\Delta_f/\Delta_y = 0.5$ und $\mu_\Delta = 4$, wird $\mu_{\Delta,t} \leq 3$

2. Falls $\Delta_f/\Delta_y = 0.5$ und $\mu_\Delta = 3$, wird $\mu_{\Delta,t} \leq 2.33$

3. Falls $\Delta_f/\Delta_y = 2$ und $\mu_\Delta = 3$ (z.B. Tragwände), wird $\mu_{\Delta,t} = 1.67$

Bei der Bestimmung der Erdbeben-Ersatzkraft ergeben sich daher zwei Möglichkeiten. Ist die Verformung Δ_f vernachlässigbar, so gilt $\mu_{\Delta,t} = \mu_\Delta$ und die Spektralbeschleunigung bzw. die Ersatzkraft F_{tot} kann mit der Grundschwingzeit T_1 einfach bestimmt werden. Ist dagegen die Verformung Δ_f wesentlich, so ist, ausgehend vom zulässigen Wert für μ_Δ, zuerst der Wert $\mu_{\Delta,t}$ zu bestimmen. Mit $\mu_{\Delta,t}$ kann nun die Ersatzkraft F'_{tot} ermittelt werden. Da infolge der Baugrundverformung in diesem Fall die Grundschwingzeit $T'_1 > T_1$, jedoch die Duktilität $\mu_{\Delta,t} < \mu_\Delta$ ist, kann je nach Verlauf des Spektrums im Bereich von T_1 bzw. T'_1 die Ersatzkraft F'_{tot} grösser oder kleiner werden als F_{tot}. Bei Tragwänden verhalten sich die Verformungsanteile jedoch derart, dass bei Berücksichtigung von Δ_f die Ersatzkraft F'_{tot} meist grösser als F_{tot} wird, obwohl $T'_1 > T_1$.

c) Bestimmung der Grösse der Ersatzkraft

Mit der Grundschwingzeit T_1 (bzw. der Grundfrequenz f_1) und der gewählten Bemessungsduktilität μ_Δ kann die Spektralbeschleunigung ermittelt werden. Dafür gibt es verschiedene Möglichkeiten:

1. Der zu T_1 gehörende Spektralwert des elastischen Bemessungsspektrums wird mit dem zu T_1 und μ_Δ gehörenden Abminderungsfaktor α_μ aus einer empirischen oder mathematischen Abminderungsfunktion multipliziert.

   Beispielsweise ergibt sich für ein Hochhaus mit $T_1 = 1$ sec ($f_1 = 1$ Hz) in Bild 2.29 aus dem elastischen Bemessungsspektrum ($\mu_\Delta = 1.0$) für Zone 2 und mittelsteife Böden ein Wert von $a_{el} = 1.05$ m/s^2. Für $\mu_\Delta = 2$ kann aus Bild 2.27 ein Abminderungsfaktor $\alpha_\mu = 0.523$ herausgelesen werden. Die gesuchte Spektralbeschleunigung beträgt somit $a = a_{el}\alpha_\mu = 1.05 \cdot 0.523 = 0.55$ m/s^2.

2. Der zu T_1 und μ_Δ gehörende Spektralwert wird direkt einem absoluten inelastischen Bemessungsspektrum entnommen.

   Der Wert des vorigen Beispiels kann also in Bild 2.29 direkt bei $f = 1$ Hz und $\mu_\Delta = 2$ abgelesen werden.

3. Der zu T_1 und μ_Δ gehörende Spektralwert eines normierten inelastischen Bemessungsspektrums (z.B. Bild 2.28) wird mit dem Maximalwert (Plateauwert) des elastischen Bemessungsspektrums multipliziert.

Ist die Spektralbeschleunigung bestimmt, so kann der Betrag der gesamten horizontalen Ersatzkraft mit Gl.(2.18) ermittelt werden.

d) Verteilung der Ersatzkraft über die Höhe des Bauwerks

Die gesamte Erdbeben-Ersatzkraft ist nun über die Höhe des Bauwerks zu verteilen. Die Verteilung sollte etwa den auftretenden Stockwerkbeschleunigungen und somit etwa dem Verlauf der Biegelinie eines Ersatzstabes entsprechen. Für ein im Baugrund starr eingespanntes Bauwerk mit über die Höhe konstanter Masse und Steifigkeit ergibt dies bei vorherrschender Biegeverformung (Tragwände) für die Grundschwingung etwa einen parabelförmigen Verlauf. Tritt an der Einspannstelle eine elastische Verdrehung auf, resultiert eine Kombination eines parabel- und eines dreieckförmigen Verlaufs. Bei vorherrschender Querkraftverformung durch die Stockwerkquerkräfte (Rahmen) resultiert bei Steifigkeiten proportional zur Querkraftbeanspruchung etwa ein dreieckförmiger Verlauf.

In den meisten Normen wird von einer im Prinzip dreieckförmigen Verteilung ausgegangen. Zur Berücksichtigung der aus der Anregung höherer Eigenformen resultierenden höheren Querkraftbeanspruchungen wird jedoch oft ein Teil der Ersatzkraft als besondere Einzelkraft zuoberst am Tragwerk angesetzt. Die in Bild 2.35 dargestellte Verteilung der Ersatzkraft kann mathematisch wie folgt ausgedrückt werden:

$$F_j = (F_{tot} - F'_n)\frac{m_j h_j}{\sum_{j=i}^{n} m_j h_j} \qquad (2.29)$$

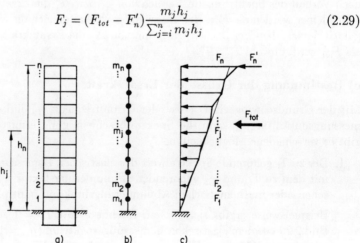

Bild 2.35: Modellierung von Hochbauten: a) Tragsystem, b) Rechenmodell, c) typische Ersatzkraftverteilung

F_{tot} : Gesamte horizontale Erdbeben-Ersatzkraft
F_j : Stockwerk-Ersatzkraft
F_n' : Besondere Einzelkraft zuoberst am Tragwerk
m_j : Stockwerkmasse
h_j : Höhe ab Einbindungshorizont

Typischerweise werden der besonderen Einzelkraft rund 10% der Ersatzkraft zugeordnet, die restlichen 90% werden in die im Bild gezeigten, etwa linear vom Maximalwert F_n bis auf Null im Einbindungshorizont abnehmenden Einzelkräfte aufgeteilt.

Grundsätzlich ist festzustellen, dass es unmöglich ist, mit einer einzigen Verteilung der Ersatzkraft eine zutreffende Grenzwertlinie sowohl für das Kippmoment als auch für die Stockwerkquerkraft zu erhalten. Zur Bewältigung dieses Problems existieren verschiedene Ansätze:

o Die aus der über die Höhe verteilten Ersatzkraft resultierenden Stockwerkquerkräfte werden in bestimmten Bereichen des Tragwerks erhöht, um den Einflüssen höherer Eigenformen Rechnung zu tragen (Vorgehen Neuseeland).

o Die Ersatzkraft wird so über die Höhe verteilt, dass die resultierenden Stockwerkquerkräfte den Auswirkungen der höheren Schwingungsformen entsprechen. Die daraus ermittelten Kippmomente können dann aber etwas reduziert werden (Vorgehen USA [X10], Kanada).

o Die Verteilung der Ersatzkraft wird in Abhängigkeit von der Grundschwingzeit vorgenommen (Vorgehen Japan).

o Durch die konsequente Anwendung der Kapazitätsbemessung (vgl. Kap. 4 bis 8) werden die elastisch bleibenden Teile des Tragwerks geschützt, wodurch auch die maximalen Stockwerkquerkräfte begrenzt werden. Die als Folge davon etwas ansteigenden Duktilitätsanforderungen können mit einer angemessenen konstruktiven Durchbildung problemlos erfüllt werden.

2.3 Vorgehen auf der Basis einer Norm

2.3.1 Allgemeines

Das Vorgehen zur Bestimmung der Erdbeben-Ersatzkraft ist in den meisten Normen ziemlich rezeptartig formuliert. Die vom Normengeber verwendeten Grundlagen und durchgeführten Überlegungen sind oft wenig transparent dargestellt oder den Benützern überhaupt nicht zugänglich. Auch bestehen zwischen den verschiedenen Normen beträchtliche Unterschiede in Zielsetzung, Konzept und Ausformulierung, was einen Vergleich sehr erschwert. Oft sind recht unterschiedliche Aspekte in ähnlich scheinenden Faktoren berücksichtigt. Bei Normenvergleichen sollte deshalb möglichst auf die Grundlagen zurückgegriffen werden. Neben den Ersatzkräften ist auch die Art der Bemessung mit den dort verwendeten Sicherheitsansätzen (Fraktilen, Rechenwerte, Widerstandsfaktoren) in den Vergleich einzubeziehen.

a) Ersatzkraft

Die meisten Normen geben die Ersatzkraft F_{tot} etwa in der folgenden allgemeinen Form an:

$$F_{tot} = \alpha_1 \, \alpha_2 \, \alpha_3 \, \alpha_4 \, \alpha_5 \, \alpha_6 \, \alpha_7 \, \bar{a}_o \, M \qquad (2.30)$$

Dabei bedeuten die einzelnen Faktoren:

α_1: *Seismischer Faktor oder Zonenfaktor*
Die meisten Länder sind in geographische Erdbebenzonen eingeteilt, denen je ein seismischer Faktor zugeordnet ist. Dieser Faktor, multipliziert mit dem Grundwert der maximalen Bodenbeschleunigung $\bar{a}_o$, ergibt die der Bemessung zugrunde zu legende maximale Bodenbeschleunigung a_o.

α_2: *Dynamischer Faktor*
Der dynamische Faktor berücksichtigt die Tatsache, dass die Antwortschwingung des Bauwerks im allgemeinen wesentlich stärker ist als die Erregerfunktion an dessen Fusspunkt (Amplifikation). Er ist frequenzabhängig und berücksichtigt den Verlauf des Bemessungsspektrums. Der dynamische Faktor weist z.B. für kalifornische Verhältnisse und für eine Dämpfung von 5% der kritischen Dämpfung als Mittelwert im Bereich zwischen etwa 2 und 7 Hz einen Wert von 2.12 auf [N2].

α_3: *Baugrundfaktor*
Der Baugrund kann zu Eigenschwingungen angeregt werden, wodurch am Fusspunkt des Bauwerks eine in Amplitude und Frequenz von der Erdbebenerregung im tieferen Untergrund (Grundgebirge) erheblich verschiedene Bodenbewegung entstehen kann. Die Bodenbeschleunigung wird deshalb in Abhängigkeit von Untergrund (Bodensteifigkeit, Schichtstärke, Baugrundeigenfrequenz, etc.) und Bauwerkeigenfrequenz mit einem Baugrundfaktor modifiziert.

α_4: *Dämpfungsfaktor*
Dieser Faktor berücksichtigt eine Veränderung der beim dynamischen Faktor angesetzten Dämpfung, welche für Stahlbetonhochbauten unter Erdbebenbeanspruchung meist als 5% der kritischen Dämpfung angenommen wird. In speziellen Fällen wie bei Türmen, Schornsteinen, Masten usw. kann die Dämpfung jedoch sehr gering und dieser Faktor von erheblicher Bedeutung sein.

α_5: *Konstruktionsfaktor*
Ein duktiles Verhalten des Tragwerks führt zu einer Abminderung der Ersatzkräfte, die mit dem Konstruktionsfaktor entsprechend dem im Tragwerk möglichen Verschiebeduktilitätsfaktor berücksichtigt wird (Abminderungsfunktion, vgl. 2.2.6). In gewissen Normen, z.B. [X10], wird der reziproke Wert, d.h. $1/\alpha_5$, als Konstruktionsfaktor bezeichnet. In der Norm [X12] wird mit dem Konstruktionsfaktor auch die Überfestigkeit (Bemessung mit reduzierten Werten) berücksichtigt (vgl. 2.3.6).

α_6: *Risikofaktor*
Die Höhe des voraussichtlichen mittleren Schadens beeinflusst die als zumutbar empfundenen Aufwendungen, diesen zu reduzieren. Bei einem grossen zu erwartenden Schaden wird durch den Risikofaktor (vgl. Bild 2.19) die Ersatzkraft vergrössert und damit die in Rechnung gestellte Wiederkehrperiode erhöht (Beispiel: Theater- und Konzertsäle).

α_7: *Wichtigkeitsfaktor*
Je nach Wichtigkeit (Bedeutung) des Bauwerks, z.B. bezüglich Erhaltung seiner Funktion im Falle eines Erdbebens, wird die Ersatzkraft durch diesen Faktor verändert. Da der Wichtigkeitsfaktor die gleichen Auswirkungen hat wie der Risikofaktor, werden sie in den Normen oft verknüpft (Anwendung z.B. bei Bauten der Infrastruktur wie Spitäler oder Feuerwehrgebäude).

$\bar{a}_o$: *Beschleunigung*
Grundwert der maximalen Bodenbeschleunigung.

M: *Gebäudemasse*
Masse entsprechend den Dauerlasten W des Gebäudes und den wahrscheinlich vorhandenen Nutzlasten ($M = W/g$, mit W = Gewicht und g = Erdbeschleunigung).

Die in Gleichung (2.30) angeführten Faktoren sollen die Übersicht in den folgenden Abschnitten erleichtern. Einige der Faktoren überschneiden sich teilweise oder ganz, andere werden je nach Vorgehen bzw. Norm zusammengefasst. Bedeutsam ist die Tatsache, dass mehrere Faktoren eigentlich die Wiederkehrperiode der berechneten Ersatzkraft verändern, ohne dass dies offensichtlich ist (Risikofaktor, Wichtigkeitsfaktor). Ein direktes Vorgehen, etwa anhand einer Funktion in Abhängigkeit von der Wiederkehrperiode (vgl. z.B. Bild 2.19), zusammen mit Regeln über die anzunehmenden Werte, etwa in Funktion von Schadenausmass und Wichtigkeit, würde das Verständnis wesentlich erleichtern. Auch wäre der Einfluss der verschiedenen Randbedingungen einfacher abschätzbar.

b) Berücksichtigung der Torsion

Bei nicht ideal symmetrischen Bauwerken entstehen infolge von Exzentrizitäten zusätzlich zu den Biegeschwingungen noch Torsionsschwingungen (auch bei symmetrischen Bauwerken infolge nichtsynchroner Anregung verschiedener Fundationsbereiche). Dadurch werden die die horizontalen Kräfte abtragenden Elemente stärker beansprucht als sich aus der Wirkung der Ersatzkräfte der obenliegenden Stockwerke mit der planmässigen statischen Exzentrizität ergeben würde (Torsions-Amplifikation). Diese wird bestimmt als Abstand zwischen dem Massenzentrum der obenliegenden Stockwerke (Angriffspunkt der Resultierenden der Ersatzkräfte) und dem Steifigkeitszentrum des betrachteten Stockwerks. Zudem muss eine unplanmässige Exzentrizität, d.h. eine mögliche Abweichung zwischen der planmässigen statischen und der tatsächlichen statischen Exzentrizität, in Betracht gezogen werden. Das Torsionsmoment der Ersatzkräfte wird deshalb wie folgt angesetzt:

$$T_j = \sum_j^n F_j e_d = \sum_j^n F_j \left(\lambda_s e_s \pm e_{s,un} \right) \qquad (2.31)$$

T_j : Torsionsmoment der oberhalb des betrachteten Geschosses j angreifenden Ersatzkräfte (Stockwerkquerkraft V_j)

e_d : Bemessungsexzentrizität

e_s : Planmässige statische Exzentrizität (Abstand zwischen dem Massenzentrum der darüberliegenden Geschosse und dem Steifigkeitszentrum des betrachteten Geschosses j)

λ_s : Torsions-Amplifikationsfaktor, z.B. 1.5 und 0.5

$e_{s,un}$: Unplanmässige statische Exzentrizität (bereits amplifiziert), z.B. $e_{s,un} = 0.05b$

b : Gebäudeabmessung rechtwinklig zur Ersatzkraft (rechtwinklig zur Richtung der Biegeschwingung)

In gewissen Normen wird nur die mit λ_s multiplizierte planmässige statische Exzentrizität verwendet, oder es wird eine verhältnismässig grosse unplanmässige statische Exzentrizität und dafür aber $\lambda_s = 1$ angesetzt.

c) Normenvergleich

In den folgenden Abschnitten werden fünf Normen allgemein und anhand eines Zahlenbeispiels für ein Erdbeben der Intensität VII-VIII in Ersatzkraft und Kippmoment verglichen. Dazu wird ein alleinstehendes, sechsgeschossiges *Bürogebäude mit Stahlbetontragwänden* (vgl. 5.7.1) in mittelsteifem Baugrund angenommen, dessen Grundschwingzeit $T_1 = 0.33$ sec ($f = 3.0$ Hz) beträgt.

2.3.2   Amerikanische Norm UBC (1988)

Der in den USA allgemein verbreitete 'Uniform Building Code' [X10] wird herausgegeben von der 'International Conference of Building Officials' und enthält im Abschnitt 2312 Regeln zur Bestimmung der Schnittkräfte für die Erdbebenbemessung, welche hauptsächlich von der Structural Engineers' Association of California (SEAOC) stammen.

a) Ermittlung der Ersatzkraft

In [X10] 'Section 2312: Earthquake Regulations' wird für regelmässige Bauten die folgende Gleichung zur Bestimmung der *Ersatzkraft* gegeben:

$$F_{tot} = \frac{ZIC}{R_w}W \tag{2.32}$$

Z: Zonenfaktor
Entspricht dem Faktor α_1 in Gl.(2.30) und variiert gemäss Tabelle von Bild 2.36.

Erdbebenzone	1	2A	2B	3	4
Zonenfaktor Z	0.075	0.15	0.20	0.30	0.40

Bild 2.36: Zonenfaktor (Die Zonen sind auf einer Landeskarte festgelegt)

I: Wichtigkeitsfaktor
Entspricht α_7 in Gl.(2.30), und beträgt $I = 1.25$ für überlebenswichtige Einrichtungen wie Spitäler, Feuerwehr- und Katastropheneinrichtungen, gefährliche Lager, bzw. $I = 1.0$ für alle anderen Gebäude.

C: Dynamischer Faktor
Entspricht dem durch g dividierten Produkt $\alpha_2 \bar{a}_o$ in Gl.(2.30) und ist definiert als:

$$C = \frac{1.25S}{T_1^{2/3}} \leq 2.75 \quad [\text{sec}] \tag{2.33}$$

S: Baugrundfaktor
Entspricht α_3 in Gl.(2.30) und kann direkt in Abhängigkeit der Bodenart gewählt werden. Die Werte betragen vereinfacht $S_1 = 1.0$ für Fels mit einer bis zu 60 m starken steifen Überdeckung, $S_2 = 1.2$ für steifen Ton und Fels mit einer mehr als 60 m starken Überdeckung, $S_3 = 1.5$ für 6 bis 12 m starken weichen bis mittelsteifen Ton sowie $S_4 = 2.0$ für mehr als 12 m starken weichen Ton. Bei unbekannten Fundationsverhältnissen kann S_3 verwendet werden.

T_1 : Grundschwingzeit
Methode A: Die Grundschwingzeit kann näherungsweise bestimmt werden mit:

$$T_1 = C_t \cdot h_n^{3/4} \quad [\text{sec, m}] \tag{2.34}$$

Dabei ist $C_t = 0.030$ für Stahlbetonrahmen, $C_t = 0.035$ für Stahlrahmen und $C_t = 0.020$ für alle anderen Gebäude; h_n ist die Gebäudehöhe. Für Gebäude mit aussteifenden Stahlbeton- oder Backsteinwänden kann auch $C_t = 0.1\sqrt{A_c}$ [m²] gesetzt werden, wobei $A_c = \sum A_e[0.2 + (D_e/h_n)^2]$. D_e ist die Länge einer Wand und A_e deren Querschnittsfläche. Dabei ist jedoch $D_e/h_n \leq 0.9$ einzusetzen.

Methode B: Die Grundschwingzeit wird aufgrund von Massenverteilung und Steifigkeit des Bauwerks analytisch bestimmt (z.B. ähnlich Gl.(2.23)). Der nach Gl.(2.33) berechnete Wert C muss jedoch mindestens 80% des mit T_1 nach Methode A berechneten betragen.

R_w: Konstruktionsfaktor
$1/R_w$ entspricht α_5 in Gl.(2.30). R_w nimmt die Werte gemäss der Tabelle von Bild 2.37 an.

W: Gesamtgewicht
Gesamtgewicht des Bauwerks, d.h. der Eigenlasten und der ständigen Lasten, welche als 10 lbs/ft² $\approx$ 1 kN/m² (Gewicht der Zwischenwände) plus 25% der nominellen Nutzlast anzusetzen sind.

Verteilung der Ersatzkraft
Die Ersatzkraft wird wie folgt über die Höhe des Tragsystems verteilt:

- o Eine besondere Einzelkraft $F_n' = 0.07T_1F_{tot} \leq 0.25F_{tot}$, bzw. $F_n' = 0$ für $T_1 \leq 0.7$ sec, wird zuoberst am Tragsystem angesetzt.

- o Die restliche Ersatzkraft $F_{tot} - F_n'$ wird proportional zum Produkt aus Masse mal Höhe über dem Fusspunkt über die Höhe des Tragwerks verteilt. Bei gleichen Massen in allen Geschossen und konstanter Geschosshöhe ergibt dies eine dreieckförmige Verteilung (vgl. Bild 2.35).

Art des Tragsystems	R_w	H_{max} [c]
Tragwände mit Schwerelasten	6	49 m
Tragwände ohne Schwerelasten	8	73 m
Rahmen, ausgesteift[a]	8	49 m
Rahmen, biegebeansprucht, gewöhnlich	6	49 m
Rahmen, biegebeansprucht, speziell duktil [b]	12	-
Kombinierte Tragsysteme	6 - 12	

[a] in Zonen 3 und 4 untersagt
[b] Nach [X10], Abschnitt 2625, teilweise Kapazitätsbemessung
[c] Maximalhöhe für die Zonen 3 und 4

Bild 2.37: Konstruktionsfaktoren für Stahlbetontragwerke

Weitere Bestimmungen

Bei regelmässigen Bauwerken ist die planmässige statische Exzentrizität zu berück-sichtigen. Für eine ungleichmässige Massenverteilung ist eine unplanmässige stati-sche Exzentrizität von 0.05 mal die Gebäudebreite rechtwinklig zur betrachteten Schwingungsrichtung anzunehmen. Verminderungen der Querkraftbeanspruchung in Tragelementen infolge Torsion sind zu vernachlässigen.

Stark unregelmässige Bauwerke, deren Steifigkeitsverlauf, Massenverteilung, Geometrie etc., den gegebenen Regelmässigkeitsparametern nicht genügt, bedürfen einer genaueren dynamischen Berechnung.

b) Tragsicherheitsnachweis

Die Bemessungswerte der Beanspruchung werden gemäss Abschnitt 2625 der Norm wie folgt ermittelt:

$$S_u = 1.4(S_D + S_L + S_E) \tag{2.35}$$
$$S_u = 0.9S_D \pm 1.4S_E \tag{2.36}$$

Die Beanspruchungen S_u sind mit den Bemessungswerten des Tragwiderstandes gemäss 1.3.4a aufzunehmen, wobei $\Phi = 0.90$ für Biegung und $\Phi = 0.85$ für Querkraft anzunehmen ist.

c) Zahlenbeispiel

Wir verwenden für die Ersatzkraft das Mittel aus den Zonen 3 und 4 und erhalten: $Z = 0.35, I = 1.0$ und $S = 1.0$. Damit ergibt sich:
$C = 1.25 \cdot 1.0/0.33^{2/3} = 2.62 \leq 2.75$
Mit $R_w = 6$ erhalten wir mit $W = gM$ die Ersatzkraft
$F_{tot} = (ZIC/R_w)W = (0.35 \cdot 1.0 \cdot 2.62/6)gM = 0.153gM$
Daraus ergeben sich bei konstanter Geschosshöhe $h = H/6$ und Geschossmasse $m_j = M/6$ die Ersatzkräfte (vgl. Bild 2.35) von $F'_n = 0$ zuoberst ($T_1 = 0.33$ sec ≤ 0.7 sec), sowie nach Gl.(2.29) bei den Geschossdecken:
$F_j = F_{tot} \cdot j/21$, d.h.

$F_1 = F_{tot} \cdot 1/21 = 0.0073gM$ bis
$F_6 = F_{tot} \cdot 6/21 = 0.0437gM$.
Daraus lässt sich das Kippmoment berechnen:
$M_E = \sum_{j=1}^{6} F_j(jH/6) = F_{tot}(91/21) \cdot H/6 = 0.111HgM$.
Zur Erleichterung des Vergleiches mit den Werten anderer Normen werden Ersatzkraft und Kippmoment mit
$S^* = S_u/\Phi = 1.4\,S_E/\Phi$ und mit einheitlichem $\Phi = 0.9$ auf das Niveau des Tragwiderstandes umgerechnet. Daraus folgen:
$F_{tot}^* = 1.4F_{tot}/\Phi = 1.4 \cdot 0.153gM/0.90 = 0.238gM$
$M_{tot}^* = 1.4M_E/\Phi = 1.4 \cdot 0.111HgM/0.90 = 0.173HgM$.

2.3.3 Neuseeländische Norm NZS 4203 (Entwurf 1986)

Diese Norm [X8] ist wohl auf die in diesem Buch beschriebene Kapazitätsbemessung abgestimmt, im übrigen aber dem vorstehend beschriebenen Uniform Building Code [X10] recht ähnlich.

a) Ermittlung der Ersatzkraft

Im 'Part C: Earthquake Provisions' wird die folgende Gleichung zur Berechnung der *Ersatzkraft* gegeben:

$$F_{tot} = C_\mu RZW_t \qquad (2.37)$$

C_μ: *Seismischer Koeffizient*
Entspricht dem auf den Maximalwert des elastischen Spektrums normierten Produkt $\alpha_2\alpha_3\alpha_5$ der Gl.(2.30) und wird in Funktion der Grundschwingzeit T_1, der Verschiebeduktilität μ_Δ und der Bodenart aus einem Diagramm entsprechend Bild 2.28 herausgelesen. C_μ beträgt für voll duktile Stahlbetontragwerke bei Werten μ_Δ = 4 bis 6 zwischen 0.4 und 0.04.

R: *Risikofaktor*
Entspricht den Faktoren α_6 bzw. α_7 in Gl.(2.30), ist von Gebäudeart und -nutzung

Kategorie	Gebäudebeschreibung	R
I	Zur Erhaltung menschlichen Lebens	1.3
II	Mit Menschenansammlungen	1.2
III	Mit hohem Wert für die Gesellschaft	1.1
V	Wenig belegt	0.6
VI	Ohne besondere Bedeutung	0.4
IV	Alle andern	1.0

Bild 2.38: Gebäudekategorien und Risikofaktoren

abhängig. Er kann die Werte der Tabelle von Bild 2.38 annehmen.

Z: *Zonenfaktor*
Entspricht dem Produkt $\alpha_1\bar{a}_o$ in Gl.(2.30), multipliziert mit dem Verhältnis des Maximalwertes des elastischen Spektrums ('Plateauwert') zur Bodenbeschleunigung

und dividiert durch die Erdbeschleunigung g. Z wird aus einer Landeskarte herausgelesen. Die Werte liegen zwischen $Z = 0.4$ und $Z = 0.85$. Für die grösseren Städte sind feste Werte gegeben. Die maximalen Werte orientieren sich etwa an den Beschleunigungen des El Centro Bebens (1940).

W_t: Gesamtgewicht
Gesamtgewicht des Bauwerks, d.h. der Eigenlasten, der ständigen Lasten und der wahrscheinlichen Nutzlasten.

Verteilung der Ersatzkraft
Die Ersatzkraft wird wie folgt über die Höhe des Tragsystems verteilt:

- Eine besondere Einzelkraft $F_n' = 0.10\,F_{tot}$ (für $T < 0.7$ sec gilt $F_n' = 0$) wird zuoberst am Tragwerk angesetzt.

- Die restliche Ersatzkraft $F_{tot} - F_n'$ wird proportional zum Produkt aus Masse mal Höhe über dem Fusspunkt über die Höhe des Tragwerks verteilt (vgl. Bild (2.35).

Weitere Bestimmungen
Zur Ermittlung der Torsionsbeanspruchung ist die planmässige statische Exzentrizität (Abstand zwischen Massenzentrum und Steifigkeitszentrum) um $0.1b$ zu vergrössern. Dabei ist b die Gebäudebreite rechtwinklig zur betrachteten Richtung der Biegeschwingung. Verminderungen der Beanspruchung von Tragelementen infolge Torsion werden nicht berücksichtigt.

Die nach genauen Definitionen als unregelmässig eingestuften Tragwerke (in vertikaler oder in horizontaler Richtung) sind mit Hilfe einer Modalanalyse oder mit Zeitverlaufsberechnungen zu bemessen.

b) Tragsicherheitsnachweis

Die Bemessungswerte der Beanspruchung sind gemäss Abschnitt 1.3.3 mit den Lastfaktoren von Bild 1.2 zu ermitteln (vgl. Gl.(1.6) und (1.7)):

$$S_u = 1.0 S_D + 1.3 S_L + 1.0 S_E \qquad (2.38)$$
$$S_u = 0.9 S_D + 1.0 S_E \qquad (2.39)$$

Die Beanspruchungen S_u sind mit den Bemessungswerten des Tragwiderstandes gemäss 1.3.4a aufzunehmen, wobei $\Phi = 0.90$ für Biegung und $\Phi = 0.85$ für Querkraft anzunehmen ist.

c) Zahlenbeispiel

Für den Standort Christchurch (mittlere Wiederkehrperiode 200 Jahre) und $I \approx$ VIII sind $R = 1.0, Z = 0.65$, und mit $\mu_\Delta = 4.0$ ergibt sich $C_\mu = 0.31$.
Damit wird die horizontale Ersatzkraft mit $W_t = gM$
$F_{tot} = C_\mu R Z W_t = 0.31 \cdot 1.0 \cdot 0.65 gM = 0.202 gM$.
Daraus ergeben sich bei konstanter Geschosshöhe $h = H/6$ und Geschossmasse $m_j = M/6$ die Ersatzkräfte (vgl. Bild 2.35) von $F_n' = 0$ zuoberst ($T \leq 0.7$ sec) sowie bei den Geschossdecken

$F_j = F_{tot} \cdot j/21$, d.h.
$F_1 = F_{tot} \cdot 1/21 = 0.0096 gM$ bis
$F_6 = F_{tot} \cdot 6/21 = 0.0577 gM$,
woraus sich das Kippmoment berechnen lässt:
$M_E = \sum_{j=1}^{6} F_j(jH/6) = F_{tot}(91/21) \cdot H/6 = 0.146 HgM$
Die entsprechenden Werte auf dem Niveau des Tragwiderstandes betragen:
$S^* = S_u/\Phi = S_E/\Phi$, womit sich mit einheitlichem $\Phi = 0.9$ ergibt:
$F_{tot}^* = F_{tot}/\Phi = 0.202 gM/0.9 = 0.224 gM$
$M_{tot}^* = M_E/\Phi = 0.146 HgM/0.90 = 0.162 HgM$.

2.3.4 Deutsche Norm DIN 4149, Teil 1 (1981)

Diese Norm [X17] beruht zu einem grossen Teil auf den 'Vorläufigen Richtlinien für das Bauen in Erdbebengebieten des Landes Baden-Würtemberg' 1972. Sie gibt für vier Erdbebenzonen direkt die Bodenbeschleunigung des Grundgebirges in Abhängigkeit von der Intensität an.

a) Ermittlung der Ersatzkräfte

Der Rechenwert der *Horizontalbeschleunigung* 'cal a' beträgt

$$cal\, a = a_o\, \kappa\, \alpha \qquad (2.40)$$

a_o: *Regelwert der Horizontalbeschleunigung*
Entspricht dem Produkt $\alpha_1 \bar{a}_o$ in Gl.(2.30). Für vier auf Landeskarten festgelegte Erdbebenzonen werden basierend auf der Gleichung

$$log\, a_o[\text{cm/s}^2] = 2 - \frac{8 - I_{MSK}}{2.4} \qquad \text{bzw.} \qquad (2.41)$$

$$log\, a_o[\text{m/s}^2] = 0.42\, I_{MSK} - 3.33 \qquad (2.42)$$

die in der Tabelle von Bild 2.39 dargestellten Regelwerte angegeben.

Erdbeben- zone	Intensität I_{MSK}	Regelwert der Horizontal- beschleunigung a_o
1	VI-VII	0.25 m/s^2
2	VII	0.40 m/s^2
3	VII-VIII	0.65 m/s^2
4	VIII	1.00 m/s^2

Bild 2.39: Erdbebenzonen, Intensitäten und Regelwerte der Horizontalbeschleunigung (nach [X17] und [M16])

κ: *Baugrundfaktor*
Entspricht dem Faktor α_3 in Gl.(2.30) und nimmt Werte zwischen $\kappa = 1.0$ für hartes Felsgestein und $\kappa = 1.4$ für Lockergestein an. In speziellen Fällen (bei Hangschutt, Auffüllungen, etc.) kann κ auch grösser als 1.4 werden.

α: Abminderungsfaktor

Entspricht den Faktoren α_6 bzw. α_7 in Gl.(2.30). Die Werte sind gemäss der Tabelle von Bild 2.40 sowohl von der Bauwerksklasse als auch von der Erdbebenzone abhängig. Die horizontale Stockwerk-Ersatzkraft $F_{j,i}$ auf den Massenpunkt m_j in-

Bauwerks-klasse	Gebäudeart und Nutzung	Erdbebenzone			
		1	2	3	4
1	Wohnbauten, eingeschossige Hallen, etc.	0.5	0.6	0.7	0.8
2	Mit Menschenansammlungen				
	(Theater, Schulen, etc.)	0.6	0.7	0.8	0.9
3	Mit besonderer Bedeutung (Spitäler, etc.)	0.7	0.8	0.9	1.0

Bild 2.40: Abminderungsfaktor α in Funktion von Bauwerksklasse und Erdbebenzone

folge der i-ten Eigenform (Eigenschwingzeit T_i) wird wie folgt ermittelt:

$$F_{j,i} = m_j \, \beta(T_i) \, \gamma_{j,i} \, cal \, a \qquad (2.43)$$

$\beta(T_i)$: *Beiwert aus dem normierten inelastischen Bemessungsspektrum* (gleich für alle Bauweisen)

$$\beta(T_i) = 0.528 \, T_i^{-0.8} \le 1.0 \qquad (2.44)$$

Entspricht dem Produkt $\alpha_2 \, \alpha_5$ in Gl.(2.30) und wird für jede Eigenform i bestimmt. Der Maximalwert ('Plateauwert') in diesem für alle Bauweisen gültigen einzigen inelastischen Spektrum wurde somit durch den Normengeber gleich der maximalen Bodenbeschleunigung gesetzt. Daraus lässt sich bei 5% Dämpfung (Faktor 2.1) mit Hilfe des Prinzips der gleichen Energie ein für alle Bauweisen gleicher Duktilitätsfaktor von $\mu_\Delta \approx 2.7$ errechnen.

$\psi_{j,i}$: *Auslenkung des Massenpunktes j in der i-ten Eigenform*

n: *Anzahl Massenpunkte*

$\gamma_{j,i}$: *Beiwert für das dynamische Verhalten des Gebäudes*

$$\gamma_{j,i} = \psi_{j,i} \frac{\sum_{j=1}^n m_j \psi_{j,i}}{\sum_{j=1}^n m_j \psi_{j,i}^2} \qquad (2.45)$$

Gleichung (2.45) entstammt der Antwortspektrenmethode und führt bei der ersten Eigenform im Falle einer etwa konstanten Massenverteilung über die Gebäudehöhe zu einer etwa parabelförmigen Verteilung der entsprechenden Ersatzkraft.

Die resultierenden Biegemomente M_j und Verschiebungen u_j des Tragwerks sind als Wurzeln aus der Summe der Quadrate der Werte der einzelnen Eigenformen zu bestimmen:

$$M_j = \sqrt{\sum_i M_{j,i}^2} \qquad (2.46)$$

$$u_j = \sqrt{\sum_i u_{j,i}^2} \qquad (2.47)$$

Für Bauten, die gewisse Anforderungen bezüglich der Regelmässigkeit erfüllen und deren Grundschwingzeit T_1 unter einer Sekunde liegt, darf ein vereinfachter Nachweis geführt werden. Gleichung (2.43) wird hiefür zu:

$$F_j = 1.5 \, m_j \, \beta(T_1) \frac{h_j}{h_n} \, cal \, a \qquad (2.48)$$

h_j: *Höhe des Massenpunktes m_j über der Fundamentsohle*

h_n: *Höhe des obersten Massenpunktes m_n über der Fundamentsohle*

T_1: *Grundschwingzeit nach Gl.(2.23)*

Weitere Bestimmungen
Zur Ermittlung der Torsionsbeanspruchung ist eine vergrösserte planmässige statische Exzentrizität (Abstand zwischen Steifigkeits- und Massenzentrum) zu berücksichtigen, welche bei Rahmen von den Gebäudeabmessungen und bei Tragwänden zusätzlich noch von den Trägheitsmomenten der Wandquerschnitte abhängig ist. Bei Rahmen beträgt die unplanmässige statische Exzentrizität $e_{s,un} = 0.05b \leq 0.1(l+b)$, wobei b die Gebäudebreite rechtwinklig zur betrachteten Schwingungsrichtung und l die Gebäudelänge in Schwingungsrichtung bedeuten.

b) Tragsicherheitsnachweis

Die Beanspruchungskombinationen sind auf dem Niveau des Gebrauchszustandes aus den regelmässig auftretenden Einwirkungen (Schwerelasten, kein Wind) und den Erdbeben-Ersatzkräften zu bilden:

$$S_u = S(D, L)_{max} + S_E \qquad (2.49)$$
$$S_u = S(D, L)_{min} + S_E \qquad (2.50)$$

Die Beanspruchungen S_u sind mit den um den globalen Sicherheitsbeiwert $s = 1.75$ verminderten Tragwiderständen aufzunehmen.

c) Zahlenbeispiel

Für die Zone 3 (I =VII-VIII) ergibt sich nach dem vereinfachten Nachweis ($T_1 \leq 1$ sec): $a_o = 0.65\text{m/s}^2$, $\kappa = 1.1$, $\alpha = 0.7$.
Damit beträgt der Rechenwert der Bodenbeschleunigung:
$cal \, a = a_o \, \kappa \, \alpha = 0.65\text{m/s}^2 \cdot 1.1 \cdot 0.7 = 0.050\text{m/s}^2 = 0.050g$.
Mit $\beta(T_1 = 0.33 \text{ sec}) = 1.0$ gemäss Gl.(2.44) und $m_j = M/6$ ergeben sich die Ersatzkräfte nach Gl.(2.48) von:
$F_j = 1.5 \cdot (M/6) \cdot 1.0(j/6) \cdot cal \, a$, d.h.
$F_1 = 1.5 \cdot (M/6) \cdot 1.0(1/6) \cdot 0.050g = 0.0021gM$ bis
$F_6 = 1.5 \cdot (M/6) \cdot 1.0(6/6) \cdot 0.050g = 0.0125gM$.
Dies ergibt eine Ersatzkraft von
$F_{tot} = \sum_{j=1}^{6} F_j = 0.044gM$.
Das Kippmoment lässt sich berechnen als:
$M_E = \sum_{j=1}^{6} F_j \, (j \cdot H/6) = 0.032HgM$.
Die entsprechenden Werte auf dem Niveau des Tragwiderstandes betragen $S^* = S_u \, s$

woraus sich mit $s = 1.75$ ergibt:

$F_{tot}^* = F_{tot} \, s = 0.044 gM \cdot 1.75 = 0.077 gM$

$M_{tot}^* = M_E \, s = 0.032 HgM \cdot 1.75 = 0.056 HgM.$

2.3.5 Österreichische Norm B 4015, Teil 1 (1979)

Diese Norm [X18] gilt nur für 'nicht schwingungsanfällige Bauwerke' deren Höhe die vierfache mittlere Länge in Schwingrichtung nicht übersteigt.

a) Ermittlung der Ersatzkräfte

Die horizontale *Stockwerk-Ersatzkraft* berechnet sich als:

$$F_j = \varepsilon \, g \, k_1 \, k_2 \, k_{3j} \, k_4 \, G_j \qquad (2.51)$$

j: betrachtetes Geschoss

ε: Koeffizient der Erdbebenstärke
Entspricht dem Ausdruck $\alpha_1 \, \bar{a}_o$ in Gl.(2.30) dividiert durch g. Für die vier auf einer Landeskarte festgelegten Erdbebenzonen werden die in der Tabelle von Bild 2.41 angegebenen Koeffizienten ε (Wiederkehrperiode von 100 Jahren) verwendet.

Erdbeben- zone	Intensität I_{MSK}	Koeffizient der Erdbebenstärke ϵ
1	VI$^+$	0.020 - 0.035
2	VII$^-$	0.035 - 0.060
3	VII$^+$	0.060 - 0.100
4	VIII$^-$	0.100 - 0.150

Bild 2.41: Koeffizient der Erdbebenstärke ε

k_1: Koeffizient des Gründungseinflusses
Entspricht α_3 in Gl.(2.30). Der Koeffizient ist abhängig von der Art des Untergrun-

Art des Untergrundes	Fundament- platten	Streifen- & Einzel- fundamente	Pfähle & Schlitzwände
Auffüllungen und Schwemmland	2.0	2.6	2.4
Locker gelagerte Sedimente, Sand und Schotter	1.0	1.3	1.2
Fest gelagerte Sedimente, Fester Sand bis weiches Gestein	0.8	1.0	0.9
Festes Gestein und Fels, Kalkstein bis Granit	0.7	0.8	–

Bild 2.42: Koeffizient des Gründungseinflusses k_1

des und der Art der Fundation, vgl. Tabelle von Bild 2.42.

k₂: Reaktionskoeffizient
Entspricht dem Faktor α_2 in Gl.(2.30). Dieser Koeffizient wird aus dem im Bild 2.43 dargestellten Diagramm in Funktion der ersten Eigenschwingzeit herausgelesen. Für

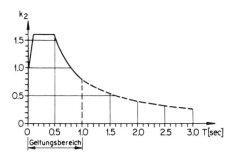

Bild 2.43: Reaktionskoeffizient k_2 in Funktion der Eigenschwingzeit

Eigenschwingzeiten $T_1 > 1$ sec ist der Einfluss der zweiten und dritten Eigenform zu berücksichtigen. Mit dem maximalen Wert von 1.6 (Amplifikationsfaktor im 'Plateaubereich') entspricht dieses Diagramm gemäss [N2] einem Spektrum mit einer Dämpfung von etwa 10 %.

k₃,ⱼ: Koeffizient der vertikalen Verteilung
Für die Grundschwingung gilt:

$$k_{3j} = \frac{h_j}{h_n} \qquad \text{und} \quad 0 \leq k_{3j} \leq 1.0 \tag{2.52}$$

h_j : Höhe des Massenpunktes m_j über dem Einspannquerschnitt

h_n : Höhe des Tragsystems über dem Einspannquerschnitt

Der mittlere Wert beträgt also $k_3 = 0.5$, was einer Reduktion der gesamten Ersatzkraft auf die Hälfte entspricht.

k₄: Koeffizient zur Berücksichtigung der Bedeutung des Bauwerks
Entspricht den Faktoren α_6 bzw. α_7 in Gl.(2.30). Dieser Koeffizient ist von der Bauwerksnutzung und von der Erdbebenzone abhängig. Er nimmt die Werte in der Tabelle von Bild 2.44 an, variiert also relativ wenig.

Gⱼ: Wirksame Last
Entsprechend Eigenlast plus ständige Last plus je nach Nutzung 70 bis 100% der nominellen Nutzlasten.

Weitere Bestimmungen
Torsionseffekte und deren rechnerische Behandlung werden nicht erwähnt. Die Bauweise und die Art des Tragsystems (Duktilität) werden nicht explizit berücksichtigt. In den einleitenden Abschnitten der Norm werden quaderförmige, regelmässige Bauten empfohlen.

Gebäudeart	Erdbebenzone			
und Nutzung	1	2	3	4
Wohngebäude, einfache Fabrik- und Lagerhallen	0.75	0.80	0.85	0.90
Bauwerke mit Menschenansammlungen, mehrstöckige Fabrik- und Lagerhallen	0.80	0.85	0.90	0.95
Krankenhäuser und öffentliche Versorgungseinrichtungen	0.85	0.90	0.95	1.00

Bild 2.44: Koeffizient k_4 zur Berücksichtigung der Bedeutung des Bauwerks.

b) Tragsicherheitsnachweis

Die Erdbebenkräfte sind allgemein nur mit Dauer- und Nutzlasten zu kombinieren. Bei Bauten, welche die umliegenden um mehr als 40 m überragen, sind jedoch 25 % der Windkräfte beim Erdbeben zu berücksichtigen. In den Zonen 1 und 2 sind Erdbebenkräfte und Schneelasten nicht zu kombinieren. Damit ergeben sich die massgebenden Beanspruchungen auf dem Niveau des Gebrauchszustandes zu

$$S_u = S(D, L)_{max} + S_E \tag{2.53}$$
$$S_u = S(D, L)_{min} + S_E \tag{2.54}$$

Die Beanspruchungen S_u sind mit zulässigen Spannungen aufzunehmen. Es kann auch ein Tragsicherheitsnachweis mit dem globalen Sicherheitsbeiwert $s = 1.7$ (für Biegung) durchgeführt werden [X19].

c) Zahlenbeispiel

Für eine Intensität $I_{MSK} = $ VII - VIII erhalten wir:
$\varepsilon = 0.100, k_1 = 0.80, k_2 = 1.6, k_{3j} = h_j/h_n = j/6$ für $j = 1$ bis 6 und $k_4 = 0.90$.
Mit $G_j = gM/6$ ergeben sich die Ersatzkräfte:
$F_j = 0.10 \cdot 0.80 \cdot 1.6 \cdot (j/6) \cdot 0.90 gM/6$, d.h.
$F_1 = 0.10 \cdot 0.80 \cdot 1.6 \cdot (1/6) \cdot 0.90 gM/6 = 0.0032 gM$ bis
$F_6 = 0.10 \cdot 0.80 \cdot 1.6 \cdot (6/6) \cdot 0.90 gM/6 = 0.0192 gM$.
Die resultierende Ersatzkraft beträgt:
$F_{tot} = \sum_{j=1}^{6} F_j = 0.067 gM$.
Das Kippmoment lässt sich berechnen als:
$M_E = \sum_{j=1}^{6} F_j (jH/6) = 0.049 HgM$
Die entsprechenden Werte auf dem Niveau des Tragwiderstandes betragen $S^* = S_u s$. Mit $s = 1.7$ ergibt sich:
$F_{tot}^* = F_{tot} s = 0.067 gM \cdot 1.7 = 0.114 gM$
$M_{tot}^* = M_E s = 0.049 HgM \cdot 1.7 = 0.083 HgM$.

2.3.6 Schweizerische Norm SIA 160 (1989)

Das Konzept dieser Norm [X12] beruht auf sogenannten Normschadenbildern [B24], [B25]. Unter der Einwirkung des Bemessungsbebens sollen bestimmte akzeptierte Normschäden nicht überschritten werden.

a) Ermittlung der Ersatzkraft

Die horizontale *Ersatzkraft* wird wie folgt berechnet:

$$F_{tot} = \frac{a_h}{g} \frac{C_d}{K} \left(G_m + \Sigma \psi_{acc} Q_r\right) \tag{2.55}$$

a_h: *Horizontale Beschleunigung*
Entspricht dem Produkt $\alpha_1 \alpha_2 \alpha_3 \bar{a}_o$ in Gl.(2.30). Der Wert von a_h wird als Funktion der Grundschwingzeit, der Zone und der Bodenart aus elastischen Bemessungsspektren bestimmt (Bild 2.45). Der Verlauf der Spektren entspricht im wesentlichen den

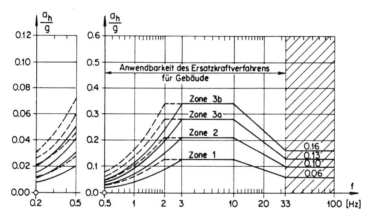

Bild 2.45: Elastische Bemessungspektren (Mittelwerte für 5% Dämpfung) für steife Böden (ausgezogen) und für mittelsteife Böden (gestrichelt)

für kalifornische Verhältnisse gültigen Mittelwertspektren (vgl. [N2]), die Eckfrequenzen wurden jedoch entsprechend den seismologischen Verhältnissen im Alpenraum etwas höher angesetzt. Die den Zonen zugeordneten Bemessungsintensitäten und maximalen Bodenbeschleunigungen sind in der Tabelle von Bild 2.46 angegeben.

C_d: *Bemessungsbeiwert*
Erfasst den Unterschied zwischen den bei der Bemessung verwendeten reduzierten Werten (Mindestwert der Festigkeiten, mit dem Widerstandsbeiwert reduzierter Tragwiderstand, reduzierte Bruchdehnungen) und den wahrscheinlichen Werten. Er kann als reziproker Wert eines minimalen Überfestigkeitsfaktors bezeichnet werden und ist für alle Bauweisen zu 0.65 anzusetzen.

K: *Verformungsbeiwert*
Ist nach den für die drei Bauwerksklassen unterschiedlichen akzeptierten Schäden

Zone	Intensität I_{MSK}	max. Bodenbeschleunigung a_s
1	VI - VII	0.06 g
2	VII$^+$	0.10 g
3a	VIII$^-$	0.13 g
3b	VIII$^+$	0.16 g

Bild 2.46: Bemessungsintensitäten und maximale Bodenbeschleunigungen für die Erdbebenzonen der Schweiz

festgelegt. Für die Bauwerksklasse I (grosse Schäden) entspricht er dem für eine 'natürliche' Duktilität (keine besonderen Massnahmen zur Verbesserung der Duktilität) gültigen Verschiebeduktilitätsfaktor μ_Δ und somit dem reziproken Wert von α_5 in Gl.(2.30). Für die Bauwerksklassen II bzw. III ist er kleiner (mittlere bzw. geringfügige Schäden), was eine ähnliche Auswirkung wie der Faktor α_7 in Gl.(2.30) hat. Der Verformungsbeiwert kann für verschiedene Frequenzbereiche und Trag-

Tragwerksart	Bauwerksklasse		
	I	II	III
Rahmen	2.5	2.0	1.4
Tragwände	2.0	1.7	1.3

Bild 2.47: Verformungsbeiwert K für Rahmen und Tragwände ($f_1 \leq 10$ Hz)

werksarten einer Tabelle entnommen werden. Die Werte für Stahlbetonhochbauten mit $f_1 \leq 10$ Hz sind in der Tabelle von Bild 2.47 zusammengestellt.

In der Norm ist der Quotient C_d/K als Konstruktionsfaktor C_k bezeichnet.

G_m: *Mittelwert der Eigenlasten des Tragwerks*

Q_r: *Kennwert der ständigen bzw. einer veränderlichen Begleiteinwirkung*

ψ_{acc}: *Lastfaktor der ständigen bzw. einer veränderlichen Begleiteinwirkung*

Verteilung der Ersatzkraft
Die Ersatzkraft F_{tot} ist bei Gebäuden entsprechend Bild 2.35 und Gl.(2.29) mit $F'_n = 0$ im wesentlichen dreieckförmig über die Höhe zu verteilen.

Weitere Bestimmungen
Torsion ist erst ab einer planmässigen statischen Exzentrität e_s von 10% der Gebäudeabmessung d senkrecht zur Schwingrichtung zu berücksichtigen:

$$e_{d,max} = 1.5e_s + 0.05d \qquad (2.56)$$
$$e_{d,min} = 0.5e_s - 0.05d \qquad (2.57)$$

Im wesentlichen entsprechen der Faktor im ersten Summand dem Faktor λ_s in Gl.(2.31) und der zweite Summand der unplanmässigen statischen Exzentrizität.

b) Tragsicherheitsnachweis

Die Bemessungswerte der Beanspruchung sind gemäss Abschnitt 1.3.3 mit den Faktoren von Bild 1.2 zu ermitteln:

$$S_u = 1.0 S_D + \psi_{acc,L} S_L + 1.0 S_E \tag{2.58}$$

Darin ist $\psi_{acc,L} = \gamma_L = 0.3 - 1.0$ zu setzen, je nach Nutzungsart (vgl. Tabelle von Bild 1.2). Die Beanspruchungen S_u sind durch Bemessungswerte des Tragwiderstandes (mit $\gamma_R = 1.2$ reduzierte Tragwiderstände, vgl. 1.3.4a) abzudecken.

c) Zahlenbeispiel

Für eine Intensität $I_{MSK} = VIII^-$ (Zone 3a) und Bauwerksklasse I erhalten wir:
$a_h/g = 0.27, C_d = 0.65$ und $K = 2.0$.
Damit wird die horizontale Ersatzkraft:
$F_{tot} = 0.27g \cdot (0.65/2.0)M = 0.088gM$.
Mit $m_j = M/6$ und $h_j = Hj/6$ ergeben sich die Ersatzkräfte
$F_j = F_{tot} \cdot j/21$, d.h.
$F_1 = 0.088gM \cdot 1/21 = 0.0042gM$ bis
$F_6 = 0.088gM \cdot 6/21 = 0.0251gM$.
Das Kippmoment lässt sich berechnen als:
$M_E = \sum_{j=1}^{6} F_j(Hj/6) = 0.064HgM$.
Die entsprechenden Werte auf dem Niveau des Tragwiderstandes betragen mit $\gamma_R = 1.2$:
$F_{tot}^* = F_{tot}\gamma_R = 1.2 \cdot 0.088gM = 0.106gM$
$M_{tot}^* = M_E\gamma_R = 1.2 \cdot 0.064HgM = 0.077HgM$.

2.3.7 Vergleich der Ersatzkräfte der verschiedenen Normen

Die Ersatzkraft F_{tot}^* und das Kippmoment M_{tot}^*, beide auf dem Niveau des Tragwiderstandes, sind für das in den Zahlenbeispielen verwendete Gebäude in der Tabelle von Bild 2.48 zusammengestellt.

Land	Norm	F_{tot}^*	$F_{tot}^*/F_{tot,USA}^*$	M_{tot}^*
USA	UBC (1988)	$0.238gM$	100%	$0.173HgM$
NZ	NZS 4203 (Entwurf 1986)	$0.224gM$	94%	$0.162HgM$
BRD	DIN 4149, Teil 1 (1981)	$0.077gM$	32%	$0.056HgM$
A	B4015, Teil 1 (1979)	$0.114gM$	48%	$0.083HgM$
CH	SIA 160 (1989)	$0.106gM$	45%	$0.077HgM$

Bild 2.48: Vergleich von Ersatzkraft und Kippmoment

Obwohl allen Zahlenbeispielen, soweit dies möglich war, eine Bemessungsintensität von $I = VII - VIII$ zugrunde gelegt wurde, sind die Unterschiede bezüglich Ersatzkraft und Kippmoment beträchtlich. Es ist jedoch zu betonen, dass sich diese Werte durch Veränderung der massgebenden Variablen, z.B. der Eigenschwingzeit oder der Art des Tragwerks, auch in ihrem Verhältnis zueinander wesentlich verschieben können. Die Haupttendenz, nämlich der grosse Unterschied zwischen den erdbebengewohnten Ländern Neuseeland und USA einerseits und den mitteleuropäischen Ländern andererseits ist jedoch offensichtlich.

Kapitel 3

Bemessungsgrundlagen

Dieses Kapitel enthält die wichtigsten allgemeinen Grundlagen, welche zur Erdbebenbemessung von Stahlbetontragwerken und ihrer Elemente von besonderer Bedeutung sind. Dabei wird ein Grundwissen auf dem Gebiet des Stahlbetons sowie Erfahrung in der Bemessung von allgemeinen, vorwiegend durch Schwerelasten beanspruchten Stahlbetontragwerken vorausgesetzt.

Im Bereich der für diese Bemessungen wichtigen Grundlagen werden Bezüge zu den gebräuchlichen Normen hergestellt. Dadurch wird es möglich, basierend auf den jeweiligen Stahlbetonnormen, die Rechenwerte für die Erdbebenbemessung herzuleiten.

Es werden auch die Voraussetzungen zum Verständnis der am Ende der Kapitel 4 und 5 angefügten Berechnungsbeispiele geschaffen. Diesen Beispielen liegt die neuseeländische Stahlbetonnorm [X3] zugrunde, welche der amerikanischen Norm [A1] relativ ähnlich ist. Sie wird in diesem Kapitel soweit berücksichtigt, als dies zum Verständnis der von der mitteleuropäischen Praxis abweichenden Bemessungsregeln notwendig ist. Die meisten Formeln in den Bemessungskapiteln verwenden die Grundrechenwerte der Norm [X3]. Die entsprechenden Werte, berechnet nach anderen Normen, weichen jedoch im allgemeinen nicht entscheidend davon ab, da es sich ja um dieselben Baustoffe und Sicherheitsprinzipien handelt. Diese Werte können deshalb meist ebenso gut verwendet werden.

Die Bemessung im Rahmen der Methode der Kapazitätsbemessung weist die folgenden Merkmale auf:

1. Die Bemessung für die Beanspruchungen aus Erdbebenkräften und Schwerelasten erfolgt durch Vergleich des Bemessungswertes der Beanspruchung mit dem Bemessungswert des Tragwiderstandes (keine zulässigen Spannungen).

2. Schnittkraftumverteilungen sind meist erwünscht, und die entsprechenden Umlagerungen sind gut möglich, wenn Teile des Tragsystems zu plastifizieren beginnen, was bei schweren Erdbeben der Fall ist. An geeigneten Stellen werden Soll-Fliessgelenke vorgesehen. Durch Umverteilungen kann eine ausgewogenere Ausnützung des Tragwerks erreicht werden.

3. Die infolge der Erdbebeneinwirkung ins duktile Bauwerk eingetragene Energie wird in plastischen Gelenken dissipiert. Diese Zonen erfahren infolge der Bau-

werksschwingungen wiederholte plastische Beanspruchungen, im allgemeinen in beiden Richtungen.

4. Die Bemessung der Stahlbetonteile hat sicherzustellen, dass nur die dazu geeigneten Zonen des Tragwerks plastifizieren und dass der überwiegende, dazu ungeeignete Teil des Tragwerks im elastischen Beanspruchungsbereich bleibt.

Aus diesen gegenüber einer üblichen Stahlbetonbemessung für dominierende Schwerelasten erhöhten Anforderungen ergeben sich auch entsprechende Bedürfnisse für die erforderlichen Bemessungswerte.

3.1 Duktilitätsdefinitionen

Der Begriff Duktilität bezeichnet die Fähigkeit eines Tragelementes oder Tragwerks, sich nicht nur elastisch, sondern unter Aufrechterhaltung des Tragwiderstandes auch plastisch zu verformen. Je nach Standpunkt des Betrachters, sei dieser global oder lokal, und je nach der zur Festlegung der Duktilität verwendeten Definition bzw. je nach Art der Duktilität ergeben sich verschiedene numerische Werte. Diese weichen sowohl in ihrer absoluten Grösse als auch in ihrer Bedeutung wesentlich voneinander ab.

Den verschiedenen Definitionen bzw. Arten der Duktilität wird stets und auch bei davon abweichendem Verhalten ein ideal elastisch-plastisches Verhalten zugrunde gelegt. Das idealisierte Verhalten kann aus dem tatsächlichen Verhalten nach den Prinzipien von Bild 2.23 bestimmt werden.

3.1.1 Dehnungsduktilität

Zur Definition der Dehnungsduktilität, z.B. eines Bewehrungsstabes, wird die Dehnung des Materials verwendet (Bild 3.1):

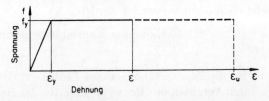

Bild 3.1: Idealisiertes elastisch-plastisches Verhalten

$$\mu_\varepsilon = \frac{\varepsilon}{\varepsilon_y} \qquad \text{wobei} \quad \varepsilon > \varepsilon_y \tag{3.1}$$

Der Wert μ_ε gibt an, bis zu welchem Vielfachen der Dehnung bei Fliessbeginn ε_y das Material verformt ist. Die Dehnung ε darf die rechnerische Grenzdehnung ε_u nicht überschreiten. Diese beträgt z.B. bei einem Bewehrungsstahl typischerweise 0.04 (vgl. Bild 3.9). Damit ergibt sich die Grenz-Dehnungsduktilität $\varepsilon_u/\varepsilon_y$.

Obwohl die Dehnungsduktilität der Materialien die Grundlage des duktilen Verhaltens von Tragelementen und Tragwerken ist, wird sie in der üblichen Bemessung nicht direkt verwendet. Bei der Kapazitätsbemessung sind gewisse Beschränkungen einzuhalten, damit die auftretenden Dehnungen die Grenzdehnung nicht übersteigen. Im allgemeinen wird jedoch die Grenzdehnung des Bewehrungsstahles auch bei grossen plastischen Verformungen nicht ausgenützt. Die folgenden querschnitts- oder systembezogenen Duktilitätsdefinitionen sind für praktische Zwecke aussagekräftiger.

3.1.2 Krümmungsduktilität

Zur Definition der Krümmungsduktilität wird der Krümmungswinkel ϕ des Querschnittes verwendet (Bild 3.2). Unter zunehmender Biegebeanspruchung des Quer-

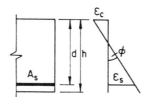

Bild 3.2: Krümmung am Stahlbetonquerschnitt

schnitts tritt bei ϕ_y ($\varepsilon_s = \varepsilon_y$) Fliessen ein. Bis zum Versagen des Querschnittes, meist infolge Betonbruchs, kann bei nicht zu hohen Bewehrungsgehalten der Krümmungswinkel ϕ jedoch noch stark zunehmen. Versagen infolge Stahlbruch ist selten, da die aus den grossen Dehnungen (10-20%) resultierenden Verformungen schon vorher zum Einsturz führen (P-Δ-Effekt).

Die Krümmungsduktilität ist definiert als

$$\mu_\phi = \frac{\phi}{\phi_y} \qquad \text{wobei } \phi > \phi_y \tag{3.2}$$

Der Wert μ_ϕ gibt an, bis zu welchem Vielfachen der Krümmung bei Fliessbeginn ϕ_y der Querschnitt verformt ist. Die Krümmung ϕ darf die rechnerische Grenzkrümmung ϕ_u nicht überschreiten. Damit ergibt sich die Grenz-Krümmungsduktilität ϕ_u/ϕ_y. Sie ist relativ stark von Querschnitt und Fliessgrenze der vorhandenen Bewehrung wie auch von den Betoneigenschaften abhängig [P1, S. 203ff].

Bild 3.3 zeigt den Einfluss sowohl des Zug- als auch des Druckbewehrungsgehaltes auf die Grenz-Krümmungsduktilität bei reiner Biegebeanspruchung. Die Grenzkrümmungen wurden mit den Betonbruchstauchungen (Grenzstauchungen) $\varepsilon_{cu} = 0.003$ und $\varepsilon_{cu} = 0.004$ berechnet. Ein hoher Bewehrungsgehalt ρ (vgl. Gl.(3.20)) führt zu einer kleinen Grenz-Krümmungsduktilität, und das hohe Verformungsvermögen des Bewehrungsstahles kann bei weitem nicht ausgenützt werden. Bei den in Riegeln typischen Bewehrungsgehalten von $\rho \leq 1.5\%$ und $0.5 < \rho'/\rho < 1.0$ sind Krümmungsduktilitäten bis gegen $\mu_\phi = 10$ möglich.

Auch die kombinierte Beanspruchung eines Querschnittes durch Biegung mit Normaldruckkraft vermindert die Grenz-Krümmungsduktilität. Bild 3.4 kann ent-

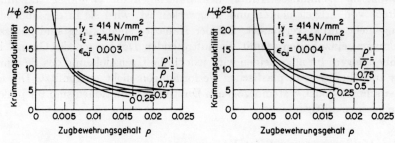

Bild 3.3: Einfluss der Bewehrungsgehalte ρ, ρ′ und der Betonbruchstauchung ε_{cu} auf die Grenz-Krümmungsduktilität bei reiner Biegung (aus [P1])

nommen werden, dass eine Normalkraft von $P = 0.15 f_c' A_g$ für $\rho' = \rho$ die Krümmungsduktilität auf $\mu_\phi = 4$ beschränkt. Der entsprechende Wert gemäss Bild 3.3 mit $\rho' = \rho = 0.010$ und $\varepsilon_{cu} = 0.003$ liegt rund doppelt so hoch. Bei Stützen können deshalb bedeutende Duktilitäten nur durch eine Vergrösserung der Betonbruchstauchung mit Hilfe einer Umschnürung des Betons erreicht werden.

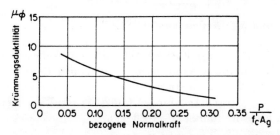

Bild 3.4: Grenz-Krümmungsduktilität eines symmetrisch bewehrten Stahlbetonquerschnittes in Funktion der bezogenen Normalkraft (aus [P1])

3.1.3 Rotationsduktilität

Zur Definition der Rotationsduktilität wird der Rotationswinkel θ des plastischen Gelenkes verwendet:

$$\mu_\theta = \frac{\theta}{\theta_y} \qquad \text{wobei} \quad \theta > \theta_y \tag{3.3}$$

Der Wert μ_θ gibt an, bis zu welchem Vielfachen des Rotationswinkels bei Fliessbeginn θ_y das Gelenk verformt ist. Die Rotation θ darf die rechnerische Grenzrotation θ_u nicht überschreiten. Damit ergibt sich die Grenz-Rotationsduktilität θ_u / θ_y.

Der Rotationswinkel θ kann durch die Integration der Krümmung ϕ über die Fliessgelenklänge (plastische Länge l_p) erhalten werden. Ausser durch die Querschnittsparameter wird die absolute Grösse von θ hauptsächlich von der Gelenklänge beeinflusst.

Die Rotationsduktilität wird vor allem bei Berechnungen an Tragwerksmodellen verwendet, welche punktförmige Fliessgelenke aufweisen. Die Grösse θ ist in diesem

Fall direkt der berechnete Rotationswinkel.

3.1.4 Verschiebeduktilität

Eine sehr wichtige Eigenschaft eines Tragwerks oder Tragelementes ist seine System-duktilität oder Gesamtduktilität. Sie wird als Verschiebeduktilität μ_Δ definiert:

$$\mu_\Delta = \frac{\Delta}{\Delta_y} \qquad \text{wobei} \quad \Delta > \Delta_y \qquad (3.4)$$

Der Wert μ_Δ gibt an, bis zu welchem Vielfachen der Verschiebung bei Fliessbeginn das Tragwerk oder Tragelement verformt ist. Die Verschiebung Δ darf die rechnerische Grenzverschiebung Δ_u nicht überschreiten. Damit ergibt sich die Grenz-Verschiebeduktilität Δ_u/Δ_y (vgl. auch Gl.(2.8)).

Bei Hochbauten ist Δ normalerweise die horizontale Auslenkung am obersten Punkt des Tragsystems. Es ist jedoch darauf hinzuweisen, dass die als Bezugsgrösse dienende Auslenkung Δ_y nicht beim Erreichen des Fliessmomentes im ersten Fliessgelenk bestimmt wird, sondern dass dafür die nach Bild 2.23 definierte Verschiebung Δ_y des idealisierten elastisch-plastischen Verhaltens verwendet wird. Ein komplexes Tragwerk, bestehend aus verschiedenen Rahmen, weist keinen typischen Fliessbeginn auf, da einzelne Gelenke, z.B. am Stützenfuss, sehr früh auftreten können, während die Rissbildung in den höherliegenden Tragelementen noch nicht abgeschlossen ist. Jedes neu entstehende Fliessgelenk vermindert die Gesamtsteifig-keit um einen kleinen Betrag. Dies führt zu einem kontinuierlichen Übergang vom elastischen in den vollplastischen Bereich des Gesamtverhaltens.

In diesem Zusammenhang wird klar, dass ein anderer, z.B. tieferliegender Wert von Δ_y bei gleichen Gelenkrotationen zu grösseren rechnerischen Gesamtdukti-litäten führt. Bei Vergleichen von experimentellen Daten oder von Normwerten ist daher auf die Definition des Fliessbeginns Δ_y des idealisierten Gesamttragwerks zu achten.

'Duktilität' bedeutet also immer ein Verhältnis und ist somit eine bezogene Grösse. Beim Gebrauch von Duktilitätsfaktoren sollte man sich daher stets auch die entsprechenden absoluten Werte der Verformungen und deren praktische Aus-wirkungen vor Augen halten (vgl. z.B. 2.2.7d).

3.1.5 Vergleich von Krümmungs- und Verschiebeduktilität am Kragarm

Als kurze Illustration der Zusammenhänge zwischen verschiedenen Arten der Duk-tilität wird für einen einfachen Kragarm mit einer Einzelkraft am freien Ende die Beziehung zwischen Krümmungsduktilität und Verschiebeduktilität diskutiert. Bild 3.5 zeigt den Kragarm mit Momenten- und Krümmungsverlauf beim Fliessen [P1]. Es gelten die Beziehungen:

$$\Delta_y = \frac{F_y h^3}{3EI} \qquad (3.5)$$

$$\text{wobei} \quad M_y = F_y h \quad \text{und} \quad \phi_y = \frac{M_y}{EI} = \frac{F_y h}{EI} = \frac{3\Delta_y}{h^2} \qquad (3.6)$$

Die plastische Verschiebung beträgt:

$$\Delta - \Delta_y = (\phi - \phi_y)l_p(h - l_p/2) \tag{3.7}$$

Mit der Verschiebeduktilität $\mu_\Delta = \Delta/\Delta_y$ ergibt sich die Krümmungsduktilität zu

$$\mu_\phi = \frac{\phi}{\phi_y} = \frac{h^2(\mu_\Delta - 1)}{3l_p(h - l_p/2)} + 1 \tag{3.8}$$

Dabei entspricht der Index y dem Zustand bei Fliessbeginn des idealisierten Systems.

Die Gelenklänge l_p liegt allgemein zwischen 0.5 und 1.0 mal die Querschnittshöhe (Wandlänge) l_w. Bei einer Verschiebeduktilität von $\mu_\Delta = 4$, einer geometrischen Schlankheit von $h/l_w = 10$ und $l_p = 0.75l_w = 0.075h$ kann die erforderliche Krümmungsduktilität nach Gl.(3.8) berechnet werden als:

$$\mu_\phi = \frac{h^2(\mu_\Delta - 1)}{3l_p(h - l_p/2)} + 1 = \frac{h^2(4 - 1)}{3 \cdot 0.075 \cdot h \cdot (h - 0.075 \cdot h/2)} + 1 = 14.9$$

Bei einem weniger schlanken Kragarm mit $h/l_w = 4$ würde die erforderliche Krümmungsduktilität nur 9.5 betragen. Sie nimmt mit abnehmender Gelenklänge und zunehmender geometrischer Schlankheit h/l_w zu. Allgemein ist festzuhalten, dass

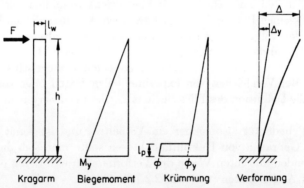

Bild 3.5: Kragarm mit Einzelkraft im Fliesszustand

eine bestimmte Verschiebeduktilität eine bedeutend höhere Krümmungsduktilität erforderlich macht. Das Verhältnis der erforderlichen Krümmungsduktilität zur Verschiebeduktilität hängt von der Geometrie und vom Mechanismus des Gesamtsystems ab und kann bei Rahmensystemen besonders gross sein. Das obige Zahlenbeispiel zeigt ebenfalls, dass bei Vergleichen von Duktilitäten deren Definition und der Bestimmung des Fliessbeginns grosse Bedeutung zukommt.

Gl.(3.8) ist in Bild 5.36 für Tragwände graphisch dargestellt. Dabei wurde eine ausser von der Wandlänge l_w auch von der Wandschlankheit h_w/l_w abhängige Gelenklänge l_p berücksichtigt.

3.1.6 Verifikation der vorhandenen Duktilität

Abschnitt 3.1.5 zeigt am Fall eines sehr einfachen Tragwerks (Kragarm) den Zusammenhang zwischen verschiedenen Arten der Duktilität innerhalb eines Systems. Die Systemduktilität (Verschiebeduktilität) μ_Δ eines Tragwerks, z.B. in einem Hochbau, charakterisiert dessen allgemeines Verhalten. Sie basiert auf den inelastischen Verformungen aller plastischen Bereiche (Fliessgelenke) innerhalb des gesamten Tragwerks. Die Duktilitätsanforderungen in diesen Bereichen, ausgedrückt durch den Rotationsdutilitätsfaktor μ_θ oder den Krümmungsduktilitätsfaktor μ_ϕ, sind im allgemeinen von anderer Grössenordnung als der Systemduktilitätsfaktor μ_Δ. Die Beziehung zwischen lokaler Duktilität und globaler Systemduktilität wird von den Verformungen bei der Entwicklung eines plastischen Mechanismus (vgl. Bilder 1.3, 1.4, 7.2) bestimmt. Die Grösse der Ersatzkräfte basiert auf der Systemduktilität. Wo jedoch potentielle plastische Bereiche konstruktiv durchgebildet werden müssen, sind die lokalen Duktilitätsanforderungen massgebend.

Bei den bisherigen Ausführungen in Abschnitt 3.1 standen grosse Verformungen infolge monodirektionaler Beanspruchung im Vordergrund. Unter Erdbebeneinwirkung treten jedoch mehrfach wechselnde Beanspruchungen in zwei oder noch mehr entgegengesetzten Richtungen auf, die allgemein als zyklische Beanspruchungen bezeichnet werden und zu den bekannten typischen Hysteresekurven führen (vgl. Bilder 3.19, 4.93, 4.94, 4.101, 5.26, 5.27, 7.6). Dabei ist meist eine gewisse Reduktion von Steifigkeit und Tragwiderstand und somit der Fähigkeit zur Energiedissipation unvermeidlich. Die Abschätzung und Festlegung zulässiger Reduktionen unter bestimmten Erdbebenzeitverläufen bildete Gegenstand zahlreicher Forschungsarbeiten und Diskussionen. Es hat sich jedoch als sehr schwierig oder gar unmöglich erwiesen, präzise Kriterien mit Berücksichtigung der Eigenperiode des Tragwerks und der wahrscheinlichen Dauer eines Erdbebens und somit einer möglichen Anzahl Beanspruchungszyklen nach unterschiedlich grossen Verformungen aufzustellen.

Ein einfaches Verhaltenskriterium, das nicht den Anspruch erhebt, allen Arten von Erdbebenzeitverläufen gerecht zu werden, das aber verhältnismässig einfach und auf praktische Bedürfnisse zugeschnitten ist, wurde in Neuseeland im Zusammenhang mit der Prüfung von Versuchskörpern und der Entwicklung von Regeln zur Bemessung und konstruktiven Durchbildung für eine bestimmte Bemessungsduktilität definiert [X3]. Dieses Verhaltenskriterium lautet:

Das Gesamttragwerk soll in der Lage sein, mindestens 4 Beanspruchungszyklen, d.h. 8 Beanspruchungswechsel, mit einer Verschiebung von $\Delta_u = \mu_\Delta \Delta_y$ in allen Richtungen zu überstehen, wobei der Widerstand gegen Horizontalkräfte um nicht mehr als 20% abnehmen darf. Die Verschiebung Δ_y beim Fliessbeginn ist dabei nach Bild 2.23 zu ermitteln. Die meist in Form anderer Duktilitätsarten ausgedrückte lokale Duktilität von potentiellen plastischen Bereichen hat der Verschiebeduktilität des Gesamttragwerks zu entsprechen.

3.2 Baustoffe

Bei der Bemessung auf dynamische Einwirkungen mit Tragwerkbeanspruchungen bis in den plastischen Bereich sind, speziell für die Methode der Kapazitätsbemessung, Materialkennwerte und Rechenwerte erforderlich, die in den allgemeinen Normen für Stahlbetonbauten nicht enthalten sind. Es muss ausdrücklich darauf hingewiesen werden, dass bei Erdbeben keine Lasten sondern Verschiebungen aufgebracht werden. Die bei der Bemessung zu berücksichtigenden Schnittkräfte werden durch die Verformungen des elastisch-plastischen Tragwerks hervorgerufen. Um diese Schnittkräfte möglichst wirklichkeitsgetreu bestimmen zu können, sind die Materialeigenschaften im erwarteten Verformungsbereich zu berücksichtigen.

Zur Erleichterung bei der Anwendung der Kapazitätsbemessung werden in diesem Abschnitt die Normenwerte verschiedener Länder betrachtet und miteinander verglichen.

3.2.1   Charakteristische Festigkeitsgrössen

Im folgenden werden wichtige charakteristische Festigkeitsgrössen kurz erläutert (vgl. 1.3.4):

Mittelwert der Festigkeit (Mittlere Festigkeit)
Statistisches Mittel der Festigkeit; wird beispielsweise zur Nachrechnung von Versuchen verwendet.

Nennwert der Festigkeit (Nennfestigkeit)
Mit einer gewissen Wahrscheinlichkeit von z.B. 16%, 9%, 5% oder 2% unterschrittener Festigkeitswert; wird allgemein zur Benennung der Baustoffe verwendet.

Mindestwert der Festigkeit (Mindestfestigkeit)
Bei vorgeschriebener Probenzahl nicht zu unterschreitender Wert; ist in manchen Normen im Verhältnis zur Nennfestigkeit oder absolut festgelegt, um die Streuung der Materialfestigkeit nach unten zu begrenzen.

Rechenwert der Festigkeit (Rechenfestigkeit)
Ist gleich der Nennfestigkeit oder der Mindestfestigkeit oder einem davon abgeleiteten kleineren Wert; wird zur Ermittlung des Tragwiderstandes verwendet.

Überfestigkeit
Bei grösseren Dehnungen auftretende mittlere Festigkeit; wird meist auf die Rechenfestigkeit bezogen; erfasst sowohl den Unterschied zwischen Rechenfestigkeit und mittlerer Festigkeit als auch den Einfluss der Verfestigung.

3.2.2   Bewehrungsstahl

Für die Kapazitätsbemessung finden nicht nur die Rechenwerte sondern auch die Überfestigkeiten bei grossen Dehnungen Eingang in die Bemessung. Der Überfestigkeitsfaktor (vgl. Gl.(1.13)) des Bewehrungsstahles ist wie folgt definiert:

$$\lambda_o = \frac{f_{o,y}}{f_y} \tag{3.9}$$

$f_{o,y}$: Stahlspannung bei Überfestigkeit
f_y : Rechenwert der Fliessgrenze (Rechenfestigkeit)

Im folgenden werden wichtige Grössen der den Beispielen der Kapitel 4 und 5 zugrunde gelegten neuseeländischen Stahlsorten wiedergegeben. Anschliessend wird die Bestimmung der entsprechenden Werte bei europäischen Bewehrungsstählen gezeigt.

a) Stahlsorten und Fliessgrenzen

Die Bewehrungstähle von Neuseeland und Mitteleuropa unterscheiden sich wesentlich, und sie werden deshalb in zwei getrennten Abschnitten beschrieben.

1. Neuseeländischer Bewehrungsstahl

In Neuseeland werden vor allem zwei Stahlsorten mit vergleichsweise niedriger bzw. mittlerer Fliessgrenze (H: high) jedoch mit hoher Dehnfähigkeit verwendet. Beide Stahlsorten werden mit Rippen (D: deformed), kleinere Durchmesser zur Verwendung als Bügel aber auch als Rundstäbe (R: round) hergestellt. Für normale Anwendungen der beiden Stahlsorten ist der Überfestigkeitsfaktor λ_o im Kommentar zur Norm angegeben. In speziellen Fällen (Importstahl, etc.) ist er jedoch mit Versuchen zu bestimmen. Die Tabelle von Bild 3.6 gibt die typischen Werte für den Rechenwert der Fliessgrenze und die Überfestigkeitsfaktoren.

Stahlsorte	Rechenwert f_y [N/mm^2]	Überfestigkeitsfaktor λ_o
R und D	275	1.25
HR und HD	380	1.40

Bild 3.6: Rechenwert der Fliessgrenze und Überfestigkeitsfaktor für neuseeländischen Bewehrungsstahl (nach [X3])

Der Vorteil der gerippten Stähle D und HD mit relativ niedriger Fliessgrenze liegt vor allem darin, dass die verhältnismässig kleinen, meist zyklisch als Zug und Druck auftretenden Fliesskräfte durch Verbund gut in den Beton eingeleitet werden können. Diese Eigenschaft ist speziell bei der Gestaltung von Rahmenknoten, wo der Verbund die massgebende Grösse ist, von grosser Bedeutung.

2. Europäischer Bewehrungsstahl

In den meisten Ländern des mitteleuropäischen Raumes werden etwa dieselben Qualitäten von Bewehrungsstahl verwendet. Es werden deshalb im folgenden die Stähle und Bezeichnungen nach DIN 488 Teil 1 (Rechenwerte nach DIN 1047:1978 Deutschland) und SIA 162:1989 (Schweiz) verwendet. Die Tabelle von Bild 3.7 gibt einen Überblick über die gebräuchlichsten profilierten Bewehrungstähle dieser beiden Länder. Anhand der angegebenen Materialeigenschaften dürfte die Identifikation von nach andern Normen bezeichneten Stählen, auch für den Export von Ingenieurleistungen, möglich sein.

b) Bestimmung des Überfestigkeitsfaktors

Die Methode der Kapazitätsbemessung benötigt die maximal während den erwarteten Verformungen auftretenden Kräfte. Zu deren Bestimmung dient die Überfestigkeit, welche die folgenden beiden Anteile erfasst:

| Stahlsorte | Zustand | Fliessgrenze [N/mm²] | |
		Prüfwert [a]	Rechenwert [b]
SIA : S500a	naturhart	500 [c]	460
SIA : S500b	kaltverformt	500 [c]	460
SIA : S500c	vergütet	500 [c]	460
SIA : S500d	Ringmaterial [d]	500 [c]	460
DIN : III S [e]	schweissbar	420	420
DIN : IV S [e]	schweissbar	500	500

[a] 5%-Fraktile
[b] In diesem Buch mit Rechenfestigkeit bezeichnet
[c] Absoluter Mindestwert aller Proben ≥ 460 N/mm²
[d] Durchmesser 6 bis 12 mm
[e] Gemäss Weissdruck DIN 488, Teil 1 (1986)

Bild 3.7: Prüfwert und Rechenwert (Rechenfestigkeit) der Fliessgrenze europäischer Bewehrungstähle

1. Der Mittelwert der Fliessgrenze des Bewehrungsstahls liegt beträchtlich höher als die zum Nachweis der Tragsicherheit verwendete Rechenfestigkeit der Fliessgrenze. Das Verhältnis dieser beiden Werte entspricht dem Faktor Φ_m (vgl. 1.3.4b).

2. Bei den auftretenden grossen Dehnungen erfolgt eine Verfestigung über die Fliessgrenze hinaus.

Der Überfestigkeitsfaktor λ_o (vgl. 1.3.4c) als Verhältnis der Überfestigkeit bei grossen Dehnungen zum Rechenwert der Fliessgrenze lässt sich anhand einer repräsentativen Anzahl Zugversuche bestimmen. Dabei kann auf die amtlichen Prüfstellen, die Qualitätskontrolle des Stahlherstellers oder spezielle Versuche zurückgegriffen und ein Spannungs-Dehnungs-Diagramm der betreffenden Stahlsorte auf der Basis von Mittelwerten dargestellt werden.

Die Fliessgelenke duktiler Tragwerke werden bis in den Bereich von $\mu_\phi = 10$ bis 20 beansprucht. Dies entspricht bei üblichen Querschnittsabmessungen Stahldehnungen von $\varepsilon_s \approx (10 \text{ bis } 20)\varepsilon_y \approx 2$ bis 4%. Aus dem mittleren Spannungs-Dehnungs-Diagramm können die Stahlspannungen bei Dehnungen von 2% und 4% herausgelesen werden. Die Erhöhung infolge der bei Erdbeben im Vergleich zum Standardversuch leicht höheren Beanspruchungsgeschwindigkeit ist relativ gering und wird nicht berücksichtigt.

Beispielsweise hat gemäss [E2] der zur Zeit in der Schweiz produzierte Bewehrungsstahl die in der Tabelle von Bild 3.8 aufgeführten Eigenschaften. Der erste Anteil der Überfestigkeit kann durch das Verhältnis des Mittelwertes zum Rechenwert der Fliessgrenze ($\Phi_m \approx 1.20$) erfasst werden. Der zweite Anteil, d.h. der Anteil der Verfestigung, wird anhand der in Bild 3.9 dargestellten typischen Spannungs-Dehnungs-Diagramme für Stähle der beiden Sorten S500c (ca. 3/4 des schweizerischen Verbrauches 1989) und S500a erfasst. Die Form der für einen Stabdurchmesser von 12 mm ermittelten Diagramme kann auch für grössere Stabdurchmesser

Bewehrungs-Stahlsorte	Fliessgrenze		Zugfestigkeit	
	$\bar{f}_y{}^a$ [N/mm^2]	s^b [N/mm^2]	$\bar{f}_t{}^a$ [N/mm^2]	s^b [N/mm^2]
S500a	550	20	710	30
S500c	550	20	630	15
S500d	545	20	600	10

^{a} Mittelwert
^{b} Standardabweichung

Bild 3.8: Fliessgrenze und Zugfestigkeit sowie deren Standardabweichungen für schweizerischen Bewehrungsstahl [E2]

als repräsentativ betrachtet werden. Daraus wird das Verhältnis der Stahlspannung bei 2% und 4% Dehnung zur Fliessgrenze bestimmt. Es ergeben sich die folgenden Werte für λ_o:

– Stahl S500a:

$$\lambda_o(2\%) = \frac{550 \cdot 570}{460 \cdot 554} = 1.23 \quad \text{und} \quad \lambda_o(4\%) = \frac{550 \cdot 655}{460 \cdot 554} = 1.41$$

– Stahl S500c:

$$\lambda_o(2\%) = \frac{550 \cdot 540}{460 \cdot 546} = 1.18 \quad \text{und} \quad \lambda_o(4\%) = \frac{550 \cdot 580}{460 \cdot 546} = 1.27$$

Für duktile Tragwerke kann das Mittel der Werte für 2% und 4%, z.B.

- für Stahl S500a: $\lambda_o = 1.32$
- für Stahl S500c: $\lambda_o = 1.23$,

benützt werden. Bei Tragwerken mit beschränkter Duktilität können die Werte für eine Dehnung von 2% verwendet werden.

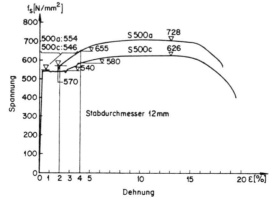

Bild 3.9: Spannungs-Dehnungs-Diagramme für naturharten (S500a) und vergüteten (S500c) Bewehrungsstahl (nach [E2])

Es wird weiter hinten gezeigt, dass Stähle mit hoher Fliessgrenze und/oder grossem Überfestigkeitsfaktor λ_o nachteilige Auswirkungen haben können, da die Kräfte bei der Bildung von Fliessgelenken relativ gross werden. Eine Folge davon kann sein, dass zur Einleitung dieser zyklisch auftretenden Fliesskräfte in den Beton eine grosse Verbundlänge oder besondere Massnahmen erforderlich sind, was speziell bei Rahmenknoten zu Schwierigkeiten führen kann (vgl. 4.7.4h). Deshalb ist auch wichtig, durch Bauüberwachung sicherzustellen, dass der im Bauwerk verlegte Bewehrungsstahl der bei der Bemessung angenommenen Qualität entspricht. Auf keinen Fall darf in Bereichen plastischer Gelenke Bewehrungsstahl mit höherer Fliessgrenze oder mit einem grösseren Überfestigkeitsfaktor verwendet werden.

c) Verhalten bei zyklischer Beanspruchung

Bei der Erstbeanspruchung beträgt der E-Modul des Bewehrungsstahles etwa 210'000 N/mm². Bild 3.10a zeigt das Verhalten bei wiederholter Zugbeanspruchung bis zum Fliessen. Bei grösseren Dehnungen steigt die Fliessspannung über den Anfangswert f_y an (Verfestigung). Bei Verminderung und erneuter Erhöhung der Beanspruchung ist der gleiche E-Modul wirksam. Bei zyklischen Zug- und Druckbeanspruchungen bis in den Fliessbereich zeigen sich hingegen die nach *Bauschinger* benannten Effekte:

1. Zyklische Beanspruchungen bis zum Fliessen sowohl auf Zug als auch auf Druck führt zu einer Abnahme des E-Moduls des Stahles (vgl. Bild 3.10b).

2. Nach zyklischen Beanspruchungen mit Druckfliessen steigt die Fliessspannung über diejenige bei monodirektionaler Zugbeanspruchung an (vgl. Bild 3.10c).

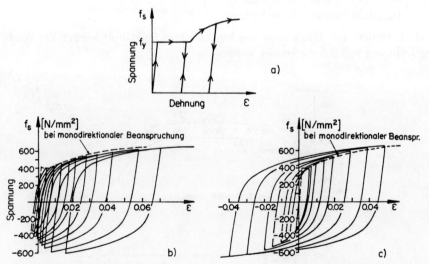

Bild 3.10: Einfluss wiederholter Beanspruchung bis zur Fliessgrenze bei Bewehrungsstahl: a) wiederholte Zugbeanspruchung (z.B. Bügelbeanspruchung [P1]), b) unsymmetrische, c) symmetrische Zug-Druckbeanspruchung [P45]

Unter wiederholter zyklischer Beanspruchung mit Fliessen ist infolge des abnehmenden E-Moduls also mit deutlich grösseren Verformungen zu rechnen.

3.2.3 Beton

Zur Bemessung von Stahlbetontragelementen für dynamische Beanspruchungen bis in den Fliessbereich sind auch für den Baustoff Beton über die bei der Bemessung auf Schwerelasten benötigten Rechenwerte hinausgehende charakteristische Grössen erforderlich. Dazu kommt, dass die Betonqualitäten von Land zu Land verschieden definiert sind und daher für internationale Anwendungen die entsprechenden Zusammenhänge bekannt sein müssen.

a) Betonsorten und Festigkeiten

Allgemein ist es üblich, die verschiedenen Betonqualitäten entsprechend ihrer Druckfestigkeit zu bezeichnen. Der Nennwert wird generell bei einem Betonalter von 28 Tagen ermittelt. Die verwendeten Probekörper, Prüfmethoden und Fraktilen zur Bestimmung des Nennwertes sind jedoch von Land zu Land verschieden. Die Tabelle von Bild 3.11 gibt einen Überblick über dieDefinitionen in einigen Ländern. Oft kommen noch weitere Bestimmungen dazu, wie etwa über einen absoluten Min-

Land und Norm	Prüfkörper	Nennwert	
BRD [X16]	Würfel von 200 mm	β_{wN}	: 5%-Fraktilenwert
Schweiz [X13]	Würfel	$f_{cw,min}$	: 2%-Fraktilenwert
Neuseeland[X3]	Zylinder (H=2D), z.B. 305 mm×152 mm	f'_c	: 5%-Fraktilenwert bzw. : 0.5%-Frakt.w.+3.5 N/mm² oder : 0.5%-Fraktilenwert/0.85

Bild 3.11: Definitionen des Nennwertes der Betondruckfestigkeit

destwert für alle Proben von z.B. 85% des Nennwertes, oder es wird eine maximal zulässige Standardabweichung vorgeschrieben.

Zum Vergleich der nach verschiedenen Normen definierten Festigkeiten nehmen wir eine Beziehung zwischen Zylinder- und Würfeldruckfestigkeit an:

$$f_c = 0.90 f_{cw} \tag{3.10}$$

Hiermit und mit den Definitionen der Fraktilenwerte in Bild 3.11 können die in Bild 3.12 dargestellten Umrechnungsbeziehungen ermittelt werden. Damit kann bei gegebener Betonsorte mit der Nennfestigkeit β_{wN} bzw. $f_{cw,min}$ und einer Standardabweichung s_w (Würfeldruckfestigkeiten) die in diesem Buch verwendete Nennfestigkeit f'_c (Rechenwert der Zylinderdruckfestigkeit) berechnet werden.

Für das Zahlenbeispiel im gleichen Bild wurde ein im Hochbau üblicher Beton mit folgenden Eigenschaften angenommen:

- Mittelwert der Zylinderdruckfestigkeit $f'_{cm} = 41.6$ N/mm²
- Standardabweichung der Zylinderdruckfestigkeit $s_z = 4.0$ N/mm²

Für die entsprechende Standardabweichung der Würfeldruckfestigkeit ergibt sich nach Gl.(3.10) $s_w = s_z/0.9 = 4.5$ N/mm^2. Mit den obigen Annahmen erhalten

Land	Umrechnungsbeziehung [a]	Zahlenbeispiel	
BRD	$f'_c = 0.90\beta_{wN}$	β_{wN}	$= 38.9$ N/mm^2
Schweiz	$f'_c = 0.90(f_{cw,min} + 0.40s_w)$	$f_{cw,min}$	$= 37.1$ N/mm^2
Neuseeland	$f'_c = f'_{cm} - 1.65s_z$	f'_c	$= 35.0$ N/mm^2

[a] Beziehungen für den 5% Fraktilenwert (vgl. Bild 3.11)

Bild 3.12: Vergleich der Nennwerte der Betonfestigkeit nach verschiedenen Normen

wir den in den Beispielen der Bemessungskapitel meistens verwendeten Nennwert der Zylinderdruckfestigkeit von $f'_c = 35.0$ N/mm^2. Er entspricht den Nennwerten der Würfeldruckfestigkeiten gemäss DIN von $\beta_{wN} = 38.9$ N/mm^2 und gemäss SIA von $f_{cw,min} = 37.1$ N/mm^2. Die Unterschiede bei der Nennfestigkeit sind somit bei den obigen Annahmen trotz unterschiedlicher Definitionen relativ klein. Grössere Unterschiede ergeben sich hingegen bei der z.B. in Biegedruckzonen anzusetzenden rechnerischen Druckspannung (für obiges Beispiel: Neuseeland $f_c = 0.85f'_c = 29.8$ N/mm^2, Schweiz $f_c = 0.65f_{cw,min} = 24.1$ N/mm^2).

Die Zugfestigkeit des Betons ist relativ klein. Sie ist für den Beginn der Rissbildung von Bedeutung, hat aber auf den Tragwiderstand duktiler Bauteile keinen nennenswerten Einfluss. In den Bemessungskapiteln wird für die an Biegeproben bestimmte Zugfestigkeit der folgende untere Grenzwert angenommen:

$$f_{ct} = 0.65\sqrt{f'_c} \quad [\text{N/mm}^2] \tag{3.11}$$

b) Wirkung einer Umschnürungsbewehrung

Das Verhalten von unbewehrtem Beton unter einachsiger Druckbeanspruchung ist allgemein bekannt. Bild 3.13 zeigt typische Spannungs-Stauchungskurven. Beton weist, verglichen mit Bewehrungsstahl, ein relativ sprödes Verhalten auf. Wird bei der Ausbildung von Stahlbetontragelementen aber darauf geachtet, dass die Bewehrung massgebend wird und nicht die Druckfestigkeit des Betons, so kann trotzdem eine relativ hohe Duktilität erreicht werden. Beim inelastischen Verhalten von Stahlbetontragwerken unter Erdbebeneinwirkung ist deshalb eine Umschnürungsbewehrung quer zur Richtung der Hauptbeanspruchung von grosser Bedeutung. Sie behindert die Querdehnung des Betons, wodurch ein mehrachsiger Spannungszustand entsteht. Sowohl die erreichbare Betonfestigkeit als auch die Duktilität des Elementes steigen bei entsprechend angeordneter Quer- und Längsbewehrung erheblich an. Dieser Effekt ist im Bereich plastischer Gelenke von Stützen und Tragwänden besonders wichtig, wo der Beton grossen Druckbeanspruchungen unterliegt.

Der Hauptzweck einer Umschnürungsbewehrung besteht darin, den unter Druck stehenden Bereich des Tragelementes duktil zu machen, vor allem dort, wo dies für das Gesamtverhalten des Bauteils massgebend ist. Dadurch sind erheblich grössere Krümmungsduktilitäten möglich. Die entsprechende Querbewehrung besteht bei

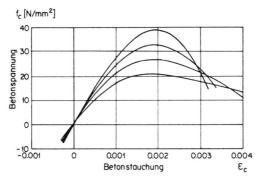

Bild 3.13: Spannungs-Dehnungsverhalten von unbewehrtem Beton unter einachsiger Beanspruchung (nach [P1])

kreisförmigen Querschnitten aus Spiralbewehrung oder kreisförmigen Bügeln, bei rechteckigen Querschnitten aus äusseren und inneren Bügeln sowie aus Verbindungsstäben (Bild 3.14). Damit wird bei Stauchungen infolge von Druckspannungen in der Nähe und über der Druckfestigkeit f'_c des nicht umschnürten Betons, die Abstützung des sich quer zur Beanspruchungsrichtung ausdehnenden Betons gewährleistet. Zur Umschnürungsbewehrung z.B. in Stützen gehören im weiteren Sinne aber auch die vertikalen Bewehrungsstäbe in relativ kleinem Abstand, welche ihrerseits durch die Bügel und Verbindungsstäbe in kleinen Abständen gehalten werden. Nach dem Abplatzen der Betonüberdeckung kann sich der Kernbeton gewölbeartig horizontal auf die relativ steifen vertikalen Stäbe abstützen (vgl. Bilder 3.14a, b und d). Bei einem Kreisquerschnitt erlaubt eine spiralförmige Umschnürungsbewehrung dazu noch eine vertikale Gewölbewirkung mit direkter Abstützung auf die Spiralbewehrung (Bild 3.14c). Durch eine enge Anordnung der gehaltenen vertikalen Bewehrungsstäbe entlang dem Stützenumfang kann der umschnürte Querschnitt und dessen Tragwiderstand wesentlich vergrössert werden. Die entsprechenden Bemessungsregeln finden sich im Abschnitt 4.5.10c.

Die Umschnürung ermöglicht also nicht nur die für die Duktilität erforderlichen grossen Stauchungen, sie erhöht auch die Druckfestigkeit des Betons in wesentlichem Masse. Bild 3.15 zeigt typische Spannungs-Stauchungskurven. Die Druckfestigkeit des Betons f'_{cc} erhöht sich entsprechend der Stärke der Umschnürungsbewehrung bis auf etwa das Doppelte derjenigen des unbewehrten Betons f'_c. Die maximale Stauchung ε_{cu} beim Bruch der Umschnürungsbügel beträgt etwa das Zehnfache der

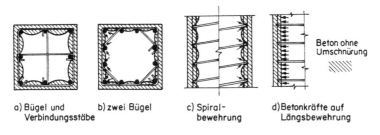

Bild 3.14: Umschnürung des Beton mit Bewehrung (nach [P45])

Stauchung ε_{co} bei f'_{co}. Aus diesen Gründen kann sichergestellt werden, dass der Tragwiderstand einer Stütze nicht abnimmt, auch wenn wesentliche Teile des Querschnitts abplatzen. Mit rechteckigen Bügeln können Stauchungen ε_{cu} bis über 0.03 erreicht werden, mit geeigneter Spiralbewehrung sogar das Doppelte. Die maximale Stauchung ist durch den Bruch der Umschnürungsbewehrung (Querbewehrung) gegeben. Das Verhalten von umschnürtem Beton kann auch berechnet werden [P52].

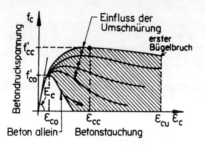

Bild 3.15: Einfluss der Umschnürung auf das Verhalten von Beton [M13]

Bild 3.16a zeigt den ausserordentlich grossen Einfluss einer kräftigen Spiralbewehrung auf das Verhalten von runden Stützen unter Normalkraft. Ein entsprechendes Beispiel einer quadratischen Stütze mit eckigen Bügeln ist in Bild 3.16b dargestellt. In diesem Fall trat der erste Bügelbruch bei einer Normalstauchung von etwa 0.035 auf, d.h. etwa beim zehnfachen Wert von unbewehrten Betonzylindern.

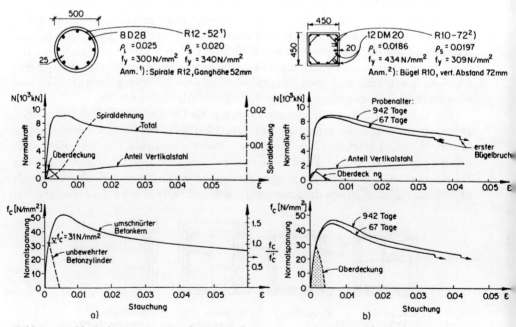

Bild 3.16: Verhalten von umschnürten Stützenquerschnitten: a) Kreisquerschnitt mit Spiralbewehrung, b) quadratischer Querschnitt mit Bügeln (nach [P52])

3.3 Querschnittswiderstand

Ausgehend von den beschriebenen Materialeigenschaften und dem allgemein bekannten Verhalten von Stahlbetonelementen unter Schwerelasten wird in den folgenden Abschnitten auf die speziellen Aspekte bei erdbebenbeanspruchten Querschnitten besonderes Gewicht gelegt.

3.3.1 Reine Biegung

Stahlbetonquerschnitte mit nur einseitiger Biegebewehrung dürfen nur dort Verwendung finden, wo auch unter Erdbebeneinwirkung keine Beanspruchungsumkehr erfolgen kann. Dies mag bei Deckenplatten und in selteneren Fällen bei Riegeln der Fall sein. In erdbebenbeanspruchten Tragelementen wird im allgemeinen jedoch eine beidseitige Bewehrung angeordnet.

Die Ermittlung des Biegewiderstandes geschieht traditionellerweise unter der Annahme von eben bleibenden Querschnitten, Vernachlässigung der Betonzugfestigkeit und mit vereinfachten Materialgesetzen. Die tatsächliche Verteilung der Betondruckspannungen kann mit genügender Genauigkeit durch einen Block mit konstanter Spannung ersetzt werden. Lage und Grösse der Betondruckkraft bleiben dabei erhalten.

Die Höhe a des Spannungsblocks mit konstanter Betondruckspannung $0.85 f'_c$ (vgl. Bild 3.17c) beträgt $a = \beta_1 c$, womit sich die Betondruckkraft C_c ergibt zu:

$$C_c = 0.85 f'_c \beta_1 cb \qquad (3.12)$$

β_1 = $0.85 - 0.008\,(f'_c - 30 \text{ N/mm}^2)$, jedoch $0.65 \leq \beta_1 \leq 0.85$

c : Höhe der Druckzone (Abstand der neutralen Achse von der Druckkante)

b : Breite der Druckzone

Damit ergibt sich der Beitrag des Betons zum Biegewiderstand zu

$$M_c = C_c(d - 0.5a) \qquad (3.13)$$

Der Anteil der Druckbewehrung beträgt

$$M_s = C_s(d - d') \qquad (3.14)$$

wobei $C_s = f'_s A'_s$ mit $f'_s \leq f_y$.

Die Gleichgewichtsbedingung mit der Zugbewehrungskraft $T = f_y A_s$ lautet:

$$C_c + C_s - T = 0 \qquad (3.15)$$

Damit können die Grössen c, a, Stauchung und Spannung in der Druckbewehrung und somit der Betrag von C_s bestimmt werden. Der Biegewiderstand des Querschnitts beträgt

$$M_i = M_c + M_s \qquad (3.16)$$

Wird der Beitrag der Druckbewehrung vernachlässigt ($M_s = 0$), so gilt:

$$T = A_s f_y = C_c = 0.85 f_c' a b \qquad (3.17)$$

Daraus ergibt sich die Höhe des Druckspannungsblocks

$$a = \frac{A_s f_y}{0.85 f_c' b} \qquad (3.18)$$

und

$$M_i = T(d - a/2) \qquad (3.19)$$

Als Versagen des Querschnittes wird allgemein das Erreichen einer Grenz-Beton-randstauchung ε_{cu} (i.a. 0.003–0.004) definiert (vgl. Bild 3.17). Zur Gewährleistung einer minimalen Duktilität auch in Zonen ausserhalb von plastischen Gelenken muss vorher die Zugbewehrung fliessen ($\varepsilon_s > \varepsilon_y$). Dies wird durch eine Beschränkung der Höhe der Druckzone c oder des Bewehrungsgehaltes angestrebt. Dieser sogenannte Grenzbewehrungsgehalt ist vorhanden, wenn beim Erreichen der Grenz-Betonrandstauchung ε_{cu} auf der Zugseite gerade Stahlfliessen eintritt ($\varepsilon_s = \varepsilon_y = f_y/E_s$).

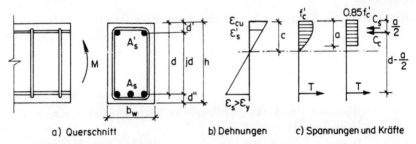

a) Querschnitt   b) Dehnungen   c) Spannungen und Kräfte

Bild 3.17: Beidseitig bewehrter Stahlbetonquerschnitt

Bei Querschnitten mit beiseitiger Biegebewehrung ist die Druckbewehrung A_s' meist kleiner als die Zugbewehrung A_s (vgl. Bild 3.17). In erdbebenbeanspruchten Bauteilen erfolgt jedoch eine je nach Schwerelastanteil mehr oder weniger ausgeprägte Beanspruchungsumkehr. Bei kleiner Schwerelastbeanspruchung kann sich daher eine symmetrische Biegebewehrung ergeben, d.h. beide Seiten sind gleich bewehrt ($A_s' = A_s$).

Die Längsbewehrung der Druckzone nimmt einen Teil der Druckkräfte auf, was zu einem wesentlich duktileren Verhalten führt als dies bei den nur einseitig bewehrten Querschnitten der Fall ist. Bild 3.3 zeigt für verschiedene Bewehrungsgehalte ρ' und für zwei Betonrandstauchungen ε_{cu} die Grenz-Krümmungsduktilität in Funktion von ρ, wobei ρ und ρ' mit Hilfe der Stegbreite b_w definiert werden:

$$\rho = \frac{A_s}{b_w d} \qquad (3.20)$$

$$\rho' = \frac{A_s'}{b_w d} \qquad (3.21)$$

Auch in Fällen, wo gemäss den Schnittkräften aus Schwerelasten und Erdbebenkräften in Zonen potentieller plastischer Gelenke keine Momentenumkehr erfolgt, ist ein Minimum an Druckbewehrung von $\rho' \geq 0.5\rho$ einzulegen. In Plattenbalken, deren Flansch nie Zugbeanspruchungen unterliegt, genügt eine Druckbewehrung von $\rho' \geq 0.25\rho$. Dadurch kann die Höhe c der Druckzone klein gehalten und die erforderlichen hohen Krümmungsduktilitäten können ohne Versagen des Betons erreicht werden. Die Regeln zur konstruktiven Durchbildung von Rahmen (vgl. 4. Kapitel) basieren auf einer durchschnittlichen Krümmungsduktilität von etwa $\mu_\phi = 12$ in den plastischen Gelenken. In Laborversuchen sind bei derart bewehrten plastischen Gelenken in Riegeln Werte von $\mu_\phi = 16$ über mehrere Beanspruchungszyklen leicht zu erreichen.

Die Bemessung der Riegelquerschnitte für zyklische Biegebeanspruchungen hat ohne grosse Anforderungen an die Duktilität des Betons auszukommen. Durch die zyklische Fliessbeanspruchung wird zwar der Beton im Kern zerstört, der Hauptgrund des Versagens liegt jedoch darin, dass die unter Druck stehenden Bewehrungsstäbe infolge der Abnahme des mittleren E-Modules (Bauschinger-Effekt, vgl. Bild 3.10) trotz enger Verbügelung ausknicken. Die fortschreitende Zerstörung des Betons im Kern von Fliessgelenken hat vor allem folgende Ursachen:

- Zyklische Umkehr der Querkraft
- Diagonalrisse bilden sich in beiden Richtungen
- Beim Öffnen und Schliessen von Rissen werden Betonteilchen eingeklemmt
- Der Verbund nimmt infolge der grossen Stahldehnungen ab
- Die Betonüberdeckung wird infolge der Verbundkräfte aufgespalten
- Bei Schubverformungen im Bereiche der Bewehrung wird die Betonüberdeckung durch die als Dübel wirkenden Längsstäbe abgespalten
- Ausknickende Bewehrungsstäbe führen zum Abplatzen der Betonüberdeckung

Da sich während der zyklischen Fliessbeanspruchung die Materialeigenschaften beidseitig bewehrter Riegelquerschnitte fortwährend verändern, z.B. infolge des bereits erwähnten Bauschinger-Effektes, ist eine sehr genaue und aufwendige Querschnittsberechnung kaum gerechtfertigt. Ein annehmbares, im folgenden Kapitel angewandtes Vorgehen verwendet als Hebelarm der inneren Kräfte den Schwerpunktabstand der Zug- und Druckbewehrung ($d - d'$ in Bild 3.17). Der Biegewiderstand von Riegeln wird daher bei der Erdbebenbemessung wie folgt bestimmt:

$$M_i = A_s f_y (h - d' - d'') \tag{3.22}$$

$$M_i' = A_s' f_y (h - d' - d'') \tag{3.23}$$

Für die Biegeüberfestigkeit M_o in potentiellen Fliessgelenken eines Riegels wird einfach der Rechenwert der Fliessgrenze f_y durch das Produkt $\lambda_o f_y$ (vgl. 3.2.2b) ersetzt und es gilt:

$$M_o = \lambda_o M_i \tag{3.24}$$

3.3.2   Biegung mit Normalkraft

a) Stützen

Querschnitte der Art von Bild 3.18 unter Biegung und Normaldruckkraft müssen eine grössere Druckzone mobilisieren (Bild 3.18d) als dies bei reiner Biegung der Fall wäre (Bild 3.18c). Aus diesem Grund kann bei gleicher Grenz-Betonrandstauchung ε_{cu} (i.a. 0.003–0.004) beim Versagen des Querschnittes nur eine kleinere Krümmung erreicht werden (vgl. Bild 3.18b: $\phi_d < \phi_c$). Anhand von Bild 3.4 wurde gezeigt, dass die Krümmungsduktilität mit zunehmender Normaldruckkraft stark abnimmt. Daraus folgt, dass die Rotationen in den plastischen Gelenken von Stützen entsprechend beschränkt werden müssen, um ein sprödes Versagen infolge von Betonbruch zu verhindern. Aus Bild 3.15 ist jedoch ersichtlich, dass sich die Duktilität von Beton durch Umschnürungen in grossem Mass verbessert. Auch die Krümmungsduktilität von Querschnitten unter Biegung mit Normaldruckkraft kann mit einer Umschnürung stark vergrössert werden, weil dadurch die Grenz-Betonrandstauchung wesentlich erhöht wird. Gemäss Bild 3.18b kann die mögliche Krümmung ϕ_e etwa

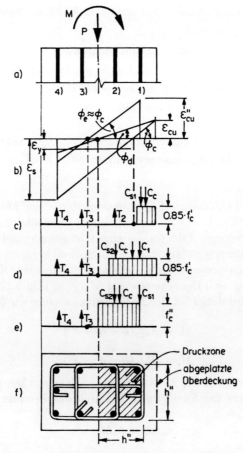

Bild 3.18: Spannungs- und Dehnungsverteilungen in Fliessgelenken von Stützen

gleich gross werden, wie diejenige des gleichen nicht umschnürten Querschnittes unter reiner Biegung ϕ_c.

Wird eine normalerweise etwa 0.004 betragende Betonrandstauchung überschritten, so platzt die Betonüberdeckung ab und die Verteilung der mittleren Betonspannungen verändert sich zu derjenigen gemäss Bild 3.18e. Da der Beton im Kern umschnürt ist, kann die Spannung dort von $0.85f'_c$ auf f''_c ansteigen. Die Betonrandstauchung nimmt auf ε''_{cu} zu, und damit können gemäss Bild 3.18b sehr grosse Krümmungsduktilitäten erreicht werden. Wenn die Normaldruckkraft relativ gross ist, kann der Biegewiderstand des Querschnittes in diesem Zustand (Bild 3.18e) grösser sein als vor dem Abplatzen der Betonüberdeckung (Bild 3.18d).

Die Zunahme des Biegewiderstandes von umschnürten Stützenquerschnitten ist bisher in Normen nicht berücksichtigt worden und die Bemessung wird mit den Spannungsverteilungen nach den Bildern 3.18c und d vorgenommen, wobei die üblichen Interaktionsdiagramme (vgl. Bild 4.115) Verwendung finden. Wird jedoch die Biegeüberfestigkeit einer potentiellen Fliessgelenkzone in Querschnitten mit wesentlicher Normaldruckkraft benötigt, so ist zusammen mit der Überfestigkeit des Bewehrungsstahles auch diejenige des Betons zu berücksichtigen (Bild 3.20).

Aufgrund von Studien und ausgedehnten Versuchen wurden in [X3] Bemessungsangaben für die Umschnürungsbewehrung gemacht. Dabei liegt auf der Hand, dass sowohl die Materialeigenschaften als auch die maximal erforderliche Betonrandstauchung ε''_{cu} und das Volumen des umschnürten Betons als wichtigste Einflussgrössen zu berücksichtigen sind. Umschnürte Fläche und Duktilität sind beide stark von der Grösse der vorhandenen Normaldruckkraft abhängig. Für deren Berücksichtigung eignet sich der Parameter $P_u/(f'_c A_g)$. Der Zweck der Umschnürungsbewehrung besteht darin, bei zunehmender Rotation im plastischen Gelenk von Stützen unter Normaldruckkraft, den Biegewiderstand aufrecht zu erhalten.

Die erforderliche *Umschnürungsbewehrung im Bereich potentieller plastischer Gelenke* wird wie folgt abgeschätzt [X3]:

1. Runde Stützen mit Spiralbewehrung

$$\rho_s = m_s \frac{f'_c}{f_{yh}} \left(0.5 + 1.25\frac{P_u}{\Phi f'_c A_g}\right) \qquad (3.25)$$

wobei

$$0.12 \leq m_s \geq 0.45 \left(\frac{A_g}{A_c} - 1\right) \qquad (3.26)$$

ρ_s : Verhältnis des Volumens der Spiralbewehrung zum Volumen des umschnürten Betons:

$$\rho_s = \frac{A_{sp}\pi d_s}{s\pi(d_s/2)^2} = \frac{4A_{sp}}{sd_s} \qquad (3.27)$$

A_{sp} : Querschnitt der Spiralbewehrung

A_g : Bruttobetonfläche des Querschnitts

A_c : Von der Spiralbewehrung (Aussenkante) umschnürte Betonquerschnittsfläche

f'_c :   Rechenwert der Betondruckfestigkeit

f_{yh} :   Rechenwert der Fliessspannung der Spiralbewehrung

m_s :   Berücksichtigt den Einfluss des Verhältnisses A_g/A_c (für Spiral-
               bewehrung)

P_u :   Normaldruckkraft in der Stütze, gemäss Gl.(1.6) bis Gl.(1.9)

d_s :   Durchmesser der Spiralbewehrung

s :   Ganghöhe der Spiralbewehrung

Φ :   Widerstandsreduktionsfaktor (vgl. 1.3.4a)

2. Rechteckstützen mit Bügeln und Verbindungsstäben

$$A_{sh} = m_r \frac{f'_c}{f_{yh}} \left(0.5 + 1.25 \frac{P_u}{\Phi f'_c A_g} \right) s_h h'' \tag{3.28}$$

wobei

$$0.12 \leq m_r \geq 0.3 \left(\frac{A_g}{A_c} - 1 \right) \tag{3.29}$$

A_{sh} :   Querschnitt der Bügel und Verbindungsstäbe pro Hauptrichtung

A_g :   Bruttobetonfläche des Querschnitts

A_c :   Von den Bügeln und Verbindungsstäben (Aussenkante) umschnür-
               te Betonquerschnittsfläche

m_r :   Berücksichtigt den Einfluss des Verhältnisses A_g/A_c (für Bügel
               und Verbindungsstäbe)

s_h :   Vertikaler Abstand der horizontalen Bügel und Verbindungsstäbe

h'' :   Breite der umschnürten Betonquerschnittsfläche (bis Aussenkante
               Bügel) rechtwinklig zu den entsprechenden Bügelschenkeln und
               Verbindungsstäben gemessen (vgl. Bild 3.18)

Die übrigen Bezeichnungen sind gleich wie bei den runden Stützen.

Diese Gleichungen werden in den Abschnitten 4.5.10 und 4.11 angewendet.

Bild 3.19 zeigt das ausgezeichnete Verhalten derart bewehrter Stützen. Schon
bei mässiger Normaldruckkraft (Bild 3.19a) wird der mit den vorhandenen (mittleren) Materialfestigkeiten ermittelte rechnerische Tragwiderstand H_i durchwegs
überschritten. Ist die Normaldruckkraft sehr gross (Bild 3.19b), so wird die Wider-
standszunahme nur zu einem kleinen Teil durch die Verfestigung der Bewehrung,
zur Hauptsache jedoch durch die Umschnürung des Betons bewirkt.

Anhand der in Bild 3.19 dargestellten Versuchsergebnisse lässt sich zeigen, dass
die Verschiebeduktilitäten von Tragelementen im gleichen Tragsystem sowohl verschieden von der Verschiebeduktilität des Gesamtsystems als auch untereinander
verschieden sein können:

- Im Fall a) beträgt die Verschiebung beim Fliessbeginn ($\mu_\Delta = 1$): $\Delta_{y,a} = 5.8$
  mm $\approx l/310$ ($l = 1.80$ m). Bei $\mu_\Delta = 6$ ergibt sich damit eine Stockwerkverschiebung (bei starren Riegeln) von $2\Delta_H = 70$ mm= $1.9\%2l$.

- Im Fall b) beträgt die Verschiebung beim Fliessbeginn aufgrund der verstei-
  fenden Wirkung der erheblich grösseren Normaldruckkraft nur $\Delta_{y,b} = 2.2$ mm
  $\approx l/820$. Daraus ergibt sich bei $\mu_\Delta = 6$ ein Wert $2\Delta_H = 26$ mm = $0.7\%2l$.

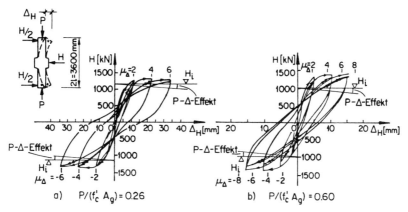

Bild 3.19: Kraft-Verformungsverhalten gedrungener quadratischer Stützen mit verschiedener Normalkraft [P48]

o Ergibt nun die Bemessung eines Tragsystems für z.B. $\mu_\Delta = 4$ eine Stockwerkverschiebung von 1.2%$2l$, d.h. $2\Delta_H = 0.012 \cdot 3600$ mm $= 43.2$ mm, so entspricht dies den Verschiebeduktilitäten $\mu_{\Delta,a} = 21.6/5.8 = 3.7$ bei der einen und $\mu_{\Delta,b} = 21.6/2.2 = 9.8$ bei der andern Stütze (höhere Druckbeanspruchung).

Dieser Vergleich zeigt, dass die Verschiebeduktilitäten von Tragelementen untereinander und verglichen mit derjenigen des Tragsystems beträchtlich verschieden sein können. Es darf also nicht nur der Wert μ_Δ für das Gesamtsystem betrachtet werden, auch die absoluten Verschiebungen und die daraus resultierenden μ_Δ-Werte der einzelnen Tragelemente sind zu beachten.

Die Zunahme des Biegewiderstandes von Stützen infolge Normalkraft, welche die maximal mögliche Querkraft im Fliessgelenk beeinflusst, wurde anhand von Versuchen bestimmt [P52] und ist in Bild 3.20 dargestellt. Ab einer bezogenen

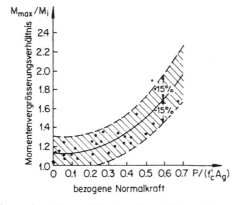

Bild 3.20: Zunahme des Biegewiderstandes infolge Normalkraft bei umschnürten Fliessgelenken in Stützen [P52]

Normaldruckkraft $P/(f'_c A_g) \approx 0.25$, wird die Zunahme bedeutend. Da für die dem Bild zugrunde liegenden Versuche die wirklichen (mittleren) Materialeigenschaften und nicht die Rechenwerte verwendet wurden, ist die Zunahme bei $P = 0$ eine Folge der Verfestigung der Vertikalbewehrung der Stützen.

b) Tragwände

1. Querschnittsberechnung

Zur Berechnung von Wandquerschnitten werden die bei Riegeln und Stützen üblichen Prinzipien verwendet. Die Berechnung unter der Annahme einer Dehnungsebene wird zwar etwas aufwendiger, da die Bewehrung in mehreren Lagen angeordnet ist (vgl. Bild 5.29). Dazu kommt, dass die Wandquerschnitte bezüglich ihrer Form eine grosse Vielfalt aufweisen. Bemessungshilfen wie z.B. Interaktionsdiagramme (vgl. Bilder 5.16 und 5.17) können daher nur für wenige einfache Querschnittsformen berechnet werden. Zur praktischen Querschnittsberechnung können jedoch verschiedene vereinfachende Annahmen getroffen werden, ohne die Genauigkeit im Rahmen der Kapazitätsbemessung ungebührlich zu beeinträchtigen. Zur Erleichterung des Verständnisses bei den Beispielen im Kapitel 5 werden sie hier kurz besprochen (vgl. auch 5.3.1c).

Eine geschlossene Lösung zur Bestimmung der Bewehrung für die Schnittkräfte des erforderlichen Tragwiderstandes Normalkraft P_i und Biegemoment M_i ist für Querschnitte der Art von Bild 3.21 äusserst unpraktisch. Normalerweise wird ein rasch konvergierendes Probierverfahren verwendet, welches auch leicht programmiert werden kann. Dabei wird der Biegewiderstand M'_i eines inklusive Bewehrung angenommenen Querschnitts unter der Normalkraft P_i bestimmt. Die Bewehrung wird dann so verändert, dass sich M'_i so nahe wie erforderlich an M_i angleicht. Dazu empfiehlt sich ein schrittweises Vorgehen:

1. Ausgehend von der Vorbemessung werden Querschnitt und Verteilung der Bewehrung gemäss Bild 3.21a angenommen.

2. Die Schnittkräfte P_i und M_i (erforderlicher Widerstand) werden in der Bezugsachse der Tragwand, üblicherweise der Schwerachse des ungerissenen Betonquerschnittes, angenommen. In gewissen Fällen kann die Verwendung der Exzentrizität e $=M_i/P_i$ vorteilhafter sein.

3. Nun wird die Lage der neutralen Achse, d.h. Höhe c der Druckzone, geschätzt, woraus sich mit Hilfe der Grenz-Betonrandstauchung ε_{cu} (i.a. 0.003 - 0.004) die Dehnungsebene beim Versagen des Querschnittes ergibt (Bild 3.21b). Für die Ermittlung der Stahlzugkräfte kann über die ganze Zugzone $\varepsilon_s \geq \varepsilon_y$ angenommen werden (gestrichelte Linie in Bild 3.21b), womit alle Stäbe der Zugbewehrung fliessen. Der daraus resultierende Fehler ist im allgemeinen sehr klein.

4. Die Grössen der Betondruckkräfte C_{ci}, der Stahldruckkräfte C_{si} und der Stahlzugkräfte T_i können einfach bestimmt werden. Ihre Lage zu einer Bezugsachse, im Beispiel zur Schwerachse, ist bekannt. Die Abstände werden mit x_{ci} bzw. x_{ti} bezeichnet (Vorzeichen einführen).

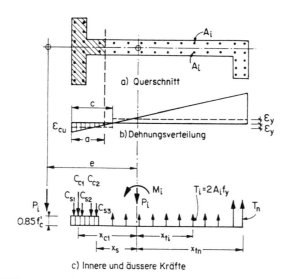

Bild 3.21: Dehnungen und Kräfte im Wandquerschnitt

5. Die Lage der neutralen Achse ist dann richtig angenommen, wenn die Gleichgewichtsbedingung erfüllt ist:

$$P'_i = \Sigma C_{ci} + \Sigma C_{si} - \Sigma T_i = P_i \qquad (3.30)$$

Im allgemeinen ergibt sich $P'_i \neq P_i$ und die neutrale Achse (Höhe der Druckzone c) ist neu zu wählen, bis $P'_i \approx P_i$.

6. Ist die Bedingung für die Vertikalkräfte erfüllt, kann der Biegewiderstand des Querschnitts berechnet werden, wobei wieder die Vorzeichen zu beachten sind:

$$M'_i = \Sigma C_{ci} x_{ci} + \Sigma C_{si} x_{si} - \Sigma T_i x_{ti} \qquad (3.31)$$

Damit kann überprüft werden, wie gut die im 1. Schritt getroffenen Annahmen zutreffen. Es sollte sein:

$$M'_i \approx M_i = P_i e \qquad (3.32)$$

Ist die Abweichung zu gross, d.h. ausserhalb von etwa

$$-2\% > \frac{M_i - M'_i}{M_i} > +10\%$$

so ist die Bewehrung anzupassen, und die Schritte 2 bis 6 sind zu wiederholen.

2. Überfestigkeit

Die Biegeüberfestigkeit wird am gemäss Abschnitt b.1 gewählten Querschnitt ermittelt. Dazu wird das Biegemoment M_o (vgl. 1.3.4c) des Wandquerschnittes unter der Normalkraft P_o bestimmt, indem die Zugkräfte T_i (vgl. Bild 3.21c) durch $T_{o,i} = 2A_i \lambda_o f_y$ ersetzt werden.

3.3.3   Querkraft

Bei den hier behandelten Bauwerken ist unter der hohen Beanspruchung eine beträchtliche Rissebildung zu erwarten. Daher kann der Querkraftwiderstand von Rahmenelementen und Tragwänden ohne Schubbewehrung nicht berücksichtigt werden.

a) Stabförmige Tragelemente mit Schubbewehrung

In der allgemeinen Bemessungspraxis finden zur Schubbemessung verschiedene Modelle Anwendung. Dabei handelt es sich grundsätzlich um Fachwerkmodelle, deren Zugglieder durch Bewehrung gebildet und deren Druckkräfte durch den Beton aufgenommen werden. Dazu kommt je nach Norm bzw. Land ein Anteil der direkten Schubübertragung in der Biegedruckzone, der allgemein als 'Beitrag des Betons an den Schubwiderstand', meist bezogen auf den Querschnitt $b_w d$, behandelt wird. Der Winkel zwischen Druckdiagonalen und Trägerachse kann verschieden sein, er wird aber im Zusammenhang mit dem Beitrag des Betons an den Schubwiderstand zu 45° angenommen.

Bei dominierenden Schwerelasten sind in einem Träger Bereiche mit Beanspruchungsumkehr nicht oder nur beschränkt vorhanden. Unter wesentlicher Erdbebeneinwirkung erstrecken sie sich jedoch über grosse Teile der Riegel. Für die Bügel hat dies insofern keine grösseren Konsequenzen, ausser dass sie nach der Beanspruchungsumkehr entlastet und anschliessend wiederum auf Zug beansprucht werden. Bei den Betondruckdiagonalen sind die Folgen der Beanspruchungsumkehr grösser, da die schrägen Druckkräfte im Steg ihre Richtung um rund 90° ändern. Parallel zu den schrägen Druckkräften entstehen im Steg Risse, d.h. nach einigen Beanspruchungsyklen ist im Beton ein Netz von sich kreuzenden schrägen Rissen vorhanden. Dies bedeutet, dass bei Beanspruchungsumkehr zuerst die schon vorhandenen Risse quer zu den Diagonalen geschlossen werden müssen. Überschreitet dazu noch die Schubbewehrung ihre Fliessgrenze, führt dies zu erheblichen Schubverformungen.

Da das Schliessen der breiten schrägen Risse im Steg wohl mit grossen Verformungen aber nur mit sehr kleinen Änderungen der Erdbebenkräfte verbunden ist, wird bei einer Beanspruchungsumkehr die Energiedissipation bedeutend geringer. Darum ist die Verhinderung des Bügelfliessens und damit der Bildung breiter schräger Kreuzrisse ein Hauptziel der Kapazitätsbemessung.

Den in den Bemessungskapiteln angegebenen Formeln liegen im Zusammenhang mit den dargestellten numerischen Beispielen die nachfolgenden Gleichungen aus der neuseeländischen Praxis zugrunde [X3]. In den meisten Normen finden sich ähnliche Beziehungen, die ebenfalls verwendet werden können.

1. Nominelle Schubspannung
Als allgemeines Mass für die Schubbeanspruchung wird eine nominelle Schubspannung v definiert als

$$v = \frac{V}{b_w d} \qquad (3.33)$$

V : Querkraft im betrachteten Schnitt
b_w : Stegbreite
d : statische Höhe

2. Begrenzung der nominellen Schubspannung
Um ein Versagen des Steges infolge schrägen Druckes vor dem Fliessen der Bügelbewehrung zu verhindern, wird die dem erforderlichen Schubwiderstand entsprechende, mit $V_i = V_u/\Phi$ ermittelte nominelle Schubspannung v_i begrenzt. V_u ist die Bemessungsquerkraft bzw. die Querkraft bei Überfestigkeit ($\Phi = 1.0$, vgl. 1.3.4a), ermittelt unter Berücksichtigung eines allfälligen dynamischen Vergrösserungsfaktors.

o Im allgemeinen:

$$v_i \leq 0.2 f_c' \leq 6 \quad [\text{N/mm}^2] \qquad (3.34)$$

o In Bereichen plastischer Gelenke:

– in Riegeln und Stützen

$$v_i \leq 0.9 \sqrt{f_c'} \quad [\text{N/mm}^2] \qquad (3.35)$$

– in Tragwänden: Nach Abschnitt 5.4.3b

Überschreitet die nominelle Schubspannung diese auch als 'obere Schubspannungsgrenze' bezeichneten Werte, so ist der Querschnitt zu vergrössern. In diagonal bewehrten Koppelungsriegeln unterliegt die nominelle Schubspannung keiner Beschränkung.

3. Schubwiderstand
Der Schubwiderstand V_i eines Querschnittes wird wie folgt ermittelt:

$$V_i = V_c + V_s \qquad (3.36)$$

$V_c = v_c b_w d$: Beitrag des Betons
V_s : Beitrag der Schubbewehrung (Bügel)

4. Beitrag des Betons
Der Beitrag des Betons an den Schubwiderstand, ausgedrückt als nominelle Schubspannung v_c, beträgt:

o Im allgemeinen:

– bei reiner Biegung:

$$v_c = v_b = (0.07 + 10\rho) \sqrt{f_c'} \leq 0.2 \sqrt{f_c'} \quad [\text{N/mm}^2] \qquad (3.37)$$

Der Längsbewehrungsgehalt ρ wird gemäss Gl.(3.20) mit Hilfe der Stegbreite ermittelt.

– bei Biegung mit Normaldruckkraft P_u:

$$v_c = \left(1 + \frac{3P_u}{A_g f_c'}\right) v_b \tag{3.38}$$

– bei Biegung mit Normalzugkraft P_u:

$$v_c = \left(1 + \frac{12P_u}{A_g f_c'}\right) v_b \tag{3.39}$$

– in Tragwänden

$$v_c = 0.27\sqrt{f_c'} + \frac{P_u}{4A_g} \quad [\text{N/mm}^2] \tag{3.40}$$

Im Falle einer Normalzugkraft ist P_u in den Gleichungen (3.39) und (3.40) negativ einzusetzen.

o In Bereichen plastischer Gelenke:

– in Riegeln

$$v_c = 0 \tag{3.41}$$

– in Stützen

$$v_c = 4v_b\sqrt{\frac{P_u}{A_g f_c'} - 0.1} \quad [\text{N, mm}^2] \tag{3.42}$$

– in Tragwänden

$$v_c = 0.6\sqrt{\frac{P_u}{A_g}} \quad [\text{N, mm}^2] \tag{3.43}$$

Gl.(3.43) gilt für den Fall, dass P_u eine Normaldruckkraft ist. Sofern P_u eine Normalzugkraft ist gilt $v_c = 0$.

In den Gleichungen (3.38) bis (3.43) ist für P_u die minimale Normalkraft (Bemessungswert der Beanspruchung) einzusetzen, welche aus Schwerelasten und Erdbebenkräften der gleichen Beanspruchungskombination resultiert wie die Schubspannung v_i.

5. Beitrag der Schubbewehrung

Um ein Versagen des Steges infolge schräger Zugkräfte zu verhindern, ist die Querkraft entsprechend der Differenz zwischen der totalen Schubspannung v_i und des Betonbeitrages v_c durch Schubbewehrung aufzunehmen, welche nach dem 45°-Fachwerkmodell ermittelt wird. Der Querschnitt der erforderlichen Schubbewehrung A_v mit dem Bügelabstand s beträgt:

$$A_v = \frac{(v_i - v_c)\,b_w s}{f_y} \tag{3.44}$$

Der Beitrag der Schubbewehrung an den Schubwiderstand beträgt:

$$V_s = A_v f_y \frac{d}{s} \tag{3.45}$$

6. Minimale Schubbewehrung
Die gängigen Normanforderungen, meistens Werte um $A_v = 0.15$ bis $0.20\% b_w s$, sind einzuhalten.

7. Abstände der Schubbewehrung
Um sicherzustellen, dass schräge Risse durch mehrere Bügel gekreuzt werden, soll der Bügelabstand s folgenden Bedingungen genügen:

- o in Riegeln
  - – im allgemeinen $0.50d$ oder 600 mm
  - – wenn $v_i - v_c > 0.07 f'_c$ $0.25d$ oder 300 mm

- o in Stützen
  - – wenn $P_u/A_g < 0.12 f'_c$ wie in Riegeln
  - – wenn $P_u/A_g > 0.12 f'_c$ $0.75h$ oder 600 mm

- o in Tragwänden
  - – 2.5× Wandstärke oder 450 mm

b) Gleitschub

In *Tragwänden aller Arten* kann bei bekannter Lage von Rissen quer durch die Wand, wie z.B. in sämtlichen horizontalen Arbeitsfugen oder wo sich Biegerisse bei Wechselbeanspruchung von beiden Rändern her bis in die Mitte ausdehnen können (plastische Gelenke), die Bewehrung rechtwinklig zu den Rissen, d.h. die *Vertikalbewehrung*, nach dem Modell der Schubreibung bestimmt werden [P1]. Dabei wird angenommen, dass die vom Beton übertragbare Querkraft das μ-fache der im betrachteten Schnitt durch Bewehrung und Normaldruckkraft wirkenden 'Klemmkraft' nicht überschreiten kann. Daraus folgt die Bemessungsgleichung:

$$A_{vf} = \frac{V_u - \Phi \mu P_u}{\Phi \mu f_y} \tag{3.46}$$

A_{vf} : Gesamtquerschnitt der erforderlichen Vertikalbewehrung (rechtwinklig zur Gleitfläche) gegen Schubgleiten

Φ : Widerstandsreduktionsfaktor; für Schub gilt nach [X3] $\Phi = 0.85$; falls die Querkraft aufgrund der Biegeüberfestigkeit ermittelt wurde, gilt $\Phi = 1.0$ (vgl. 1.3.4a)

μ : Reibungsbeiwert; bei Aufrauhung der Arbeitsfuge auf mindestens 5 mm Rauhigkeit: $\mu = 1.4$, bei 2–5 mm Rauhigkeit: $\mu = 1.0$

P_u : Normaldruckkraft

Eine Anwendung dieser Gleichung ist in 5.8.2 Schritt 15 gezeigt.

In *gedrungenen Tragwänden*, in denen eine beschränkte Duktilität durch Fliessen der Vertikalbewehrung erreicht werden soll, sind zusätzlich zu Gl.(3.46) die in 5.6.5 dargestellten Bedingungen zu erfüllen.

In *Riegeln* ist in plastischen Gelenken ab einer bestimmten Schubspannung, um eine grössere Abnahme der Energiedissipation durch Gleiten zu vermeiden, eine

Diagonalbewehrung gemäss Bild 3.22 einzulegen. Bei deren Bemessung ist der Einfluss der Schubumkehr zu berücksichtigen. Eine Diagonalbewehrung ist erforderlich wenn

$$v_i \geq 0.3 \, (2 + r) \sqrt{f'_c} \quad [\text{N/mm}^2] \tag{3.47}$$

Diese Diagonalbewehrung im plastischen Gelenk hat für $-1 \leq r \leq -0.2$ mindestens dem folgenden Querkraftwiderstand zu entsprechen:

$$V_{di} \geq 0.7 \left(\frac{v_i}{\sqrt{f'_c}} + 0.4 \right) (-r) V_i \leq V_i \quad [\text{N/mm}^2] \tag{3.48}$$

Der in den obigen Gleichungen verwendete Parameter r ist als Mass für die Schubumkehr definiert als

$$r = \frac{V \uparrow}{V \downarrow} \qquad \text{wobei} \quad -1 \leq r \leq 0 \tag{3.49}$$

$V \uparrow$ und $V \downarrow$ sind die aus den Kombinationen der Beanspruchung bzw. aus der Überfestigkeit resultierenden positiven bzw. negativen Querkräfte im betrachteten Schnitt.

Auch bei vollständiger Schubumkehr ($r = -1$) kann gemäss Gl.(3.47) eine Diagonalbewehrung vermieden werden, falls durch eine entsprechende Wahl der Querschnittsabmessungen die nominelle Schubspannung auf $v_{i,max} \leq 0.3\sqrt{f'_c}$ begrenzt wird. Da aus den Schwerelasten ein dauernder Anteil an Querkraft resultiert, erreicht r jedoch nur in seltenen Fällen den Extremwert $r = -1$.

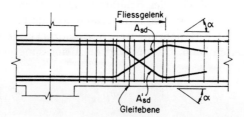

Bild 3.22: Diagonalbewehrung im Gelenkbereich

Wie Bild 3.22 zeigt, können im Falle einer Gleitebene senkrecht zur Stabaxe diagonal eingelegte Bewehrungsstäbe sowohl auf Zug als auch auf Druck zum Schubwiderstand von Gelenkbereichen beitragen. Der zur Erzeugung des Querkraftwiderstandes gemäss Gl.(3.48) erforderliche Bewehrungsquerschnitt beträgt mit den Bezeichnungen von Bild 3.22:

$$A_{sd} + A'_{sd} \geq \frac{V_{di}}{f_y sin\alpha} \tag{3.50}$$

Diese Zusammenhänge gelten ausdrücklich nur für die Sicherung gegen Gleitschub. Zur Bemessung der erforderlichen Bügel im plastischen Gelenk dürfen wie gewohnt nur die unter Zug stehenden Diagonalstäbe berücksichtigt werden (Schrägriss unter 45°). In Gl.(3.44) tritt anstelle von v_c ($= 0$) der Schubwiderstand

$$v_s = \frac{A_{sd} f_y sin\alpha}{b_w d}.$$

Ist die Hauptbewehrung einigermassen gleichmässig über den Querschnitt verteilt, oder ist mindestens eine Normaldruckkraft $P_i \geq 0.1f'_c A_g$ vorhanden, so kann die Querkraft via Dübelwirkung bzw. über die Biegedruckzone übertragen werden. Die obigen Bedingungen zur Verhinderung des Schubgleitens entfallen daher bei Stützen und bei schlanken Tragwänden (für gedrungene Tragwände vgl. 5.6.5).

3.3.4 Kombinierte Beanspruchung

Wird ein Querschnitt durch wesentliche Schnittkräfte wie Biegemoment, Längskraft und Querkraft beansprucht, so muss deren kombinierte Wirkung bei der Bemessung berücksichtigt werden. Diese Art von Beanspruchung tritt vor allem in Rahmenknoten, im Fliessgelenk am Stützenfuss und in Tragwänden auf. Sie erfordert spezielle, im 4. und 5. Kapitel dargestellte Modelle zur Analyse der Kraftübertragung und zur Bemessung.

3.4 Konstruktive Hinweise

Der hauptsächliche Unterschied zwischen erdbebenbeanspruchten Stahlbetontragwerken und solchen mit dominierenden Schwerelasten besteht in der dynamischen zyklischen Beanspruchung, welche in den Fliessgelenken mehrfach bis in den plastischen Bereich führen kann. Die konstruktive Durchbildung muss daher besondere Anforderungen erfüllen. Die in den Kapiteln 4 bis 6 behandelten Tragsysteme haben mindestens eine Duktilität $\mu_\Delta = 4$ bis 6 zu erreichen. Dies bedeutet eine wesentliche Erweiterung der allgemeinen, in Normen und Richtlinien dargestellten Konstruktionsregeln für schwerelastdominierte Tragwerke. Für Tragsysteme mit beschränkter Duktilität (vgl. 7. Kapitel) können verschiedene Regeln wieder vereinfacht werden.

In den folgenden Abschnitten sind einige besonders wichtige Aspekte kurz behandelt. Grundsätzlich ist festzustellen, dass ein befriedigendes Verhalten der Tragwerke gegenüber den schwierig voraussagbaren Duktilitätsanforderungen eines Erdbebens nur durch eine sehr sorgfältige konstruktive Durchbildung erreicht werden kann.

3.4.1 Verbund und Verankerung

In hochbeanspruchten Zonen, z.B. in Rahmenknoten, müssen grosse Kräfte aus der Bewehrung in den Beton eingeleitet werden. Im Extremfall bei Fliessgelenken beidseits der Stütze fliessen die Bewehrungsstäbe auf der einen Seite auf Zug und auf der andern Seite auf Druck. Um den Verbund aufrecht zu erhalten und um ein Ausziehen oder Durchstossen der Stäbe zu verhindern, sind im Knotenbereich deshalb besondere Massnahmen erforderlich (vgl. 4.7.8). In den übrigen Zonen hingegen, wo die allgemeinen Normenregeln angewendet werden können, genügt es darauf zu achten, dass sämtliche Bewehrungsstäbe und Bügel tatsächlich so verankert sind, dass sie ihre volle Fliesskraft entwickeln können.

3.4.2 Verankerungslängen

Die Verankerungslängen für Bewehrungsstäbe sind in den Normen für die verschiedenen Lagen, ohne (l_d) und mit (l_{dh}) Endhaken, gegeben. Diese Längen werden im allgemeinen durch eine überwiegende Erdbebenbeanspruchung nicht verändert, da sie im Normalfall sicherstellen, dass die Fliesskraft des Stabes verankert werden kann.

In den Beispielen werden die Regeln der neuseeländischen Norm [X3] verwendet. Danach gilt für die Verankerungslänge l_d eines *geraden Bewehrungsstabes*:

$$l_d = m_{db}\, l_{db} \tag{3.51}$$

mit der Grundverankerungslänge

$$l_{db} = \frac{380\, A_b}{c\sqrt{f_c'}} \qquad \text{[N, mm]} \tag{3.52}$$

A_b : Querschnitt des Bewehrungsstabes

c : Kleinster der folgenden Abstände:
- 3 mal Durchmesser des Bewehrungsstabes d_b
- Abstand der Bewehrungsstabachse von der (gezogenen) Betonoberfläche
- Abstand der auf den Beton übertragenen Kraft von der Achse des Bewehrungsstabes
- halber Abstand zwischen den Achsen benachbarter paralleler Bewehrungsstäbe in einer Lage

m_{db} : Faktor gleich dem Produkt der folgenden Grössen:
- $f_y/275$ N/mm^2
- 1.3 für horizontale Bewehrung, die mehr als 300 mm über dem Schalungsboden liegt
- $c/(c+k_{tr})$, sofern eine die Ebene eines potentiellen Spaltrisses kreuzende Querbewehrung angeordnet wird, die aus mindestens 3 Stäben verteilt über die Verankerungslänge l_d besteht. Dabei gilt:

$$k_{tr} = \frac{A_{tr} f_{yt}}{10s} \qquad \text{[N, mm]} \tag{3.53}$$

wobei die folgenden Bedingungen einzuhalten sind:
$k_{tr} \le d_b$, $k_{tr} \le c$ sowie $c + k_{tr} \le 3d_b$

A_{tr} : Querschnitt der die Ebene des potentiellen Spaltrisses kreuzenden und im Abstand s angeordneten Querbewehrung

f_{yt} : Fliessspannung der Querbewehrung

Für die Verankerungslänge l_{dh} eines *Bewehrungsstabes mit Haken* gilt:

$$150 \text{ mm} < \; l_{dh} = m_{hb}\, l_{hb} \; > 8d_b \tag{3.54}$$

mit der Grundverankerungslänge

$$l_{hb} = \frac{66 d_b}{\sqrt{f_{c'}}} \qquad \text{[N, mm]} \tag{3.55}$$

Der Faktor m_{hb} ist gleich dem Produkt der folgenden Grössen:

- $f_y/275$ N/mm²
- 0.7 wenn die seitliche Betonüberdeckung der verankerten Stäbe mit $d_b \leq 32$ mm nicht kleiner als 60 mm ist oder wenn die Betonüberdeckung von 90°-Haken in Richtung des verankerten Stabes mindestens 40 mm beträgt
- 0.8 wenn der Verankerungsbereich mit Bügeln mit einem maximalem Abstand von $6d_b$ und einer Querschnittsfläche von

$$\frac{A_{tr}}{s} \geq \frac{A_b}{1000} \quad [\text{mm}^2/\text{mm}] \tag{3.56}$$

umschnürt ist.

3.4.3 Abstufung und Verankerung der Längsbewehrung

Bei der Abstufung und Verankerung der Längsbewehrung, z.B. entlang eines Riegels, sind die folgenden beiden Bedingungen zu erfüllen:

1. Die Bewehrung ist hinter der um das sogenannte Versatzmass ηd verschobenen Linie der Momentenbeanspruchung (Bemessungswert) voll zu verankern. ηd berücksichtigt die Längszugkraft infolge der Querkraft und kann mit Hilfe eines Fachwerkmodells ermittelt oder Normen entnommen werden. Es gilt $0.5 \leq \eta \leq 1.0$. Oft wird ohne genauere Abklärungen $\eta = 1.0$ verwendet.

2. Die Linie des vorhandenen Momentenwiderstandes (Bemessungswert) muss die um ηd verschobene Linie der Momentenbeanspruchung (Bemessungswert) umhüllen.

Für praktische Zwecke können diese beiden Bedingungen mit $\eta \approx 1.0$ wie folgt formuliert werden:

$$l_{\ddot{u}1} \geq d + l_d \tag{3.57}$$

$$l_{\ddot{u}2} \geq 1.3\,d \tag{3.58}$$

$l_{\ddot{u}1}$: Überlänge des verankerten Bewehrungsstabes gemessen von der (unverschobenen) Linie der Momentenbeanspruchung aus

$l_{\ddot{u}2}$: Überlänge des verankerten Bewehrungsstabes gemessen von dem Punkt der (unverschobenen) Linie der Momentenbeanspruchung aus, an dem der verankerte Stab keinen Beitrag an den Biegewiderstand mehr leisten muss

3.4.4 Bewehrungsstösse

Stützen- und Riegelbewehrung wird normalerweise gestossen, indem die Enden der zu stossenden Stäbe über eine gewisse Länge nahe nebeneinander parallel angeordnet werden. Die Kraftübertragung geschieht durch Verbund und den dazwischenliegenden Beton. Daher sind *in Fliessgelenkbereichen*, die vor allem wegen der

zyklischen Umkehr der Richtung der plastischen Stahldehnungen eine relativ starke
Zerstörung des Betongefüges aufweisen, *keine Stösse* gestattet. Die Ausdehnung der
Fliessgelenkbereiche ist in den Bildern 4.16, 4.18 und 4.32 angegeben.

Bei einem Stoss besteht die Tendenz zur Bildung eines Längsrisses zwischen den
gestossenen Stäben. Um dort ein schiefes Druckfeld zu erzwingen (Bild 3.23), ist
deshalb eine Klemmkraft, z.B. durch eine entsprechende Bewehrung quer zu den
Stäben, erforderlich. Damit ist die Kraftübertragung auch nach der Bildung von
grösseren und ausgedehnten Rissen immer noch gewährleistet. Dies ist besonders

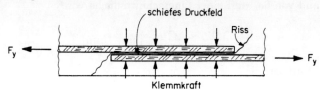

Bild 3.23: Kraftübertragung bei Bewehrungsstössen in gerissenem Beton

wichtig bei Stössen der Längsbewehrung in Stützen. Wenn die Stützen dank der
Kapazitätsbemessung gegen die Bildung von Fliessgelenken geschützt sind, dürfen
Stösse in der Längsbewehrung typischerweise direkt über den Geschossdecken an-
geordnet werden. Da Wechselspannungen in der Längsbewehrung bis zum Fliessen
möglich sind, ist eine angemessene Querbewehrung vorzusehen. Quer über die in
Bild 3.23 angedeutete Rissebene ist die folgende Bewehrung erforderlich:

$$\frac{A_{tr}}{s} \geq \frac{d_b}{50} \cdot \frac{f_y}{f_{yt}} \quad [\text{mm}^2/\text{mm}] \tag{3.59}$$

A_{tr} : Querschnitt der Querbewehrung im Abstand s
s : Abstand der Querbewehrung längs des Stosses, $s \leq 6d_b$
d_b : Durchmesser des kleineren der beiden gestossenen Stäbe
f_y : Fliessspannung der Längsstäbe
f_{yt} : Fliessspannung der Querbewehrung

Geschweisste oder mechanische Stösse bekannten Verhaltens können auch im Bereich von Fliessgelenken verwendet werden.

In runden Stützen wird die erforderliche Klemmkraft im Stossbereich in
ähnlicher Weise durch eine kreisförmige Querbewehrung (runde Bügel oder Spiralbewehrung) gewährleistet. Es ergeben sich jedoch zwei Möglichkeiten für die
Ausbildung der Stösse der Längsbewehrung. Sofern, wie in der oberen Hälfte von
Bild 3.24a dargestellt, die zu stossenden Stäbe auf einem Kreis, d.h. tangential,
angeordnet sind, entsteht ein radialer Riss, über den die Kraftübertragung durch
Querbewehrung gemäss Gl.(3.59) mit der tangentialen Klemmkraft $R = A_{tr}f_{yt}$
gewährleistet werden muss. Wenn hingegen, wie in der unteren Hälfte von Bild
3.24a dargestellt, die beiden zu stossenden Stäbe radial angeordnet sind, entsteht
ein tangentialer Riss, und es muss die radiale Klemmkraft $N \approx R \cdot \alpha$ entsprechend
der Ablenkkraft aus der Ringzugkraft der kreisförmigen Bewehrung betrachtet werden, wobei α der Segmentwinkel zwischen benachbarten Bewehrungsstäben ist. Der
Vergleich der beiden Anordnungen der Stösse zeigt, dass bei $n = 6$ Stössen mit
radial angeordneten Stäben ($\alpha \approx 1$) die gleiche Klemmkraft $N \approx R$ entsteht wie

bei tangential angeordneten Stäben. Bei $n > 6$ Stössen mit radial angeordneten Stäben wird die Klemmkraft N massgebend, und deshalb muss der Querschnitt der kreisförmigen Querbewehrung entsprechend

$$\frac{N}{s} = \frac{n}{6} \cdot \frac{R}{s} \qquad (3.60)$$

vergrössert werden, d.h. A_{tr} aus Gl.(3.59) ist mit $n/6$ zu multiplizieren.

Werden in Stützen Fliessgelenke erwartet, so sind die Bewehrungsstösse in der Mitte der entsprechenden Geschosshöhe anzuordnen. Stösse der Stützenbewehrung werden aus Platzgründen meist mit abgekröpften Bewehrungsstäben ausgeführt. Mit der Anordnung gemäss Bild 3.24b bleibt im Einspannquerschnitt die statische Höhe erhalten. Dabei ist darauf zu achten, dass nicht nur die Stosszone gemäss Gl.(3.59) verbügelt wird, sondern dass auch die nach aussen wirkende Ablenkkraft aus der Abkröpfung aufgenommen werden kann, wobei kein Bügelfliessen auftreten darf. Bei einer Abkröpfung mit der Neigung von 1 : 10 ist eine Ablenkkraft von einem Zehntel der Fliesskraft der gestossenen Stäbe aufzunehmen. Unter der Annahme eines Sicherheitsbeiwertes $\gamma = 1.5$ gegen Bügelfliessen erhalten wir die Gleichung:

$$A_{te} = 0.15 \frac{f_y}{f_{yt}} A_b \qquad (3.61)$$

A_{te} : Bügelquerschnitt

f_y : Fliessspannung der Vertikalbewehrung

f_{yt} : Fliessspannung der Bügelbewehrung

A_b : Querschnitt der abgekröpften Vertikalbewehrung

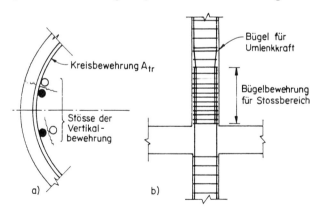

Bild 3.24: Stoss in der Längsbewehrung von Stützen.

3.4.5 Querbewehrung von Gelenkzonen

Die Querbewehrung von Gelenkzonen erfüllt verschiedene Funktionen wie Aufnahme der Querkräfte und Ablenkkräfte, Umschnürung des Kernbetons, Stabilisierung von Druckstäben sowie Erzeugen einer Klemmkraft bei Bewehrungsstössen.

Für die Bemessung der Querbewehrung ist die grösste aus diesen einzelnen Beanspruchungen resultierende Querschnittsfläche massgebend. Die Bedingungen und konstruktiven Anforderungen betreffend Umschnürung und Stabilisierung der Druckbewehrung in 3.3.2, 4.4.5 und 4.5.11 sowie 5.4.2 sind einzuhalten. Bild 3.25 zeigt links das Bruchbild einer Stütze mit ungenügender Querbewehrung und rechts das Beispiel einer Stütze mit korrekter Querbewehrung im Gelenkbereich.

Bild 3.25: Querbewehrung von Stützen: Versagen infolge ungenügender Querbewehrung (links), Beispiel für den Bereich eines plastischen Gelenkes (rechts).

Kapitel 4

Duktile Rahmen

In diesem Kapitel werden Entwurf, Bemessung und konstruktive Durchbildung von duktilen Rahmen aus Stahlbeton behandelt. Dabei stehen voll duktile Rahmen mit einem Verschiebeduktilitätsfaktor μ_Δ im Bereich von etwa 5 bis 7 im Vordergrund (vgl. 2.2.7b).

Das Ziel der Bemessung von Rahmen besteht darin, sicherzustellen, dass auch bei sehr hoher Erdbebenbeanspruchung die Fliessgelenke nur in den entsprechend durchgebildeten Bereichen, vorwiegend in den Riegeln, auftreten können, und dass diese Gelenke derart konstruktiv durchgebildet sind, dass die zu erwartenden plastischen Rotationen ohne wesentliche Reduktion des Tragwiderstandes stattfinden können.

4.1 Modellbildung

Die Berechnung der Schnittkräfte geschieht an einem idealisierten Tragsystem, das dem realen Tragwerk, vor allem was Tragwiderstand und Verformungsverhalten betrifft, möglichst genau entsprechen soll. Für diese Modellbildung sind verschiedene grundlegende Annahmen zu treffen.

4.1.1 Allgemeine Annahmen

Die Schnittkraftberechnung nach der Elastizitätstheorie, im folgenden *elastische Berechnung* genannt, ist heute die meistverbreitete Methode zur Ermittlung der Schnittkräfte in gewöhnlichen räumlichen Rahmen. Die dabei üblichen Annahmen werden hier dargelegt. Zur Berechnung aussergewöhnlicher Rahmen (schiefwinklige, mit gekrümmten Riegeln etc.) sind zusätzliche Annahmen notwendig.

Die üblichen Annahmen sind die folgenden:

1. Wenn die Beanspruchungen etwa 75% der Fliesswiderstände nicht übersteigen, kann das Verhalten der meisten Stahlbetontragwerke und -elemente durch elastische Modelle recht genau angenähert werden. Dies ist speziell bei kurzzeitigen Einwirkungen der Fall. Um eine wirtschaftlich vorteilhafte Verteilung des Tragwiderstandes über das gesamte Tragwerk zu erreichen, empfiehlt es sich dagegen oft, von der elastischen Verteilung der Schnittkräfte abzuweichen, vorausgesetzt, dass das Gleichgewicht der Kräfte gewährleistet ist.

2. Fassadenbauteile, Zwischenwände und andere nichttragende Elemente können das elastische Verhalten von Rahmen erheblich beeinflussen. Wenn sie jedoch sauber vom Tragwerk getrennt werden, was stets anzustreben ist, ist ihr Einfluss nicht mehr wesentlich. Ihr Beitrag zum Tragwiderstand wird sehr klein, sobald grössere plastische Verformungen stattgefunden haben. Daher wird der Einfluss nichttragender Elemente bei der Ermittlung von Tragwiderstand und Steifigkeit normalerweise vernachlässigt.

   Sofern keine saubere Trennung vorhanden ist, sind wegen der relativen Weichheit von Rahmen erhebliche Schäden an den nichttragenden Elementen zu erwarten, und zwar auch dann, wenn das Tragwerk keine inelastischen Verformungen erleidet. Im Falle von steifen Elementen mit erheblichem Widerstand, wie z.B. bei Mauerwerkwänden, können diese auch wesentliche Schäden am Tragwerk und insbesondere an den Stützen verursachen (vgl. Bild 1.14).

3. Die Steifigkeit von Stahlbetondecken (auch von vorfabrizierten Systemen mit Überbeton) in ihrer Ebene wird im allgemeinen als unendlich gross angenommen (vgl. 1.6.3a). Diese Annahme ist für Gebäude mit normalen Verhältnissen von Länge und Breite meist zutreffend. Besondere Aspekte der Scheibenwirkung der Decken in Bezug auf die Verteilung der Horizontalkräfte werden in 6.4.3 behandelt. Die Annahme von unendlich steifen Scheiben auf der Höhe jeder Decke erlaubt es, die Beanspruchungen der einzelnen Rahmen aus den Relativverschiebungen benachbarter Stockwerke unter Verwendung einfacher linearer Beziehungen zu ermitteln.

4. Normalerweise können mehrstöckige räumliche Rahmen in eine Serie von vertikalen ebenen Rahmen zerlegt werden. Die Relativverschiebungen dieser Rahmen ergeben sich entsprechend dem obigen Absatz 3 aus einem einfachen linearen Ansatz. Räumliche Effekte wie die Torsion von Stützen oder von Riegeln, die rechtwinklig zum Rahmen an eine Stütze angeschlossen sind, können in den meisten Fällen vernachlässigt werden. Falls es notwendig erscheint, kann eine dreidimensionale Berechnung vorgenommen werden [W1], [W2].

5. Während die Decken für Kräfte in ihrer Ebene unendlich steif angenommen werden, werden sie normalerweise für Biegung aus ihrer Ebene als unendlich weich angenommen. Ihre Biegesteifigkeit kann jedoch, verglichen mit der Torsionssteifigkeit der Rahmenriegel, beträchtlich sein, vor allem bei den Riegeln entlang den Plattenrändern. Aus diesem Grund bewirken die Decken eine gewisse Einspannung der Riegel, wenn diese auf Verdrehungen um ihre Längsachse beansprucht werden, z.B. aus einer Stockwerksverschiebung rechtwinklig zur Riegelachse. Die Riegel unterliegen daher unter Umständen grossen Torsionsbeanspruchungen, die zu übermässigen Diagonalrissen führen können. Schäden aus solchen Effekten konnten in Versuchen beobachtet werden [P1].

   Der Beitrag der Deckenplatten zu Biegesteifigkeit und -widerstand der Riegel ist dagegen immer zu berücksichtigen. Dieser Effekt wird in den Abschnitten 4.1.2 und 4.4.2b behandelt.

6. Der Einfluss der axialen Verformungen der Stützen auf das Verhalten der Rahmen kann normalerweise vernachlässigt werden. Er nimmt mit der Anzahl Stockwerke und wachsender Biegesteifigkeit der Riegel zu. Die meisten Rechenprogramme berücksichtigen jedoch die Axialverformungen.

7. Die Schubverformungen, wie sie in den bei Rahmen normalerweise verwendeten Bauteilen auftreten, sind klein genug, um vernachlässigt werden zu können. Ferner ist die Torsionssteifigkeit solcher Tragelemente, verglichen mit ihrer Biegesteifigkeit, ebenfalls klein und damit vernachlässigbar. Der Einfluss von aufgezwungenen Verdrehungen sollte jedoch bei kurzen und torsionssteifen Bauteilen abgeklärt werden.

4.1.2 Querschnittswerte

Wird die elastische Berechnung eines Tragwerks nur vorgenommen, um die Grösse der Schnittkräfte wie Biegemomente, Querkräfte und Normalkräfte zu ermitteln, genügt die Annahme von relativen Biegesteifigkeiten. In diesen Fällen werden die Querschnittswerte basierend auf den Betonabmessungen ohne den Anteil aus der Bewehrung und im allgemeinen auch ohne Berücksichtigung der Rissbildung berechnet. Änderungen in den Querschnittsabmessungen entlang eines Bauteils sind jedoch zu berücksichtigen.

Sind aber z.B. die Verschiebungen der Stockwerke unter statischen Ersatzkräften von Interesse, so sind in der Berechnung die absoluten Steifigkeiten einzusetzen. Dies erfordert die Berücksichtigung des Elastizitätsmoduls sowie der Einflüsse der Rissbildung.

Hängt die Beanspruchung eines Tragelementes, wie bei Stabilitätsberechnungen von Stützen, von dessen Verformungen ab, so wird die genaue Erfassung der Steifigkeiten knapp vor Beginn des Fliessens wichtig. Dieser Fall sollte bei erdbebenbeanspruchten Rahmen jedoch überhaupt nicht eintreten, da die Schwerelasten bei grossen inelastischen Verformungen sicher abgetragen werden sollen. Daher sind für elastische Berechnungen von seismisch beanspruchten Tragwerken zweckmässige Näherungen für die Biegesteifigkeit zulässig.

Es dürfte klar sein, dass während der seismischen Beanspruchung die aktuelle Biegesteifigkeit in jedem Querschnitt eines Tragelementes verschieden ist. Rissbildung und Rissbreiten hängen von der Biegebeanspruchung und von der im Querschnitt vorhandenen Bewehrung ab. Daher variieren die Eigenschaften des ideellen Querschnittes [P1] sowohl im ungerissenen wie auch im gerissenen Zustand entlang der Stabachse. Die Steifigkeit ist klein im eigentlichen Riss, zwischen den Rissen jedoch grösser. Die Biegesteifigkeit hängt aber auch vom Vorzeichen des Momentes ab. So befindet sich der Flansch eines T-Trägers über einen gewissen Bereich unter Druck und erhöht die Biegesteifigkeit. Über andere Bereiche ist der Flansch als Folge der Biegezugbeanspruchung gerissen. Auch hängen die mitwirkenden Flanschbreiten von der Momentenbeanspruchung längs der Spannweite ab. Die Steifigkeit ist auch deshalb relativ schwierig abzuschätzen, weil sie zusätzlich durch schräge Schubrisse und Normalkräfte, beide abhängig von der zyklischen Beanspruchungsumkehr, beeinflusst wird. Somit ist offensichtlich, dass unter seismischer Beanspruchung bei keinem Tragelement eine über die Länge konstante Steifigkeit vorhanden ist.

Aus den eben dargelegten Gründen ist eine genauere Berechnung der Steifigkeiten bei seismischen Beanspruchungen nicht gerechtfertigt. Auch die Ermittlung mehrerer Steifigkeitswerte entlang jedes Tragelementes eines mehrstöckigen Tragwerks sprengt in diesem Zusammenhang den Rahmen des Sinnvollen.

Daher wird die Biegesteifigkeit des Querschnittes mit einem über die Länge eines Tragelementes konstanten durchschnittlichen Wert $E_c I_e$ angenähert. Für Kurzzeitbeanspruchungen muss der Elastizitätsmodul E_c des Betons allein verwendet werden. Das Trägheitsmoment des Bruttobetonquerschnittes (ohne Berücksichtigung der Bewehrung) I_g wird modifiziert, um den beschriebenen Effekten Rechnung zu tragen. Daher wird als äquivalentes Trägheitsmoment I_e ein Rechenwert verwendet, der die folgenden typischen Werte annimmt:

o Riegel:

$$I_e = 0.4\,I_g \quad \text{bis} \quad 0.5\,I_g \tag{4.1}$$

o Stützen:

1. Bei mittlerer bis grosser Normaldruckkraft:

$$I_e = 0.8\,I_g \quad \text{bis} \quad 1.0\,I_g \tag{4.2}$$

Es kann auch die folgende, genauere Beziehung verwendet werden:

$$I_e = \left(0.5 + \frac{1.5P}{f_c' A_g}\right) I_g \leq I_g \tag{4.3}$$

Dabei ist P die Normalkraft in der Stütze. Sie kann typischerweise als das 1.1-fache der Normalkraft infolge Dauerlast P_D angenommen werden. A_g ist die Fläche des Betonquerschnittes und f_c' die Rechenfestigkeit des Betons.

2. Bei kleiner Normaldruckkraft oder bei Normalzugkraft:

$$I_e = 0.5\,I_g \quad \text{bis} \quad 0.7\,I_g \tag{4.4}$$

Der wichtigste Aspekt bei der Abschätzung der Steifigkeiten besteht in der Konsistenz der verwendeten Werte über das ganze Tragwerk.

Flansche von durchlaufenden T-Trägern in erdbebenbeanspruchten Rahmen reissen im Bereich der Stützen stark und tragen nur wenig zur Biegesteifigkeit bei. In Feldmitte steht der Flansch jedoch meist unter Druck. Ein vernünftiger Wert für das Trägheitsmoment eines prismatischen Ersatzstabes wäre daher ein Mittelwert. Für Steifigkeitsberechnungen wird die *mitwirkende Breite*, damit der Einfluss der Flansche von T- und L-Querschnitten auf I_g nicht überschätzt wird, gemäss [X3] mit der Annahme ermittelt, dass die Breite der seitlich an den Steg anschliessenden Flanschteile *die Hälfte der in den Normen für Tragwiderstandsberechnungen angegebenen Werte* beträgt. Beispielsweise wird nach [A1] und [X3] die mitwirkende Breite für den Tragwiderstand wie folgt bestimmt:

Bei T-Querschnitten soll die Gesamtbreite des Flansches

   o 1/4 der Spannweite

nicht überschreiten, gleichzeitig sollen die seitlich an den Steg anschliessenden Flanschteile höchstens folgende Breite aufweisen:

   a) 8mal die Plattenstärke, oder
   b) 1/2 des Abstandes zum nächsten Steg.

Bei L-Querschnitten, d.h. bei Querschnitten mit nur einseitigem Flansch, soll die Breite des seitlich an den Steg anschliessenden Flanschteils höchstens betragen:

   a) 1/12 der Spannweite des Balkens, oder
   b) 6mal die Plattenstärke, oder
   c) 1/2 des Abstandes bis zum nächsten Steg.

Für Steifigkeitsberechnungen soll, wie oben festgehalten, *die Hälfte* der in den Normen für Tragwiderstandsberechnungen angegebenen Werte verwendet werden. Ein Beispiel für eine solche Berechnung ist in Abschnitt 4.11.4 gegeben.

4.1.3 Geometrische Idealisierungen

Für die Berechnung werden die Stützen und Riegel durch gerade Stäbe modelliert, wie dies in Bild 4.2a gezeigt wird. Die idealisierten Stäbe verlaufen entlang der Schwerachsen der wirklichen Bauteile. Es kann die Schwerachse des Bruttobetonquerschnittes oder, einfacher, die Mittelachse verwendet werden. Die Mittelachse kann sogar in T- und L-förmigen Querschnitten verwendet werden, da der Beitrag der Flansche an die Steifigkeit vor allem in Bereichen mit Momentenumkehr sowieso nicht konstant und damit der Einfluss der leicht verschobenen Achslage vernachlässigbar ist. Auch Riegel veränderlicher Höhe können als gerade Stäbe modelliert werden.

Die Spannweite der Riegel ist definiert durch die Distanz zwischen den Schnittpunkten der Stützen- und der Riegelachsen. Es wird ein steifer Knoten angenommen (keine Relativverdrehungen im Knoten). Die Biegesteifigkeit der Tragelemente basiert auf diesen Spannweiten.

Bei mässiger Beanspruchung bleiben die Kernzonen der Rahmenknoten rissefrei. Unter starker Erdbebeneinwirkung werden die Schubbeanspruchungen jedoch relativ gross, was zu Schrägrissen in den Knoten und zu Schlupf in der Verankerung der dortigen Bewehrung führt. Dadurch werden auch die Verformungen der Rahmenknoten relativ gross (vgl. Abschnitt 4.7). Bei sorgfältig bewehrten Knoten liegt der Beitrag der Knotenverformungen an die gesamte Stockwerkverschiebung in der Grössenordnung von 20%. Daher sollten im Stabmodell eines normalen Rahmens bei den Knoten keine unendlich steifen Stabelemente angenommen, sondern die flexiblen Stäbe bis in die theoretischen Knotenpunkte geführt werden. Ausnahmen ergeben sich, wenn Riegel in ausserordentlich breiten Stützen oder in Tragwänden eingespannt sind, da hier die Knotenverformungen gering bleiben. Bei einer Einspannung in eine quer zur Rahmenebene verlaufende Tragwand kann die Wand durch eine Ersatzstütze mit der Breite des Riegelsteges plus die zweifache Wandstärke modelliert werden.

4.2 Berechnungsverfahren

4.2.1 'Genaue' elastische Berechnung

Die Berechnung von Rahmensystemen mit steifen Knoten für statische Einwirkungen wird heute allgemein mit Hilfe von Rechenprogrammen vorgenommen, die mit Steifigkeitsmatrizen arbeiten. Es sind die unterschiedlichsten Programme erhältlich, wobei als Eingabe die Materialeigenschaften, die Steifigkeiten, die Geometrie des Tragsystems und die Einwirkungen benötigt werden. Die Berechnung beansprucht wenig Zeit, und die verschiedensten Kombinationen der Einwirkungen können berücksichtigt werden. Diese Methode bietet wohl die Vorteile der schnellen Behandlung, die unmittelbare Verwendung der Resultate für die Bemessung der Querschnitte ist jedoch oft nicht zweckmässig.

4.2.2 Nichtlineare Berechnung

Eine realistischere Voraussage des Verhaltens und des Tragwiderstandes von Stahlbetontragwerken kann mit verschiedenen Methoden nichtlinearer Berechnung erreicht werden [C1]. Die heute zur Verfügung stehenden Rechenprogramme sind jedoch immer noch ziemlich aufwendig, sodass für praktische Zwecke eine nichtlineare statische Berechnung eines mehrstöckigen Rahmentragwerkes normalerweise nicht sinnvoll ist. Dazu kommt, dass für jede Einwirkungskombination ein separater Berechnungsgang erforderlich ist. Nichtlineare Berechnungen bieten im Normalfall keine besonderen Vorteile, sofern Erdbebeneinwirkungen zusammen mit Schwerelasten für den erforderlichen Tragwiderstand massgebend sind.

4.2.3 'Angepasste' elastische Berechnung

Für schwerelastbeanspruchte Stahlbetontragwerke wurde mit der Verbreitung der Prinzipien des Tragsicherheitsnachweises auch deren nichtlineares Verhalten allgemein akzeptiert. Trotzdem wird zur Ermittlung der Schnittkräfte, v.a. der Biegemomente, die für den Tragwiderstand von Riegeln und Stützen eines Rahmens massgebend sind, üblicherweise eine elastische Berechnung vorgenommen. Die Gleichgewichtsbedingungen werden damit erfüllt und innerhalb der getroffenen Annahmen auch die Verträglichkeit der Verformungen. In manchen Fällen können diese Resultate unmittelbar verwendet werden, da sie zu praktischen und wirtschaftlichen Lösungen führen. Häufig werden jedoch die Schnittkräfte angepasst und umverteilt, um dem nichtlinearen Verhalten Rechnung zu tragen, speziell wenn das Tragwerk bis in die Nähe des Tragwiderstandes beansprucht werden soll. Dabei muss darauf geachtet werden, dass das Gleichgewicht der Kräfte erhalten bleibt. Der Umverteilung der Schnittkräfte sind jedoch gewisse Grenzen gesetzt, damit die Gebrauchstauglichkeit gewährleistet bleibt und damit die Verformungsfähigkeit der plastifizierenden Bereiche nicht erschöpft wird.

In erdbebenbeanspruchten Tragwerken werden die potentiellen Zonen plastischer Gelenke oft speziell auf die hohen Duktilitätsanforderungen ausgelegt und konstruktiv durchgebildet, sodass die Vorteile des nichtlinearen Verhaltens im allgemeinen voll ausgenützt werden können. Zur Bemessung von Rahmenelementen auf Erdbebeneinwirkungen werden daher die Resultate der 'genauen' elastischen Berechnung ebenfalls angepasst, d.h. es wird eine Umverteilung vorgenommen. Die relativ weiten Grenzen einer solchen Umverteilung zeigen, dass die elastische Berechnung nicht sehr genau zu sein braucht. Daher genügen oft die in den nächsten Abschnitten beschriebenen näherungsweisen elastischen Berechnungen zur Bemessung von erdbebenbeanspruchten duktilen Tragwerken.

4.2.4 Berechnung für Schwerelasten

Die lastwirksamen Flächen liefern Beiträge an die Belastungen der Riegel. Bei kreuzweise tragenden Platten können die Lastflächen gemäss Bild 4.1 in dreieckige, rechteckige und trapezförmige Flächen aufgeteilt werden. Die Flächen sind rechtwinklig zum entsprechenden Träger schraffiert. Im gezeigten Beispiel sind drei Sekundärträger in Nord-Süd-Richtung vorhanden (ausgehend von Stütze 3 sowie beidseitig von Stütze 5), die ihrerseits wieder auf West-Ost-Träger aufgelegt sind. Sekundärträger wirken auf die Primärträger als Einzellasten. Die gesamte lastwirksame Fläche für den Riegel 7-8-9-10 ist in Bild 4.1 gestrichelt begrenzt.

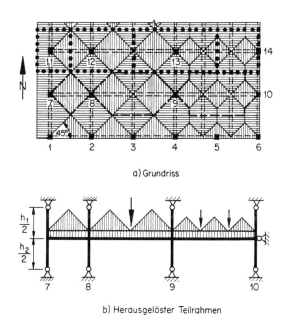

a) Grundriss

b) Herausgelöster Teilrahmen

Bild 4.1: Lastwirksame Flächen und ihre Beiträge zur Belastung von Riegeln und Stützen

Im Falle von vorfabrizierten Deckensystemen mit bewehrtem Überbeton, die vor allem in einer Richtung Last abtragen, sind die lastwirksamen Flächen entsprechend anzupassen.

Mit einer solchen Aufteilung in lastwirksame Flächen kann die Belastung der Riegel infolge von verteilten Schwerelasten einfach bestimmt werden. Bild 4.1b zeigt die resultierende Belastung für den durchlaufenden Riegel 7-8-9-10. Der konstante Lastanteil stellt die Dauerlast des Riegels dar.

Für die Erdbebenbemessung von einigermassen regelmässigen Rahmen genügt es, den in Bild 4.1b dargestellten Teilrahmen zu betrachten. Es darf angenommen werden, dass ähnliche Teilrahmen in unteren und oberen Stockwerken in gleicher Weise belastet sind. Daher werden die Knotenverdrehungen entlang einer Stütze unter Dauerlast in jedem Stockwerk etwa dieselben sein. Diese Vereinfachung erlaubt die Annahme, dass die Wendepunkte der Biegelinien in Stützenmitte liegen und somit im statischen Modell dort Gelenke angenommen werden können. Der resultierende Teilrahmen gemäss Bild 4.1b kann auch von Hand einfach berechnet werden.

In Fällen mit massgebender Erdbebeneinwirkung sind Kombinationen der Einwirkungen mit alternierend belasteten Feldern selten gerechtfertigt, da die anschliessende Momentenumverteilung solche Feinheiten meist bedeutungslos macht. Die Normalkräfte in den Stützen infolge der Schwerelasten sollten an sich aus den Reaktionen der durchlaufenden Riegel jedes Stockwerks ermittelt werden. Für Bemessungszwecke ist jedoch die näherungsweise Berechnung auf Grund der lastwirksamen Flächen genügend. Diese Flächen sind in Bild 4.1a für die Stützen 11 bis 14 mit punktierten Linien begrenzt. Vereinfachend werden die Riegel für diesen Zweck als einfache Balken betrachtet. Bei der Wirkung von horizontalen Erdbebenkräften wird jedoch, wie später gezeigt, der Einfluss der Einspannmomente und damit auch der Querkräfte berücksichtigt.

4.2.5   Berechnung für horizontale Kräfte

Aus verschiedenen Methoden zur Bestimmung der Schnittkräfte infolge horizontaler Kräfte wird die Näherungsmethode von Muto [M1] herausgegriffen. Diese hier etwas abgewandelt dargestellte, sehr anschauliche Methode ergibt für einigermassen regelmässige Rahmensysteme, bei denen verschiedene vereinfachende Annahmen getroffen werden können, genügend genaue Resultate. Falls nötig, kann dies durch Berechnung und Vergleich der Stockwerkverschiebungen auf einfache Weise kontrolliert werden, unabhängig vom Momentenverlauf über eine einzelne Stütze. Das Gleichgewicht der Kräfte wird durch die Näherungen gewährleistet, dagegen werden die elastischen Verschiebungsbedingungen infolge der Annahmen über die Stabverformungen zu einem gewissen Grade verletzt.

a) Wirkung der Ersatzkräfte

Die Erdbebeneinwirkung wird durch horizontale Einzelkräfte, welche den Massenträgheitskräften entsprechen, auf der Höhe jedes einzelnen Stockwerkes angesetzt (vgl. Bild 4.2a). Die Bestimmung dieser Ersatzkräfte wurde im 2. Kapitel beschrieben. Da das Gebäude einen Kragarm darstellt, können sowohl die Gesamtquerkraft als auch das Gesamtbiegemoment auf beliebiger Höhe (*Stockwerkquerkraft* bzw. *Stockwerkkippmoment*) einfach berechnet werden. Sie sind in Bild 4.2c und d für ein Beispiel qualitativ dargestellt. Die Kraft V_j setzt sich aus den Ersatzkräften der oberen vier Stockwerke zusammen und muss von den Stützen im dritten Geschoss nach unten übertragen werden. Die folgende Näherungsberechnung soll dazu dienen, den Anteil jeder Stütze an der Gesamtbeanspruchung zu ermitteln.

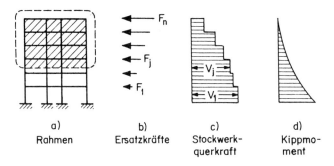

a)	b)	c)	d)
Rahmen	Ersatzkräfte	Stockwerk-querkraft	Kippmo-ment

Bild 4.2: Horizontale statische Ersatzkräfte an einem Rahmen

b) Prismatische elastische Stützen

In beidseits vollständig eingespannten prismatischen Stützen, die einer differentiellen Verschiebung Δ gemäss Bild 4.3a unterworfen werden, tritt die folgende Querkraft auf:

$$V_f = \frac{12\,E_c I_c}{h^3}\Delta \tag{4.5}$$

Bei gleichem Elastizitätsmodul E_c und gleicher Stützenhöhe h im ganzen Geschoss kann der folgende einfache Ausdruck für die aus den Verschiebungen resultierenden Querkräfte verwendet werden:

$$V_f = \alpha k_c \Delta \qquad \text{wobei} \tag{4.6}$$

$$\alpha = \frac{12E_c}{h^2} \tag{4.7}$$

eine allgemeine Konstante darstellt. Die relative Biegesteifigkeit der Stützen ist definiert als

$$k_c = \frac{I_c}{h} \tag{4.8}$$

Mit I_c wird das Trägheitsmoment der Stütze in Biegerichtung bezeichnet.

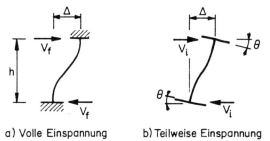

a) Volle Einspannung   b) Teilweise Einspannung

Bild 4.3: Querkräfte infolge von Verschiebungen in Stützen

In wirklichen Rahmen bewirken die Riegel aber nur eine teilweise Behinderung der Stützenendrotation θ, wie dies in Bild 4.3b dargestellt ist. Die Querkraft in der Stütze i kann daher als

$$V_i = \alpha a k_c \Delta \tag{4.9}$$

ausgedrückt werden, wobei der Wert a zwischen 0 und 1 liegt und vom Einspanngrad der Stütze abhängig ist. Nachfolgend soll die Grössenordnung von a ermittelt werden.

Die erste vereinfachende Annahme besteht darin, alle Stützenendrotationen θ gleichzusetzen. Dadurch sind sämtliche Riegel und Stützen sowie die Randbedingungen für deren Biegesteifigkeiten definiert.

c) Abgetrennte Teilrahmen

Teile von Rahmen, wie sie auch zur Ermittlung der Schnittkräfte aus den Schwerelasten verwendet werden, können weiter vereinfacht werden, indem angenommen wird, dass sich die Steifigkeit jedes Riegels gleich auf die Stütze darüber und darunter auswirkt. Die Riegelsteifigkeit wird somit in zwei hypothetische Hälften geteilt und je mit einer Stütze verbunden. Für diese näherungsweise Berechnung werden Teilrahmen gemäss Bild 4.2a entsprechend der schematischen Darstellung in Bild 4.4 separiert. Der voll ausgezogene Teilrahmen wird berechnet, und anschliessend können die Schnittkräfte bei allen Teilrahmen überlagert werden.

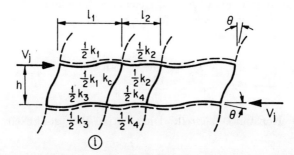

Bild 4.4: Vereinfachter, zur Berechnung verwendeter Teilrahmen

d) Einspannung der Stützen in den Riegeln

Die Einspannung der Stützen in den Riegeln kann an Einzelstützen mit den angrenzenden Teilriegeln gemäss Bild 4.5a ermittelt werden. Die gelenkig gelagerten Enden der Teilriegel liegen in den Wendepunkten der wirklichen Biegelinie und somit, entsprechend den oben dargelegten Vereinfachungen, in halber Riegelspannweite. Unter der Annahme von relativ ähnlichen Abmessungen und damit Steifigkeiten entsprechender Rahmenteile dürfen die relativen Biegesteifigkeiten der Teilriegel $k_i = I_i/l_i$ oben und unten in einem Stockwerk etwa gleich dem Mittelwert gesetzt werden:

$$k_1 + k_2 \approx k_3 + k_4 \approx \frac{k_1 + k_2 + k_3 + k_4}{2} \tag{4.10}$$

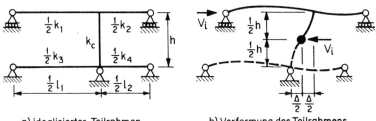

a) idealisierter Teilrahmen   b) Verformung des Teilrahmens

Bild 4.5: Einzelne, in Teilriegeln eingespannte Stütze

Wird nun eine Verschiebung Δ gemäss Bild 4.5b aufgebracht, so kann die resultierende Stützenquerkraft einfach bestimmt werden. Anhand der Biegelinie wird klar, dass nur drei am einen Ende gelenkig gelagerte Biegeelemente zu betrachten sind.

Das durch die Verschiebung Δ in einer voll eingespannten Stütze (unendlich steife Riegel) erzeugte Biegemoment beträgt aufgrund von Gl.(4.5):

$$C = \frac{6E_c I_c}{h^2}\Delta = \frac{12E_c}{h^2}\cdot\frac{h}{2}\cdot\frac{I_c}{h}\Delta = \alpha h\frac{k_c}{2}\Delta \qquad (4.11)$$

Die absolute Biegesteifigkeit, d.h. das die Einheitsverdrehung erzeugende Biegemoment, beträgt für die Riegel (Trägheitsmoment $I/2$) und Stützen $3E_c k_1$, $3E_c k_2$ und $6E_c k_c$. Die im nächsten Schritt verwendete Verteilzahl d_c für die Stütze nimmt den folgenden Wert an:

$$d_c = \frac{6E_c k_c}{3E_c(k_1 + k_2 + 2k_c)} = \frac{2}{2+\bar{k}} \qquad (4.12)$$

Dabei wurde gemäss Gl.(4.10) folgende Näherung eingeführt:

$$\bar{k} = \frac{k_1 + k_2 + k_3 + k_4}{2k_c} \approx \frac{k_1 + k_2}{k_c} \qquad (4.13)$$

Aus einem Momentenausgleich erhält man das Stützenendmoment

$$M_c = (C - d_c C) = \alpha h\frac{k_c}{2}\cdot\frac{\bar{k}}{\bar{k}+2}\Delta \qquad (4.14)$$

Die Querkraft in der Stütze i infolge der Verschiebung Δ beträgt daher:

$$V_i = \frac{2M_c}{h} = \alpha\frac{\bar{k}}{\bar{k}+2}k_c\Delta \qquad (4.15)$$

Vergleichen wir dieses Resultat mit Gleichung (4.9), so wird der Parameter für den Einspanngrad der Stütze

$$a = \frac{\bar{k}}{\bar{k}+2} \qquad (4.16)$$

Die absolute *Schubsteifigkeit einer Stütze* ist die eine Einheitsverschiebung erzeugende Querkraft. Nach Gl.(4.9) beträgt sie $\alpha a k_c$. Die relative Schubsteifigkeit der Stütze i, gemäss Muto mit D bezeichnet, ergibt sich daher zu

$$D_i = \frac{\bar{k}}{\bar{k}+2}k_c \qquad (4.17)$$

Hiermit wird die Querkraft infolge einer Stützenkopfverschiebung

$$V_i = \alpha D_i \Delta \tag{4.18}$$

Die in dieser Gleichung noch unbekannte Stützenkopfverschiebung Δ wird im folgenden Abschnitt bestimmt.

e) Verträglichkeit der Verschiebungen

Die Verträglichkeit der Stützenkopfverschiebungen wird durch die steife, als Scheibe wirkende Decke gewährleistet (vgl. Abschnitt 4.1.1.3). Die relative Verschiebung des Stützenkopfes gegenüber dem Stützenfuss resultiert aus einer Verschiebung der Decke entlang der beiden Hauptachsen x und y sowie aus einer Rotation der ganzen Decke in ihrer Ebene, wie dies in Bild 4.6 dargestellt ist. Die Verschiebung der Stütze i infolge Rotation der Decke kann ebenfalls in zwei Verschiebungen entlang der Hauptachsen zerlegt werden (vgl. Bild 4.6c).

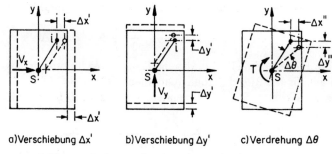

a) Verschiebung $\Delta x'$ b) Verschiebung $\Delta y'$ c) Verdrehung $\Delta \theta$

Bild 4.6: Relative Stockwerkverschiebungen

Die Lage einer unverschobenen Stütze relativ zum Nullpunkt des Koordinatensystems S ist in Bild 4.7 schraffiert dargestellt. Als Folge einer Stockwerkverschiebung $\Delta x'$ bzw. $\Delta y'$ wird der Stützenkopf, und mit ihm zusammen werden alle Stützenköpfe des Stockwerkes um diese Beträge in die mit a) bzw. b) bezeichnete Lage verschoben. Eine Rotation verschiebt den Stützenkopf nach c). Eine Überlagerung dieser drei Verschiebungen ergibt die ausgefüllt dargestellte endgültige Lage der Stütze. Unter Verwendung der in Bild 4.7 eingeführten Bezeichnungen und Vorzeichen kann die gesamte Stützenkopfverschiebung wie folgt ausgedrückt werden:

$$\Delta x = \Delta x' + \Delta x'' \tag{4.19}$$

$$\Delta y = \Delta y' - \Delta y'' \tag{4.20}$$

Dabei gilt:

$$\Delta x'' = r\Delta\theta \sin\theta = y_i\Delta\theta$$

$$\Delta y'' = r\Delta\theta \cos\theta = x_i\Delta\theta$$

Daraus folgt:

$$\Delta x = \Delta x' + y_i\Delta\theta \tag{4.21}$$

$$\Delta y = \Delta y' - x_i\Delta\theta \tag{4.22}$$

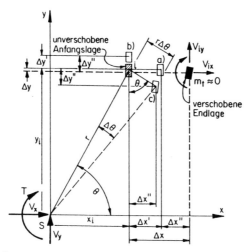

Bild 4.7: Verschiebungen einer Stütze infolge von Stockwerkverschiebungen und -verdrehung

Die durch diese Verschiebungskomponenten hervorgerufenen Stützenquerkräfte können nun entsprechend Gleichung (4.18) angegeben werden:

$$V_{ix} = \alpha D_{ix} \Delta x \qquad (4.23)$$

$$V_{iy} = \alpha D_{iy} \Delta y \qquad (4.24)$$

Die beiden Werte D in den Gleichungen (4.23) und (4.24) werden für aufgezwungene Verschiebungen in x- bzw. y-Richtung aus der Stützen- und Riegelsteifigkeit gemäss Gl.(4.17) ermittelt. Dabei ist D_{ix} mit den Trägheitsmomenten der Riegel- und Stützenquerschnitte um die y-Achse (I_{iy}) und D_{iy} mit denjenigen um die x-Achse (I_{ix}) zu bestimmen. Da der Drehwinkel $\Delta\theta$ wie auch die Torsionssteifigkeit einer Stütze klein ist, kann das Torsionsmoment m_t in der Stütze, das in Bild 4.7 der Vollständigkeit halber angegeben ist, vernachlässigt werden. Ferner wird angenommen, dass Riegel quer zur entsprechenden Verschiebungsrichtung keinen Einfluss auf diese Steifigkeit haben.

f) Gleichgewicht der Querkräfte in einem Stockwerk

Folgende Bedingungen müssen erfüllt sein:

$$V_x = \Sigma V_{ix} \qquad (4.25)$$

$$V_y = \Sigma V_{iy} \qquad (4.26)$$

$$T = \Sigma y_i V_{ix} - \Sigma x_i V_{iy} \qquad (4.27)$$

Die Kräfte V_x und V_y sind die Stockwerkquerkräfte in x- und y-Richtung, T ist das durch diese Kräfte um den Ursprung S erzeugte Torsionsmoment. Die Kombination der Gleichungen (4.23) bis (4.27) unter Verwendung der Verschiebungen gemäss den Gleichungen (4.21) und (4.22) ergibt:

$$V_x = \Sigma \alpha D_{ix} \Delta x = \alpha \Sigma D_{ix}(\Delta x' + y_i \Delta \theta) = \alpha(\Delta x' \Sigma D_{ix} + \Delta \theta \Sigma y_i D_{ix}) \quad (4.28)$$

$$V_y = \Sigma \alpha D_{iy} \Delta y = \alpha \Sigma D_{iy}(\Delta y' - x_i \Delta \theta) = \alpha(\Delta y' \Sigma D_{iy} - \Delta \theta \Sigma x_i D_{iy}) \quad (4.29)$$

$$T = \Sigma y_i(\alpha D_{ix} \Delta x) - \Sigma x_i(\alpha D_{iy} \Delta y)$$
$$= \alpha(\Delta x' \Sigma y_i D_{ix} + \Delta \theta \Sigma y_i^2 D_{ix} - \Delta y' \Sigma x_i D_{iy} + \Delta \theta \Sigma x_i^2 D_{iy}) \quad (4.30)$$

Wird das Koordinatensystem nun derart gewählt, dass $\Sigma y_i D_{ix} = \Sigma x_i D_{iy} = 0$ gilt, so vereinfachen sich die obigen Gleichungen erheblich. Derjenige Punkt S, der diese Bedingung erfüllt, wird als *Steifigkeitszentrum (Schubmittelpunkt, Rotationszentrum)* S des Rahmensystems bezeichnet (definiert pro Stockwerk, vgl. 1.6.3a). Die Stockwerkquerkraft durch diesen Punkt bewirkt eine reine Translation. Die Verschiebungskomponenten pro Stockwerk ergeben sich dann aus den Gleichungen (4.28) bis (4.30) zu

$$\Delta x' = \frac{V_x}{\alpha \Sigma D_{ix}} \quad (4.31)$$

$$\Delta y' = \frac{V_y}{\alpha \Sigma D_{iy}} \quad (4.32)$$

$$\Delta \theta = \frac{T}{\alpha(\Sigma y_i^2 D_{ix} + \Sigma x_i^2 D_{iy})} \quad (4.33)$$

Die Drehbewegung hängt also vom polaren Trägheitsmoment I_p der Werte D_i ab:

$$I_p = \Sigma y_i^2 D_{ix} + \Sigma x_i^2 D_{iy} \quad (4.34)$$

g) Querkräfte in den Stützen

Die Querkräfte in den Stützen können nun bestimmt werden, indem die Stockwerkverschiebungen nach Gl.(4.31) bis (4.33) in die Gleichungen (4.21) bis (4.24) eingesetzt werden:

$$V_{ix} = \alpha D_{ix} \Delta x = \alpha D_{ix}(\Delta x' + y_i \Delta \theta) = \frac{D_{ix}}{\Sigma D_{ix}} V_x + \frac{y_i D_{ix}}{I_p} T \quad (4.35)$$

$$V_{iy} = \alpha D_{iy} \Delta y = \alpha D_{iy}(\Delta y' - x_i \Delta \theta) = \frac{D_{iy}}{\Sigma D_{ix}} V_y - \frac{x_i D_{iy}}{I_p} T \quad (4.36)$$

h) Torsion im Rahmensystem

Wenn die Stockwerkquerkräfte V_x und V_y mit Exzentrizitäten bezüglich des Punktes S wirken, so ergibt sich ein Torsionsmoment. Bei der Verwendung von statischen Ersatzkräften für die Bemessung auf seismische Beanspruchungen wird im Prinzip angenommen, dass die Horizontalkräfte im *Massenzentrum M* des oberhalb des betrachteten Stockwerks (Horizontalschnitt) liegenden Gebäudeteils angreifen. Im Beispiel von Bild 4.2a kann der dem Massenzentrum entsprechende Schwerpunkt der vier schraffierten Stockwerke aus den Stützenkräften infolge Schwerelasten im dritten Stockwerk ermittelt werden. Die horizontalen Abstände zwischen dem Massenzentrum und dem Steifigkeitszentrum sind die planmässigen statischen Exzentrizitäten e_{sx} und e_{sy} parallel zu den beiden Hauptachsen (vgl. 2.3.1b).

Um verschiedene Einflüsse abzudecken, verlangen jedoch die meisten Normen die Berücksichtigung von Bemessungsexzentrizitäten e_{dx} und e_{dy}, die von den planmässigen statischen Exzentrizitäten abweichen, wie in 2.3.1b dargelegt. Beispielsweise wird mit $\lambda_s = 1$ und $e_{s,un} = 0.1b$ die Bemessungsexzentrizität

$$e_d = e_s \pm 0.1b \tag{4.37}$$

Dabei ist e_s die planmässige statische Exzentrizität und b die Gebäudeabmessung quer zur betrachteten Beanspruchungsrichtung.

Die horizontalen Ersatzkräfte in Richtung der beiden Hauptachsen und die entsprechenden Beanspruchungen werden normalerweise unabhängig voneinander betrachtet. Beispielsweise ist bei einer Einwirkung in Nord-Süd-Richtung beim Gebäude in Bild 4.102 ein zur Stockwerkquerkraft V_y gehöriges Torsionsmoment

$$T = e_{dx}V_y \tag{4.38}$$

zu berücksichtigen. Eine Anwendung dieses Vorgehens wird in Abschnitt 4.11 gezeigt.

i) Momente in den Stützen

Nach der Ermittlung der Stützenquerkräfte können die entsprechenden Biegemomente einfach berechnet werden. Gemäss den Annahmen von Bild 4.5b betragen die Stützenendmomente $M_i = 0.5hV_i$.

Muto [M1] gibt für genauere Berechnungen den Wendepunkt der Biegelinie (Momentennullpunkt) auf der allgemeinen Stützenhöhe ηh an, wobei gilt:

$$\eta = \eta_o + \eta_1 + \eta_2 + \eta_3 \tag{4.39}$$

Dabei gibt η_o die Position dieses Punktes in jedem Stockwerk in Funktion des Steifigkeitsverhältnisses von Riegeln und Stütze $\bar{k}$ (Gl.(4.13)) an. η_1 ist ein Korrekturfaktor bei verschiedenen Balkensteifigkeiten über und unter der jeweiligen Stütze, während η_2 und η_3 die Position des Wendepunktes korrigieren, wenn die Stockwerkhöhen darüber bzw. darunter von der Höhe der betrachteten Stütze verschieden sind. Die Werte dieser Faktoren für eine dreieckförmige Verteilung der horizontalen Ersatzkräfte über die Gebäudehöhe sind in *Anhang B* gegeben. Für andere Verteilungen der Ersatzkraft wird auf [M1] verwiesen. Eine Anwendung dieser Methode wird in Abschnitt 4.11 gezeigt.

4.2.6 Regelmässigkeit des Rahmensystems

Im 1. Kapitel wurde bereits betont, dass ein regelmässiges, möglichst symmetrisches Tragsystem das wichtigste Ziel des Entwurfs ist. Je grösser die Unregelmässigkeiten sind, desto schwieriger wird es, das Verhalten des Tragsystems unter der Wirkung von starken Erdbeben vorauszusagen. Da gewisse Unregelmässigkeiten unvermeidbar sind, müssen sie quantifiziert werden. Bei grösseren Unregelmässigkeiten kann eine dreidimensionale Berechnung erforderlich werden.

a) Unregelmässigkeiten im Aufriss

Unregelmässigkeiten im Aufriss ergeben sich, wenn die Stockwerksteifigkeiten oder die Stockwerkmassen wesentlich von den Durchschnittswerten abweichen. Wie weiter vorn bereits gezeigt wurde, eignen sich die Summen der D-Werte nach Gl.(4.17) der Stützen i eines Stockwerkes j in den beiden Hauptrichtungen, $\Sigma_j D_{ix}$ und $\Sigma_j D_{iy}$, als Mass für die Stockwerksteifigkeit in den beiden Hauptrichtungen. Die durchschnittlichen Stockwerksteifigkeiten für das Tragwerk mit n Stockwerken betragen damit in den beiden Hauptrichtungen:

$$\frac{1}{n}\Sigma_n\Sigma_j D_{ix} \quad\text{und}\quad \frac{1}{n}\Sigma_n\Sigma_j D_{iy} \tag{4.40}$$

Die Steifigkeit gegen Stockwerkverschiebungen gemäss den Bildern 4.6a und b soll nicht wesentlich vom Durchschnittswert abweichen. Die japanischen Bauvorschriften [A7] verlangen beispielsweise spezielle Berechnungsmethoden, wenn das Verhältnis $n\Sigma_j D_i/\Sigma_n\Sigma_j D_i$ im j-ten Stockwerk unter 0.6 liegt. Derartige Unregelmässigkeiten im Aufriss ergeben sich etwa, wenn die Höhe eines Geschosses wesentlich grösser ist als die durchschnittliche Geschosshöhe, oder wenn die Stützenabmessungen wesentlich vermindert werden.

b) Unregelmässigkeiten im Grundriss

Unregelmässigkeiten im Grundriss ergeben eine planmässige statische Exzentrizität e_s zwischen dem Steifigkeitszentrum eines Geschosses und dem Massenzentrum der darüberliegenden Geschosse. Ob diese Exzentrizität übermässig ist oder nicht, hängt von den relativen Grössen der Verschiebe- und Torsionssteifigkeit des Geschosses ab. Die Torsionssteifigkeit kann durch die Trägheitsradien der Stockwerksteifigkeit in den Hauptrichtungen definiert werden:

$$r_{Dx} = \sqrt{\frac{I_p}{\Sigma_j D_{iy}}} \quad\text{und}\quad r_{Dy} = \sqrt{\frac{I_p}{\Sigma_j D_{ix}}} \tag{4.41}$$

Unter weiterer Bezugnahme auf die japanischen Vorschriften [A7] können Unregelmässigkeiten im Grundriss akzeptiert werden, falls gilt:

$$\frac{e_{sx}}{r_{Dx}} < 0.15 \quad\text{und}\quad \frac{e_{sy}}{r_{Dy}} < 0.15 \tag{4.42}$$

Eine Anwendung dieser Kontrollen findet sich in Abschnitt 4.11.6.

4.3 Ermittlung der Riegelmomente

4.3.1 Überlagerung der Momente aus Schwerelasten und Erdbeben-Ersatzkräften

Die Grundsätze für eine näherungsweise elastische Berechnung der Schnittkräfte infolge Schwerelasten an Teilrahmensystemen wurden in Abschnitt 4.2.4 beschrieben. Ein solcher Teilrahmen wird auch in Bild 4.8 gezeigt, wobei die Biegemomente (Bild 4.8e) relativ rasch von Hand berechnet werden können. In dieser näherungsweisen Berechnung wird vorausgesetzt, dass infolge vertikaler Belastung keine Horizontalverschiebung des Riegels auftritt. Die Summe der Horizontalkräfte an den Stützengelenken, dargestellt in Bild 4.8a, wird daher im allgemeinen nicht gleich Null. Um eine Horizontalverschiebung des Riegels zu verhindern und das Gleichgewicht aller Horizontalkräfte zu gewährleisten, wird eine Kraft X gemäss Bild 4.8a erforderlich. In typischen Rahmen ist diese Kraft jedoch klein, vor allem im Vergleich mit den noch zu berücksichtigenden horizontalen Erdbebenkräften. Zur Vereinfachung des Vorgehens wird vorausgesetzt, dass die Kräfte X der Teilrahmen infolge Schwerelasten auch bei gleichzeitiger Wirkung der übrigen Einwirkungen durch das Gesamtsystem aufgenommen werden können.

Die einfache Formulierung des Vorgehens für die Überlagerung der Schnittkräfte und die anschliessende Schnittkraftverteilung machen einige Definitionen und Regeln erforderlich. Das Ziel derselben ist, in allen Stufen der Berechnung das Gleichgewicht der Kräfte sowie den Widerstand für horizontale Kräfte zu gewährleisten. Die Definitionen beziehen sich durchwegs auf die Bezeichnungen des Beispiels in den Bildern 4.8 und 4.9:

1. Das statisch bestimmte Grundsystem erhält man, indem an geeigneten Orten Auflagerbedingungen gelöst werden (Bild 4.8b).

2. Die Biegemomente infolge der Schwerelasten (Bild 4.8e) werden mit M_Q bezeichnet ($M_Q = M_D + 1.3 M_L$ oder $M_Q = 0.9 M_D$).

3. Die Biegemomente im Grundsystem infolge der Schwerelasten werden mit M^o bezeichnet (Bild 4.8c).

4. Die Biegemomente infolge der Schwerelasten, die sich aus der statischen Unbestimmtheit des wirklichen Systems ergeben, sind mit M^i bezeichnet (Bild 4.8d).

5. Die beiden Momente M^o und M^i sind die allgemein bekannten Bestandteile der in Bild 4.8e dargestellten Biegemomente M_Q infolge der Schwerelasten aus der elastischen Berechnung: $M_Q = M^o + M^i$.

6. Die Momente, die in den Rahmenknoten von den Stützen in die Durchlaufträger eingeleitet werden, werden mit ΔM^i bezeichnet. Diese Momentensprünge sind in Bild 4.8d in den Punkten A, B und C speziell bezeichnet.

7. Die von den Erdbeben-Ersatzkräften herrührenden Querkräfte in den Stützen bewirken Biegemomente in den Rahmenriegeln, die mit M_E bezeichnet werden. Durch die in den oberen Momentennullpunkten der Stützen in Bild 4.9a wirkenden Querkräfte (Einwirkung von links nach rechts) entstehen die ausgezogen angegebenen Biegemomente. Eine Umkehr der Einwirkungsrichtung (Einwirkung von rechts nach links) ergibt absolut die gleich grossen, gestrichelt angegebenen Momente. Um die unterschiedlichen Einwirkungsrichtungen einfacher unterscheiden zu können, werden die entsprechenden Biegemomente mit $M_E^{\rightarrow}$ und $M_E^{\leftarrow}$ bezeichnet. Die Längen h_1' und h_2' sind im allgemeinen nicht gleich $h_1/2$ und $h_2/2$ und können mit Hilfe der Tabellen in Anhang B bestimmt werden.

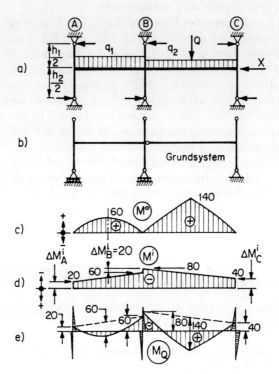

Bild 4.8: Momente in einem Teilrahmen infolge von Schwerelasten

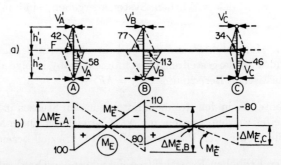

Bild 4.9: Momente in einem Teilrahmen infolge von Erdbebenkräften

8. Die Biegemomente aus den Erdbeben-Ersatzkräften, die von den Stützen an die Riegel abgegeben werden, werden mit ΔM_E bezeichnet. Diese Momentensprünge sind in Bild 4.9b angegeben, wobei der Pfeil die Richtung der verursachenden Erdbebeneinwirkung bzw. die Richtung der Stockwerkquerkraft in den oberen Stützen des Teilrahmensystems angibt.

Da die Biegemomente sowohl aus den Schwerelasten als auch aus den horizontalen Kräften am elastischen System ermittelt wurden, können sie direkt überlagert werden. Eine solche Addition der Biegemomente gemäss Bild 4.8e und Bild 4.9b unter Verwendung der Faktoren von Gl.(1.6) bzw. Gl.(1.7) ergibt die mit 'Elastische Berechnung' bezeichneten Biegemomente in Bild 4.11. Dabei wurde angenommen, dass es sich bei den Momenten M_Q in Bild 4.8 um $M_D + 1.3M_L$ handelt.

4.3.2 Grundsätze zur Momentenumverteilung

Die ungleichen Biegemomente gemäss Bild 4.11 erlauben es oft nicht, den möglichen Tragwiderstand der Riegel effizient auszunützen. Ferner können durch die beidseits einer Stütze sehr ungleichen erforderlichen Bewehrungen vor allem in den Rahmenknoten konstruktive Schwierigkeiten und Ausführungsprobleme entstehen. Die Auslegung der oberen und unteren Riegelbewehrung links und rechts einer Stütze auf die elastisch ermittelten Biegemomente kann auch bewirken, dass bei grossen seismischen Verformungen in den plastischen Gelenken grosse Beanspruchungen und deshalb auch in den Stützen unnötig grosse Momente entstehen. Diese Aspekte werden in Abschnitt 4.3.3 noch näher behandelt.

Ein weiterer Aspekt ist, dass sich unerwünschte Erhöhungen des Tragwiderstandes der Riegel ergeben, wenn die Riegelmomente beidseits einer Innenstütze ungleich gross sind, aber, wie dies häufig vorkommt, keine Abstufung der oberen Bewehrung vorgenommen und somit über die Stütze hinweg eine dem grösseren Biegemoment (170 Einheiten im Beispiel von Bild 4.11) entsprechende durchlaufende Bewehrung eingelegt wird. Dadurch wird der Biegewiderstand des einen Feldes unnötig angehoben. Da entsprechend den Prinzipien der Kapazitätsbemessung dieser Effekt bei der Festlegung des Stützenwiderstandes zu berücksichtigen ist, hat auch dies für die Stützenbemessung ungünstige Folgen.

a) Ziele der Momentenumverteilung

Die Momentenumverteilung in den Riegeln hat folgende Ziele:

1. Reduktion des absolut grössten, normalerweise negativen Biegemomentes und entsprechende Erhöhung der unkritischen, normalerweise positiven Biegemomente. Damit wird eine bessere Verteilung der Beanspruchung in den Riegeln erreicht.

2. Angleichung der Momentenbeanspruchung für die beiden Richtungen der Erdbebeneinwirkung beidseits der Innenstützen. Dadurch entfällt die Abstufung und Verankerung von Stäben zur Erzielung eines ungleichen Widerstandes in diesem Bereich, da die gesamte Bewehrung durchlaufen kann.

3. Ausnützung des positiven Biegewiderstandes in den Riegeln bei den Stützen, der nach den meisten Normen mindestens gleich dem halben im gleichen Schnitt vorhandenen negativen Biegewiderstand sein muss. Oft kann mit der Umverteilung erreicht werden, dass die positiven und die negativen Bemessungsmomente im Querschnitt etwa gleich gross werden.

4. Reduktion des erforderlichen Biegewiderstandes der Stützen, speziell wo die Normalkraft eine kleine Druckkraft oder sogar eine Zugkraft ist. Dadurch wird die Biegebewehrung der Stützen erheblich verringert.

b) Gleichgewichtsbedingungen

Das Gleichgewicht der Kräfte muss in allen Stadien des Umverteilungsvorganges erhalten bleiben. Dazu sind folgende Grundsätze zu beachten:

1. Damit sich die relativ kleine Festhaltekraft X infolge Schwerelasten (Bild 4.8a) bei kombinierter Einwirkung von Schwerelasten und Erdbebenkräften nicht ändert, muss für die Momentensprünge ΔM_i im Riegel aus den Schwerelasten (Bild 4.8d) gelten:

$$\sum_A^C \Delta M^i = \text{konstant} \tag{4.43}$$

   Wird bei der Umverteilung ein ΔM^i verändert, so müssen folglich auch andere ΔM^i entlang des Riegels entsprechend angepasst werden. Damit das Gleichgewicht erhalten bleibt, muss das Umverteilungsmoment zwischen zwei Stützen linear verlaufen. Wird beispielsweise ΔM_B^i im Beispiel Bild 4.8d eliminiert, so muss der absolute Wert von ΔM_A^i vergrössert oder von ΔM_C^i verkleinert werden, damit Gl.(4.43) nach wie vor erfüllt ist. Dies entspricht einer parallelen Verschiebung der Momentenlinie in einem Feld. Eine solche statisch zulässige Momentenänderung im Riegel bewirkt auch eine Momentenumverteilung bei den Stützen.

2. Abgesehen von den Momentensprüngen ΔM^i können die Momente aus den Schwerelasten beliebig verändert werden. So können beispielsweise die Momente bei B frei erhöht oder vermindert werden, vorausgesetzt, dass ΔM_B^i = 20 Einheiten bleibt. Es werden dadurch nur die Riegelmomente und die entsprechenden Auflagerreaktionen verändert.

3. Die Biegemomente am Grundsystem M° gemäss Bild 4.8c sind direkt von der Belastung abhängig und dürfen nicht verändert werden.

4. Die erdbebeninduzierten Querkräfte in den Stützen über ($\Sigma V'$) und unter dem Riegel (ΣV) entsprechen dem Bemessungswert des erforderlichen horizontalen Tragwiderstandes des Teilrahmens. Dies kann für den Teilrahmen von Bild 4.9 als Funktion der Riegelendmomente ausgedrückt werden:

$$\sum_A^C (h_1' V' + h_2' V) = \sum_A^C \Delta M_E \tag{4.44}$$

   Aus dieser Gleichung geht hervor, dass durch Änderungen einzelner Momentensprünge ΔM_E der erforderliche horizontale Tragwiderstand nicht verändert und die entsprechenden Gleichgewichtsbedingungen nicht verletzt werden, vorausgesetzt, dass die Summe der Momentensprünge konstant bleibt.

   Die obige Gleichgewichtsbedingung zeigt zudem, dass die Summanden eines Momentensprunges bei einer inneren Stütze, z.B. von $\Delta M_{E,B}$ in Bild 4.9b, frei verändert werden dürfen, solange die Summe, d.h. der ganze Momentensprung, erhalten bleibt. Dies ist der Fall bei Momentenumverteilungen im Riegel von einer Seite einer Stütze auf die andere. Dies entspricht einer Änderung der Neigung der Momentenlinie in zwei benachbarten Feldern.

5. Veränderungen von Momentensprüngen im Riegel oder von deren Summanden bewirken Momentenumverteilungen zwischen Stützen und schliessen auch eine Umverteilung der Querkräfte in den Stützen ein. Die Summe der Querkräfte über alle betroffenen Stützen darf dabei nicht verändert werden.

c) Grenzen der Momentenumverteilung

Eine Momentenumlagerung innerhalb eines Teilrahmens ist nur möglich, wenn die entsprechende Rotationsfähigkeit der plastischen Gelenke gewährleistet ist. Eines der wichtigsten Ziele der Bemessung auf seismische Beanspruchungen besteht darin, eine genügende, während eines sehr starken Erdbebens mobilisierbare Verformungs-fähigkeit bereitzustellen. Aus den in Abschnitt 1.4.2 dargestellten Gründen werden die plastischen Verformungen und somit die Fliessgelenke in erster Linie den Rie-geln zugeordnet. Die Duktilität von Stützen kann ebenfalls von Bedeutung sein, sie wird jedoch normalerweise nur in sehr begrenzten Bereichen wie z.B. am Fuss von Erdgeschossstützen ausgenützt. Sowohl die hier beschriebene Umverteilung in den Riegeln als auch die Umverteilung von Momenten und Querkräften zwischen einzel-nen Stützen hat Rotationen in plastischen Gelenken der Riegel zur Voraussetzung.

Die Momentenumverteilung verändert die erforderliche Verformungsfähigkeit in den Gelenkzonen nur um einen relativ kleinen Betrag. Die erforderliche Verfor-mungsfähigkeit des ganzen Tragwerkes unter Erdbebeneinwirkung wird davon prak-tisch nicht berührt, da die für die Momentenumverteilung erforderlichen Verfor-mungen im Vergleich zu den infolge der Erdbebeneinwirkungen plastischen Gelen-krotationen sehr klein sind. Die potentiellen Gelenkzonen müssen ohnehin derart ausgebildet werden, dass sehr grosse plastische Verformungen möglich sind.

Aus diesen Gründen dürfen die Momentenspitzen in durchlaufenden Riegeln wenn nötig bis zu 30% des maximalen Wertes aus den Kombinationen von Schwe-relasten und Erdbebenkräften abgemindert werden. Die entsprechende Momen-tenerhöhung an anderen Stellen des Riegels ist nicht begrenzt. Bei praktischen Anwendungen liegt die optimale Umverteilung jedoch meist deutlich unter 30%.

4.3.3 Traditionelle Momentenumverteilung

Zur Illustration der beschriebenen Grundsätze wird die Momentenumverteilung am Beispiel des Teilrahmens von Bild 4.8 und 4.9 gezeigt. Am einfachsten werden solche Umverteilungen im Momentendiagramm durch Verschiebung der Momentenlinien oder der Nullinie und nicht auf numerischem Wege vorgenommen. Diese Verschie-bungen erfordern normalerweise zwei Diagramme, je eines für die beiden Richtun-gen der Erdbebenbeanspruchung. Weiter hinten wird erläutert, wie das Vorgehen stark vereinfacht werden kann. Für das erste Beispiel wird jedoch noch die tradi-tionelle, d.h. allgemein übliche Momentendarstellung gemäss Bild 4.11 verwendet. Dazu gehören die einfachen Rechenkontrollen in der Tabelle von Bild 4.10. In der Praxis wird diese Tabellenrechnung jedoch kaum durchgeführt.

1. Aus den getrennten elastischen Berechnungen für Schwerelasten und für Erdbeben-Ersatzkräfte (vgl. Bilder 4.8e und 4.9b) erhält man die Riegelend-momente für die Kombination der Einwirkungen $M_D + 1.3 M_L + M_E^{\rightarrow}$:

bei A: $M_{AB} =$ -20 $+$ $100 =$ 80 Einheiten
bei B: $M_{BA} =$ 60 $+$ $110 =$ 170 Einheiten
        $M_{BC} =$ -80 $+$ $80 =$ 0 Einheiten
bei C: $M_{CB} =$ 40 $+$ $80 =$ 120 Einheiten

Diese Momente M^i und $M_{\overrightarrow{E}}$ sind auch in den ersten beiden Zeilen der unteren Hälfte der Tabelle von Bild 4.10 aufgeführt. Im Uhrzeigersinn drehende Riegelendmomente haben ein positives Vorzeichen.

Für die Momentenbeanspruchung infolge von Schwerelasten am betrachteten Teilrahmen gilt:

$$\Sigma\Delta M^i = -20 - 20 + 40 = 0 \text{ Einheiten} \qquad (\text{vgl. } 4.3.2\text{b.1})$$

Die Summe der Biegemomente infolge von Erdbeben-Ersatzkräften auf der Riegelachse ist ebenfalls zu ermitteln:

$$\Sigma M_{\overrightarrow{E},i} = \Sigma\Delta M_{\overrightarrow{E},i} = 100 + 110 + 80 + 80 = 370 \text{ Einheiten}$$

Diese muss erhalten bleiben (vgl. 4.3.2b.4). Die Gesamtmomente aus den überlagerten elastischen Schnittkräften sind in Bild 4.11a durch die obersten ausgezogenen Linien dargestellt.

Die Werte für die Kombination der Einwirkungen $M_D + 1.3 M_L + M_{\overleftarrow{E}}$ werden in gleicher Weise ermittelt und sind im oberen Teil der Tabelle von Bild 4.10 und in Bild 4.11b zu finden.

2. Nun kann die Momentenumverteilung beginnen. Die Abminderung des maximalen Momentes beträgt nach Abschnitt 4.3.2c in der Spannweite A-B höchstens $0.3 \cdot 170 = 51$ Einheiten und in der Spannweite B-C höchstens $0.3 \cdot 160 = 48$ Einheiten.

In *Schritt 1* wird für den Fall $E^{\rightarrow}$ das Moment links der Zwischenstütze (B) um 48 auf 122 Einheiten vermindert und dafür das Riegelmoment auf der andern Seite der Stütze um den gleichen Betrag vergrössert. Daraus ergeben sich die in Bild 4.11a durch die gestrichelten Linien dargestellten Momente. Diese Zahlenwerte finden sich auch in der unteren Hälfte der Tabelle von Bild 4.10.

In *Schritt 2* wird für den Fall $E^{\leftarrow}$ das Moment rechts der Stütze (B) um 38 auf 122 Einheiten reduziert und dafür das Riegelmoment auf der andern Seite der Stütze von 50 auf 88 Einheiten vergrössert. Diese Zahlenwerte sind in der oberen Hälfte der Tabelle von Bild 4.10 ersichtlich und in Bild 4.11b als gestrichelte Linie eingezeichnet.

In *Schritt 3* wird für den Fall $E^{\rightarrow}$ das Riegelmoment bei Stütze (C) um 20 Einheiten vermindert und auf den Riegel bei A umgelagert. Diese Zahlenwerte sind unten in der Tabelle von Bild 4.10 festgehalten, und es ist ersichtlich, dass man durch eine Summation der verschiedenen Anteile die resultierenden Momente erhält. Die Summe der im Uhrzeigersinn drehenden Momente zeigt, dass die Horizontalbeanspruchung (370 Einheiten) unverändert bleibt. Die

Resultat	-100	-88	-122	-60	$\Sigma =$	370
Schritt 4	20			-20	$\Sigma =$	0
Schritt 2		-38	38		$\Sigma =$	0
$M^i + M_E^{\leftarrow}$	-120	-50	-160	-40	$\Sigma =$	-370
$M_E^{\leftarrow}$	-100	-110	-80	-80	$\Sigma M_E^{\leftarrow} =$	-370
M^i	-20	60	-80	40	$\Sigma =$	0
	AB	BA	BC	CB		
M^i	-20	60	-80	40	$\Sigma M^i =$	0
$M_E^{\rightarrow}$	100	110	80	80	$\Sigma M_E^{\rightarrow} =$	370
$M^i + M_E^{\rightarrow}$	80	170	0	120	$\Sigma M^i + \Sigma M_E^{\rightarrow} = 370$	
Schritt 1		-48	48		$\Sigma =$	0
Schritt 3	20			-20	$\Sigma =$	0
Resultat	100	122	48	100	$\Sigma =$	370

Bild 4.10: Riegel-Bemessungsmomente für den Teilrahmen von Bild 4.8

resultierenden Momente sind in Bild 4.11a durch die fette ausgezogene Linie dargestellt.

Die Reduktion des Riegelmomentes um 20 Einheiten bei Stütze (C) erfolgt aus praktischen Gründen: das resultierende Moment wird gleich gross wie bei (A) und erlaubt eine Vereinfachung der Bewehrung.

In *Schritt 4* wird schliesslich für den Fall $E^{\leftarrow}$ ein Moment von 20 Einheiten von A nach C verlagert, was zu den resultierenden Momenten gemäss den Bildern 4.10 und 4.11b führt.

Weitere Verfeinerungen sind natürlich möglich. So entspricht nach 4.3.2a.3 der erforderliche minimale Biegewiderstand des Riegels rechts der Stütze (B) einer Beanspruchung von mindestens $0.5 \cdot 122 = 61$ Einheiten. Für den Fall $E^{\rightarrow}$ könnten die resultierenden Momente in Bild 4.11a angepasst werden, so dass

$$M_{BC}^{\rightarrow} = 48 + 14 = 62 \text{ Einheiten}$$
$$M_{AB}^{\rightarrow} = 100 - 0.5 \cdot 14 = 93 \text{ Einheiten}$$
$$M_{CB}^{\rightarrow} = 100 - 0.5 \cdot 14 = 93 \text{ Einheiten}$$

In ähnlicher Weise könnte für den Fall $E^{\leftarrow}$ (Bild 4.11b) wie folgt optimiert werden:

$$M_{BA}^{\leftarrow} = -88 + 26 = -62 \text{ Einheiten}$$
$$M_{AB}^{\leftarrow} = -100 + 7 = -93 \text{ Einheiten}$$
$$M_{CB}^{\leftarrow} = -60 - 26 - 7 = -93 \text{ Einheiten}$$

Damit werden obere und untere Riegelbewehrung bei den äusseren Stützen gleich, während die untere Riegelbewehrung über der mittleren Stütze minimal ist. Derartige Verfeinerungen der Momentenumlagerungen sollten erst bei der Bestimmung der effektiven Riegelbewehrung vorgenommen werden, da dazu die genaue Querschnittfläche der vorgesehenen Bewehrung zu verwenden ist.

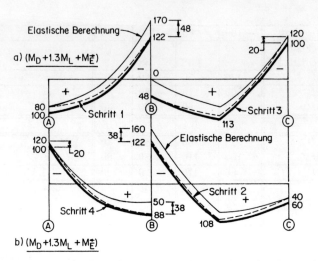

Bild 4.11: Momentenumverteilung für zwei Kombinationen der Einwirkungen unter Verwendung horizontaler Nullinien

4.3.4   Grafische Momentenumverteilung

Der Aufwand zur Ermittlung der Momentenkurven kann stark reduziert werden, wenn anstelle der traditionell horizontalen Nullinie das M^o-Diagramm gemäss Bild 4.8c als Basis verwendet wird. Alle übrigen Momente verlaufen linear, d.h. sie werden durch gerade Linien dargestellt. Unter Verwendung einer geeigneten Vorzeichenkonvention wie in Bild 4.8c und d besteht die Momentenumverteilung nur noch aus der Verschiebung von geraden Linien. Aus diesem Grund können die beiden Fälle $E^\rightarrow$ und $E^\leftarrow$ in einem einzigen Diagramm behandelt werden. Als Beispiel dieser Methode werden die Schritte des vorhergehenden Beispiels in Bild 4.12a durch Geraden dargestellt. Mit der verwendeten Vorzeichenkonvention werden Momente, die im Riegel unten Zug bewirken, unterhalb der neuen, gekrümmten Nullinie, in Bild 4.12a Linie (1), eingezeichnet. Die Riegelendmomente jeder Spannweite für die Kombination $M^i + M_E^\rightarrow$ sind in der dritten Zeile der unteren Hälfte der Tabelle von Bild 4.10 ersichtlich. Alle diese Momente mit $E^\rightarrow$ bewirken an den Riegelenden Verdrehungen im Uhrzeigersinn. Daher werden sie am linken Ende der Spannweiten unterhalb und am rechten oberhalb der Nullinie gezeichnet, wie dies in Bild 4.12a als gestrichelte Linie (2) dargestellt ist. Die entsprechenden Biegemomente für die Kombination $M^i + M_E^\leftarrow$ sind durch die Linie (3) dargestellt. Die Ergebnisse nach der Umverteilung der Momente bei der Zwischenstütze (B) durch die Schritte 1 und 2 von Bild 4.11 sind die Linien (4) und (5). Schliesslich werden die Schritte 3 und 4 von Bild 4.11 mit den Linien (6) und (7) dargestellt. Aus den in Bild 4.12b nochmals gezeichneten resultierenden Momenten ist ersichtlich, dass eine untere Riegelbewehrung über die gesamte Spannweite erforderlich ist.

Wird ein Nachweis für das gleichzeitige Wirken von minimalen Schwerelasten und der Erdbebenkräfte verlangt, z.B. $0.9M_D + M_E$ gemäss Gl.(1.7), so sind die Vorteile der grafischen Momentenumverteilung offensichtlich. Die Riegelendmomente

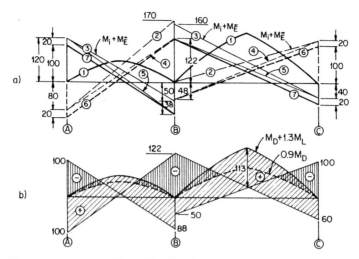

Bild 4.12: Momentenumverteilung für vier Kombinationen der Einwirkungen unter Verwendung gekrümmter Nullinien

M^i infolge reduzierter Schwerelasten $0.9M_D$ werden kleiner sein als diejenigen infolge der vollen Schwerelasten $M_D + 1.3M_L$. Daher sind etwas kleinere Momente umzulagern, um zu denselben Riegelendmomenten zu gelangen wie im vorangehenden Fall. Aus diesem Grund kann die Momentenlinie M^o für die reduzierte Dauerlast $0.9M_D$ einfach zu den vorher ermittelten Momentenhüllkurven hinzugefügt und als zweite Nullinie verwendet werden, wie die gestrichelte Linie in Bild 4.12b zeigt.

Es stellt sich heraus, dass die Kombination der Einwirkungen $0.9M_D + M_E$ nicht massgebend wird. Sie beeinflusst lediglich die Länge der oberen Bewehrung hin zur Mitte der Spannweiten.

Die Bemessungsmomente für die Kombination der Einwirkungen aus den Schwerelasten allein ($1.4M_D + 1.7M_L$) nach Gl.(1.5) können auf ähnliche Weise ermittelt werden. Das Vorgehen ist im Beispiel von Abschnitt 4.11 dargestellt.

In den Beispielen für die Momentenumverteilung wurden die Riegelmomente auf den Stützenachsen verwendet. Damit ist das Gleichgewicht an den Knoten gewährleistet. Bei der Abschätzung der erforderlichen Umverteilungsmomente sind jedoch die an den Stützenaussenkanten auftretenden, für die Biegebemessung massgebenden Momente im Auge zu behalten. Bei Innenstützen sollen also an den Stützenaussenkanten und nicht auf der Stützenachse die gleichen Momente auftreten. Dies wird ebenfalls im Beispiel in Abschnitt 4.11 gezeigt.

4.4 Bemessung der Riegel

4.4.1 Deckenplatten

Die Dimensionierung von Deckenplatten ist sehr selten, falls überhaupt, von den seismischen Beanspruchungen abhängig. In einer oder zwei Richtungen tragende und monolithisch mit den Riegeln verbundene Ortsbetonplatten haben auch für

die Scheibenbeanspruchungen einen genügenden Tragwiderstand, wenn sie nicht
aussergewöhnlich grosse Aussparungen aufweisen.

Bei vorfabrizierten Decken sind genügend steife und starke Verbindungen in
der Plattenebene vorzusehen, um die Scheibenwirkung zu gewährleisten. Dies wird
üblicherweise mit einer relativ dünnen, auf die vorfabrizierten Teile gegossenen
und bewehrten Ortsbetonschicht, typischerweise etwa 60 mm stark, erreicht. Dieser Überbeton muss eine genügende Dicke haben und einen guten Verbund mit
der übrigen Tragstruktur aufweisen, um die Schubbeanspruchungen aus der Erdbebeneinwirkung aufnehmen zu können [X3]. Ist der Verbund zu schwach, kann die
dünne Betondecke unter schiefem Druck infolge Scheibenwirkung ausbeulen. Normalerweise genügt eine leichte Netzbewehrung im Überbeton, um den Tragwiderstand für die Scheibenbeanspruchung sicherzustellen. Die Bemessung von Decken
auf Schwerelasten wird in der Fachliteratur und in den Normenwerken detailliert
behandelt [A1], [P2].

4.4.2   Biegebemessung der Riegel

Das allgemeine Biegeverhalten von Stahlbetonelementen wurde im Abschnitt 3.3.1
besprochen. Die in Abschnitt 1.6.5 angegebenen Bedingungen zur Schlankheit von
Trägern sind einzuhalten. In diesem Abschnitt werden daher nur die speziellen
Fragen im Zusammenhang mit der Bemessung auf seismische Beanspruchungen
behandelt.

a) Bemessung des massgebenden Querschnittes auf Biegung

Das Vorgehen zur Bemessung des kritischen Querschnittes im Bereich eines potentiellen plastischen Gelenkes folgt einem relativ einfachen Konzept. Die Riegel
müssen sowohl unten wie auch oben eine Biegebewehrung aufweisen, da infolge der
zyklischen Beanspruchungsumkehr meist beide Bewehrungen bis zum Fliessen beansprucht werden. Bei grossen plastischen Verformungen der Biegebewehrung entstehen relativ breite Risse in der Zugzone. Diese Risse können sich bei der Umkehr
der Beanspruchung nur schliessen, falls die Bewehrung unter Druck wieder entsprechend fliesst. Auch unter Berücksichtigung des Bauschinger Effektes (vgl. 3.2.2c)
muss mit dem Erreichen der Fliessspannung gerechnet werden. Eine wichtige Voraussetzung dazu ist die vollständige Verankerung der Stäbe auf beiden Seiten der
Gelenkzone. Bei wiederholter Beanspruchung in beiden Richtungen trägt die Bewehrung in der momentanen Druckzone voll zum Biegewiderstand bei. Als Folge davon
wird der Beitrag des Betons in der Druckzone während der elastisch-plastischen
Verformungen relativ rasch abnehmen.

Der Riegel in Bild 4.12 wird bei Stütze (A) theoretisch die gleiche obere und
untere Bewehrung aufweisen. Daher bewirken bereits nach einem vollen Beanspruchungszyklus mit wesentlichen plastischen Verformungen nur noch die Kräfte in
diesen beiden Lagen Bewehrung den Biegewiderstand (vgl. Gl.(3.22)), und die Bemessung des Riegelquerschnittes vereinfacht sich ganz erheblich. Der innere Hebelarm wird gleich dem Abstand der Schwerpunkte von oberer und unterer Bewehrung. Diese Annahme darf generell getroffen werden, falls die Druckbewehrung
A'_s zwischen dem Minimum von $0.5A_s$ und A_s liegt [A1]. Bei Momentenumkehr in

den Gelenkzonen kann also die Biegebewehrung mit der folgenden Formel ermittelt werden:

$$A_s = \frac{M_u}{\Phi f_y(d - d')} \tag{4.45}$$

Dabei sind d und d' die Abstände der Zug- bzw. der Druckbewehrung vom Rand der Betondruckzone, und Φ ist der Widerstandsreduktionsfaktor für Biegung (vgl. 3.3.1 und Bild 3.17). In Zonen, die immer positive Momente aufweisen wie z.B. in der Mitte des rechten Fedes des Riegels von Bild 4.12, wird der Beitrag des Betons in der Druckzone berücksichtigt. Da es sich dabei meist um T-Querschnitte handelt, kann der Hebelarm entsprechend grösser angesetzt werden.

b) Mitwirkende Zugflanschbewehrung

Oft wird bei T-Querschnitten bei der Bemessung für negative Momente aus Schwerelasten konservativerweise der Beitrag der in der Decke liegenden Bewehrung vernachlässigt. Bei der Erdbebenbemessung ist es jedoch wesentlich, dass der wirklich vorhandene Biegewiderstand erfasst wird, da sonst der erforderliche Schubwiderstand der Riegel und die Beanspruchung der Stützen unterschätzt werden können.

Als mitwirkende Zugflanschbewehrung im Bereich eines potentiellen plastischen Gelenkes wird die bei einer Erdbebeneinwirkung tatsächlich fliessende Bewehrung betrachtet. Diese kann einen wesentlichen Anteil der in der Decke liegenden Zugflanschbewehrung einschliessen [Y2]. Die genaue Definiton dieser mitwirkenden Bewehrung ist jedoch schwierig. Dies gilt speziell in der Nähe von Zwischenstützen, wo die obere Bewehrung auf der einen Seite der Stütze auf Zug und auf der anderen Seite gleichzeitig auf Druck fliessen kann. Die grossen Verbundkräfte, die über eine verhältnismässig kurze Strecke auftreten, müssen durch die Platte auf den Kern des Rahmenknotens übertragen werden können. Die effektive Mitwirkung von Bewehrungsstäben in der Platte wurde auch experimentell nachgewiesen [M2], [Y2].

Es kann angenommen werden, dass die in Trägern mit T- und L-Querschnitt zusätzlich zur eigentlichen über dem Steg liegenden Riegelbewehrung mitwirkende Bewehrung innerhalb der folgenden Zugflanschbreiten liegt:

1. Bei Innenstützen mit einem querlaufenden Riegel etwa gleicher Abmessungen die vierfache Plattenstärke seitlich der Stütze (Bild 4.13a).

2. Bei Innenstützen ohne querlaufenden Riegel die zweieinhalbfache Plattenstärke seitlich der Stütze (Bild 4.13b). Da kein Querriegel vorhanden ist, entfällt dessen Schubübertragung zum Rahmenknoten hin durch Torsion.

3. Bei Randstützen mit einem querlaufenden Riegel etwa gleicher Abmessungen, in denen die Bewehrung verankert ist, die zweifache Plattenstärke seitlich der Stütze (Bild 4.13c).

4. Bei Randstützen ohne querlaufenden Riegel die Stützenbreite (Bild 4.13d).

Es liegt auf der Hand, dass diese Regeln grobe Näherungen sind, da z.B. die mitwirkende Zugflanschbewehrung mit zunehmender plastischer Rotation zunimmt und bei grossen Rotationen in den Fliessgelenken die ganze Plattenbewehrung mitwirken kann. Der Beitrag von Zugflanschen an den Biegewiderstand von Riegeln

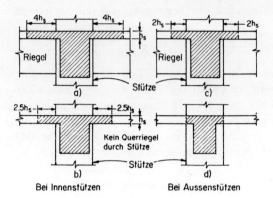

Bild 4.13: Zugflanschbreite bei Riegeln zur Bestimmung der mitwirkenden Zugflanschbewehrung

wird in 4.7.6a mit Bild 4.73 noch weiter untersucht. Dieser ist allerdings geringer bei kreuzweise tragenden Platten, sofern z.B. alle vier in eine Innenstütze mündenden Riegel ein plastisches Gelenk entwickeln.

Unter Erdbebeneinwirkung mobilisieren die Einspannmomente an den Riegelenden meist Biegemomente ähnlicher Grössenordnung in den Stützen und nicht wie bei Schwerelasten hauptsächlich durchlaufende Riegelmomente. Das Gleichgewicht der inneren Kräfte im Knoten ist in Abschnitt 4.7 dargestellt.

Es ist zu empfehlen, die meisten Stäbe der unteren und oberen Riegelbewehrung innerhalb der Stegbreite anzuordnen und in oder durch den Stützenkern zu führen. In allen Fällen sollen mindestens 75% der Längsbewehrung durchlaufen oder im Stützenkern verankert werden. Aus den gleichen Gründen sollte die rechtwinklig zur Rahmenebene gemessene Breite der Riegel nicht wesentlich grösser sein als diejenige der Stützen. Daher wird empfohlen, die Bedingungen gemäss Bild 4.14 einzuhalten. Das Zusammenwirken von Stützen und Riegeln unter seismischer Beanspruchung muss auch im Falle von überbreiten und von exzentrischen Stützen gewährleistet sein (vgl. 4.7.6).

c) Begrenzung des Biegebewehrungsgehaltes

Die minimalen und maximalen Bewehrungsgehalte in den Bereichen potentieller plastischer Gelenke können wie folgt angesetzt werden:

1. Damit der Biegewiderstand des gerissenen Querschnittes etwas über dem Rissmoment liegt, beträgt der minimale Bewehrungsgehalt

$$\rho_{min} = \frac{1.4}{f_y} \quad [\text{N/mm}^2] \tag{4.46}$$

2. Aus den untenstehenden Gründen sollte der maximale Bewehrungsgehalt

$$\rho_{max} = \left[0.01 + 0.17\left(\frac{f_c'}{700} - 0.03\right)\right] \cdot \left(1 + \frac{\rho'}{\rho}\right) \leq \frac{7}{f_y} \quad [\text{N/mm}^2] \tag{4.47}$$

betragen, wobei

$$\rho' \geq \frac{\rho}{2} \qquad (4.48)$$

Diese Bedingungen gelten innerhalb der in Abschnitt 4.4.2d definierten Gelenk-bereiche. Der Bewehrungsgehalt ρ bzw. ρ' wird gemäss Gl.(3.20) bzw. (3.21) mit der Stegbreite b_w und der statischen Höhe d berechnet.

Gleichung (4.47) gewährleistet eine Krümmungsduktilität von mindestens $\mu_\phi = 12$ bei Verwendung von Stahl mit $f_y = 275$ N/mm² und 50% Druckbewehrung und bei einer Grenz-Betonrandstauchung ε_{cu} von 0.004 [P1], [X3]. Bei der Anwendung von Gl.(4.47) auf hochfeste Stähle ist die verfügbare Krümmungsduktilität etwas kleiner. Es muss allerdings betont werden, dass die Ausnützung der Rotationsfähigkeit bei den ersten Beanspruchungszyklen bis in den Fliessbereich und bei hohem Verhältnis ρ'/ρ meist zum Abplatzen der Betonüberdeckung führt. Eine Erhöhung der Druckbewehrung über 0.5ρ erhöht die Krümmungsduktilität nur unerheblich, falls die Betonrandstauchung unter 0.004 bleibt (vgl. [P1] und 3.1.2).

Aus Gleichung (4.47) geht hervor, dass die Bewehrung bei höherer Betonfestigkeit erhöht werden darf. Die obere Grenze dient der Begrenzung der maximalen Zugkraft. Bild 4.15 zeigt die Bereiche des Zugbewehrungsgehaltes als Funktion der Druckbewehrung und der Betondruckfestigkeit.

Der hier für plastische Gelenke empfohlene maximale Bewehrungsgehalt liegt deutlich unter den in den Normen [A1] allgemein für Beanspruchungen aus Schwerelasten empfohlenen Maximalwerten. Aus praktischen Gründen und zur Begrenzung der erforderlichen Schubbewehrung in den Knoten empfiehlt es sich, sogar unter den obigen Maximalwerten zu bleiben, d.h. nur auf etwa 70% davon ($\rho = 5/f_y$) zu gehen. Damit ergibt sich für Stahl S500 ein empfohlener Höchstwert von $\rho = 1.1\%$.

d) Lage und Länge der potentiellen plastischen Gelenke

Die Bereiche potentieller plastischer Gelenke müssen genau definiert werden, da nur dort die Einschränkungen der obigen Abschnitte 4.4.2a bis c gelten. Auch sind für diese Zonen spezielle Anforderungen an die konstruktive Durchbildung zu beachten.

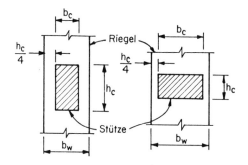

$$b_{w,max} \leq b_c + h_c/2 \leq 2b_c$$

Grundriss von Rahmenknoten

Bild 4.14: Empfohlene maximale Riegelbreiten

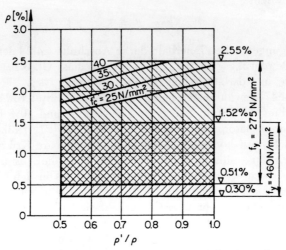

Bild 4.15: Maximale Zugbewehrung für Riegel

Die *Lage der Gelenke* in den Riegeln ergibt sich in duktilen Rahmen, deren Verhalten und Bemessung durch die Erdbebeneinwirkung dominiert wird, d.h. in sogenannten *erdbebendominierten Rahmen* bzw. *Spannweiten*, normalerweise unmittelbar neben den Stützen, wie dies für die kurze Spannweite in Bild 4.16 gezeigt ist. Dieselbe Situation tritt in der Spannweite A-B von Bild 4.12 auf. Falls jedoch die Biegemomente im Feld infolge Wirkung von Schwerelasten gross werden, d.h. in sogenannten *schwerelastdominierten Rahmen* bzw. *Spannweiten*, wird oft dort die Bildung eines Fliessgelenkes vorgesehen, wie dies in der längeren Spannweite in Bild 4.16 und in der Spannweite B-C von Bild 4.12 der Fall ist. Oft würden jedoch die Duktilitätsanforderungen an ein solches Gelenk im Feld bei gleichen Anforderungen an die Gesamtduktilität eher zu gross. Gelenke an andern Orten eignen sich daher besser. Wie Bild 4.16 ebenfalls zeigt, entwickeln beide Feldgelenke in der langen Spannweite wesentlich grössere plastische Rotationen, d.h. $\theta < \theta' < \theta''$. Dies kann vor allem beim Gelenk bei der rechten Stütze zu überaus hohen Anforderungen an die Krümmungsduktilität führen. Beim Gelenk im Feld mit Abstand von l^* von der rechten Stütze nimmt die effektive Gelenklänge zu, weil die Bewehrung nach beiden Seiten hin fliesst. Die erforderliche Krümmungsduktilität nimmt daher ab. Im Gegensatz dazu kann dieser Effekt beim Gelenk an der rechten Stütze nicht auftreten, sodass dort eine übermässige Krümmungsduktiltät erforderlich wäre.

Ferner sollte beachtet werden, dass im Falle der Bildung von plastischen Gelenken, wie in der rechten Spannweite von Bild 4.16, bei nachfolgender Erdbebeneinwirkung von rechts die plastischen Gelenke an anderen Stellen entstehen. Dies bedeutet, dass vier und nicht nur zwei Bereiche in jeder solchen Spannweite vorhanden sind, in denen eine konstruktive Durchbildung für plastische Rotationen erforderlich ist. Die stattgefundenen plastischen Rotationen in einem solchen Gelenkpaar werden also nicht rückgängig gemacht, wenn die Richtung der Erdbebeneinwirkung wechselt. Dies wiederum bedeutet, dass sich während zyklischen inelastischen Stockwerkverschiebungen die plastischen Gelenkrotationen kumulieren. Dieses Phänomen kann

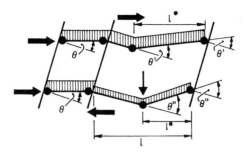

Bild 4.16: Mechanismus mit plastischen Gelenken in den Riegeln

zu beträchtlichen Verlängerungen der Riegel und zu erheblichen zusätzlichen Beanspruchungen der Stützen vor allem in den Erdgeschossen mehrstöckiger Rahmen führen.

Aufgrund dieser Betrachtungen sollte durch geeignete Massnahmen (z.B. Abstufung der Bewehrung) das positive plastische Gelenk möglichst in die Nähe der Stütze verlegt werden (vgl. Beispiel in 4.11.8 mit Bildern 4.113 und 4.114).

Für die konstruktive Durchbildung der Gelenkzonen mit den in 4.4.2a bis d angeführten Einschränkungen kann die *Länge des Gelenkes* wie folgt angenommen werden [X3]:

1. Für Fliessgelenke in Riegeln an der Kante von Stützen oder Wänden wird die zweifache Trägerhöhe, gemessen vom massgebenden Querschnitt, d.h. vom Gelenkquerschnitt des Rechenmodells aus, in Richtung Riegelmitte, angenommen (vgl. Bild 4.17).

2. Liegt durch Verschiebung des plastischen Gelenkes (vgl. Bild 4.18) der massgebende Querschnitt nicht weniger als die Trägerhöhe bzw. 500 mm von der Stützenkante entfernt, so beginnt die Gelenkzone $0.5h$ bzw. 250 mm vor dem massgebenden Querschnitt und erstreckt sich über mindestens $2h$ gegen die Riegelmitte hin (vgl. Bild 4.19).

Eine solche Verschiebung der Gelenke von den Stützen weg in Richtung Feld

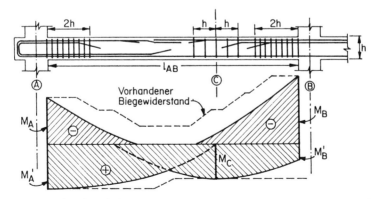

Bild 4.17: Bereiche der Gelenkzonen mit spezieller konstruktiver Durchbildung

ergibt Vorteile. Die Verankerungslängen der Bewehrungsstäbe nehmen zu, und es kann vermieden werden, dass sich der Fliessbereich der Bewehrung infolge Zerstörung des Verbundes bis in den Stützenkern erstreckt. Beide Effekte verbessern das Verhalten von Rahmenknoten wesentlich, vor allem bei höheren Gehalten an Riegelbewehrung und bei grösseren Stabdurchmessern (vgl. Abschnitt 4.7). Die Verschiebung eines Gelenkes kann durch eine besondere Ausbildung der Bewehrung gemäss Bild 4.19a erzwungen werden. Bei grossen Spannweiten kann aber auch die Ausbildung von Vouten gemäss Bild 4.19b vorteilhaft sein. Durch das plastische Gelenk am Voutenende und durch geeignete Wahl der Voutenneigung wird bewirkt, dass die Bewehrung über einen grossen Bereich plastifizieren kann. Dadurch verkleinern sich bei gegebener Gelenkrotation die Anforderungen an die Krümmungsduktilität im Gelenk.

Wird die Einwirkung der Schwerelasten für den Ort der plastischen Gelenke massgebend, d.h. in schwerelastdominierten Rahmen bzw. Spannweiten wie in den Fällen von Bild 4.11, Spannweite B-C, sowie Bild 4.17, Schnitt C, so kann die untere Bewehrung nicht derart ausgebildet werden, dass sich das Fliessgelenk an der Stützenkante einstellen muss. In solchen Fällen können aber die unteren Stäbe meist derart abgestuft werden, dass sich wiederum ein (positives) Fliessgelenk in verhältnismässig kurzer Distanz von der Stützenkante entfernt einstellt (vgl. Bild 4.18). Die Verschiebung von Fliessgelenken in spezielleren Fällen wird in den Abschnitten 4.8, 4.9 und 4.11 besprochen.

3. Tritt als Folge der inelastischen Verschiebung eines Rahmens innerhalb einer Spannweite Fliessen der Bewehrung nur oben oder unten im Querschnitt auf (keine Momentenumkehr), so wird die Gelenkzone über je die Riegelhöhe h nach jeder Seite des kritischen Schnittes hin angenommen. Dies ist der Fall, wenn z.B. das Biegemoment M_C in Bild 4.17 die Bildung eines Gelenkes bewirkt.

Allgemein kann also angenommen werden, dass die Länge der Gelenke mit speziellen Anforderungen an die konstruktive Durchbildung gleich der zweifachen Riegelhöhe ist.

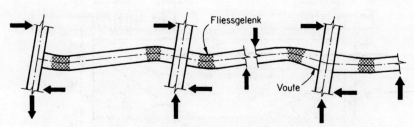

Bild 4.18: Riegel mit von den Stützen weg verschobenen Gelenken

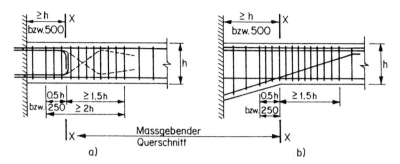

Bild 4.19: Bewehrungsdetails für verschobene Gelenke

e) Biegeüberfestigkeit der plastischen Gelenke

Der effektive Biegewiderstand in den plastischen Gelenken ist grösser als der mit den Rechenfestigkeiten berechnete Tragwiderstand. Er muss ermittelt werden, damit die wirklichen, während einer grösseren inelastischen Verformung des Tragwerks auftretenden Kräfte bestimmt werden können. Dabei wird wie folgt vorgegangen:

1. Die gesamte Biegebewehrung des Riegels sowie die gemäss Abschnitt 4.4.2b mitwirkende Bewehrung der Decke wird zur Berechnung des Biegewiderstandes berücksichtigt.

2. Die Biegeüberfestigkeit ergibt sich mit Hilfe des Überfestigkeitsfaktors λ_o (vgl. 1.3.4 und 3.2.2) als:

$$M_o = \lambda_o A_s f_y (d - d') \qquad (4.49)$$

f) Überfestigkeitsfaktor bei Riegeln und Teilrahmen

Bei Riegeln ist es zweckmässig, den Biegewiderstand bei Überfestigkeit M_o auf den elastisch ermittelten Wert der Beanspruchung infolge der Erdbeben-Ersatzkräfte M_E zu beziehen und den Überfestigkeitsfaktor Φ_o gemäss Gl.(1.14) zu verwenden:

$$\Phi_o = \frac{M_o}{M_E} \qquad (4.50)$$

Ein typischer, genau auf den elastisch ermittelten erforderlichen Biegewiderstand $M_i = M_E/\Phi$ ausgelegter Riegelquerschnitt mit einem Widerstandsreduktionsfaktor von $\Phi = 0.9$ hat gemäss Gl.(1.15) bei Verwendung von Stahl D einen idealen Wert für den Überfestigkeitsfaktor von $\Phi_{o,ideal} = \lambda_o/\Phi = 1.25/0.9 = 1.39$. Bei der Verwendung von Stahl HD resultiert $\Phi_{o,ideal} = 1.40/0.9 = 1.56$, für Stahl S500a ergibt sich $\Phi_{o,ideal} = 1.32/0.9 = 1.47$ und für Stahl S500c $\Phi_{o,ideal} = 1.23/0.9 = 1.37$ (vgl. 3.2.2b).

Dies bedeutet, dass genau auf den erforderlichen Tragwiderstand bemessene Tragwerke eine Widerstandsreserve bezüglich den normgemässen Erdbebeneinwirkungen von etwa 40% bis 60% besitzen. In Wirklichkeit liegt der Wert von Φ_o noch höher, da es praktisch kaum möglich und sinnvoll ist, in jedem massgebenden Querschnitt genau die erforderliche Bewehrung einzulegen. In manchen Fällen erfordern nur schon die Schwerelasten allein mehr Tragwiderstand.

Zur Unterscheidung gegenüber den Faktoren Φ_o der einzelnen Riegelquerschnitte wird der System-Überfestigkeitsfaktor ψ_o gemäss Gl.(1.16), im folgenden *Stockwerk-Überfestigkeitsfaktor* ψ_o genannt, für das ganze Stockwerk (Teilrahmen) verwendet. Dieser zeigt durch Vergleich mit dem idealen Stockwerk-Überfestigkeitsfaktor $\psi_{o,ideal} = \Phi_{o,ideal}$ gemäss Gl.(1.17) an, wie nahe der vorhandene Tragwiderstand des gesamten Teilrahmens beim erforderlichen Tragwiderstand liegt.

Die Überfestigkeitsfaktoren Φ_o für die Riegelquerschnitte finden bei der Ermittlung der Schnittkräfte in den Stützen Verwendung. Der *Riegel-Überfestigkeitsfaktor bei einer Stütze* Φ_o wird definiert als das Verhältnis der Summe der Biegeüberfestigkeiten des an die Stütze angeschlossenen Riegels zur Summe der Riegelmomente infolge der horizontalen Ersatzkräfte. Er kann ebenfalls mit $\Phi_{o,ideal}$ verglichen werden. Die Riegelmomente auf der Stützenachse werden separat für die zwei entgegengesetzten Richtungen der Erdbebeneinwirkung bestimmt.

Das Vorgehen wird anhand des Teilrahmens von Bild 4.8a erklärt. Bild 4.9b zeigt, dass aufgrund der Ersatzkräfte im Riegel bei Stütze (C) ein Biegemoment von 80 Einheiten entsteht. Nach der Überlagerung mit den Beanspruchungen aus den Schwerelasten erhalten wir die in Bild 4.12b dargestellten Bemessungswerte der Beanspruchung von -100 Einheiten und $+60$ Einheiten. Wir nehmen an, dass eine Bewehrung der Stahlsorte D eingelegt wird, die mit dem Rechenwert der Fliessgrenze gerade $1/\Phi = 1/0.9$ dieser Werte aufnehmen kann, d.h. 111 und 67 Einheiten. Damit und mit $\lambda_o = 1.25$ betragen die Überfestigkeitsmomente 139 und 83 Einheiten. Daraus folgen Riegel-Überfestigkeitsfaktoren für die beiden Richtungen der Erdbebenkräfte von $\Phi_o^{\rightarrow} = 139/80 = 1.73$ und $\Phi_o^{\leftarrow} = 83/80 = 1.04$. Die offensichtlich grossen Abweichungen von $\Phi_{o,ideal} = 1.39$ rühren von den Schnittkräften infolge Schwerelasten und von der Momentenumverteilung her, wodurch sich die den elastisch ermittelten Bemessungswerten der Erdbebeneinwirkung entsprechenden Querschnittswiderstände veränderten.

Bei der Mittelstütze des Rahmens wird angenommen, dass untere und obere Riegelbewehrung durchlaufen und Momenten von $M_o = 1.25 \cdot 122/0.9 = 169$ Einheiten bzw. $M_o = 1.25 \cdot 88/0.9 = 122$ Einheiten widerstehen können. Damit ergibt sich bei Stütze (B) ein Riegel-Überfestigkeitsfaktor von
$$\Phi_o^{\rightarrow} = \Phi_o^{\leftarrow} = (169 + 122)/(110 + 80) = 1.53.$$

Gleiche Überlegungen führen bei Stütze (A) für beide Richtungen der Erdbebenkräfte zu $1.25 \cdot 100/0.9 = 139$ Einheiten und damit zu einem Riegel-Überfestigkeitsfaktor bei Stütze (A) von
$$\Phi_o^{\rightarrow} = \Phi_o^{\leftarrow} = 139/100 = 1.39.$$

Die Stockwerk-Überfestigkeitsfaktoren betragen:

$$\psi_o^{\rightarrow} = (139 + 169 + 122 + 139) \, / \, 370 = 1.54, \text{ und}$$
$$\psi_o^{\leftarrow} = (139 + 122 + 169 + 83) \, / \, 370 = 1.39$$

Der Überschuss von 11% gegenüber $\psi_{o,ideal} = 1.39$ für den Fall von $E^{\rightarrow}$ kommt daher, dass aus praktischen Gründen beim linken Ende von Riegel B-C ein um 38 Einheiten zu grosses positives Moment vorgegeben wurde. Die Grenzwertlinien der Überfestigkeitsmomente für dieses Beispiel sind in Bild 4.20 dargestellt. Es muss aber betont werden, dass in der Praxis die Werte für den Stockwerk-Überfestigkeitsfaktor ψ_o meist noch über den obigen Werten liegen, da der erforderliche Tragwiderstand im allgemeinen überschritten wird. Ein Beispiel mit beidseits der Innenstütze verschiedener unterer Bewehrung ist in Abschnitt 4.11.8 zu finden. Auch wenn im Bereich der Riegelmitte ein plastisches Gelenk entsteht, ist der Überfestigkeitsfaktor auf die Riegelendmomente zu beziehen, die durch Verlängerung der Momentenkurven bis zu den Stützenachsen ermittelt werden (vgl. 4.11).

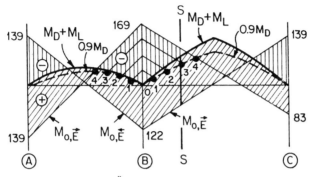

Bild 4.20: Grenzwertlinien der Überfestigkeitsmomente in den Riegeln und Abstufung der Bewehrung

4.4.3 Schubbemessung der Riegel

a) Ermittlung der Bemessungsquerkräfte

Die Querkräfte werden unter der Annahme ermittelt, dass sich unter den Einwirkungen der Schwerelasten und der Erdbebenkräfte in jeder Spannweite gleichzeitig zwei plastische Gelenke entwickeln. Ein Schubversagen bedeutet beschränkte Duktilität sowie erheblicher Verlust an Verformungsfähigkeit und möglicher Energiedissipation und sollte daher unbedingt vermieden werden. In der Bemessung sind daher die *Querkräfte*, die *beim Erreichen der Biegeüberfestigkeit* entstehen, zu verwenden. Dies ist das einfachste Anwendungsbeispiel der Methode der Kapazitätsbemessung. Beim Riegel von Bild 4.17 betragen die maximalen Querkräfte an den Auflagern:

$$V_{u,B} = V_{Q,B} + \frac{M_{o,B} + M'_{o,A}}{l_{AB}} = V_{Q,B} + V^{\rightarrow}_{o,E} \tag{4.51}$$

$$V_{u,A} = V_{Q,A} + \frac{M_{o,A} + M'_{o,B}}{l_{AB}} = V_{Q,A} + V^{\leftarrow}_{o,E} \tag{4.52}$$

Gleichung (4.51) gilt für die Wirkung von Schwerelasten und von Erdbebenkräften von links. Darin sind $M_{o,B}$ und $M'_{o,A}$ die Überfestigkeitsmomente in den plastischen Gelenken an den beiden Enden, l_{AB} ist die freie Spannweite, d.h. der Abstand zwischen den kritischen Endquerschnitten, und $V_{Q,B}$ die Querkraft bei B infolge Schwerelast, ermittelt am einfachen Balken mit der Spannweite l_{AB}.

Gleichung (4.52) gilt für die Wirkung von Schwerelasten und von Erdbebenkräften von rechts. Da sich hiefür ein plastisches Gelenk im Feld bei C bildet, ist $M'_{o,B}$ bei B aufgrund des bei C vorhandenen Überfestigkeitsmomentes zu
berechnen. $M'_{o,B}$ ist kleiner als das Fliessmoment; es kann aus Gleichgewichtsbedingungen ermittelt oder einfach aus dem Momentenbild, wie in Bild 4.108 dargestellt,
abgeleitet werden. Bei diesem Beispiel verschwindet die Querkraft bei C, da die
Momentenlinie dort eine horizontale Tangente hat.

Der Index o bei der Querkraft $V_{o,E}$ bedeutet, dass diese auf der in den plastischen
Gelenken mobilisierten Überfestigkeit beruht.

V_Q in Gl.(4.51) bzw. (4.52) ist entsprechend den Kombinationen der Einwirkungen gemäss Gl.(1.8) und (1.9) einzusetzen:

$$V_u = V_D + V_L + V_{o,E} \tag{4.53}$$

$$V_u = 0.9 V_D + V_{o,E} \tag{4.54}$$

Die Grenzwertlinien für die Querkräfte infolge Überfestigkeit im Riegel des Teilrahmens gemäss den Bildern 4.8 bis 4.12 sind in Bild 4.21 dargestellt. Das Quer-
kraftdiagramm V_Q für die Schwerelasten am Grundsystem des Rahmens wurde als
Grundlinie verwendet, damit beide Richtungen der Erdbebeneinwirkungen einfach
berücksichtigt werden können. Im Beispiel wird vor allem im linken plastischen
Gelenk der Spannweite A-B eine Schubumkehr erfolgen. Der massgebende Wert r
gemäss Gl.(3.49) ist jedoch in den plastischen Gelenkzonen nicht sehr gross. In der
grösseren Spannweite B-C erfolgt in den plastischen Gelenken keine Schubumkehr.

Bei der Schubbemessung der Riegel für die der Überfestigkeit der plastischen
Gelenke entsprechende Querkraft kann gemäss 1.3.4a der Widerstandsreduktionsfaktor $\Phi = 1.0$ angesetzt werden.

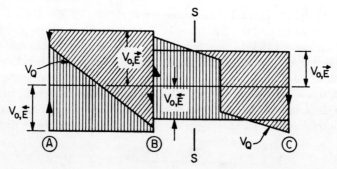

Bild 4.21: Querkraft-Grenzwertlinien für den Riegel des Teilrahmens von Bild 4.8

b) Bemessung für schrägen Druck und schrägen Zug

Zur Verhinderung eines Versagens auf schrägen Druck wird die Schubspannung auf
die folgenden Werte begrenzt (obere Schubspannungsgrenze):

- In den potentiellen Gelenkbereichen gemäss Gl.(3.35)
- Zwischen den Gelenkbereichen gemäss Gl.(3.34).

Normal dimensionierte Riegelquerschnitte erfüllen diese Bedingungen im allgemeinen problemlos.

Zur Bemessung auf schrägen Zug ist wie folgt vorzugehen:

1. In den potentiellen Gelenkbereichen (vgl. Abschnitt 4.4.2d) wird der Beitrag des Betons an den Schubwiderstand vernachlässigt. Die Schubbewehrung muss nach Abschnitt 3.3.3a die gesamte Bemessungsquerkraft übernehmen. Übersteigt die Schubspannung den Wert $0.3\sqrt{f'_c}$ [N/mm^2] und kann eine Schubumkehr erfolgen, so ist gemäss 3.3.3b für einen Teil der Querkraft eine Diagonalbewehrung gegen Schubgleiten vorzusehen. Bei der Gestaltung der Schubbewehrung sind die in Abschnitt 4.4.5 beschriebenen Anforderungen, insbesondere bei der Wahl von Stabdurchmesser und -abstand, zu berücksichtigen.

2. Zwischen den Gelenkbereichen kann die Biegebewehrung nie fliessen. Daher wird der Riegel in dieser Zone nach den allgemein üblichen Riegeln auf Schub bewehrt. Der Beitrag des Betons kann dabei berücksichtigt werden.

Das Beispiel in Abschnitt 4.11 zeigt die Anwendung dieses Vorgehens.

4.4.4 Abstufung und Verankerung der Längsbewehrung

Die Prinzipien für Abstufung und Verankerung der Längsbewehrung von Riegeln sind in Abschnitt 3.4.3 zusammengefasst und ausführlicher in [A1], [P1], [B17], [L2] behandelt.

In Bild 4.20 wird das Vorgehen für die Querschnitte bei der Zwischenstütze gezeigt. Die obere Bewehrung wird in diesem Beispiel in Vierteln abgestuft. Die entsprechende Aufteilung des Biegemomentes ist in der Figur eingezeichnet. Die Stabgruppen müssen nun gemäss den beiden Bedingungen von Abschnitt 3.4.3 für die Überlängen um $l_{\ddot{u}1} = d + l_d$ über die Punkte 0, 1, 2 und 3, sowie um $l_{\ddot{u}2} = 1.3d$ über die Punkte 1, 2, 3 und 4 hinausgehen. Diese Punkte liegen auf der die Schlusslinie bildenden Momentenlinie für $0.9M_D$ des einfachen Balkens. Im Auflagerbereich wird normalerweise die erste Bedingung massgebend. Mindestens ein Viertel der oberen Bewehrung hat durch die angrenzenden Spannweiten hindurchzulaufen [A1], [X3] und kann in der Mitte derselben gestossen werden.

Bild 4.20 zeigt, dass bei der unteren Bewehrung in der längeren Spannweite, falls überhaupt, nur wenige Abstufungen vorgenommen werden können. Auch ist es nicht möglich, die Lage des positiven Fliessgelenkes genau festzustellen. Dies ist jedoch nicht von wesentlicher Bedeutung, sofern in diesem Bereich keine Momentenumkehr stattfindet. Kann dagegen eine Momentenumkehr eintreten, wie z.B. in Schnitt S, wo eine wesentliche Schubbeanspruchung aus Erdbeben vorhanden ist (Bild 4.21), so muss die Querkraft über offene Risse übertragen werden können, die über die ganze Balkenhöhe gehen. Die untenliegende Bewehrung, die sich zuerst unter dem positiven Biegemoment plastisch verformt hat, verhindert das Schliessen offener Risse bei kleinen negativen Biegemomenten. Dieses Problem wird im Beispiel 4.11 behandelt.

Die Stösse in der unteren Bewehrung sind sehr sorgfältig zu plazieren.

4.4.5 Stabilisierung der Längsbewehrung

Um ein befriedigendes Hystereseverhalten der plastischen Gelenkzonen unter zyklischer Beanspruchungsumkehr zu gewährleisten, muss ein vorzeitiges Ausknicken der auf Druck beanspruchten Längsbewehrung verhindert werden. Dabei ist davon auszugehen, dass bei grossen duktilen Verformungen die Betonüberdeckung abplatzt. Die Längsstäbe müssen daher durch gut verankerte Schenkel der Bügel seitlich gehalten, d.h. stabilisiert werden. Damit in den Fliessgelenkzonen eine gut konstruierte Bewehrung entsteht, sind die folgenden, halbempirischen Regeln zu beachten [X3]:

1. Jeder Bewehrungsstab oder jedes Bündel von Stäben oben und unten im Riegel ist durch einen Bügel mit einer 90°-Abbiegung zu stabilisieren. Bei derart gehaltenen Stäben mit höchstens 200 mm Abstand brauchen die dazwischenliegenden Stäbe nicht gehalten zu werden.

    Bild 4.22 zeigt Beispiele der Stabilisierungsbewehrung für untenliegende Längsstäbe. In Bild 4.22a sind die Stäbe 1 und 2 einwandfrei gehalten. Der mittlere Stab 3 wird durch den die Stäbe 2 umfassenden Bügel mit dem relativ kurzen horizontalen Teil stabilisiert, da der Abstand der Stäbe weniger als 200 mm beträgt. Der innere Bügel stabilisiert somit drei Längsstäbe.

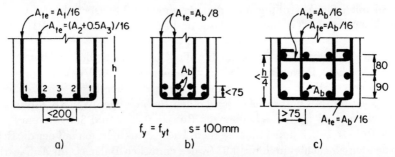

Bild 4.22: Anordnung und Querschnitt der Stabilisierungsbewehrung in Gelenkzonen von Riegeln

2. Der Stabdurchmesser von Bügeln soll mindestens 8 mm betragen, und der einzelne Schenkel soll mindestens die folgende Querschnittsfläche aufweisen:

$$A_{te} = \frac{\Sigma A_b f_y}{16 f_{yt}} \cdot \frac{s}{100} \quad [\text{N, mm}] \qquad (4.55)$$

Dabei bedeutet ΣA_b die Summe der Querschnittsflächen der Längsstäbe, die durch den Bügelschenkel gehalten sind, inklusive der Anteile von dazwischenliegenden, nicht direkt gehaltenen Stäben. Längsstäbe, die senkrecht zur Riegeloberfläche gemessen mehr als 75 mm von der horizontalen Bügelinnenseite entfernt sind, werden durch den sie umgebenden Beton genügend gehalten und müssen nicht in A_b eingerechnet werden. f_{yt} ist der Rechenwert der Fliessgrenze des Bügels mit der Querschnittsfläche A_{te} und dem Abstand s in

Riegellängsrichtung. Mit zunehmendem Bügelabstand steigt infolge des Betonquerdruckes die zur Stabilisierung erforderliche Kraft. Die Formel wurde deshalb auf $s = 100$ mm normiert.

Bei gleichen Fliessgrenzen der Längs- und Querbewehrung wird die Bügelfläche bei 100 mm Bügelabstand 1/16 der Längsbewehrungsfläche. In Bild 4.22a beträgt die Querschnittsfläche des inneren Bügels mit dem Anteil des genau in der Mitte liegenden Stabes 3: $A_{te} = (A_2 + 0.5A_3)/16$.

Bild 4.22b zeigt einen Riegel mit acht untenliegenden Bewehrungsstäben von je der Fläche A_b. Mit $f_y = f_{yt}$ wird hier $A_{te} = 2A_b/16$, da der Abstand der zweiten Lage von der horizontalen Bügelinnenseite weniger als 75 mm beträgt.

Für Bemessungszwecke kann Gl.(4.55) umgeformt werden:

$$\frac{A_{te}}{s} = \frac{\Sigma A_b \, f_y}{1600 \, f_{yt}} \quad [\text{N, mm}] \tag{4.56}$$

3. Liegt wie in Bild 4.22c eine Lage der Längsbewehrung weiter als 100 mm von der Abbiegestelle des Bügels, aber weniger als $h/4$ von der Druckkante des Riegels entfernt, so müssen deren äusserste Stäbe ebenfalls gehalten werden, damit sie nicht seitlich ausknicken können. Die äusseren Stäbe der zweiten Lage werden als seitlich gehalten betrachtet, da sie weniger als 100 mm von der Abbiegestelle des Bügels entfernt sind. Bei Stäben, die weiter als $h/4$ von der Druckkante des Riegels entfernt liegen, ist die Stauchung so klein, dass mit einem Ausknicken nicht mehr zu rechnen ist.

4. In den Fliessgelenkbereichen gemäss 4.4.2d.1 und 2 mit möglicher Momentenumkehr soll der Bügelabstand nicht mehr als $d/4$ bzw. den 6-fachen Durchmesser der gehaltenen Längsbewehrung bzw. 150 mm betragen. Der erste Bügel im Riegel soll höchstens 50 mm von der Stützenkante entfernt liegen.

5. In den Fliessgelenkbereichen gemäss 4.4.2d.3, wo Zugfliessen infolge Momentenumkehr nicht zu erwarten ist, soll der Bügelabstand $d/3$ bzw. den 12-fachen Durchmesser der gehaltenen Längsbewehrung bzw. 200 mm nicht übersteigen.

6. Sämtliche Bügel dürfen zum Nachweis des Schubwiderstandes in den Gelenkzonen voll berücksichtigt werden.

Diese Bügel zur Stabilisierung der Längsbewehrung beschränken die Knicklänge der Längsstäbe und gewährleisten gleichzeitig eine gute Umschnürung des innenliegenden Betons. Im Falle von Momentenumkehr sind die Bestimmungen einschränkender als ohne Momentenumkehr, da die Knicktendenz zunimmt (Bauschinger Effekt, reduzierter Tangentenmodul).

Selbst in Riegeln mit symmetrischer Bewehrung ist es notwendig, die Integrität des dazwischenliegenden Betons zu erhalten, da die Bewehrungsstäbe sonst nach innen ausknicken können. Deshalb ist zusätzlich eine über die Riegelhöhe gut verteilte konstruktive Längsbewehrung anzuordnen.

Die Übertragung von Querkräften entsprechend obigem Absatz 6 ist gleichzeitig zu den anderen Funktionen der Bügel möglich. Die aus einer einzelnen Funktion resultierende grösste Querschnittsfläche ist für die Bügel massgebend. Es ist keine Superposition vorzunehmen.

Es muss betont werden, dass diese Regeln, basierend auf zahlreichen experimentellen Untersuchungen, nur auf die potentiellen Gelenkzonen in Riegeln anzuwenden sind. In den anderen, elastisch bleibenden Bereichen genügt die konstruktive Durchbildung nach den traditionellen Regeln der Normen (vgl. Beispiel in 4.11). Ähnliche Regeln für Stützen werden in Abschnitt 4.5.10 behandelt.

4.5   Bemessung der Stützen

4.5.1   Zur Kapazitätsbemessung

Wie in Abschnitt 1.4 bereits dargelegt wurde, erfordern die Grundsätze der Kapazitätsbemessung, dass sich bei starken Erdbeben Fliessgelenke in den Riegeln und nicht in den Stützen bilden, damit ein günstiger Mechanismus zur Energiedissipation entsteht. Fliessgelenke in Stützen sind nicht erwünscht, da sie zu einem Stockwerkmechanismus (vgl. Bild 1.4b) und damit zu frühzeitigem Versagen führen können.

Elastische dynamische Berechnungen von Tragwerken, z.B. unter Anregung durch einen Beschleunigungs-Zeit-Verlauf, erfordern einen relativ grossen Rechenaufwand. Für die Bestimmung des Versagensmechanismus, vor allem zur Festlegung der Auftretensreihenfolge der Fliessgelenke, ist der Ingenieur anschliessend trotzdem noch auf Hilfsmethoden bzw. auf zusätzliche Betrachtungen angewiesen. Dazu kommt, dass für eine detaillierte dynamische Berechnung die Eigenschaften des Tragwerks genau bekannt sein müssen. Inelastische dynamische Zeitverlaufsberechnungen liefern, wenn auch mit noch grösserem Aufwand, zwar die wichtigsten Informationen über das zu erwartende Verhalten des Tragwerks. Sie eignen sich jedoch eher zur nachträglichen Überprüfung von bereits dimensionierten Bauwerken als zu deren eigentlichen Bemessung. Ferner bestehen oft erhebliche Unsicherheiten bezüglich des zu verwendenden Erdbebens.

Die hier vorgeschlagene Methode der Kapazitätsbemessung ist im Vergleich dazu relativ einfach. Verschiedene damit bemessene Rahmen wurden mit den oben erwähnten inelastischen Zeitverlaufsberechnungen überprüft, was zu leichten Anpassungen der Methode führte. Details werden im folgenden Abschnitt erklärt.

Ein wesentliches Merkmal der Methode besteht darin, dass die elastischen Schnittkräfte, die aufgrund von statischen horizontalen Ersatzkräften bestimmt wurden, für die Auslegung bestimmter Tragelemente durch dynamische Vergrösserungsfaktoren modifiziert werden. Dabei wird das teilweise inelastische Verhalten während der Erdbebeneinwirkung, speziell die erwünschte Reihenfolge des Auftretens der Fliessgelenke, berücksichtigt. Die verwendeten dynamischen Vergrösserungsfaktoren beruhen auf Fallstudien und können durch weitere Forschungsarbeiten allenfalls noch etwas verfeinert werden.

Die Methode der Kapazitätsbemessung ist deterministisch und ergibt Tragwerke, die über einen weiten Bereich möglicher seismischer Einwirkungen Energie in kontrollierter Art dissipieren können. Trotz der Einfachheit des Vorgehens und der konservativ angesetzten Rechenwerte ergeben sich im Vergleich zu den oben erwähnten Verfahren Materialeinsparungen. Insbesondere kann die Anhäufung von Bewehrung im Stützenkopfbereich reduziert werden.

4.5.2 Anwendungsgrenzen

Die Methode der Kapazitätsbemessung erlaubt die Bestimmung der Schnittkräfte für die Bemessung der massgebenden Querschnitte. Sie basiert auf horizontalen Ersatzkräften (vgl. 2. Kapitel), kann aber auch elastisch-dynamisch ermittelte Schnittkräfte verwenden. Der Tragwiderstand der Stützen wird auf den Tragwiderstand der Riegel abgestimmt und ist damit nicht direkt vom Verfahren abhängig, mit dem der erforderliche Tragwiderstand der Riegel ermittelt worden ist.

Die hier behandelten regelmässigen Rahmen weisen meist Werte von $\bar{k} > 0.2$ auf (vgl. Gl.(4.13)). In Stützen derartiger Rahmen stellt sich unter den Ersatzkräften in jedem Geschoss in der Biegelinie ein Wendepunkt ein. Wird diese Steifigkeitsbedingung nicht erfüllt, kann in den unteren Stockwerken die Kragarmwirkung vorherrschen und den Momentenverlauf dominieren. Hinweise zur Behandlung solcher Rahmen werden in diesem Kapitel ebenfalls gegeben. Oft dürfte jedoch eine Behandlung analog zu den Wänden gemischter Systeme (6. Kap.) angemessen sein.

Bei kleinen Rahmen kann es sinnvoll sein, Stützenfliessgelenke zur Energiedissipation heranzuziehen, weshalb die Methode der Kapazitätsbemessung nicht direkt anwendbar ist. Dies gilt auch, wenn die Stockwerkverschiebungen durch Wände kontrolliert werden, oder bei Pendelstützen, die keinen Beitrag an den horizontalen Widerstand leisten.

Wird die Beanspruchung aus den Schwerelasten massgebend, so kann die Kapazitätsbemessung für duktile Rahmen dazu führen, dass die Stützen für wesentlich grössere Momente bemessen werden sollten, als es die Erdbeben-Ersatzkräfte erfordern. In solchen Fällen kann die Bemessung unter Annahme von Stützenfliessgelenken vor der vollständigen Ausbildung der Riegelmechanismen (vgl. Bild 4.96) zu besseren Resultaten führen. Allerdings sind dann die Ersatzkräfte zu erhöhen, damit die Duktilitätsanforderungen an die Stützen kleiner werden. Dieses Vorgehen wird in Abschnitt 4.8 besprochen.

4.5.3 Ausgewogenheit der Biegewiderstände bei Knoten

Um zu verhindern, dass sich an den Enden der Stützen eines Stockwerks Fliessgelenke bilden (Ausnahmen im Erdgeschoss und im obersten Geschoss), müssen diese in der Lage sein, ohne plastische Verformungen das maximale Biegemoment des angrenzenden Riegelmechanismus aufzunehmen. Dieses Moment ergibt sich zu:

$$M_o = \Phi_o M_E \qquad (4.57)$$

M_E ist die Biegebeanspruchung der Stütze aus der elastischen Berechnung unter horizontalen Ersatzkräften (vgl. 1.3.3). Ein typischer Verlauf von M_E in den Stützen eines Rahmens ist in Bild 4.23 links dargestellt. Der Riegel-Überfestigkeitsfaktor Φ_o, das Verhältnis zwischen der Summe der Biegewiderstände bei Überfestigkeit des an eine Stütze angeschlossenen Riegels und der Summe der Momente infolge der Ersatzkräfte, wurde in Abschnitt 4.4.2f erklärt. Da an einem Rahmenknoten die

Summe der Riegelendmomente gleich (jedoch von entgegengesetzter Richtung) wie die Summe der Stützenendmomente ist, bewirkt jede Veränderung der Riegelendmomente eine entsprechende Veränderung der Stützenendmomente. Daher ist für die Bemessung der Stützen der Riegel-Überfestigkeitsfaktor anwendbar. Die Herkunft der Momente, die Umverteilung und die Anordnung der Bewehrung wurden bei der Ermittlung dieses Faktors berücksichtigt. Bei der Anwendung der Gleichung (4.57) müssen daher die Momente aus den Schwerelasten (Bild 4.8e) nicht berücksichtigt werden.

Gleichung (4.57) impliziert, dass sich die Riegel-Überfestigkeit auf die Stützen nach oben und nach unten wie in der elastischen Berechnung infolge von horizontalen Ersatzkräften aufteilt. Dies ist jedoch kaum der Fall und wird in 4.5.4 näher untersucht.

An den Faktoren Φ_o sind für deren Anwendung über das gesamte Tragsystem kleinere Anpassungen notwendig:

1. In allen Obergeschossen mit Ausnahme des obersten Geschosses (Dachdecke) wird Φ_o für beide Hauptrichtungen separat aufgrund der Überfestigkeit der Riegelquerschnitte bestimmt.

2. Am Fuss der Stützen im Erdgeschoss bzw. auf der Höhe der Fundation, wo normalerwese eine starre Einspannung angenommen wird und daher die volle Biegeüberfestigkeit der Stützen mobilisiert werden kann, sind keine Riegel vorhanden, die fliessen könnten. Hier mag die Anwendung des Faktors Φ_o als nicht sinnvoll erscheinen. Der Tragwiderstand der Stützen in diesem Geschoss sollte jedoch mit demjenigen der Stützen des restlichen Rahmens vergleichbar sein. Daher kann trotzdem ein Wert Φ_o für den Stützenfuss verwendet werden, und er sollte nicht kleiner als 1.4 angenommen werden (Es gilt $\Phi_o \geq 1/\Phi$, wobei gemäss [A1], [X3] der Widerstandsreduktionsfaktor für Stützen $\Phi \geq 0.7$ ist).

3. Im obersten Geschoss (Dachdecke) werden normalerweise die Schwerelasten für die Bemessung der Riegel massgebend. Die Stützen in diesem Geschoss müssen oben nicht für ein vergrössertes Moment bemessen werden, da die Normalkraft klein und ein Fliessgelenk am Stützenkopf an dieser Stelle zulässig ist. Daher kann hier $\Phi_o = 1/\Phi = 1/0.9 \approx 1.1$ verwendet werden.

4. Sofern eine Stütze wesentlich steifer ist als die einmündenden Riegel, kann in den unteren Stockwerken die Kragarmwirkung vorherrschen. In solchen Fällen kann am Stützenfuss (von Erdgeschoss und oberen Geschossen) das Moment infolge der Ersatzkräfte grösser sein als die dort insgesamt eingeleiteten Riegelendmomente. Ein typisches Beispiel für einen derartigen Momentenverlauf in den Stützen ist in Bild 4.29a dargestellt. In diesem Fall ist nicht der Riegel-Überfestigkeitsfaktor bei einer Stütze gemäss 4.4.2f zu verwenden. Vielmehr kann in allen Stockwerken unterhalb desjenigen mit einem Wendepunkt in der Biegelinie der Stützen (Momentennullpunkt) unter der Einwirkung der Ersatzkräfte der Wert $\Phi_o = 1.4$ verwendet werden. In Bild 4.29a sind auf diese Weise ermittelte Werte der Biegemomente gestrichelt eingezeichnet.

Als zweite Möglichkeit kann auch die für Rahmen mit Tragwänden im 6. Kapitel beschriebene Methode verwendet werden.

Die Anwendung des Überfestigkeitsfaktors ist auch in der *amerikanischen Bemessungspraxis* üblich [A1], [A4], [X4]: Unabhängig von den besonderen Eigenschaften des verwendeten Bewehrungsstahles wird $\lambda_o = 1.25$ zur Abschätzung der Biegefestigkeit der massgebenden Riegelquerschnitte angesetzt, wenn die Schubbemessung durchgeführt wird. Das 'Starke Stützen - schwache Riegel' - Konzept wird angestrebt, indem, bezogen auf die Mittellinien eines Rahmenknotens, das Verhältnis der Summen der mit Rechenfestigkeiten ermittelten Biegewiderstände der einmündenden Stützen einerseits und der Riegel andererseits nicht kleiner als 1.2 sein darf. Da der Widerstandsreduktionsfaktor für Riegel bzw. für Stützen (ab einer bestimmten Normalkraftbeanspruchung) zu 0.9 bzw. 0.7 anzusetzen ist, resultiert ein Verhältnis der Biegewiderstände von $1.2 \cdot 0.9/0.7 = 1.54$. Weil die Momentenwerte in den Stützen unter und über dem Knoten nicht näher betrachtet und dynamische Wirkungen aus den höheren Eigenschwingungsformen nicht berücksichtigt werden, sind aber plastische Gelenke an den Stützenenden zu erwarten. Deshalb müssen beide Stützenenden sämtlicher Stützen mit Umschnürungsbewehrungen versehen und die Stösse der Vertikalbewehrung in die Stützenmitten verlegt werden. Es wird angenommen, dass die Reserve von 54% beim Biegewiderstand der Stützen gegenüber demjenigen der Riegel in der Lage ist, Stockwerkmechanismen ('soft storeys') zu verhindern. Diese in den USA allgemein gebräuchliche Methode ist auch in Neuseeland zugelassen. Wegen der erforderlichen Umschnürung sämtlicher Stützenenden und der ausführungstechnisch unerwünschten Anordnung der Stösse der Vertikalbewehrung wird die Methode dort jedoch praktisch nicht verwendet. Vielmehr wird das nachfolgend beschriebene Vorgehen vorgezogen.

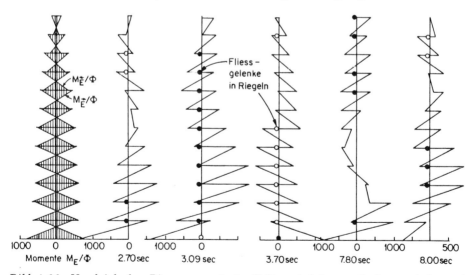

Bild 4.23: Vergleich der Biegemomente in Stützen infolge statischer und dynamischer Einwirkung

4.5.4 Dynamischer Vergrösserungsfaktor für die Momente in den Stützen

a) Allgemeines

Die aufgrund der horizontalen Ersatzkräfte ermittelten Biegemomente stellen eine genügend genaue Grundlage für die Bemessung der Riegel dar. Für die Bemessung der Stützen trifft dies hingegen nicht zu. Es ist zu verhindern, dass Stützen während der inelastischen Reaktion des Rahmens, z.B. infolge Anregung der höheren Eigenschwingungsformen, vorzeitig fliessen, da sie Beanspruchungen unterworfen werden, die von den Ergebnissen der elastischen Ersatzkraftberechnung mehr oder weniger ausgeprägt abweichen. Deshalb wird ein dynamischer Vergrösserungsfaktor ω eingeführt.

Als Beispiel für diesen Effekt wird der in Bild 4.23 dargestellte, nach den Regeln dieses Kapitels bemessene zwölfstöckige Rahmen verwendet [P7]. Das erste Diagramm zeigt die Momente M_E/Φ in den Stützen aus der elastischen Berechnung für die Ersatzkräfte. Die folgenden Momentendiagramme zeigen die Biegebeanspruchung zu verschiedenen kritischen Zeitpunkten der Rahmenreaktion. Die Abweichungen von den Ersatzkraft-Momenten sind in gewissen Bereichen recht gross. Die Kreise zeigen plastische Rotationen im Uhrzeigersinn, die Punkte im Gegenuhrzeigersinn an. Sowohl die Lage der Wendepunkte der Biegelinie der Stützen (Momentennullpunkte) als auch die Grösse der Biegebeanspruchung sind beachtlichen Veränderungen unterworfen. Manchmal verschwinden die Momentennullpunkte, und die Biegemomente wie auch die Querkräfte wechseln das Vorzeichen.

Die Momentenlinie aus den horizontalen Ersatzkräften entspricht etwa den Momenten der ersten Eigenschwingungsform. Höhere Eigenformen beeinflussen jedoch die Biegemomente, vor allem in den oberen Geschossen, ganz erheblich. Zur Abdeckung solcher dynamischen Effekte werden die statisch ermittelten Momente mit dem *dynamischen Vergrösserungsfaktor für das Biegemoment in den Stützen* ω multipliziert. Aus Gl.(4.57) wird:

$$M = \omega\, \Phi_o\, M_E \tag{4.58}$$

Für den Betrag des dynamischen Vergrösserungsfaktors sind folgende drei Punkte massgebend:

1. In allen Stockwerken, ausgenommen im obersten, muss die Bildung eines Stockwerkmechanismus ('soft storey mechanism'), d.h. die gleichzeitige Bildung von Fliessgelenken an Stützenkopf und -fuss, verhindert werden.

2. Auch die Bildung von nur einem Gelenk in den Stützen soll verhindert werden (ausgenommen sind die Stützen im untersten sowie in den beiden obersten Stockwerken). Dadurch können die Anforderungen an die Endbereiche der Stützen bezüglich Umschnürung, Schubwiderstand und Stössen der Längsbewehrung wesentlich reduziert werden (keine Fliessgelenke).

3. Eine ausnahmsweise auftretende Überbeanspruchung einer Stütze innerhalb eines Rahmensystems birgt keine speziellen Gefahren. Stützenfliessen und Fliessgelenkbildung sind bei seismischer Beanspruchung nicht gleichbedeutend. Zur Gelenkbildung sind Verformungen gewisser Grösse erforderlich, was

im allgemeinen die Bildung von Fliessgelenken am einen Ende jeder Stütze des Stockwerks voraussetzt. Solange gezeigt werden kann, dass einige Stützen desselben Geschosses elastisch bleiben, werden auch an diejenigen mit Bewehrungsfliessen keine besonderen Duktilitätsanforderungen gestellt, es sei denn, dass in den angrenzenden Riegeln keine Fliessgelenke entstehen.

b) Stützen von ebenen Rahmen

Wird die Erdbebeneinwirkung quer zur Rahmenebene vor allem durch Tragwände aufgenommen, so können die Stützen als Teile eines ebenen Rahmens betrachtet werden (keine Erdbebenbeanspruchung quer zur Rahmenebene).

Für diese Stützen wurde aufgrund von Zeitverlaufsberechnungen einer grossen Anzahl typischer Rahmen aus den Umhüllenden der Momentenbeanspruchung die folgende Gleichung ermittelt [P4], [P6], [P17]:

$$\omega = 0.6\,T_1 + 0.85 \quad [\text{sec}], \qquad \text{wobei} \quad 1.3 \leq \omega \leq 1.8 \qquad (4.59)$$

T_1 ist die Schwingzeit der ersten Eigenform, z.B. näherungsweise gemäss Gl.(2.22).

c) Stützen von räumlichen Rahmen

Stützen von räumlichen Rahmen sollten auf gleichzeitige Beanspruchung in den beiden Hauptrichtungen bemessen werden. Dies erfordert grundsätzlich eine Bemessung auf schiefe Biegung mit Normalkraft. Auch ist die gleichzeitige Fliessgelenkbildung der maximal vier in die Stütze mündenden Riegel zu berücksichtigen (vgl. Bild 4.48d). Dieser Berechnungsvorgang kann recht aufwendig werden. Bei einer Innenstütze ist der Widerstand bei Überfestigkeit und der dynamische Vergrösserungsfaktor der Momente an den Stützenenden ober- und unterhalb des betrachteten Knotens in beiden Hauptrichtungen abzuschätzen. Die Wahrscheinlichkeit, dass bei extremer dynamischer Vergrösserung alle Riegelfliessgelenke die volle Überfestigkeit entwickeln, nimmt jedoch mit zunehmender Anzahl der mitwirkenden Tragelemente ab.

Zur Vereinfachung der Berechnung wird vorgeschlagen, die dynamischen Vergrösserungsfaktoren zu erhöhen und derart anzusetzen, dass die Stützenbemessung für die beiden Hauptrichtungen getrennt durchgeführt werden kann. Dieses Vorgehen genügt, um ein vorzeitiges Fliessen der Stützen auch bei räumlicher Beanspruchung zu vermeiden.

Für Stützen von räumlichen Rahmen gilt:

$$\omega = 0.5\,T_1 + 1.1 \quad [\text{sec}], \qquad \text{wobei} \quad 1.5 \leq \omega \leq 1.9 \qquad (4.60)$$

Die Werte für den dynamischen Vergrösserungsfaktor für ebene und räumliche Rahmen sind in der Tabelle von Bild 4.24 dargestellt.

Der minimale Wert $\omega = 1.5$ für räumliche Rahmen wurde so bestimmt, dass die Stütze gleichzeitig die von den Riegeln aus zwei Richtungen eingeleiteten Überfestigkeitsmomente aufnehmen kann. Unter der Annahme, dass bei einer quadratischen Stütze der Biegewiderstand in der Diagonalen nur etwa 90% des in den Hauptachsen 1 und 2 vorhandenen Biegewiderstandes $M_1 \approx M_2$ beträgt, wird

$$M_d = \sqrt{(M_1)^2 + (M_2)^2} = \sqrt{2}M_1, \quad \text{somit} \quad \omega = \sqrt{2}/0.9 \approx 1.5. \qquad (4.61)$$

Art des	Eigenschwingzeit T_1[sec]									
Rahmens	< 0.7	0.8	0.9	1.0	1.1	1.2	1.3	1.4	1.5	> 1.6
eben	1.30	1.33	1.39	1.45	1.51	1.57	1.63	1.69	1.75	1.80
räumlich	1.50	1.50	1.55	1.60	1.65	1.70	1.75	1.80	1.85	1.90

Bild 4.24: Dynamischer Vergrösserungsfaktor ω für erdbebeninduzierte Momente in Stützen von ebenen und räumlichen Rahmen

Dieser Wert ist für andere Stützenquerschnitte natürlich verschieden, kann aber für die Stützen eines Geschosses durchaus als vernünftige Näherung verwendet werden.

Die Wahrscheinlichkeit grosser schiefer Biegemomente an einem Stützenquerschnitt als Folge der gleichzeitig in beiden Richtungen angeregten höheren Schwingungsformen nimmt mit zunehmender Grundschwingzeit ab. Deshalb nimmt der Zuschlag beim Vergrösserungsfaktor ω für schiefe Biegung (Gl.(4.60) im Vergleich zu Gl.(4.59)) mit ebenfalls zunehmender Grundschwingzeit ab.

d) Stützen im Erdgeschoss

Unter Erdbebenbeanspruchung sind am Fuss der Stützen im Erdgeschoss bzw. auf der Fundation Fliessgelenke mit relativ hohen Duktilitätsanforderungen zu erwarten, weshalb sie entsprechend zu bewehren sind (vgl. Bild 1.4a). Der erforderliche Widerstand der Stützen im Querschnitt über der Fundation wird von den höheren Eigenschwingungsformen nicht beeinflusst. Um sicherzustellen, dass die Stützen in räumlichen Rahmen für beliebig schiefe Biegung ausreichend bemessen sind, genügt eine Erhöhung der Bemessungsmomente in den Hauptrichtungen um 10%. Daher wird der dynamische Vergrösserungsfaktor am Fuss von Erdgeschossstützen wie folgt angesetzt:

o $\omega = 1.0$ für ebene Rahmen
o $\omega = 1.1$ für räumliche Rahmen

Ähnliche Überlegungen gelten für die Stützen im obersten Geschoss.

e) Einfluss der höheren Eigenschwingungsformen auf die dynamischen Beanspruchungen

Die höheren Eigenschwingungsformen haben in den oberen Geschossen einen weitaus grösseren Einfluss auf die Momente in den Stützen als in den unteren Geschossen. Deshalb gelten die Gleichungen (4.59) und (4.60) und somit die Werte der Tabelle von Bild 4.24 erst oberhalb von 0.3 mal die Rahmenhöhe, gemessen ab der effektiven Einspannstelle der Stützen des Erdgeschosses in der Fundation. Über diese 30% der Höhe wird eine lineare Zunahme von ω angenommen, wobei jedoch bei der Decke über dem Erdgeschoss die Minimalwerte der Gleichungen (4.59) und (4.60) von 1.3 und 1.5 nicht unterschritten werden sollen. Andererseits sind in den obersten zwei Geschossen eines mehrstöckigen Rahmens Fliessgelenke in den Stützen zulässig, weshalb hier kleinere Werte für ω verwendet werden dürfen. Bei der Decke über dem zweitobersten Geschoss ist dies bei ebenen Rahmen $\omega = 1.3$,

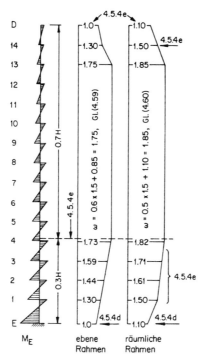

Bild 4.25: Elastische Biegemomente und dynamische Vergrösserungsfaktoren für die Stützen am Beispiel von 15-stöckigen ebenen und räumlichen Rahmen

bei räumlichen Rahmen $\omega = 1.5$ und bei der Decke über dem obersten Geschoss $\omega = 1.0$ und $\omega = 1.1$.

Ein Beispiel für diese Regeln ist in Bild 4.25 dargestellt. Dabei wurde ein 15-stöckiges Gebäude als ebener bzw. räumlicher Rahmen mit einer Grundschwingzeit von $T_1 = 1.5$ sec angenommen. Die Pfeile in der Figur weisen auf die entsprechenden Textabschnitte hin. Die dargestellte Momentenfläche ergab sich aus der elastischen Ersatzkraftberechnung.

f) Stützen mit überwiegender Kragarmwirkung

Solche Stützen (vgl. Bild 4.29) sind speziell zu behandeln. In den Stockwerken ohne Momentennullpunkte bzw. ohne Wendepunkte in der Stützenbiegelinie (elastische Berechnung) werden die massgebenden Momente kaum von den höheren Eigenschwingungsformen beeinflusst. Für solche Stützen kann auf der Höhe der Decke über dem Erdgeschoss der Minimalwert für ω von 1.3 bzw. 1.5 angenommen und linear bis zum Wert aus Gl.(4.59) bzw. (4.60) über dem untersten Geschoss mit einem Wendepunkt in der Stützenbiegelinie erhöht werden. Diese in Bild 4.29a in Form der Zahlenwerte ω dargestellte Regel ist weniger streng als die im Beispiel von Bild 4.25 gezeigte, weil das Geschoss mit einem Wendepunkt in der Stützenbiegelinie mehr als $0.3H$ über der Fundation liegt. Dieses Vorgehen soll sicherstellen, dass Fliessgelenke in den Stützen nur an der untersten Einspannstelle und nicht in den folgenden Geschossen auftreten können.

4.5.5   Bemessungsnormalkräfte

Ausgehend von der Methode der Kapazitätsbemessung entspricht die in jedem Stockwerk in die Stützen eingetragene maximale Normalkraft den Querkräften, die bei der Entwicklung der Überfestigkeit in den Riegeln auftreten. Die Berechnung dieser Querkräfte wurde in Abschnitt 4.4.3a behandelt. Die Aufsummierung der Querkräfte oberhalb des betrachteten Stützenquerschnittes ergibt einen oberen Grenzwert für die zu erwartende Stützenbeanspruchung.

Mit zunehmender Anzahl Stockwerke ist jedoch zu erwarten, dass der Anteil der Riegel, in denen sich plastische Gelenke bei voller Überfestigkeit ausbilden, abnimmt. Daher wird eine Reduktion der erdbebeninduzierten Normalkraft mit Hilfe eines Reduktionsfaktors R_v vorgenommen. Damit wird die zusammen mit den Normalkräften aus den Schwerelasten zu verwendende Normalkraft infolge Überfestigkeit der Riegel:

$$P_{o,E} = R_v \Sigma V_{o,E} \tag{4.62}$$

Dabei ist $\Sigma V_{o,E}$ die Summe der erdbebeninduzierten Riegelquerkräfte oberhalb des betrachteten Stützenquerschnittes unter Berücksichtigung der Überfestigkeit und der unterschiedlichen Vorzeichen der Querkräfte beidseits einer Stütze gemäss Abschnitt 4.4.3a. Die Reduktionsfaktoren R_v sind in der Tabelle von Bild 4.26 in Abhängigkeit vom dynamischen Vergrösserungsfaktor des betrachteten Stockwerks (vgl. Bild 4.25) angegeben. Bei Werten ω gemäss den Gleichungen (4.59) bzw. (4.60)

Anzahl Stockwerke über dem betrachteten Stockwerk	Dynamischer Vergrösserungsfaktor ω					
	≤ 1.4	1.5	1.6	1.7	1.8	1.9
2	0.97	0.97	0.96	0.96	0.96	0.95
4	0.94	0.94	0.93	0.92	0.91	0.91
6	0.91	0.90	0.89	0.88	0.87	0.86
8	0.88	0.87	0.86	0.84	0.83	0.81
10	0.85	0.84	0.82	0.80	0.79	0.77
12	0.82	0.81	0.78	0.76	0.74	0.72
14	0.79	0.77	0.75	0.72	0.70	0.67
16	0.76	0.74	0.71	0.68	0.66	0.63
18	0.73	0.71	0.68	0.64	0.61	0.58
≥ 20	0.70	0.68	0.64	0.61	0.57	0.54

Bild 4.26: Reduktionsfaktor R_v für die erdbebeninduzierten Normalkräfte in Stützen

von höchstens 1.4 wird eine Reduktion der Normalkraft von 1.5% pro Stockwerk bis zu einem Maximum von 30% bei 20 oder mehr Stockwerken vorgenommen. Da es unwahrscheinlich ist, dass die maximalen Normalkräfte zusammen mit den maximalen Biegemomenten auftreten, die sich unter Berücksichtigung der Anregung höherer Eigenformen ergeben, sind bei $\omega > 1.4$ grössere als die obgenannten Reduktionen angebracht. Die grösste Reduktion wird für $\omega = 1.9$ zu 2.3% pro Stockwerk über dem betrachteten Schnitt vorgenommen (letzte Kolonne in der Tabelle von Bild 4.26).

Bei der Summation der Riegelquerkräfte an den Stützenkanten sind alle Riegel in allen Richtungen zu berücksichtigen.

Oft kann die Anwendung von Gl.(4.62) bei Innenstützen unterbleiben, da bei etwa gleichen Spannweiten die Normalkräfte infolge Erdbeben im Vergleich zu denjenigen aus Schwerelasten sehr klein sind. Bei Aussenstützen und speziell bei Eckstützen unter schiefwinkligen Erdbebeneinwirkungen resultiert jedoch eine wesentliche Erhöhung der Normalkraft, die zu berücksichtigen ist. Sind die dynamischen Vergrösserungsfaktoren in den beiden Hauptrichtungen unterschiedlich, so ist bei der Ermittlung von R_v der grössere der beiden Werte zu verwenden.

Ähnliche Überlegungen führen auch zu den bekannten Nutzlastreduktionsformeln in den meisten Hochbaunormen (vgl. 1.3.2b).

Die bei der Ermittlung der Bemessungsnormalkräfte der Stützen zu berücksichtigenden Kombinationen von Einwirkungen sind entsprechend Gl.(1.8) und (1.9):

$$P_u = P_D + P_L + P_{o,E} \tag{4.63}$$

$$P_u = 0.9 P_D + P_{o,E} \tag{4.64}$$

Für den maximalen und den minimalen Wert von P_u sind unterschiedliche Richtungen der Erdbebeneinwirkung und somit unterschiedliche Vorzeichen beim Zahlenwert von $P_{o,E}$ zu berücksichtigen.

4.5.6 Bemessungsmomente

a) Massgebende Biegemomente

In den vorangehenden Abschnitten wurde dargelegt, dass die aus den Ersatzkräften in den Stützen erhaltenen Biegemomente M_E in der Höhe der Riegelachsen infolge der Riegelüberfestigkeit (Φ_o) sowie infolge Anregung der höheren Eigenschwingungsformen (ω) vergrössert werden müssen. Die Momente in den Stützen ergeben sich gemäss Gl.(4.58) zu $M = \omega \Phi_o M_E$.

Mit dem Faktor Φ_o ist das gesamte Momentendiagramm zu vergrössern. Mit dem Faktor ω hingegen werden nur die Stützenendmomente vergrössert. Diese beiden Schritte sind in Bild 4.27 für die Stütze im Bereich eines Stockwerks gezeigt. Die derart ermittelten oberen und unteren Stützenendmomente treten jedoch nicht gleichzeitig auf.

Die Vergrösserung der Momente einer Stütze im Bereich der unteren Stockwerke eines räumlichen Rahmens gemäss Bild 4.25 ist in Bild 4.28 gezeigt. Ferner ist ein ähnliches Beispiel für den Bereich der unteren Stockwerke eines ebenen Rahmens bei dominierender Kragarmwirkung der Stützen (vgl. 4.5.3.4 und 4.5.4f) ist in Bild 4.29b dargestellt. Die Grundschwingzeit beträgt hier $T_1 = 1.3$ s, daher folgte aus der Tabelle von Bild 4.24 $\omega = 1.63$.

Der massgebende Stützenquerschnitt liegt an der Ober- bzw. Unterkante der Riegel. Daher können die in den Riegelachsen ermittelten Stützenendmomente reduziert werden. Die Neigung der Momentenlinie in den Stützen ist jedoch unbekannt, denn es ist praktisch kaum möglich, die beim Erreichen des maximalen Momentes

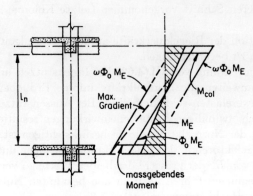

Bild 4.27: Momentenvergrösserung bei einer Stütze

vorhandene Querkraft zu bestimmen. Konservativerweise wird angenommen, dass nur 60% der für die Bemessung massgebenden Querkraft V_{col} gleichzeitig mit dem Bemessungsmoment wirkt. Damit kann das Moment in der Stütze auf der Höhe der Riegelachse (vgl. Bild 4.28) um $\Delta M = 0.6 \cdot 0.5 h_b V_{col}$ reduziert werden. Dabei ist h_b die Höhe des Riegels. Das gleichzeitig mit der Normalkraft P_u wirkende, für die Bestimmung des erforderlichen Widerstandes an den Stützenenden massgebende Bemessungsmoment M_{col} gemäss Bild 4.27 ist somit in beiden Hauptrichtungen wie folgt zu ermitteln:

$$M_{col} = \omega \Phi_o M_E - 0.3 h_b V_{col} \qquad (4.65)$$

V_{col} ist die Bemessungsquerkraft für die betrachtete Stütze gemäss 4.5.7.

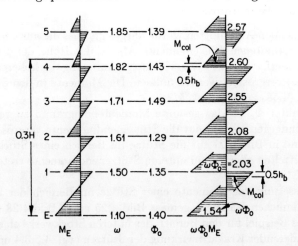

Bild 4.28: Momentenvergrösserung bei einer Stütze in den unteren Geschossen eines 15-stöckigen räumlichen Rahmens

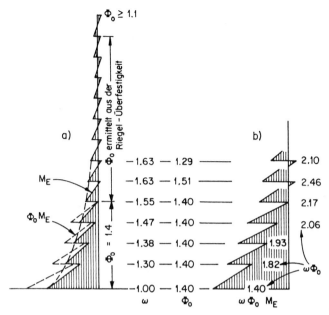

Bild 4.29: Momentenvergrösserung bei einer Stütze mit Kragarmwirkung in den unteren Geschossen eines ebenen Rahmens

b) Reduktion der Bemessungsmomente

Die Bemessungsmomente können reduziert werden, wenn dadurch trotzdem nur wenige Stützen eines Stockwerkes zum Fliessen kommen. Dies ist von Bedeutung bei Stützen mit kleinen Druckkräften oder mit Zugkräften, da dort sonst der Biegebewehrungsgehalt recht gross werden kann. Solche Stützen verhalten sich wie sehr duktile Balken. Mit abnehmender Druckkraft, mit zunehmender Zugkraft und ferner mit einem zunehmenden dynamischen Vergrösserungsfaktor ω darf die Reduktion grösser werden. Das Bemessungsmoment wird daher mit Hilfe eines von der Normalkraftbeanspruchung $P_u/(f'_c A_g)$ (negative Werte bedeuten Zug) und von ω abhängigen Reduktionsfaktors R_m bestimmt:

$$M_{col,red} = R_m(\omega \, \Phi_o M_E - 0.3 h_b V_{col}) \qquad (4.66)$$

Die Werte für den Reduktionsfaktor R_m sind in der Tabelle von Bild 4.30 aufgeführt.

Für die Verwendung der Tabellenwerte müssen die folgenden Bedingungen erfüllt sein:

1. Bei der Bestimmung von R_m darf $P_u/(f'_c A_g)$ nicht kleiner als -0.15 und auch nicht kleiner als $-0.5 \rho_t f_y/f'_c$ (mit $\rho_t = A_{st}/A_g$ und $A_{st} = $ Querschnitt der gesamten Vertikalbewehrung) angesetzt werden. Die letztere Bedingung verhindert übermässige Reduktionen der Momente bei Stützen mit kleinem Vertikalbewehrungsgehalt, wenn die Zugkraft $P_u = -0.5 f_y A_{st}$ übersteigt. P_u ist die Bemessungsnormalkraft gemäss Gl.(4.64).

ω	Normalkraftbeanspruchung $P_u/(f'_c A_g)$										
	-0.150	-0.125	-0.100	-0.075	-0.050	-0.025	0.00	0.025	0.050	0.075	0.1
1.0	1.00	1.00	1.00	1.00	1.00	1.00	1.00	1.00	1.00	1.00	1.0
1.1	0.85	0.86	0.88	0.89	0.91	0.92	0.94	0.95	0.97	0.98	1.0
1.2	0.72	0.75	0.78	0.81	0.83	0.86	0.89	0.92	0.94	0.97	1.0
1.3	0.62	0.65	0.69	0.73	0.77	0.81	0.85	0.88	0.92	0.96	1.0
1.4	0.52	0.57	0.62	0.67	0.71	0.76	0.81	0.86	0.90	0.95	1.0
1.5	0.44	0.50	0.56	0.61	0.67	0.72	0.78	0.83	0.89	0.94	1.0
1.6	0.37	0.44	0.50	0.56	0.62	0.69	0.75	0.81	0.80	0.94	1.0
1.7	0.31	0.38	0.45	0.52	0.59	0.66	0.73	0.79	0.86	0.93	1.0
1.8	0.30	0.33	0.41	0.48	0.56	0.63	0.70	0.78	0.85	0.93	1.0
1.9	0.30	0.30	0.37	0.45	0.53	0.61	0.68	0.76	0.84	0.92	1.0
	$\longleftarrow$		Zug			$\longrightarrow$		$\longleftarrow$		Druck	$\longrightarrow$

Bild 4.30: Reduktionsfaktor R_m für die erdbebeninduzierten Momente in Stützen

2. Der minimale Wert für R_m beträgt 0.3, d.h. Reduktionen bis zu 70% sind möglich.

3. Die Summe der Momentenreduktion auf einer bestimmten Höhe bei Stützen eines ebenen Teilrahmens soll 10% der Summe der Momente gemäss Gl.(4.65) auf gleicher Höhe in allen Stützen des Teilrahmens nicht übersteigen. Damit wird sichergestellt, dass der horizontale Schubwiderstand eines Stockwerkes als Folge erheblicher Reduktionen der Bemessungsmomente in den Stützen nicht übermässig vermindert wird. Normalerweise werden Biegemomente von den plastifizierten Stützen zu den noch elastischen Stützen hin verlagert, in Übereinstimmung mit den Grundsätzen der Momentenumverteilung. Hat sich aber im Teilrahmen schon ein Fliessmechanismus, z.B. gemäss Bild 4.16, ausgebildet, so kann das bei einer Stütze vergrösserte Moment von den daran anschliessenden plastifizierten Riegeln nicht mehr aufgenommen werden. Daher bedeutet eine Reduktion der Momente in den Stützen gemäss Gl.(4.66) normalerweise eine Reduktion des Tragwiderstandes. Da jedoch der Überfestigkeitsfaktor mindestens $\Phi_{o,ideal} \approx 1.4$ beträgt (vgl. 4.4.2f), erscheinen in einem Teilrahmen 10% Reduktion an Tragwiderstand zulässig.

Die Interpretation der dritten Bedingung ist in Bild 4.31 veranschaulicht. Soll das Biegemoment M_1 in der Zugstütze reduziert werden, so muss gelten:

$$\Delta M_1 = (1.0 - R_m)M_1 \leq 0.1(M_1 + M_2 + M_3 + M_4) \qquad (4.67)$$

Die Momente in den Stützen wurden dabei gemäss Gl.(4.65) ermittelt.

Aufgrund dieser Momentenreduktionen werden in Aussenstützen von symmetrischen Rahmen (vgl. Bild 4.31) die Bewehrungsanforderugen für den Fall Zug (Stütze 1) etwa gleich wie diejenigen für den Fall Druck (Stütze 4).

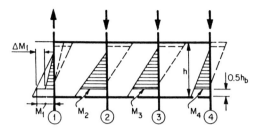

Bild 4.31: Reduktion des Bemessungsmomentes in einer Zugstütze

4.5.7 Bemessungsquerkräfte

a) Querkraft in den Stützen der oberen Stockwerke

Die Bemessungsquerkräfte in den Stützen können als Ableitung der Biegemomente ermittelt werden. Die Mindestquerkraft, die betrachtet werden muss, ergibt sich daher aus $\Phi_o M_E$ in Bild 4.27. Als Reserve für eine ungleichmässige Momentenverteilung auf die Stützen ober- und unterhalb eines Riegels wird dieser Wert um 20% erhöht. Ferner soll ein Schubversagen vor einem Biegeversagen unbedingt verhindert werden, was eine weitere Erhöhung nahelegt. Deshalb beträgt gemäss [X3] die zusammen mit der Bemessungsnormalkraft P_u bei der entsprechenden Erdbebenrichtung anzunehmende Bemessungsquerkraft mindestens:

$$V_{col} = 1.3\Phi_o V_E \tag{4.68}$$

Mit dem Minimalwert von $\Phi_o \approx 1.4$ muss daher im allgemeinen der Schubwiderstand einer Stütze mindestens der Querkraft $1.8V_E$ entsprechen.

b) Querkraft in den Erdgeschossstützen

Diese Querkräfte müssen die Biegeüberfestigkeit im plastischen Gelenk am Stützenfuss, $M_{o,unten}$, berücksichtigen. Ist diese wie vor allem bei grösserer Normaldruckkraft sehr gross, so kann der Momentengradient sehr wohl den für Gl.(4.68) angenommenen Wert überschreiten. Daher ist für Stützen im Erdgeschoss die folgende Bemessungsquerkraft anzunehmen:

$$V_{col} = \frac{M_{o,unten} + 1.3\Phi_o M_{E,oben}}{l_n + 0.5h_b} \tag{4.69}$$

$M_{o,unten}$: Biegewiderstand bei Überfestigkeit am Stützenfuss
$M_{E,oben}$: Biegemoment am Stützenkopf auf der Achse des Riegels infolge der Ersatzkräfte
l_n : Lichte Höhe der Erdgeschossstütze (vgl. Bild 4.27)
h_b : Höhe des Riegels

c) Querkraft in den Stützen räumlicher Rahmen

Bei räumlichen Rahmen kann die Erdbebeneinwirkung eine beliebige Richtung haben. Der Schubwiderstand von symmetrisch bewehrten quadratischen Stützen ist in

allen Richtungen gleich. Wird nun vorausgesetzt, dass die beiden in die Stütze laufenden Riegel den gleichen Biegewiderstand haben, so beträgt die induzierte Querkraft höchstens $\sqrt{2}$mal diejenige des ebenen Rahmens. Unter Berücksichtigung der
beschränkten Wahrscheinlichkeit des in beiden Richtungen gleichzeitigen Auftretens der Umstände, die mit den Faktoren Φ_o, ω und der Vergrösserung des Momentengradienten um 20% erfasst wurden, werden für räumliche Rahmen statt dem
$\sqrt{2}$-fachen der ebenen Rahmen ($\sqrt{2} \cdot 1.3 = 1.84$) folgende Werte verwendet:

In den Stützen der oberen Stockwerke:

$$V_{col} = 1.6\Phi_o V_E \qquad\qquad (4.70)$$

In den Erdgeschossstützen:

$$V_{col} = \frac{M_{o,unten} + 1.5\Phi_o M_{E,oben}}{l_n + 0.5h_b} \qquad\qquad (4.71)$$

Diese Querkräfte werden bei den separaten Betrachtungen in den beiden Hauptrichtungen verwendet.

d) Querkraft in den Stützen des obersten Stockwerkes

Die Schubbeanspruchung der Stützen des obersten Geschosses, in denen die Bildung
von Fliessgelenken vor dem Fliessen der Riegel zugelassen wird, kann mit den Gleichungen (4.69) bzw. (4.71) ermittelt werden. Wird die gleichzeitige Ausbildung von
Fliessgelenken an beiden Stützenenden erlaubt, so kann die Querkraftbemessung
gleich wie bei Riegeln durchgeführt werden (vgl. 4.4.3).

4.5.8 Zusammenfassung des Vorgehens zur Bestimmung der Bemessungsschnittkräfte in Stützen

Zur Erleichterung der Übersicht wird das Vorgehen bei der Bemessung von Stützen
kurz zusammengefasst:

1. Elastische Ermittlung der erdbebeninduzierten Biegemomente M_E infolge horizontaler Ersatzkräfte für den ganzen Rahmen.

2. Überlagerung der Biegemomente infolge Schwerelasten mit den oben ermittelten Momenten M_E unter Berücksichtigung der entsprechenden Lastfaktoren gemäss Abschnit 4.3.1. Durchführung der Momentenumverteilung in allen
   Spannweiten sämtlicher Teilrahmen gemäss Abschnitt 4.3.2.

3. Biegebemessung der massgebenden Riegelquerschnitte und konstruktive
   Durchbildung der Biegebewehrung in den Riegeln gemäss Abschnitt 4.4.2.

4. Berechnung der Biegeüberfestigkeit der potentiellen Fliessgelenke jeder
   Spannweite und für beide Beanspruchungsrichtungen. Ausgehend von den Momentendiagrammen Bestimmung der entsprechenden Riegel-Überfestigkeits-
   momente in den Stützenachsen (vgl. Bild 4.111). Anschliessend Ermittlung
   der zugehörigen erdbebeninduzierten Querkräfte $V_{o,E}$ in den Riegeln für jede
   Spannweite gemäss Abschnitt 4.4.3a.

5. Bestimmung des Riegel-Überfestigkeitsfaktors Φ_o der Riegel in jeder Stützenachse und für beide Richtungen gemäss den Abschnitten 4.4.2f und 4.5.3. Die festen Werte für Φ_o betragen:

   a) Am Fuss der Erdgeschossstützen: $\Phi_o = 1.4$

   b) Bei der Decke über dem Dachgeschoss: $\Phi_o = 1.1$

   c) Bei allen anderen Decken, unter denen die Stützen gemäss der elastischen Berechnung keine Wendepunkte aufweisen: $\Phi_o = 1.4$

6. Bestimmung des dynamischen Vergrösserungsfaktors für das Biegemoment in den Stützen ω gemäss Tabelle von Bild 4.24, ausgehend von der ersten Eigenschwingzeit. Folgende Ausnahmen sind zu beachten:

   a) Am Fuss des Erdgeschosses und bei der Decke über dem Dachgeschoss gelten $\omega = 1.0$ für ebene bzw. $\omega = 1.1$ für räumliche Rahmensysteme.

   b) Bei der zweitobersten Decke gelten $\omega = 1.3$ für ebene bzw. $\omega = 1.5$ für räumliche Rahmensysteme.

   c) Für Stockwerke innerhalb der untersten 30% der Rahmenhöhe können die Werte ω zwischen dem minimalen Wert am Kopf des Erdgeschosses (1.3 bzw. 1.5) und demjenigen gemäss der Tabelle von Bild 4.24 für $0.3H$ interpoliert werden.

   d) Für Rahmen, in denen die elastische Berechnung mit den horizontalen Ersatzkräften keine Momentennullpunkte in den Stützen ergibt, wird der Minimalwert für ω linear bis zum vollen, in der Tabelle von Bild 4.24 für die erste Decke über einem Momentennullpunkt gegebenen Wert erhöht.

7. Ermittlung der erdbebeninduzierten Normalkräfte $P_{o,E}$ in den Stützen gemäss Abschnitt 4.5.5 für jedes Geschoss, wobei der Reduktionsfaktor R_v der Tabelle von Bild 4.26 entnommen werden kann, sowie Ermittlung der *Bemessungsnormalkräfte* P_u für jede Stütze für die massgebenden Kombinationen der Einwirkungen.

8. Ermittlung der massgebenden *Bemessungsquerkräfte* V_{col} der Stützen in einem oberen Geschoss bzw. im Erdgeschoss gemäss Abschnitt 4.5.7. Damit kann die Querkraftbewehrung in den Stützen bemessen werden.

9. Ermittlung der massgebenden, zusammen mit der Normalkraft P_u wirkenden *Bemessungsmomente* M_{col} bzw. $M_{col,red}$ der Stützen auf der Höhe der Ober- bzw. Unterkante der Riegel gemäss Abschnitt 4.5.6, wobei für Stützen mit kleiner Druckkraft oder kleiner Zugkraft der Reduktionsfaktor R_m der Tabelle von Bild 4.30 entnommen werden kann. Damit kann die erforderliche Vertikalbewehrung ermittelt werden.

4.5.9   Vertikalbewehrung

a) Allgemeine Regeln

Die meisten Normen begrenzen den Gehalt an Vertikalbewehrung in Stützen mit Erdbebenbeanspruchung auf $0.8\% \leq \rho_t \leq 6\%$, dabei ist $\rho_t = A_{st}/A_g$ und A_{st} der Querschnitt der gesamten Vertikalbewehrung. Aus praktischen Gründen (Bewehrungsstösse) sollte jedoch eine allzu starke Anhäufung von Bewehrung vermieden und $\rho_t = 3\%$ nicht überschritten werden. Um die Verschiebungen infolge Erdbebenbeanspruchungen auf das erforderliche Mass zu begrenzen, sind relativ gedrungene Stützen erforderlich, und ρ_t liegt meist zwischen 1% und 3%.

Da in den oberen Geschossen gemäss der Methode der Kapazitätsbemessung in den Stützen keine Fliessgelenke entstehen, kann hochfester Bewehrungsstahl bis S500 verwendet werden. Am Fuss der Stützen des Erdgeschosses werden dagegen grosse Duktilitätsanforderungen gestellt. Dort muss die Biegeüberfestigkeit $M_{o,unten}$ ermittelt werden, um sicherzustellen, dass die maximale Querkraft gemäss Gl.(4.69) bzw. (4.71) nicht unterschätzt wird.

Die verschiedenen Fragen zur Verankerung von Bewehrungsstäben in Rahmenknoten werden in 4.7.3 behandelt. Damit der Verbund der durch die inneren Rahmenknoten laufenden Stäbe gewährleistet ist, hat die Stützenbreite (in der Rahmenebene) im allgemeinen mindestens den 25-fachen Durchmesser der Riegelbewehrung zu betragen. Dieses Kriterium bestimmt die Stützenabmessungen in Rahmen von mittlerer Höhe. So muss bei der Verwendung von Stäben mit 24 mm Durchmesser ($f_y = 275 \, N/mm^2$) die Stütze 600 mm breit sein, wenn direkt bei der Stütze Fliessgelenke entstehen sollen (vgl. Bild 4.68).

Bei der Wahl von Stabanzahl und -durchmesser sollen neben den Aspekten der Wirtschaftlichkeit und Ausführbarkeit zur Sicherstellung des Tragwiderstandes die folgenden Punkte beachtet werden:

1. Für eine wirksame Umschnürung der Stützenendbereiche sind die Längsstäbe mit relativ engem Abstand über den ganzen Stützenumfang anzuordnen (vgl. 3.2.3b). Der Stababstand soll 200 mm bzw. einen Drittel der Querschnittsseitenlänge bei rechteckigen Stützen bzw. einen Drittel des Durchmessers bei runden Stützen nicht überschreiten.

2. Längsstäbe zwischen den Eckstäben (vgl. Bild 4.36) dienen als vertikale Schubbewehrung im Knoten, und falls sie nicht vorhanden sind, muss eine andere Schubbewehrung vorgesehen werden (vgl. 4.7.4).

3. Aus den obigen beiden Punkten resultiert eine ziemlich gleichförmige Bewehrung von möglichst einheitlichem Durchmesser entlang des Umfangs der Stütze. Die Anordnung von Bewehrungsbündeln in den vier Stützenecken gemäss Bild 4.32a, um damit ein gegenüber der gleichmässigen Verteilung grösseres Biegemoment aufnehmen zu können, ist nicht erwünscht.

4. Die Abstufung der Vertikalbewehrung entsprechend dem Momentendiagramm ist in Stützen nicht zweckmässig. Vielmehr sollen alle Stäbe über die gesamte Stockwerkhöhe laufen, und sie müssen dementsprechend gestossen werden. Bewehrungsstösse durch Verbund gemäss Bild 4.32b und c sowie geschweisste

und mechanische Stösse sind zulässig, wobei beim Entwurf dafür genügend Platz vorzusehen ist.

Bewehrungsstösse in Rechteckstützen sollen so ausgebildet werden, dass die Stosszone durch Bügel oder Verbindungsstäbe gemäss Bild 4.32b gehalten ist, die die gestossenen Stäbe umfassen und die möglichen Rissebenen (vgl. Bild 3.24a) durchdringen. Die oberen (oder unteren) Vertikalstäbe werden am besten gemäss Bild 3.24b mit Abkröpfungen versehen. In runden Stützen können die zu stossenden Stäbe tangential gemäss Bild 4.32c angeordnet werden. Spiralbewehrung oder kreisförmige Bügel ermöglichen die Übertragung von Verbundkräften nach der Entstehung von Rissen zwischen den gestossenen Stäben (siehe auch 3.4.2).

5. Um die Verankerung von Stützenbewehrung im Knoten zu gewährleisten, sind die Beschränkungen für die Durchmesser gemäss 4.7.4h zu beachten.

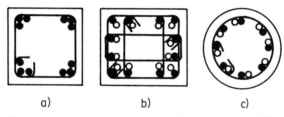

a)   b)   c)

Bild 4.32: Typische Bewehrungsanordnung in Bündeln a) und bei Bewehrungsstössen b), c)

b) Anordnung der Bewehrungsstösse

Bei der Anordnung der Bewehrungsstösse sind die folgenden Punkte zu beachten:

In *Stützen mit plastischen Gelenken* muss in den Gelenkzonen mit Fliessen und allfälliger Verfestigung der Bewehrung unter Zug- und Druckbeanspruchung gerechnet werden. Bewehrungsstösse sind daher nicht in solche Zonen zu legen [P19]. Im Erdgeschoss werden am Stützenfuss Fliessgelenke erwartet. In den meisten Fällen kann der Bewehrungskorb aus dem Untergeschoss durch das Erdgeschoss hindurch bis über die nächste Decke gezogen und erst dort gestossen werden. Eine andere Möglichkeit besteht in der Anordnung der Bewehrungsstösse auf halber Höhe der Erdgeschossstützen.

Wird in den Gelenkzonen die Umschnürungsbewehrung gemäss Abschnitt 3.3.2a ausgebildet, so kann dort zwar im allgemeinen der Tragwiderstand von Stössen auch unter hoher zyklischer Beanspruchung aufrecht erhalten werden. Die Fliesszone beschränkt sich jedoch in solchen Fällen auf einen Bereich am Ende des eigentlichen Stosses auf der Seite des grösseren Momentes (Einspannquerschnitt) [P19]. Damit wird das Gelenk relativ kurz, und die erforderlichen grossen Krümmungsduktilitäten können zum Bruch von Bewehrungsstäben führen. Speziell bei Stäben grosser Durchmesser können die Stösse in Stützen nach wenigen Beanspruchungen bis in den plastischen Bereich auch infolge zunehmender Zerstörung des Verbundes, vor

Bild 4.33: Versagensbilder von Stützen mit Stössen in den Endbereichen

allem zwischen den gestossenen Stäben, versagen. Bild 4.33 zeigt typische Versagensbilder an Versuchskörpern [P19].

In *Stützen ohne plastische Gelenke*, wie in den oberen Stockwerken, ausgenommen zuoberst, dürfen Stösse an beliebiger Stelle angeordnet werden, üblicherweise direkt über den Geschossdecken. In der Stosszone ist jedoch ebenfalls eine Querbewehrung gemäss Abschnitt 3.4.2 erforderlich, um einen genügenden Tragwiderstand des Stosses zu erreichen. Die Möglichkeit, die Vertikalbewehrung von Stützen wie bei Rahmen mit dominierenden Schwerelasten jeweils am Stützenfuss zu stossen, ist ein besonderer Vorteil der Methode der Kapaziätsbemessung.

4.5.10   Querbewehrung

a) Stützenbereiche

Bei der Festlegung der Querbewehrung in Stützen muss im allgemeinen zwischen den folgenden Stützenbereichen unterschieden werden (Bild 4.34):

- *Gelenkbereiche* am Fuss und Kopf von Stützen mit plastischen Gelenken
- *Bereiche anschliessend an die Gelenkbereiche* von Stützen mit plastischen Gelenken (nur für Umschnürung benötigt)
- *Endbereiche* am Fuss und Kopf von Stützen ohne plastische Gelenke
- *Übrige Bereiche* im mittleren Teil der Stützen

Gelenkbereiche, Bereiche anschliessend an die Gelenkbereiche und Endbereiche haben die Länge l_o, die gemäss den nachfolgend dargestellten Überlegungen festgelegt wird.

Als Folge der starken Abnahme des Biegemomentes gegen die Stützenmitte hin ist die Länge eines plastischen Gelenkes, d.h. die Gelenkzone, in den Stützen im allgemeinen kleiner als in den Riegeln. Daher ist auch die Fliesszone in der Bewehrung beschränkt.

Ist die Normalkraft in einer Stütze gross, so ist in den Gelenkzonen eine beachtliche Umschnürungsbewehrung erforderlich. Sie erhöht gemäss Bild 3.20 den Betontragwiderstand und deshalb den Biegewiderstand des Einspannquerschnitts erheblich. Daher kann der Tragwiderstand der Stütze in einem weiter von der Einspannung entfernten Querschnitt wegen der dort geringeren Umschnürung sogar überschritten werden. Gemäss den Versuchsergebnissen [P8], [P52], [G1] sind deshalb in Stützen mit Normalkräften $P_u > 0.3 f'_c A_g$ die umschnürten Zonen länger auszuführen.

Die *Länge des Gelenkbereiches* bzw. *des Endbereiches* l_o am Fuss oder Kopf einer Stütze, gemessen ab dem Einspannquerschnitt, ist wie folgt definiert (vgl. Bild 4.34):

1. Für $P_u < 0.3 f'_c A_g$ mindestens die grössere Seitenlänge h bei rechteckigen bzw. des Durchmessers bei runden Stützen und mindestens bis zum Punkt mit $M = 0.8 M_o$. M_o ist das Überfestigkeitsmoment am Stützenfuss.

2. Für $P_u > 0.3 f'_c A_g$ mindestens das 1.5-fache der grösseren Seitenlänge h bei rechteckigen bzw. des Durchmessers bei runden Stützen und mindestens bis zum Punkt mit $M = 0.7 M_o$.

Der für die Anwendung dieser Regeln erforderliche, von der elastischen Ersatzkraftberechnung unter Umständen erheblich abweichende Verlauf des Stützenbiegemomentes (vgl. Beispiel in Bild 4.23) kann folgendermassen angenähert werden:

o Wird im Erdgeschoss ein Momentennullpunkt erwartet, so soll ausgehend vom Überfestigkeitsmoment M_o am Stützenfuss eine lineare Abnahme bis auf Null am Stützenkopf angenommen werden. Dieser Verlauf ist in Bild 4.34 mit $M_{Erdbeben}$ bezeichnet.

o In Stützen mit vorwiegendem Kragarmverhalten (vgl. Bild 4.29) wird, wiederum ausgehend von M_o am Stützenfuss, ein Momentengradient von 80% desjenigen von M_E aus der elastischen Berechnung für die Ersatzkräfte angenommen. In solchen Fällen umfasst die Länge l_o einen beträchtlichen Teil der Erdgeschosshöhe.

Die *Länge der Bereiche anschliessend an die Gelenkbereiche* l'_o wird zu l_o angenommen.

b) Schubbemessung

Für die Schubbemessung der Stützen, d.h. für die Bemessung für schrägen Druck und schrägen Zug infolge Querkraft, gelten ähnliche Regeln wie für die Schubbemessung von Riegeln (vgl. 4.4.3b bzw. 3.3.3a). Auch in den Stützen ist ein Teil bis die ganze Querkraft V_{col} durch Schubbewehrung aufzunehmen. Wie bei den Riegeln sind in den Bereichen potentieller plastischer Gelenke spezielle, von den für elastisch bleibende Stützenbereiche abweichende Regeln zu beachten. Die Regeln für die maximalen Abstände der Schubbewehrung sind jedoch im allgemeinen weniger einschränkend als diejenigen für eine Umschnürungsbewehrung.

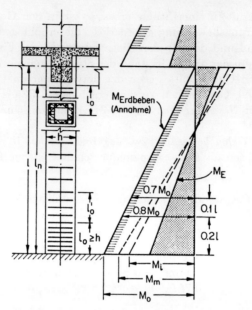

Bild 4.34: Definition der Stützenbereiche am Fuss einer Stütze

1. Gelenkbereiche

In den Gelenkbereichen von Stützen mit plastischen Gelenken darf gemäss Gl.(3.42) nur ein reduzierter Beitrag des Betons v_c an den Schubwiderstand in Rechnung gestellt werden. Die für den Schubwiderstand erforderliche Bügelbewehrung kann gemäss Gl.(3.44) ermittelt werden. Infolge der regelmässigen Anordnung der Vertikalbewehrung auf dem Stützenumfang und der vorhandenen Normalkraft ist der Widerstand gegen Gleitschub normalerweise genügend. Es ist daher in den Stützen auch in den potentiellen Gelenkbereichen keine Diagonalbewehrung, wie sie in 3.3.3b für Riegel behandelt wurde, erforderlich.

2. Andere Bereiche

In allen andern Bereichen von Stützen mit plastischen Gelenken sowie in sämtlichen Bereichen von Stützen ohne plastische Gelenke darf eine verminderte Schubbewehrung eingelegt und der Beitrag des Betons an den Schubwiderstand nach den üblichen Normenregeln berücksichtigt werden.

Stützen erdbebenbeanspruchter Rahmen unterliegen wesentlichen Querkraftbeanspruchungen, weshalb sowohl in den Gelenkbereichen als auch in den anderen Bereichen die vertikalen Abstände der horizontalen Schubbewehrung die folgenden Werte nicht überschreiten sollen:

   a) $0.50d$ für $P_u/(f'_c A_g) < 0.12$

   b) $0.75h$ für $P_u/(f'_c A_g) > 0.12$

   c)   600 mm

   d)   die Hälfte der obigen Werte, falls $v_i - v_c > 0.07 f'_c$.

c) Umschnürung des Betons

1. Gelenkbereiche

In den Gelenkbereichen von Stützen mit plastischen Gelenken, besonders in Erdgeschossstützen, ist eine wirksame Umschnürungsbewehrung von grosser Bedeutung, um die erforderliche Rotationsduktiltät zu gewährleisten, speziell wenn wesentliche Normalkräfte vorhanden sind (vgl. 3.3.2a). Es sind folgende Regeln zu beachten:

1. Das Volumenverhältnis ρ_s der Spiral- oder Kreisbügelbewehrung in runden Stützen bzw. die gesamte Querschnittsfläche A_{sh} von Bügeln und Verbindungsstäben mit Haken in jeder Hauptrichtung von rechteckigen Stützen ist gemäss den Gleichungen (3.25) bis (3.29) zu ermitteln.

2. Die vertikalen Achsabstände s_h der Umschnürungsbewehrung (Spiralbewehrung oder Kreisbügel bzw. Bügel und Verbindungsstäbe) dürfen folgende Werte nicht überschreiten:

   a) 1/4 der kleinsten Querschnittsabmessung
   b) 6-facher Vertikalstabdurchmesser
   c) 200 mm.

Diese Bedingungen gewährleisten eine wirksame Umschnürung des Betons und die Ausbildung von Stützgewölben zwischen den Bügeln. Bei grossen Abständen verkleinert sich der effektiv umschnürte Betonkern infolge der grösseren ausbrechenden, nicht umschnürten Betonteile ausserhalb der Stützgewölbe. Daher darf der Abstand in grossen Querschnitten grösser gewählt werden. Die Bedingung b) soll sicherstellen, dass die Vertikalstäbe unter wechselnder Zug- und Druckbeanspruchung bis in den Fliessbereich nicht ausknicken (vgl. 4.4.5.4).

3. Der horizontale Achsabstand der umfassten Vertikalbewehrungsstäbe in Rechteckquerschnitten soll folgende Werte nicht unterschreiten:

   a) 1/3 der Querschnittsabmessung in Richtung des Abstandes
   b) 200 mm

In den meisten Fällen genügt in Rechteckquerschnitten ein einziger aussenliegender Bügel nicht zur Umschnürung des Betons. Deshalb sind weitere übergreifende Bügel oder Verbindungsstäbe erforderlich. Bei letzteren müssen die Haken die Vertikalstäbe bzw. den äusseren Bügel eng umfassen (vgl. Bild 4.35a und b), was zu Problemen bei der Montage sowie bezüglich Masstoleranzen führen kann. Hohlräume zwischen der Innenseite der Verbindungsstäbe und dem Längsstab bzw. dem Bügel erlauben eine sehr ungünstige Bewegung des inneren Betons, bevor die Umschnürung zu wirken beginnt.

Daher scheint die Verwendung von verschiedenen sich übergreifenden Bügeln die zuverlässigere und einfachere Lösung zu sein (vgl. Bilder 4.35c und d sowie Bild 4.36). Dabei ist, vor allem aus Gründen der einfacheren Verlegbarkeit, ein grosser, alle Längsstäbe umfassender Bügel zusammen mit mehreren kleinen, je einige wenige Stäbe einschliessenden Bügeln am besten. Diese Ausführung gemäss Bild 4.35c ist derjenigen gemäss Bild 4.35d mit zwei sich

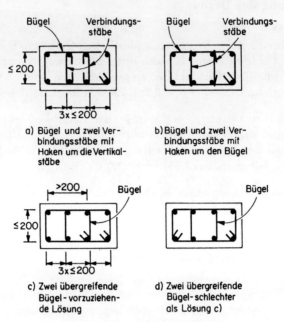

Bild 4.35: Bewehrungsbeispiele für Stützen mit Bügeln und Verbindungsstäben

übergreifenden verschobenen Bügeln, die je sechs Stäbe umfassen, vorzuziehen. Bild 4.36 zeigt typische Lösungen mit mehreren übergreifenden Bügeln für eine grössere Anzahl von Längsstäben. Es ist zu beachten, dass der in Bild 4.36b um 45° gedrehte Bügel in der Mitte jeder Stützenseite einen Anteil an A_{sh} gemäss Gleichung (3.28) leistet, indem die Kraftkomponente in der entsprechenden Richtung dort berücksichtigt wird. Ein Bügel unter 45° kann bei der Ermittlung von A_{sh} als $1/\sqrt{2}$ mal die entsprechende Fläche eines rechtwinklig zur Stützenseite verlaufenden Verbindungsstabes eingeführt werden. Für Bild 4.36b wird daher $A_{sh} = 5.41A_{te}$, wobei A_{te} der Bügelquerschnitt ist.

2. Bereiche anschliessend an die Gelenkbereiche
In den Bereichen anschliessend an die Gelenkbereiche von Stützen mit plastischen

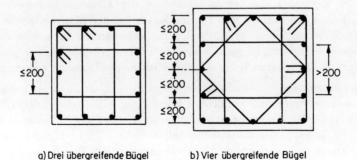

a) Drei übergreifende Bügel   b) Vier übergreifende Bügel

Bild 4.36: Bewehrungsbeispiele mit übergreifenden Bügeln

Gelenken kann die Umschnürungsbewehrung reduziert werden, da dort keine plastischen Verformungen zu erwarten sind. Dies wird durch die Einhaltung der folgenden
Regeln über einen Stützenabschnitt $l'_o = l_o$ erreicht (vgl. Bild 4.34):

1. Die Querbewehrung hat mindestens die Hälfte der gemäss Gl.(3.25) bzw.
   (3.28) erforderlichen Umschnürungsbewehrung zu betragen.

2. Der vertikale Bügelabstand soll den kleinsten der folgenden Werte nicht
   überschreiten:

   a)   1/2 der kleineren Seitenlänge des Rechteckquerschnittes
        bzw. des Durchmessers der Stütze

   b)   den 12-fachen Durchmesser der Längsbewehrung

   c)   400 mm

3. Endbereiche der Stützen ohne plastische Gelenke
In den oberen Stockwerken (alle Stockwerke über dem Erdgeschoss, jedoch ohne
oberstes Geschoss, sofern dort plastische Gelenke vorgesehen) haben die in 4.5.4 definierten dynamischen Vergrösserungsfaktoren der Momente den Zweck, das Entstehen von plastischen Gelenken in den Stützen zu vermeiden. Deshalb sind an die Endbereiche solcher Stützen (wenn überhaupt) nur geringe Duktilitätsanforderungen
zu stellen. Darum genügt hier die Hälfte der gemäss den Gleichungen (3.25) und
(3.28) ermittelten Umschnürungsbewehrung. Damit die Wirksamkeit dieser Bewehrung gewährleistet ist, sind jedoch die Abstandsregeln der vorangegangenen zwei
Abschnitte einzuhalten (vgl. Bilder 4.35 und 4.36).

4. Übrige Bereiche
Hier genügt das Einhalten der üblichen in Normen für Schwerelasten und
Windkräfte gegebenen Regeln für die Querbewehrung von Stützen.

d) Stabilisierung der Vertikalbewehrung

1. Gelenkbereiche und Endbereiche
In den Gelenkbereichen und Endbereichen ist eine Stabilisierungsbewehrung
gemäss 4.4.5 (Gl.(4.55) bzw. (4.56)) wie für Riegel vorzusehen. Dadurch wird die
Vertikalbewehrung seitlich gehalten, damit sie nicht ausknickt, besonders wenn
ein Fliessen dieser Bewehrung sowohl auf Zug als auch auf Druck eintritt. Es
muss jedoch nicht jeder Stab gehalten werden. Zwischen gehaltenen Stäben und
Stabbündeln brauchen solche, die weniger als 200 mm auseinanderliegen, nicht separat gehalten zu werden (Bild 4.36a). Ebenso brauchen Stäbe im Kern des Querschnitts, die mehr als 75 mm innerhalb des Bügels liegen, keine spezielle Abstützung.
Die Haken von Verbindungsstäben sollen satt um die Vertikalstäbe herumgeführt
werden. Die Lösung nach Bild 4.35b ist schwierig auszuführen und nicht zu empfehlen. Die Stabilisierungskraft soll gemäss Gl.(4.55) mindestens einen Sechzehntel
der Fliesskraft des Längsstabes betragen.

2. Andere Bereiche
In allen anderen Bereichen zwischen den Gelenkbereichen bzw. Endbereichen al-
ler Stützen richtet sich die seitliche Halterung der Vertikalstäbe nach den üblichen
Regeln der Normen [A1], [X3]. Für den Bügelabstand ist jedoch der relativ grosse

erforderliche Schubwiderstand und die Umschnürung des Betons meistens massgebend.

e) Querbewehrung in den Stossbereichen

In den Zonen der Übergreifungsstösse wird eine Querbewehrung gemäss 3.4.4 vorgesehen. Sind die Stösse in oberen Stockwerken in den Endbereichen der Stützen angeordnet, so genügt meistens die Querbewehrung für Querkraft bzw. Umschnürung des Betons auch für die Aufnahme der Spreizkräfte im Bereich der Stösse. Es muss aber nochmals betont werden, dass Stösse nur in den Endbereichen der Stützen liegen dürfen, wenn diese gemäss 4.5.1 so dimensioniert werden, dass sie elastisch bleiben. Im Falle von Fliessgelenken in den Stützen ist der Stoss in die Stützenmitte zu legen.

f) Massgebende Querbewehrung

In den vorangehenden Abschnitten wurden zur Bestimmung der erforderlichen Querbewehrung in Stützen vier verschiedene Kriterien betrachtet, nämlich Schubwiderstand, Umschnürung des Betons, Stabilisierung der Vertikalbewehrung und Spreizkräfte in den Stossbereichen. In allen diesen Fällen müssen Bügel oder Verbindungsstäbe Kräfte quer zur Stützenachse bewirken, um ein bestimmtes gewünschtes Verhalten zu erreichen. Die grösste dieser Kräfte bestimmt den erforderlichen Betrag an Querbewehrung. Die Anforderungen aus den genannten vier Kriterien müssen somit nicht überlagert werden.

4.6 Stabilität der Rahmen

4.6.1 P-Δ-Effekt

Da die Rahmen hoher Gebäude relativ weich sind, können die Horizontalverschiebungen infolge Wind, meist ausgedrückt durch die Stockwerkverschiebung, erheblich sein. Sie werden deshalb beschränkt, einerseits um Schäden an nichttragenden Teilen zu vermeiden, andererseits aus Gründen der Behaglichkeit der Benutzer. Ein typischer zulässiger Wert unter Gebrauchslasten ist 1/500, d.h. 0.2% der Stockwerkhöhe.

Die horizontale Verschiebung Δ jedes Stockwerkes bewirkt ein zusätzliches Kippmoment, da sich die oberhalb des betrachteten Stockwerkes angreifenden Vertikallasten P ebenfalls verschieben. Daher entsteht zusätzlich zu dem durch die horizontalen Kräfte erzeugten Kippmoment durch den Einfluss 2. Ordnung ein sekundäres Moment $P \cdot \Delta$. Dieses bewirkt seinerseits weitere Verschiebungen etc., was unter Umständen zu Instabilität und Kollaps führen kann.

Dieses nichtlineare Verhalten von elastischen Rahmen wird P-Δ-Effekt genannt und kann mit Hilfe verschiedener Methoden 2. Ordnung abgeschätzt werden [C2]. So können die Verschiebungen Δ und die zugehörigen Momente iterativ ermittelt werden, bis das Gleichgewicht erreicht ist. Da sich der Rahmen elastisch verhält, können die Verschiebungen Δ gut vorausgesagt werden. Für praktische Zwecke existieren auch verschiedene Näherungsmethoden.

Die Schwierigkeit bei der Behandlung der Stabilität unter Erdbebeneinwirkungen rührt von der Abschätzung des Wertes Δ her. Die Fähigkeit von Rahmen, schwere Erdbeben zu überstehen, beruht auf der Energiedissipation in plastischen Gelenken, die mit wesentlichen inelastischen Verschiebungen verbunden ist. Die dabei auftretenden sekundären Momente $P \cdot \Delta$ können nicht zum voraus ermittelt werden. Die beste Lösung besteht darin, aus der während eines schweren Erdbebens erforderlichen Verschiebeduktilität die Grössenordnung von Δ zu schätzen.

Im Zusammenhang mit dem P-Δ-Effekt bei Rahmen unter Erdbebeneinwirkung sollte man sich im klaren sein, dass ein Erdbeben primär Verschiebungen und nicht horizontale Kräfte erzeugt. Die dabei auftretenden Kräfte sind zwar eine Folge von Beschleunigungen, sie hängen beim inelastischen Verhalten aber auch stark vom Tragwiderstand der Struktur gegen horizontale Verschiebungen ab, und sie sind keine äusseren, festen Kräfte. Ohne Einflüsse zweiter Ordnung kann der Widerstand gegen Horizontalkräfte voll zur Dissipation von Schwingungsenergie mobilisiert werden. Der P-Δ-Effekt bewirkt jedoch eine *Abnahme des noch für die Erdbebeneinwirkung* bzw. für die Energiedissipation *verfügbaren horizontalen Tragwiderstandes* (vgl. Abschnitt 2.2.7d). Die Hysterese-Dämpfung in der Struktur wird somit reduziert.

Die aus Abschätzungen für das inelastische Verhalten erhaltenen Werte für die Verschiebungen Δ mögen wohl sehr gross erscheinen, es ist jedoch zu beachten, dass es sich dabei um Momentanwerte für den Maximalausschlag handelt.

Die Einflüsse zweiter Ordnung sind für elastische Strukturen relativ gut bekannt [C2]. Für den Fall des inelastischen Verhaltens ist jedoch noch wenig Wissen vorhanden [P9], [M3]. Deshalb wird dieses Problem im folgenden ausführlicher behandelt, als es seinem Stellenwert eigentlich entsprechen würde, da dieser Effekt für die Bemessung von Rahmen im Zusammenhang dieses Buches *selten massgebend* wird.

Die beiden für den Ingenieur wichtigen Fragen lauten:

1. Wann sind sekundäre Momente infolge von P-Δ-Effekten bei der seismischen Bemessung massgebend?

2. Falls P-Δ-Effekte massgebend werden, in welcher Weise soll die Struktur modifiziert werden? Durch Erhöhung der Steifigkeit, um die Verschiebungen zu verkleinern, oder durch Erhöhung des Tragwiderstandes, um die vergrösserten Biegemomente aufzunehmen und den Widerstand gegen horizontale Kräfte sowie die Fähigkeit zur Energiedissipation voll zu erhalten?

4.6.2 Übliche Berechnungsmethoden

Die meisten Normen geben keine genauere Anleitung zur Berücksichtigung des P-Δ-Effektes, sondern verweisen auf die Ingenieurpraxis [X4]. Dabei ist es allgemein üblich, für Δ ein Mehrfaches der elastischen Verschiebungen anzusetzen, um die notwendige Duktilität zu gewährleisten.

In [X6] wird für die Ermittlung der Stockwerkverschiebung unter Berücksichtigung des P-Δ-Effektes die folgende Formel vorgeschlagen:

$$\Delta = \mu_\Delta \frac{\Delta_y}{(1 - \theta)} \qquad (4.72)$$

Darin sind Δ_y die Verschiebung beim Fliessbeginn unter den horizontalen Ersatzkräften, μ_Δ die geschätzte Stockwerk-Verschiebeduktilität (vgl. 3.1.4) und θ ein Koeffizient ähnlich dem Stabilitätsindex von Gl.(4.73). Die (elastische) Verschiebung Δ_y wird also durch den Faktor $1/(1 - \theta)$ vergrössert, um den Einfluss zweiter Ordnung zu berücksichtigen. Beträgt Δ weniger als 1.0 bis 1.5% der Stockwerkhöhe, so sind keine weiteren Massnahmen erforderlich [X3].

Für Stahlrahmen wird gelegentlich empfohlen, den Tragwiderstand so zu erhöhen, dass die zusätzlichen Momente $P \cdot \Delta$ aufgenommen werden können, falls das Moment $P \cdot \Delta$ aus der Bemessungsnormalkraft P der Stütze (ohne erdbebeninduzierte Normalkräfte) und der Stockwerkverschiebung Δ beim Fliessbeginn 5% des plastischen Momentes des in die Stütze mündenden Riegels übersteigt. Diese Regel toleriert eine Verminderung des Riegeltragwiderstandes gegen horizontale Kräfte um 20%, wenn die Verschiebeduktilität des Stockwerkes $\mu_\Delta = 4$ beträgt.

Obwohl die Normen die Aufmerksamkeit des Ingenieurs auf die Stützen lenken, sind hier die Einflüsse auf die Riegel von primärem Interesse, da den Stützen bei der Kapazitätsbemessung beachtliche Widerstandsreserven zugeordnet werden [A2].

Bertero und Popov [B2] stellten in Versuchen an duktilen Betonteilrahmen den grossen Einfluss der Überlagerung der Effekte von Steifigkeits- und Widerstandsabnahme als Folge einer inelastischen zyklischen Beanspruchung mit Beanspruchungsumkehr und der P-Δ-Momente fest. Die Versuchskörper zeigten bei einer Verschiebeduktilität $\mu_\Delta = 4$ eine Abnahme des Stockwerk-Querkraftwiderstandes um 40% infolge der P-Δ-Momente. Dies kann natürlich zu vorzeitigem Versagen eines Rahmens führen. Ein grosser Teil der aufgetretenen erheblichen Verformungen (5% der Stockwerkhöhe) entstand jedoch aus einer drastischen Verschlechterung des Verbundes der Biegebewehrung im Bereich der Rahmenknoten und einem entsprechend starken Schlupf. Die Folgerung aus diesen Versuchen war die Forderung nach Berücksichtigung des P-Δ-Effektes bei Gebäuden mittlerer Höhe und insbesondere nach einer Begrenzung der maximalen Stockwerkverschiebungen durch Begrenzung der bei der Bemessung verwendeten Verschiebeduktilität.

4.6.3   Stabilitätsindex

Zur quantifizierbaren Beurteilung der P-Δ-Effekte kann der Stabilitätsindex Q_a berechnet werden [A1]:

$$Q_a = \frac{\Sigma P_u \, \Delta_y}{V_j l_c} \qquad (4.73)$$

Dabei ist ΣP_u die gesamte vertikale Normalkraft auf dem ebenen Teilrahmen, V_j ist die Stockwerkquerkraft, l_c die Stockwerkhöhe und Δ_y die (elastische) Verschiebung 1. Ordnung des Rahmens infolge von V_j.

Für $Q_a < 0.04$ beträgt das P-Δ-Moment weniger als 5% der Momente erster Ordnung, und der Rahmen kann diesbezüglich als unproblematisch betrachtet werden [A1]. Für den Bereich $0.0475 < Q_a < 0.22$ haben MacGregor und Hage [M6] gezeigt, dass die Momente 2. Ordnung mit genügender Genauigkeit direkt aus den Stützenverformungen 1. Ordnung ermittelt werden können. Diese Autoren wiesen auch darauf hin, dass Deformationen in der Fundation einen grossen Einfluss auf den Wert Δ_y haben. Für $Q_a > 0.2$ steigt die Wahrscheinlichkeit eines Versagens infolge Beanspruchungen zweiter Ordnung rasch an. Daher wurde empfohlen, solche Rahmen nicht zu verwenden.

Ein mehrstöckiger Rahmen mit grossen horizontalen Verformungen und plastischen Gelenken ist in Bild 4.37 schematisch dargestellt. Die maximale Verschiebung Δ_u zuoberst wird allgemein zur Definition der globalen Verschiebeduktilität verwendet. Sie ist wesentlich grösser als die Verschiebung des Massenschwerpunktes Δ_m.

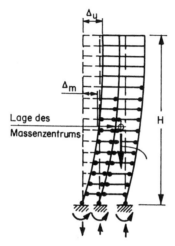

Bild 4.37: Typisches Verhalten eines mehrstöckigen Rahmens unter starker Erdbebeneinwirkung

Das Moment zweiter Ordnung bezüglich der Einspannstelle beträgt $M = W_t \cdot \Delta_m$, wobei W_t das Gesamtgewicht des Gebäudes ist. Dieses Moment wird in Form von Biegemomenten und Normalkräften über die Stützen in die Fundation abgeleitet (vgl. Bild 4.37), wobei diese zusätzlich zu den Schnittkräften infolge von Schwerelasten und Erdbebenkräften wirken. Es ist klar, dass die Schnittkräfte infolge P-Δ-Effekts auf die plastischen Gelenke wirken und den dort für die Erdbebeneinwirkung verfügbaren Tragwiderstand reduzieren. In den Stützen treten Normalkräfte infolge der Momente $P \cdot \Delta$ auf, die von Querkräften in den Riegeln herrühren. Die Riegel eines Geschosses werden durch das Produkt der gesamten Schwerelasten des betrachteten Stockwerkes und der darüberliegenden mit der Stockwerkverschiebung beansprucht.

Die Biegelinie eines mittleren Teils des Rahmens von Bild 4.37 mit plastifizierten Riegeln und elastischen Stützen ist in Bild 4.38a schematisch dargestellt. Die Stockwerkverschiebung (relative Verschiebung zweier benachbarter Decken) wird mit δ bezeichnet. W'_{tj} ist das Gewicht des Gebäudes oberhalb des Geschosses j, W_{tj} schliesst zusätzlich das Gewicht dieses Geschosses mit ein. Der in der Figur stark ausgezogene Teilrahmen muss den Momenten zweiter Ordnung

$$W'_{tj}\delta_1 + W_{tj}\delta_2 \approx W_{tj}\delta \tag{4.74}$$

widerstehen können.

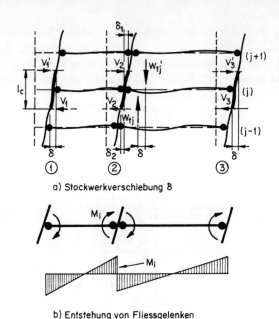

a) Stockwerkverschiebung δ

b) Entstehung von Fliessgelenken

Bild 4.38: Teilrahmen in einem mittleren Geschoss

Wird das Moment zweiter Ordnung zum Stockwerkmoment ΣM_E, d.h. zur Summe der elastisch berechneten Momente, die von den Stützen von oben und unten in den betreffenden Riegel eingeleitet werden, in Beziehung gesetzt, erhält man den Stabilitätsindex analog zu Gl.(4.73):

$$Q_r = \frac{W_{tj}\delta}{\Sigma M_E} \tag{4.75}$$

Diese Gleichung erfordert die Berechnung der δ−Werte für jedes Stockwerk. Gemäss Bild 4.37 kann δ jedoch mit der durchschnittlichen Neigung des Gesamtrahmens bzw. der Stützen Δ_u/H und der Stockwerkhöhe l_c sowie einem Modifikationsfaktor λ abgeschätzt werden. Der Faktor λ ergibt sich aus dem Verhältnis der örtlichen Stockwerkneigung zur durchschnittlichen Rahmenneigung. Damit wird Gl.(4.75) zu

$$Q_j = \lambda \; \frac{l_c W_{tj}\Delta_u}{\Sigma M_E H} \tag{4.76}$$

Mit dieser Gleichung kann die Bedeutung des Einflusses 2. Ordnung auf den für Erdbeben erforderlichen Tragwiderstand ermittelt werden. Die Abschätzung von λ aus dem inelastisch verformten Tragsystem und die Definition von Δ_u finden sich in 4.6.5b.

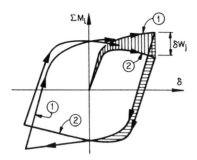

Bild 4.39: Verschiebeverhalten eines duktilen Teilrahmens mit und ohne P-Δ-Effekt

4.6.4 Einfluss des P-Δ-Effekts auf das inelastische dynamische Verhalten

a) Energiedissipation

Die Energiedissipation während der elastisch-plastischen Beanspruchungszyklen (Hysterese) von 'gutmütigen' Rahmen gemäss Bild 4.38 wird durch P-Δ-Effekte bei inelastischen Schwingungen mit gleicher Amplitude in beiden Richtungen nicht beeinflusst. Dies wird in Bild 4.39 gezeigt. Kurve (1) stellt ein ideales elastisch-plastisches Verhalten dar, ohne Einflüsse von Momenten zweiter Ordnung. Wenn jedoch die Momente $W_{tj}\delta$ auftreten, wird durch diese ein Teil des Biegewiderstandes ΣM_i der in Bild 4.38b dargestellten Riegel, der sonst voll für die Aufnahme des Stockwerkmomentes $l_c \Sigma V_i$ zur Verfügung steht, beansprucht. Für die Aufnahme des Stockwerkmomentes gilt nun in Bild 4.39 die Kurve (2), und die dabei verlorengehende Arbeit ist senkrecht schraffiert. Beim nächsten Zyklus wird diese Arbeit jedoch wieder zurückgewonnen (waagrecht schraffierte Fläche), weil der Rahmen wieder in seine ursprüngliche Lage zurückgebracht wird, so dass während eines kompletten Beanspruchungszyklus' infolge der P-Δ-Effekte keine Dissipationsenergie verlorengeht.

Bild 4.39 zeigt, dass im ersten Quadranten der Beanspruchung die Momente zweiter Ordnung sowohl Steifigkeit als auch Tragwiderstand gegen Erdbebenkräfte reduzieren. Gleichzeitig steigt der Widerstand gegen Rückstellkräfte an. Es ist daher wahrscheinlich, dass der Rahmen sich nach einer sehr grossen Verschiebung in einer Richtung infolge eines langen Geschwindigkeitsimpulses nicht mehr in seine ursprüngliche Lage zurückbewegen kann. Während der weiteren Bodenbewegungen kann der sich verkleinernde Widerstand gegen Erdbebenkräfte zu progressiv zunehmenden Verformungen in der ursprünglichen Kraftrichtung und schliesslich gemäss Bild 4.40 zum Versagen führen. Dieses Verhalten ist bei Rahmen zu erwarten, welche die Energie hauptsächlich in einem einzigen Stockwerk dissipieren und daher auf grosse Horizontalverschiebungen angewiesen sind [K1].

Der Bauschinger-Effekt bei den Längsstäben der Fliessgelenkbereiche, Schubverformungen in derselben Region und Schlupf der Riegelbewehrung in den Rahmenknoten sind die Ursachen für eine gewisse Verminderung der Rahmensteifigkeit beim Beginn jedes Beanspruchungs- bzw. Bewegungszyklus, was eine Einschnürung ('pinching') der Hysteresekurve bewirkt. Das entsprechende Verhalten eines Teilrahmens bei Beanspruchung in einer oder zyklisch in beiden Richtungen im Zustand stark reduzierter Steifigkeit, jedoch ohne P-Δ-Effekt, ist durch die Kurven (1) und (2) in Bild 4.41 dargestellt. Das zyklische Verhalten unter dem Einfluss der P-Δ-Momente ist durch Kurve (3) bzw. die schraffierte Fläche beschrieben.

Ein Vergleich zwischen Bild 4.40 und Kurve (3) von Bild 4.41 zeigt, dass im Falle zyklischer Beanspruchung mit Einschnürung der Hysteresekurve die Steifigkeit und damit der Widerstand gegen Rückkehr in die unverschobene Lage erheblich kleiner ist, was unter Umständen ein Vorteil sein kann. Für die gleiche Auslenkung kann jedoch die Reduktion der Energiedissipation infolge Steifigkeitsabnahme beträchtlich sein. Dabei scheint es aber, dass die Steifigkeitsabnahme für eine gegebene Anregung wohl zu grösseren Verformungen führen kann, den nachteiligen Einfluss der Momente zweiter Ordnung jedoch nicht weiter verstärkt.

b) Rahmensteifigkeit

Die Rahmensteifigkeit wird wie oben dargelegt durch P-Δ-Effekte leicht vermindert. Dies ist jedoch nur wesentlich bei relativ schwachen Erdbeben mit kleinen Beanspruchungen vorwiegend im elastischen Bereich. Die entsprechende geringe Vergrösserung der Eigenschwingzeit T_1 bewirkt bei den meisten Erdbeben eine Verringerung der dynamischen Beanspruchungen (Reduktion der Spektralwerte) [M4].

c) Stockwerkverschiebungen

Die Stockwerkverschiebungen werden durch die P-Δ-Effekte vergrössert, jedoch nur, wenn während des Erdbebens die inelastischen Verformungen wesentlich sind. In einer rechnerischen Studie an duktilen Rahmen unter fünf verschiedenen Erdbebenanregungen [P10] zeigte sich, dass die Einflüsse 2. Ordnung auf die Stockwerkverschiebungen sehr klein sind. Die verwendeten Anregungen bewirkten allerdings nur Stockwerkverschiebungen von 1.2%l_c.

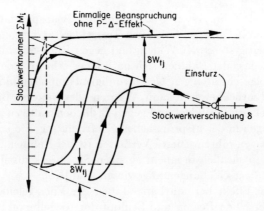

Bild 4.40: P-Δ-Momente bewirken progressiv zunehmende Verformungen und können zum Versagen führen

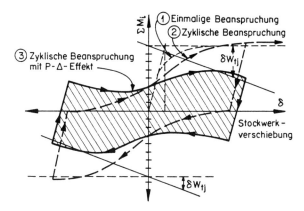

Bild 4.41: Verschiebeverhalten eines Teilrahmens mit abnehmender Steifigkeit und P-Δ-Effekt

Im Laufe der Entwicklung der Methode der Kapazitätsbemessung wurde eine Anzahl von Rahmen mit verschiedenen Tragwiderstands- und Steifigkeitseigenschaften, bemessen nach den Regeln dieses Kapitels und angeregt durch eine beschränkte Anzahl von Bodenbewegungszeitverläufen, mit speziellem Gewicht auf die P-Δ-Effekte untersucht [J1], [M4]. Es konnten folgende Schlüsse gezogen werden:

1. Die P-Δ-Effekte dürfen bei der Bemessung vernachlässigt werden, falls die maximalen Stockwerkverschiebungen 1% der Stockwerkhöhe nicht wesentlich überschreiten. Typische 6-, 12- und 18-stöckige Rahmen, die nach [X8] für seismische Koeffizienten von 0.10, 0.06 und 0.06 bemessen wurden, erfüllen diese Bedingung unter der El Centro 1940 (NS)-Anregung.

2. Bei grösseren Verschiebungen führen die P-Δ-Effekte zu einer rasch zunehmenden Vergrösserung der Stockwerkverschiebungen. Dementsprechend ergeben sich auch grössere inelastische Verformungen, vor allem im unteren Bereich der Rahmen.

   Bild 4.42 zeigt die berechneten Verschiebungen der geradzahligen Stockwerke eines 12-stöckigen Rahmens unter der extrem grossen Pacoimadamm 1971-Anregung. Bei Berücksichtigung der Momente 2. Ordnung im verwendeten Rechenprogramm zeichnet sich nach 3.5 Sekunden eine wesentliche Vergrösserung der Verschiebungen ab. Während nach 8 Sekunden in den oberen Geschossen 60% grössere Verschiebungen festzustellen sind, verdoppelt sich die maximale Verschiebung in den untersten zwei Geschossen auf 3.7% der Stockwerkhöhe. Die in Bild 4.42 dargestellten Verschiebungen entsprechen qualitativ dem in Bild 4.37 gezeigten Verschiebungsverhalten.

3. Eine Erhöhung des Tragwiderstandes vermindert die Stockwerkverschiebungen stärker als eine Erhöhung der Steifigkeit. Dies ist einleuchtend, da sich der Rahmen im plastischen Beanspruchungsbereich befindet und die elastische Steifigkeit nur einen kleinen Einfluss auf die gesamten Verformungen ausübt.

Ähnliche Resultate ergab auch eine Untersuchung von Montgomery [M3].

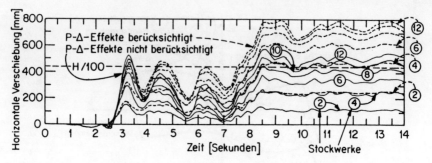

Bild 4.42: Verschiebeverhalten eines zwölfgeschossigen Gebäudes infolge der Pacoimadamm 1971-Anregung (geradzahlige Stockwerke)

d) Duktilitätsanforderungen

Die Duktilitätsanforderungen in den Fliessgelenken sind direkt von den Stockwerkverschiebungen abhängig. Eine Erhöhung der Stockwerkverschiebung in den unteren Stockwerken infolge der Momente 2. Ordnung erhöht auch die Anforderungen an die Rotationsduktilität in den plastischen Gelenken. Übersteigen die inelastischen Verschiebungen ohne Berücksichtigung des P-Δ-Effektes 1% der Stockwerkhöhe, so ist zu erwarten, dass infolge des P-Δ-Effektes die Anforderungen an die Gelenkzonen der Riegel und Stützen des Erdgeschosses die entsprechend den konstruktiven Regeln dieses Kapitels erreichbaren Werte übersteigen. Berechnungen inelastischer Verschiebungen sind jedoch allgemein von beschränkter Aussagekraft, da die Rechenannahmen betreffend Steifigkeits- und Tragwiderstandsabnahme sowie der Steifigkeit nach dem Fliessen einen grossen Einfluss auf die inelastischen Verformungen haben.

4.6.5 Kompensation des P-Δ-Effektes durch Erhöhung des Tragwiderstandes

a) Kompensation für verringerte Energiedissipation

Ein einfaches Vorgehen besteht darin, den Einfluss des P-Δ-Effekts als Abnahme der Energiedissipation zu behandeln. Zu diesem Zweck vergleichen wir die idealisierten bilinearen Beanspruchungs-Verschiebungs-Beziehungen eines Rahmens in Bild 4.43. Dabei wird angenommen, dass sich das Tragsystem linear-elastisch verhält, bis der Stockwerk-Biegewiderstand ΣM_i (vgl. Bild 4.38b) voll entwickelt ist. Bleibt anschliessend der Widerstand für horizontale Kräfte erhalten, so entsteht Kurve (1). Sind jedoch die P-Δ-Effekte wesentlich, sinkt der Widerstand gegen Horizontalkräfte, während die Stockwerkverformungen und damit die Duktilitätsanforderungen im Stockwerk $\mu_\delta = \delta/\delta_y$ grösser werden. Kurve (1A) zeigt dieses Verhalten. Um den Verlust an Energiedissipation zu kompensieren, kann der Tragwiderstand der Riegel erhöht werden (Kurven (2) und (2A)). Die schraffierten Flächen zeigen, dass sich Rahmen bei entsprechender Wahl dieser Erhöhung für eine Stockwerkduktilität von z.B. $\mu_\delta = 4$ bezüglich Energiedissipation sehr ähnlich verhalten (Kurven (1) und (2A)). Die erforderliche Erhöhung des Tragwiderstandes

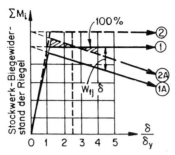

Bild 4.43: Idealisiertes bilineares Verhalten mit dem Einfluss des P-Δ-Effekts

wird damit allgemein:

$$\Delta\Sigma M_i = \frac{1 + \mu_\delta}{2}\ W_{tj}\delta_y \tag{4.77}$$

Dabei ist δ_y die Stockwerkverschiebung bei Fliessbeginn (elastisches Tragsystem unter den horizontalen Ersatzkräften).

b) Abschätzung der Stockwerkverschiebungen

Bevor Gl.(4.77) berechnet werden kann, ist eine Schätzung der Stockwerkverschiebungen unter Berücksichtigung der Tatsache erforderlich, dass die Biegelinie des inelastischen Tragsystems sehr verschieden ist von derjenigen des elastischen. Dies war bereits aus Bild 4.37 ersichtlich. Die ersten beiden Kurven in Bild 4.44 zeigen den schraffierten Bereich der elastischen Verschiebungen von mehrstöckigen Rahmen infolge von Horizontalkräften. Bei der Verwendung des Verschiebeduktilitäts-Konzeptes wird oft irrtümlicherweise angenommen, dass diese elastischen Verschiebungen einfach mit dem Faktor $\mu_\Delta = \Delta_u/\Delta_y$ multipliziert werden können, wie dies der punktierte Bereich zwischen der dritten und vierten Kurve von Bild 4.44 für die Annahme von $\mu_\Delta = 2.5$ darstellt. Die massgebende inelastische Form des Rahmens mit viel grösseren unteren Stockwerkverschiebungen, nach der Bildung von plastischen Gelenken am Fuss der Erdgeschossstützen, ist in Bild 4.44 als fünfte Kurve dargestellt. Es wird daher für die Abschätzung der Grössenordnung der Stockwerkverschiebungen in der unteren Hälfte eines mehrstöckigen Rahmens, wo P-Δ-Effekte massgebend werden können, empfohlen, die doppelte mittlere Neigung entsprechend der gestrichelten Linie zu verwenden.

In Gleichung Gl.(4.76) kann also vereinfachend $\lambda = 2$ gesetzt werden. Deshalb kann in Bild 4.44 für die kritische untere Hälfte des Rahmens

$$\mu_\delta = 2\mu_\Delta \tag{4.78}$$

angenommen werden. Die Werte im Bereich der halben Höhe eines mehrstöckigen Rahmens werden mit dieser Annahme jedoch etwas zu gross.

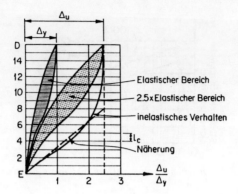

Bild 4.44: Vergleich der Verschiebungen von elastischen und inelastischen Rahmen

c) Erforderlicher Stockwerkbiegewiderstand

Der erforderliche Biegewiderstand der Riegel gemäss Bild 4.38b kann mit Hilfe der folgenden Bedingung ermittelt werden:

$$\Sigma M_E \leq \Phi(\Sigma M_i - \Delta\Sigma M_i) \quad \text{oder} \tag{4.79}$$

$$\Sigma M_i \geq \Sigma M_E \left(\frac{1}{\Phi} + \frac{\Delta\Sigma M_i}{\Sigma M_E}\right) \tag{4.80}$$

Unter Verwendung der Gleichung (4.77) und der Substitution aus Gleichung (4.78) erhalten wir für den erhöhten Stockwerkbiegewiderstand ΣM_i und den ergänzten Stabilitätsindex Q_j^*:

$$\Sigma M_i \geq \left(\frac{1}{\Phi} + Q_j^*\right) \Sigma M_E \tag{4.81}$$

$$Q_j^* = \left(\frac{1 + 2\mu_\Delta}{2}\right) \frac{l_c W_{tj} \Delta_y}{\Sigma M_E H} \tag{4.82}$$

In Gleichung (4.81) wird der erforderliche Biegewiderstand ΣM_i (vgl. Bild 4.38b) aller Riegel eines Stockwerkes verglichen mit der entsprechenden Summe der Momente infolge der Erdbebenkräfte. Die wegen des P-Δ-Effektes notwendige Erhöhung des Biegewiderstandes geht auf einfache Weise mittels des Stabilitätsindexes Q_j^* ein. Da ΣM_i aufgrund der wirklichen Riegelbewehrung berechnet wird, trägt ein allfälliger Überschuss an Tragwiderstand zum Widerstand gegen die Momente $P \cdot \Delta$ bei.

Eine kleine Reduktion des Widerstandes gegen Horizontalkräfte und damit der Energiedissipation bei der Beanspruchung der maximalen Verschiebeduktilität des Rahmens wird nicht als allzu nachteilig beurteilt. Daher wird vorgeschlagen, P-Δ-Effekte erst für $Q_j^* > 0.15$ zu berücksichtigen.

4.6.6   Zusammenfassung des Vorgehens

Das Vorgehen zur Beurteilung und allfälligen Berücksichtigung des P-Δ-Effektes kann wie folgt zusammengefasst werden:

1. Sind die Abmessungen und damit die Steifigkeiten eines Rahmens endgültig bestimmt, wird die (elastische) Verschiebung bei Fliessbeginn Δ_y zuoberst nochmals berechnet. Dies erlaubt die Überprüfung der ursprünglich ermittelten Eigenschwingzeit sowie der Abstände zu allfälligen Nachbargebäuden.

2. Der Stabilitätsindex Q_j^* gemäss Gl.(4.82) wird ermittelt und erlaubt die Beantwortung der Frage, ob der P-Δ-Effekt zu berücksichtigen ist. Für das Gewicht W_{tj} wird der Durchschnitt der über und unter dem betrachteten Stockwerk vorhandenen Werte oder als konservative Näherung nur der untere, grössere Wert verwendet (vgl. Bild 4.38a).

   Ist $Q_j^* > 0.15$, so sollten die P-Δ-Effekte näher untersucht werden. Für einen 16-stöckigen Rahmen sind in Bild 4.45 typische Gewichtsverteilungen W_{tj} und Stockwerkmomente ΣM_E aus den Ersatzkräften dargestellt. Aufgrund der früheren Betrachtung der Stockwerkmomente an einem Teilrahmen und gemäss Bild 4.38 gilt:

$$\Sigma M_E \approx l_c \Sigma V_E, \qquad (4.83)$$

   wobei ΣV_E die ebenfalls in Bild 4.45 gezeigte Stockwerkquerkraft aus den Ersatzkräften ist.

3. Der Biegewiderstand der Riegel M_i, bezogen auf die Stützenachsen und basierend auf der vorhandenen Riegelbewehrung, wird in allen betrachteten Stockwerken ermittelt. Man erhält sie einfach aus den Überfestigkeitsmomenten M_o, die schon bei der Bemessung der Stützen benötigt wurden, als

$$\Sigma M_i = \Sigma M_o / \lambda_o \qquad (4.84)$$

   Die Werte von λ_o für verschiedene Bewehrungsstähle finden sich in Abschnitt 3.2.2.

4. In der unteren Hälfte des Rahmens, falls $Q_j^* > 0.15$, muss überprüft werden, ob die Ungleichung Gl.(4.81) erfüllt ist. Ist dies nicht der Fall, so wird die Biegebewehrung einiger oder aller Riegel dieses Stockwerkes erhöht. Anschliessend sind in Übereinstimmung mit der Methode der Kapazitätsbemessung auch die dazugehörenden Stützen auf die höheren Tragwiderstände abzustimmen.

   Es empfiehlt sich deshalb in einem frühen Stadium der Bemessung, d.h. bei der Berechnung der Horizontalverschiebungen zur Bestimmung der Eigenschwingzeit, eine Schätzung der P-Δ-Momente vorzunehmen und diese bei der ersten Ermittlung der Biegebewehrung zu berücksichtigen. Die Momentenumverteilung beeinflusst die P-Δ-Effekte nicht, da das Stockwerkmoment ΣM_i nicht verändert wird.

Bild 4.45 zeigt eine typische Verteilung der sekundären Momente δW_{tj}, basierend auf einer angenommenen konstanten Stockwerkverschiebung in den acht unteren Geschossen. Diese Verschiebung kann mit den typischen Horizontalverschiebungen für elastische und inelastische Rahmen in Bild 4.44 verglichen werden. Das letzte Diagramm in Bild 4.45 zeigt die Riegelmomente M_E infolge der horizontalen Ersatzkräfte, die vorhandenen Biegewiderstände ΣM_i und die erforderlichen Biegewiderstände $(1/\Phi + Q_j^*)\Sigma M_E$. Die schraffierte Zone stellt, etwas überzeichnet, die infolge des P-Δ-Effektes noch fehlenden erforderlichen Biegewiderstände dar.

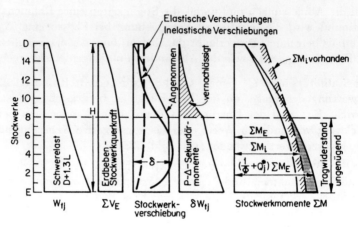

Bild 4.45: Bemessungsgrössen für die P-Δ-Effekte in einem Rahmen von 16 Stockwerken

4.7 Bemessung der Rahmenknoten

4.7.1 Allgemeine Bemessungskriterien

Es wird heute allgemein anerkannt, dass in Stahlbetonrahmen, die sich unter schweren Erdbeben inelastisch verhalten, die Rahmenknoten die massgebenden Tragelemente sein können. In den folgenden Abschnitten wird das Verhalten der Knoten erläutert, und es werden Entwurfsempfehlungen erarbeitet.

Das Verhalten von Rahmenknoten unter seismischen Beanspruchungen wird erst seit etwa 15 Jahren eingehend untersucht. Die Bemessung dieser wichtigen Tragelemente fand bis vor wenigen Jahren noch überhaupt keine Beachtung und wird deshalb hier relativ ausführlich behandelt.

Das Vorgehen bei der Bemessung von Rahmenknoten auf Erdbebeneinwirkung ist in den verschiedenen Ländern sehr unterschiedlich, mehr als dies bei Stützen und Riegeln der Fall ist. In einigen Ländern herrscht die Meinung vor, dass die Bedeutung der Bemessung von Rahmenknoten überschätzt wird, da ja keine grösseren Schäden oder Einstürze infolge von Knotenversagen bekannt geworden seien. Diese Tatsache beruht aber vor allem auf der ungenügenden Bemessung und konstruktiven Durchbildung der Riegel und speziell der Stützen. Diese Tragelemente waren daher die schwächsten Glieder im Tragwerk und versagten zuerst. Viele Einstürze von Rahmen waren auch die Folge eines Stockwerkmechanismus ('soft storey mechanism') gemäss Bild 1.4b, mit Versagen der Stützen infolge Schubes oder ungenügender Umschnürung, bevor die Riegel auf ihren vollen Tragwiderstand beansprucht waren. Es konnte also kaum zu einer vollen Beanspruchung der Rahmenknoten kommen, wie dies bei einem ausgewogen konstruierten Tragwerk der Fall ist. Beim El Asnam-Beben (1980) sind jedoch zahlreiche Knotenversagen aufgetreten [B16].

Die Bemessungskriterien für ein zufriedenstellendes Verhalten der Rahmenknoten unter Erdbebeneinwirkung können wie folgt formuliert werden [P11]:

1. Der Knoten sollte nicht schwächer sein als der maximale Tragwiderstand des schwächsten damit verbundenen Elementes. Dadurch wird vermieden, dass bei kleineren Schäden Reparaturen in Knoten erforderlich werden. Auch wird die Bildung von Knotenmechanismen, die mit grossen Abnahmen von Steifigkeit und Tragwiderstand verbunden sind, verhindert.

2. Der Tragwiderstand der Stütze soll nicht durch eine Schwächung im Knoten gefährdet werden. Der Knoten ist gleichzeitig als ein integraler Teil der Stütze zu betrachten. Deshalb soll vorsichtigerweise die horizontale Bügelbewehrung im Knoten nicht kleiner sein als die Querbewehrung in den angrenzenden Stützenendbereichen.

3. Bei mässiger seismischer Beanspruchung sollen die Knoten elastisch bleiben, auch sollen Knotenverformungen die Stockwerkverschiebungen nicht wesentlich beeinflussen.

4. Die für ein befriedigendes Verhalten des Knotens notwendige Bewehrung soll bei der Bauausführung keine unnötigen Erschwernisse verursachen.

Diese Bedingungen sind nur mit einem geeigneten Entwurfskonzept und einer guten konstruktiven Durchbildung erfüllbar, die in den folgenden Abschnitten behandelt werden.

4.7.2 Merkmale des Knotenverhaltens

In den Knoten sind grosse Querkräfte aufzunehmen, speziell wenn sich in den angrenzenden Riegeln Fliessgelenke gebildet haben. Der Knotenkern kann infolge Schubbruchs, Verbundbruchs oder beidem zusammen versagen.

a) Schubverhalten

Die Schnittkräfte in den angrenzenden Tragelementen erzeugen im Knoten horizontale und vertikale Querkräfte und Schubspannungen, die im Knotenkern normalerweise schräge Risse hervorrufen (vgl. Bild 4.46). Diese bewirken wie in gewöhnlichen Stahlbetonbalken eine wesentliche Änderung der Art der Schubabtragung. Um ein Schubversagen des Knotens durch schiefen Zug zu verhindern, sind sowohl horizontale als auch vertikale Bewehrungen erforderlich. Damit wird die Ausbildung eines schiefen Druckfeldes ermöglicht, und die horizontalen und vertikalen Querkräfte können übertragen werden. Dieses Rechenmodell wird in Abschnitt 4.7.4 behandelt. Die in Knoten erforderliche horizontale Schubbewehrung ist im allgemeinen wesentlich stärker als diejenige in den Stützen.

Ist im Knoten zu wenig Schubbewehrung vorhanden, so beginnt diese zu fliessen. Da die horizontale Schubbewehrung ungeachtet der Richtung der schrägen Risse Zugkräfte übertragen muss, sind solche plastische Verformungen irreversibel. Während mehrerer Beanspruchungszyklen können also solche Bügel nur zum Schubwiderstand beitragen, wenn ihre Verformungen jedesmal zunehmen. Damit ist jedoch, bereits bei kleineren Beanspruchungen und insbesondere unmittelbar nach einer Beanspruchungs- bzw. Verformungsumkehr, eine drastische Abnahme

der Steifigkeit verbunden. Dadurch nimmt auch die Fähigkeit zur Energiedissipation stark ab. Durch die Bildung von breiten Rissen entstehen unebene Flächen,
und das Druckfeld kann durch Zerstörung des Betons vorzeitig versagen.

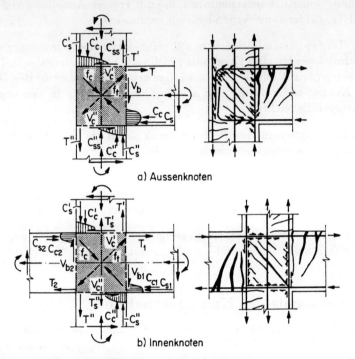

Bild 4.46: Kräfte bei Rahmenknoten infolge seismischer Beanspruchung

Ist im Knoten genügend Schubbewehrung vorhanden, damit während der wiederholten Beanspruchung unter Bildung von Fliessgelenken in den Riegeln im Knoten kein Fliessen eintreten kann, so muss sichergestellt sein, dass der Beton im
Knotenkern nicht infolge schiefen Druckes versagt. Diese Versagensart tritt nur ein,
wenn die Schubbeanspruchung sehr gross ist, kann aber vermieden werden, wenn ein
oberer Grenzwert für die Schubspannung (obere Schubspannungsgrenze) im Knoten unter den höchsten zu erwartenden Rahmenbeanspruchungen (Überfestigkeit)
nicht überschritten wird. Ein allfälliges Versagen des Knotenkerns infolge schiefen
Druckes führt zu einer starken, irreversiblen Abnahme des Tragwiderstandes.

b) Verbundverhalten

Die in den Normen [A1], [X13], [X16], etc. gegebenen Verankerungslängen für
übliche Stabdurchmesser sind meist grösser als die in der Rahmenebene gemessene
Stützenbreite. In den Aussenstützen kann zweckmässigerweise mit Haken verankert
werden, bei Innenstützen ist dies jedoch nicht sinnvoll. Einige Normen [A1] verlangen auch, dass die Biegebewehrung der Riegel bei inneren Knoten durchlaufen
muss.

Die Verankerungslängen der Normen gewährleisten, dass die volle Stabfestigkeit auf Zug und Druck erreicht werden kann und dass unter Gebrauchslasten kein nennenswerter Verbundschlupf auftritt. Der Fall eines gemäss Bild 4.46b durch einen Innenknoten laufenden Stabes, der auf der einen Seite bis in den Verfestigungsbereich gezogen und auf der anderen Seite ebenso gedrückt wird, ist dabei nicht berücksichtigt. Die Verbundspannungen werden in diesem Fall der Fliessgelenkbildung auf beiden Seiten des Knotens ausserordentlich gross. Deshalb kann auch bei kleinen Duktilitätsanforderungen die Verbundfestigkeit rasch abnehmen und der Stab quer durch den ganzen Knoten gleiten, was in vielen Versuchen auch beobachtet werden konnte. Ein Zusammenbruch der Verbundkräfte in einem Innenknoten hat zwar nicht unbedingt einen plötzlichen Tragwiderstandsverlust zur Folge. Der Verbundschlupf beeinflusst jedoch das Hystereseverhalten des Rahmens sehr stark. So kann eine Abnahme der Verbundkräfte um 15% eine Reduktion der Energiedissipation des Knotenbereiches von 30% zur Folge haben [F5]. Da das hysteretische Verhalten der Innenknoten auf das Verbundverhalten derart empfindlich ist, sind gegen die Abnahme der Verbundkräfte unter seismischer Beanspruchung spezielle Massnahmen angezeigt. Bei Aussenknoten ist das Versagen des Verbundes sogar mit einem totalen Verlust des Tragwiderstandes verbunden und daher nicht zulässig.

c) Steifigkeit

Normalerweise werden bei der Berechnung von Rahmen die Knotenverformungen vernachlässigt. Die Knoten von Stahlbetonrahmen verformen sich aber unter mittlerer bis hoher Erdbebenbeanspruchung infolge von schrägen Rissen und Verbundschlupf ziemlich stark. Daraus resultieren grössere Stockwerkverschiebungen, die zu unerwartet grossen Schäden an nichttragenden Elementen führen können. Daher muss bei der konstruktiven Durchbildung der Knoten auch dem Aspekt der Steifigkeit gebührend Beachtung geschenkt werden.

4.7.3 Knotenarten

Die Knoten von duktilen Rahmen können nach verschiedenen Kriterien in Gruppen unterteilt werden. Hier wird vor allem aufgrund der grossen Unterschiede bei der Verankerung der Riegelbewehrung zwischen Innenknoten und Aussenknoten unterschieden. Ferner ist das Verhalten im elastischen wie auch im inelastischen Beanspruchungsbereich wesentlich. In diesem Buch werden nur Rahmenknoten in Ortsbetonausführung behandelt.

a) Aussen- und Innenknoten

In Bild 4.47 sind verschiedene Arten von Aussenknoten dargestellt. Einige kommen in ebenen Rahmen (Bild 4.47a und d), die anderen in räumlichen Rahmen vor. Die Pfeile geben die typischen Kräfte unter seismischer Beanspruchung an. Bild 4.48 zeigt die entsprechenden typischen Innenknoten. Diese Beispiele gehören zu rechtwinkligen Rahmensystemen. Es ist jedoch nicht selten, dass Riegel in schiefem Winkel in die Stützen laufen. Bild 4.49 zeigt ein Beispiel mit einem Winkel

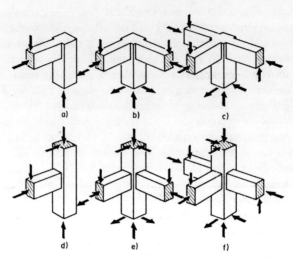

Bild 4.47: Aussenknoten

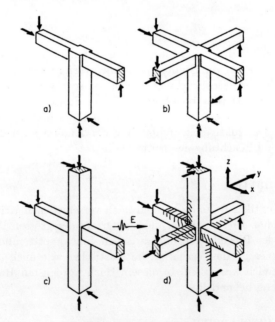

Bild 4.48: Innenknoten

zwischen den äusseren Riegeln von 135°, wobei ein möglicher Zwischenriegel gestrichelt angedeutet ist. Mit den Riegeln zusammen betonierte Deckenplatten sind in diesem Bild nicht dargestellt.

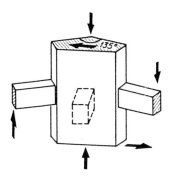

Bild 4.49: Knoten eines schiefwinkligen Rahmens

b) 'Elastische' und 'inelastische' Knoten

Um die Bemessungskriterien des Abschnittes 4.7.1 zu erfüllen, sollten die Knoten stets so ausgelegt werden, dass der Knotenkern elastisch bleibt. Dies kann relativ leicht erreicht werden. Aber auch wenn der Knotenkern elastisch bleibt, wird das Verhalten des Knotens bezüglich Schub und Verbund von den angrenzenden Tragelementen beeinflusst.

Im allgemeinen Fall entstehen direkt neben dem Knoten in den Riegeln plastische Gelenke. Während Beanspruchungszyklen bis in den plastischen Bereich dringt das Fliessen in den Bewehrungsstäben in den Knoten ein, speziell wenn die Stäbe in den Riegeln bis in den Verfestigungsbereich beansprucht werden. Solche Knoten werden daher als 'inelastisch' bezeichnet.

Treten dagegen direkt neben und im Knoten keine inelastischen Verformungen auf, bleibt der Knoten auch nach mehreren Beanspruchungszyklen elastisch. Solche Knoten werden daher als 'elastisch' bezeichnet. Sie verhalten sich wesentlich besser als diejenigen, die direkt neben den plastischen Gelenken liegen. Deshalb unterscheidet sich auch der Bemessungsvorgang für die beiden Knotenarten in gewissen Punkten. In Rahmen, die nach dem Prinzip 'Starke Stützen - schwache Riegel' entworfen werden, kann relativ einfach sichergestellt werden, dass die Knoten elastisch bleiben. Dies geschieht durch eine Verschiebung der Fliessgelenke um eine kleine Distanz von der Stütze weg, wie dies in Bild 4.18 dargestellt ist. Solche Lösungen werden in den Abschnitten 4.7.4b und 4.7.8d behandelt, während typische Bewehrungsdetails in Bild 4.91 zu finden sind.

c) Knoten mit speziellen Merkmalen

Die Hauptschwierigkeit bei der Ausführung der Knoten auf der Baustelle, besonders der Innenknoten, liegt in der Plazierung der horizontalen Bügel im Knotenkern. Mit in drei Richtungen durchlaufenden Hauptbewehrungen ergeben sich durch die zusätzlichen, mehrschnittigen Bügel oft ernsthafte Probleme. Diese Schwierigkeiten können durch die Ausbildung von Riegelverbreiterungen im Stützenbereich (horizontale Vouten) gemäss Bild 4.50 erheblich vermindert werden . Damit entsteht ein rechteckiger Block um den Knotenkern herum, der für die horizontale Knoten-Schubbewehrung genügend Platz bietet. Eine mögliche Anordnung zeigt Bild 4.81.

Die Verankerung der Riegelbewehrung mit 90°-Endhaken bei Aussenknoten kann ebenfalls zu Platzproblemen führen. Eine zuverlässige Verankerung ist jedoch zur Erhaltung des Riegeltragwiderstandes während der inelastischen Verformungen unerlässlich. Eine Verbesserung ergibt die in Bild 4.51 gezeigte Lösung mit Riegelstummeln. Ein entsprechendes Bewehrungsdetail ist in Bild 4.90 gezeigt. Solche Riegelstummel sind jedoch aus bauphysikalischen Gründen (Kältebrücke) oft nicht möglich.

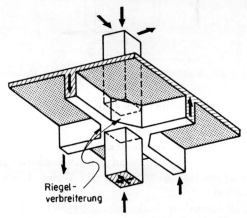

Bild 4.50: Rahmenknoten mit Riegelverbreiterungen

4.7.4   Innenknoten ebener Rahmen

Allgemein und speziell bei Stahlbeton-Rahmenknoten ist die Berechnung auf Modellvorstellungen angewiesen. Die Grenzen der Modelle können theoretisch oder durch sorgfältige Experimente abgesteckt werden. Ohne ein brauchbares Modell wäre das Verständnis z.B. des Knotenverhaltens sehr viel schwieriger. Bei der Formulierung entsprechender Regeln muss zwischen Einfachheit und Genauigkeit ein gangbarer Weg gefunden werden, wofür Versuche wertvolle Hinweise geben können. Der Ingenieur erhält damit das Vertrauen zur Anwendung des Rechenmodells in den verschiedensten Situationen. Es kann jedoch nicht der Sinn von Versuchen sein, einen Wust von Daten zu produzieren, um daraus irgendeinen empirischen Zusammenhang ableiten zu können.

Das Ziel dieses Abschnittes ist es daher, Modelle darzustellen, die das Gesamtverhalten des Knotens und den Einfluss der verschiedenen Parameter mit befriedigender Genauigkeit erfassen. Einige dieser Modelle sind allgemein anerkannt, andere sind weniger bekannt, die meisten wurden jedoch bereits publiziert [P1], [P11], [P42].

a) Schnittkräfte und innere Kräfte

Die Anordnung der Kräfte am und im Knoten wird am typischen Fall des Innenknotens des Teilrahmens gemäss Bild 4.52 untersucht. Dabei wird angenommen, dass die massgebenden Biegemomente der beiden Riegel infolge der Erdbebeneinwirkung

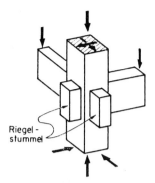

Bild 4.51: Eckstütze mit Riegelstummeln zur Verankerung der Riegelbewehrung

in der gleichen Richtung drehen. Die am Knoten wirkenden typischen Momente, Querkräfte und Normalkräfte sind in Bild 4.53a dargestellt. Zur Betrachtung des Gleichgewichtes und der Kraftübertragung werden auch die entsprechenden Spannungen bzw. ihre Resultierenden (innere Kräfte) benötigt. Die Resultierenden von Zugspannungen werden mit T, diejenigen von Druckspannungen für Beton mit C_c und für Stahl mit C_s bezeichnet. Bild 4.53b zeigt den Fall, wenn in den Nachbarelementen direkt neben dem Knoten plastische Gelenke vorhanden sind, deren Details in 4.7.4c untersucht werden. Bild 4.53c hingegen gilt für den Fall, dass die Beanspruchungen der Riegel und Stützen beim Knoten innerhalb der elastischen Grenzen bleiben. Dieser Fall wird im nächsten Abschnitt behandelt.

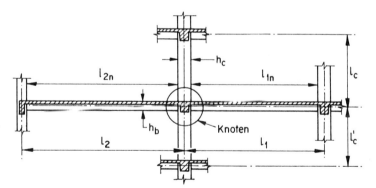

Bild 4.52: Typischer Teilrahmen

b) Elastische Knoten

1. Innere Kräfte

Sind die Beanspruchungen aus Schwerelasten und Erdbeben gross genug, so können die Riegel und teilweise auch die Stützen als gerissen betrachtet werden. Die in Bild 4.53c gezeigten, am Knoten angreifenden Spannungsresultierenden können wie in der allgemein üblichen elastischen Berechnung gerissener Querschnitte ermittelt werden [P1]. Zur Vereinfachung wird angenommen, dass in den Riegeln und in der Stütze keine Normalkräfte vorhanden sind (Der Einfluss der Normalkräfte wird später behandelt). Die maximalen Stahlspannungen f_{s1} und f_{s2} werden als gerade gleich oder kleiner als die Fliessspannung f_y angenommen. Normalerweise wird die Spannung in der Druckbewehrung von Riegeln und Stütze wesentlich unter der Fliessspannung liegen. Die elastischen Betondruckspannungen werden durch die

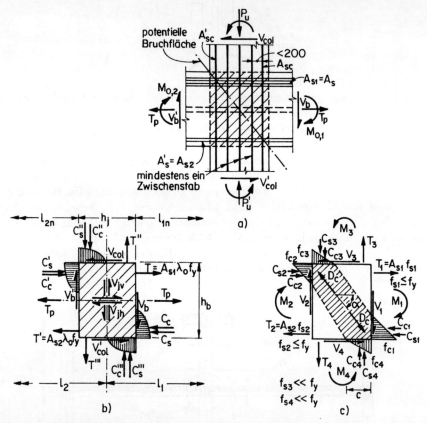

Bild 4.53: Schnittkräfte a) und innere Kräfte an inelastischem b) und elastischem c) Rahmenknoten

entsprechenden Kräfte C_{c1} bis C_{c4} ersetzt, worauf ein Kräftepolygon für das Knotengleichgewicht gemäss Bild 4.54 gezeichnet werden kann. Die Horizontalkomponenten der an der unteren Hälfte des Knotens angreifenden Kräfte (vgl. Bild 4.53c) sind dort ebenfalls ersichtlich. Damit kann die horizontale Querkraft im Knoten ermittelt werden:

$$V_{jh} = C_{c1} + C_{s1} + T_2 - V_4 = C_{c2} + C_{s2} + T_1 - V_3 \qquad (4.85)$$

Da in diesem Beispiel

$$C_{c1} + C_{s1} = T_1, \quad C_{c2} + C_{s2} = T_2 \quad \text{sowie} \quad V_3 = V_4 = V_{col},$$

reduziert sich die Gleichung für die horizontale Knotenquerkraft auf

$$V_{jh} = T_1 + T_2 - V_{col} \qquad (4.86)$$

Eine ähnliche Gleichgewichtsbedingung kann für die vertikale Knotenquerkraft V_{jv} aufgestellt werden. Aufgrund der üblichen mehrlagigen Stützenbewehrung ist jedoch die Herleitung der vertikalen inneren Kräfte aus den Spannungen umständlicher. Unter Berücksichtigung der Abstände zwischen den verschiedenen Spannungsresultierenden und den Knotenabmessungen gemäss Bild 4.53b kann mit den Knotenabmessungen h_b (Riegelhöhe) und h_j (= Stützenbreite h_c, vgl. 4.7.4d) die vertikale Knotenquerkraft für Bemessungszwecke meist genügend genau wie folgt angegeben werden:

$$V_{jv} = \frac{h_b}{h_j} V_{jh} \qquad (4.87)$$

Diese Kraft ist in Bild 4.54 ebenfalls eingetragen.

Es werden nun Modelle entwickelt, gemäss denen sowohl die horizontale Querkraft V_{jh} als auch die vertikale Querkraft V_{jv} innerhalb des Knotens aufgenommen werden kann. Sind die in Abschnitt 4.7.4d noch zu besprechenden Knotenschubspannungen klein, so kann der Beton die resultierenden schrägen Hauptzugspannungen aufnehmen. In diesem Fall bleibt der Knoten rissefrei. Zur Übertragung der Knotenquerkräfte ist dann keine Schubbewehrung erforderlich.

Wie Gl.(4.86) zeigt, hängt die horizontale Knotenquerkraft primär von den beiden Zugkräften aus den Riegeln T_1 und T_2 ab. Für ein angenommenes Spannungsniveau, z.B. $f_{s1} \approx f_{s2} \approx f_y$, ist daher die horizontale Querkraft stark von der Menge der Biegebewehrung in den Riegeln abhängig. Die Knotenschubspannung, die für die Schrägrissbildung massgebend ist, hängt vor allem von der wirksamen Fläche zur Übertragung dieser Querkraft ab. Es zeigt sich, dass nur bei sehr schwach bewehrten Riegeln und/oder sehr breiten Stützen die Knotenquerkraft ohne die Bildung von schrägen Rissen übertragen werden kann. Die folgenden Abschnitte widmen sich daher dem allgemeineren Fall des weitgehend gerissenen Knotens.

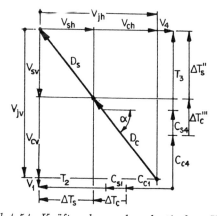

Bild 4.54: Kräftepolygon des elastischen Knotens

2. Schubspannungen und Abmessungen der Knoten

Die weiter hinten in 4.7.4d dargestellten Überlegungen zu Schubspannungen und Abmessungen inelastischer Knoten gelten grundsätzlich auch für elastische Knoten, wobei hier noch höhere Schubspannungen möglich wären. Da es aber kaum Fälle gibt, in denen die Schubspannung den Wert nach Gl.(4.110) erreicht, ist die Höhe der Schubspannung nicht massgebend für die Abmessungen elastischer Knoten.

3. Beitrag der Betondruckdiagonalen an den Schubwiderstand

Im Berechnungsmodell wird angenommen, dass ein wesentlicher Teil der beiden Knotenquerkräfte durch eine Betondruckdiagonale, wie sie in Bild 4.53c gezeigt ist, übertragen wird (Druckdiagonalenmodell). An der rechten unteren Ecke im gleichen Bild werden die horizontale Betondruckkraft aus dem Riegel C_{c1}, die Stahldruckkraft C_{s1} und ein Teil der Stahlzugkraft T_2 zusammen mit der Stützenquerkraft $V_4 = V_{col}$ direkt auf die Diagonale übertragen. Diese horizontalen Kräfte, überlagert mit Vertikalkräften ähnlicher Grössenordnung aus der unteren Stütze, bilden eine diagonal verlaufende Betondruckkraft D_c. Das Vektordiagramm in Bild 4.54 zeigt diese Kräfte in einem realistischen Grössenverhältnis.

Die Kräfte aus den Bewehrungen werden über Verbundspannungen auf den Knotenkern übertragen. Die Kraft, die von den unteren linken Riegelstäben etwa über die Länge der Stützendruckzone auf die Druckdiagonale übertragen wird, ist in Bild 4.54 mit ΔT_c bezeichnet und umfasst die Druckkraft C_{s1} sowie einen kleinen Teil der Zugkraft T_2. Eine ähnliche Kraft, von der senkrechten Bewehrung auf der rechten Seite des Knotens auf die Diagonale übertragen, ist $\Delta T_c'''$.

Dieses einfache Modell mit einer Druckdiagonalen kann ohne Bewehrung einen wesentlichen Teil der Knotenquerkraft übernehmen:

$$V_{ch} = D_c \cos \alpha \qquad (4.88)$$

$$V_{cv} = D_c \sin \alpha \qquad (4.89)$$

Dabei entspricht der Neigungswinkel α der Druckdiagonalen etwa der Neigung der potentiellen Schrägrisse (vgl. Bild 4.46b), d.h. $\tan \alpha \approx h_b/h_j$. Es wird später gezeigt, dass eine Normalkraft in der Stütze die Neigung dieser Diagonalen vergrössert.

Die beiden Kräfte V_{ch} und V_{cv} können als Beitrag der in Bild 4.53c gezeigten Betondruckdiagonalen im Knotenkern zum Schubwiderstand des Knotens betrachtet werden, da zur Erhaltung des beschriebenen Mechanismus keinerlei Zugkräfte erforderlich sind [P1]. Eine effiziente Schubübertragung im Knoten ist gewährleistet, wenn dieser Mechanismus auch während der zyklischen Beanspruchungsumkehr infolge eines Erdbebens erhalten werden kann. Sofern erforderlich, können die in Bild 4.54 verwendeten Kraftkomponenten aus den Grundgleichungen der elastischen Festigkeitslehre des Stahlbetons (z.B. $n-$Verfahren) ermittelt werden.

Aus Bild 4.54 ist ersichtlich, dass gilt:

$$V_{ch} = C_{c1} + \Delta T_c - V_{col} \qquad (4.90)$$

$$V_{cv} = C_{c4} + \Delta T_c''' - V_1 \qquad (4.91)$$

Bemessungsansätze für den Beitrag der Betondruckdiagonalen an den horizontalen und vertikalen Schubwiderstand elastischer Knoten werden nachfolgend unter 5.

und (allgemeiner) unter 6. gegeben.

4. Beitrag der Knotenschubbewehrung an den Schubwiderstand

Der primäre Zweck einer Knotenschubbewehrung ist die Erhöhung des Schubwiderstandes über den Beitrag der Betondruckdiagonalen hinaus. Die Kräfte ΔT_s und $\Delta T_s''$ (Bild 4.54) werden durch die unter Zug stehenden Riegel- und Stützenbewehrungen über Verbundspannungen in den Knoten eingeleitet. Aus Bild 4.53c folgt, dass diese Verbundspannungen vor allem auf die nicht schraffierten Teile des Knotens wirken und im Knoten schrägen Zug hervorrufen. Sofern der Knoten als gerissen angenommen wird, können jedoch keine Zugspannungen übertragen werden. Mit geeigneten 'Haltekräften' kann aber die Bildung eines schrägen Betondruckfeldes mit der ungefähren Neigung α gemäss Bild 4.55 erreicht werden .

Für dieses Modell (Fachwerkmodell) wird vorausgesetzt, dass die Schubkräfte ΔT_s und $\Delta T_s''$ an den Knotenrändern als gleichmässiger Schubfluss über Verbundkräfte kontinuierlich eingeleitet werden. Das Modell gemäss Bild 4.55 besteht aus mehreren, nebeneinanderliegenden Druckdiagonalen, von denen jede eine Teildruckkraft übertragen kann, vorausgesetzt, dass zusätzlich zur Schubkraft am Rand auch eine entsprechende Kraft rechtwinklig dazu wirkt. Diese Haltekraft kann entweder durch innere Zugkräfte in einer den Knoten durchdringenden Bewehrung oder durch äussere Druckkräfte aufgebracht werden. Mit einer horizontalen und vertikalen Knotenschubbewehrung können die in Bild 4.55 eingetragenen Schubkräfte V_{sh} und V_{sv}, die zusammen die in Bild 4.54 gezeigte Resultierende D_s ergeben, übertragen werden. Es muss betont werden, dass Knoten, die nur eine horizon-

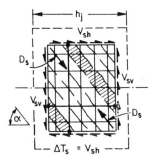

Bild 4.55: Fachwerkmodell eines Knotenkerns

tale Bewehrung aufweisen, wie dies in gewissen Publikationen empfohlen wird, den notwendigen Tragwiderstand nicht erreichen können.

Die horizontalen und vertikalen Kräfte, die rechtwinklig an den Knotenrändern angreifen müssen, um das schiefe Druckfeld mit der Kraft D_s zu ermöglichen, können folgenden Ursprungs sein:

1. Verteilte horizontale und vertikale Bewehrung, die an oder hinter den Knotenrändern wirksam verankert ist. Diese wird als Knotenschubbewehrung bezeichnet und besteht üblicherweise aus horizontalen mehrschnittigen Bügeln und den Zwischenstäben der vertikalen Umfangsbewehrung der Stütze (vgl. Bild 4.53a). Die Bügel können gleichzeitig der seitlichen Stabilisierung der gedrückten Vertikalbewehrung dienen.

2. Äussere Druckkräfte wie durch Schwerelasten und Erdbeben induzierte Normalkräfte in den Stützen und horizontale Vorspannkräfte in der Schwerachse der Riegel [X3], [P11].

5. Abschätzung des Schubwiderstandes der Knoten

Der gesamte Schubwiderstand eines elastischen Rahmenknotens kann durch eine einfache Überlagerung der Beiträge der beiden besprochenen Modelle gemäss Bild 4.54 ermittelt werden:

$$V_{jh} = V_{ch} + V_{sh} \tag{4.92}$$

$$V_{jv} = V_{cv} + V_{sv} \tag{4.93}$$

Eine Aufteilung der an den Knoten angreifenden Kräfte auf die beiden Modelle würde eine Verträglichkeitsbetrachtung bedingen. Sofern jedoch überall konservative Annahmen getroffen werden, kann diese den Berechnungsgang erschwerende Betrachtung fallengelassen werden. In den üblichen Rahmenknoten sind die schrägen Druckspannungen aus den beiden Modellen und somit auch die entsprechenden Schubverformungen des elastischen Knotenkerns klein. Demgegenüber sind die Dehnungen der Schubbewehrung weit wichtiger. Daher ist die Schubsteifigkeit des Fachwerkmodells erheblich geringer als diejenige des Druckdiagonalenmodells, es sei denn, es würden unrealistisch grosse Schubbewehrungen vorgesehen.

Für den *horizontalen Schubwiderstand* des Knotens und für *symmetrisch bewehrte Riegel* ($A_{s1} = A_{s2}$ und $f_{s1} = f_{s2} \leq f_y$) können damit, ausgehend von Gl.(4.86), folgende Vereinfachungen vorgenommen werden:

$$
\begin{aligned}
V_{jh} &= (T_1 - 0.5V_{col}) + (T_2 - 0.5V_{col}) \\
&= (C_{c1} + C_{s1} - 0.5V_{col}) + (T_2 - 0.5V_{col}) \\
&= V_{ch} + V_{sh}
\end{aligned}
\tag{4.94}
$$

In Gl.(4.94) wird angenommen, dass die eine Hälfte der Querkraft in der Stütze V_{col} mit den Druckkräften C_{c1} und C_{s1} (Bild 4.53c) und die andere Hälfte mit den Verbundkräften der Zugkraft T_2 zusammenwirkt. Damit wird:

$$V_{ch} = V_{sh} = 0.5V_{jh} \tag{4.95}$$

Für *unsymmetrisch bewehrte Riegel*, d.h. wenn die obere und die untere durch den Knoten laufende Riegelbewehrung verschieden sind, so sind die auf den beiden Seiten in den Knoten eingeleiteten horizontalen Kräfte ebenfalls verschieden. Häufig ist in Knoten gemäss Bild 4.53, die obere Bewehrung grösser ist als die untere: $A_{s1} \geq A_{s2}$, bzw. nach den in Abschnitt 4.4.2 verwendeten Bezeichnungen: $A_s \geq A_s'$.

Aus den Kräften am oberen Rand des Knotens (vgl. Bild 4.53) erhalten wir, zusammen mit der bereits früher getroffenen Annahme von $f_{s1} = f_{s2} \leq f_y$, aufgrund der vorangehenden Gleichungen:

$$
\begin{aligned}
V_{jh} &= (C_{c2} + C_{s2} - 0.5V_{col}) + (T_1 - 0.5V_{col}) \\
&= \left(\frac{A_s'}{A_s}T_1 - 0.5V_{col}\right) + (T_1 - 0.5V_{col}) = V_{ch} + V_{sh}
\end{aligned}
\tag{4.96}
$$

Somit ist $V_{ch} < V_{sh}$, und da V_{col} nur in der Grössenordnung von 15 bis 20% der gesamten inneren Riegelkräfte $T = T_1 + T_2$ liegt, kann als konservative Näherung angesetzt werden:

$$V_{ch} = 0.5 \, \frac{A'_s}{A_s} \, V_{jh} \qquad (4.97)$$

Ferner gilt gemäss Gl.(4.92):

$$V_{sh} = V_{jh} - V_{ch} \qquad (4.98)$$

Für den *vertikalen Schubwiderstand* des Knotens führen ähnliche Überlegungen zu analogen Ausdrücken für den Beitrag der Betondruckdiagonalen. Neuere Versuche haben jedoch gezeigt, dass bei konventionell bewehrten Stützen mit auf dem Umfang gleichmässig verteilter Längsbewehrung der Beitrag der Betondruckdiagonalen an den vertikalen Schubwiderstand etwas grösser ist, als es eine analog wie oben angesetzte Näherung wäre [B3], [P43], [B4], [P12]. Daher wird angenommen:

$$V_{cv} = 0.6 \, \frac{A'_{sc}}{A_{sc}} \, V_{jv} \qquad (4.99)$$

Ferner gilt gemäss Gl.(4.93)

$$V_{sv} = V_{jv} - V_{cv} \qquad (4.100)$$

A'_{sc} und A_{sc} sind die Querschnitte der Druck- und Zugbewehrung in der Stütze gemäss Bild 4.53a und im allgemeinen gleich gross ($A'_{sc}/A_{sc} = 1$).

6. Einfluss der Stützennormalkraft auf den Schubwiderstand

Der Einfluss der Stützennormalkraft auf den Schubwiderstand des Knotens kann mit Hilfe von Bild 4.56a (analog zu Bild 4.53c) einfach ermittelt werden. Die horizontalen Spannungsresultierenden sind die gleichen wie in Bild 4.53c. Eine Normaldruckkraft P_u bewirkt aber eine Vergrösserung des Winkels α auf α^*. Das entsprechende Kräftepolygon ist in Bild 4.56b (analog zu Bild 4.54) gezeigt. Wie schon in Abschnitt 4.7.4b.2 festgehalten wurde, kann angenommen werden, dass die Kraft, die von der unteren linken Biegebewehrung des Riegels auf die Betondruckdiagonale übertragen wird, aus der Verbundkraft ΔT_c^* besteht und über die Länge c^* der Stützendruckzone eingeleitet wird. Da die Höhe der Druckzone in der Stütze mit zunehmender Normaldruckkraft ebenfalls zunimmt, kann eine grössere Verbundkraft auf die Druckdiagonale übertragen werden. Daher nimmt mit zunehmender Stützennormaldruckkraft der Beitrag der Betondruckdiagonalen an den Schubwiderstand des Knotens in horizontaler und vertikaler Richtung zu und die gemäss Fachwerkmodell erforderliche Schubbewehrung entsprechend ab.

Basierend auf der Untersuchung typischer Innenknoten kann der *Beitrag der Betondruckdiagonalen an den Schubwiderstand elastischer Knoten unter Berücksichtigung einer Stützennormaldruckkraft*, ausgehend von den Gleichungen (4.97) und (4.99), wie folgt formuliert werden:

$$V_{ch} = \frac{A'_s}{A_s} \left(0.5 + 1.25 \, \frac{P_u}{A_g f'_c} \right) V_{jh} \qquad (4.101)$$

$$V_{cv} = \frac{A'_{sc}}{A_{sc}} \left(0.6 + \frac{P_u}{A_g f'_c} \right) V_{jv} \qquad (4.102)$$

Nach diesen Prinzipien bemessene elastische Rahmenknoten verhielten sich in Versuchen sehr zufriedenstellend [P13], [P40].

Bei Normalzugkräften P_u in der Stütze wird der Wert V_{ch} bzw. V_{cv} linear zwischen den Werten der Gleichungen (4.101) bzw. (4.102) für $P_u = 0$ (d.h. der Werte der Gleichungen (4.97) bzw. (4.99)) und dem Wert Null für eine mittlere Zugspannung in der Stütze von $f_c \leq 0.2 f_c'$ interpoliert.

c) Besonderheiten bei inelastischen Knoten

1. Innere Kräfte

Während starker Erdbeben ist als Folge grosser Stockwerkverschiebungen, falls keine speziellen Massnahmen ergriffen werden (vgl. Bild 4.19), die Bildung von plastischen Gelenken in den Riegeln direkt neben den Stützen zu erwarten. Entsprechend den in 4.7.1 formulierten Bemessungskriterien sollte der Knoten die Kräfte aufnehmen können, die durch die Überfestigkeit dieser Fliessgelenke auftreten. Diese an inneren Knoten ebener Rahmen angreifenden Kräfte sind in Bild 4.53b dargestellt. Dabei wird wie bei den elastischen Knoten (4.7.4b) vorerst angenommen, dass in den Riegeln und Stützen keine Normalkräfte vorhanden sind.

Die Summierung der an der oberen Hälfte des Knotens angreifenden Horizontalkräfte gemäss Bild 4.53b ergibt die horizontale Knotenquerkraft

$$V_{jh} = C_c' + C_s' + T - V_{col} \tag{4.103}$$

Gleichung (4.103) vereinfacht sich zu:

$$V_{jh} = (A_{s1} + A_{s2})\lambda_o f_y - V_{col} \tag{4.104}$$

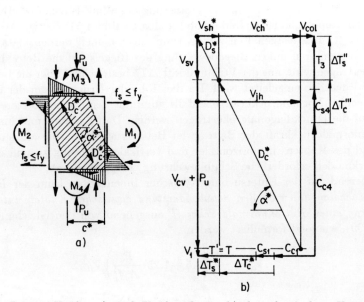

Bild 4.56: Innere Kräfte a) und Kräftepolygon b) des elastischen Knotens mit Stützennormalkraft

Mit dem Überfestigkeitsfaktor λ_o gemäss Gl.(3.9) wird die Erhöhung der Fliess-spannung berücksichtigt.

In den meisten Fällen sind die Stützenquerkräfte V_{col} und V'_{col} ober- und un-terhalb des Knotens verschieden. Da jedoch die Stützenquerkraft im Vergleich zu der gesamten Knotenquerkraft klein ist (vgl. 4.7.4b.3), kann als gute Näherung $V_{col} = V'_{col}$ gesetzt werden. Der Wert der Stützenquerkraft kann geschätzt wer-den, indem die Summe der Riegelendmomente in der Stützenachse beim Er-reichen der Überfestigkeit (in den beiden plastischen Gelenken in jeder Spann-weite) durch die Stützenhöhe geteilt wird. Dem entspricht näherungsweise mit den Überfestigkeitsmomenten $M_{o,1}$ und $M_{o,2}$ gemäss Bild 4.53a und den Bezeichnungen von Bild 4.52:

$$V_{col} = \left(\frac{l_1}{l_{1n}} M_{o,1} + \frac{l_2}{l_{2n}} M_{o,2} \right) \frac{2}{l_c + l'_c} \qquad (4.105)$$

Die entsprechende vertikale Knotenquerkraft V_{jv} kann mit Hilfe von Gl.(4.87) ab-geschätzt werden.

2. Folgen der Plastifizierungen

Um die Unterschiede zwischen elastischen und inelastischen Knoten zu verstehen, wird das Zusammenspiel der inneren Kräfte nach der Plastifizierung der Riegel-biegebewehrung gemäss Bild 4.53b betrachtet. Dabei sind die folgenden wichtigen Punkte für die Abschätzung des Beitrages der Betondruckdiagonalen an den Schub-widerstand des Knotens zu berücksichtigen.

Abnehmende Betonbiegedruckkräfte in den Riegeln:

Für die erste inelastische Verschiebung des Rahmens sind die durch die Riegel auf die Knoten ausgeübten Beanspruchungen von ähnlicher Art wie beim elastischen Knoten in Bild 4.53c. Ein beträchtlicher Anteil der horizontalen Knotenquerkraft wird über Betonbiegedruckkräfte wie C_c und C'_c (Bild 4.53b) in den Knoten ein-geleitet. Die Druckkräfte in der Bewehrung C_s und C'_s sind relativ klein, da die Spannungen noch unter der Fliessgrenze liegen. Nach der Momentenumkehr im Fliessgelenk wird sich jedoch oben im Riegel keine Betonbiegedruckkraft mehr aus-bilden können, da die obere Bewehrung mit dem Querschnitt A_{s1}, die vorher auf Zug plastifizierte, zuerst auf Druck wieder fliessen müsste, bevor sich die Biegerisse schliessen könnten. Für $A_{s2} < A_{s1}$ (Bild 4.53a) erreichen aber die oberen Stäbe auf Druck die Fliessgrenze nicht, auch wenn die untere Bewehrung bis auf $\lambda_o f_y$ bean-sprucht wird. Daher wird die Biegedruckkraft im Riegelquerschnitt nur über die Druckbewehrung in den Knoten übertragen.

Wird während weiterer inelastischer Beanspruchungszyklen die untere Beweh-rung A_{s2} auf Druck beansprucht, ergeben sich grosse Stauchungen, bevor sich die vorgängig entstandenen Biegerisse schliessen und die Betondruckkraft C_c aufge-baut werden kann, die zusammen mit der Bewehrungsdruckkraft C_s der Zugkraft T entspricht. Bei zyklischer Beanspruchungsumkehr werden also in den plastischen Gelenken des Riegels die inneren Kräfte zum grössten Teil oder sogar ganz durch die Biegebewehrung übertragen. Die Betondruckkräfte C_c und C'_c in Bild 4.53b werden sehr klein oder verschwinden ganz.

Verringerung des Beitrages der Betondruckdiagonalen an den Schubwiderstand:

Infolge der obigen Effekte wird auch die Druckdiagonalenkraft D_c wesentlich kleiner. Das Kräftepolygon für diesen Fall ist in Bild 4.57 dargestellt. Im Vergleich mit Bild 4.54 werden die unterschiedlichen Grössenordnungen von D_c und D'_c und somit von V_{ch} und V_{sh} ersichtlich. Die durch die untere Bewehrung in die Druckdiagonale eingeleiteten Verbundkräfte sind mit ΔT_c und ΔT_s bezeichnet. Die Kräfte C_c und ΔT_c sind wesentlich kleiner als die entsprechenden Grössen am elastischen Knoten (Bild 4.54).

Der grösste Teil der Stützenquerkraft V_{col} wird über die Biegedruckzone der Stütze in den Knoten übertragen. Ist die aus den Schwerelasten und der Erdbebeneinwirkung resultierende Normaldruckkraft in der Stütze klein oder verschwindet sie ganz, so ist diese Druckzone klein. Da die an der rechten unteren Ecke des Knotens angreifenden drei Kräfte $V'_{col} \approx V_{col}, C_c$ und ΔT_c relativ klein sind (vgl. Bild 4.53b und 4.57), wird die horizontale Komponente V_{ch} der Druckdiagonalenkraft D'_c (vgl. Gl.(4.90)) ebenfalls klein:

$$V_{ch} = C_c + \Delta T_c - V'_{col} = D'_c \cos \alpha \qquad (4.106)$$

Mit der Verringerung des Beitrages der Betondruckdiagonalen an den Schubwiderstand des Knotens muss das Fachwerk nach Bild 4.55 einen wesentlich grösseren Teil der gesamten horizontalen Knotenquerkraft V_{jh} aufnehmen. Die Umlagerung der horizontalen Knotenquerkraft von der Betondruckdiagonalen auf das Fachwerk (D_c und D_s in Bild 4.54) geschieht kontinuierlich, bis der in Bild 4.57 gezeigte Zustand (D'_c und D'_s) erreicht ist. Messungen an der horizontalen Schubbewehrung in Knoten [B5], [P40] bestätigen, dass mit zunehmenden zyklischen inelastischen Verformungen ein immer grösserer Anteil der gesamten horizontalen Knotenquerkraft auf die Knotenbewehrung übertragen wird. Wird der erforderliche Tragwiderstand des Fachwerks (V_{sh} nach Bild 4.57) unterschätzt, kommt es zu einem Versagen des Knotens infolge schrägen Zuges (vgl. Bild 4.58).

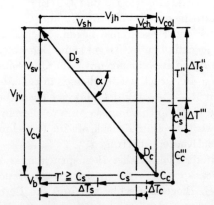

Bild 4.57: Kräftepolygon des inelastischen Knotens

Schädigung des Verbundes der Biegebewehrung:
Die Kräfte im Bereich eines unteren Bewehrungsstabes des Riegels, der durch eine Stütze der Breite h_c läuft, sowie die idealisierten Stahl- und Verbundspannungen sind für verschiedene Stadien der seismischen Beanspruchung in Bild 4.59 dargestellt. Die Stahlspannungen für elastische Knoten liegen zwischen f_s auf Zug und

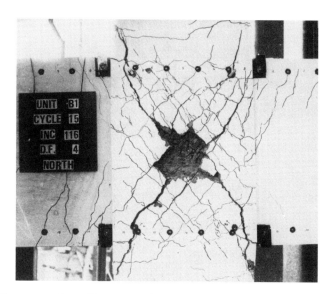

Bild 4.58: Versagen eines Knotens infolge schrägen Zuges bei ungenügender horizotaler Schubbewehrung

f'_s auf Druck (vgl. Bild 4.59a). Die gezeichneten konstanten Verbundspannungen u_a entsprechen einer linearen Änderung der Stahlspannungen längs der Stützen- bzw. Knotenbreite h_j. Im Bereich der Betonüberdeckung der Stützenbewehrung können keine nennenswerten Zugkräfte eingeleitet werden. Daher beginnt die wirksame Verankerung der Stäbe auf der Zugseite erst beim Knotenkern. Während des ersten inelastischen Zyklus' werden die Stahlspannungen f_s und die Verbundspannungen u etwa wie in Bild 4.59a verlaufen, wobei f_s bis auf $\lambda_o f_y$ ansteigen kann.

Wie oben besprochen, wird die Betonbiegedruckkraft C_c nach einigen inelastischen Beanspruchungszyklen stark absinken oder ganz verschwinden. Die Stahlspannungen, vor allem auf Zug, liegen im Verfestigungsbereich. Die entsprechenden Spannungserhöhungen und die reduzierte Verbundlänge (vgl. Bild 4.59b) führen zu einer wesentlichen Erhöhung der Verbundspannungen. Die verfügbare Verbundlänge l_e, über die sich die Kraft $\Delta T \leq 2\lambda_o f_y A_b$ aufbauen soll, ist meist wesentlich kürzer als die in den Normen für die viel kleinere Kraft $T = f_y A_b$ spezifizierte Verankerungslänge l_d (vgl. 3.4.4).

Mit weiteren inelastischen Beanspruchungszyklen dringen die die Fliessdehnung übersteigenden Stahldehnungen mehr und mehr in den Knotenkern ein, da bei grossen Dehnungen die Verbundwirkung abnimmt. Dadurch nimmt auch die effektiv wirksame Verbundlänge ab, und die Verbundspannungen steigen weiter an (vgl. Bild 4.59c), bis ein kritischer Wert erreicht wird. Danach vermindern sich die Druckspannungen in den Stäben, oder es entsteht sogar Zug auf der ganzen Länge l_e. Schliesslich gleiten die Stäbe durch den Knotenkern, was zu einer Verminderung der Steifigkeit und der möglichen Energiedissipation führt.

Bild 4.60 zeigt die Verteilung der gemessenen Dehnungen an oberen, durch den

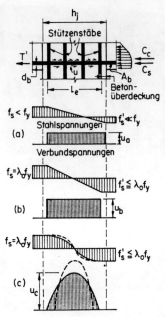

Bild 4.59: Stahl- und Verbundspannungen eines durch einen Rahmenknoten laufenden Bewehrungsstabes

Knoten laufenden Riegelbewehrungsstäben eines Versuchskörpers [B5]. Die drei Kurven wurden bei Verschiebeduktilitätsfaktoren von $\mu_\Delta = 2$, 4 und 6 gemessen. Rechts von der Stützenachse, wo an sich Druckfliessen erwartet wird, überwiegen trotzdem die Zugfliessdehnungen, da sich nach Zugfliessen und Beanspruchungsumkehr die Risse nicht mehr vollständig schliessen (gestörte Verzahnung der Rissflächen). Diese Stäbe von 19 mm Durchmesser sind hauptsächlich im mittleren Drittel des Knotens verankert (sichtbar am grossen Dehnungsgradienten).

Bild 4.61 zeigt die Resultate eines anderen Versuches, bei dem die Spannungen in den Riegelstäben ermittelt wurden. Die Zunahme des Spannungsgradienten und damit der Verbundspannungen mit zunehmender Duktilität ist klar erkennbar. Mit der schrittweisen Zerstörung des Verbundes in der Nähe der Stützenkanten als Folge des sich von den plastischen Gelenken her ins Knoteninnere ausbreitenden Fliessens werden auch bei diesem Versuchskörper die Verbundkräfte und damit die Knotenquerkraft aus der Biegebewehrung der Riegel hauptsächlich in der Mitte des Knotenkerns übertragen (vgl. Bild 4.59c). Das Druckdiagonalenmodell gemäss Bild 4.53c verliert daher mehr und mehr die Fähigkeit zur Übertragung einer wesentlichen horizontalen Knotenquerkraft. Als Folge davon wird das Fachwerkmodell gemäss Bild 4.55 stärker beansprucht. Es ist zu beachten, dass die in Bild 4.61 festgehaltenen Ergebnisse bei einem Verhältnis $d_b f_y / h_j \approx 11.7$ resultieren, das mit demjenigen nach Gl.(4.119) verglichen werden kann.

Zusammenbruch des Verbundes der Biegebewehrung:
Können als Folge des sich immer weiter ausbreitenden Fliessens der Riegelbeweh-

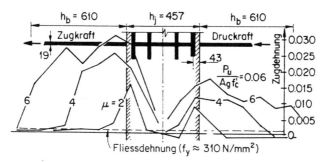

Bild 4.60: Gemessene Dehnungsverteilung in einem durch einen Rahmenknoten laufenden oberen Bewehrungsstab

rung die erforderlichen Verbundspannungen nicht mehr mobilisiert werden, beginnt ein Gleiten der Bewehrungsstäbe durch den Knoten. Dies hat drastische Umlagerungen der Schnittkräfte in den angrenzenden Riegelquerschnitten zur Folge. Die veränderten inneren Kräfte sind in Bild 4.62 dargestellt.

Die Druckkräfte in den Stäben der unteren Riegelbewehrung, C_s in Bild 4.53b, werden langsam zu Zugkräften, T_1' in Bild 4.62a. Der Stab (Bild 4.62b) ist daher im Knoten entlang seiner ganzen Länge h_c auf Zug beansprucht (Bild 4.62c). Der veränderte Verlauf der Verbundspannungen ist in Bild 4.62d qualitativ dargestellt. Die gesamte Zugkraft, die während grosser inelastischer Verformungen im benachbarten Fliessgelenk z.B. auf der rechten Seite entwickelt werden muss, steigt auf $\Sigma T_1 = T_1 + T_1'$ an. Die obere und die untere Riegelbewehrung sind also gleichzeitig über die gesamte Knotenbreite auf Zug beansprucht. Zur Aufrechterhaltung des Gleichgewichts muss eine gleich grosse Betondruckkraft C_{c1} mit einer stark angestiegenen Druckzonenhöhe c_1 vorhanden sein. Die erhöhten horizontalen Kräfte im Riegel wirken jedoch mit einem verkleinerten inneren Hebelarm. Es liegt auf der Hand, dass für die Krümmungsduktilität und den Biegewiderstand dieses Riegelquerschnittes nun die Stauchungen und die Festigkeit des Betons massgebend

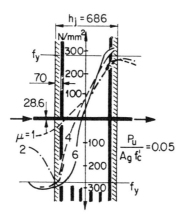

Bild 4.61: Gemessene Spannungsverteilung in einem durch einen Rahmenknoten laufenden Bewehrungsstab

werden. Der wichtige Beitrag der Druckbewehrung zur Erreichung der erforderlichen Krümmungsduktilität, wozu in den meisten Normen Regeln gegeben sind
([A1], [X3], [X4], [A6]; z.B. $A'_s \geq 0.5A_s$ in Bild 4.53a), geht vollständig verloren.
Der Zusammenbruch des Verbundes entlang der Biegebewehrung durch den Knoten
bewirkt also nicht nur eine drastische Reduktion der Steifigkeit und der Fähigkeit
zur Energiedissipation, sondern er kann auch zu einem Biegeversagen infolge der
Zerstörung der überbeanspruchten Betondruckzonen führen.

Ist der Knoten für die Aufnahme der vor dem Zusammenbruch des Verbundes
vorhandenen Knotenquerkräfte bewehrt, wird er wahrscheinlich auch die infolge
der gemäss Bild 4.62a auftretenden erhöhten inneren Querkräfte umgelagerten Riegelkräfte aufnehmen können. Dies ergibt sich aufgrund der Tatsache, dass die Einleitung der grossen Betondruckkräfte C_{c1} und C_{c2} zur Ausbildung einer Druckdiagonalen führt, wie sie in Bild 4.62a gezeichnet ist. Daher ist es möglich, dass ein
vorzeitiges Verbundversagen im Rissbild eines Knotens gar nicht sichtbar wird.

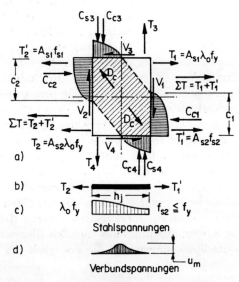

*Bild 4.62: Umlagerung der inneren Kräfte in einem Rahmenknoten infolge Zusam-
menbruchs des Verbundes*

d) Schubspannungen und Abmessungen inelastischer Knoten

Die Beurteilung der Grösse von Knotenquerkräften geschieht am zweckmässigsten
mit Hilfe der Schubspannungen. Während der zunehmenden Rissausbreitung infolge
der zyklischen inelastischen Verformungen werden die Schubkräfte durch kompli-
zierte physikalische Phänomene übertragen. Eine Schubspannung hat daher keine
direkte physikalische Bedeutung und wird als nominelle Grösse nur zur Beurteilung
der Beanspruchungshöhe verwendet.

Die Ermittlung der massgebenden Knotenquerkräfte wurde in den vorangehenden Abschnitten erklärt. Die Fläche zur Übertragung dieser Kräfte kann nicht für

alle Fälle einheitlich definiert werden. Meistens werden die horizontalen Knoten-schubspannungen als über den ganzen Querschnitt der Stütze wirkend angenommen, gelegentlich wird jedoch der Bezug auf die Kernfläche vorgezogen. Diese Unterschiede sind hier ohne Bedeutung, vorausgesetzt, dass die Annahmen verständlich sind und die Grenzwerte der Schubspannungen entsprechend festgesetzt werden.

Zur Festlegung der für die Übertragung der Querkräfte wirksamen horizontalen Knotenfläche sind plausible ingenieurmässige Annahmen theoretischen Überlegungen vorzuziehen. Mögliche Annahmen für zwei typische Fälle sind in Bild 4.63 dargestellt. Als rechtwinklig zur Rahmenebene gemessene wirksame Breite eines Knotens b_j wird die Breite des schmäleren Tragelementes, vergrössert mit der Neigung 1:2 bis zur Mitte der Stütze, in Bild 4.63 gestrichelt eingezeichnet, angenommen, jedoch selbstverständlich nicht mehr als die Breite des breiteren Tragelementes. Bild 4.63a zeigt die Situation, wenn der Riegel, Bild 4.63b, wenn die Stütze schmäler ist. Die in der Rahmenebene wirksame Breite des Knotens h_j wird gleich der Gesamtbreite der Stütze h_c gesetzt. Für den Tragwiderstand des Knotens wird die Bewehrung innerhalb dieser recht willkürlich bestimmten Fläche $b_j h_j$ als wirksam betrachtet. Somit kann die nominelle horizontale Knotenschubspannung wie folgt ausgedrückt werden:

$$v_{jh} = \frac{V_{jh}}{b_j h_j} \qquad (4.107)$$

Unter seismischer Beanspruchung wirken den meist in gleicher Richtung drehenden

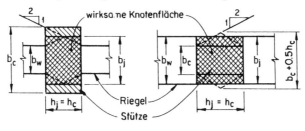

Bild 4.63: Annahmen für die wirksame horizontale Knotenfläche

Riegelmomenten die entgegengesetzt drehenden Momente in den Stützen oberhalb und unterhalb des Knotens entgegen. Im Gegensatz dazu wirken die Riegelmomente infolge der Schwerelasten einander entgegen und gleichen sich meist zu einem grossen Teil aus. Eine wirksame Übertragung der Knotenkräfte für den Erdbebenfall ist nur möglich, wenn die rechtwinklig zur Rahmenebene gemessene Breite des schwächeren Tragelementes nicht wesentlich grösser ist als diejenige des stärkeren. Riegel sollten nach Möglichkeit schmäler sein als die Stützen, weil dadurch die Verankerung aller Riegelbewehrungsstäbe im Kern möglich wird. Empfehlungen dazu wurden bereits in Bild 4.14 dargestellt.

Die Verankerung von Riegelbewehrungen ausserhalb des Stützenquerschnittes ergibt Verbund- und horizontale Schubspannungen in schlecht gehaltenem Beton. Zusätzlich zu den Einschränkungen von Bild 4.63 muss daher gefordert werden, dass mindestens 75% der Riegelbewehrung durch den von Vertikalstäben und horizontalen Bügeln umfassten Stützenkern laufen.

Die wirksame Interaktion von Stützen und Riegeln unter seismischer Beanspruchung muss auch sichergestellt sein, wenn die Stützen wesentlich breiter sind als die Riegel. Da Beton oder Bewehrung der Stützen, die relativ weit von der Aussenkante des Riegels liegen, nicht wirksam das Riegelmoment übernehmen kann, gelten für die zur Momentenübertragung maximal anrechenbare Stützenbreite b_j die Regeln von Bild 4.63. Das gleiche Problem bei exzentrischen Knoten gemäss Bild 4.76 wird in Abschnitt 4.7.6c behandelt.

Die Maximalbeanspruchung von Rahmenknoten kann als von zwei Kriterien begrenzt betrachtet werden:

1. Ausmass der Schubbewehrung im Knoten: Grosse Schubbeanspruchungen bei inneren Knoten erfordern sehr grosse Mengen an Schubbewehrung, auch wenn es sich um elastisch bleibende Knoten handelt. Das Verlegen der zahlreichen, oft mehrschnittigen horizontalen Bügel kann zu beinahe unüberwindlichen Ausführungsschwierigkeiten führen.

2. Schiefe Druckspannungen: Wie aus den Bildern 4.53, 4.55 und 4.56 ersichtlich ist, werden die gesamten Stützennormalkräfte und die Knotenquerkräfte, zum Teil mit Hilfe der Knotenschubbewehrung, durch schiefe Druckkräfte im Knotenkern übertragen. Bei grossen Querkräften und erheblichen Schrägrissen in beiden Richtungen im Knotenkern (vgl. Bild 4.64) kann für den Tragwiderstand des Knotens die Festigkeit des Betons auf schiefen Druck massgebend werden.

Um die Zerstörung des Betons auf schiefen Druck zu verhindern, wird die horizontale Schubspannung im Knoten begrenzt (obere Schubspannungsgrenze). Dazu gelten die folgenden Erwägungen:

1. Die Theorie des Druckfeldes variabler Neigung [C3], die zur Bemessung von Riegeln und Stützen unter monotoner Schub- und Torsionsbeanspruchung infolge Schwerelasten herangezogen wird, gibt auch im Fall zyklischer Beanspruchung nützliche Hinweise. Um einen schiefen Druckbruch infolge Schubes zu verhindern, soll der Neigungswinkel α der Druckstreben die folgenden Bedingungen erfüllen:

$$\alpha \leq 80^\circ - \frac{35^\circ \left(v_i / f'_c \right)}{0.42 - 50\varepsilon_v} \tag{4.108}$$

$$\alpha \geq 10^\circ + \frac{35^\circ \left(v_i / f'_c \right)}{0.42 - 65\varepsilon_h} \tag{4.109}$$

Dabei sind ε_v und ε_h die Dehnungen der vertikalen bzw. der horizontalen Knotenschubbewehrung.

Normalerweise bleiben die Stützen elastisch, d.h. $\varepsilon_v < \varepsilon_y$, und Gleichung (4.109) wird massgebend. Sofern die Tragelemente eine ähnliche Querschnittshöhe haben, $h_c \approx h_b$ (vgl. Bild 4.53b), und in der Stütze keine Normalkraft vorhanden ist, wird α etwa 45° betragen (vgl. Bild 4.53c und 4.55). Dafür erhält man mit z.B. $\varepsilon_h = 0.0019$ $v_i \leq 0.30 f'_c$. Gemäss [C3] ist die Schubspannung v_i in den Gleichungen (4.108) und (4.109) mit der statischen Höhe des Stützenquerschnittes, d.h. mit d_c, zu berechnen und nicht mit $h_j = h_c$

Bild 4.64: Rissbild eines inneren Rahmenknotens mit Fliessgelenken in den Riegeln

wie die Schubspannung v_{jh} nach Gl.(4.107). Mit der Annahme $d_c/h_c \approx 0.85$ ergibt sich $v_{jh} \approx 0.26 f_c'$.

In den meisten mehrstöckigen Rahmen, bei denen der Schub in den Knoten massgebend wird, ist die Riegelhöhe grösser als die Höhe des Stützenquerschnittes, d.h. $h_b > h_c$. Auch ist bei inneren Knoten immer eine Normaldruckkraft vorhanden, welche die Biegedruckzone der Stützen vergrössert. Der Winkel α wird daher grösser als 45° (vgl. Bild 4.56). Beispielsweise wird für $\alpha = 55°, \varepsilon_h = 0.0019$ und $d_c/d_h = 0.85$ die obere Schubspannungsgrenze $v_i \leq 0.32 f_c'$.

Ist die horizontale Bügelbewehrung ungenügend, so kann vorzeitiges Fliessen eintreten, was zu einer Abnahme der Festigkeit des Betons auf schiefen Druck führt. Mit $\varepsilon_h = 0.004$ und $\alpha = 45°$ bzw. 55° wird die Schubspannungsgrenze nur noch $v_i \leq 0.16 f_c'$ bzw. $0.20 f_c'$.

2. Solange die horizontale Bewehrung im Knoten elastisch bleibt, darf eine bessere Umschnürung als in einem Riegel und demnach auch eine höhere Betonfestigkeit auf schiefen Druck erwartet werden.

3. Die Schrägrisse entwickeln sich entsprechend den Beanspruchungen in beiden Richtungen. Dadurch kann die Druckfestigkeit des Betons erheblich beeinträchtigt werden. Vor allem bei frühzeitigem Fliessen der Knotenbewehrung werden die Risse ziemlich breit, und es kann ein Zerreiben des Betons an den Rissflächen erfolgen.

In den meisten Normen werden die Schubspannungsgrenzen in Funktion von $\sqrt{f_c'}$ ausgedrückt, als Bezug zur Zugfestigkeit des Betons. Besser wäre hier ein Bezug direkt zu f_c', da eigentlich der schiefe Druck massgebend ist (entsprechend Gl.(4.108) und (4.109)). Analog zu den Normen wird für die nach Gl.(4.107) ermittelten Spannungen die *obere Schubspannungsgrenze inelastischer Knoten* auf

$$v_{jh} \leq 1.5\sqrt{f'_c} \quad [\text{N/mm}^2] \tag{4.110}$$

festgesetzt, wobei alle oben angeführten Einflüsse berücksichtigt sind.

Diese Bedingung wird jedoch beim Entwurf von Knoten selten ein massgebendes Kriterium sein. Der Grund dafür liegt in der sehr starken horizontalen Schubbewehrung im Knoten, die für derart hohe Schubspannungen, falls nicht grosse Normalkräfte vorhanden sind, erforderlich wäre (Verlegeprobleme).

Sind die Biegebewehrungsgehalte der Riegel klein, oder sind die Stützenquerschnitte viel grösser als diejenigen der Riegel, so können die Knotenschubspannungen sehr klein werden. In diesem Fall werden im Knotenkern nur sehr wenige oder überhaupt keine Schrägrisse entstehen. Die in diesem Abschnitt besprochenen Modelle sind dann nicht sehr zutreffend und die Resultate einer entsprechenden Bemessung sehr konservativ.

e) Beitrag der Betondruckdiagonalen an den Schubwiderstand inelastischer Knoten

Die Umlagerung der Betondruckkraft auf die Druckbewehrung in plastischen Gelenken sowie die Umlagerung der Verbundkräfte entlang der Riegelbewehrung eines inelastischen Rahmenknotens wurden in Abschnitt 4.7.4c.2 behandelt. Es wurde gezeigt, dass nach einigen wenigen inelastischen Zyklen die horizontale Komponente der Druckkraft D'_c in der Betondruckdiagonalen des Knotens abnimmt (Bild 4.57). Daher wird auch der Schubwiderstand V_{ch}, wie er in Abschnitt 4.7.4b.3 für elastische Knoten eingeführt wurde, ebenfalls abnehmen.

Der Beitrag der Betondruckdiagonalen an den *horizontalen Schubwiderstand* inelastischer Knoten kann unter Berücksichtigung der verschiedenen Einflüsse wie folgt angesetzt werden:

1. Bei *Stützen mit Normalzugkraft oder mit geringer Normaldruckkraft* wird angenommen, dass die gesamte Knotenquerkraft entsprechend dem Fachwerkmodell übertragen wird. Der Beitrag der Betondruckdiagonalen an den horizontalen Schubwiderstand verschwindet:

$$V_{ch} = 0 \tag{4.111}$$

Es muss deshalb eine horizontale Schubbewehrung entsprechend der gesamten Knotenquerkraft V_{jh} eingelegt werden. Bei Berechnungen auf Erdbebeneinwirkung resultieren die kleinsten Normalkräfte aus der Differenz von Schwerelast- und Ersatzkraftbeanspruchungen. Diese Grösse ist jedoch recht unsicher, und in Wirklichkeit sind ja auch vertikale Erdbebenbeschleunigungen vorhanden. Deshalb wird für Normaldruckkräfte $P_u < 0.1f'_c A_g$ der Wert $V_{ch} = 0$ verwendet.

2. Bei *Stützen mit erheblicher Normaldruckkraft*, d.h. mit einer mittleren Normaldruckspannung von mehr als $0.1f'_c$, bauen die horizontalen Verbundkräfte entlang der Riegelbewehrung zusammen mit der Stützennormaldruckkraft eine Kraft in der Betondruckdiagonalen auf. Ein Teil der horizontalen

Knotenquerkraft wird auf diese Weise übertragen. Dieser Anteil wird mit Hilfe der für Riegel und Stützen für den Beitrag des Betons an den Schubwiderstand gebräuchlichen Formel gemäss Gl.(3.38):

$$v_c = \left(1 + \frac{3P_u}{A_g f_c'}\right) v_b$$

abgeschätzt. Dabei beträgt die Grundschubspannung (Gl.(3.37)):

$$v_b = (0.07 + 10\rho)\sqrt{f_c'} \quad \leq \quad 0.2\sqrt{f_c'} \quad [\text{N/mm}^2]$$

$\rho = A_s/(bd)$ ist der Gehalt an Biegebewehrung, hier im Falle der horizontalen Knotenquerkraft derjenige der Stütze. Da der Bewehrungsgehalt der Stütze (Gesamtbewehrung) mindestens zwischen 0.8 und 1.0% liegt, beträgt ρ (berechnet mit der statischen Höhe) mindestens etwa 0.5 bis 0.6% (Zwischenstäbe der Stütze vernachlässigt). Damit folgt aus Gleichung (3.37) der Mindestwert $v_b = 0.125\sqrt{f_c'}$ [N/mm^2]. Für die Bemessung von Knoten mit wesentlicher Stützennormaldruckkraft kann jedoch für v_b ein mittlerer Wert zwischen diesem Mindestwert und dem oberen Grenzwert $v_b = 0.2\sqrt{f_c'}$ von Gl.(3.37), d.h. $v_b = 0.17\sqrt{f_c'}$ [N/mm^2] verwendet werden.

Für eine Normaldruckkraft zwischen 0.1 und $0.5 f_c' A_g$ wird nun eine kontinuierliche Zunahme des Beitrages der Betondruckdiagonalen an den Schubwiderstand des Knotens zwischen den folgenden Grenzen angenommen:

$$0 \leq v_c \leq 0.17 \left(1 + \frac{3P_u}{A_g f_c'}\right) \sqrt{f_c'} \quad [\text{N/mm}^2] \tag{4.112}$$

Dem entspricht nach [X3] die folgende Bemessungsgleichung für *den Beitrag der Betondruckdiagonalen an den horizontalen Schubwiderstand* bei inelastischen Knoten von ebenen Rahmen:

$$V_{ch} = v_{ch}\, b_j h_j = \frac{2}{3}\sqrt{\frac{P_u}{A_g} - \frac{f_c'}{10}}\; b_j h_j \quad [\text{N, mm}] \tag{4.113}$$

Gleichung (4.113) ergibt nur ein $V_{ch} > 0$, wenn $P_u > 0.1 f_c' A_g$ ist. Sie ist relativ konservativ und weitere Forschungsarbeiten können zu einer Erhöhung von V_{ch} führen.

Der Zusammenhang zwischen Gl.(3.37) und (4.113) ist in Bild 4.65 dargestellt.

3. *Horizontale Vorspannung* durch den Knoten kann anstelle der horizontalen Knotenschubbewehrung die im Fachwerkmodell von Bild 4.55 erforderlichen seitlichen Haltekräfte bewirken. Bei Vorspannstahl ausserhalb des mittleren Drittels des Querschnittes muss jedoch angenommen werden, dass die Vorspannkraft infolge der grossen bleibenden Verformungen im Fliessgelenk verlorengeht [T2]. Es wird also bei der Ermittlung des Schubwiderstandes des Knotens nur eine Vorspannkraft nach allen Verlusten P_{cs}^∞ innerhalb des inneren

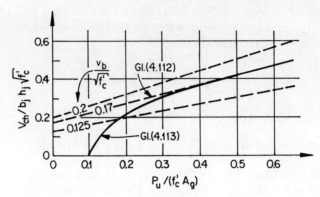

Bild 4.65: Vergleich der verschiedenen Formeln für den Beitrag des Betons bzw. der Betondruckdiagonalen an den Schubwiderstand

Drittels berücksichtigt. Da der Beitrag der Stützennormalkraft und derjenige der Riegelvorspannkraft an den Schubwiderstand des Knotens unterschiedliche Mechanismen bedingen, dürfen beide Beiträge zu V_{ch} direkt überlagert werden. Der Beitrag der Vorspannung wird dabei jedoch vorsichtig angesetzt zu:

$$V_{ch} = 0.7 P_{cs}^{\infty} \tag{4.114}$$

4. Bei *gedrungenen Knoten*, d.h. wenn die Breite der Stütze h_c grösser ist als die zweifache Riegelhöhe h_b ($\alpha < 27°$), sind die Bedingungen zur Ausbildung einer schiefen Betondruckdiagonalen erheblich günstiger. Daher wird der Beitrag der Betondruckdiagonalen an den horizontalen Schubwiderstand mit Hilfe des oberen Grenzwertes von Gl.(3.37) festgelegt:

$$V_{ch} = 0.2 \left(1 + \frac{3 P_u}{f_c' A_g} \right) \sqrt{f_c'} \; b_j h_j \quad [\text{N, mm}] \tag{4.115}$$

Für den Beitrag der Betondruckdiagonalen an den *vertikalen Schubwiderstand* inelastischer Knoten gelten die folgenden Überlegungen:
Sind die Stützen derart bemessen, dass sie bei der Bildung von Fliessgelenken in den Riegeln elastisch bleiben, so bleibt die Kraft in der Betondruckdiagonalen D_c' (vgl. Bild 4.57) erhalten. Die Reaktionen auf die Vertikalkomponente dieser Kraft stehen als vertikale Haltekräfte in den Eckbereichen des Fachwerkmodells gemäss Bild 4.55 zur Verfügung. Der Bedarf an vertikaler Knotenbewehrung wird daher wesentlich kleiner. Deshalb kann die für elastisch bleibende Knoten gültige Gl.(4.102) auch zur Ermittlung des Beitrages der Betondruckdiagonalen an den vertikalen Schubwiderstand V_{cv} von inelastischen Knoten verwendet werden.

f) Beitrag der Knotenschubbewehrungen an den Schubwiderstand

Die Beiträge der horizontalen und vertikalen Knotenschubbewehrungen an den Schubwiderstand elastischer und inelastischer Knoten müssen gemäss den Gleichungen (4.98) und (4.100) mindestens betragen:

$$V_{sh} = V_{jh} - V_{ch}$$
$$V_{sv} = V_{jv} - V_{cv}$$

Die erforderlichen Knotenschubbewehrungen sind:

$$A_{jh} = V_{sh}/f_{yh} \tag{4.116}$$
$$A_{jv} = V_{sv}/f_{yv} \tag{4.117}$$

Diese Schubbewehrungen sind innerhalb der äussersten Bewehrungslagen des Riegels bzw. der Stütze über die Höhe des Riegel- bzw. die Breite des Stützenquerschnittes derart in den Knoten zu legen, dass sie quer durch die in Bild 4.53a angedeutete potentielle Bruchfläche verlaufen. Der Zweck dieser Bewehrungen besteht in der Übertragung der Knotenquerkräfte mit nur beschränktem Fliessen der die Bruchfläche kreuzenden Stäbe.

Bei der konstruktiven Durchbildung der *horizontalen Knotenschubbewehrung*, die normalerweise in Form von horizontalen Bügeln eingelegt wird, sind folgende Punkte zu beachten:

1. Es ist die wirksame Querschnittsfläche der die Bruchfläche kreuzenden Bügel anzurechnen. Für die in Bild 4.35b gezeigten, um $45°$ gedrehten Bügel ist die wirksame Querschnittsfläche pro Stab $A_b/\sqrt{2}$.

2. Es sind nur Bügel einzurechnen, die innerhalb der wirksamen Knotenbreite b_j liegen, solche ausserhalb der in Bild 4.63a doppelt schraffierten Fläche zählen nicht mit.

3. Die horizontale Knotenschubbewehrung darf nicht kleiner sein als die Querbewehrung in den Endbereichen der Stütze (vgl. 4.7.1.2).

4. Die horizontale Knotenschubbewehrung ist gleichmässig auf die ganze Höhe zwischen die obere und untere, durch den Knoten laufende Riegelbiegebewehrung zu verteilen. Stäbe direkt unter bzw. über der Biegebewehrung sind als Schubbewehrung nicht sehr wirksam, da ihre Dehnungen durch diejenigen der Biegebewehrung stark beeinflusst werden.

5. Es sind nur Bügel einzurechnen, die die mögliche, in Richtung der Knotendiagonalen liegende Bruchfläche wirklich kreuzen. Dabei sollten jedoch solche, die in Richtung der horizontalen Querkraft kürzer sind als ein Drittel der Knotenabmessung h_j, nicht berücksichtigt werden. Die Anwendung dieser Regel ist im Beispiel in Abschnitt 4.11.13 gezeigt.

6. Um die Verbundkräfte aller Vertikalstäbe auf beiden Seiten der Stütze in die schrägen Druckstreben einleiten zu können (vgl. Bild 4.36), sind mehrschnittige Bügel einer grösseren Zahl von aussenliegenden Bügeln vorzuziehen. Bild 4.66 zeigt die Übertragung der schrägen Druckkräfte für eine ungeeignete a) und für eine geeignete Anordnung b) der Querbewehrung.

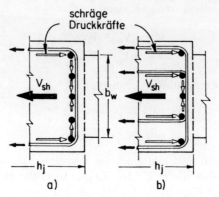

Bild 4.66: Verlauf der schrägen Druckkräfte zur Übertragung der Verbundkräfte der durch den Knoten laufenden Stützenbewehrung

Wie bereits in 4.7.4b.4 erwähnt wurde, besteht die *vertikale Knotenschubbewehrung* aus den Zwischenstäben der Stützenbewehrung, d.h. aus allen sich nicht in der äussersten Lage befindlichen Stäben. Da die Stützen elastisch bleiben sollen, sind diese Stäbe nicht stark auf Zug beansprucht. Damit sie jedoch ihren Beitrag an den Schubwiderstand des Knotens leisten können, sind sie ober- und unterhalb des Knotenkerns entsprechend zu verankern.

Sind zwischen den Eckstäben in den Stützen keine weiteren Stäbe vorhanden, so sind spezielle Zwischenstäbe einzulegen. Es kann sich dabei um gerade Stäbe mit entsprechender Verankerungslänge ausserhalb des Knotens oder um solche mit 90°-Abbiegungen gegen das Stützeninnere handeln.

Der Abstand der vertikalen Knotenschubbewehrungsstäbe soll 200 mm nicht überschreiten. Auf jeden Fall ist zwischen den Eckstäben immer mindestens ein weiterer Stab anzuordnen. Die Wirksamkeit dieser Art von Bewehrung wurde durch Versuche belegt [P43].

g) Verbund und Verankerung

Einige Aspekte des Verbundes, insbesondere was die Beeinträchtigung des Schubwiderstandes im Knoten betrifft, wurden in 4.7.4c.2 behandelt. Der Einfluss der sich in den Biegebewehrungen von den Fliessgelenken her in die Knoten ausbreitenden Fliessspannungen und die damit verbundene Umlagerung der Verbundspannungen wurden anhand von Bild 4.59 qualitativ besprochen.

Das Wissen über das Verbundverhalten bei seismischer Beanspruchung ist, verglichen mit anderen Aspekten des Verhaltens von Stahlbetonkonstruktionen, ziemlich dürftig. Obwohl die verschiedenen Einflussfaktoren auf die Verbundfestigkeit und das Verbund-Schlupf-Verhalten von Bewehrungsstäben unter hoher zyklischer Beanspruchung eruiert werden konnten [F5], [E1], stösst deren Umsetzung in einfache Bemessungsregeln auf Schwierigkeiten, da sowohl die experimentelle Simulation als auch die mathematische Formulierung unter den besonderen, in einem Knoten unter seismischer Beanspruchung herrschenden Bedingungen schwierig ist (vgl. Bild 4.64).

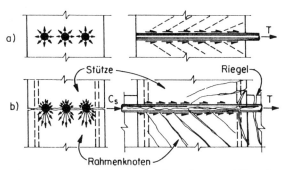

Bild 4.67: Verbundspannungen entlang von Bewehrungsstäben im Standardversuch a) und im Innenknoten eines Rahmens b)

Es konnte jedoch gezeigt werden, dass eine wesentliche Schädigung des Verbundes erfolgt, sobald im Bewehrungsstahl die Fliessdehnung überschritten wird. Dies bedeutet, dass in elastischen Knoten bessere Verbundbedingungen aufrechterhalten werden können. In ungerissenen Knotenkernen ist der Verbund sogar ein völlig unwesentlicher Parameter. Die Schädigung des Verbundes infolge von plastischen Verformungen im Knoten kann aber bis zu 50% an die Gesamtverformungen eines Teilrahmens beitragen [S4].

Die Verbundverhältnisse entlang eines Riegelbewehrungsstabes durch einen Knoten wechseln stark. Wie Bild 4.59c zu entnehmen ist, fällt der Verbund im Randbereich des Knotenkerns relativ rasch zusammen. Innerhalb des Knotens können dagegen hohe Verbundspannungen mobilisiert werden, besonders wenn eine Umschnürung senkrecht zum betrachteten Stab vorhanden ist. Dazwischen liegt eine Zone kontinuierlichen Übergangs [E1]. Der Schlupf variiert also entlang des Stabes, und ein einfaches Modell zur Beschreibung des Verbund-Schlupf-Verhaltens von in inneren Knoten verankerten Stäben ist schwierig zu entwickeln.

Versuche zur Erforschung des Verbundverhaltens unter seismischer Beanspruchung gemäss Bild 4.67a ähneln den statischen Auszugsversuchen [P1]. Die Verbundspannungen in solchen Standardversuchen sind gleichmässig rund um den Stab verteilt und bewirken gleichmässige tangentiale und radiale Spannungen.

Ein Stab im oberen Bereich eines Riegels gemäss Bild 4.67b trifft dagegen im Knoten erheblich weniger günstige Bedingungen an. Durch die sehr grosse zu übertragende Verbundkraft $\Delta T = T + C_s$ und den durch die Stütze rechts oberhalb des Knotens ausgeübten Querzug bilden sich normalerweise Risse im Beton entlang des Stabes. Aus der Betrachtung der horizontalen Querkraft im Knoten (Gl.(4.104)) ergibt sich, dass etwa 80% der gesamten Verbundkraft nach unten in die schrägen Druckstreben des Knotens eingeleitet werden müssen. Die Verteilung der Schubspannungen rund um den Stab ist daher im Gegensatz zum Standardversuch nicht gleichmässig. Auf der dem Knotenkern zugewandten Seite des Stabes müssen wesentlich grössere Verbundspannungen mobilisiert werden (vgl. linke Seite von Bild 4.67b). Werden nach oben mehr als die auf die Stütze zu übertragenden etwa 20% der gesamten Verbundkraft abgegeben, so muss der Überschuss nach unten in den Knotenkern übertragen werden. Dies bedingt Schubspannungen im horizontalen Spaltzugriss zwischen den Bewehrungsstäben, die jedoch nur möglich sind, falls dieser Riss wirksam umschnürt bzw. durch Klemmkräfte überdrückt ist. Eine Normaldruckkraft in der Stütze hat daher einen günstigen Einfluss auf die Verankerung von Bewehrungsstäben im Knoten.

Die wichtigsten Grössen, die das in Bild 4.67b gezeigte Verbundverhalten beeinflussen, sind:

1. Umschnürung

Eine Umschnürung quer zur Stabrichtung verbessert den Verbund unter seismischer Beanspruchung wesentlich. Ohne Umschnürung können bereits wenige inelastische Beanspruchungszyklen zu einer grossen Reduktion des Verbundes führen. Die Umschnürung kann durch eine Stützennormaldruckkraft oder durch eine Querbewehrung bewirkt werden.

Daher sind in den Stützen die Zwischenstäbe (Stäbe zwischen den Eckstäben) neben ihrer Funktion als vertikale Knotenschubbewehrung wesentlich für die Verhinderung eines frühzeitigen Verbundversagens bei kleinen oder gar fehlenden Stützennormaldruckkräften. Die Stützen brauchen deshalb eine entsprechende Reserve an Biegewiderstand, damit die Vertikalstäbe noch die zusätzlichen Kräfte aufnehmen können ohne zu fliessen. Wie dies erreicht werden kann, ist in 4.5 erklärt.

Es gibt jedoch auch für die Umschnürung eine obere Grenze. Wird über die vollständige Umschnürung hinaus noch mehr Bewehrung eingelegt, kann das Verbund-Schlupf-Verhalten nicht mehr verbessert werden [E1]. In diesem Falle wird die maximale Verbundkraft erreicht. Bei weiter gesteigerter Beanspruchung wird der Beton zwischen den Rippen zerstört, und der Schubreibungswiderstand im Hüllkreisquerschnitt des Bewehrungsstabes bricht zusammen [P1].

2. Stabdurchmesser

Der Stabdurchmesser d_b hat auf die Verbundfestigkeit, ausgedrückt durch die maximal mögliche Verbundspannung, keinen wesentlichen Einfluss. Der Unterschied beträgt für die üblichen Durchmesser etwa 10% zugunsten der dünneren Stäbe [E1]. Ist also die maximale Verbundkraft $\Delta T = T + C_s$ (vgl. Bild 4.67) durch die mögliche Verbundspannung begrenzt, so muss bei gleicher Fliessspannung f_y das Verhältnis der im betreffenden Fall zur Verfügung stehenden Verankerungslänge l_e zum Durchmesser d_b konstant bleiben:

$$\frac{l_e}{d_b} = \text{konstant} \qquad (4.118)$$

Bei Innenknoten ist die Verankerungslänge l_e durch die Breite des Knotenkerns begrenzt. Es sind daher die Stabdurchmesser entsprechend anzupassen.

3. Betonfestigkeit

Die Betonfestigkeit hat keinen entscheidenden Einfluss. Es hat sich bestätigt [E1], dass sich, wie in den meisten Normen ([A1], [X3]) angegeben, die Verbundfestigkeit bei zyklischer Beanspruchungsumkehr proportional zur Zugfestigkeit des Betons verhält, d.h. proportional zu $\sqrt{f_c'}$.

4. Stababstand

Der Stababstand beeinflusst die Verbundfestigkeit zu einem gewissen Grad. Für lichte Abstände zwischen den Stäben von weniger als $4d_b$ konnte eine Reduktion von höchstens 20% festgestellt werden [E1].

5. *Rippen des Bewehrungsstahls*
Die Rippenfläche ist sehr wichtig für die Güte des Verbundes und beeinflusst sowohl die Verbundfestigkeit als auch das Verbundschlupf-Verhalten [E1]. Die Unterschiede aus den in verschiedenen Ländern gebräuchlichen Rippenformen bewirken beträchtliche Schwierigkeiten beim Vergleich von Resultaten aus Knotenversuchen. Von noch grösserem Einfluss ist aber der Kontakt des Betons zu den Rippenflächen [P1] und damit die Betonierrichtung bezüglich der Lage des Bewehrungsstabes und der Richtung der Beanspruchung.

h) Bemessung der Verankerung von Riegel- und Stützenbewehrung im Knoten

Die obigen Überlegungen haben, zusammen mit der vorhandenen beschränkten Erfahrung aus Versuchen, kombiniert mit ingenieurmässiger Beurteilung, zu den folgenden Empfehlungen für die Verankerung von durch Innenknoten laufenden Bewehrungsstäben geführt:

1. Ausgehend von der bei den normalerweise verwendeten Stabdurchmessern etwa konstant bleibenden Verbundfestigkeit, wird für den maximalen Stabdurchmesser der beim Knoten fliessenden Riegelbewehrung (inelastische Knoten) die folgende Formel angesetzt:

$$d_b \leq 11 h_j / f_y \quad [\text{N, mm}] \tag{4.119}$$

   Dabei wird ein für unterschiedliche Knoten- bzw. Stützenabmessungen ($h_j = h_c$) etwa gleiches Verhältnis l_e/h_j vorausgesetzt.
   Für $f_y = 275$ bzw. $460 \, \text{N/mm}^2$ ergibt sich $d_b \leq h_j/25$ bzw. $h_j/42$.

2. Kann gezeigt werden, dass die Biegebewehrung der Riegel an der Stützenkante nicht fliesst (elastische Knoten), so darf die Einschränkung von Gl.(4.119) etwas gelockert werden:

$$d_b \leq 14 h_j / f_y \quad [\text{N, mm}] \tag{4.120}$$

   Für $f_y = 275$ bzw. $460 \, \text{N/mm}^2$ ergibt sich $d_b \leq h_j/20$ bzw. $d_b \leq h_j/33$.

3. Um eine Abnahme der Verbundfestigkeit durch Spaltung des nicht umschnürten Betons zu verhindern, darf der Durchmesser der Stäbe der mitwirkenden Biegezugbewehrung in der Decke (monolithischer T-Querschnitt) einen Fünftel der Deckenstärke nicht überschreiten.

4. Bei wesentlicher Stützennormaldruckkraft hat die dadurch bewirkte Umschnürung quer zur Riegelbewehrung einen günstigen Einfluss, sofern ein wesentlicher Teil des Stützenquerschnittes beim Knoten unter Druck steht, während sich die Momente in den Stützen entwickeln, die mit den Riegelfliessmomenten im Gleichgewicht stehen. Für $P_{u,min}/(f'_c A_g) \geq 0.4$ darf deshalb, ausgehend von Gl.(4.119), der Stabdurchmesser die in Bild 4.68 angegebenen Bruchteile der Breite des Knotens bzw. der Stütze ($h_j = h_c$) betragen.

Für diese Empfehlungen wurde angenommen, dass in den Stäben der Riegelbewehrung die Fliessspannung auf beiden Seiten des Knotens erreicht wird.
Wenn gezeigt werden kann, dass dies nicht zutrifft, wie oft in Tragwerken beschränkter Duktilität, kann in Verbindung mit Bild 4.68 der Faktor R_b gemäss
Gl.(7.11) verwendet werden.

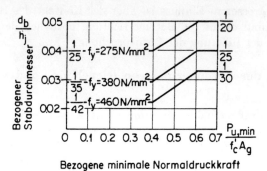

Bezogene minimale Normaldruckkraft

*Bild 4.68: Zulässiger Stabdurchmesser d_b der durch den Knoten laufenden Riegel-
bewehrung als Bruchteil der Knotenbreite h_j*

5. Wird in Ausnahmefällen die Bildung von Fliessgelenken in der Stütze und
   nicht im Riegel erwartet, so können die unter 1. und 4. gegebenen Begrenzungen für den Stabdurchmesser d_b der Riegelbewehrung mit dem Faktor k_b
   multipliziert werden.

$$k_b = 2 - \frac{\Sigma M_c}{\Sigma M_b} \geq 1 \qquad\qquad (4.121)$$

Dabei ist ΣM_c die Summe der mit den Rechenfestigkeiten berechneten
Fliessmomente der Stütze in den den Knoten begrenzenden Querschnitten,
im gleichen Drehsinn genommen, bezogen auf die Achse der Riegels. ΣM_b
ist die Summe der analogen Momente des nicht fliessenden Riegels in den
den Knoten begrenzenden Querschnitten, im gleichen Drehsinn genommen,
bezogen auf die Stützenachse.

Die Begründung zu dieser Erhöhung des maximalen Stabdurchmessers der
Riegelbewehrung ist in Bild 4.69 illustriert. Ein Vergleich der Momentendiagramme beim Erreichen des Biegewiderstandes für Riegel und Stütze zeigt,
dass die Stützenendmomente M_{c1} und M_{c2} für den Widerstand des Anschlus-
ses massgebend sind und die Momente ΣM_b nicht auftreten können. Die Spannungen in der Riegelbewehrung verlaufen etwa analog dem Momentendiagramm gemäss der gestrichelten Linie in Bild 4.69a, da die Summe der Riegelmomente den Wert ΣM_c nicht übersteigen kann. Während auf der einen
Seite des Knotens die Stahlzugspannungen höchstens f_y erreichen, bleiben auf
der anderen Seite die Stahldruckspannungen verhältnismässig klein, was insgesamt zu geringeren Verbundkräften als in Systemen mit elastischen Knoten
und Fliessgelenken in den Riegeln führen kann. Es gilt also $\Sigma M_c/\Sigma M_b < 1.0$
und nach Gl.(4.121) $k_b > 1$. Ist die Summe ΣM_b sehr gross, so erfolgt im Riegel

infolge Erdbebeneinwirkung keine Beanspruchungsumkehr, weshalb eine wesentliche Erhöhung des Stabdurchmessers zulässig ist. Dieser Fall kann in ein- oder zweistöckigen, von Schwerelasten dominierten Rahmen auftreten, wenn relativ schwache Stützen für den Erdbebenwiderstand massgebend sind.

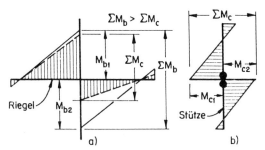

Bild 4.69: Momentendiagramme für den Riegel a) und für die Stütze b) zur Ermittlung des zulässigen Stabdurchmessers in Knoten

6. Sind die Stützen auf Gelenkbildung an den Enden ausgelegt, so soll der maximale Durchmesser der Stützenstäbe durch den Knoten auf den folgenden Wert beschränkt werden:

$$d_b \leq 14h_b/f_y \quad [\text{N, mm}] \qquad (4.122)$$

Diese Erleichterung verglichen mit Gl.(4.119) ist zulässig, da die Verbundverhältnisse für Stützenstäbe wesentlich besser sind als für die horizontale Riegelbewehrung, wo durch das Nachsetzen des frischen Betons die Tendenz zur Hohlraumbildung unter den Stäben besteht.

7. Ähnliche Überlegungen ergeben für den maximalen Durchmesser der Bewehrungsstäbe in Stützen, die keine Fliessgelenke ausbilden:

$$d_b \leq 18h_b/f_y \quad [\text{N, mm}] \qquad (4.123)$$

8. Kann gezeigt werden, dass die Spannungen in der äusseren Bewehrungslage einer Stütze während des Bemessungserdbebens, d.h. unter Erdbebenkräften in beiden Richtungen, über die gesamte Stablänge innerhalb des Knotens immer entweder nur im Zug- oder im Druckbereich liegen, so werden bezüglich des Stabdurchmessers keine Einschränkungen gemacht. Dieser Fall tritt bei Stützen mit vorherrschender Kragarmwirkung ein, d.h. wenn im Stockwerk unterhalb des Knotens kein Wendepunkt der Biegelinie vorhanden ist und zugleich eine grosse Normaldruckkraft wirkt.

Wie früher bemerkt, bewirkt der Zusammenbruch des Verbundes der Biegebewehrung innerhalb eines Knotens nicht notwendigerweise ein Versagen des Knotens. Aber je grössere Abweichungen von den oben gegebenen Empfehlungen akzeptiert werden, desto grösser wird die Verminderung der Steifigkeit und des Energiedissipationsvermögens. Die entsprechende Beeinträchtigung der Qualität des Rahmenverhaltens kann nicht allgemeingültig quantifiziert werden, da es hiefür kaum objektive Kriterien gibt. Gewisse Normen [A1], [A3], [X4] geben Regeln für die Verankerung von Bewehrungsstäben in Knoten an, die weniger streng als die oben dargestellten sind. Damit akzeptieren sie einen grösseren Grad an Beeinträchtigung des Knoten- und Rahmenverhaltens, besonders was die Steifigkeit betrifft, als er hier angestrebt wird [X3].

4.7.5   Innenknoten räumlicher Rahmen

Der Innenknoten eines räumlichen Rahmens unter Erdbebenbeanspruchung ist in Bild 4.48d schematisch dargestellt. Zur Erleichterung der Übersicht ist die Geschossdecke nicht gezeichnet. Es besteht die Möglichkeit, dass sich in den Riegeln gleichzeitig an allen vier Seiten der Stütze Fliessgelenke ausbilden. Die rechnerische Behandlung dieses Falles ist relativ kompliziert, weshalb für die Bemessung die nachfolgend besprochenen Vereinfachungen empfohlen werden.

Der Mechanismus für den Schubwiderstand eines räumlichen Knotens ist dem vorgängig für Knoten ebener Rahmen beschriebenen ähnlich, mit der Ausnahme, dass die mögliche Bruchfläche anders liegt. Bild 4.70 zeigt die Betonspannungsblöcke an den sechs Begrenzungsflächen des Knotens. Die Druckstrebe kann sich also etwa in der räumlichen Knotendiagonalen ausbilden, wobei der Detailverlauf recht kompliziert ist.

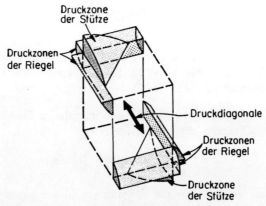

Bild 4.70: Betondruckdiagonale im Knoten eines räumlichen Rahmens

Ist die Schubbewehrung im Knoten ungenügend, so kann sich eine schräg verlaufende Bruchfläche gemäss Bild 4.71 ausbilden. Werden die üblichen horizontalen Bügel mit Schenkeln parallel zu den Stützenseiten verwendet, so kreuzt jeweils in jeder Richtung nur ein Schenkel eines solchen Bügels die Bruchfläche. Weiter kommt dazu, dass die horizontalen Stäbe die Bruchfläche unter einem Winkel von kleiner als 90° kreuzen und deshalb nur mit verminderter Wirkung der Knotenquerkraft Widerstand leisten können. Haben die vier Riegel gleiche Biegewiderstände, so beträgt die gesamte horizontale Knotenquerkraft das $\sqrt{2}$−fache des Wertes am ebenen Rahmen. Damit würde in beiden Richtungen die doppelte horizontale Schubbewehrung erforderlich.

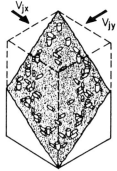

Bild 4.71: Mögliche Bruchfläche im Knoten eines räumlichen Rahmens

Es können jedoch auch zwei zueinander rechtwinklig stehende modifizierte Modelle ebener Rahmen betrachtet werden. Dadurch gehen alle Bügelschenkel in die Betrachtung ein. Die einzige Anpassung an das in den Abschnitten 4.7.4e und f behandelte Vorgehen betrifft den Beitrag der Stützennormaldruckkraft bei der Ermittlung der Beiträge der Betondruckdiagonalen an den Schubwiderstand V_{ch} und V_{cv}. Die Gleichungen (4.101) für elastische Knoten sowie (4.113) und (4.115) für inelastische Knoten zeigen den Einfluss der Stützennormaldruckkraft auf den horizontalen Schubwiderstand im Knoten bei ebenen Rahmen. In räumlichen Rahmen kann nicht davon ausgegangen werden, dass die Normaldruckkraft denselben günstigen Einfluss gleichzeitig in beiden Richtungen ausübt. In den Gleichungen ist daher die Normaldruckkraft P_u zu ersetzen durch

$$P_{u,x} = C_{j,x} P_u \quad \text{bzw.} \tag{4.124}$$
$$P_{u,y} = C_{j,y} P_u \tag{4.125}$$

mit

$$C_{j,x} = \frac{V_{jh,x}}{V_{jh,x} + V_{jh,y}} \quad \text{bzw.} \tag{4.126}$$
$$C_{j,y} = \frac{V_{jh,y}}{V_{jh,x} + V_{jh,y}} \tag{4.127}$$

$V_{jh,x}$ und $V_{jh,y}$ sind die horizontalen Knotenquerkräfte aus den Riegelüberfestigkeitsmomenten für die beiden Richtungen x und y. In den meisten Fällen genügt es jedoch, für $V_{jh,x}$ bzw. $V_{jh,y}$ die horizontale Stützenquerkraft über oder unter dem Knoten aus der elastischen Berechnung für die Erdbeben-Ersatzkräfte in x- bzw. y-Richtung einzusetzen.

Ein Versuchskörper der in Bild 4.48d gezeigten Form, der nach diesen Regeln bemessen wurde, zeigte ein zufriedenstellendes Verhalten. Bild 4.72 zeigt den Rahmenknoten mit den gut sichtbaren Fliessgelenken in den Riegeln.

In der Literatur wird teilweise empfohlen [A1], [A3] in Knoten von räumlichen Rahmen die seitliche Halterung durch die Querriegel zu berücksichtigen. Dadurch

ist, verglichen mit Knoten von analogen ebenen Rahmen, wesentlich weniger Schubbewehrung erforderlich. Diese Tatsache konnte auch in Versuchen bestätigt werden
[M5], [Y1]. Dieses Ergebnis hat jedoch für die Wirklichkeit nur eine beschränkte
Aussagekraft, da in den Versuchen die Querriegel nicht beansprucht wurden. Als
Folge eines schief wirkenden Erdbebens bilden sich unter Umständen in allen Riegeln plastische Gelenke (vgl. Bild 4.48d), und es geht nicht nur die Haltewirkung
aus den Querriegeln verloren, sondern durch die Ausbreitung von Fliessdehnungen
in beiden Richtungen in den Knoten hinein werden die Bedingungen zur Verankerung der sich kreuzenden Biegebewehrung sogar wesentlich verschlechtert. Daher
sollte der begünstigende Effekt der Querriegel nicht in Rechnung gestellt werden.
Das Verhalten des Versuchskörpers in Bild 4.72 war ähnlich, aber doch weniger gut
als dasjenige des ebenen Rahmens in Bild 4.64 [B5].

4.7.6   Besonderheiten bei Innenknoten

a) Beitrag der Geschossdecken

Um sicherzustellen, dass die Stützen nicht die schwächsten Teile des Tragwerkes
sind, muss der maximale Tragwiderstand der angrenzenden schwächeren Elemente,
normalerweise der Riegel, ermittelt werden. Dies erfordert die Abschätzung des
Beitrages der parallel zu den Riegeln angeordneten mitwirkenden Deckenbewehrung an die Überfestigkeit der Riegel. In 4.4.2b und in Bild 4.13 sind die Regeln
zur Ermittlung der mitwirkenden Zugflanschbreite bzw. Zugflanschbewehrung dargelegt. Dabei muss betont werden, dass diese Regeln sehr grobe Näherungen sind
und dass die mitwirkende Breite mit der Grösse der aufgezwungenen Rotationsduktilität variiert. Bei sehr grossen Rotationen in den Fliessgelenken kann unter
Umständen die Bewehrung der ganzen Deckenbreite mobilisiert werden.

Bild 4.73 illustriert die Kraftübertragung von der Deckenbewehrung zum Rah-

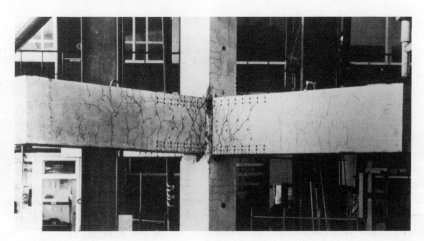

*Bild 4.72: Versuchskörper nach mehreren inelastischen Beanspruchungen in beiden
Rahmenebenen*

menknoten [C14]. Die in einem oberen Deckenbewehrungsstab vom rechten und linken Rand des gezeigten Deckenabschnittes her aufgebauten Zugkräfte T'_s bzw. T_s werden über Verbundspannungen in den Deckenbeton übertragen. Mit Hilfe von Deckenbewehrung, die quer dazu liegt, können die Kräfte durch schiefe Betondruckstreben zum Riegel und durch diesen zum Knotenkern geleitet werden. Die schiefen

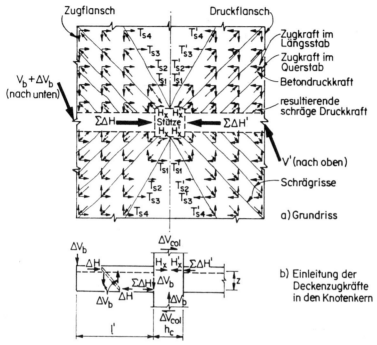

Bild 4.73: Einleitung der Plattenbewehrungskräfte in einen Knoten

Druckstreben führen auf beiden Seiten der Stütze die horizontalen Kräfte $\Delta H'$ bzw. ΔH oben in die Riegel ein. Die Summe der Kräfte $\Delta H'$, d.h. $\Sigma\Delta H'$, wird beim rechten, von unten nach oben beanspruchten Riegel direkt in den Knoten geleitet und hat keinen Einfluss auf den Biegewiderstand des Riegels. Die gleich grossen, jedoch entgegengesetzt wirkenden Kräfte ΔH bzw. deren Summe $\Sigma\Delta H$ erhöhen indessen den Biegewiderstand des linken Riegels um $z\Sigma\Delta H = \Delta V_b l'$. ΔV_b entspricht eine Differenz ΔV_{col} bei den Stützenquerkräften. Die aus der mitwirkenden Deckenbewehrung resultierende zusätzliche horizontale Knotenquerkraft $\Delta V_{jh} = \Sigma\Delta H - \Delta V_{col}$ wird allein durch den Beton in den Knoten übertragen, sodass keine zusätzlichen Verbundkräfte entstehen. Im Knoten kann ΔV_{jh} allein durch eine Betondruckdiagonale gemäss Bild 4.53c und ohne zusätzliche Knotenschubbewehrung übertragen werden. Die Art der Kraftübertragung gemäss Bild 4.73 bildet sich aus, weil die Flanschkräfte in den beiden Riegeln ihr Gleichgewicht nur über den Knoten finden können.

Versuchskörper ähnlich demjenigen in Bild 4.48d, jedoch mit einer monolithisch verbundenen Decke, zeigten bei zunehmender Rotation die erwähnte grosse Zunahme der mitwirkenden Zugflanschbreite bis zur gesamten Deckenbreite [S5], [S6].

b) Knoten mit ungewöhnlichen Abmessungen

Laufen bei Knoten Tragelemente mit stark unterschiedlichen Abmessungen ineinander, so sind einige zusätzliche Überlegungen notwendig, da die vorangegangenen Abschnitte gleichförmige Rahmen behandelten. Auch wurden die experimentellen Untersuchungen an entsprechenden Versuchskörpern durchgeführt.

Bei Rahmen mit wenigen Stockwerken und grossen Spannweiten kann die Höhe des Stützenquerschnittes wesentlich kleiner sein als die Riegelhöhe (Bild 4.74a). Bei dieser Geometrie ist es kaum möglich, die Stützen stärker auszubilden als die Riegel. Unter Erdbebenbeanspruchung können sich Fliessgelenke in den Stützen bilden, oft ohne Momentenumkehr in den Riegeln. Diese Art von durch Schwerelasten dominierten Rahmen wird in Abschnitt 4.8 behandelt.

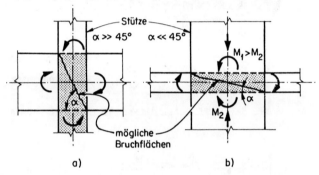

Bild 4.74: Knoten mit ungewöhnlichen Abmessungen

Wenn andererseits niedrige Riegel in wandartige Stützen mit grosser Querschnittshöhe laufen (Bild 4.74b), wird der Knotenbereich unter Umständen nicht mehr massgebend, denn es ist relativ einfach, ein Versagen mit einer flachen Bruchfläche zu vermeiden. Da die Stütze viel stärker ist als die Riegel, zeigt sich die bereits mehrfach erwähnte Kragarmwirkung, und der Drehsinn der Momente in der Stütze unter und über dem Riegel ist derselbe. Die zur Verfügung stehende Verankerungslänge für die durch die Stützen laufende Riegelbewehrung ist relativ gross. Für die Übertragung von Schubbeanspruchungen von den oberen zu den unteren Stäben der Riegelbewehrung kann ein ähnliches Modell wie bei den Bewehrungsstössen oder das Konzept des Fachwerkmodells mit schrägem Druckfeld (vgl. Bild 4.55) angewendet werden [C3]. Unter der Annahme einer geeigneten Neigung der Druckstreben können die erforderlichen horizontalen und vertikalen Haltekräfte an den vier Seiten des Knotens ermittelt werden, die durch innere Knotenbewehrung oder durch äussere Druckkräfte aufzubringen sind. Dieses Vorgehen wird mit Hilfe von Bild 4.75 näher erläutert.

Eine typische Knotenbewehrung ist in Bild 4.75a dargestellt. Die Vertikalbewehrung der Stütze wurde aufgrund der Bemessung für Biegung mit Normalkraft ermittelt. Wie bereits erklärt, kann die Stützenbewehrung mit Ausnahme der Stäbe in der äussersten Lage als vertikale Knotenschubbewehrung wirken. Bild 4.75b zeigt das Modell des Knotenkerns mit den Schubkräften aus den in den Knoten eingeleiteten Riegelmomenten und den Stützenquerkräften. Es wird angenommen, dass der

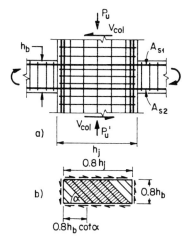

Bild 4.75: Rahmenknoten bei niedrigem Riegel und grosser Höhe des Stützenquerschnittes

Knotenkern die Abmessungen von $0.8h_b$ und $0.8h_j$ besitzt. Die horizontale Knotenquerkraft V_{jh} wird gemäss 4.7.4c, Gl.(4.104) ermittelt.

Um ein schräges Druckfeld der Neigung α zu erhalten, ist folgende vertikale Druckkraft erforderlich:

$$N = \tan\alpha\, V_{jh} \tag{4.128}$$

Diese vertikale Haltekraft setzt sich aus der Normalkraft in der Stütze und der Zugkraft in der vertikalen Bewehrung zusammen:

$$N = 0.8P_u + A_{jv}f_{yv} \tag{4.129}$$

Damit wird:

$$\tan\alpha = \frac{0.8P_u + A_{jv}f_{yv}}{V_{jh}} \tag{4.130}$$

Gemäss dem Modell in Bild 4.75b ist keine horizontale Bewehrung erforderlich, um den Schubfluss über den schraffierten Bereich durch den Knoten zu ermöglichen. Damit die Druckstreben im nicht schraffierten Bereich arbeiten können, ist jedoch eine Horizontalbewehrung erforderlich. Dafür kann konservativerweise angenommen werden (konstanter Schubfluss):

$$V_{sh} = 0.8h_b \cot\alpha \frac{V_{jh}}{0.8h_j} \tag{4.131}$$

Daher gilt entsprechend Gl.(4.116):

$$A_{jh} = \frac{V_{sh}}{f_{yh}} = \frac{h_b}{h_c f_{yh}\tan\alpha}V_{jh} \tag{4.132}$$

Darin ist $\tan\alpha$ gemäss Gl.(4.130) zu bestimmen.

Als andere Möglichkeit können auch die Angaben von Abschnitt 4.7.4e.4 mit Gl.(4.115) zusammen mit Gl.(4.97) und (4.98) verwendet werden.

Bei extrem ungewöhnlichen Abmessungen ist stets zu beurteilen, ob die hier dargestellten Prinzipien noch angewandt werden können.

Das gezeigte Vorgehen kann auch bei den in Bild 4.74a dargestellten Verhältnissen angewendet werden. Dabei sind einfach Stütze und Riegel zu vertauschen. Anstelle der Vertikalbewehrung der Stützen zwischen den äussersten Bewehrungslagen gemäss Bild 4.75a sind horizontale Bügel vorzusehen, wobei der günstige Einfluss der Stützennormalkraft dahinfällt.

c) Exzentrische Knoten

Exzentrische Knoten bewirken eine Torsionsbeanspruchung in Knoten und Stütze, da die Biegedruck- und Zugkräfte aus den Riegeln, wie auch eine allfällige Riegelnormalkraft, exzentrisch angreifen. Auch wenn dieser Effekt nicht unbedingt massgebend wird, sollte er doch berücksichtigt werden. Im folgenden wird ein einfaches Vorgehen für die Bemessung gezeigt, für das ein schmälerer, in der Riegelebene zentrisch liegender 'Ersatzknoten' angenommen wird, der die aus der horizontalen Einwirkung auf den Rahmen entstehenden Knotenquerkräfte überträgt.

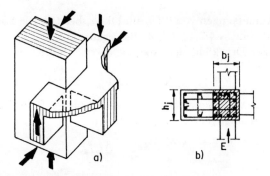

Bild 4.76: Exzentrischer Knoten

Bild 4.76 zeigt eine relativ breite Fassadenstütze, die einen exzentrisch angeschlossenen durchlaufenden Fassadenriegel trägt. Entstehen infolge der eingezeichneten Kräfte Biegemomente in den beiden Fassadenriegeln, so wirken Torsionsmomente auf die Stütze und vor allem auf den Knoten. Statt diese Torsion mit Knotenbewehrung aufzunehmen, wird ein Ersatzknoten derart definiert, dass die Knotenquerkräfte mit vernachlässigbarer Torsion übertragen werden können. Die wirksame Knotenbreite b_j wurde in Bild 4.63 definiert. Sie führt zur Abgrenzung des in Bild 4.76b schraffierten Bereiches, innerhalb dessen die gesamte horizontale und vertikale Schubbewehrung eingelegt werden muss. Auch um das Zusammenwirken von Riegel und Stütze zu gewährleisten, ist die zur Aufnahme der Biegemomente aus den Riegeln erforderliche Stützenbewehrung innerhalb der Breite b_j anzuordnen.

d) Knoten mit inelastischen Stützen

Knoten mit inelastischen Stützen kommen ausser am Fuss von Erdgeschossstützen eigentlich nur im obersten Geschoss vor, wo der Biegewiderstand der Riegel meist denjenigen der Stützen übertrifft. In diesem Geschoss dürfen, wie weiter vorne erklärt, Fliessgelenke in den Stützen zugelassen werden. Die für die inelastischen Knoten beschriebenen Grundsätze gelten auch hier, nur sind Stützen und Riegel zu vertauschen. Der wichtigste Punkt ist die Verankerung der Stützenbewehrung. Gemäss Bild 4.77 ist ein Stützenstummel, in dem die Stäbe mit Endabbiegungen verankert werden können, dazu sehr geeignet. In manchen Fällen ist dies jedoch nicht möglich. Dann können angeschweisste Ankerplatten verwendet werden.

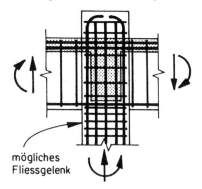

Bild 4.77: Knoten mit inelastischer Stütze

Ist in den unteren Geschossen die Bildung von Fliessgelenken in den Stützen über und unter einer Geschossdecke zulässig, weil keine Möglichkeit zur Bildung von Stockwerkmechanismen besteht, so kann das gleiche Vorgehen wie für die inelastischen Innenknoten gewählt werden, wiederum mit Vertauschung der Stützen und Riegel. Dabei gelten für die Durchmesser der Bewehrungsstäbe in den Stützen die Bedingungen gemäss Gl.(4.122). Der Schubwiderstand der Knoten ist auf die Überfestigkeit der Stützen auszulegen. Derartige Knoten kommen vor allem in Rahmen vor, bei denen die Schwerelasten massgebend werden.

4.7.7 Andere Möglichkeiten der Knotenausbildung

a) Verankerung der Riegelbewehrung mit Ankerplatten

Die Verwendung von angeschweissten Ankerplatten zur Verbesserung der Verankerung der Druckdiagonalen gemäss den Bildern 4.78 und 4.79 wurde von Fenwick und Irvine angeregt [F1]. Dabei werden die in den Bewehrungsstäben in den plastischen Gelenken neben den Stützen entstehenden Kräfte vor allem über direkten Druck durch die angeschweissten Ankerplatten in den Beton des Knotenkerns eingeleitet und weniger durch Verbundkräfte wie in konventionell bewehrten Knoten (vgl. 4.7.4b). Für die in Bild 4.78a gezeigten Schnittkräfte kann sowohl die Druck- als auch die Zugfliesskraft der Riegelbewehrung auf die Platten übertragen werden. Von dort wird, in Kombination mit der Kraft in der Biegedruckzone der Stütze, eine Druckdiagonale aufgebaut (in Bild 4.78 schraffiert). Verbundspannungen können einen Teil der Kräfte der Riegelstäbe einleiten, sind aber eigentlich nicht erforderlich, da die gesamte horizontale Knotenquerkraft allein durch die Druckdiagonale, ohne die Hilfe einer horizontalen Knotenschubbewehrung, übertragen werden kann.

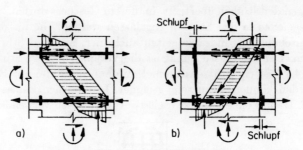

Bild 4.78: Modelle der Kraftübertragung bei der Verwendung von Ankerplatten a) vor und b) nach dem Fliessen der Bewehrung zwischen den Platten

Bei dieser Tragwirkung ist es wichtig, dass im Bewehrungsstab zwischen den beiden Ankerplatten kein Fliessen stattfindet, da sich sonst der Abstand der beiden Platten bei jedem Beanspruchungszyklus vergrössern würde (vgl. Bild 4.78b). Die Verankerung würde entlastet, und durch den entstehenden Schlupf würden sowohl Steifigkeit als auch die Fähigkeit zur Energiedissipation wesentlich abnehmen [F1]. Daher muss die Querschnittsfläche der Bewehrungsstäbe zwischen den beiden Ankerplatten so vergrössert werden, dass dort auch während der Verfestigung der Riegelbewehrung ausserhalb des Knotens kein Fliessen eintritt. Dies kann durch Einschweissen kleinerer Stäbe gemäss Bild 4.79 erreicht werden. Die gezeigten Stäbe D10 ($\phi = 10$ mm) werden durch die Ankerplatte hinaus geführt, damit in der Ankerplattennaht kein Fliessen eintreten kann.

Derartige Rahmenknoten zeigen ein vorzügliches Hystereseverhalten [F1]. Plastische Verformungen werden gänzlich auf die Bereiche ausserhalb des Knotens beschränkt. Im Knoten sind immer noch horizontale Bügel erforderlich, primär zur Beschränkung der Schrägrissweite. Diese horizontale Knotenschubbewehrung soll nicht kleiner sein als die in den Endbereichen der Stütze erforderliche Bewehrung (vgl. 4.5.10). Trotzdem beträgt ihr Querschnitt nur einen Bruchteil derjenigen von konventionell bewehrten Knoten. Da zwischen den Ankerplatten der Verbund mit dem Beton nicht gewährleistet sein muss, kann für die Riegelbewehrung eine kleinere Anzahl dickerer Stäbe verwendet werden. Der Hauptvorteil dieser Lösung liegt in der wesentlichen Verringerung der Verlegeprobleme im Knoten durch den Wegfall eines wesentlichen Teils der horizontalen Bügel. Dieser Vorteil muss durch ein Schweissdetail erkauft werden, das aber in der Werkstatt ausgeführt werden kann.

b) Diagonale Knotenschubbewehrung

Die Anordnung einer diagonalen Schubbewehrung ist eine andere Möglichkeit zur Verringerung der horizontalen Schubbewehrung in Knoten. Ein Teil der Biegebewehrung der Riegel wird abgebogen und diagonal durch den Knoten geführt, wie dies in Bild 4.80 gezeigt ist. Die konstruktive Durchbildung im Rahmen des Konzeptes 'Schwache Riegel - starke Stützen' erfordert jedoch eine sorgfältige Planung. Dabei ist folgendes zu beachten:

1. Der Stützenquerschnitt soll eine grössere Breite h_c aufweisen als der Riegel, damit die Bewehrung nicht steiler als 45° abgebogen werden muss. Dies ist

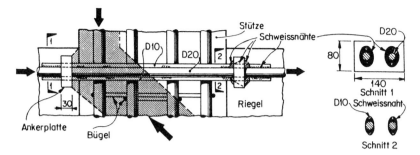

Bild 4.79: Details der Biegebewehrung mit angeschweissten Ankerplatten

wesentlich, um die Umlenkspannungen an der Innen- und Aussenseite der Abbiegung (Umkehr der Beanspruchung) auf den Beton zu beschränken. Die Abbiegeradien sind entsprechend gross zu wählen, und der Beton soll quer zur Rahmenebene durch horizontale Verbindungsstäbe umschnürt werden.

2. Die Riegelbreite muss genügend gross sein, um das Kreuzen der diagonal verlaufenden Riegelbewehrungsstäbe im Bereich der Stützenachse zu ermöglichen.

3. Diese Lösung ist eigentlich nur für ebene Rahmen geeignet, insbesondere auch für erdbebendominierte Fassadenrahmen, die den Hauptteil der horizontalen Kräfte aufzunehmen haben und deshalb meist einen verhältnismässig kleinen Stützenabstand aufweisen.

Die Darstellung in Bild 4.80 zeigt, dass unter den gezeichneten Erdbebenbeanspruchungen die gegen den Knotenkern schräg abgebogenen Riegelstäbe keine Verbundkräfte entwickeln, da sie auf ihrer ganzen Länge einer gleichmässigen Zug-

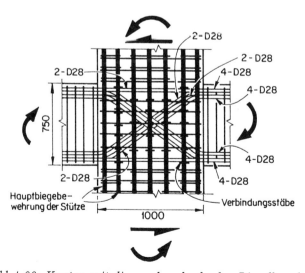

Bild 4.80: Knoten mit diagonal verlaufender Riegelbewehrung

oder Druckkraft, evtl. bis zum Fliessen, unterworfen sind. Zur Übertragung der Bewehrungskräfte von einem Riegel zum anderen verursachen die abgebogenen Stäbe keine horizontalen Querkräfte im Knoten.

Zwei der acht Stäbe der Riegelbewehrung werden im Beispiel von Bild 4.80 gerade durch den Knoten geführt. Falls diese Stäbe etwa 25% des Biegebewehrungsquerschnitts darstellen, wird ihre in den Knotenkern eingetragene Verbundkraft in der Grössenordnung der Stützenquerkraft liegen. Daher wird der Knotenkern nur noch von kleinen Querkräften beansprucht.

Die beschriebene Lösung erlaubt es, ähnlich wie im Falle der angeschweissten Ankerplatten gemäss den Bildern 4.78 und 4.79, die Menge der Querbewehrung im Knoten in der gleichen Grössenordnung zu halten wie in den Stützen. Da Fliessspannungen in den Diagonalstäben nicht zu Schlupf durch den Knoten führen, sind auch keine Beschränkungen bezüglich der Durchmesser erforderlich (vgl. Abschnitt 4.7.4h), was die Verwendung von wenigen dicken Stäben erlaubt. Die diagonalen Knotenkräfte wirken vor allem in der Bewehrung, weshalb ein duktiles Verhalten des Knotens gewährleistet ist.

c) Riegelverbreiterungen

Die Verbreiterung von Riegeln bei den Stützen gemäss Bild 4.81 vermindert bei räumlichen Rahmen die Platzprobleme im Knotenbereich, und es können für die Knotenquerbewehrung relativ dicke Stäbe verwendet werden, die zum Teil ausserhalb des eigentlichen Knotenkerns liegen dürfen. Die besseren Platzverhältnisse erleichtern sowohl die Verlegearbeiten als auch das Einbringen und Vibrieren des Betons beträchtlich. Aus den typischen Details von Bild 4.81 ist ersichtlich, dass die Bügel und Verbindungsstäbe der Stütze im Knotenbereich nicht durchgezogen werden, da die äusseren Bügel mit dem grossen Stabdurchmesser eine genügende Umschnürung gewährleisten.

Durch eine geeignete Wahl der Riegelverbreiterung kann der massgebende Riegelquerschnitt (Fliessgelenkzone) von der Stütze entfernt gehalten werden. Damit nimmt die zur Verfügung stehende Verankerungslänge der Riegelbiegebewehrung zu. Folglich können gemäss 4.7.4g grössere Durchmesser verwendet werden. So kann im Beispiel von Bild 4.81 anstelle der Breite des Stützenquerschnitts $h_c = h_j = 460$ mm in Gl.(4.119) zur Bestimmung des maximalen Stabdurchmessers die Abmessung $h = 360 + 2 \cdot 160 = 680$ mm verwendet werden.

4.7.8   Aussenknoten

a) Schnittkräfte und innere Kräfte

Da bei Aussenknoten nur ein Riegel vom Gebäudeinnern her in die Stütze läuft (vgl. Bild 4.82), ist die Querkraftbeanspruchung der Knoten geringer als bei Innenknoten.

Die am Knoten angreifenden Spannungresultierenden sind in Bild 4.83 dargestellt. In Analogie zu Gl.(4.86) ergibt sich für die horizontale Querkraft im Knoten:

$$V_{jh} = T - V_{col} \tag{4.133}$$

Darin ist für T entweder $f_s A_s$ oder $\lambda_o f_y A_s$ einzusetzen, je nachdem, ob an die Stütze

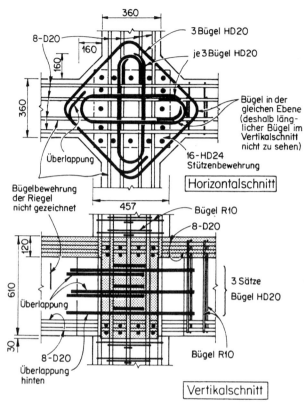

Bild 4.81: Bewehrung eines Knotens mit Riegelverbreiterungen

ein elastisch bleibender Riegelquerschnitt oder ein Riegelfliessgelenk anschliesst. Das Momentengleichgewicht um den Punkt C in Bild 4.82 ergibt für die mittlere Stützenquerkraft

$$V_{col} = \frac{2M_b + h_c V_b}{l_c + l_c'} \qquad (4.134)$$

Das Riegelmoment an der Stützenkante M_b hängt dabei von der weiter vorne bestimmten Zugkraft T in der Riegelbewehrung ab.

Aus Gleichgewichtsgründen beträgt die vertikale Knotenquerkraft entsprechend Bild 4.46a

$$V_{jh} = T'' + C_c' + C_s' = T' + C_c'' + C_s'' - V_b \qquad (4.135)$$

wobei die in der Stützenachse wirkenden Kräfte C_{ss}' und C_{ss}'' vernachlässigt werden. Die vertikale Knotenquerkraft kann aber auch gemäss Gl.(4.87) bestimmt werden.

In Bild 4.47 sind verschiedene Arten von Aussenknoten gezeigt, im folgenden wird jedoch nur der in Bild 4.47d dargestellt Typ behandelt. In Abschnitt 4.7.5

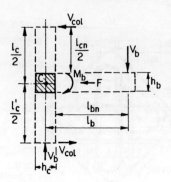

Bild 4.82: Schnittkräfte an einem Aussenknoten

wurde darauf hingewiesen, dass aus der seitlichen Halterung durch plastifizierte Querriegel im allgemeinen keine Erhöhung des Tragwiderstandes der Knoten erwartet werden darf (vgl. Bild 4.47e und f).

Die Querkraftübertragung im Kern von Aussenknoten wird mit ähnlichen Modellen erfasst wie diejenige in den Innenknoten, d.h. mit einer Betondruckdiagonalen und einem Fachwerk mit Druckfeld. Unterschiede ergeben sich jedoch bei der Verankerung der Riegelbewehrung.

Obere und untere Riegelbewehrung werden möglichst nahe der Aussenseite der Stütze in den Knoten abgebogen (vgl. Bild 4.83), ausser wenn die Breite der Stütze in der Rahmenebene ausnehmend gross ist, d.h. wenn sich die Stützenabmessungen denjenigen einer Tragwand nähern. Während die angreifenden Kräfte gemäss Bild 4.46a definiert sind, existieren verschiedene Möglichkeiten für deren Übertragung innerhalb des Knotens. Dazu ist es notwendig, die Einleitung der drei Arten von Spannungsresultierenden (innere Kräfte), nämlich derjenigen der Stützenbewehrung, der Biegebewehrung der Riegel und der Betondruckkräfte, genauer anzusehen. Die Übertragung der Kräfte ist natürlich vom Verbund abhängig, der seinerseits wieder davon abhängt, ob es sich um einen elastischen oder einen inelastischen Knoten handelt.

1. Kräfte aus der Stützenvertikalbewehrung

Diese Kräfte werden durch Verbundspannungen auf den Knotenkern übertragen. Bild 4.83 zeigt, dass die Verbundkräfte der äusseren Stützenbewehrungsstäbe in das Knoteninnere übertragen werden müssen, da die Betonüberdeckung nach einigen Beanspruchungszyklen abplatzt und keine Kräfte mehr aufnehmen kann. Die Bedingungen für diese Stäbe sind ähnlich denjenigen in Bild 4.59, mit dem Unterschied, dass für den überdeckenden Beton keine Umschnürung vorhanden ist.

Ist die horizontale Knotenschubbewehrung ungenügend, so kann darin ein vorzeitiges Fliessen erfolgen. Als Folge davon dehnt sich der Knotenkern mehr als die angrenzenden Endbereiche der Stützen, was auch ober- und unterhalb des Knotens zu Rissen entlang der vertikalen Stützenbewehrungsstäbe und unter Umständen zum vollständigen Ablösen der Betonüberdeckung führt [U1], [U4]. In Bild 4.84 sind Versuchsbeispiele abgebildet, die diese Effekte zeigen. Durch das Abplatzen der Betonüberdeckung wird zudem der Biegewiderstand der Stütze in diesem Bereich verringert [S1], [P1], [P41], [M11], [R3].

Die Verankerung der Stützenvertikalbewehrung in Aussenknoten geschieht auf ähnliche Weise wie diejenige der Riegelbiegebewehrung bei den inneren Knoten gemäss Abschnitt 4.7.4g. Da aber die Bildung von Fliessgelenken in Stützen normalerweise vermieden werden soll, kann die gesamte Verbundkraft $C'_s + T''$ gemäss Bild 4.83 bei elastischen Stahldehnungen übertragen werden. Es sind relativ grosse Verbundspannungen möglich, die über die Knotenhöhe gleichmässig verteilt angenommen werden können. Ähnliche Annahmen gelten auch für die Bewehrungsstäbe auf der Innenseite der Stütze.

Die Differenz der Kräfte $T'_1 - T''_1$ in den Zwischenstäben der Stützen (Bild 4.83) ist klein, und die daraus resultierenden Verbundspannungen können vernachlässigt werden.

2. Kräfte aus der Riegelbiegebewehrung

Die Zugkraft der oberen Riegelbewehrung T (vgl. Bild 4.83) wird über Verbund- und Umlenkspannungen in der Abbiegung auf den umgebenden Beton übertragen. Üblicherweise wird die Verankerungslänge l_{dh} für solche Stäbe (vgl. 3.4.5) von der Innenseite der Stütze oder vom Knotenkern an gemessen [A1], [X3]. Dies genügt jedoch nur bei elastischen Knoten, in denen an der inneren Stützenkante kein Fliessen erwartet wird. Bildet sich nämlich im Riegel an der Stützenkante ein Fliessgelenk, so werden die Bewehrungsstäbe bis in den Verfestigungsbereich beansprucht, und ein Vordringen der plastischen Dehnungen in den Knotenkern ist, wie schon in Abschnitt 4.7.2b erklärt, unvermeidlich. Nach wenigen inelastischen Beanspruchungszyklen ist die Verankerung fast nur noch durch die Abbiegung möglich. Bei Innenknoten bewirkt eine Zerstörung des Verbundes eine wesentliche Abnahme der Steifigkeit und der Energiedissipation. Bei Aussenknoten führt im Falle von geraden Stäben die Zerstörung des Verbundes jedoch zu einem vollständigen Versagen des Knotens. Deshalb ist bei einem Aussenknoten die Riegelbewehrung, die während eines Erdbebens auf Zug fliessen kann, mit einer Abbiegung, einem Haken oder anderen Mitteln kraftschlüssig zu verankern [P1].

Die Ausbreitung von plastischen Verformungen entlang der Riegelbiegebeweh-

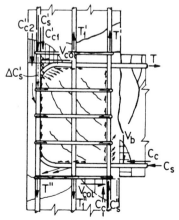

Bild 4.83: Einleitung der Spannungsresultierenden (innere Kräfte) in den Knoten

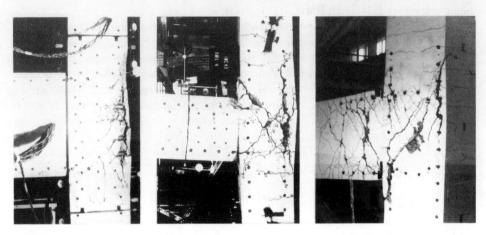

Bild 4.84: Abnahme des Verbundes bei der äusseren Stützenbewehrung durch den Knoten

rung und die entsprechende Entwicklung der Fliessspannungen bis nahe zur 90°-Abbiegung konnte in Versuchen beobachtet werden. Bild 4.85a zeigt die Verteilung der Dehnungen in Funktion der aufgezwungenen Verschiebeduktilität μ_Δ (Zahlen in Kreisen). Sogar für nach oben wirkende Biegemomente, bei denen diese Bewehrung mit Stäben von 20 mm Durchmesser die Biegedruckkräfte übernehmen muss, verblieben noch ansehnliche inelastische Zugdehnungen.

Vorausgesetzt, dass der Beton umschnürt ist, genügt die allgemein übliche 90°-

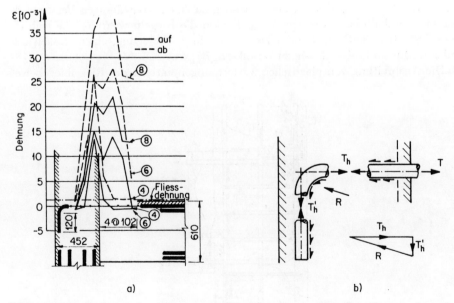

Bild 4.85: Ausbreitung des Fliessens entlang der oberen Riegelbewehrung eines Aussenknotens a) und Kräfte an der Endabbiegung eines Bewehrungsstabes b)

Endabbiegung, um zu verhindern, dass der Stab ausgezogen werden kann. Die Kräfte auf verschiedene Teile eines solchen Stabes sind in Bild 4.85b dargestellt. Es kann angenommen werden, dass sich nach einigen Beanspruchungszyklen die maximale Zugkraft an der Stützenkante $T = \lambda_o f_y A_b$ bis zum Beginn der Abbiegung auf $T_h = f_y A_b$ reduziert. Die Verbundspannungen am vertikalen Teil des Stabes nach der Abbiegung entwickeln die Kraft T_h'. Einige Normen [A1], [X3] verlangen ein gerades Stabstück der Länge $12d_b$ nach der Abbiegung. Eine gelegentlich angeordnete zusätzliche Länge verbessert die Verankerung des Stabes nicht wesentlich. Wie Bild 4.85b zeigt, wird eine Kraft R durch Umlenk- und Verbundspannungen auf den Beton des Knotenkerns abgegeben. Wegen $T_h' \ll T_h$ wird die Kraft R einen wesentlich kleineren Neigungswinkel haben als die Knotendiagonale.

Druckkräfte in der unteren Riegelbewehrung von Bild 4.83 werden vor allem durch Verbundspannungen im geraden Teil auf den Beton übertragen. Druckspannungen an der Hinterseite der Aufbiegung können sich nur aufbauen, wenn genügend horizontale Bügel diesen vertikalen Teil der Bewehrung umfassen. Druckspannungen auf die Betonüberdeckung auf der Aussenseite der Stütze beschleunigen jedoch nur deren Abplatzen.

3. Betondruckkräfte
Bild 4.83 zeigt auch die an den Rändern auf den Knotenkern wirkenden Betondruckkräfte. Wie bei den Innenknoten hängt auch hier die Grösse der Betondruckkraft C_c vom Verhältnis der unteren zur oberen Riegelbewehrung A_s'/A_s und von der Grösse der in den vorangehenden Beanspruchungszyklen entstandenen Zugdehnungen in der unteren Bewehrung ab.

Die Betondruckkraft C_c' aus der Stütze oberhalb des Knotens (Bild 4.46a) ist in zwei Komponenten aufgeteilt (Bild 4.83). C_{c1}' ist der direkt auf den Knotenkern wirkende Anteil, C_{c2}' derjenige, der auf die Betonüberdeckung wirkt. Dieser Anteil muss über einen Teil der Knotenhöhe in den Betonkern eingeleitet werden, was in der Betonüberdeckung Querzug bewirkt. Dieser trägt, kombiniert mit den Spannungen aus dem Verbund der Vertikalstäbe und der Dehnung des Knotenkerns infolge Beanspruchung der horizontalen Querbewehrung, zum Ablösen der Überdeckung bei (Bild 4.84). Nach dem Abplatzen ist nur noch die Kraft C_{c1}', entsprechend vergrössert, vorhanden.

Die Stützen- und Riegelquerkräfte werden hauptsächlich in den Biegedruckzonen der beiden Traglemente übertragen und stehen in direktem Gleichgewicht mit entsprechenden Betondruck- und Verbundkräften.

4. Modelle des Schubwiderstandes
Wenn im Riegel nahe der Stütze im Fliessgelenk die Biegeüberfestigkeit entwickelt wird, und sofern die gemäss Gl.(4.107) definierte Knotenschubspannung beachtliche Werte annimmt, werden im Knotenkern Schrägrisse in beiden Richtungen entstehen (vgl. Bild 4.84 links). In diesem Fall kann der Beton nur noch mit seiner Druckfestigkeit zur Schubübertragung beitragen. Es werden hier, wie bei den Innenknoten, das Druckdiagonalenmodell und das Fachwerkmodell mit schrägem Betondruckfeld und horizontaler und vertikaler Knotenschubbewehrung als Zugglieder überlagert. Bild 4.86a zeigt die resultierenden Drucktrajektorien [C10], die im Modell gemäss Bild 4.86b als schräge Druckstreben idealisiert werden können.

Ein erstes Druckfeld kann durch eine Druckstrebe mit der Kraft D_1 ersetzt werden. Sie stützt sich in den Abbiegungen der oberen Riegelbewehrung ab. Die Horizontalkomponente von D_1 ist die Zugkraft T_h (vgl. Bilder 4.85b und 4.86b), vermindert um die Stützenquerkraft V_{col}. Diese Kräfte sind im Kräftepolygon, Bild 4.87a oben, gezeigt. Die vertikale Komponente von D_1 besteht aus dem Anteil der Stützenbetondruckkraft C'_{c1}, einem Teil der Druckkraft in der Stützenbewehrung $\Delta C'_s$, die über Verbundspannungen im Bereich der Abbiegungen der Riegelbewehrungsstäbe übertragen wird, und der Druckkraft V_{sv} aus der Verankerung der Zwischenstäbe der Stützenbewehrung, die als vertikale Schubbewehrung dient (vgl. Bild 4.86b).

Am unteren inneren Ende der Druckstrebe mit der Kraft D_1 wird das vertikale Gleichgewicht durch die Verbundkräfte der inneren Stützenbewehrung aus der Zugkraft T' und der Druckkraft C''_s sowie durch einen Teil der Stützenbetondruckkraft C''_{c1} vermindert und die Riegelquerkraft V_b gewährleistet (Bild 4.86b). Die horizontale Komponente der Kraft D_1 steht im Gleichgewicht mit einem Teil der Riegelbetondruckkraft C_{c1}, vermindert um die Stützenquerkraft V_{col}, sowie mit der Horizontalkraft V_{sh}, die durch horizontale Bügel aufgenommen werden muss (Bild 4.86b). Alle diese Kräfte sind im Kräftediagramm von Bild 4.87d eingetragen.

Es ist möglich, dass unterhalb des eigentlichen Knotenkerns nahe bei der unteren Riegelbewehrung liegende Bügel (Bereich (1) in Bild 4.86b) ebenfalls zur Horizontalkraft beitragen (V_t in Bild 4.87a). Dies kann jedoch nur der Fall sein, wenn ein Teil der Verbundkräfte der unteren Riegelbewehrung im Bereich (2) von Bild 4.86b auf diese Bügel übertragen wird.

Die obigen Kräfte ergeben also das Kräftepolygon in Bild 4.87a. Mit der Neigung der Druckstrebe verändern sich dabei je nach Geometrie auch die einzelnen Kraftanteile.

Die Abstützung der Druckkraft D_1 beim Riegel erfordert somit horizontale Bügel. Um die entsprechenden Zugkräfte auf der Aussenseite des Knotens aufnehmen zu können, muss ein zweites Druckfeld, ersetzt durch eine Druckstrebe mit der Kraft D_2 gemäss Bild 4.86b, aufgebaut werden. Die beteiligten horizontalen

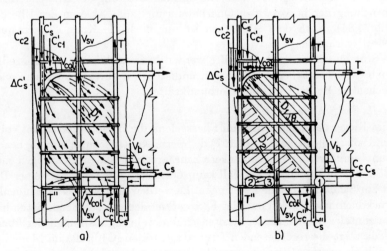

Bild 4.86: Drucktrajektorien und idealisierte Wege der Spannung in Aussenknoten

Kräfte sind im Kräftepolygon von Bild 4.87b dargestellt. Am unteren Ende der Druckstrebe bestehen sie aus der von der unteren Riegelbewehrung durch Verbund übertragenen Druckkraft C_s und dem Rest der Riegelbetondruckkraft $C_c - C_{c1}$. Die Vertikalkomponente der Druckkraft D_2 am oberen Ende der Druckstrebe steht im Gleichgewicht mit den Verbundkräften der äusseren Stützenbewehrung T'', $C'_s - \Delta C'_s$ und dem Anteil der Stützenbetondruckkraft C'_{c2}, der von der Betonüberdeckung des Stützenendbereiches her in den Knotenkern eindringt. Der wichtigste Teil der Vertikalkomponente am unteren Ende dieser Druckstrebe kommt aus der Kraft in der Mittenbewehrung der Stütze V_{sv} im Bereich (3) in Bild 4.86b.

In Bild 4.87 sind alle im Kern des Aussenknotens eingeführten Kräfte berücksichtigt. Ihre relativen Grössen, insbesondere der Kräfte D_1 und D_2, hängen wie

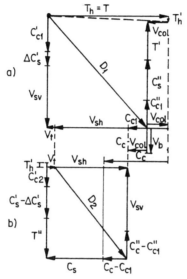

Bild 4.87: Kräftepolygon eines typischen Aussenknotens

schon festgestellt von der Geometrie ab, die für Knoten meist durch das Seitenverhältnis h_b/h_c erfasst wird. Weiter werden sie von den eingeleiteten Kräften, die ihrerseits von der Ausbildung und dem momentanen Zustand der plastischen Gelenke in den Riegeln abhängig sind, beeinflusst.

5. Einfluss der Stützennormaldruckkraft

Der Einfluss einer erhöhten Normaldruckkraft in der Stütze auf die Neigung der Druckstrebe mit der Kraft D_1 im Knoten ist in Bild 4.88 dargestellt. Ein Vergleich mit Bild 4.86 zeigt, dass die Druckstrebe steiler wird und sich nicht mehr so ausgeprägt auf den unteren Teil des Riegels abstützt, wie dies in Bild 4.86b der Fall ist. Dadurch sind weniger horizontale Bügel erforderlich. Da alle anderen Faktoren gleich bleiben, resultiert eine verminderte horizontale Knotenbewehrung. Auch liegt auf der Hand, dass die erforderliche Kraft in den vertikalen Zwischenstäben des Knotens, V_{sv} in Bild 4.88, abnimmt. Ferner ist es wahrscheinlich, dass die Stützenbügel ausserhalb des Knotens, in Bild 4.88 unterhalb des Bereiches (1), zur Abstützung von D_1 vermehrt beitragen, während sie bei (2) Verbundkräfte aus der unteren, unter Druck stehenden Riegelbewehrung aufnehmen.

Für eine vorgegebene Neigung α der Druckstrebe D_1 hängt die Anzahl und Stärke der erforderlichen Horizontalbügel vor allem vom Seitenverhältnis des Knotens ab. Würde, verglichen mit den Verhältnissen von Bild 4.86, die Höhe des Stützenquerschnittes wesentlich erhöht, so wären in der unteren Hälfte des Knotens weniger Bügel erforderlich, dagegen könnten Bügel unterhalb des eigentlichen Knotens, im Bereich (1), einen grösseren Beitrag leisten. In einem solchen Knoten dürfte somit eine erhöhte Normaldruckkraft die bereits reduzierte erforderliche horizontale Schubbewehrung kaum weiter verkleinern. Dagegen vermindert bei kleinerer Stützenbreite die erhöhte Normaldruckkraft den Bedarf an horizontaler Bewehrung erheblich. Der Einfluss der Stützennormalkraft auf den Schubwiderstand von Aussenknoten hängt also vom Seitenverhältnis des Knotens ab, ist aber kleiner als bei Innenknoten.

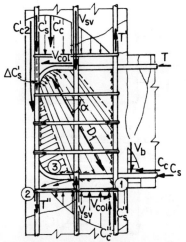

Bild 4.88: Einfluss einer Stützennormaldruckkraft auf die inneren Knotenkräfte

Zur Bemessung von Aussenknoten sind zwei Beanspruchungsfälle zu berücksichtigen. Wenn die obere Riegelbewehrung unter Zug steht, ist normalerweise die Knotenquerkraft am grössten. Gleichzeitig wirkt jedoch in der Stütze die erdbebeninduzierte Normaldruckkraft, was sich auf die erforderliche Knotenschubbewehrung günstig auswirkt. Steht dagegen die untere Riegelbewehrung unter Zug, so ist wegen $A'_s < A_s$ die Knotenquerkraft geringer, aber gleichzeitig entsteht in der Stütze eine erdbebeninduzierte Normalzugkraft, welche die Normaldruckkraft aus den Schwerelasten reduziert oder sogar übertrifft. Im Extremfall resultiert daraus eine wesentliche Stützenzugkraft. Daher kann dieser Beanspruchungsfall unter Umständen mehr Knotenbewehrung erfordern.

b) Verankerung der Riegelbewehrung

Die verschiedenen für die Verankerung der Riegelbewehrung in Aussenknoten wichtigen Einflussgrössen wurden schon in Abschnitt 4.7.8a.2 besprochen. Es wurde dort gezeigt, dass als Folge des in den Knoten eindringenden Fliessens und der entsprechenden Verminderung des Verbundes zur Verankerung der Riegelbewehrung eine Endabbiegung erforderlich ist. Die Lage dieser Abbiegung ist dabei wesentlich. Deshalb sind bei der konstruktiven Durchbildung eines Aussenknotens insbesondere die folgenden Punkte zu beachten:

1. Wird ein Fliessgelenk nahe bei oder an der Stützenkante erwartet, so darf die wirksame Verankerungslänge erst nach zehn Stabdurchmessern d_b, gemessen von der Stützenkante, sicher aber ab der Stützenmitte gerechnet werden. Diese Bedingung ist in Bild 4.89a dargestellt.

2. Die Verankerungslänge der abgebogenen Stäbe l_{dh} hinter dem oben definierten Punkt ist gemäss den Normen zu wählen [A1], [X3]. Ist in schmalen Stützen nicht genug Platz für die Verankerung vorhanden, bieten sich folgende Möglichkeiten an:

    o Für die Riegelbewehrung werden kleinere Stabdurchmesser verwendet.

    o Es können an Stabgruppen angeschweisste Ankerplatten vorgesehen werden [P1].

    o Die gerade Länge vor der Abbiegung kann reduziert werden, vorausgesetzt, der gedrückte Beton innerhalb der Abbiegung ist gegen vorzeitiges Spalten und entsprechende Zerstörung gesichert. Dies kann durch kurze Zulagen auf der Innenseite der Abbiegung (Dübel) erreicht werden (vgl. Bild 4.89b).

3. Eine Verlängerung des geraden Stücks nach der Abbiegung über $12d_b$ hinaus soll nicht als zusätzliche Verankerung berücksichtigt werden (vgl. 4.7.8a.2), [W3].

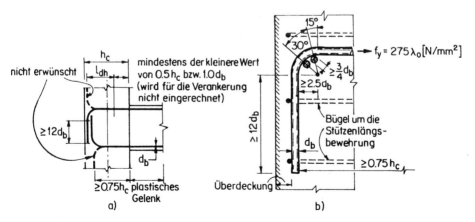

Bild 4.89: Verankerung der Riegelbewehrung in Aussenknoten

4. Um die Bildung der in den Bildern 4.86 und 4.88 dargestellten Druckdiago-
   nalen zu gewährleisten, ist es unbedingt notwendig, dass die Stäbe gegen den
   Knotenkern hin abgebogen werden. Abbiegungen vom Knoten weg, wie dies in
   Bild 4.89a angedeutet wird, sind für seismische Beanspruchung nicht geeignet
   [W3], [K3], [P1].

5. Da die Neigung der Druckdiagonalen mit der Kraft D_1 gemäss Bild 4.86 einen
   massgebenden Einfluss auf die Schubübertragung im Knoten hat, ist es wesentlich, dass die Abbiegung so nahe wie möglich an die Aussenseite der Stütze
   gelegt wird [K3]. Die Innenseite des abgebogenen Endes soll nicht näher als
   $0.75h_c$ von der Innenseite der Stütze entfernt liegen (vgl. Bild 4.89a und b).

6. Wenn immer es die architektonische Gestaltung erlaubt, speziell wenn Stützen
   mit geringer Breite und verhältnismässig hohe Riegel zusammenlaufen, ist die
   Anordnung eines Riegelstummels auf der Stützenaussenseite zur Verankerung
   der Biegebewehrung besonders vorteilhaft (vgl. Bilder 4.51 und 4.90). Ein Vergleich der Verankerungsdetails gemäss Bild 4.90 mit denjenigen bei fehlendem
   Riegelstummel gemäss Bild 4.86 zeigt die wesentlich verbesserten Verbundbedingungen für die äusseren Stützenstäbe. Auch ergeben sich wesentlich bessere Bedingungen für die Abstützung der Druckdiagonalen mit der Kraft D_1.
   Einige der horizontalen Bügel im Knoten sind, wie in Bild 4.90 gezeigt, zur
   Rissesicherung in den Balkenstummel zu führen. Das hervorragende Verhalten
   dieser Lösung wurde in Versuchen bestätigt [P1], [M10], [P40].

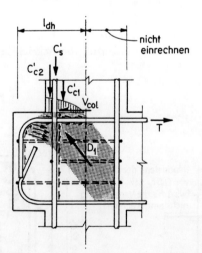

Bild 4.90: Verankerung der Bewehrung in einem Riegelstummel

7. Um die Verbundspannungen niedrig zu halten, sind immer die kleinsten
   noch vernünftig verwendbaren Stabdurchmesser zu wählen. Da jedoch bei
   Aussenknoten die Verankerung auf Abbiegungen basiert, brauchen die Beschränkungen der Stabdurchmesser von Abschnitt 4.7.4h nicht eingehalten zu
   werden.

c) Elastische Aussenknoten

Die Verbesserung des Verhaltens von Innenknoten, wenn verhindert werden kann, dass die Riegelbiegebewehrung an der Stützenkante fliesst, wurde in 4.7.3b und 4.7.4b erläutert. Ähnliche Feststellungen gelten auch für die Aussenknoten.

Eine Möglichkeit, das elastische Verhalten des Knotens zu gewährleisten, besteht darin, die Fliessgelenkzone von der Stützenkante zu entfernen (vgl. Bild 4.18 und 4.19). Wie Bild 4.91 zeigt, werden die Bewehrungsstäbe so abgestuft, dass die Fliessspannung an der Stützenkante gar nie erreicht werden kann, auch wenn die Bewehrung im Fliessgelenk bis in den Verfestigungsbereich beansprucht wird. Der Rand der Gelenkzone muss mindestens die kleinere der beiden Distanzen h_b oder 500 mm von der Stütze entfernt liegen [X3]. Diese Empfehlung resultiert aus Versuchen [P40], [P16]. Für diesen Fall kann die Verankerungslänge der Biegebewehrung l_{dh} für die abgebogenen Bewehrungsstäbe von der Stützenkante an gerechnet werden (Bild 4.91).

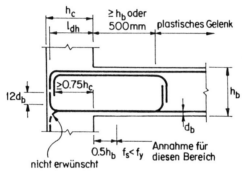

Bild 4.91: Von der Stütze entfernt liegendes plastisches Gelenk

Da das Verhalten elastischer Aussenknoten ähnlich ist wie dasjenige inelastischer Aussenknoten, das mit verschiedenen Druckstrebenmodellen in den vorangehenden Abschnitten erklärt wurde, ist der Bedarf an Knotenschubbewehrung nicht wesentlich kleiner als in Knoten mit angrenzenden plastischen Gelenken in den Riegeln. Ein grosser Vorteil liegt aber in den stark reduzierten Verformungen der Stabverankerung im Knoten.

d) Schubbemessung von Aussenknoten

Das Vorgehen für die Schubbemessung von Aussenknoten ist analog demjenigen für die Innenknoten, das in Abschnitt 4.7.4 beschrieben wurde.

Der Beitrag V_{ch} der Betondruckdiagonalen an den horizontalen Schubwiderstand eines *inelastischen* Aussenknotens kann, auf der sicheren Seite liegend, mit Gl.(4.113) ermittelt werden, obwohl eine etwas höhere Wirksamkeit der Betondruckdiagonalen für den Schubwiderstand des Knotens (gemäss den Bildern 4.86 und 4.88) gegeben ist. Bei *elastischen* Aussenknoten (vgl. Bild 4.91) kann für die Abschätzung von V_{ch} Gl.(4.101) verwendet werden.

Werden Riegelstummel gemäss Bild 4.90 verwendet, so kann der Knoten als elastisch bleibend angenommen werden, auch wenn das plastische Gelenk an der

Stützenkante liegt. Damit kann für Aussenknoten ebener Rahmen mit Riegelstummeln Gl.(4.101) für die Abschätzung von V_{ch} verwendet werden. Für Aussenknoten räumlicher Rahmen mit Riegelstummeln, wie sie in Bild 4.47b, c, e und f gezeigt sind, wird Gl.(4.101) wie folgt angepasst:

$$V_{ch} = \frac{A'_s}{A_s} \left(0.5 + 1.25 \; \frac{C_j P_u}{A_g f'_c} \right) V_{jh} \qquad (4.136)$$

Der Faktor C_j wird nach Gl.(4.126) berechnet. Steht die Stütze unter einer Normalzugkraft, die einer auf den Bruttobetonquerschnitt A_g bezogenen Zugspannung von mehr als $0.2\,f'_c$ entspricht, so gilt $V_{ch} = 0$. Für Zugspannungen zwischen 0 und $0.2f'_c$ wird V_{ch} linear zwischen Null und dem Wert von Gl.(4.136) für $P_u = 0$ interpoliert.

Das Verhalten von Aussenknoten räumlicher Rahmen ohne Riegelstummel verbessert sich mit einer grösseren Neigung der Druckdiagonalen (α in Bild 4.88) bzw. mit zunehmendem Verhältnis h_c/h_b und wenn mehr vertikale Knotenbewehrung, als nach Gl.(4.117) erforderlich, eingelegt wird. Das Fehlen eines Riegelstummels sowie der Einfluss des Verhältnisses h_c/h_b und einer erhöhten vertikalen Knotenbewehrung werden berücksichtigt, indem für solche Aussenknoten mit angrenzenden plastischen Riegelgelenken zwar Gl.(4.136) ebenfalls benützt, V_{ch} jedoch mit dem folgenden Faktor F multipliziert wird:

$$F = \frac{3h_c}{4h_b} \cdot \frac{A_{jv,vorh}}{A_{jv,erf}} \leq 1.0 \qquad (4.137)$$

Die *horizontale Knotenschubbewehrung* von Aussenknoten kann, nachdem V_{ch} wie oben beschrieben bestimmt worden ist, mit Hilfe von Gl.(4.98) und schliesslich mit Gl.(4.116) ermittelt werden.

Die *vertikale Knotenschubbewehrung* von Aussenknoten kann mit Hilfe der Gl.(4.99) bzw. Gl.(4.102) sowie Gl.(4.100) und schliesslich mit Gl.(4.117) ermittelt werden.

4.7.9   Bemessungsbeispiele und Versuche

a) Inelastischer Aussenknoten

Um die Anwendung der in Abschnitt 4.7.8 gegebenen Grundlagen zu erleichtern, wird im folgenden ein Aussenknoten eines ebenen Rahmens bemessen, der als Teil eines Versuchskörpers bis zur Zerstörung geprüft worden ist. Zur Vereinfachung sind in Bild 4.92 nur die Einzelheiten des Knotenbereiches zusammen mit den massgebenden Stützen- und Riegelquerschnitten gegeben.

Die Materialkennwerte sind: $f'_c = 22.5\ \text{N/mm}^2$ *und* $f_y = 275\ \text{N/mm}^2$. Die Normaldruckkraft in der Stütze beträgt $P_u = 705\ \text{kN}$.

Die Biegeüberfestigkeit des massgebenden Riegelquerschnittes gemäss Bild 4.92 beträgt mit $A_s = 2790\ \text{mm}^2$, $\lambda_o = 1.25$ und $d - d' = 474\ \text{mm}$ nach Gl.(4.49) $M_o = 455\ \text{kNm}$ und bezüglich der Stützenachse $M_{o,C} = (2210 + 0.5 \cdot 460)455/2210 = 502\ \text{kNm}$. Nach Bild 4.92 gilt $V_{col} = 502/3.43 = 146\ \text{kN}$.

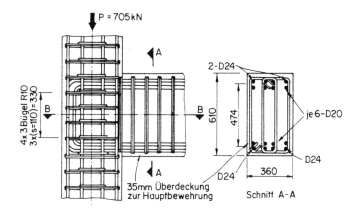

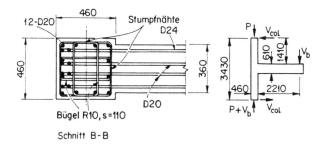

Schnitt B-B

Bild 4.92: Einzelheiten eines Aussenknotens

Die horizontale Knotenquerkraft beträgt nach Gl.(4.133):
$V_{jh} = T - V_{col} = 1.25 \cdot 275 \cdot 2790 \cdot 10^{-3} - 146 = 959 - 146 = 813$ kN.
Damit folgt aus Gl.(4.107) und (4.110) für die Schubspannung:

$$v_{jh} = V_{jh}/(b_j h_j) = 813'000/460^2 = 3.84 \text{ N/mm}^2$$
$$< 1.5\sqrt{f_c'} = 1.5\sqrt{22.5} = 7.12 \text{ N/mm}^2$$

Die Knotenschubspannung liegt also unterhalb der oberen Schubspannungsgrenze, d.h. die angenommenen Abmessungen genügen.

Die vertikale Knotenquerkraft wird gemäss Gl.(4.87) abgeschätzt:
$V_{jv} = V_{jh} h_b/h_j = 813 \cdot 610/460 = 1078$ kN
Mit einer minimalen Stützennormaldruckkraft von $P_u = 705$ kN und unter der Annahme, dass $A_{sc}' = A_{sc}$ folgt gemäss Gl.(4.102):

$$V_{cv} = V_{jv}\left(0.6 + \frac{P_u}{A_g f_c'}\right) = 1085\left(0.6 + \frac{705'000}{460^2 \cdot 22.5}\right) = 1085 \cdot 0.75 = 814 \text{ kN}$$

Damit folgt gemäss Gl.(4.100): $V_{sv} = V_{jv} - V_{cv} = 1085 - 814 = 271$ kN

Die erforderliche vertikale Knotenschubbewehrung folgt aus Gl.(4.117):

○ $A_{jv,erf} = V_{sv}/f_y = 271'000/275 = 985$ mm^2

○ $A_{jv,vorh} = (4 \text{ D}20) = 1256 \text{ mm}^2 > 985 \text{ mm}^2$

Die Ermittlung der horizontalen Knotenschubbewehrung erfordert zuerst die Berechnung von V_{ch} nach den Gl.(4.136) und (4.137), wobei

$$
\begin{aligned}
h_c/h_b &= 460/610 = 0.754, \quad \text{und} \\
A_{jv,vorh}/A_{jv,erf} &= 1256/985 = 1.28, \quad \text{sodass} \\
F &= 0.75 \cdot 0.754 \cdot 1.28 = 0.72, \quad \text{und mit} \quad C_j = 1.0 \quad \text{wird} \\
V_{ch} &= F \frac{A'_s}{A_s} \left(0.5 + 1.25 \frac{C_j P_e}{A_g f'_c}\right) V_{jh} \\
&= 0.72 \cdot 1.0 \cdot \left(0.5 + 1.25 \cdot \frac{1.0 \cdot 705'000}{460^2 \cdot 22.5}\right) \cdot 814 = 402 \text{ kN}.
\end{aligned}
$$

Es kann auch Gl.(4.113) verwendet werden. Diese ergibt aber nur

$$
\begin{aligned}
V_{ch} &= \frac{2}{3}\sqrt{\frac{P_u}{A_g} - \frac{f'_c}{10}}\, b_j h_j = \frac{2}{3}\sqrt{\frac{705'000}{460^2} - \frac{22.5}{10}} \cdot 460^2 \text{ N} \\
&= 147 \text{ kN} \quad < \quad 402 \text{ kN}
\end{aligned}
$$

Die horizontale Knotenschubbewehrung hat nach Gl.(4.98) die folgende Kraft aufzunehmen:

$$
V_{sh} = V_{jh} - V_{ch} = 814 - 402 = 412 \text{ kN}
$$

Damit erhalten wir aus Gl.(4.116):

○ $A_{jh,erf} = V_{sh}/f_y = 412'000/275 = 1498 \text{ mm}^2$

○ $A_{jh,vorh} = (4\text{mal } 4 \text{ Schenkel R}10) = 1256 \text{ mm}^2$,

d.h. nur 84% der erforderlichen Fläche.

Dieser Knoten wurde in einem Versuch einer simulierten zyklischen seismischen Beanspruchung mit zunehmender Riegelendverschiebung entsprechend den Verschiebeduktilitäten μ_Δ von 2, 4, 6 und 8 unterworfen (je zwei Zyklen). Das ausgezeichnete Verhalten des Versuchskörpers, trotz der theoretisch um 16% zu kleinen horizontalen Schubbewehrung, lässt sich aus den Hysteresekurven in Bild 4.93 ablesen (Für jedes Beanspruchungsniveau ist jeweils nur der zweite Zyklus dargestellt).

Unter Berücksichtigung der Riegeleigenlast ($V_{b,D}$) beträgt die Kraft V_b, damit das Überfestigkeitsmoment des Riegels erreicht wird, mit den obigen Zahlen:
$V_b = M_o/l \pm V_{b,D} = 455/2.21 \pm 6.6 = 205.9 \pm 6.6$ kN
Die Messungen zeigen, dass diese Kraft bei einer Verschiebeduktilität von $\mu_\Delta \approx \pm 5$ erreicht wurde.

Im 11. Zyklus wurde die Stützennormaldruckkraft absichtlich auf 352 kN reduziert. Für diesen Wert war die horizontale Knotenschubbewehrung sogar um 37% zu klein. Als Folge davon wurden alle Bügel bis in den plastischen Bereich beansprucht. Der Einfluss des Versagens auf Diagonalzug ist im 12. Zyklus klar zu sehen (Bild 4.93). Dieses Beispiel zeigt, dass die vorgeschlagene Bemessungsmethode etwa im gewünschten Mass leicht konservativ zu sein scheint.

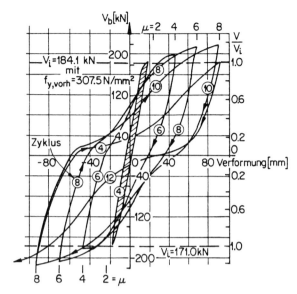

Bild 4.93: Verhalten eines Aussenknotens unter zyklischer Beanspruchung

b) Elastischer Innenknoten und Versagen der Knotenschubbewehrung

Es wird der Versuchskörper eines Innenknotens gemäss Bild 4.94 oben links mit
ähnlichen Abmessungen wie im vorangehenden Beispiel betrachtet. Auch die Anordnung der Riegel-, Stützen- und Knotenbewehrungen ist derjenigen von Bild 4.92
sehr ähnlich. Es waren die folgenden Bewehrungen vorhanden:

Riegel:	$A_s =$	$A'_s = 8$ D20	$= 2513$ mm²,	$f_y = 275$ N/mm²
Stützen:	$A_{st} =$	12 HD24	$= 5430$ mm²,	$f_y = 415$ N/mm²
Knoten:	$A_{jh} =$		508 mm²,	$f_y = 380$ N/mm²

Die Betonfestigkeit betrug $f'_c = 31.5$ N/mm².

Bci der Bemessung wurde angenommen, dass der Knoten für eine Kraft am Riegelende (Riegelquerkraft) von $V_b = 130$ kN bei einer Stützennormaldruckkraft von
$P_u = 1645$ kN elastisch bleibt, weil das maximale Riegelmoment an der Stützenkante
durch ein vom Knoten entfernt im Riegel liegendes Fliessgelenk begrenzt wird. Im
Versuchskörper wurde jedoch kein solches Gelenk eingebaut.

Das Fliessmoment des Riegels an der Stützenkante wurde durch eine elastische
Berechnung am gerissenen Querschnitt unter Berücksichtigung der Druckbeweh-
rung ermittelt [P1]. Es beträgt $M_y = 334$ kNm bei einer Betonrandspannung von
$f_c = 15.9$ N/mm². Die entsprechende Kraft am Riegelende wird damit
$V_{by} = 334/2.21 = 151$ kN $> V_b = 130$ kN.
Da die aufgebrachte Kraft nur 130 kN beträgt, reduzieren sich die Spannungen auf
$f_s = 237$ N/mm² und $f_c = 13.7$ N/mm².

Mit den gegebenen Abmessungen erhalten wir für die Stützenquerkraft:
$V_{col} = 2 \cdot 130(2.21 + 0.5 \cdot 0.460)/(2 \cdot 1.41 + 0.67) = 182$ kN
Die horizontale Knotenquerkraft beträgt nach Gl.(4.86):

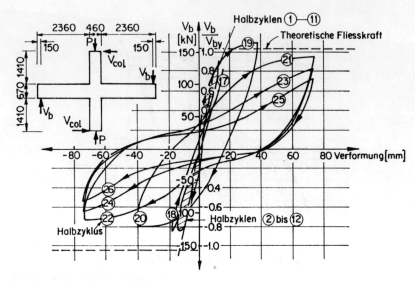

Bild 4.94: Verhalten eines Innenknotens unter zyklischer Beanspruchung

$V_{jh} = T_1 + T_2 - V_{col} = 2 \cdot 237 \cdot 2513 \cdot 10^{-3} - 182 = 1009$ kN

Der Beitrag der Betondruckdiagonalen an den horizontalen Schubwiderstand wird gemäss Gl.(4.101) ermittelt:

$$V_{ch} = 1.0 \left(0.5 + 1.25 \cdot \frac{1'645'000}{460^2 \cdot 31.5} \right) 1009 = 816 \text{ kN}$$

Daher wird (nach Gl.(4.98)) für $V_{sh} = 1009 - 816 = 193$ kN horizontale Bügelbewehrung erforderlich. Gemäss Gl.(4.116) erhalten wir

○ $A_{jh,erf} = 193'000/380 = 508 \text{mm}^2$.

Die vierlagig vorgesehenen vier Bügelschenkel von 6.35 mm Durchmesser weisen gerade etwa den erforderlichen Querschnitt auf:

○ $A_{jh,vorh} = 507 \text{ mm}^2 \approx A_{jh,erf}$

Nun wird die erforderliche horizontale Knotenschubbewehrung unter der Annahme ermittelt, dass sich in den Riegeln direkt neben der Stütze Fliessgelenke entwickeln, wobei die Stütze durch eine Normaldruckkraft von 2895 kN beansprucht ist. Aufgrund von Gl.(4.49) beträgt das Überfestigkeitsmoment des Riegels mit $d - d' = 480$ mm: $M_o = 1.25 \cdot 275 \cdot 2513 \cdot 480 \cdot 10^{-6} = 414.7$ kNm

Damit wird das totale Riegelmoment in Stützenmitte

$\Sigma M_{o,C} = 2 \cdot 414.7(2.21 + 0.5 \cdot 0.460)/2.21 = 916$ kNm.

Die Stützenquerkraft beträgt daher

$V_{col} = 916/(2 \cdot 1.41 + 0.61) = 267$ kN.

Die horizontale Knotenquerkraft nach Gl.(4.104) wird folglich

$V_{jh} = 2 \cdot 2513 \cdot 1.25 \cdot 275 \cdot 10^{-3} - 267 = 1461$ kN.

Der Beitrag der Betondruckdiagonalen nach Gl.(4.113) beträgt:

$$V_{ch} = \frac{2}{3} \sqrt{\frac{2'895'000}{460^2} - \frac{31.5}{10}} \cdot 460^2 \cdot 10^{-3} = 458 \text{ kN}$$

Damit wird $V_{sh} = 1461 - 458 = 1003$ kN und die gesamte erforderliche horizontale Knotenschubbewehrung

o $A_{jh,erf} = 1003 \cdot 10^{-3}/380 = 2640$ mm^2 $> A_{jh,vorh} = 508$ mm^2.

o $A_{jh,vorh}$ entspricht somit nur 19% von $A_{jh,erf}$.

Das Verhalten dieses Versuchskörpers ist in Bild 4.94 dargestellt. Da die effektive Fliessspannung der Riegelbewehrung 288 N/mm^2 betrug, vergrössert sich die notwendige Riegelquerkraft, um an der Stützenkante das Fliessmoment zu entwickeln, auf 158 kN. Dieser Wert ist in Bild 4.94 als theoretische Fliesskraft eingezeichnet.

In den ersten zwölf Halbzyklen zeigte sich unter der Bemessungs-Riegelquerkraft von 130 kN in den Riegeln und einer erhöhten Normaldruckkraft von 2895 kN auf die Stütze ein sehr stabiles Verhalten. Anschliessend wurde die Normaldruckkraft (entsprechend der Bemessungsnormalkraft) auf 1645 kN verringert, was zu einer kleinen Reduktion der Steifigkeit während der folgenden sechs Halbzyklen führte. Dabei betrug die Dehnung in der horizontalen Knotenbügelbewehrung 80% der Fliessdehnung.

Vor dem Halbzyklus (19) wurde die Normaldruckkraft wieder auf 2595 kN erhöht und anschliessend die Riegelquerkraft derart gesteigert, dass eine Verschiebeduktilität von $\mu_\Delta \approx 2$ erreicht wurde. Da die Betondruckdiagonale beim ersten Fliessen der Riegelbewehrung noch voll wirkte, konnte der mit Rechenfestigkeiten ermittelte Biegewiderstand der Riegel erreicht und sogar etwas überschritten werden, während 50% der Knotenbügel flossen. Bei der Umkehr der Beanspruchung verringerte sich jedoch der Beitrag der Betondruckdiagonalen an den Schubwiderstand wesentlich (vgl. 4.7.4c.2), und die Bügeldehnung erreichte etwa die dreifache Fliessdehnung. Daher konnte im Halbzyklus (20) nur noch 80% des Riegelbiegewiderstandes erreicht werden. Die zunehmende Einschnürung ('pinching') der Hysteresekurven bei weiterer Beanspruchung bis zu einer Verschiebeduktilität von $\mu_\Delta = 4$ ist eine Folge der Zerstörung des Knotens (vgl. Bild 4.95). Unter der relativ grossen Stützennormaldruckkraft wurde der Beton im Knoten zerdrückt, und die Stützenbewehrung plastifizierte unter Druck [B3]. Das Rissbild in den Riegeln bestätigt, dass dort keine eigentlichen plastischen Gelenke entwickelt wurden.

c) Innenknoten mit Riegelverbreiterungen

Um das Vorgehen bei Innenknoten mit Riegelverbreiterungen zu zeigen (vgl. 4.7.7c), wird angenommen, dass der Knoten des vorherigen Beispiels Teil eines räumlichen Rahmens sei und dass sich in allen vier Riegeln an der Stützenkante Fliessgelenke ausbilden. Die Details dieses Knotens sind in Bild 4.81 dargestellt.

Im vorangehenden Beispiel wurde die totale horizontale Knotenquerkraft bei Entwicklung der Biegeüberfestigkeit im Riegel zu $V_{jh} = 1461$ kN ermittelt. Infolge der Beanspruchung des Knotens in beiden Rahmenebenen wird gemäss Gl.(4.113) unter Verwendung von $P = C_j P_u$ (Gl.(4.124)) mit $C_j = 0.5$ aus Gl.(4.126) der Beitrag der Betondruckdiagonalen an den Schubwiderstand:

$$V_{ch} = \frac{2}{3}\sqrt{\frac{0.5 \cdot 2'895'000}{457^2} - \frac{31.5}{10}} \cdot 457^2 \cdot 10^{-3} = 271 \text{ kN}$$

Daraus ergibt sich

o $A_{jh,erf} = (1461 - 271) \cdot 10^3/380 = 3130$ mm^2.

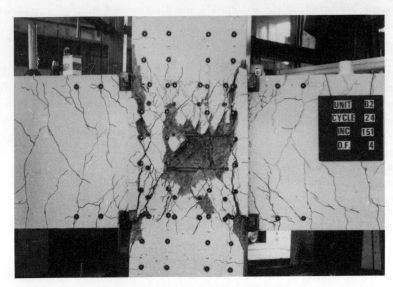

Bild 4.95: Zerstörung eines Knotens mit ungenügender horizontaler Schubbewehrung

Die drei Bügelgruppen vom Durchmesser 20 mm gemäss Bild 4.81 weisen pro Richtung einen wirksamen Querschnitt auf von:

o $A_{jh,vorh} = 3(2 + 2/\sqrt{2})314 = 3215$ mm^2 > $A_{jh,erf}$

Die Vorteile dieser Anordnung wurden bereits in 4.7.7c besprochen.

d) Niedrige Riegel und wandartige Stützen

Zur Erläuterung der Bemessung gemäss Abschnitt 4.7.6b wird für den in Bild 4.75 dargestellten Knoten die horizontale Schubbewehrung ermittelt. Dabei werden folgende Daten verwendet:

o	Riegelquerschnitt:	$A_g = 800$ mm×300 mm,	f'_c	=	25 N/mm^2
		$A_{s1} = A_{s2} = 3260$ mm^2,	f_y	=	275 N/mm^2
		$\lambda_o = 1.25$			
o	Stützenquerschnitt:	$A_g = 2000$ mm×400 mm,	f'_c	=	25 N/mm^2
		Zwischenstäbe: 10 D20,	f_y	=	380 N/mm^2
		Bügelbewehrung:	f_{yh}	=	275 N/mm^2
o	Stützenbeanspruchung:	Stützennormaldruckkraft:			1600 kN
		Minimale Querdruckkraft			
		aus Ersatzkräften:			400 kN

Die horizontale Knotenquerkraft beträgt nach Gl.(4.104):

$V_{jh} = 1.25 \cdot 275 \cdot 2 \cdot 3260 \cdot 10^{-3} - 400 = 1841$ kN

Die vertikale Druckkraft auf den Knotenkern beträgt nach Gl.(4.129):

$N = 0.8 \cdot 1600 + 10 \cdot 314 \cdot 380 \cdot 10^{-3} = 2473$ kN

Damit folgt aus Gl.(4.130): $\tan \alpha = 2437/1841 = 1.343$, d.h. $\alpha = 53.3°$.

Die horizontale Knotenschubbewehrung beträgt daher nach Gl.(4.132):

$$A_{jh,erf} = \frac{h_b V_{jh}}{h_c f_{yh} \tan \alpha} = \frac{1'841'000 \cdot 800}{2000 \cdot 275 \cdot 1.343} = 1994 \text{ mm}^2$$

Drei Lagen Bügel R16 mit vier Schenkeln ergeben:
$A_{jh,vorh} = 12 \cdot 201 = 2412 \text{ mm}^2 > A_{jh,erf} = 1994 \text{ mm}^2$

In Abschnitt 4.7.6b wird erwähnt, dass auch das allgemeine Vorgehen zur Knotenbemessung gemäss den Gl.(4.115) und (4.98) angewendet werden kann:

$$
\begin{aligned}
V_{ch} &= 0.2\,(1 + \frac{3 P_u}{f_c' A_g})\sqrt{f_c'}\ b_j h_j \\
&= 0.2(1 + \frac{3 \cdot 1'600'000}{25 \cdot 400 \cdot 2000})\sqrt{25} \cdot 400 \cdot 2000 \cdot 10^{-3} = 992 \text{ kN} \quad \text{und} \\
V_{sh} &= V_{jh} - V_{ch} = 1841 - 992 = 849 \text{ kN, woraus folgt:} \\
A_{jh} &= 849'000/275 = 3087 \text{ mm}^2,
\end{aligned}
$$

d.h. etwa 50% mehr als nach Gl.(4.132).

4.8 Schwerelastdominierte Rahmen

4.8.1 Erdbebenwiderstand grösser als erforderlich

In Stahlbetonrahmen mit wenigen Stockwerken, vor allem bei grösseren Riegelspannweiten, und in den oberen Geschossen von vielstöckigen Rahmen sind für die Bemessung der Riegel oft die Schwerelasten und nicht die Erdbebeneinwirkungen massgebend. Es handelt sich somit um *schwerelastdominierte Rahmen* und nicht um erdbebendominierte Rahmen bzw. Teilrahmen.

Bei der in den vorangehenden Abschnitten behandelten Methode der Kapazitätsbemessung für erdbebendominierte Rahmen muss für die Bemessung der Stützen die Biegeüberfestigkeit in den plastischen Gelenken der Riegel ermittelt und berücksichtigt werden. Damit kann man erreichen, dass sich bei seismischer Beanspruchung allfällige Fliessgelenke in den Riegeln und nicht in den Stützen bilden ('Schwache Riegel - starke Stützen'- Konzept). Die Entstehung von Stockwerkmechanismen mit plastischen Gelenken nur in den Stützen (Stützenmechanismus, vgl. Bild 1.4b) wird dadurch verhindert. Dies erlaubt, die Anforderungen an die konstruktive Durchbildung der Stützen, die ja elastisch bleiben, auf dem allgemein üblichen Niveau zu halten.

Sind nun aber die Riegel aus anderen Gründen weit stärker, als dies aufgrund der Einwirkung der Erdbeben-Ersatzkräfte erforderlich wäre, so könnte die unbesehene Anwendung der Methode der Kapazitätsbemessung wie bei erdbebendominierten Rahmen zu übermässigen Tragreserven, besonders in den Stützen, führen. Der grosse Tragwiderstand der Riegel hinsichtlich horizontaler Kräfte stammt aus dem Widerstand derjenigen Zonen mit möglichen plastischen Gelenken, wo die Schwerelasten grosse negative Momente erzeugen, während die Ersatzkräfte für eine der beiden Erdbebenrichtungen positive Biegemomente bewirken. Um einen Mechanismus mit plastischen Gelenken in den Riegeln (Riegelmechanismus, vgl. Bild 1.4a) zu erhalten, sind in jeder Spannweite zwei Fliessgelenke erforderlich. In den von Schwerelasten dominierten Rahmen sind beträchtliche zusätzliche Horizontalkräfte notwendig, um nach dem ersten (negativen) Gelenk auch das zweite (positive) Fliessgelenk zu bilden. Bei einer strikten Anwendung der Kapazitätsbemessung zur Vermeidung von Stützenfliessgelenken in den oberen Stockwerken müssten somit die Stützen für bedeutend grössere Stockwerkquerkräfte, als sie sich aus den Ersatzkräften ergeben, ausgebildet werden.

Durch die geschickte Anwendung der in Abschnitt 4.3.2 beschriebenen Momentenumverteilung kann die unbeabsichtigte Erhöhung des Tragwiderstandes auf horizontale Kräfte wesentlich reduziert werden. Eine andere Möglichkeit zur Reduktion dieses Widerstandes besteht darin, *die Zonen möglicher positiver plastischer Gelenke von den Stützen weg zu verschieben* in Bereiche, wo sich die Biegebeanspruchungen aus Schwerelasten und aus Horizontalkräften addieren. Solche Mechanismen wurden bereits in Bild 4.16 gezeigt. Wie jedoch dort dazu ausgeführt wurde, bedingt eine Verschiebung der Gelenkzonen auch eine entsprechende Erhöhung der Rotationsduktilität. In manchen Fällen kann aber auch die bestmögliche Verschiebung der Gelenkzonen den horizontalen Tragwiderstand nicht vollständig auf das erforderliche Mass reduzieren.

In solchen Rahmen kann es deshalb angebracht sein, *die Bildung von Fliessgelenken in gewissen Stützen zu erlauben*, um die Bildung eines Rahmenmechanismus mit dem gewünschten reduzierten horizontalen Tragwiderstand zu erreichen. Damit sind wirtschaftliche Lösungen auch für diese Rahmen möglich. Es sind jedoch die folgenden Punkte zu beachten:

1. Damit sich kein Stockwerkmechanismus (vgl. Bild 1.4b) ausbilden kann, ist sicherzustellen, dass sich mindestens teilweise in den Riegeln Fliessgelenke bilden. Dies kann erreicht werden, indem in den Riegeln der äusseren Spannweiten plastische Gelenke nahe den Aussenstützen vorgesehen werden (Bild 4.96), die jedoch einen genügenden Tragwiderstand aufweisen müssen, um die Schwerelasten aus den resultierenden Momenten ohne Fliessen aufnehmen zu können. Dadurch wird die Bildung von Fliessgelenken in den Aussenstützen verhindert. Bei den inneren Rahmenknoten sind Stützengelenke über und unter jeder Geschossdecke erforderlich und zulässig, damit ein vollständiger Rahmenmechanismus entstehen kann. Solange sichergestellt ist, dass die äusseren Stützen elastisch bleiben, können sich die zur Energiedissipation erforderlichen Fliessgelenke in den Riegeln und Stützen von mehreren oder allen Stockwerken bilden, ohne dass ein Stockwerkmechanismus entsteht.

2. Da die Bildung von Fliessgelenken in den Stützen im Vergleich zu einer solchen in den Riegeln weniger erwünscht ist, kann es zweckmässig sein, die erforderliche Gesamtverschiebeduktilität zu reduzieren. Dies wird erreicht, indem die Ersatzkräfte und damit der entsprechende Widerstand des Rahmens vergrössert werden, wodurch sich die inelastischen Verformungen unter dem Bemessungsbeben verringern (vgl. 2.2.7). Diese Lösung ist in den meisten Fällen gut realisierbar.

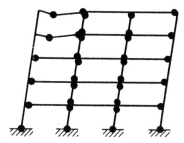

Bild 4.96: Rahmenmechanismus mit Fliessgelenken in den Innenstützen

4.8.2 Tragwiderstand von Riegelmechanismen

Ob bei einem Rahmen die Erdbebenbeanspruchungen oder diejenigen infolge Schwerelasten massgebend sind, hängt vom Verhältnis des horizontalen Tragwiderstandes zu den horizontalen Ersatzkräften ab. Dieses Verhältnis wird am besten mit Hilfe des Widerstandes von Riegelmechanismen pro Stockwerk ermittelt.

Im Zusammenhang mit der Umverteilung der Biegemomente in den ebenen Rahmen wurde in Abschnitt 4.3.2b (Bild 4.9) erklärt, dass die horizontale Beanspruchung eines Teilrahmens auf Deckenhöhe gemäss Gl.(4.44) durch $\Sigma \Delta M_E$ charakterisiert werden kann. ΔM_E ist das elastisch ermittelte Moment infolge Erdbeben am Ende des Riegels i. Der hiefür erforderliche Widerstand wurde in den vorangegangenen Abschnitten entsprechend dem 'Schwache Riegel - starke Stützen'- Konzept durch Anordnung und entsprechende Bemessung der Riegelfliessgelenke erreicht.

Dabei wurden die Biegemomente auf den Stützenachsen, die nach der Bildung von zwei Riegelfliessgelenken mit Überfestigkeit an vorausbestimmten Orten auftreten, ermittelt (vgl. Bild 4.12). Mit Hilfe dieser Stabendmomente auf den Stützenachsen konnten die Stockwerk-Überfestigkeitsfaktoren ψ_o für den ganzen Teilrahmen bzw. pro Stockwerk und für beide Erdbebenrichtungen ermittelt werden. In Abschnitt 4.4.2f und Bild 4.20 wurde dazu ein Zahlenbeispiel gegeben. Es wurde dort auch gezeigt, dass ψ_o mindestens gleich $\psi_{o,ideal}$ ist und somit gemäss Gl.(1.17) gleich dem bei genau auf den erforderlichen Biegewiderstand ausgelegter Bewehrung resultierenden idealen Riegel-Überfestigkeitsfaktor $\Phi_{o,ideal} = \lambda_o / \Phi$ gemäss Gl.(1.15). Er beträgt für die Stahlsorten D, HD, bzw. S500a, S500c mindestens 1.39, 1.56 bzw. 1.47, 1.37 (vgl. 4.4.2.f).

Bei erdbebendominierten Teilrahmen ist der Wert für ψ_o infolge der Aufrundungen meist etwas grösser als $\psi_{o,ideal}$. Bei Rahmen, die durch Schwerelasten dominiert sind, kann ψ_o über 2 oder sogar 3 liegen.

Um diesen Effekt zu zeigen, wird ein Teilrahmen aus dem einfachen dreifeldrigen Rahmen von Bild 4.96 verwendet [P15]. Das allgemeine Vorgehen wird mit Hilfe eines Zahlenbeispieles gezeigt. In Bild 4.97 stellen die ersten drei Diagramme die Biegemomente für gebräuchliche Kombinationen von Schwerelasten und für Erdbeben-Ersatzkräfte dar. Die Momente von Bild d) wirken allein, während diejenigen der Bilder b) und c) kombiniert werden müssen (vgl. 1.3.3).

Ein Vergleich der Momente aus den Kombinationen der Einwirkungen zeigt, dass der Riegeltragwiderstand allein durch die Schwerelasten bestimmt wird (Bild 4.97a).

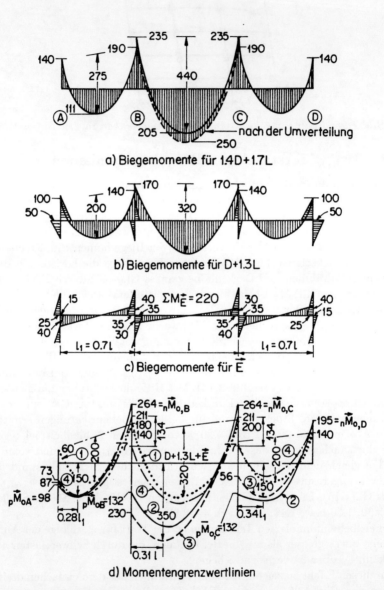

d) Momentengrenzwertlinien

Bild 4.97: a) bis d): Riegelmomente für einen Dreifeldrahmen unter gleichförmigen Schwerelasten und Erdbeben-Ersatzkräften

Eine mässige Momentenumverteilung in der mittleren Spannweite, gezeigt als gestrichelte Linie, ergibt bei den inneren Stützen ein Bemessungsmoment von 190 Einheiten. (Es werden in diesem Beispiel die Momente auf den Stützenachsen und nicht diejenigen an den Stützenkanten verwendet, um die Prinzipien besser erklären zu können.)

Die Kombination $D + 1.3L + E^{\rightarrow}$ ergibt das maximale, in Bild 4.97d als Linie (1) gezeigte negative Moment von $170 + 30 = 200$ Einheiten am rechten Ende der Mittelspannweite. Damit das Bemessungsmoment von Bild 4.97a verwendet werden kann, sind nur 5% Reduktion erforderlich. Für die gleiche Beanspruchungskombination werden die Momente am linken Auflager aller drei Spannweiten aber kleiner. Die Linie (1) in Bild 4.97d zeigt auch, dass infolge der Erdbebenersatzkräfte an den Auflagern keine Momentenumkehr erfolgt.

In Abschnitt 4.4.2c wurde festgestellt, dass in den Riegelquerschnitten aus Gründen der Krümmungsduktilität die Biegedruckbewehrung mindestens 50% der Zugbewehrung betragen soll. Wenn sich nun ein Riegelmechanismus mit zwei Fliessgelenken mit Überfestigkeit bei den Stützen in jeder Spannweite ausbilden sollte, so müssten die Ersatzkräfte wesentlich erhöht werden. Dieser Zustand ist durch Linie (2) in Bild 4.97d beschrieben. In diesem Beispiel gilt für die Riegelendmomente bei Überfestigkeit:

$$_nM_{o,B}^{\rightarrow} = 2_pM_{o,B}^{\rightarrow} \quad \text{und} \quad _nM_{o,D}^{\rightarrow} = 2_pM_{o,A}^{\rightarrow},$$

wobei der Index n die negativen, p die positiven Momente und der Pfeil die Richtung der Erdbeben-Ersatzkräfte andeutet. In Zahlen ergibt dies unter der Annahme, dass der Bemessungswert des Tragwiderstandes gerade gleich dem Bemessungswert der Beanspruchung ist:
$$_nM_{o,B} = 1.39 \cdot 190 = 264 \text{ Einheiten,} \quad \text{und} \quad _pM_{o,B} = 0.5 \cdot 264 = 132 \text{ Einheiten.}$$
Es liegt auf der Hand, dass für diese hypothetische Gelenkanordnung die untere Biegebewehrung in den Spannweiten wesentlich erhöht werden müsste, damit (positive) Fliessgelenke innerhalb der Spannweiten vermieden werden könnten. Der Stockwerk-Überfestigkeitsfaktor für diesen Fall wäre

$$\psi_o = \frac{\sum_B^D {}_nM_o + \sum_A^C {}_pM_o}{\sum_A^D \Delta M_E} \tag{4.138}$$

Für das Beispiel ergibt sich mit den Werten von Bild 4.97d Linie (2) und Bild 4.97c:

$$\psi_o = \frac{(264 + 264 + 195) + (98 + 132 + 132)}{40 + 70 + 70 + 40} = \frac{1085}{220} = 4.93$$

Dies bedeutet bei Verwendung der Stahlsorte D mit $\Phi_{o,ideal} = \lambda_o/\Phi = 1.39$, dass der horizontale Tragwiderstand des Rahmens $4.93/1.39 = 3.55$ mal grösser ist als nach den effektiven horizontalen Ersatzkräften eigentlich erforderlich wäre.

Würde jetzt das in Abschnitt 4.5.8 beschriebene Vorgehen für die Bemessung der Stützen mit einem dynamischen Vergrösserungsfaktor ω von mindestens 1.3 befolgt, so ergäbe sich ein Stützentragwiderstand, der mindestens das 4.6-fache der Erdbebenbeanspruchungen betragen würde. In manchen Fällen ist dies ohne eine Erhöhung der für die Aufnahme der Schwerelasten erforderlichen

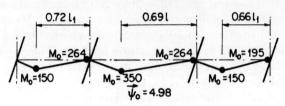

e) Riegelmechanismus

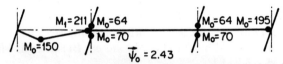

f) Rahmenmechanismus mit Riegel- und Stützengelenken

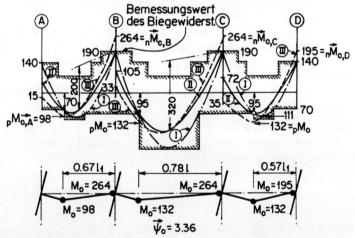

g) Riegelmechanismus mit optimaler Lage der Fliessgelenke

Bild 4.97 e) bis g): Fliessmechanismen für einen Dreifeldrahmen unter gleichförmigen Schwerelasten und Erdbeben-Ersatzkräften

Stützenabmessungen und Bewehrungen möglich. Solche Strukturen weisen zwar einen sehr kleinen Duktilitätsbedarf auf, die Anforderungen an den Querkraftwiderstand nach 4.5.7 sind aber oft unverhältnismässig hoch. Daher sollte der zu hohe Tragwiderstand für horizontale Einwirkungen reduziert werden.

4.8.3 Reduktion des horizontalen Tragwiderstandes

Wie in 4.8.1 dargelegt, bestehen vor allem zwei Möglichkeiten, den bei Mechanismen mit plastischen Gelenken an den Riegelenden resultierenden horizontalen Tragwiderstand zu reduzieren:

1. Die (positiven) Riegelgelenke werden von den Stützen gegen die Spannweitenmitte hin verschoben.

2. Es werden Fliessgelenke in den Innenstützen zugelassen.

a) Minimaler erforderlicher Tragwiderstand

Zuerst ist der minimale horizontale Tragwiderstand festzulegen, den andere als die bei den duktilen Rahmen bevorzugten Mechanismen mit plastischen Gelenken an den Riegelenden aufweisen sollen. Dieser kann aus folgenden Gründen etwas höher liegen, als dies für die Aufnahme der Erdbeben-Ersatzkräfte erforderlich wäre:

1. Für eine bestimmte erforderliche Gesamt-Verschiebeduktilität des Rahmens führen von den Stützen weg verschobene (positive) Riegelfliessgelenke zu erhöhten Anforderungen an deren Rotationsduktilität.

2. Wenn für die Bildung eines kompletten Rahmenmechanismus eine relativ grosse Anzahl von Fliessgelenken in den Stützen erforderlich ist, ist ebenfalls ein etwas konservativeres Vorgehen angezeigt.

Für eine *Verschiebung der Riegelgelenke gegen die Spannweitenmitte hin* zeigt Bild 4.16, dass die plastischen Rotationen in einem Riegelgelenk mit Hilfe der durchschnittlichen Neigung θ des inelastischen Rahmens abgeschätzt werden können:

$$\theta' = \frac{l}{l^*}\theta \qquad (4.139)$$

Mit der Näherung, dass eine Erhöhung des Tragwiderstandes zu einer proportionalen Verringerung der erforderlichen Gesamt-Verschiebeduktilität führt (Prinzip der gleichen Verschiebung, vgl. 2.2.6b, sind die Erdbeben-Ersatzkräfte von Rahmen mit von den Stützen weg verschobenen Riegelgelenken mit dem Vergrösserungsfaktor

$$m = \frac{1}{n}\sum_{j=1}^{n}\frac{l_j}{l_j^*} \geq 1, \qquad (4.140)$$

d.h. dem Durchschnitt der Längenverhältnisse l/l^* (vgl. Bild 4.16) aller betroffenen Riegelspannweiten eines Rahmens, zu multiplizieren. Falls es sich lohnt, kann dieser Vergrösserungsfaktor vermindert werden. Dies geschieht mit dem Verhältnis der Anzahl der Spannweiten mit von den Stützen weg verschobenen Riegelgelenken zu der Gesamtzahl der Spannweiten des Rahmens sowie mit dem Verhältnis der Fliessmomente in den plastischen Gelenken dieser Spannweiten zu denjenigen in den anderen Spannweiten. Der Aufwand für diese Verminderung als gewichtetes Mittel der Faktoren m ist jedoch selten gerechtfertigt.

Bei einer *Zulassung von Fliessgelenken in den Innenstützen* (vgl. Bild 4.96) sind für die Wahl des Vergrösserungsfaktors m die folgenden Punkte zu beachten:

a) Die Wichtigkeit des Gebäudes und die Schwierigkeiten bei der Reparatur von möglichen Schäden an den Stützen.

b) Die relative Grösse der Normalkräfte in den betreffenden Stützen.

Neuere Forschungergebnisse zeigen, dass durch eine ausreichende Umschnürung der betroffenen Stützenbereiche (4.5.10) ein sehr duktiles Verhalten erreicht werden kann [G1], [P8]. Daher sind die üblichen Vorbehalte betreffend Fliessgelenke in den Stützen in diesem Zusammenhang nicht unbedingt angebracht.

Der Einfachheit halber kann der erforderliche minimale horizontale Tragwiderstand von durch Schwerelasten dominierten Rahmen mit Hilfe des minimalen Stockwerk-Überfestigkeitsfaktors $\psi_{o,min}$ ausgedrückt werden:

$$\psi_{o,min} = m\psi_{o,ideal} \tag{4.141}$$

Dabei betragen gemäss 4.8.2 bzw. 4.4.2f die Werte für $\psi_{o,ideal} = \Phi_{o,ideal} = \lambda_o/\Phi =$ 1.39, 1.56 bzw. 1.47, 1.37 für die typischen Stahlsorten D, RD bzw. S500a, 500c in den Riegeln.

Unter Berücksichtigung des Verhältnisses der Ersatzkraft, die einem elastischen Verhalten der Struktur entspricht (F_{el} in 2.2.7c), sollte aber auch ein oberer Grenzwert für ψ_o bestimmt werden. Liegt ψ_o über 3.0, so verhält sich die Struktur elastisch oder plastifiziert nur sehr wenig. Daher wäre es nicht sinnvoll, den Tragwiderstand noch weiter anzuheben, nur um eine gewünschte Hierarchie der Fliessgelenkbildung zu erreichen.

b) Riegelmechanismus mit verschobenen Gelenken

Ein Riegelmechanismus im Teilrahmen jedes Stockwerkes kann nur entstehen, wenn sich in allen Riegeln zwei Fliessgelenke bilden können. In Bild 4.97d sollen die Momente bei Riegelüberfestigkeit gemäss Linie (3) für die Bemessung massgebend sein. Die erforderlichen positiven Biegewiderstände im Feld der kurzen bzw. der langen Spannweite betragen nach Bild 4.97a 111 bzw. 250 Einheiten. Bei Verwendung der Stahlsorte D ($\Phi_{o,ideal} = 1.39$) entwickeln sich dann in den Spannweiten Gelenke mit Überfestigkeitsmomenten von 150 bzw. 350 Einheiten (vgl. Bild 4.97d). Die entsprechenden positiven Momente in den Stützenachsen können mit Gleichgewichtsbedingungen für jede Spannweite ermittelt werden. Der Stockwerk-Überfestigkeitsfaktor für den Riegelmechanismus von Bild 4.97e beträgt deshalb:

$$\psi_o = \frac{(87 + 264) + (230 + 264) + (56 + 195)}{220} = 4.98$$

Die Verschiebung der Gelenke von den Stützen weg hat also in diesem Beispiel den Tragwiderstand des Teilrahmens für Horizontalkräfte nicht reduziert, und es wären nach wie vor Stützen mit unwirtschaftlichen Überfestigkeiten erforderlich.

Wäre jedoch dieser Mechanismus sinnvoll, so müsste in Übereinstimmung mit Gl.(4.140) und Bild 4.16 der horizontale Tragwiderstand mit dem Faktor

$$m = \left(\frac{1}{0.72} + \frac{1}{0.69} + \frac{1}{0.66}\right) \frac{1}{3} = 1.45$$

vergrössert werden. Die entsprechenden Werte für l^* sind in Bild 4.97e gezeigt. Der erforderliche Stockwerk-Überfestigkeitsfaktor (Gl.(4.138)) müsste in diesem Fall mindestens $\psi_{o,min} = 1.45 \cdot 1.39 = 2.02 < 4.98$ betragen.

c) Rahmenmechanismus mit Riegel- und Stützengelenken

Die Einführung von Fliessgelenken in den Innenstützen, um einen Rahmenmechanismus mit Riegel- und Stützengelenken gemäss Bild 4.96 zu erhalten, ist eine andere Möglichkeit zur Verminderung des hohen Tragwiderstandes gegen Horizontalkräfte. Für das Beispiel gemäss Bild 4.97 kann dies wie folgt aussehen:

1. Die äusseren Stützen dürfen nicht fliessen. Daher müssen sich in den anschliessenden Riegeln Gelenke bilden. Die Momentenverläufe in Bild 4.97d zeigen, dass es besser ist, in der Spannweite A-B ein positives Gelenk etwas von der Stütze (A) entfernt auszubilden, während sich bei der inneren Stütze (B) ein negatives Gelenk bildet.

2. Mit dem Fliessgelenk im Feld der ersten Spannweite, das ein Überfestigkeitsmoment von 150 Einheiten entwickelt, und jenem bei der inneren Stütze (B) beim mit den Rechenfestigkeiten ermittelten Biegewiderstand von $264/1.25 = 211$ Einheiten (da die Rotation dort relativ klein und somit die Überfestigkeit noch nicht erreicht ist), ergibt sich der in Bild 4.97d durch Linie (4) dargestellte Momentenverlauf für die ganze Spannweite. Das positive Biegemoment bei Stütze (A) beträgt in diesem Stadium 73 Einheiten (teilweise Überfestigkeit). Das negative Fliessmoment bei Stütze (D) wird zu $1.39 \cdot 150 \approx 195$ Einheiten (Überfestigkeit) angenommen.

3. Das maximal in die äusseren Stützen einleitbare Moment ΔM_o ist daher bekannt. Unter der Annahme einer Tragwiderstandsvergrösserung von $m = 1.75 > 1.45$ für diesen Fall (4.8.3a.2) und mit dem Ziel, die erforderliche plastische Rotation in den Stützengelenken niedrig zu halten, ergibt sich ein erforderlicher Stockwerk-Überfestigkeitsfaktor von $\psi_{o,min} = 1.75 \cdot 1.39 = 2.43$. Daher wird aufgrund der umgestellten Gl.(4.138) das insgesamt in die beiden inneren Stützen mindestens einzuleitende Moment:

$$\sum_{B}^{C} \Delta \vec{M_o} = \psi_{o,min} \sum_{A}^{D} \Delta \vec{M_E} - {}_p\vec{M_{oA}} - {}_n\vec{M_{oD}}$$

$$= 2.43 \cdot 220 - 73 - 195 = 267 \text{ Einheiten}$$

Somit müssen die zwei Fliessgelenke zusammen in einer der beiden gleichen inneren Stützen bei der gleichzeitig vorhandenen Stützennormalkraft eine Biegeüberfestigkeit von $267/2 = 134$ Einheiten entwickeln. In Bild 4.97f wurde dieses Moment nach oben und unten unter Berücksichtigung der grösseren Stützennormalkraft unterhalb der Riegel willkürlich in $64 + 70 = 134$ Einheiten aufgeteilt.

4. Aus dem Knotengleichgewicht bei Stütze (B) folgt, dass der mit den Rechen-
    festigkeiten zu ermittelnde Biegewiderstand am linken Ende des Riegels B-C
    mindestens $211 - 134 = 77$ Einheiten betragen muss. Dies bedingt Zug in der
    oberen Bewehrung. Aus Bild 4.97a geht jedoch hervor, dass der vorhandene
    Tragwiderstand in diesem Querschnitt mindestens $190/0.9 = 211$ Einheiten
    (Widerstandsreduktionsfaktor $\Phi = 0.9$) beträgt. Es ist ferner klar, dass die
    Riegelmomente bei Stütze (C) nicht massgebend sind und daher nicht genau
    ermittelt werden müssen. In Bild 4.97d zeigt Linie (4) bei Stütze (C), dass
    auch ein Riegelwiderstand von 211 Einheiten links und 77 Einheiten rechts
    angenommen wurde. Der Gelenkmechanismus zu diesem Momentenverlauf ist
    in Bild 4.97f abgebildet.

5. Stütze (D) kann nun entsprechend den Regeln von Abschnitt 4.5 (Gl.(4.58))
    für ein Moment in der Riegelachse von $M_{col} = \Phi_o \omega M_E$ bemessen werden.
    In diesem Fall beträgt $\Phi_o = 195/40 = 4.88$, und für die obere Stütze ist
    $M_E = 25$ Einheiten (vgl. Bild 4.97c). ω beträgt in einem ebenen Rahmen mit
    wenigen Stockwerken meistens 1.3. Die Stützenbemessungsmomente werden
    damit etwa
    $M_{col} = 4.88 \cdot 1.3 \cdot 25 = 159$ Einheiten.
    Es liegt auf der Hand, dass die identisch bewehrte Stütze (A), die für die
    betrachtete Richtung der Ersatzkräfte nur einem Moment von 73 Einheiten
    unterworfen ist (womit $\Phi_o = 1.90$), dieses ohne weiteres aufnehmen kann.

6. Die inneren Stützen können ziemlich dünn gehalten werden, da sie nur einem
    kleinen nominellen Moment zu widerstehen haben (vgl. Bild 4.97f):
    $M_{col} = 70/1.25 = 56$ Einheiten

Dieses Beispiel zeigt, dass trotz des vorhandenen Überschusses an horizontalem
Tragwiderstand von 75% ($m = 1.75$) keine wesentliche zusätzliche Bewehrung infolge der Erdbebenkräfte erforderlich ist. Der Rahmen wird von den Schwerelasten
dominiert.

Während die äusseren Stützen nach den Regeln von Abschnitt 4.5.10 nur eine
beschränkte Querbewehrung aufweisen müssen, benötigen die Enden der inneren
Stützen bei den plastischen Gelenken über und unter dem betrachteten Riegel eine
vollständige Umschnürung gemäss 4.5.10d. Ferner sind die Stösse der Vertikalbewehrung in diesen Stützen auf halber Stockwerkhöhe anzuordnen.

d) Optimale Lage der Fliessgelenke in den Riegeln

Bei einem Riegelmechanismus führt das Aufsuchen der optimalen Lage der Fliessgelenke zum kleinsten möglichen Widerstand gegen Horizontalkräfte. Zur Erläuterung
des Vorgehens wird für den Rahmen von Bild 4.97 eine entsprechende Lösung gesucht und mit den vorherigen Lösungen verglichen.

Die vorhandene Biegebewehrung basiert auf den Beanspruchungen durch die
Schwerelasten gemäss Bild 4.97a. Die Abstufung der Bewehrung ergibt den in
Bild 4.97g schraffierten Bereich des Bemessungswertes des Biegewiderstandes (vgl.
1.3.4a). Die Beanspruchung durch die Schwerelasten nach der Momentenumverteilung entspricht derjenigen von Bild 4.97a und ist in 4.97g mit (I) bezeichnet. Die

maximalen negativen Bemessungsmomente über den Stützen sind 190 Einheiten bei
(B) und (C) sowie 140 Einheiten bei (D). Die entsprechenden, schon in Bild 4.97d
verwendeten Überfestigkeitsmomente infolge der Erdbebenbeanspruchung $E^{\rightarrow}$ betragen 264 und 195 Einheiten.

Die bestmögliche Lage der Fliessgelenke in jeder Spannweite hängt von der erforderlichen minimalen unteren (positiven) Biegebewehrung ab. In Abschnitt 4.4.2
wurde dargelegt, dass zur Sicherstellung einer genügenden Rotationsduktilität die
untere Bewehrung an der Stützenaussenkante nicht weniger als die Hälfte der oberen Bewehrung im gleichen Schnitt betragen soll. Unter dieser Bedingung betragen die Bemessungsmomente bei den inneren Stützen 95 Einheiten und bei den
äusseren 70 Einheiten. Der Ort, bei dem die vorhandene Bewehrung zur Abdek-
kung der Biegebeanspruchung infolge Schwerelasten gerade ausreicht, kann nun
leicht ermittelt werden. Er ist in der Momentenlinie (I) jeder Spannweite von
Bild 4.97g durch einen kleinen Kreis angedeutet. Diese Orte werden nun für den
Lastfall $M_u = M_D + 1.3M_L + M_E^{\rightarrow}$ zu Fliessgelenken. In der Mitte der Spannweiten ist zusätzliche Bewehrung erforderlich, damit die dortigen Bereiche unter allen
Lastfällen elastisch bleiben.

Mit der bekannten Lage der beiden sich während eines starken Bebens entwik-
kelnden Fliessgelenke in den Spannweiten können die entsprechenden Momentenli-
nien, in Bild 4.97g mit (II) bezeichnet, bestimmt werden. Bei der Mobilisierung der
Überfestigkeit werden sich die Momente in den positiven Fliessgelenken auf 132 Ein-
heiten bzw. 98 Einheiten vergrössern. Unter Verwendung der Momentenlinie infolge
Schwerelasten ($M_D + 1.3M_L$) wird nun das am linken Ende jeder Spannweite in die
Stütze eingetragene Moment gefunden (vgl. gestrichelte Kurve (III) in Bild 4.97g).
Der Stockwerk-Überfestigkeitsfaktor beträgt in diesem Fall

$$\psi_o = \frac{(15 + 264) + (-33 + 264) + (35 + 195)}{220} = 3.36$$

Aus dem ebenfalls in Bild 4.97g gezeigten Mechanismus ergibt sich $m = 1.51$.

Es zeigt sich also, dass durch die optimale Anordnung der Fliessgelenke in den
Riegeln der Widerstand dieses Rahmens gegen Horizontalkräfte verglichen mit dem
vorher (Bild 4.97e) betrachteten Riegelmechanismus um 33% vermindert werden
konnte. Der Widerstand ist jedoch immer noch 38% höher als der unter Zulassung
von Fliessgelenken in den Stützen (Bild 4.97f) ermittelte Wert (3.36/2.43 = 1.38).

4.8.4 Schubbemessung

Die Riegelquerkräfte können ermittelt werden, nachdem der Momentenverlauf z.B.
gemäss Kurve (4) in Bild 4.97d feststeht. Die Bemessungsquerkräfte werden aus
den Querkräften infolge Schwerelasten sowie aufgrund der Überfestigkeitsmomente
in den Riegelgelenken ermittelt (vgl. 4.4.3a), falls solche in den Spannweiten auftreten. In den andern Spannweiten sind für die Querkräfte allein die Schwerelasten
massgebend. Die Querkräfte werden auch zur Ermittlung der durch Erdbeben indu-
zierten Stützennormalkräfte verwendet. Diese sind allerdings in Rahmen, die durch
Schwerelasten dominiert werden, meist nicht massgebend.

Die Schubbemessung der inneren Stützen basiert auf der gleichzeitigen Bildung
von Gelenken mit Überfestigkeit an Stützenkopf und -fuss. Die so erhaltene Quer-

kraft braucht nicht weiter vergrössert zu werden, da es sich schon um einen oberen Grenzwert handelt (vgl. 4.5.7). Die Bemessungsquerkräfte der äusseren Stützen ohne Fliessgelenke von durch Schwerelasten dominierten Rahmen können gleich bestimmt werden wie bei den oberen Geschossen von erdbebendominierten Rahmen (vgl. 4.5.7).

Bei der Bemessung der Innenknoten ist unbedingt die Tatsache zu beachten, dass sich die Fliessgelenke in den Stützen und nicht in den Riegeln ausbilden. Dadurch wird auch die Wahl der Durchmesser für die Vertikalbewehrung der Stützen beeinflusst (vgl. 4.7.4h).

4.9 Erdbebendominierte Fassadenrahmen

4.9.1 Merkmale

In vielen Fällen kann es vorteilhaft sein, den Hauptteil oder sogar die gesamten horizontalen Einwirkungen durch Fassadenrahmen aufzunehmen, d.h. durch typische *erdbebendominierte Rahmen*. In entsprechenden Gebäuden können relativ eng stehende äussere Stützen der Fassadenahmen für die Erdbebeneinwirkungen und weit stehende innere Stützen, die praktisch nur Schwerelasten abtragen, kombiniert werden. Als Riegel der Fassadenrahmen können relativ hohe Brüstungsriegel verwendet werden, ohne dass die Stockwerkhöhe vergrössert werden muss.

Da in diesem Fall in jeder Richtung zur Aufnahme der horizontalen Kräfte nur zwei Rahmen vorhanden sind, kann deren Beanspruchung recht gross werden. Als Folge der relativ kurzen Spannweiten ist der Einfluss der Schwerelasten ausser in den oberen Stockwerken klein. Daher sind im allgemeinen die folgenden Bemessungsmerkmale zu erwarten:

1. Als Folge des grossen Biegewiderstandes der Brüstungsriegel mit relativ kleiner Spannweite entstehen darin grosse Querkräfte. Diese können zu einer frühzeitigen Beeinträchtigung der Energiedissipation in den Fliessgelenken infolge von Gleitschubeffekten führen. Dadurch kann eine Diagonalbewehrung in den plastischen Gelenken, wie sie für Koppelungsriegel behandelt wird (vgl. 5.4.4), erforderlich werden.

2. Die eng stehenden Fassadenstützen tragen nur relativ geringe Schwerelasten und wirken daher hauptsächlich als senkrecht stehende Biegeelemente. Durch das Fehlen einer wesentlichen Normalkraft und als Folge der meist vorhandenen kräftigen Riegelbiegebewehrungen können Probleme bei den Innenknoten entstehen.

Obwohl die in den vorangehenden Abschnitten für duktile Rahmen dargestellte Bemessungsmethode zufriedenstellende Tragwerke ergibt, wurden für die bei Fassadenrahmen vorhandenen speziellen Verhältnisse alternative Lösungen gesucht. Eine dieser Lösungen besteht in der Anwendung des Konzeptes der gekoppelten Tragwände (vgl. 5.2.2.e). Sie wird im folgenden kurz dargestellt.

4.9.2 Diagonal bewehrte Brüstungsriegel

Falls sichergestellt ist, dass ein Rahmenknoten während der seismischen Einwirkung elastisch bleibt, kann die Querbewehrung im Knoten wesentlich reduziert werden. Die entsprechenden Grundsätze wurden in Abschnitt 4.7.4b erläutert. Um dies zu erreichen, müssen die Fliessgelenkzonen von den Stützen weg verschoben werden (vgl. Bild 4.18). Bei kurzen Spannweiten kann jedoch der Abstand zwischen den Gelenken zu klein werden. Gemäss Bild 4.16 steigen nämlich die Anforderungen an die Rotationsduktilität in beiden Gelenken stark an, und die Biegebewehrung wird sehr bald bis in den Verfestigungsbereich beansprucht. Ferner kann, um die Gleitschubverformungen klein zu halten, in beiden Gelenkzonen Diagonalbewehrung erforderlich sein.

Zur Bewältigung dieser Probleme kann die Bewehrungsanordnung von Bild 4.98 verwendet werden. Das grundsätzliche Verhalten wird anhand der Momenten-diagramme in Bild 4.99 gezeigt. Das erforderliche Biegemoment aus den Erdbebenkräften ist mit M_E bezeichnet. Der geringe Einfluss der Schwerelasten wird in diesem Beispiel vernachlässigt. Die Diagonalbewehrung im Bereich der Riegelmitte wird so gewählt, dass die übliche Bedingung $M_u = M_E \leq \Phi M_i$ erfüllt ist.

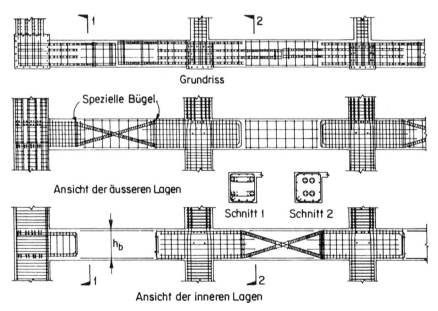

Grundriss

Spezielle Bügel

Ansicht der äusseren Lagen

Schnitt 1   Schnitt 2

h_b

Ansicht der inneren Lagen

Bild 4.98: Diagonal bewehrte Brüstungsriegel von aussenliegenden Rahmen

Nach der ersten Beanspruchung in beiden Richtungen bis in den plastischen Bereich hinein ist zu erwarten, dass die Diagonalbewehrung im ganzen mittleren Bereich plastisch verformt worden ist. Von diesem Zeitpunkt an ist der Biegewiderstand allein durch die Horizontalkomponente der Kräfte in den Diagonalbewehrungen gegeben. Die Vertikalkomponenten der Bewehrungskräfte können die gesamte Querkraft ohne Mitwirkung des Betons oder anderer Stegbewehrungen aufnehmen.

Da sich die Diagonalbewehrung über eine relativ grosse Strecke plastisch verformen kann, tritt die Verfestigung erst nach sehr grossen Verformungen ein.

Die übrigen Bereiche des Riegels, wie auch die Knoten und die Stützen, sollen elastisch bleiben. Damit dies gewährleistet ist, muss die Überfestigkeit des Mittelbereiches berücksichtigt werden. Dies geschieht mit Hilfe der Beziehung $M_o = \lambda_o M_i = \Phi_o M_E$ (vgl. 4.4.2f). Wird nun in den elastisch bleibenden Bereichen Bewehrung derart eingelegt, dass der Biegewiderstand M_i des Riegels an den Stützenkanten mindestens etwas grösser als das Moment in diesem Querschnitt beim Erreichen der Biegeüberfestigkeit des Mittelbereiches M_o ist, so kann an den Stützenkanten kein Fliessen auftreten, und die Knoten bleiben elastisch. Dies ist in Bild 4.99 schematisch dargestellt. Nach der Bestimmung der Bewehrung in den massgebenden Schnitten kann die Länge des mittleren Bereiches durch die Gestaltung der abgebogenen Stäbe festgelegt werden.

Im Beispiel von Bild 4.98 sind in den Riegelbereichen bei den Stützen doppelt so viele Bewehrungsstäbe vorhanden wie in der Mitte des Riegels. Bild 4.100 zeigt eine Ausführung mit vorgefertigten Bewehrungskörben.

4.9.3 Konstruktive Besonderheiten

Bei diagonal bewehrten Brüstungsriegeln sind die folgenden konstruktiven Besonderheiten zu beachten:

1. Damit die Diagonalstäbe die Fliessspannung auch unter Druck erreichen ohne auszuknicken, ist wie in Koppelungsriegeln von Tragwänden eine Querbewehrung vorzusehen. Die Gestaltung dieser Bewehrung wird in Abschnitt 5.4.4 behandelt.

2. Die elastischen Endbereiche der Riegel sind über eine genügende Länge auszubilden, damit sich die Fliessspannungen in den Stäben aus dem Mittelbereich nicht bis zum Knotenbereich hin ausbreiten können. Die Mindestlänge ist in Bild 4.99 angegeben. Sie muss auch die Anordnung der Verankerungslänge l_{dh} der Hauptbewehrung mit Abbiegungen in den Endbereichen erlauben.

3. Die Stegbewehrung in den elastischen Endbereichen hat, zusammen mit dem Beitrag des Betons an den Schubwiderstand (v_c), die maximale Querkraft aus

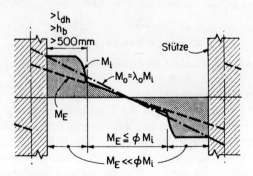

Bild 4.99: Momentenlinien für einen diagonal bewehrten Brüstungsriegel

Bild 4.100: Ausführung von diagonal bewehrten Brüstungsriegeln

der Überfestigkeit des Mittelbereiches aufzunehmen.

4. Besondere Aufmerksamkeit ist der Querbewehrung im Bereich der Abbiegungen der Hauptbewehrung zu schenken. Diese soll mit der Fliessspannung f_y mindestens die 1.2-fache Umlenkkraft bei einer Spannung in der Hauptbewehrung von $\lambda_o f_y$ aufnehmen können. Es ist sicherzustellen, dass die speziellen vertikalen Bügel an den Abbiegestellen satt anliegen (vgl. Bild 4.98).

5. Der Riegel muss breit genug sein, um die sich im Mittelpunkt kreuzenden Diagonalstäbe aufzunehmen.

Diese Lösung hat sich auch beim Bau von Gebäuden mit Fassadenrahmen aus vorfabrizierten Betontragelementen bewährt. Dabei wurden kreuzförmige Elemente mit Anschlüssen zur Verbindung auf der Baustelle sowohl in der Mitte der Brüstungsriegel als auch auf halber Höhe der Stützen verwendet. Die Diagonalstäbe in den Riegeln wurden an Stahlplatten angeschweisst und diese mit Bolzen verbunden, die nur noch Querkräfte zu übertragen haben. Da die Stützen viel stärker sind als die Riegel, sind sie auch schon am Stützenfuss zusammengesetzt worden, was zu T-förmigen Elementen führte [P14].

4.9.4   Riegelverhalten in Versuchen

Ein Versuchskörper, der die Hälfte eines diagonal bewehrten Brüstungsriegels darstellt, zeigte bei der Prüfung ein hervorragendes Verhalten [P16], [P17]. Die Hysteresekurven sind in Bild 4.101 dargestellt. Die leichten Schäden am Riegel waren
eine Folge des Fliessens der im Bild mit (X) bezeichneten Querbewehrung. Die
elastischen Endbereiche genügten den Beanspruchungen. Die Diagonalstäbe plastifizierten auf ihrer ganzen Länge. Der Riegel widerstand bis zum Ende des Versuchs
116% des mit gemessenen Festigkeiten ermittelten Tragwiderstandes mit einer maximalen Verschiebeduktilität von $\mu_\Delta = 18$.

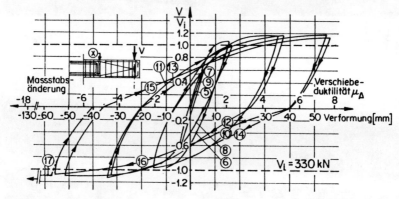

Bild 4.101: Hystereseverhalten eines diagonal bewehrten Brüstungsriegels

4.10 Bemessungsschritte bei Rahmen

Bild 1.7 gibt einen allgemeinen Überblick über den Bemessungsablauf. Dieser Abschnitt stellt nun in *Kurzform* den *Bemessungsvorgang bei Rahmen* dar. Es wird darauf verzichtet, die verwendeten Gleichungen hier nochmals aufzuführen. Auch die Details der entsprechenden Rechenschritte sind in den jeweiligen Abschnitten nachzuschlagen, die Anleitung beschränkt sich auf den logischen Ablauf der Bemessung eines erdbebendominierten, voll duktilen Rahmens. Das Rechenbeispiel in 4.11 folgt diesen Schritten.

Schritt 1: Entwurf
Dieser Schritt entscheidet über die *Erreichbarkeit* der gewünschten *Erdbebensicherung* sowie über deren *Kosten* und darf nicht dem Zufall überlassen werden. Vor allem bei höherer Erdbebengefährdung ist die Mitarbeit des Ingenieurs für einen erdbebengerechten Entwurf des Bauwerks unerlässlich.

1. Das Tragwerk ist nach Abschnitt 1.6.3 im Grundriss möglichst symmetrisch auszubilden, die Steifigkeit der Tragelemente für Horizontalkräfte ist entsprechend zu verteilen (vgl. 1.6.3a). Der Steifigkeitsverlauf im Aufriss soll möglichst stetig sein (vgl. 1.6.3b).

2. Bei der Wahl der Abmessungen von Riegeln und Stützen sind die üblichen Regeln einzuhalten. Die Abschnitte 1.6.5a bis c geben dazu erdbebenspezifische Bedingungen und Richtwerte.

Schritt 2: Deckenbemessung
Die Decken sind in üblicher Weise auf Schwerelasten zu bemessen (vgl. 4.4.1). Bei grossen Aussparungen und bei stark gegliederten Grundrissen ist zu überprüfen, ob die Scheibenwirkung der Decken genügend sein kann (vgl. 1.6.3a).

Schritt 3: Ermittlung der Ersatzkräfte
Die horizontalen statischen Ersatzkräfte werden entsprechend Kapitel 2 bzw. den anzuwendenden Normen ermittelt und über die Gebäudehöhe verteilt. Dazu ist eine Verschiebeduktilität μ_Δ zu wählen (vgl. 2.2.7).

Schritt 4: Berücksichtigung von Torsionseffekten
Zur Berücksichtigung der Torsion im Rahmensystem sind wenn nötig für alle Stockwerke die statische Exzentrizität und die Bemessungsexzentrizität je in Richtung der beiden Hauptachsen des Gebäudegrundrisses zu bestimmen (vgl. 4.2.5h).

Zur Beurteilung, ob das Ersatzkraftverfahren angewandt werden darf, ist gemäss 4.2.6 die Regelmässigkeit des Rahmensystems im Aufriss und Grundriss zu kontrollieren.

Schritt 5: Ermittlung der Schnittkräfte am elastischen System

1. Die Schnittkräfte infolge der horizontalen Ersatzkräfte können nach Abschnitt 4.2.5 oder mit einem anderen geeigneten Verfahren bestimmt werden (dreidimensionale oder modifizierte zweidimensionale Rahmenberechnung). Die

Schnittkräfte für Schwerelasten können durch die Berechnung an Teilrahmen einfach und genügend genau ermittelt werden (4.3.1). Die Beanspruchungen werden mit Vorteil getrennt am elastischen System ermittelt (Steifigkeitsannahmen vgl. 4.1.2, Beanspruchungskombinationen vgl. 1.3.3).

2. Den Biegemomenten aus den Schwerelasten werden diejenigen aus Erdbeben $M_E^{\rightarrow}$ bzw. $M_E^{\leftarrow}$ überlagert (vgl. 1.3.3).

Schritt 6: Momentenumverteilung in den Riegeln
Gemäss 4.3.2 können die Momente in den Riegeln umverteilt werden, mit dem Ziel, für beide Richtungen der Erdbebeneinwirkung die massgebenden Riegelendmomente (Fliessgelenke) etwa gleich gross zu machen und die nach 3.3.1 mindestens halb so grossen positiven Fliessmomente $(M_i^+ \geq 0.5 \mid M_i^- \mid)$ auszunützen.

Schritt 7: Kompensation des P-Δ-Effektes
Nach der Bemessung der Riegel kann die Abnahme des für die Erdbebeneinwirkung verfügbaren Tragwiderstandes infolge des P-Δ-Effektes abgeschätzt werden (4.6.5). Mit der Verschiebung der obersten Decke infolge der Erdbeben-Ersatzkräfte, berechnet am elastischen Rahmen, sowie mit Hilfe des gewählten Duktilitätsfaktors, kann gemäss Gl.(4.81) der Einfluss des P-Δ-Effektes beurteilt werden. Für $Q^* \geq 0.15$ sind die Widerstände der Riegel gegebenenfalls zu erhöhen, damit Gl.(4.81) erfüllt wird.

Unterscheiden sich die endgültigen Abmessungen wesentlich von den in der Rahmenberechnung verwendeten, so sind die Horizontalverschiebungen mit den neuen Querschnittswerten nochmals zu ermitteln.

Schritt 8: Biegebemessung der Riegel
Die Biegebemessung der Riegel lässt sich in folgende Schritte gliedern:

1. Die Längsbewehrung der Riegel wird gewählt, vgl. Abschnitt 3.3.1, Gl.(3.19) und (3.22) oder andere übliche Bemessungsgleichungen. Bei der Wahl der Stabdurchmesser sind die Verbundbedingungen in Abschnitt 4.7.4g zu beachten.

2. Maximale und minimale Bewehrungsgehalte ρ_{max} und ρ_{min} sind zu überprüfen (Gleichungen (4.46) und (4.47)).

3. Die wirksame Zugflanschbewehrung wird nach 4.4.2 bestimmt.

Schritt 9: Ermittlung der Biegeüberfestigkeit der Riegelgelenke
Die Lage der Fliessgelenke wird festgelegt, und die Biegeüberfestigkeiten für beide Beanspruchungsrichtungen werden bestimmt (Gl.(3.24)).

Schritt 10: Ermittlung der Riegel-Überfestigkeitsfaktoren bei den Stützen
Die Überfestigkeitsfaktoren bei jeder Stütze $\Phi_o^{\rightarrow}$ und $\Phi_o^{\leftarrow}$ werden mit Hilfe der Gl.(4.50) berechnet. Bei erdbebendominierten Rahmen werden die Stockwerk-Überfestigkeitsfaktoren $\psi_o^{\rightarrow}$ und $\psi_o^{\leftarrow}$ bestimmt und anhand von $\psi_{o,ideal}$ (vgl. 1.3.4c)

überprüft.

Schritt 11: Ermittlung der Bemessungsquerkräfte der Riegel
Die massgebenden Querkräfte bei Überfestigkeit in beiden Beanspruchungsrichtungen werden nach Abschnitt 4.4.3 und den Gl.(4.51) bis (4.54) ermittelt.

Schritt 12: Schubbemessung der Riegel
Die Schubbemessung der Riegel lässt sich in folgende Schritte gliedern:

1. Die maximale Schubspannung in den Gelenkbereichen ist nach Gl.(3.35):
   $v_i \leq 0.9\sqrt{f'_c}$ [N/mm²] zu kontrollieren.

2. Anhand von Gl.(3.47) ist zu überprüfen, ob in den Bereichen der plastischen Gelenke eine Diagonalbewehrung erforderlich ist:
   $v_i \geq 0.3(2 + r)\sqrt{f'_c}$ [N/mm²], vgl. 4.4.3b.

   Eine allfällige Diagonalbewehrung ist nach den Gleichungen (3.44), (3.48) und (3.50) zu bemessen.

3. Für die Bügelbewehrung in den Bereichen plastischer Gelenke gilt nach Gl.(3.41) $v_c = 0$, der erforderliche Querschnitt wird mit Gl.(3.44) bestimmt.

4. Die Schubbewehrung zwischen den Fliessgelenkbereichen ist gemäss Abschnitt 3.3.3, speziell den Gleichungen (3.44) und (3.37) zu bestimmen. Die minimale Schubbewehrung ergibt sich nach den einschlägigen Normen (3.3.3a.6).

Schritt 13: Konstruktive Durchbildung der Riegel

1. Die Abstufung und Verankerung der Längsbewehrung hat den Bedingungen in 3.4.2 und 3.4.3 zu genügen.

2. Die Stösse der Längsbewehrung sind ausserhalb der Fliessgelenkzonen anzuordnen, wobei die Querbewehrung nach 3.4.4 bestimmt wird.

3. Die Bügelbewehrung hat die Anforderungen zur Stabilisierung der Längsbewehrung in den Fliessgelenkbereichen nach Abschnitt 4.4.5 und Gl.(4.55) zu erfüllen.

4. Der maximale Abstand der Bügel ist nach 3.3.3a.7 zu ermitteln. In Fliessgelenkzonen beträgt er $6d_b$.

Schritt 14: Ermittlung der Bemessungsschnittkräfte der Stützen
Das in 4.5.8 gegebene Vorgehen wird hier in gekürzter Form nochmals dargestellt:

1. Bestimmung der *Bemessungsnormalkräfte* nach Abschnitt 4.5.5: Die maximale Normalkraft $P_{o,E}$ infolge Erdbebenbeanspruchung (Überfestigkeit der Riegel) und infolge Schwerelasten wird nach Gl.(4.62) bestimmt. Dabei wird der vom dynamischen Vergrösserungsfaktor für Momente ω (vgl. 4.5.4) abhängige Reduktionsfaktor R_v verwendet, da nicht alle Riegelfliessgelenke gleichzeitig die Überfestigkeit entwickeln.

   Bei Aussenstützen ist oft der Lastfall mit der minimalen Normalkraft massgebend.

2. Bestimmung der *Bemessungsquerkräfte* nach Abschnitt 4.5.7: Für die minimale und die maximale Normalkraft ist nach Gl.(4.68) bis (4.71) die Bemessungsquerkraft zu ermitteln.

   In den Fliessgelenken, die am Fuss der Erdgeschossstützen zu erwarten und im obersten Stockwerk zugelassen sind, wird mit λ_o und $A_{s,vorh}$ das bei Überfestigkeit maximal mögliche Überfestigkeitsmoment bestimmt. Mit Hilfe der Gleichungen (4.69) oder (4.71) kann die Bemessungsquerkraft ermittelt werden.

3. Bestimmung der *Bemessungsmomente* nach Abschnitt 4.5.6: Die Momente werden nach Gl.(4.65) bestimmt, wobei die Einflüsse höherer Eigenformen mit dem Faktor ω (Gl.(4.59) und (4.60)) berücksichtigt werden. Da einzelne Fliessgelenke, die infolge von Erdbeben eine Normalzugkraft aufweisen, toleriert werden können, ist eine Abminderung mit dem Faktor R_m in Funktion von ω und der bezogenen Normalkraft $P_u/f'_c A_g$ möglich. Die Einschränkungen von Abschnitt 4.5.6b sind dabei einzuhalten.

Schritt 15: Ermittlung der Vertikalbewehrung der Stützen
Mit Hilfe von M-N-Interaktionsdiagrammen der Art von Bild 4.115 werden für die berechneten Schnittkraftkombinationen die erforderlichen Bewehrungen bestimmt. Die Wahl von Stabdurchmessern und -anzahl ist auch von der Knotenbemessung abhängig (4.7.3g und h).

Schritt 16: Ermittlung der Querbewehrung der Stützen
Vorerst ist die Länge der verschiedenen Bereiche gemäss Abschnitt 4.5.10a zu bestimmen. Danach sind die Anforderungen für Schubwiderstand, Umschnürung des Betons, Stabilisierung der Vertikalbewehrung und Querbewehrung in denStossbereichen zu erfüllen.

a) Gelenkbereiche

1. Die nominelle Schubspannung wird nach Gl.(3.33) bestimmt und mit dem Grenzwert nach Gl.(3.35) verglichen.

2. In Funktion des Längsbewehrungsgehaltes und der Normalkraftbeanspruchung wird der Beitrag des Betons v_c an den Schubwiderstand nach den Gleichungen (3.37) und (3.41) ermittelt.

3. Die erforderliche Schubbewehrung bestimmt sich nach Gl.(3.44). Die maximal zulässigen Bügelabstände nach Abschnitt 3.3.3d.7 sind einzuhalten.

4. Die erforderliche Umschnürungsbewehrung wird nach Abschnitt 4.5.10c.1 mit den Gleichungen (3.25) bis (3.29) ermittelt. Die dort aufgeführten Maximalabstände sind zu beachten.

5. Die Anforderungen zur Stabilisierung der Vertikalbewehrung gemäss 4.5.10a.1 sind einzuhalten.

b) Andere Bereiche

1. Die nominelle Schubspannung wird nach Gl.(3.33) bestimmt und mit dem Grenzwert nach Gl.(3.34) verglichen.

2. In Funktion von Längsbewehrungsgehalt und Normalkraft wird der Beitrag des Betons an den Schubwiderstand v_c nach Gl.(3.37) bis (3.39) bestimmt.

3. Die erforderliche Schubbewehrung bestimmt sich nach Gl.(3.44), wobei die Minimalanforderungen der gängigen Normen einzuhalten sind. Die maximal zulässigen Bügelabstände nach Abschnitt 3.3.3a.7 sind einzuhalten.

4. Die erforderliche Umschnürungsbewehrung in den Endbereichen beträgt gemäss Abschnitt 4.5.10c.3 die Hälfte derjenigen der Gelenkbereiche (Gleichungen (3.25) bis (3.29)).
   Für die übrigen Bereiche gelten die gewöhnlichen Regeln (4.5.10c.4).

5. Die Anforderungen an die Bewehrung zur Stabilisierung der Vertikalbewehrung gemäss 4.5.10d sind einzuhalten.

6. Die Querbewehrung in den Stossbereichen ist nach 3.4.4 zu ermitteln.

Schritt 17: Bemessung der Rahmenknoten
Die Knotenbemessung kann wie folgt durchgeführt werden:

1. Ermittlung der Knotenschnittkräfte: Stützennormalkraft P_u (meist $P_{u,min}$ massgebend, vgl. Gl.(1.9) und Gl.(4.62)), Summe der Überfestigkeit der angrenzenden Riegel ΣM_o und V_{col}.

2. Bestimmung der horizontalen Knotenquerkraft V_{jh} aus der gesamten Zugkraft der Biegebewehrung der anschliessenden Riegel und V_{col} gemäss Gl.(4.85) bzw. (4.134). Diese Kräfte basieren auf der Überfestigkeit der Riegel. Die Fliessgrenze wird in der Biegebewehrung der Riegel meist überschritten (inelastische Knoten nach 4.7.4.c und 4.7.8). Die Stahlspannungen können aber auch unter der Fliessgrenze bleiben (elastische Knoten nach 4.7.4b und 4.7.8), wenn die Fliessgelenke von den Knoten entfernt angeordnet werden.

3. Darauf wird mit den wirksamen Knotenabmessungen b_j und h_j (Bild 4.63) nach Gl.(4.107) die horizontale nominelle Knotenschubspannung v_{jh} berechnet. Diese soll kleiner sein als die obere Schubspannungsgrenze nach Gl.(4.110).

4. Die vertikale Knotenquerkraft wird mit Gl.(4.89) berechnet.

5. Mit Hilfe der Gl.(4.101) und (4.102) erhält man die Beiträge der Betondruckdiagonalen V_{ch} und V_{cv}.

6. Die horizontale und die vertikale Knotenschubbewehrung werden nach den Gleichungen (4.98), (4.100) sowie (4.116) und (4.117) bestimmt. Bei Aussenknoten mit Riegelstummeln gilt Gl.(4.136), ohne Riegelstummel kann Gl.(4.113) angewandt werden.

7. Die Verankerung der Riegelbewehrung wird nach Abschnitt 3.4.4. überprüft.

4.11   Bemessungsbeispiel für einen Rahmen

4.11.1   Beschreibung des Objekts

Ein achtstöckiges Bürogebäude mit einem räumlichen Stahlbetonrahmen als Tragwerk soll für Schwerelasten und Erdbebeneinwirkungen bemessen werden. Im folgenden werden unter Verweis auf die entsprechenden Abschnitte, Gleichungen und Bilder die in 4.10 beschriebenen Bemessungsschritte durchgeführt, sowie einige spezielle Hinweise gegeben. Um der Kürze und der Übersichtlichkeit willen sind jedoch gewisse Vereinfachungen vorgenommen worden.

Der Grundriss des Bauwerks und das gewählte Rahmensystem sind in Bild 4.102 dargestellt. Ein zweistöckiger, in einer Richtung exzentrisch angeordneter Dachaufbau macht die Berücksichtigung von Torsionseinflüssen erforderlich. Liftöffnungen und nichttragende Wände werden vernachlässigt, sodass im übrigen die Symmetrie ausgenützt werden kann. Das Bild zeigt die aus der Vorbemessung (Schritt 1 in 4.10) resultierten und für die genauere Bemessung verwendeten Abmessungen des Rahmensystems.

Da der eigentliche Zweck des Beispiels vor allem in der Bemessung auf Erdbebeneinwirkungen besteht, wird die Bemessung der Deckenplatten auf Schwerelasten (Schritt 2 in 4.10) nicht gezeigt.

Wo nötig, sind Bemessungshilfen, wie sie vor allem im englischen Sprachraum verwendet werden, abgebildet. Es könnten natürlich auch andere, dem bemessenden Ingenieur vertraute Hilfsmittel verwendet werden.

Das Beispiel beschränkt sich auf die Darstellung der Bemessung eines Randriegels, eines inneren Riegels, sowie typischer Aussen- und Innenstützen mit zugehörigen Knoten.

4.11.2   Materialrechenwerte

Betonfestigkeit: $\qquad\qquad\qquad\qquad f'_c = 30 \text{ N/mm}^2$
Fliessgrenzen und Überfestigkeitsfaktoren des Bewehrungsstahles:
– Längsbewehrung in Riegeln (D): $f_y = 275 \text{ N/mm}^2, \ \lambda_o = 1.25$
– Bügel und Verbindungsstäbe (R): $f_y = 275 \text{ N/mm}^2, \ \lambda_o = 1.25$
– Vertikalbewehrung in Stützen (HD): $f_y = 380 \text{ N/mm}^2, \ \lambda_o = 1.40$

4.11.3   Einwirkungen

1. Dauerlast und Nutzlast auf Decken:

Betondecke 120 mm · 24 kN/m³		$= 2.88 \text{ kN/m}^2$
Belag, Trennwände, techn. Einrichtungen		$= 1.20 \text{ kN/m}^2$
Dauerlast total	D	$= 4.08 \text{ kN/m}^2$
Nutzlast auf allen Geschossen und Dach	L	$= 2.50 \text{ kN/m}^2$

2. Brüstung, Fassade, Fenster etc. auf Randriegeln:
(über Geschosshöhe von 3.35 m wirkend) D $= 0.50 \text{ kN/m}^2$

3. Dachaufbau:
Durch den Dachaufbau werden die sechs darunter liegenden Stützen je durch eine Dauerlast von 300 kN und eine Nutzlast von 100 kN beansprucht.

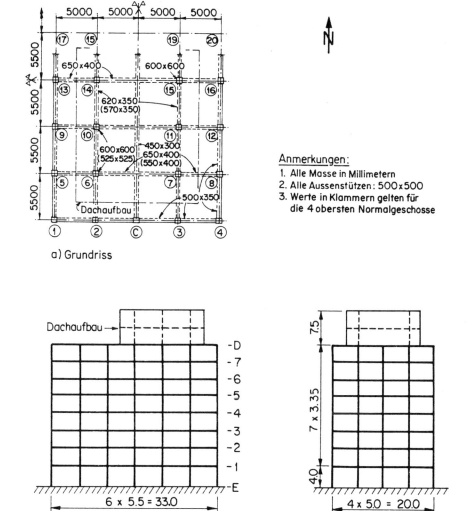

a) Grundriss

Anmerkungen:
1. Alle Masse in Millimetern
2. Alle Aussenstützen: 500×500
3. Werte in Klammern gelten für
   die 4 obersten Normalgeschosse

b) Ansicht West

c) Ansicht Süd

Bild 4.102: Achtstöckiges Rahmensystem des Bemessungsbeispiels

4. Erdbebeneinwirkung:

Ausgehend von der ersten Eigenschwingzeit in beiden Hauptrichtungen wurde nach der neuseeländischen Norm [X8] das Produkt der Koeffizienten für die horizontale Ersatzkraft $C_\mu RZ = 0.09$ bestimmt (vgl. 2.3.3).

Als wirksame Masse wird bei jedem Geschoss das 1.1-fache der Dauerlast berücksichtigt. Gemäss [X8] sind 10% der Ersatzkraft auf Dachhöhe anzusetzen, die restlichen 90% werden vom Dach zum Einspannquerschnitt etwa linear bis auf Null abnehmend verteilt (vgl. 2.3.3, 2.2.8 und Bild 2.35). Die Masse des Dachaufbaues wird in diejenige der Dachdecke (D in Bild 4.102b) eingerechnet.

4.11.4 Biegesteifigkeiten der Stäbe

Gemäss den in Abschnitt 4.1.2 gegebenen Regeln werden die folgenden Annahmen für die Biegesteifigkeiten der Tragelemente im gerissenen Zustand getroffen:

Riegel $\quad\quad\quad I_e = 0.5\,I_g$
Aussenstützen $I_e = 0.8\,I_g$
Innenstützen $\quad I_e = 1.0\,I_g$

In diesem Beispiel werden nur Tragelemente im Bereich der unteren vier Geschosse behandelt. Alle Abmessungen sind in Millimetern angegeben. Es wird mit relativen Steifigkeiten $k = I_e/l$ gerechnet (vgl. 4.2.5b).

a) Rahmen in Ost-West-Richtung

Stütze (1): $\quad\quad\quad\quad\quad\quad k_c = 0.8(500^4/12)/3'350 = 1.24\cdot10^6\ \text{mm}^3$
Stützen (2), (C), (5): $\quad k_c = (\text{wie Stütze (1)}) \quad = 1.24\cdot10^6\ \text{mm}^3$
Stütze (6): $\quad\quad\quad\quad\quad\quad k_c = 1.0\,(600^4/12)/3'350 = 3.22\cdot10^6\ \text{mm}^3$

Randriegel 1-2, 2-C, etc:
Die Breite des seitlichen Flanschteiles kann gemäss 4.1.2 und [X3] wie folgt bestimmt werden:

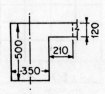

a) $l/12 = 5'000/12$ $\quad\quad\quad\quad\quad$ = $\quad$ 417 mm
b) $6t = 6\cdot120$ $\quad\quad\quad\quad\quad\quad\quad$ = $\quad$ 720 mm
c) $0.5l_n = 0.5(5'500 - 175 - 200)$ = $\quad$ 2'563 mm
Daher gilt: $0.5\cdot417$ $\quad\quad\quad\quad\quad$ = $\quad$ 210 mm

Mit $b/b_w = (350 + 210)/350$ $\quad\quad$ = $\quad\quad$ 1.60
und $t/h = 120/500$ $\quad\quad\quad\quad\quad\quad$ = $\quad\quad$ 0.24

erhalten wir aus Bild 4.103 $f \approx 1.2$ und damit
$k = 0.5\,(1.2\cdot350\cdot500^3/12)/5'000 = 0.44\cdot10^6\ \text{mm}^3$.

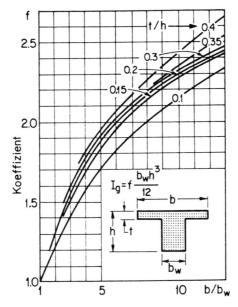

Bild 4.103: Koeffizient f zur Ermittlung des Trägheitsmomentes von T-Querschnitten

Riegel 5-6, 7-8, etc:
Die Gesamtbreite der seitlichen Flanschteile beträgt gemäss 4.1.2:

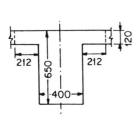

$l/4 - b_w = 5'000/4 - 400$	=	850 mm
a) $2 \cdot 8t = 16 \cdot 120$	=	1'920 mm
b) $l_n = 5'500 - 400$	=	5'100 mm
Daher gilt: $0.5 \cdot 850$	=	425 mm
Mit $b/b_w = (400 + 425)/400$	=	2.06
und $t/h = 120/650$	=	0.18

erhalten wir aus Bild 4.103 $f \approx 1.3$ und damit
$k = 0.5(1.3 \cdot 400 \cdot 650^3/12)/5'000 = 1.19 \cdot 10^6$ mm^3.

Riegel 6-7, etc:
Mit dem gleichen Querschnitt wie Riegel 5-6 beträgt die Gesamtbreite der seitlichen Flanschteile gemäss 4.1.2:

$10'000/4 - 400$	= 2'100 mm
a) $16 \cdot 120$	= 1'920 mm
b) $5'500 - 400$	= 5'100 mm
Daher gilt: $0.5 \cdot 1'920$	= 960 mm

Mit $b/b_w = (400 + 960)/400 = 3.40$ und $t/h = 120/650 = 0.18$ erhalten wir
$f \approx 1.60$ und damit
$k = 0.5 \cdot (1.6 \cdot 400 \cdot 650^3/12)/10'000 = 0.73 \cdot 10^6$ mm^3.

b) Rahmen in Nord-Süd-Richtung

Stützen (1), (2), (C), (5) etc. (wie Ost-West): $k_c = 1.24 \cdot 10^6$ mm³
Stütze (6)   (wie Ost-West): $k_c = 3.22 \cdot 10^6$ mm³.

Randriegel 1-5, 5-9, etc.
Aus der Ähnlichkeit zu Riegel 1-2 folgt eine Breite des seitlichen Flanschteils von
$0.5 \cdot 5'500/12 \approx 230$ mm und
$k \approx 0.44 \cdot 10^6 \cdot 5.0/5.5 = 0.40 \cdot 10^6$ mm³.

Riegel 2-6, 6-10, etc.
Gesamtbreite der seitlichen Flanschteile:

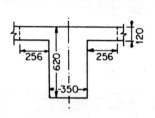

$5'500/4 - 350$	$= 1'025$ mm
a) $16 \cdot 120$	$= 1'920$ mm
b) $0.5 \cdot 4'650$	$= 2'325$ mm

Daher gilt: $0.5 \cdot 1'025$ $= 513$ mm

Mit $b/b_w = (350 + 513)/350 =$ 2.5
und $t/h = 120/620 =$ 0.19

erhalten wir $f \approx 1.4$ und damit
$k = 0.5(1.4 \cdot 350 \cdot 620^3/12)/5'500$
$= 0.88 \cdot 10^6$ mm³.

Sekundärriegel bei (C)
Die Sekundärriegel ab Stütze (C) werden für die Berechnung der Steifigkeit für Beanspruchungen aus Horizontalkräften vereinfachend idealisiert:

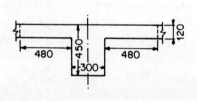

Spannweite $\approx$ 11.0 m
Gesamtbreite der seitlichen Flanschteile:
$0.5(16 \cdot 120)$ $= 960$ mm

Mit $b/b_w = (300 + 960)/300 =$ 4.2
und $t/h = 120/450 =$ 0.27

erhalten wir $f \approx 1.8$ und damit
$k = 0.5(1.8 \cdot 300 \cdot 450^3/12)/1'100$
$= 0.19 \cdot 10^6$ mm³.

4.11.5   Schnittkräfte aus Schwerelasten

Die lastwirksamen Flächen jedes Stockwerks werden nach dem Modell von Bild 4.1 bestimmt. Für die Ermittlung der Momente werden folgende Grössen gemäss Tabelle von Bild 4.104 verwendet:

FEM : Festeinspannmoment
SSM : Maximales Moment am einfachen Balken
C_1, C_2 : Momentenkoeffizienten

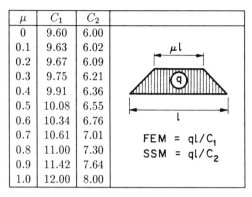

μ	C_1	C_2
0	9.60	6.00
0.1	9.63	6.02
0.2	9.67	6.09
0.3	9.75	6.21
0.4	9.91	6.36
0.5	10.08	6.55
0.6	10.34	6.76
0.7	10.61	7.01
0.8	11.00	7.30
0.9	11.42	7.64
1.0	12.00	8.00

$$\text{FEM} = ql/C_1$$
$$\text{SSM} = ql/C_2$$

Bild 4.104: Momentenkoeffizienten C_1 und C_2

a) Randriegel 1-2, 2-C, etc.

Die lastwirksame Fläche beträgt $A = 5.0^2/4 = 6.3$ m², d.h. weniger als 20 m². Gemäss Abschnitt 1.3.2b (Gl.(1.3)) kann damit die Nutzlast nicht vermindert werden ($\alpha = 1.0$).

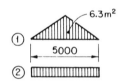

(1) Dauerlast Decke $D = 6.3 \cdot 4.08$ =   25.7 kN

     Nutzlast Decke $L = 6.3 \cdot 2.50$ =   15.8 kN

(2) Eigenlast Randriegel

     $0.35(0.5 - 0.06)24$ =   3.70 kN/m

     Dauerlast Brüstung etc.

     $0.5 \cdot 3.35$ =   1.68 kN/m

     Dauerlast total   =   5.38 kN/m

Pro Spannweite $D = 5.38 \cdot 5.0$ =   26.90 kN

Nr.	Last [kN]	FEM [kNm]		SSM [kNm]	
(1)	$D = 25.7$	$\rightarrow \cdot 5.0/9.6$	= 13.4	$\rightarrow \cdot 5.0/6$	= 21.4
(2)	$D = 26.9$	$\rightarrow \cdot 5.0/12$	= 11.2	$\rightarrow \cdot 5.0/8$	= 16.8
	$\Sigma = 52.6$	Σ	= 24.6	Σ	= 38.2
(1)	$L = 15.8$	$\rightarrow \cdot 5.0/9.6$	= 8.2	$\rightarrow \cdot 5.0/6$	= 13.2

b) Sekundärriegel bei (C)

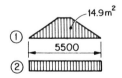

$A = 14.9$ m² < 20 m² $\rightarrow \alpha$ =   1.0

(1) $D = 14.9 \cdot 4.08$ =   60.8 kN

     $L = 14.9 \cdot 2.50$ =   37.3 kN

(2) Eigenlast Riegel:

     $D = 0.3(0.45 - 0.12)24 \cdot 5.5$ =   13.1 kN

Für Bild 4.104: $\mu = (5.5 - 5)/5.5 = 0.1$

Nr.	Last [kN]	FEM [kNm]			SSM [kNm]		
(1)	$D = 60.8$	$\rightarrow \cdot 5.5/9.63$	$=$	34.7	$\rightarrow \cdot 5.5/6.02$	$=$	55.5
(2)	$D = 13.1$	$\rightarrow \cdot 5.5/12$	$=$	6.0	$\rightarrow \cdot 5.5/8$	$=$	9.0
	$\Sigma = 73.9$	Σ	$=$	40.7	Σ	$=$	64.5
(1)	$L = 37.3$	$\rightarrow \cdot 5.5/9.63$	$=$	21.3	$\rightarrow \cdot 5.5/6$	$=$	34.1

c) Riegel 5-6

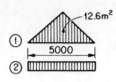

$A = 2 \cdot 6.3 = 12.6 \text{ m}^2 < 20 \text{ m}^2$

$\rightarrow \alpha$ $\qquad = \quad 1.0$

(1) $\quad D = 12.6 \cdot 4.08 \qquad = \quad 51.4 \text{ kN}$

$\qquad L = 12.6 \cdot 2.50 \qquad = \quad 31.5 \text{ kN}$

(2) $\quad$ Eigenlast Riegel:

$\qquad D = 0.4(0.65 - 0.12)24 \cdot 5.0 \quad = \quad 25.4 \text{ kN}$

Nr.	Last [kN]	FEM [kNm]			SSM [kNm]		
(1)	$D = 51.4$	$\rightarrow \cdot 5.0/9.6$	$=$	26.8	$\rightarrow \cdot 5.0/6$	$=$	42.8
(2)	$D = 25.4$	$\rightarrow \cdot 5.0/12$	$=$	10.6	$\rightarrow \cdot 5.0/8$	$=$	15.9
	$\Sigma = 76.8$	Σ	$=$	37.4	Σ	$=$	58.7
(1)	$L = 31.5$	$\rightarrow \cdot 5.0/9.6$	$=$	16.4	$\rightarrow \cdot 5.0/6$	$=$	26.3

d) Riegel 6-7

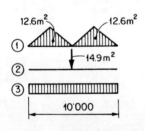

$A = 2 \cdot 12.6 + 14.9 = 40.1 > 20 \text{ m}^2$

$\rightarrow \alpha = 0.3 + 3/\sqrt{40.1} \quad = \qquad 0.77$

$L = 0.77 \cdot 2.5 \qquad\qquad = \quad 1.93 \text{ kN/m}^2$

(1) $\quad D = 2 \cdot 12.6 \cdot 4.08 \qquad = \qquad 102.8 \text{ kN}$

$\qquad L = 2 \cdot 12.6 \cdot 1.93 \qquad = \qquad 48.6 \text{ kN}$

(2) $\quad$ Sekundärriegel $D = 60.8 + 13.1$

$\qquad\qquad\qquad\qquad\qquad = \qquad 73.9 \text{ kN}$

$\qquad L = 0.77 \cdot 37.3 \qquad\quad = \qquad 28.7 \text{ kN}$

(3) $\quad D = 2 \cdot 25.4 \qquad\qquad = \qquad 50.8 \text{ kN}$

Nr.	Last [kN]	FEM [kNm]			SSM [kNm]		
(1)	$D = 102.8$	$\rightarrow \cdot 10.0/11.3$	$=$	91.0	$\rightarrow \cdot 10.0/8$	$=$	128.5
(2)	$D = 73.9$	$\rightarrow \cdot 10.0/8$	$=$	92.4	$\rightarrow \cdot 10.0/4$	$=$	184.8
(3)	$D = 50.8$	$\rightarrow \cdot 10.0/12$	$=$	42.3	$\rightarrow \cdot 10.0/8$	$=$	63.5
	$\Sigma = 227.5$	Σ	$=$	225.7	Σ	$=$	376.8
(1)	$L = 48.6$	$\rightarrow \cdot 10.0/11.3$	$=$	43.0	$\rightarrow \cdot 10.0/8$	$=$	60.8
(2)	$L = 28.7$	$\rightarrow \cdot 10.0/8$	$=$	35.9	$\rightarrow \cdot 10.0/4$	$=$	71.8
	$\Sigma = 77.3$	Σ	$=$	78.9	Σ	$=$	132.6

e) Teilrahmen 1-2-C-3-4

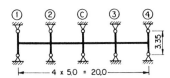

Es wird angenommen, dass sich die Wendepunkte der Stützenbiegelinien auf halber Stützenhöhe befinden. Aus Symmetriegründen ist der Riegel bei (C) voll eingespannt. Die absoluten Biegesteifigkeiten für Stützen und Riegel betragen daher $6k_c$ bzw. $4k_b$, wobei die Werte k Abschnitt 4.11.4 zu entnehmen sind. Die Verteilfaktoren betragen:

	Knoten (1)		Knoten (2)	
Stütze (1)	$6 \cdot 1.24 =$	$7.44 \to 0.447$	Stütze (2)	$7.44 \to 0.404$
Riegel	$4 \cdot 0.44 =$	$1.76 \to 0.106$	Riegel	$1.76 \to 0.096$
Stütze (1)	$=$	$7.44 \to 0.447$		
	$\Sigma =$	$16.64 \to 1.000$	$2 \cdot \Sigma =$	$18.4 \to 1.000$

Die Volleinspannmomente für die Kombination der Einwirkungen $1.4M_D + 1.7M_L$ in der untenstehenden Tabelle wurden mit Hilfe der Resultate von 4.11.5a berechnet. Die Kombination $M_D + 1.3M_L$ wird, basierend auf dem Verhältnis der Festeinspannmomente der Lastfälle $(M_D + 1.3M_L)/(1.4M_D + 1.7M_L)$, ermittelt:

$$\text{FEM } (1.4M_D + 1.7M_L) = 1.4 \cdot 24.6 + 1.7 \cdot 8.2 = 48.4 \text{ kNm}$$
$$\text{FEM } (M_D + 1.3M_L) \quad = 24.6 + 1.3 \cdot 8.2 \quad = 35.3 \text{ kNm}$$

Damit beträgt das Verhältnis der Festeinspannmomente $35.3/48.4 = 0.73$, womit sich, angewandt auf die resultierenden Momente des ersten Lastfalls, diejenigen des zweiten in guter Näherung ergeben:

Momentenausgleich [kNm]:

Kombination der Einwirkungen	(1) 0.447	1 - 2 0.106		2 - 1 0.096	(2) 0.404	2 - C 0.096	(C) –	
$1.4M_D + 1.7M_L$	–	−48.4		48.4	–	−48.4	48.4	
	21.6	5.1	$\to$	2.5				
	−0.1		$\leftarrow$	−0.2	−1.0	−0.2	−0.1	
	21.6	−43.4		50.7	−1.0	−48.6	48.3	$\cdot 0.73$
$M_D + 1.3M_L$	15.8	−31.7		37.0	−0.7	−35.5	35.3	$\hookleftarrow$

f) Teilrahmen 5-6-7-8

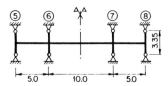

Aus Symmetriegründen betragen die Steifigkeiten für die äusseren Spannweiten $4k$ und für die inneren $2k$ (vgl. 4.11.4a).

Verteilfaktoren bei den Knoten (5) und (6)						
Stütze(5)	$6 \cdot 1.24 =$	$7.44 \to 0.379$	Riegel 6-5	$4 \cdot 1.19 =$	$4.76 \to 0.106$
Riegel	$4 \cdot 1.19 =$	$4.76 \to 0.242$	Stütze (6)	$6 \cdot 3.22 =$	$19.32 \to 0.430$
Stütze (5)	$=$	$7.44 \to 0.379$	Riegel 6-7	$2 \cdot 0.73 =$	$1.46 \to 0.034$
			Stütze (6)	$=$	$19.32 \to 0.430$
	$\Sigma =$	$19.64 \to 1.000$		$\Sigma =$	$44.86 \to 1.000$

$$\text{FEM } (1.4M_D + 1.7M_L)\text{: Riegel 5-6: } 1.4 \cdot 37.4 + 1.7 \cdot 16.4 \quad = 80.2 \text{ kNm}$$
$$\text{Riegel 6-7: } 1.4 \cdot 225.7 + 1.7 \cdot 78.9 \quad = 450.1 \text{ kNm}$$
$$\text{FEM } (M_D + 1.3M_L) \quad \text{: Riegel 5-6: } 37.4 + 1.3 \cdot 16.4 \quad = 58.7 \text{ kNm}$$
$$\text{Riegel 6-7: } 225.7 + 1.3 \cdot 78.9 \quad = 328.3 \text{ kNm}$$

Verhältnis der Festeinspannmomente: $328.3/450.1 = 0.73$

Momentenausgleich [kNm]:

Kombination der Einwirkungen	(5) 0.379	5 - 6 0.242		6 - 5 0.106	(6) 0.430	6 - 7 0.034	
$1.4M_D + 1.7M_L$	–	-80.2		80.2	–	-450.1	
		19.7	←	39.2	159.1	12.6	
	22.9	14.6	→	7.3			
		-0.4	←	-0.8	-3.1	-0.2	
	0.1	0.1		–			
	23.0	-46.2		125.9	156.0	-437.7	·0.73
$M_D + 1.3M_L$	16.8	-33.7		91.9	113.9	-319.5	↩

g) Schwerelasten auf Stütze (5)

Analog zu Bild 4.1a ergibt sich eine lastwirksame Fläche für Stütze (5) von $5.5 \cdot 0.5 \cdot 5 = 13.8$ m² pro Stockwerk. Zur Dauerlast einer Decke wird die Eigenlast je der halben Stützen ober- und unterhalb der Decke hinzugezählt.

Die verschiedenen *Anteile der Dauerlast* betragen:

Untere Geschosse (Decken 2 bis 4):

Betondecke	$13.8 \cdot 4.08$	$=$	56.3 kN
von Riegel 5-6	$0.5 \cdot 25.4(4.4/5.0)$	$=$	11.2 kN
Randriegel 1-5-9 (inkl. Brüstung)	$5.38 \cdot 5.0$	$=$	26.9 kN
Stütze (5)	$0.5 \cdot 0.5 \cdot 24 \cdot 3.35$	$=$	20.1 kN
Σ		$=$	114.5 kN

Obere Geschosse (Decken 5 bis 7):

Wie untere Geschosse		$=$	114.5 kN
Abzug für kleineren Riegel 5-6	$0.5(0.1 \cdot 0.4 \cdot 24 \cdot 4.48)$	$=$	- 2.2 kN
Σ		$=$	112.3 kN

Dachdecke (D):

Wie obere Geschosse		$=$	112.3 kN
Abzug von 50% der Stütze	$0.5 \cdot 20.1$	$=$	-10.0 kN
Σ		$=$	102.3 kN

Die *gesamte Dauerlast* auf Stütze (5) unterhalb der 2. Decke wird:
$P_D = 102.3 + 3 \cdot 112.3 + 3 \cdot 114.5 = 782.7$ kN

Die *gesamte Nutzlast* auf Stütze (5) unterhalb der 2. Decke berechnet sich zu:
Lastwirksame Fläche A $= 7 \cdot 13.8 = 96.6$ m$^2 > 20$ m^2
Nach Gl.(1.3): $\alpha = 0.3 + 3/\sqrt{96.6} = 0.605$
$P_L = 0.605 \cdot 96.6 \cdot 2.5 = 146.1$ kN

h) Schwerelasten auf Stütze (6)

Lastwirksame Fläche pro Decke: $5.5 \cdot 0.5(5.0 + 10.0) = 41.3$ m^2

Die verschiedenen *Anteile aus der Dauerlast* betragen:

Untere Geschosse (Decken 2 bis 4):			
Betondecke	$41.3 \cdot 4.08$	=	168.5 kN
Riegel 5-6-7	$(2 \cdot 25.4/10.0)(7.5 - 0.60)$	=	51.0 kN
Riegel 2-6-10	$(0.62 - 0.12)0.35 \cdot 24 \cdot 4.9$	=	0.6 kN
Sekundärriegel	$0.5 \cdot 13.1$	=	6.5 kN
Stütze	$0.6 \cdot 0.6 \cdot 24(3.35 - 0.12)$	=	27.9 kN
Σ		=	258.6 kN
Obere Geschosse (Decken 5 bis 7):			
Wie untere Geschosse		=	258.6 kN
Abzug für Riegel 5-6-7	$(0.1 \cdot 0.4 \cdot 24)6.9$	=	−6.6 kN
Abzug für Riegel 2-6-10	$(0.05 \cdot 0.35 \cdot 24)5.0$	=	−2.1 kN
Abzug für Stütze	$(0.6^2 - 0.525^2) \cdot 24 \cdot 3.23$	=	−6.5 kN
Σ		=	243.4 kN
Dachdecke (D):			
Wie obere Geschosse		=	243.4 kN
Abzug von 50% der Stütze $0.5(27.9 - 6.5)$		=	-10.7 kN
Aus Dachaufbau (beide Geschosse zusammen)		=	300.0 kN
Σ		=	532.7 kN

Gesamte Dauerlast auf Stütze (6) unterhalb Decke 2:
$P_D = 532.7 + 3 \cdot 243.4 + 3 \cdot 258.6 = 2'039$ kN

Die *Nutzlast* berechnet sich zu (Dachaufbau $A = 40$ m^2):
Lastwirksame Fläche $A = 2 \cdot 40 + 7 \cdot 41.3 = 369$ m^2
Nach Gl.(1.3): $\alpha = 0.3 + 3/\sqrt{369} = 0.456$
$P_L = 0.456(100 + 7 \cdot 41.3 \cdot 2.5) = 375$ kN

4.11.6   Schnittkräfte aus Erdbebeneinwirkungen

Schritt 3: Ermittlung der Ersatzkräfte

a) Konzentrierte Massenkräfte der unteren Decken (Decken 2-4)

Decke inkl. Belag etc.	$20.0 \cdot 33.0 \cdot 4.08$	$=$	2'693 kN
Randriegel inkl.			
Brüstungen etc.	$2 \cdot 6 \cdot 5.0 \cdot 5.38 + 2 \cdot 4 \cdot 4.5 \cdot 5.38$	$=$	516 kN
Innenriegel Ost-West	$5 \cdot 4 \cdot 25.4$	$=$	508 kN
Innenriegel Nord-Süd	$2 \cdot 6 \cdot 20.6$	$=$	247 kN
Sekundärriegel Nord-Süd	$6 \cdot 13.1$	$=$	79 kN
Aussenstützen	$20 \cdot 20.1$	$=$	402 kN
Innenstützen	$10 \cdot 27.9$	$=$	279 kN
		$\Sigma \quad =$	4'724 kN

b) Konzentrierte Massenkräfte aus Dauerlast der oberen Decken (Decken 5-7)

Wie untere Decken		$=$	4'724 kN
Abzug für Riegel Ost-West	$(2.2 + 6.6)10$	$=$	-88 kN
Abzug für Riegel Nord-Süd	$10 \cdot 2.1$	$=$	-21 kN
Abzug für Innenstützen	$10 \cdot 6.5$	$=$	-65 kN
		$\Sigma \quad =$	4'550 kN

c) Konzentrierte Massenkraft aus Dauerlast der Dachdecke (Decke D)

Wie obere Decken		$=$	4'550 kN
Abzug von 50% der Stützen	$0.5(20 \cdot 20.1) + 10 \cdot 10.7$	$=$	-308 kN
Aus Dachaufbau	$6 \cdot 300$	$=$	1'800 kN
		$\Sigma \quad =$	6'042 kN

d) Effektive für die Horizontalbeschleunigungen wirksame Massenkraft

Annahme: Wahrscheinlichste Nutzlast = 10% der Dauerlast [X8]

Dachdecke	$1.1 \cdot 6'042$	$=$	6'600 kN
5. bis 7. Decke	$1.1 \cdot 4'550$	$=$	5'000 kN
1. bis 4. Decke	$1.1 \cdot 4'724$	$=$	5'200 kN

Total wirksame Massenkraft:

$$W_t = \Sigma W = 6'600 + 3 \cdot 5'000 + 4 \cdot 5'200 \qquad = \quad 42'400 \text{ kN}$$

e) Totale Ersatzkraft

$$F_{tot} = C_\mu R Z W_t = 0.09 \cdot 42'400 = 3'816 \text{ kN}$$

f) Verteilung der Ersatzkräfte über die Höhe des Bauwerks

Von der totalen Ersatzkraft werden gemäss Abschnitt 2.3.3a 10% (382 kN) auf Dachhöhe angesetzt und die restlichen 90% (3434 kN) über die Höhe verteilt. Die resultierenden Ersatzkräfte F_j und die entsprechenden Stockwerkquerkräfte V_j sind in der Tabelle von Bild 4.105 wiedergegeben und in Bild 4.2 allgemein dargestellt.

Schritt 4: Berücksichtigung von Torsionseffekten

g) Statische Exzentrizität und Bemessungsexzentrizität

Die statische Exzentrizität e_{sy} der Summe der über dem betrachteten Geschoss angreifenden Ersatzkräfte (Stockwerkquerkraft) nimmt beim vorliegenden Beispiel vom Dach zum Erdgeschoss kontinuierlich ab.

Decke	W_j [10^3 kN]	h_j [m]	$h_j W_j$ [10^3 kNm]	$h_j W_j/(\Sigma h_j W_j)$ [-]	F_j [kN]	$V_j = \Sigma_j^n F_j$ [kN]
D	6.60	27.45	181.2	0.266	1'295 [a]	1'295
7	5.00	24.10	120.5	0.177	608	1'903
6	5.00	20.75	103.8	0.153	525	2'428
5	5.00	17.40	87.0	0.128	440	2'868
4	5.20	14.05	73.1	0.107	367	3'235
3	5.20	10.70	55.6	0.082	282	3'517
2	5.20	7.35	38.2	0.056	192	3'709
1	5.20	4.00	20.8	0.031	107	3'816
E	–	0.00	–	0.000	–	
$\Sigma =$			680.2	1.000	3816	

[a] Dach: $F_8 = 382 + 0.266(3'816 - 382) = 382 + 913 = 1'295$ kN

Bild 4.105: Verteilung der Ersatzkräfte über die Höhe des Bauwerks

Die dem Dachaufbau entsprechende Ersatzkraft liegt statisch um 5.50 m exzentrisch und beträgt

$$F = (1.1 \cdot 1'800/6'600) \cdot (1'295 - 382) = 271 \text{ kN}$$

Die statische Exzentrizität der oberhalb der Decke 7 (vgl. Bild 4.102 angreifenden Ersatzkräfte (Stockwerkquerkraft V_7) beträgt:

$$e_{sy} = (271/1'295) \cdot 5.50 = 1.15 \text{ m}$$

Für die Bemessung der Riegel in diesem Beispiel (Riegel der 2. Decke) ist der Durchschnitt der Stockwerkquerkräfte V_2 und V_3 massgebend:

$$V_{1,2} = 0.5(3'709 + 3'517) = 3'613 \text{ kN}$$

Die entsprechende statische Exzentrizität beträgt:

$$e_{sy} = (271/3'613) \cdot 5.50 = 0.41 \text{ m}$$

Dieser Wert wird auf 0.45 m aufgerundet, und die Bemessungsexzentrizität gemäss Gl.(4.37) ergibt sich mit $b \approx 33$ m für die Ost-West-Richtung zu

$$e_{dy} = e_d = 0.45 + 0.1 \cdot 33 = 3.75 \text{ m}$$

für alle Stützen der südlichen Hälfte im Grundriss von Bild 4.102.

h) Kontrolle der Regelmässigkeit des Rahmensystems
Aus Bild 4.102 ist zu ersehen, dass beim Tragwerk dieses Beispiels die Unregelmässigkeiten kaum bedeutend sind. Um die Anwendung der in 4.2.6 beschriebenen Kontrolle zu zeigen, werden hier einige vereinfachte Grenzwertbetrachtungen vorgenommen. Dazu wurden einige Werte Schritt 5 bzw. 4.11.6i entnommen.

o Unregelmässigkeiten im Aufriss:
  Steifigkeiten in den oberen Geschossen:
  Stütze (6): k_c $= 525^4/(12 \cdot 3'350) = 1.89 \cdot 10^6$ mm^3
  Riegel 5-6: b/b_w $= 2.06, t/h = 120/550 = 0.22 \to f = 1.57$
                k_{56} $= 0.5 \cdot 1.57 \cdot 400 \cdot 550^3/(12 \cdot 5'000) = 0.871 \cdot 10^6$ mm^3
  Riegel 6-7: b/b_w $= 3.40, t/h = 120/550 = 0.22 \to f = 1.80$
                k_{67} $= 0.5 \cdot 1.80 \cdot 400 \cdot 550^3/(12 \cdot 10^4) = 0.499 \cdot 10^6$ mm^3

Schubsteifigkeit der Innenstützen (Ost-West):
Untere Geschosse:

$$\bar{k}_u = 2(k_{56} + k_{67})/2k_c = (1.19 + 0.73)/3.22 = 0.596 \quad \text{(Gl.(4.13))}$$

$$D_{ux} = \frac{\bar{k}_u}{\bar{k}_u + 2} k_c = \frac{0.596}{0.596 + 2} \cdot 3.22 \cdot 10^6 = 0.739 \cdot 10^6 \text{mm}^3 \quad \text{(Gl.(4.17))}$$

Obere Geschosse:

$$\bar{k}_o = (0.871 + 0.499)/1.89 = 0.725$$

$$D_{ox} = \frac{0.725}{0.725 + 2} \cdot 1.89 \cdot 10^6 = 0.503 \cdot 10^6 \text{mm}^3$$

Damit erhalten wir nach Abschnitt 4.2.6a in den oberen Geschossen für die Innenstützen:

$$\frac{n \Sigma_j D_i}{\Sigma_n \Sigma_j D_i} \triangleq \frac{n \cdot D_{ox}}{(n/2)(D_{ox} + D_{ux})} = \frac{8 \cdot 0.503}{4(0.503 + 0.739)} = 0.810 > 0.6$$

Da die Aussenstützen gleich bleiben, ist der Steifigkeitssprung in Wirklichkeit noch kleiner. Es sind deshalb keine speziellen Berechnungsmethoden erforderlich.

Der Dachaufbau stellt eine grosse Diskontinuität dar, er wird jedoch für die Bemessung des darunterliegenden Tragsystems als starre Masse angenommen.

o Unregelmässigkeiten im Grundriss:
  Der Grundriss bleibt bis zum Dachaufbau unverändert und doppeltsymmetrisch. Das Massenzentrum des Dachaufbaus von $1.1 \cdot 1800$ kN liegt jedoch 5.5 m südlich des Gebäudemittelpunktes.

Unter Verwendung der Werte der unteren Geschosse aus Abschnitt i) kann der Trägheitsradius eines oberen Stockwerks nach Gleichung (4.41) berechnet werden:

$$r_{Dy} = \sqrt{\frac{I_p}{\Sigma_j D_{ix}}} = \sqrt{\frac{2'001 \cdot 10^{12}}{14 \cdot 138 \cdot 10^6}} = 11.90 \quad \text{m}$$

Die statische Exzentrizität über Decke 7 beträgt $e_{sy} = 1.15$ m (Abschnitt g). Nach Gl.(4.42) wird

$$e_{sy}/r_{Dy} = 1.15/11.9 = 0.10 < 0.15$$

Im Haupttragsystem ist also keine übermässige Exzentrizität vorhanden, und das Ersatzkraftverfahren mit entsprechender Berücksichtigung der Torsion wird zu Recht angewendet.

Schritt 5: Ermittlung der Schnittkräfte am elastischen System

i) Verteilung der Stockwerkquerkraft auf die Stützen

Um die Bemessung für die horizontalen Ersatzkräfte nach Abschnitt 4.2.5 durchführen zu können, sind vorerst die Steifigkeitsparameter $\bar{k}$ und D_i für die Stützen nach Gl.(4.13) und Gl.(4.17) zu ermitteln. Die relativen Steifigkeiten k_c kommen aus Abschnitt 4.11.4. Die Werte für D sind in $[10^6 \text{ mm}^3]$ angegeben.

1. $\bar{k}$ und D für die Ost-West-Richtung

$$\text{Stütze (1): } \bar{k} = \frac{2 \cdot 0.44}{2 \cdot 1.24} = 0.355, \qquad D_{1x} = \frac{0.355}{2.355} \cdot 1.24 = 0.187$$

$$\text{Stütze (2): } \bar{k} = \frac{4 \cdot 0.44}{2 \cdot 1.24} = 0.710, \qquad D_{2x} = \frac{0.710}{2.710} \cdot 1.24 = 0.325$$

$$\text{Stütze (5): } \bar{k} = \frac{2 \cdot 1.19}{2 \cdot 1.24} = 0.960, \qquad D_{5x} = \frac{0.960}{2.960} \cdot 1.24 = 0.402$$

$$\text{Stütze (6): } \bar{k} = \frac{2(1.19 + 0.73)}{2 \cdot 3.22} = 0.596, \qquad D_{6x} = \frac{0.596}{2.596} \cdot 3.22 = 0.739$$

2. $\bar{k}$ und D für die Nord-Süd-Richtung

$$\text{Stütze (1): } \bar{k} = \frac{2 \cdot 0.40}{2 \cdot 1.24} = 0.323, \qquad D_{iy} = \frac{0.323}{2.323} \cdot 1.24 = 0.172$$

$$\text{Stütze (2): } \bar{k} = \frac{2 \cdot 0.88}{2 \cdot 1.24} = 0.710, \qquad D_{2y} = \frac{0.710}{2.710} \cdot 1.24 = 0.325$$

$$\text{Stütze (C): } \bar{k} = \frac{2 \cdot 0.19}{2 \cdot 1.24} = 0.153, \qquad D_{cy} = \frac{0.153}{2.153} \cdot 1.24 = 0.088$$

$$\text{Stütze (5): } \bar{k} = \frac{4 \cdot 0.40}{2 \cdot 1.24} = 0.645, \qquad D_{5y} = \frac{0.645}{2.645} \cdot 1.24 = 0.302$$

$$\text{Stütze (6): } \bar{k} = \frac{4 \cdot 0.88}{2 \cdot 3.22} = 0.547, \qquad D_{6y} = \frac{0.547}{2.547} \cdot 3.22 = 0.691$$

3. Verteilung der Einheits-Stockwerkquerkraft in der Ost-West-Richtung

Aufgrund des in beiden Hauptrichtungen symmetrischen Tragsystems für Horizontalkräfte liegt das Steifigkeitszentrum (vgl. 4.2.5f) im Mittelpunkt des Grundrisses. Der Ursprung des Koordinatensystems wird daher in diesen Punkt gelegt (vgl. Bild 4.7). Die Zahlenwerte für die Verteilung einer *Einheits-Stockwerkquerkraft* auf die verschiedenen Stützen sind in der Tabelle von Bild 4.106 dargestellt.

4. Verteilung der Einheits-Stockwerkquerkraft in der Nord-Süd-Richtung

Die Verteilung der Einheits-Stockwerkquerkraft in der Nord-Süd-Richtung ist in der Tabelle von Bild 4.107 dargestellt.

k) Horizontalbeanspruchung des inneren Rahmens 5-6-7-8

Mit den berechneten Werten können nun die in Bild 4.108 für den Rahmen 5-6-7-8 dargestellten Schnittkräfte ermittelt werden. Die folgenden Bemerkungen sollen das Vorgehen und den Rechengang erläutern. Die Steifigkeiten der Stützen sind in den oberen Stockwerken etwas kleiner als unten. Da der Unterschied in diesem Fall jedoch sehr klein ist, werden dieselben Werte für $\bar{k}$ und D über die ganze Höhe des Tragwerks verwendet.

1	2	3	4	5	6	7	8	9
	n	y [m]	D_{ix} [10^6 mm^3]	yD_{ix} [10^9 mm^4]	y^2D_{ix} [10^{12} mm^5]	$D_{ix}/\Sigma D_{ix}$ [10^{-2}]	$yD_{ix}e_d/I_p$ [10^{-2}]	V_{ix}/V_x [10^{-2}]
1	4	16.5	0.187	3.09	50.9	1.33	0.0058	1.91
2	4	16.5	0.325	5.36	88.5	2.30	0.0100	3.30
C	2	16.5	0.325	5.36	88.5	2.30	0.0100	3.30
5	4	11.0	0.402	4.42	48.6	2.85	0.0083	3.68
6	4	11.0	0.739	8.13	89.4	5.24	0.0153	6.77
9	4	5.5	0.402	2.21	12.2	2.85	0.0041	3.26
10	4	5.5	0.739	4.07	22.4	5.24	0.0076	6.00
13	2	–	0.402	–	–	2.85	–	2.85
14	2	–	0.739	–	–	5.24	–	5.24
$\Sigma n\cdot$			14.108		1'425.0	100.0		

Anmerkungen zu den einzelnen Kolonnen:

1) Stützennummer
2) Anzahl Stützen dieses Typs
3) Abstand vom Steifigkeitszentrum
4) D-Werte aus 4.11.6i
7) Verteilfaktoren für die Einheits-Stockwerkquerkraft aus der Stockwerkverschiebung (Bild 4.6a) gemäss Gl.(4.35)
8) Stützenquerkraft infolge Torsion aus der Einheits-Stockwerkquerkraft $V_x = 1$ kN (Bild 4.6c). Der Wert I_p nach Gl.(4.34) ist die Summe von y^2D_{ix} der obigen und x^2D_{iy} der nächsten Tabelle:

$I_p = 1'425.0 + 576.2 = 2'001 \cdot 10^{12}$ mm^5. Mit $e_{dy} = -3.75$ m erhalten wir:

$e_{dy}/I_p = -3'750$ mm$/(2'001 \cdot 10^{12}$ mm$^5) = 1.87 \cdot 10^{-12}$ mm^4.

9) Stützenquerkraft infolge der Einheits-Stockwerkquerkraft $V_x = 1.0$ kN gemäss Gl.(4.35). Die aufgeführten Werte gelten nur für die Stützen der südlichen Hälfte (Bild 4.102). In der nördlichen Hälfte wirken die Torsionseffekte entlastend, und eine Bemessungsexzentrizität von $e_{dy} = 3.3 - 0.45 = 2.85$ m wäre zu berücksichtigen. Aus praktischen Gründen wird jedoch die Tragstruktur symmetrisch belassen.

Bild 4.106: Verteilung der Einheits-Stockwerkquerkraft in der Ost-West-Richtung

1. Die Wendepunkte der Stützenbiegelinien werden gemäss Abschnitt 4.2.5i und mit Hilfe von Anhang B ermittelt.

   Für Stütze (5) erhalten wir bei konstantem Wert $\bar{k} = 0.96$ in den acht Geschossen von gleicher Höhe und Steifigkeit nach Gl.(4.39) die folgenden Werte:
   $\eta = \eta_0 = 0.65, 0.5, 0.5, 0.5, 0.45, 0.45, 0.43$ und 0.35
   für die acht Stockwerke, von unten beginnend.
   Für Stütze (6) ergeben sich mit $\bar{k} = 0.6$:
   $\eta = 0.70, 0.55, 0.50, 0.45, 0.45, 0.45, 0.40$ und 0.30.
   Die mit diesen Faktoren ermittelten Lagen der Wendepunkte (η mal Geschosshöhe h) sind in Bild 4.108 angegeben.

2. Unter Verwendung der Stützenquerkraft-Koeffizienten aus der Tabelle von

1	2	3	4	5	6	7	8	9
	n	x [m]	D_{iy} [10^6 mm^3]	xD_{iy} [10^9 mm^4]	$x^2 D_{iy}$ [10^{12} mm^5]	$D_{iy}/\Sigma D_{iy}$ [10^{-2}]	$xD_{iy}e_d/I_p$ [10^{-2}]	V_{iy}/V_y [10^{-2}]
1	4	10.0	0.172	1.72	17.2	1.42	0.0017	1.59
2	4	5.0	0.325	1.63	8.1	2.69	0.0016	2.85
C	2	–	0.088	–	–	0.73	–	0.73
5	10	10.0	0.302	3.02	30.2	2.50	0.0030	2.80
6	10	5.0	0.691	3.46	17.3	5.71	0.0035	6.06
$\Sigma n \cdot$			12.094		576.2	100.0		

Anmerkungen zu den einzelnen Kolonnen:

1) bis 7) Vergleiche Anmerkungen zur Tabelle von Bild 4.106

8) In der Nord-Süd-Richtung gilt $e_{sx} = 0$. Daher beträgt die Bemessungsexzentrizität $e_{dx} = \pm 0.1 \cdot 20 = 2.0$ m, und

$e_{dx}/I_p = 2'000$ mm$/(2'001 \cdot 10^{12}$ mm$^5) = 1.0 \cdot 10^{-12}$ mm^4.

9) Stützenquerkraft infolge der Einheits-Stockwerkquerkraft V_y gemäss Gl.(4.36)

Bild 4.107: Verteilung der Einheits-Stockwerkquerkraft in Nord-Süd-Richtung

Bild 4.106 und der gesamten Stockwerkquerkraft in Bild 4.105 erhält man die Stützenquerkräfte für jedes Geschoss. So gilt z.B. für Stütze (5) im 1. Geschoss (= Erdgeschoss):

$V_{5x} = 0.0368 \cdot 3'816 = 140$ kN

Für Stütze (6) im 4. Geschoss gilt:

$V_{6x} = 0.0677 \cdot 3'235 = 219$ kN.

3. Mit den so berechneten Querkräften und den Wendepunkten der Biegelinie können die resultierenden Biegemomente ermittelt werden. Für Stütze (5) im 1. Geschoss ergibt dies:

$M_5 = 140 \cdot 2.60 = 364$ kNm.

4. Die Summe der Momente bei Aussenstützen über und unter einer Decke ergeben die Momente im Riegel. Bei Innenstützen wird diese Summe entsprechend den Steifigkeiten auf die angrenzenden Riegel verteilt, z.B. für Riegel 5-6:

$$d_{65} = \frac{k_{65}}{k_{65} + k_{67}} = \frac{1.19}{1.19 + 0.73} = 0.62 \quad \text{und} \quad d_{64} = 1.0 - d_{65} = 0.38$$

Das Biegemoment in der langen Spannweite im Riegel der 1. Decke beträgt:

$M_{67} = 0.38(311 + 465) = 295$ kNm

5. Aus den Riegelendmomenten können die Querkräfte einfach ermittelt werden. So beträgt die Querkraft aus den horizontalen Ersatzkräften im Riegel der 2. Decke:

$V_{78} = (479 + 446)/5.0 = 185$ kN

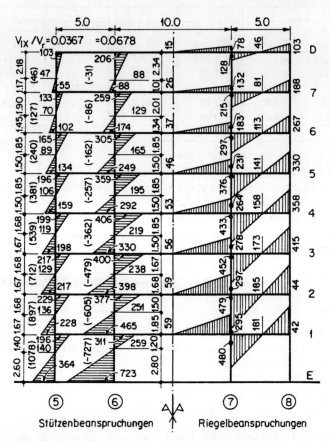

Bild 4.108: *Schnittkräfte infolge der horizontalen Ersatzkräfte am inneren Rahmen 5-6-7-8*

6. Schliesslich erhalten wir die Normalkräfte in den Stützen durch die Summation aller Riegelquerkräfte. So betragen z.B. die Stützennormalkräfte im 7. Geschoss für:

   - Stütze (5): $P_5 = 46 + 81 = 127$ kN
   - Stütze (6): $P_6 = -46 + 15 - 81 + 26 = -86$ kN

Die nach dieser Methode berechneten massgebenden Schnittkräfte infolge der Ersatzkräfte weichen bei den Riegeln der 2. Decke nicht mehr als 5% von den Resultaten einer zum Vergleich durchgeführten Computerberechnung des ganzen Tragsystems ab.

l) Horizontalbeanspruchung des Fassadenrahmens 1-2-C-3-4
Die Schnittkräfte erhält man auf dieselbe Art wie beim inneren Rahmen im vorangehenden Abschnitt. Da in diesem Beispiel nur der Riegel 1-2-C-3-4 der 2. Decke bemessen wird, werden die Stützenbeanspruchungen in den anderen Stockwerken nicht benötigt. Wir ermitteln daher nur die Riegelmomente basierend auf den Tabel-

len in den Bildern 4.105 und 4.106. Die resultierenden Stützenquerkräfte betragen:

Geschoss	Aussenstützen (1) und (4)	Innenstützen (2), (C) und(3)
2	$0.019 \cdot 3709 = 70$ kN	$0.033 \cdot 3709 = 122$ kN
3	$0.019 \cdot 3517 = 67$ kN	$0.033 \cdot 3517 = 116$ kN

Die Wendepunkte der Stützenbiegelinie befinden sich in diesen zwei Geschossen auf den Höhen ηh:

	Aussenstützen	Innenstützen	Abschnitt
$\bar{k} =$	0.355	0.710	4.11.6i
2. Geschoss: $\eta =$	0.57	0.50	Anhang B
3. Geschoss: $\eta =$	0.50	0.50	Anhang B

Daraus wurden die in Bild 4.109 gezeigten Schnittkräfte ermittelt.

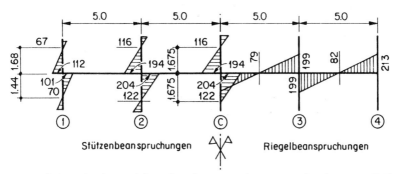

Bild 4.109: Schnittkräfte infolge der horizontalen Ersatzkräfte am Teilrahmen 1-2-C-3-4 der 2. Decke

4.11.7 Randriegel 1-2-C-3-4

Der Randriegel 1-2-C-3-4 der 2. Decke wird bemessen.

Schritt 6: Momentenumverteilung in den Riegeln
Bevor die Biegemomente umverteilt werden können, müssen die Riegelendmomente aus den Schwerelasten M^i und aus den Erdbeben-Ersatzkräften $M_E^{\leftarrow}$ oder $M_E^{\rightarrow}$ gemäss 4.3.3 ermittelt und überlagert werden. Die Riegelendmomente für den Randriegel 1-2-C-3-4 sind in der Tabelle von Bild 4.110 angegeben.

Die Grundlinie der Momentendiagramme in Bild 4.111 resultiert aus den Schwerelasten. Mit den Werten aus 4.11.5.a erhalten wir das Maximum in der Mitte der Spannweite als
$M = M_D + 1.3 M_L = 38.2 + 1.3 \cdot 13.2 = 55$ kNm.
Die Bemessung dieses Riegels wird vollständig von den Erdbebeneinwirkungen dominiert.

Gemäss den Zielen der Momentenumverteilung (vgl. 4.3.2a) sollen die Riegelendmomente wenn möglich gleich gross gemacht werden. Das Gesamtmoment wird

1	2	3	4
Riegelende	M^i $(M_D + 1.3M_L)$	$M_E^{\rightleftarrows}$	$M_u = M^i \pm M_E$
1-2	-32	$+213$ -213	$+181$ -245
2-1	$+37$	$+199$ -199	$+236$ -162
2-C	-36	$+199$ -199	$+163$ -235
C-2	$+35$	$+199$ -199	$+234$ -164
	$\sum_{j=1}^{4} M_j^i = 0$	$\sum_{j=1}^{4} M_{E,j}^{\rightarrow} = 1620$	$\sum_{j=1}^{4} M_u = 1620$

Anmerkungen zu den einzelnen Kolonnen:

1) Die erste Zahl ist die Stützenachse, auf die sich das Moment bezieht.

2) M^i wurde in 4.11.5e bestimmt. An Riegelenden im Uhrzeigersinn angreifende Momente sind positiv.

3) M_E ist in 4.11.6k und in Bild 4.109 angegeben.

4) Die Momente in dieser Kolonne sind in Bild 4.111 für beide Erdbebenrichtungen $E^{\leftarrow}$ und $E^{\rightarrow}$ als dünne Geraden eingetragen.

Bild 4.110: Riegelendmomente im Randriegel 1-2-C-3-4 [kNm]

also gleichmässig aufgeteilt zu je $M = 1614/8 = 202$ kNm, was eine maximale Momentenumverteilung von

$\Delta M/M = (245 - 202)/245 = 18\% < 30\%,$

also weniger als den Maximalwert, erforderlich macht. Die so erhaltenen Momente sind in Bild 4.111 mit dicken Geraden eingetragen. Die massgebenden Momente an den Stützenaussenkanten betragen etwa ± 180 kNm.

Schritt 8: Biegebemessung des Riegels

Die angenommenen Riegelabmessungen betragen gemäss Bild 4.102 500 mm × 350 mm mit einer Betonüberdeckung der Biegebewehrung von 40 mm. Bei der Verwendung von Stahl D (vgl. 3.2.2a) ergibt sich bei den Innenknoten nach 4.7.4h und Gl.(4.119) ein maximaler Stabdurchmesser von:

$d_b = 11 \cdot 500/275 = 20$ mm

Die Breite des Zugflansches seitlich des Riegels beträgt nach 4.4.2b und Bild 4.13:

– bei den Aussenstützen: $b = (500 - 350)/2 + 2 \cdot 120 = 315$ mm
– bei den Innenstützen: $b = (500 - 350)/2 + 4 \cdot 120 = 555$ mm

Da die Bemessung der Stahlbetondecke in diesem Beispiel nicht enthalten ist, wird in der ganzen Decke parallel zum Riegel ein Bewehrungsgehalt (obere und untere Bewehrung zusammen) von 0.33% angenommen. Damit ergibt sich der Bewehrungsquerschnitt des Zugflansches für die Ermittlung der Überfestigkeit:

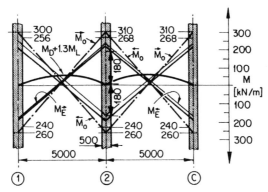

Bild 4.111: Bemessungsmomente für den Randriegel der 2. Decke

- bei den Aussenstützen: $A_{s1} = 0.0033 \cdot 120 \cdot 315 = 125 \text{ mm}^2$
- bei den Innenstützen: $A_{s1} = 0.0033 \cdot 120 \cdot 555 = 220 \text{ mm}^2$

Der Abstand vom Schwerpunkt der Zug- bzw. Druckbewehrung zum entsprechenden Rand wird zu $d' = 65$ mm angenommen. Daher wird mit $\Phi = 0.9$ und dem inneren Hebelarm
$d - d' = h - 2d' = 500 - 2 \cdot 65 = 370$ mm
gemäss den Gleichungen (3.22) und (1.11):
$\Rightarrow A_s = \pm 180 \cdot 10^6/(0.9 \cdot 275 \cdot 370) \approx 2'000 \text{ mm}^2$
Wir nehmen je 6 Bewehrungsstäbe D20 mit $A_s = 1'885 \text{ mm}^2$ oben und unten im Riegel an. Zusammen mit der Zugflanschbewehrung ergibt sich:

- bei der Stütze (1): $A_s = 1'885 + 125 = 2'010 \text{ mm}^2$
- bei den Innenstützen: $A_s = 1'885 + 220 = 2'105 \text{ mm}^2$
- Druckbewehrung überall: $A'_s = 1'885 \text{ mm}^2$

Aus praktischen Gründen kann nicht in jedem Querschnitt Bewehrung für $M_u = \pm 180$ kNm eingelegt werden. Eine relativ bescheidene Momentenumverteilung ergibt jedoch eine dem verfügbaren Biegewiderstand besser angepasste Momentengrenzwertlinie. Im folgenden wird nachgewiesen, dass der Rahmen einen genügenden Tragwiderstand aufweist.

Der maximale Gehalt an Biegebewehrung beträgt mit $d = 500 - 65 = 435$ mm nach Gl.(4.45) :
$\rho_{vorh,max} = 2'105/(350 \cdot 435) = 1.38\% > \rho_{min} = 1.4/275 = 0.51\%$ (Gl.(4.46))
Die maximal vorhandene Bewehrung genügt auch der Bedingung von Gl.(4.47):

$$\rho_{max} = \left[0.01 + 0.17\left(\frac{30}{700} - 0.03\right)\right] \cdot \left(1 + \frac{1'885}{2'105}\right) = 2.3\% \ > \ \rho_{vorh,max}$$

Schritt 9: Ermittlung der Biegeüberfestigkeit der Riegelgelenke

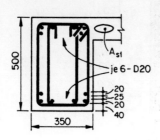

Nun ermitteln wir die Biege-Überfestigkeit im massgebenden Schnitt der Gelenkzonen gemäss Abschnitt 4.4.2f. Der Abstand des Schwerpunktes der Zugbewehrung vom Zugrand beträgt im dargestellten Querschnitt:

$$d' = 40 + 10 + 45/3 = 65 \text{ mm}.$$

Nach Gl.(4.49) beträgt das positive Moment:

$$M_o = 1.25 \cdot 275 \cdot 1'885 \cdot 370 \cdot 10^{-6} = 240 \text{ kNm}$$

Die negativen Momente ergeben sich mit:

$$A_s = 2'010 \text{ mm}^2: \quad M_o = 256 \text{ kNm}$$
$$A_s = 2'105 \text{ mm}^2: \quad M_o = 268 \text{ kNm}$$

Die Überfestigkeits-Biegemomentenlinien mit diesen Werten an den Stützenkanten sind in Bild 4.111 als $M_o^{\rightarrow}$ und $M_o^{\leftarrow}$ bezeichnet.

Die entsprechenden graphisch ermittelten Momente auf den Stützenachsen betragen bei den Innenstützen 260 bzw. 310 kNm und bei Stütze (1) 260 kNm bzw. 300 kNm.

Schritt 10: Ermittlung der Riegel-Überfestigkeitsfaktoren bei den Stützen

Mit dem Verhältnis des Überfestigkeits-Stockwerkmomentes zum Stockwerkmoment aus den Ersatzkräften (Stockwerk-Überfestigkeitsfaktor) wird nun der Tragwiderstand des Teilrahmens kontrolliert (vgl. 4.4.2f):

$$\psi_o \approx (4 \cdot 260 + 3 \cdot 310 + 300)/1'614 = 1.41 \quad > \quad \psi_{o,ideal} = 1.39$$

Der Riegel ist also sehr gut bemessen. Die Beanspruchungen aus den Schwerelasten sind in diesem Fall nicht massgebend.

Schritte 11 und 12: Ermittlung der Bemessungsquerkräfte und Schubbemessung des Riegels

Die Bemessung auf Querkraft folgt dem in 4.11.8 für den inneren Riegel 5-6-7-8 gezeigten Vorgehen, weshalb hier auf die Darstellung verzichtet wird. Die maximale Schubspannung für die Querkraft infolge Überfestigkeit in den Gelenkzonen beträgt etwa $0.18\sqrt{f'_c}$ [N/mm²]. Es genügen Bügel R10 im Abstand von 110 mm.

4.11.8   Innerer Riegel 5-6-7-8

Der innere Riegel 5-6-7-8 der 2. Decke wird bemessen.

Schritte 5 und 6: Ermittlung der Schnittkräfte am elastischen System und Momentenumverteilung im Riegel

a) Beanspruchungskombination $M_D + 1.3 M_L + M_E$

Wie beim Randriegel 1-2-C-3-4 werden die Riegelendmomente aus den Schwerelasten M^i und den Erdbeben-Ersatzkräften $M_E^{\rightarrow}$ und $M_E^{\leftarrow}$ in der Tabelle

1	2	3	4
Riegelende	M^i $(M_D + 1.3M_L)$	$M_E^{\rightarrow}$	$M_u = M^i \pm M_E$
5-6	-34	$+446$ -446	$+412$ -480
6-5	$+92$	$+479$ -479	$+571$ -387
6-7	-320	$+297$ -297	-23 -617
	$\sum_{j=5}^{8} M_j^i = 0$	$\sum_{j=5}^{8} M_{E,j}^{\rightarrow} = 2'444$	$\sum_{j=5}^{8} M_u = 2'444$

Anmerkungen siehe Bild 4.110

Bild 4.112: Riegelendmomente im inneren Riegel 5-6-7-8 [kNm]

von Bild 4.112 überlagert.
Die Momentengrenzwertlinien werden wie folgt konstruiert:

1. Die Momente in den Mitten der Spannweiten betragen gemäss 4.11.5c und d:
   - Kurze Spannweiten SSM $= 58.7 + 1.3 \cdot 26.3 = 93$ kNm
   - Lange Spannweite SSM $= 376.8 + 1.3 \cdot 132.6 = 549$ kNm

2. Die Riegelendmomente M_u aus der Tabelle von Bild 4.112 sind in Bild 4.113a durch dünne Geraden dargestellt. Die zugehörigen Zahlenwerte sind nur in der rechten Hälfte der Figur angegeben (Linien $M_E^{\rightarrow}$ und $M_E^{\leftarrow}$).

3. Die Momentenumverteilung wird nach den Grundsätzen gemäss 4.3.2 durchgeführt. Die grösste Reduktion auf 500 kNm wird dabei an den Enden der Mittelspannweite vorgenommen:
   $\Delta M/M = (617 - 500)/617 = 19\% < 30\%$
   Dadurch wird das massgebende negative Moment an der inneren Kante der Innenstützen 440 kNm, alle anderen Riegelendmomente werden etwa 370 kNm. Diese Momente sind in Bild 4.113a durch dicke Linien dargestellt.

4. Eine Grobkontrolle der graphisch ermittelten Riegelendmomente (dicke Linien) muss nach der Tabelle von Bild 4.112 $\Sigma M_E = 2444$ kNm ergeben. Dadurch wird sichergestellt, dass bei der Umverteilung keine Momente 'verloren gingen'.

b) Beanspruchungskombination $1.4M_D + 1.7M_L$
Die Riegelmomente aus dieser Kombination von Schwerelasten sind in Bild 4.113b aufgezeichnet.
   In den kleinen Spannweiten sind die Momente aus den Schwerelasten nicht massgebend. Das Moment in der Mitte der grossen Spannweite 6-7 beträgt nach 4.11.5d:
$SSM = 1.4 \cdot 376.8 + 1.7 \cdot 132.6 = 753$ kNm
Das Einspannmoment auf der Stützenachse wird gemäss dem Momentenausgleich

von 4.11.5f: $M_{67} = 438$ kNm. Eine kleine Erhöhung ergibt im massgebenden Schnitt 440 kNm, gleichviel wie für die erste Beanspruchungskombination. Das Moment in Feldmitte von 270 kNm ist nicht massgebend.

Schritt 8: Biegebemessung des Riegels

Die Riegelabmessungen wurden nach Bild 4.102 als 650 mm × 400 mm angenommen. Der maximale Durchmesser von Bewehrungsstahl D beträgt nach Gl.(4.119):
$d_b = 11 \cdot 600/275 = 24$ mm.

1. Bei Stütze (5) erhalten wir nach 4.4.2b und Bild 4.13 die Gesamtbreite der mitwirkenden seitlichen Zugflanschteile:
   $(500 - 400) + 2 \cdot 2 \cdot 120 = 580$ mm.
   Daher wird die mitwirkende Deckenbewehrung:
   $A_{s1} = 0.0033 \cdot 120 \cdot 580 = 230$ mm^2.
   Unter der Annahme von $d' = 75$ mm werden

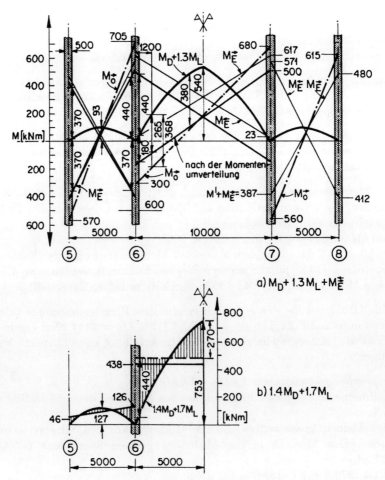

Bild 4.113: Bemessungsmomente für die inneren Riegel der 2. Decke

$d = 650 - 75 = 575$ mm und $d - d' = 500$ mm

$\Rightarrow A_{s,erf}^{+} = 370 \cdot 10^6 / (0.9 \cdot 275 \cdot 500) \approx 3'000$ mm^2

Mit 4 D24 + 4 D20 = 3'067 mm^2 unten im Querschnitt erhalten wir:

$M_i = 422$ kNm.

Die gleichen Bewehrungsstäbe oben im Querschnitt ergeben:

$A_{s,vorh}^{-} = 3'067 + 230 = 3'297$ mm^2 und

$M_i = 453 > 370 / 0.9 = 411$ kNm.

2. Bei Stütze (6) beträgt nach Bild 4.13 die Gesamtbreite der mitwirkenden seitlichen Zugflanschteile:

$(600 - 400) + 8 \cdot 120 = 1'160$ mm

$\Rightarrow A_{s1} = 0.0033 \cdot 1'160 \cdot 120 = 460$ mm^2

Mit $d - d' = 500$ mm ergibt sich

$\Rightarrow A_{s,erf}^{-} = 440 \cdot 10^6 / (0.9 \cdot 275 \cdot 500) \approx 3'560$ mm^2

Mit 4 D24 + 4 D20 = 3'067 mm^2 wird

$A_{s,vorh}^{-} = 3'067 + 460 = 3'527$ mm^2 $\Rightarrow M_i = 485$ kNm

$\rho_{vorh} = 3'527 / (400 \cdot 575) = 1.53\%$

Nach Gleichung (4.48) beträgt die minimale untere Bewehrung $A_s' = 0.5 A_s =$ 1'764 mm^2. Daher werden 4 D24 aus der kurzen in die lange Spannweite hindurchgezogen, was $A_s' = 1'810$ mm$^2 > 1'764$ mm^2 ergibt. Die 4 D20 werden nur bis zur Innenkante von Stütze (6) geführt (vgl. Bild 4.114).

Das Bild 4.114 zeigt auch die Abstufung der oberen Bewehrung. Das grösste negative Moment tritt bei $0.9 M_D + M_E^{\leftarrow}$ auf. 2 D20- bzw. 2 D24-Stäbe können an der Innenkante von Stütze (6) 17% bzw. 26% dieses Momentes aufnehmen. Gemäss Gl.(3.58) müssen diese Stäbe $l_{\ddot{u}2} = 1200$ bzw. 1500 mm über den Punkt hinausgehen, ab dem sie nach dem Momentendiagramm nicht mehr erforderlich sind. Bild 4.114 zeigt, wie diese Punkte bestimmt werden können.

3. Der positive Biegewiderstand der 4 D24 in der langen Spannweite ergibt sich wie folgt: Die Druckflanschbreite beträgt für Tragwiderstandsberechnungen gemäss 4.1.2 und nach 4.11.4a:

$b = 400 + 1'920 = 2'320$ mm

Damit ergibt sich nach Gl.(3.18) die Höhe des Druckspannungsblocks:

$a = 1'810 \cdot 275 / (0.85 \cdot 30 \cdot 2'320) = 8.4$ mm

Mit dem inneren Hebelarm $jd = d - 0.5a \approx (650 - 52) - 5 = 593$ mm wird:

$M_i = 1'810 \cdot 275 \cdot 593 \cdot 10^{-6} = 295$ kNm$< 380 / 0.9 = 422$ kNm (vgl. Bild 4.113a) Um das Fliessgelenk näher zu Stütze (6) hin zu verschieben und um den erforderlichen positiven Biegewiderstand im Feld zu erreichen, sind unten im Riegel weitere Bewehrungsstäbe erforderlich. Gemäss Bild 4.113a beträgt der erforderliche Biegewiderstand 1200 mm rechts von der Stützenachse (6): $265 / 0.9 = 295$ kNm. Daher bildet sich dort mit einer unteren Bewehrung von 4 D24 ein Fliessgelenk. Zur Riegelmitte hin legen wir zwei zusätzliche Stäbe D28 ein, die den Biegewiderstand auf etwa 436 kNm anheben. Damit kann im mittleren Bereich dieser Spannweite, wo die unteren Bewehrungsstäbe zu stossen sind, kein Fliessen auftreten (vgl. Bild 4.114).

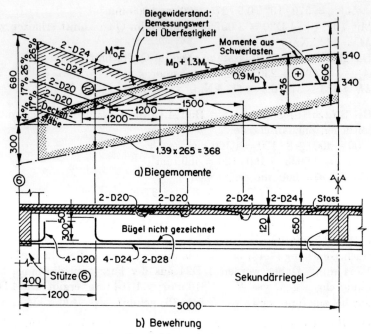

Bild 4.114: Riegelbewehrung bei Stütze (6)

Schritt 9: Ermittlung der Biegeüberfestigkeit der Riegelgelenke

Die Überfestigkeitsmomente der potentiellen Gelenkzonen betragen:

bei 5-6:	$M_o^{\rightarrow} = 1.25 \cdot 422$		$= 528$ kNm
	$M_o^{\leftarrow} = 1.25 \cdot 453$		$= 566$ kNm
bei 6-5:	$M_o^{\rightarrow} = 1.25 \cdot 485$		$= 606$ kNm
	$M_o^{\leftarrow} =$		$= 528$ kNm
bei 6-7:	$M_o^{\rightarrow} =$		$= 606$ kNm
bei 1'750 mm	von Stütze (6):	$M_o^{\rightarrow}$	$= 368$ kNm

Diese Momente sind in Bild 4.113a als strichpunktierte Linien eingetragen. Daraus wurden die Momente auf den Stützenachsen ermittelt. Diese sind nur für die Erdbeben von links ($M_E^{\rightarrow}$) dargestellt.

Schritt 10: Ermittlung der Riegel-Überfestigkeitsfaktoren bei den Stützen

Durch den Vergleich der obigen Werte mit denjenigen von Bild 4.108 können die Riegel-Überfestigkeitsfaktoren (vgl. 4.4.2f) bestimmt werden:

bei Stütze (5): $\Phi_o^{\rightarrow} = 570/446$ $= 1.28$; $\Phi_o^{\leftarrow} = 1.38$
bei Stütze (6): $\Phi_o^{\rightarrow} = (705 + 300)/(479 + 297)$ $= 1.30$; $\Phi_o^{\leftarrow} = 1.60$
bei Stütze (7): $\Phi_o^{\rightarrow} = (680 + 560)/(479 + 297)$ $= 1.60$; $\Phi_o^{\leftarrow} = 1.30$
bei Stütze (8): $\Phi_o^{\rightarrow} = 615/446$ $= 1.38$; $\Phi_o^{\leftarrow} = 1.28$

Nach Abschnitt 4.4.2f kann der Stockwerk-Überfestigkeitsfaktor zur Beurteilung

der Bemessungsgenauigkeit berechnet werden :
$$\psi_o = (570 + 705 + 300 + 680 + 560 + 615)\,/2'444 = 1.40 > \psi_{o,ideal} = 1.39$$

Schritt 11: Ermittlung der Bemessungsquerkräfte des Riegels

Spannweite 5-6
Beim linken Auflager erhalten wir gemäss Gl.(4.52) und Gl.(4.53) für Erdbeben von rechts bzw. gemäss Gl.(4.51) und Gl.(4.54) für Erdbeben von links mit den obigen Überfestigkeitsmomenten und den Lasten nach Abschnitt 4.11.5c: $V_5^{\leftarrow} =$
$(615 + 560)/5.0 + (76.8 + 31.5)/2 = 235 + 54 = 289$ kN
$V_5^{\rightarrow} = -(570 + 705)/5.0 + 0.9 \cdot 76.8/2 = -255 + 34 = -221$ kN
Die Veränderung der Querkraft über die Spannweite infolge der Schwerelasten ist klein. Deshalb werden die gleichen Werte für die Bemessung der ganzen Spannweite verwendet.

Beim rechten Auflager erhalten wir:
$V_6^{\rightarrow} = (705 + 570)/5.0 + (76.8 + 31.5)/2 = 255 + 54 = 309$ kN
$V_6^{\leftarrow} = -(560 + 615)/5.0 + 0.9 \cdot 76.8/2 = 235 + 34 = -201$ kN.

Schritt 12: Schubbemessung des Riegels

Nebst der Schubbemessung werden auch Teile von 'Schritt 13: Konstruktive Durchbildung' durchgeführt.

Mit den obigen Querkräften wird der massgebende Wert für r als Mass für die Schubumkehr gemäss Gl.(3.48):
$r_5 = -(221/269) = 0.82$ (r_6 ist kleiner)
Nach Gl.(3.46) ist zu prüfen, ob
$v_i \geq 0.3(2 + r)\sqrt{f_c'} = 0.3(2 - 0.82)\sqrt{f_c'} = 0.35\sqrt{f_c'}$
Nach Gl.(3.33) wird
$v_i = 309'000/(400 \cdot 575) = 1.34$ N/mm$^2 = 0.25\sqrt{f_c'} < 0.35\sqrt{f_c'}$
Damit wird keine Diagonalbewehrung erforderlich (vgl. 3.3.3b), und es ist auch die Begrenzung der Schubspannung gemäss Gl.(3.35) einzuhalten.
Für $v_c = 0$ (Gelenkbereich) wird nach Gl.(3.44)
$\Rightarrow A_v/s = v_i b_w/f_y = 1.34 \cdot 400/275 = 1.95$ mm^2/mm
Die Bedingungen für den Bügelabstand in den Zonen plastischer Gelenke ergeben:
$s \leq 6d_b = 6 \cdot 24 = 144$ mm, bzw. $s \leq 150$ mm, bzw. $s \leq d/4 = 143$ mm
Die Bedingung zur Stabilisierung der Längsbewehrung in den Zonen plastischer Gelenke nach Gl.(4.55) ergibt mit $\Sigma A_b = 452 + 314 = 766$ mm^2 für je zwei Stäbe D24 + D20:
$\Rightarrow A_{te}/s = \Sigma A_b f_y/(16 f_{yt} \cdot 100$ mm$) = 766 \cdot 275/(1'600 \cdot 275) = 0.48$ mm^2/mm
Die Schubbeanspruchung ist also massgebend. Mit 4-schnittigen Bügeln R10 ($A_v = 314$ mm^2) wird $s = 314/1.95 = 161$ mm. Gewählt wird $s = 140$ mm.

Im mittleren Bereich des Riegels erhalten wir mit:
$\rho_w \geq 1'810/(400 \cdot 575) = 0.0079$
$v_c \geq (0.07 + 10 \cdot 0.0079)\sqrt{f_c'} = 0.82$ N/mm^2 (Gl.(3.37))
$\Rightarrow A_v/s = (1.34 - 0.82)400/275 = 0.76$ mm^2/mm   (Gl.(3.44))
$s \leq d/2 = 287$ mm
Ein zweischnittiger Bügel R10 im Abstand von 200 mm ergibt:
$A_v/s = 157/200 = 0.79$ mm^2/mm> 0.76 mm^2/mm

Spannweite 6-7

$V_6 = (680 + 300)/10.0 + (227.5 + 77.3)/2 = 98 + 152$ kN$= 250$ kN

In dieser relativ grossen Spannweite findet infolge Erdbebeneinwirkung keine Schubumkehr statt. Die maximale Querkraft aus Schwerelasten beträgt weniger als 220 kN. In den Endbereichen werden die gleichen Bügel wie in Spannweite 5-6 eingelegt. Die Querkraftbemessung für den nicht kritischen Teil dieser Spannweite wird hier nicht aufgeführt.

4.11.9 Aussenstütze (5)

Wir betrachten den Schnitt direkt unter der 2. Decke. Die Überprüfung im Schnitt direkt über dieser Decke geschieht analog und wird hier nicht vorgerechnet.

Schritt 14: Ermittlung der Bemessungsschnittkräfte der Stütze

1. Die Normalkraft infolge Erdbebeneinwirkung würde nach Gl.(4.62) mit $\Sigma V_{o,E}$ ermittelt. In diesem Beispiel stehen jedoch die Riegelquerkräfte $V_{o,E}$ der oberen Decken nicht zur Verfügung. Es wird daher mit einem angenommenen mittleren Wert $\Phi_o^{\rightarrow} \approx \Phi_o^{\leftarrow} \approx 1.45$ für die oberen Riegel und mit Hilfe von Bild 4.108 folgender Wert der Normalkraft verwendet:
   $\Sigma V_{o,E} \approx 1.45 \cdot 897 = 1'301$ kN
   Mit der ersten Eigenschwingzeit $T_1 = 1.0$ sec erhalten wir aus der Tabelle von Bild 4.24 $\omega = 1.6$ für einen räumlichen Rahmen und aus der Tabelle von Bild 4.26 $R_v = 0.875$ für 7 Geschosse. Damit ergibt Gl.(4.62):
   $P_{o,E} = 0.875 \cdot 1'301 = 1'138$ kN

2. Bei maximaler Normaldruckkraft nach 4.11.5g für die Beanspruchungskombination gemäss Gl.(1.8) bzw. Gl.(4.63) von
   $P_u = P_D + P_L + P_{o,E}^{\leftarrow} = 782.7 + 146.1 + 1'138 = 2'067$ kN beträgt nach Gl.(4.70) mit $V_E = (229 + 228)/335 = 136$ kN (eingetragen in Bild 4.108) und mit $\Phi_o^{\leftarrow} = 1.38$ die Bemessungsquerkraft in der Stütze:
   $V_{col} = 1.6 \cdot 1.38 \cdot 136 = 300$ kN
   Damit folgt aus Gleichung (4.66) mit $R_m = 1.0$ ($f_u > 0.1 f_c'$):
   $M_{col,red} = 1.0\,(1.6 \cdot 1.38 \cdot 229 - 0.3 \cdot 0.65 \cdot 300) = 447$ kNm

3. Die minimale Normaldruckkraft bzw. die Normalzugkraft für die Beanspruchungskombination gemäss Gl.(1.9) bzw. Gl.(4.64) beträgt
   $P_u = 0.9 P_D + P_{o,E}^{\rightarrow} = 0.9 \cdot 782.7 - 1'138 = -434$ kN (Zug).
   Mit $\Phi_o^{\rightarrow} = 1.28$ wird:
   $V_{col} = 1.6 \cdot 1.28 \cdot 136 = 279$ kN
   Aus der Tabelle von Bild 4.30 erhalten wir mit
   $P_u/(f_c' A_g) = -434'000/(30 \cdot 500^2) = -0.058$
   den Reduktionsfaktor $R_m = 0.60$ und damit gemäss Gl.(4.66):
   $M_{col,red} = 0.60(1.6 \cdot 1.28 \cdot 229 - 0.3 \cdot 0.65 \cdot 279) = 249$ kNm

Schritt 15: Ermittlung der Vertikalbewehrung der Stütze

Aus dem Bemessungsdiagramm Bild 4.115 für Stahl D ($f_y = 380$ N/mm^2) erhalten wir für die Normalzugkraft den erforderlichen Bewehrungsgehalt der Stütze mit

$g = (500 - 2 \cdot 40 - 24)/500 = 0.8$ und $m = 14.9$ sowie

$P_u/(f'_c \cdot bh) = -0.058$ und $M_{col}/(f'_c \cdot bh^2) = 249 \cdot 10^6/(30 \cdot 500^3) = 0.066$.

$\Rightarrow \rho_t = 0.25/14.9 = 1.68\%$

Für die maximale Normaldruckkraft der Stütze wird:

$P_u/(f'_c \cdot bh) = 2'068'000/(30 \cdot 500^2) = 0.276$ und

$M_{col}/(f'_c \cdot bh^2) = 447 \cdot 10^6/(30 \cdot 500^3) = 0.119$

$\Rightarrow \rho_t = 0.10/14.9 = 0.67\% < 1.68\%$

$\Rightarrow$ erforderliche Stahlfläche: $A_{st} = 0.0168 \cdot 500^2 = 4'200$ mm^2

$\Rightarrow$ gewählt: 4 HD24 + 8 HD20 = 4'323 mm^2

Die endgültige Wahl der Bewehrung dieser Stütze ist jedoch erst nach der Knotenbemessung möglich.

Schritt 16: Ermittlung der Querbewehrung der Stütze
Die Bemessung der Querbewehrung erfolgt wie bei Stütze (6).

4.11.10   Innenstütze (6)

Wir betrachten auch hier den Schnitt direkt unter der 2. Decke.

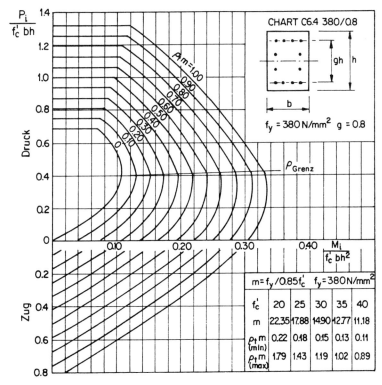

Bild 4.115: Bemessungsdiagramm für Biegung mit Normalkraft [N1]

Schritt 14: Ermittlung der Bemessungsschnittkräfte der Stütze

Die näherungsweise ermittelte Normalkraft aus der Erdbebenbeanspruchung beträgt nach Gl.(4.62) mit Hilfe von Bild 4.108 und einem angenommenen mittleren Wert $\Phi_o \approx 1.52$ für die oberen Riegel analog zum vorhergehenden Abschnitt:

$P_{o,E} = 0.875 \cdot 1.52 \cdot 605 = 805$ kN

Die maximale Normaldruckkraft beträgt nach 4.11.5h:

$P_u = P_D + P_L + P_{o,E}^{\rightarrow} = 2'039 + 375 + 805 = 3'219$ kN. Mit $\Phi_o^{\rightarrow} = 1.30$ wird:

$V_{col} = 1.6 \cdot 1.30 \cdot 251 = 522$ kN. Nach Gl.(4.65) wird:

$M_{col,red} = (1.6 \cdot 1.30 \cdot 377 - 0.3 \cdot 0.65 \cdot 522) = 682$ kNm

Die minimale Normaldruckkraft beträgt:

$P_u = 0.9 P_D + P_{o,E}^{\leftarrow} = 0.9 \cdot 2'039 - 805 = 1'030$ kN.

Mit $\Phi_o^{\leftarrow} = 1.60$ und $R_m = 1.0$ werden:

$V_{col} = 1.6 \cdot 1.60 \cdot 251 = 643$ kN und

$M_{col,red} = 1.6 \cdot 1.60 \cdot 377 - 0.3 \cdot 0.65 \cdot 643 = 840$ kNm

Schritt 15: Ermittlung der Vertikalbewehrung der Stütze

Der Bewehrungsgehalt ergibt sich nach Bild 4.115 mit

$g \approx 0.8,\quad P_u/(f_c bh) = 1'030'000/(30 \cdot 600^2) = 0.095$ und

$M_{col}/(f_c' bh^2) = 840 \cdot 10^6/(30 \cdot 600^3) = 0.130$ zu:

$\rho_t = 0.28/14.9 = 1.9\%$.

Der Lastfall mit $P_u = 3'219$ kN ist nicht massgebend. Damit wird die erforderliche Stahlfläche:

$\Rightarrow A_{st} = 0.019 \cdot 600^2 = 6'840$ mm^2

$\Rightarrow$ gewählt: 4 HD28 + 12 HD24 = 7'892 mm^2

Der Stützenquerschnitt über der 2. Decke muss ebenfalls überprüft werden, da gemäss Bild 4.108 das Bemessungsmoment etwas grösser und die minimale Normaldruckkraft etwas kleiner ist. Es zeigt sich, dass dadurch etwa 8% mehr Bewehrung erforderlich wird als unterhalb der Decke ($A_{st} = 1.08 \cdot 6'840 = 7'387 < 7'892$ mm^2).

Schritt 16: Ermittlung der Querbewehrung der Stütze

Da kein plastisches Gelenk vorhanden ist, gelten die Regeln für elastische Stützenbereiche.

1. Für die Schubbemessung gilt gemäss dem obigen Schritt 8 für $E_o^{\leftarrow}$:
   $V_{col} = 643$ kN. Mit $d = 0.8 h_c$ erhalten wir:
   $v_i = 643'000/(0.8 \cdot 600^2) = 2.23$ N/mm$^2 < 0.2 f_c' = 6$ N/mm^2 (Gl.(3.34))

2. Der Beitrag des Betons an den Schubwiderstand wird wie folgt ermittelt:
   Mit $A_s \approx 0.3 A_{st}$ beträgt der Längsbewehrungsgehalt
   $\rho_w = 0.3 \cdot 7'892/(0.8 \cdot 600^2) = 0.8\%$. Nach Gl.(3.37) gilt:
   $v_b = (0.07 + 10 \cdot 0.008)\sqrt{30} = 0.82$ N/mm^2. Damit wird nach Gl.(3.38):
   $v_c = (1 + 3 P_u/(f_c' bh)) v_b = (1 + 3 \cdot 0.095)0.82 = 1.05$ N/mm^2

3. Die erforderliche Schubbewehrung beträgt nach Gl.(3.44):
   $\Rightarrow A_v/s = (2.23 - 1.05)600/275 = 2.58$ mm^2/mm
   Die Querkraft für die Erdbebeneinwirkung in der anderen Richtung ($E_o^{\rightarrow}$:
   $V_{col} = 522 kN, P_u = 32$ kN) ist nicht massgebend.

4. Für die erforderliche Umschnürungsbewehrung in den Endbereichen wird nach Gl.(3.29):

$m_r = 0.3(A_g/A_c - 1) = 0.3(600^2/530^2 - 1) = 0.084$

Damit wird $m_r = 0.12$ massgebend, und die im Falle einer Stütze mit plastischem Gelenk im Gelenkbereich erforderliche Gesamtfläche an Umschnürungsbewehrung über die Breite h'' beträgt nach Gl.(3.28) mit

$P_u/(f'_c A_g) = 3'219'000/(30 \cdot 600^2) = 0.30$ und

$h'' = 600 - 2 \cdot 40 + 10 = 530$ mm (vgl. Bild 3.18):

$\Rightarrow A_{sh}/s_h = 0.12(30/275)(0.5 + 1.25 \cdot 0.3) \cdot 530 = 6.07$ mm^2/mm

In den Endbereichen einer Stütze ohne plastisches Gelenk ist jedoch nach Abschnitt 4.5.10c.3 nur die Hälfte des aus Gl.(3.28) resultierenden Betrages erforderlich:

$\Rightarrow A_{sh}/s_h = 0.5 \cdot 6.07 = 3.04 > 2.58$ mm^2/mm

Die Abstandsregeln für die Umschnürungsbewehrung nach 4.5.10c.3 bzw. c.1 ergeben:

$s_h \leq b_c/4$ oder $h_c/4 = 600/4 = 150$ mm   bzw.

$s_h \leq 6d_b = 6 \cdot 24 = 144$ mm   bzw.

$s_h \leq 200$ mm

$\Rightarrow s_h \leq 140$ mm

5. Die Bewehrung zur Stabilisierung der Vertikalbewehrung beträgt nach Gl.(4.55) für jeden der vier Eckstäbe HD28:

$\Rightarrow A_{te}/s = 616 \cdot 380/(16 \cdot 275 \cdot 100) = 0.532$ mm^2/mm   (pro Schenkel)

6. Die Querbewehrung im Stossbereich beträgt nach Gl.(3.50) für Stäbe HD28:

$\Rightarrow A_{tr}/s = (28/50)(380/275) = 0.774$ mm^2/mm   (pro Schenkel)

Für die Bewehrungsanordnung nach Bild 4.36b mit 5.4 wirksamen Schenkelquerschnitten erhalten wir aus dem für die Umschnürungsbewehrung erforderlichen Querschnitt pro Schenkel:

$\Rightarrow A_{sh}/s = 3.04/5.4 = 0.56$ mm^2/mm $<$ 0.774 mm^2/mm

In den Endbereichen der Stütze wird die Querbewehrung im Stossbereich massgebend. Wir benötigen Stäbe R12 ($A_{te} = 113$ mm^2) im Abstand $s = 113/0.774 = 146$ mm.

$\Rightarrow$ gewählt: Aussenbügel R12, Innenbügel R10 mit $s = 140$ mm

Die Endbereiche sind nach Abschnitt 4.5.10a und Bild 4.34 folgendermassen definiert: Mit $P_u \leq 0.3f'_c A_g$ beträgt die Länge $l_o = h_c = 600$ mm,

bzw. ausgehend vom Momentengradienten ($M_{Erdbeben}$):

$l_o = (1 - 0.8)(3350 - 650/2) = 605$ mm.

In den übrigen Bereichen der Stütze wird die Schubbewehrung massgebend, also $A_v/s = 2.58$ mm^2/mm. Mit $A_{v,vorh} = 2 \cdot 113 + 3.4 \cdot 78.5 = 493$ mm^2 wird $s = 493/2.58 = 191$ mm.

$\Rightarrow$ gewählt $s = 180$ mm, womit sämtliche Anforderungen betreffend Abstand der Querbewehrung in diesen Bereichen erfüllt sind.

4.11.11   Stützenfuss (6)

Um die verschiedenen Anforderungen an die Querbewehrung im potentiellen Gelenkbereich einer Stütze zu zeigen, werden auch einige Schritte der Bemessung des Fusses der Stütze (6) im untersten Geschoss durchgeführt.

Schritt 14: Ermittlung der Bemessungsschnittkräfte der Stütze

1. Geschätzte maximale Normaldruckkraft:

    Dauerlast $P_D =$ 2'039 + 258 $\approx$ 2'300 kN

    Nutzlast $P_L =$ $\approx$ 420 kN

    Erdbeben-Ersatzkräfte mit $R_v = 0.88$ für $\omega \leq 1.4$
    und 8 Geschosse aus der Tabelle von Bild 4.26

$$P_{oE} = \quad 0.88 \cdot 1.52 \cdot 727 \qquad\qquad = \quad 972 \text{ kN}$$
$$P_u = \quad P_D + P_L + P_{o,E} \qquad\qquad = \quad 3'692 \text{ kN}$$

    Geschätzte minimale Normaldruckkraft:

$$P_u = \quad 0.9 P_D + P_{o,E} = 0.9 \cdot 2'300 - 972 \quad = \quad 1'098 \text{ kN}$$

2. Das Bemessungsmoment am Stützenfuss beträgt nach Gl.(4.58) mit $\omega = 1.1$ nach 4.5.4d bzw. Bild 4.25 und $\Phi_o = \Phi_{o,ideal} \approx 1.4$ sowie Bild 4.108
$$M_{col} = \omega \Phi_o M_E = 1.1 \cdot 1.4 \cdot 723 = 1'113 \text{ kNm}$$

3. Die Ermittlung der Stützenquerkraft erfordert eine Abschätzung des Biegewiderstandes bei Überfestigkeit am Stützenfuss. Mit $\lambda_o = 1.4$ für Bewehrungsstahl HD ergibt sich:
$$M_{o,unten} = 1.4 \cdot 1'113 \approx 1'560 \text{ kNm}$$
    Es wird weiter angenommen, dass bei der ersten und der zweiten Decke je $\Phi_o^{\leftarrow} = 1.6$ sei. Damit folgt aus Gl.(4.71) und Bild 4.108:
$$V_{col} = (1'560 + 1.5 \cdot 1.6 \cdot 311)/4.0 = 577 \text{ kN}$$

Schritt 15: Ermittlung der Vertikalbewehrung der Stütze

Mit der minimalen Normaldruckkraft $P_u = 1'098$ kN und $M_{col} = 1'113$ kN erhalten wir aus Bild 4.115: $\rho_{t,erf} = 2.79\%$
$\Rightarrow$ gewählt: 16 HD28 mit $A_{st} = 9'856$ mm^2 $\Rightarrow$ $\rho_{t,vorh} = 2.74\%$
Die maximale Normaldruckkraft $P_u = 3'692$ kNm wird zusammen mit M_{col} für die Bemessung der Stützenlängsbewehrung nicht massgebend.

Schritt 16: Ermittlung der Querbewehrung der Stütze

Es müssen die Regeln für Gelenkbereiche befolgt werden.

1. $v_i = 577'000/(0.8 \cdot 600^2) = 2.00$ N/mm$^2 \leq 0.2 f_c' = 5.0$ N/mm^2 (Gl.(3.34))

2. Im plastischen Gelenk mit
$P_u/(f_c' A_g) = 1'098'000/(30 \cdot 600^2) \approx 0.01$ wird nach Gl.(3.42): $v_c = 0$

3. $\Rightarrow A_v/s = 2.00 \cdot 600/275 = 4.36$ mm^2/mm

4. Umschnürungsbewehrung gemäss den Gleichungen (3.29) und (3.28):
$m_r = 0.3\,(600^2/540^2 - 1) = 0.070 \; < \; m_r = 0.12$
$P_u/(f_c' A_g) = 3'692'000/(30 \cdot 600^2) = 0.342$ und $h'' = 530$ mm
$\Rightarrow A_{sh}/s_h = 0.12(30/275)\,(0.5 + 1.25 \cdot 0.342) \cdot 530 = 6.44$ mm^2/mm

5. Die Abstandsregeln und die Anforderungen an die Stabilisierungsbewehrung sind dieselben wie unterhalb der 2. Decke, vgl. 4.11.10. Ein Bewehrungsstoss im plastischen Gelenk ist nicht gestattet.

Im Gelenkbereich wird also die Umschnürungsbewehrung massgebend. Mit 5.4 wirksamen Schenkelquerschnitten wird der Abstand für Bügel R12:
$s_h = 5.4 \cdot 113/6.44 = 95$ mm $\Rightarrow$ gewählt 90 mm

Die Länge des Gelenkbereiches beträgt nach 4.5.10a für $P_u/(f'_c A_g) > 0.3$
$l_o \geq 1.5 h_c = 900$ mm, bzw. $l_o \geq (1 - 0.7)(4'000 - 650/2) = 1'103$ mm.
$\Rightarrow$ 13 Bügelgruppen R12 gemäss Bild 4.36b im Abstand $s = 90$ mm.

Die Bemessung des Bereichs anschliessend an den Gelenkbereich sowie der andern Bereiche wird hier nicht gezeigt.

4.11.12   Aussenknoten bei Stütze (5)

Es wird der Aussenknoten der 2. Decke bei Stütze (5) betrachtet.

Schritt 17: Bemessung des Rahmenknotens

1. Knotenschnittkräfte
Für die massgebende Beanspruchungskombination mit Erdbeben von links resultiert gemäss 4.11.9.3 eine Normalkraft $P_u = -434$ kN (Zug).
Das zugehörige Riegelüberfestigkeitsmoment beträgt nach 4.11.8, Schritt 9:
$M_o^{\rightarrow} = 1.25 \cdot 422 = 528$ kNm.
Nach Gl.(4.134) ergibt sich die Stützenquerkraft mit $V_5^{\rightarrow}$ aus 4.11.8, Schritt 11, zu
$V_{col} \approx (2 \cdot 528 + 0.5 \cdot 211)/(2 \cdot 3.35) = 173$ kN,
oder direkt aus dem in Bild 4.113a gezeichneten Wert:
$V_{col} \approx 570/3.35 = 170$ kN.

2. Innere Kräfte im Knoten
Die maximale Zugkraft in der oberen Riegelbewehrung beträgt
$T_o = 1.25 \cdot 275 \cdot 3'067 \cdot 10^{-3} = 1'054$ kN.
Damit wird die horizontale Knotenquerkraft nach Gl.(4.133):
$V_{jh} = 1'054 - 170 = 884$ kN.

3. Kontrolle der Knotenschubspannung
Die wirksame Knotenbreite beträgt entsprechend Bild 4.63:
$b_j = 400 + 0.5 \cdot 500 = 650 > 500 \Rightarrow h_j = 500$ mm.
Die nominelle horizontale Knotenschubspannung erhalten wir mit Gl.(4.107):
$v_{jh} = 884'000/500^2 = 3.54$ N/mm^2 $< 1.5\sqrt{30} = 8.22$ N/mm^2 (Gl.(4.110))

4. Vertikale Knotenquerkraft
Entsprechend Gl.(4.87) beträgt die vertikale Knotenquerkraft
$V_{jv} = (650/500)884 = 1'149$ kN.

5. Beitrag der Betondruckdiagonalen an den vertikalen Schubwiderstand
Die Normalzugspannung bezogen auf die Betonfläche beträgt:
$f_c = 434'000/500^2 = 1.73$ N/mm$^2 = 0.058 f'_c$.
Damit erhalten wir nach Abschnitt 4.7.8d und mit $A'_{sc}/A_{sc} = 1$:

- für $P_u = 0$ $\rightarrow V_{cv} = 0.6V_{jv}$ aus Gl.(4.99)
- für $P_u = 0.2f'_cA_g$ (Zug) $\rightarrow V_{cv} = 0$ siehe Ende von 4.7.4b.6

Mit Hilfe einer Interpolation (siehe am Ende von 4.7.4b.6) folgt daraus:
$V_{cv} = [1 - (0.058/0.2)] \, 0.6V_{jv} = 0.43V_{jv} = 0.43 \cdot 1149 = 494$ kN
Analog ergibt sich aus Gl.(4.136):

- für $P_u = 0$ $\rightarrow V_{ch} = 0.5FV_{jh}$
- für $P_u = 0.058f'_cA_g$ (Zug) $\rightarrow V_{ch} = 0.36FV_{jh}$

6. Erforderliche Knotenschubbewehrung

Nach Gl.(4.100) gilt: $V_{sv} = 1149 - 494 = 655$ kN
Daraus ergibt sich die erforderliche vertikale Bewehrung nach Gl.(4.117):
$A_{jv} = 655'000/380 = 1'724$ mm².
In 4.11.9.4 wurden 4 HD20, d.h. $A_{jv} = 1'256$ mm² gewählt. Diese Zwischenstäbe der Stützenbewehrung werden nun auf HD24 vergrössert.
$\Rightarrow A_{jv,vorh} = 1'810$ mm² $> 1'723$ mm².

Nach 4.7.8e und Gl.(4.137) gilt für diesen Knoten:
$F = (3/4)(500/650)(1'810/1'723) = 0.606$. Nach Gl.(4.136) erhalten wir:
$V_{ch} = 0.36 \cdot 0.606 \cdot 884 = 193$ kN. Damit wird nach Gl.(4.98):
$V_{sh} = 884 - 193 = 691$ kN und folglich nach Gl.(4.116):
$\Rightarrow A_{jh} = 691'000/275 = 2'513$ mm²
Mit Bügeln aussen R16 und innen R12 erhalten wir pro Bügelgruppe
$A_{jh} = 628$ mm².
Die erforderliche Anzahl Gruppen beträgt: $n_h = 2'513/628 = 4.00$.
$\Rightarrow$ 4 Bügelgruppen im Abstand $(d - d')/4 = 125$ mm

7. Überprüfung der Verankerung der Riegelbewehrung

Die Verankerungslänge der horizontalen Bewehrungsstäbe D24 beträgt nach Abschnitt 3.4.4 mit $m = 0.8$: $l_{hb} = 66 \cdot 24 \cdot 0.8/30 = 231$ mm, nach Bild 4.89a ist die verfügbare Länge $l = 500 - 40 - 10 \cdot 24 = 220$ mm. Querstäbe innerhalb der Abbiegungen nach Bild 4.89b scheinen hier nicht erforderlich zu sein.

4.11.13   Innenknoten bei Stütze (6)

Es wird der Innenknoten der 2. Decke bei Stütze (6) betrachtet.

Schritt 17: Bemessung des Rahmenknotens

1. Knotenschnittkräfte

Ausgehend von der Ermittlung der Überfestigkeitsfaktoren in 4.11.8, Schritt 10, scheint die Beanspruchungskombination mit Erdbeben von rechts $(E^{\leftarrow})$ massgebend zu sein. Gemäss 4.11.10 ist $P_u = 1030$ kN, und nach Bild 4.113a gilt:
$V_{col} = (680 + 560)/3.35 = 370$ kN

2. Innere Kräfte im Knoten

Basierend auf den Riegel-Überfestigkeitsmomenten in 4.11.8, Schritt 9, beträgt die für die horizontale Knotenquerkraft wesentliche gesamte Zugkraft T_o aus der oberen und unteren Bewehrung mit $(d - d') = 500$ mm:
$T_o = (606 + 528)/0.5 = 2'268$ kN. Analog Gl.(4.104) erhalten wir:

$V_{jh} = 2'268 - 370 = 1'898$ kN.

3. Kontrolle der Knotenschubspannung
Mit V_{jh} ergibt sich nach Gl.(4.107):
$v_{jh} = 1'898'000/600^2 = 5.27$ N/mm$^2 = 1.5\sqrt{30} = 8.22$ N/mm^2 (Gl.(4.110))

4. Vertikale Knotenquerkraft
$V_{jv} = (650/600)1'898 = 2'056$ kN   (Gl.(4.87))

5. Beiträge der Betondruckdiagonalen
Mit den Verteilfaktoren für die Einheits-Stockwerkquerkraft aus den Tabellen der Bilder 4.105 und 4.106 wird C_j nach Gl.(4.126) näherungsweise:
$C_j = 0.0524/(0.0524 + 0.0571) = 0.48$, womit nach Gl.(4.124) gilt:
$P_u = 0.48 \cdot 1'030 = 494$ kN
Da $P_u/(f'_c A_g) < f'_c A_g$, gilt nach Gl.(4.111): $V_{ch} = 0$.
$V_{cv} = (0.6 + 494'000/(600^2 \cdot 30))2'056 = 1'328$ kN   Gl.(4.102)

6. Erforderliche Knotenbewehrung
Mit Gl.(4.98) erhalten wir $V_{sh} = 1'898 - 0 = 1'898$ kN
Die erforderliche Bewehrung beträgt nach Gl.(4.116):
$\Rightarrow A_{jh} = 1'898'000/275 = 6'902$ mm^2.

Da die Querschnittsfläche der Querbewehrung sehr gross ist, muss bei der konstruktiven Durchbildung mit der nötigen Vorsicht vorgegangen werden. Mit 4 Bügelgruppen im Abstand $500/4 = 125$ mm und 5.4 wirksamen Schenkelquerschnitten gemäss Bild 4.36b erhalten wir:
$\Rightarrow A_b = 6'902/(4 \cdot 5.4) = 319$ mm^2, d.h. Bügel R20 (314 mm^2)

Mit diesem grossen Durchmesser ist bei einer Überdeckung von 40 mm zur Hauptbewehrung die Bügelüberdeckung nicht mehr genügend. Daher wählen wir äussere Bügel R16 und erreichen damit noch eine Überdeckung von 24 mm, benötigen aber nun stärkere innere Bügel (HD24):

- äussere Bügel R16: $2 \cdot 201 \cdot 275 \cdot 10^{-3}$ $= 111$ kN
- innere Bügel 3.4· HD24: $3.4 \cdot 452 \cdot 380 \cdot 10^{-3}$ $\underline{= 584 \text{ kN}}$
- Tragwiderstand einer Bügelgruppe $= 695$ kN

Anzahl erforderliche Bügelgruppen: $1'896/695 = 2.73$
$\Rightarrow$ gewählt: 3 Gruppen im Abstand $500/3 = 165$ mm (vgl. Bild 4.116).

Eine andere Lösung mit drei Gruppen nach Bild 4.81 mit innen 2 HD24 und aussen 1.4 wirksamen HD28 weist den folgenden horizontalen Schubwiderstand auf:
$V_{sh} = 3(2 \cdot 452 + 1.4 \cdot 616)380 \cdot 10^{-3} = 2'014 > 1'898$ kN
Für die vertikale Knotenbewehrung erhalten wir:

V_{sv} $= 2'056 - 1'328 = 728$ kN   Gl.(4.100)
$\Rightarrow A_{jv}$ $= 728'000/380$ $= 1915$ mm^2 Gl.(4.117)
$A_{jv,vorh} = $ (6 HD24) $= 2715$ mm^2

7. Überprüfung der Verankerung der Riegelbewehrung
Nach Abschnitt 4.11.8b beträgt der verwendete maximale Stabdurchmesser 24 mm. Nach 4.7.4h, ist bei der vorhandenen Stützenbreite von 600 mm ein Durchmesser von $11h_c/f_y = 11 \cdot 600$ mm$/275$ N/mm$^2 = 24$ mm zulässig, was dem verwendeten Stabdurchmesser genau entspricht.

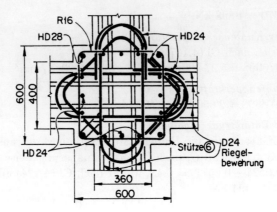

Bild 4.116: Bügelanordnung beim Innenknoten der 2. Decke bei Stütze (6)

Kapitel 5

Duktile Tragwände

In diesem Kapitel werden Entwurf, Bemessung und konstruktive Durchbildung von duktilen Tragwänden aus Stahlbeton behandelt. Dabei stehen voll duktile Tragwände mit einem Verschiebeduktilitätsfaktor μ_Δ im Bereich von etwa 4 bis 6 im Vordergrund (2.2.7b).

Duktile Tragwände haben gegenüber duktilen Rahmen den Vorteil, dass sie erheblich steifer sind und dass jeweils nur an einer einzigen Stelle pro Tragwand ein plastisches Gelenk mit besonderen Anforderungen an die Bemessung und die konstruktive Durchbildung auftritt. Andererseits haben sie im Vergleich zu Rahmen den Nachteil, dass sie die Nutzungsmöglichkeiten des Gebäudes einschränken können.

5.1 Einleitung

Die Aussteifung von Gebäuden mit Tragwänden aus Stahlbeton ist eine seit langem übliche Massnahme. Falls solche Wände im Gebäudegrundriss vorteilhaft plaziert werden können, bilden sie neben ihren anderen Funktionen ein sehr wirksames Tragsystem für horizontale Einwirkungen. Bei Gebäuden bis zu 20 Stockwerken ist es dem entwerfenden Ingenieur überlassen, ob er Tragwände verwenden will oder nicht. Bei Gebäuden mit über 30 Stockwerken ist dagegen die Verwendung solcher Wände aus Gründen der Wirtschaftlichkeit und der horizontalen Verschiebungen meist unabdingbar.

Der grösste Teil der Erdbebenkräfte und der entsprechenden horizontalen Querkräfte wird meist über solche Tragwände abgetragen. Sie werden deshalb oft als 'Schubwände' bezeichnet. Diese Bezeichnung ist jedoch unglücklich, da die Wände in den meisten Fällen als duktile Biegeelemente ausgebildet werden und die Schubbeanspruchung nicht massgebend ist. Es wurde schon in den vorhergehenden Kapiteln darauf hingewiesen, dass bei seismisch beanspruchten Tragwerken Teile, die auf Querkraft versagen, wenn immer möglich vermieden werden sollten. In diesem Kapitel wird nun gezeigt, wie dies auch im Fall von Tragwänden auf einfache Weise möglich ist.

Die hauptsächlichen Eigenschaften, die beim Entwurf eines Tragwerks für Erdbebeneinwirkungen beachtet werden müssen, werden in 1.6.1 diskutiert:

- Steifigkeit
- Tragwiderstand
- Duktilität

Der Hauptvorteil bei der Verwendung von Stahlbeton-Tragwänden liegt in der damit erreichten Steifigkeit. So kann ein weitgehender, wenn nicht sogar vollständiger Schutz vor Schäden bei schwächeren Erdbeben erreicht werden. In den meisten Fällen kann auf die aufwendige Abtrennung von nichttragenden Elementen durch die Ausbildung von eigentlichen Bewegungsfugen verzichtet werden.

Für die Begrenzung der Schäden infolge stärkerer Beben sollte ein weitgehend elastisches Verhalten des Tragwerks gewährleistet sein. Zur Erfüllung dieser Anforderung müssen die Tragwände einen entsprechenden Tragwiderstand aufweisen. Feine Risse in Tragwänden, ja sogar örtlich beschränktes Fliessen der Bewehrung, können noch als zulässig eingestuft werden. Liegt die Beanspruchung nahe, aber noch unter dem mit den Rechenfestigkeiten der Baustoffe ermittelten Tragwiderstand, so sind die meisten Tragwände auch nach der Bildung von ausgedehnten Biege- und Schubrissen noch steif genug, um die nichttragenden Elemente vor Beschädigung zu schützen. Während bei Rahmen eine Reduktion der Steifigkeit durch Rissebildung (z.B. auf die Hälfte) bei Beanspruchungen in der Höhe des Tragwiderstandes bereits zu grossen Horizontalverschiebungen führt, ist dies bei Tragwänden nicht der Fall, obwohl die Reduktion der Steifigkeit viel grösser sein kann.

Schliesslich müssen die Anforderungen an die Duktilität zur Energiedissipation (Energiefreisetzung in den plastischen Zonen) bei sehr starken Erdbeben erfüllt sein. Die Ansicht, dass Tragwände grundsätzlich spröde sind, ist weit verbreitet. Der Grund liegt wahrscheinlich darin, dass oft ein Schubversagen beobachtet worden ist. Daher verlangen viele Erdbebennormen für Gebäude mit Tragwänden erheblich höhere Erdbeben-Ersatzkräfte als für Gebäude mit Rahmen. Ein Hauptziel dieses Kapitels ist es zu zeigen, dass die allgemeinen Grundsätze der plastischen Bemessung von Stahlbeton-Tragelementen unter Erdbebeneinwirkung auch auf Tragwände anwendbar sind und dass es verhältnismässig einfach ist, die Energie auf eine stabile Art und Weise freizusetzen [P53]. Es liegt auf der Hand, dass die verschiedenen Wandtypen und -formen spezielle Regeln für die konstruktive Durchbildung der Bewehrung erfordern.

Für die Behandlung des inelastischen Verhaltens und zur Entwicklung von Bemessungsregeln von Tragwänden sind folgende Grundannahmen erforderlich:

1. In allen in diesem Kapitel besprochenen Fällen wird vorausgesetzt, dass die Fundamente die entsprechenden Schnittkräfte mit einer genügenden Kippsicherheit aufnehmen können. Elastische und inelastische Verformungen in der Fundation und im Untergrund werden nicht berücksichtigt. Verhalten und Bemessung von Fundamenten unter seismischen Beanspruchungen werden im 8. Kapitel 'Fundationen' behandelt.

2. Die Steifigkeit einer einzelnen von mehreren zusammenwirkenden Tragwänden relativ zu den anderen Tragwänden wird durch die Fundation nicht beeinflusst.

3. Die Massenträgheitskräfte werden in jedem Stockwerk über steife, als Scheiben wirkende und sich elastisch verhaltende Decken auf die Tragwände

übertragen.

4. Die als Kragarm wirkenden Tragwände werden entweder einzeln oder als unter sich in einer Gruppe zusammenwirkend betrachtet. Die Tragwirkung anderer Elemente wird in diesem Zusammenhang vernachlässigt. Das Zusammenwirken von Tragwänden mit Rahmensystemen wird im 6. Kapitel 'Gemischte Tragsysteme' behandelt.

5. Bei den hier betrachteten Tragwänden werden allgemein die Tragwiderstände um die beiden Achsen unabhängig voneinander betrachtet. Obwohl ein Erdbeben natürlich in beliebiger Richtung auf eine Struktur wirken kann, werden die beiden Hauptrichtungen getrennt untersucht; es gibt aber Fälle, in denen die Erdbebeneinwirkung in schiefer Richtung massgebend werden kann. Dabei sind die allgemein bekannten Nachweisverfahren wie z.B. für schiefe Biegung zu verwenden.

5.2 Tragwandsysteme

Um das Entwerfen des Tragwerks und die Lösung der verschiedenen Bemessungsaufgaben zu erleichtern, werden im folgenden die Anordnung der Tragwände im Grundriss und deren Gestaltung behandelt.

5.2.1 Anordnung der Tragwände im Grundriss

Je nach Anordnung der meist als Gruppe von Kragarmen wirkenden Tragwände in einem Gebäude tragen diese zum Widerstand gegen Kippmomente, Stockwerkquerkräfte und Torsionsmomente bei. Normalerweise werden Anzahl, Ort und Orientierung der Tragwände durch Erfordernisse der Gebäudenutzung beeinflusst. Um zu einer optimalen, den seismischen Einwirkungen mit vernünftigem Materialaufwand gewachsenen Struktur zu gelangen, ist es unbedingt notwendig, dass Architekt und Bauingenieur schon im Stadium des Entwerfens zusammenarbeiten. Bei der Konzeption ist vor allem auf Symmetrie der Steifigkeiten, auf kleine Exzentrizitäten und auf die für die Fundationen resultierenden Beanspruchungen zu achten (vgl. 1.6.3).

Dabei muss man sich im klaren sein, dass bei Erdbebeneinwirkungen an die Tragwerke weit höhere Anforderungen gestellt werden, als dies normalerweise, so z.B. bei Windeinwirkungen, der Fall ist. Entsprechend wichtig sind daher auch die sich aus den strukturellen Anforderungen ergebenden Randbedingungen. Windkräfte werden durch ein elastisch bleibendes Tragwerk aufgenommen, während bei den Beanspruchungen infolge starker Erdbeben meistens inelastische bzw. plastische Verformungen entstehen. Der Schlüssel zu einem guten Entwurf der Tragstruktur liegt nun darin, die plastischen Verformungen gleichmässig über den gesamten Grundriss zu verteilen. Nur dadurch kann eine gleichförmige Beanspruchung der verformungsfähigen Elemente ohne lokale Überbeanspruchung und mögliches Versagen gewährleistet werden.

In Wohnbauten können dank der kleinflächigen, in Bild 5.1 dargestellten Raumunterteilung zahlreiche, der Abtragung von horizontalen wie auch vertikalen Einwirkungen dienende Tragwände angeordnet werden. Bedingt durch die grosse Anzahl Wände ist in der N-S-Richtung die einwirkende Kraft pro Wand verhältnismässig klein, und es genügt oft die Minimalbewehrung, um ein elastisches Verhalten auch für starke Erdbeben zu gewährleisten. Im Grundriss gemäss Bid 5.1a werden in der W-O-Richtung die Tragwände jedoch durch die Türöffnungen in relativ kleine Teile zerstückelt. In Wohnbauten sind dazu die Betondecken relativ dünn und können daher kaum als Verbindungsriegel wirken, da durch die sehr kleine mitwirkende Breite die erforderliche Querkraftsübertragung von einer Wand zur andern nur beschränkt möglich ist. Es dürfte einleuchten, dass der gemäss Bild 5.1b modifizierte Grundriss dank den beiden nun über die halbe Gebäudelänge durchgehenden und mit Flanschen versehenen Wänden einen in Längsrichtung deutlich höheren Tragwiderstand aufweist und deshalb unbedingt vorzuziehen ist. Ferner dürfte klar sein, dass die in Bild 5.1b gezeigten, in N-S-Richtung verlaufenden inneren Wände für Beanspruchungen in dieser Richtung eine beachtliche Steifigkeit aufweisen, während sie in O-W-Richtung extrem weich sind. Wird diese geringe Steifigkeit mit derjenigen der grossen Endwände mit T-Querschnitt verglichen, so ist offensichtlich, dass ihr Beitrag im allgemeinen vernachlässigt werden kann.

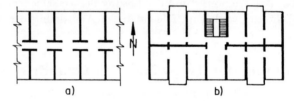

Bild 5.1: Typische Wandanordnung in Wohnbauten

Die Systeme von Bild 5.1 sind im allgemeinen gut geeignet, da das Massen- und das Steifigkeitszentrum (Schubmittelpunkt, Rotationszentrum) praktisch zusammenfallen. Bei der Torsionsberechnung muss sowohl die Anordnung der einzelnen Wände als auch deren Biege- und in besonderen Fällen (geschlossene rohrartige Querschnitte) auch die Torsionssteifigkeit betrachtet werden. Die meisten Tragwände weisen jedoch einen dünnwandigen, offenen Querschnitt mit geringer Torsionssteifigkeit auf. Der Beitrag der einzelnen Wand an die Torsionssteifigkeit des gesamten Tragwerks kann daher im allgemeinen vernachlässigt werden.

In Bild 5.2a, b und c werden ungünstige Systeme gezeigt, die exzentrisch wirkende horizontale Kräfte nur mit Hilfe der Biegesteifigkeit der einzelnen Wände um ihre weiche Achse abtragen können. Bei den Systemen von Bild 5.2a und c tritt zwar nur eine kleine oder überhaupt keine (statische) Exzentrizität der Trägheitskräfte auf, in den meisten Normen wird jedoch eine minimale Bemessungsexzentrizität vorgeschrieben.

Die in Bild 5.2d, e und f gezeigten Systeme verhalten sich besser. Sogar im System d, in dem für den Lastangriff in O-W-Richtung eine beträchtliche Exzentrizität vorhanden ist, kann der Torsionswiderstand durch Kräfte in den Ebenen der beiden kurzen Wände leicht erbracht werden. Die für Windkräfte oft empfohlenen Systeme d und f sind zur Aufnahme von Erdbebenkräften in der N-S-Richtung jedoch nicht sehr günstig, falls nicht zusätzliche, im Bild nicht dargestellte Tragelemente wie z.B.

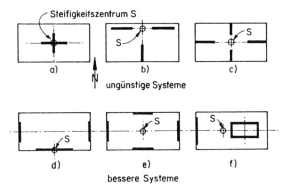

Bild 5.2: Beispiele zum Torsionsverhalten von Wandsystemen

duktile Rahmen, eine einigermassen gleichmässige Energiedissipation gewährleisten können.

Zur weiteren Illustration des Torsionsverhaltens von inelastischen Wandsystemen wird Bild 5.3 betrachtet. Die Erdbebeneinwirkung F in Längsrichtung kann mit beiden Systemen gut aufgenommen werden. Beim Beispiel von Bild 5.3a ist die Exzentrizität klein, und die Elemente in Richtung der kurzen Seite können den erforderlichen Torsionswiderstand aufbringen, selbst wenn der Flansch des T-Querschnittes inelastische Verformungen erleidet. Im Falle einer Erdbebeneinwirkung F in der kurzen Richtung können in beiden Systemen die Gleichgewichtsbedingungen durch Kräfte in den beiden Endwänden relativ einfach erfüllt werden. Im Beispiel des Bildes 5.3a kann jedoch nicht erreicht werden, dass die beiden Wände im gleichen Moment zu fliessen beginnen. Die viel längere Wand (A) bleibt elastisch, während die Wand (B) unter Umständen übermässig plastisch verformt wird. Dies bewirkt eine Rotation des Bauwerkes bzw. eine Verdrehung der Decke um eine Vertikalachse, wobei nur Wand (B) zur Energiedissipation beiträgt. Im Beispiel von Bild 5.3b dagegen erfahren beide Endwände etwa die gleichen plastischen Verformungen und setzen Energie um. Dieselben Wände tragen auch wesentlich zum Torsionswiderstand bei, wenn in Längsrichtung eine exzentrische Kraft angreift.

Liftschächte und Treppenhäuser bieten sich zur Bildung von tragfähigen Ker-

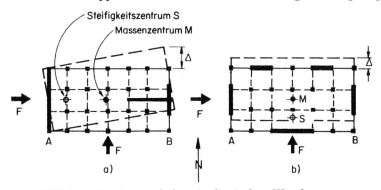

Bild 5.3: Torsionsverhalten inelastischer Wandsysteme

nen an und bilden traditionellerweise die Hauptelemente zur Abtragung horizontaler Kräfte in Bürogebäuden. Zusätzlichen Tragwiderstand für horizontale Kräfte bieten wenn nötig auch die in den Aussenflächen des Beispiels von Bild 5.4a liegenden Fassadenrahmen. Ein zentrisch angeordneter Kern kann aber unter Umständen allein genügend Torsionswiderstand aufweisen. Exzentrisch angeordnete Gebäudekerne wie im Beispiel von Bild 5.4b führen hingegen zu grosser Unausgewogenheit bezüglich Torsion. Es wäre vorzuziehen, den erforderlichen Torsionswiderstand mit zusätzlichen Wänden entlang den anderen drei Seiten des Gebäudes zu gewährleisten. Da sich diese exzentrische Anordnung des Kerns vor allem bei kleineren Grundstücken nicht immer vermeiden lässt, ist in solchen Fällen, wenn zusätzliche Wände vergleichbarer Steifigkeit nicht möglich sind, eher auf den steifen Kern zu verzichten und ein torsionssymmetrisches Rahmensystem vorzuziehen. Ein solcher nichttragender Kern ist aber in diesem Fall konstruktiv vom relativ weichen Rahmensystem sorgfältig zu trennen, um Schäden zu vermeiden.

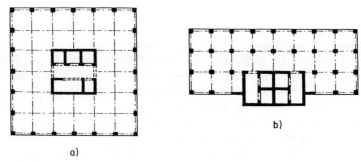

b)

a)

Bild 5.4: Grundrisse von Skelettbauten mit Stahlbetonkernen

Zur besseren Raumnutzung oder aus ästhetischen Gründen werden Wände oft in nicht rechtwinkliger Form oder z.B. in Kreis-, Ellipsen- oder Sternmustern angeordnet. Die Aufteilung der Einwirkungen auf die einzelnen Wände kann bei solchen Systemen besondere Betrachtungen erforderlich machen. Die oben für rechtwinklige Systeme beschriebenen Entwurfsgrundsätze sind aber ebenfalls zu befolgen, speziell was die Ausgewogenheit des Torsionswiderstandes betrifft.

Bei der Festlegung eines Wandsystems zur Aufnahme der horizontalen Kräfte sind auch die folgenden drei Grundsätze zu beachten:

1. Der Torsionswiderstand wird bei der Anordnung der Tragwände in den Fassaden am grössten. Ein Beispiel ist in Bild 5.60a dargestellt. Dabei können die Wände in den einzelnen Fassaden als Kragarme oder als gekoppelte Tragwände ausgebildet werden.

2. Es empfiehlt sich, auch die Schwerelasten so weit wie möglich durch die Tragwände aufzunehmen. Der Aufwand an Biegebewehrung nimmt dadurch ab, und die zur Gewährleistung der Kippsicherheit erforderlichen Fundamente werden kleiner.

3. Durch die Anordnung von möglichst vielen Tragwänden kann der Aufwand für die Fundation auf ein Minimum reduziert werden, während bei nur einer

Wand oder bei zwei Wänden sehr grosse, durch horizontale Kräfte erzeugte Beanspruchungen besondere Massnahmen bei der Bemessung der Fundation erfordern.

5.2.2 Gestaltung der Tragwände

Die meisten Tragwände können als Kragarme mit Biegung, Querkraft und Normalkraft behandelt werden (vgl. Bild 5.7). Die Horizontalkräfte greifen auf der Höhe der als Scheiben wirkenden Decken an, die die Wand auch gegen seitliches Ausbeulen stabilisieren. Daher können die Wände relativ dünnwandige Querschnitte aufweisen.

a) Querschnittsformen und mitwirkende Flanschbreiten

Einige typische Querschnitte von Tragwänden sind in Bild 5.5 gezeigt. Die minimale Wandstärke ist allgemein durch Kriterien der Ausführbarkeit und allenfalls auch des Feuerwiderstandes gegeben. Bei der Bemessung auf höhere seismische Beanspruchung muss jedoch aus Gründen des Schubwiderstandes und zur Erfüllung der Stabilitätskriterien, die in Abschnitt 5.4.2b behandelt werden, die Wandstärke oft vergrössert werden.

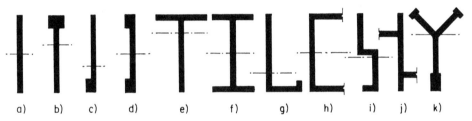

Bild 5.5: Typische Querschnittsformen von Tragwänden

Randverstärkungen, wie sie in den Bildern 5.5b, c und d dargestellt sind, dienen oft der Aufnahme und genügenden Verankerung von Riegeln. Sie bieten aber auch den für die Biegebewehrung nötigen Platz und wirken als Verstärkung gegen das seitliche Ausbeulen des dünnwandigen Querschnittes. Falls notwendig, kann dort in der Zone eines potentiellen plastischen Gelenkes auch eine sehr wirksame Umschnürung des Betons vorgesehen werden.

Aufeinandertreffende Wände bilden T- und H-Querschnitte gemäss den Bildern 5.5e, f und g, die den Erdbebenkräften in beiden Hauptrichtungen widerstehen können. Tragwände mit Druckflanschen zeigen bei entsprechender Bewehrung ein grosses Verformungsvermögen.

Bei grossen Flanschbreiten wie in den Bildern 5.5h und j sollte nur eine beschränkte Breite als voll wirksam in der Berechnung des Tragwiderstandes berücksichtigt werden. Für die mitwirkende Breite von Druckflanschen können die in den Normen enthaltenen Angaben für als einfache Balken gelagerte Träger verwendet werden, wobei als Spannweite die doppelte Höhe der Kragwand einzusetzen ist.

Wie im Falle von duktilen Rahmen wird für die Bemessung auf Querkraft die Biegeüberfestigkeit des massgebenden Wandquerschnittes benötigt. Diese hängt vor allem davon ab, wieviel Zugbewehrung während einer grossen inelastischen Verschiebung aktiviert werden kann. Die mitwirkende Breite des Zugflansches muss also relativ genau abgeschätzt werden. Die Annahme für die mitwirkende Breite des Druckflansches hat dagegen nur einen geringen Einfluss auf die Abschätzung der Biegeüberfestigkeit. Ein Modell für die mitwirkende Breite eines Zugflansches

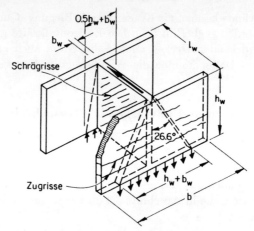

Bild 5.6: Modelle zur Bestimmung der mitwirkenden Flanschbreite

wird in Bild 5.6 gezeigt. Dabei wird angenommen, dass sich die Längskräfte im Flansch auf eine Breite entsprechend einer Neigung von 1:2 (Winkel von 26.6°) ausbreiten. Analog kann für den Druckflansch eine Neigung von 1:4 angesetzt werden.

Damit ergeben sich die folgenden Gleichungen:

o Für die mitwirkende Breite des Zugflansches:

$$b_{eff} = h_w + b_w \leq b \tag{5.1}$$

o Für die mitwirkende Breite des Druckflansches:

$$b_{eff} = 0.5h_w + b_w \leq b \tag{5.2}$$

Diese beiden Gleichungen geben Mittelwerte für die mitwirkenden Breiten im inelastischen Zustand an. In Wirklichkeit wird jedoch mit zunehmender Rotation in den plastischen Gelenken die Bewehrung auf einer ebenfalls zunehmenden Breite aktiviert.

Stets muss sichergestellt werden, dass die Fundamente die ermittelten Flanschzugkräfte aufnehmen können.

b) Schlanke und gedrungene Tragwände

Die Unterscheidung zwischen schlanken und gedrungenen Tragwänden ist von erheblicher Bedeutung. Die Abgrenzung kann durch das Verhältnis Wandhöhe h_w zu Wandlänge l_w vorgenommen werden mit

o $h_w/l_w \geq 3$: schlanke Tragwand   (Bild 5.7a)
o $h_w/l_w < 3$: gedrungene Tragwand (Bild 5.7b)

Schlanke Tragwände können im wesentlichen wie stabförmige Tragelemente behandelt werden. Bei solchen Wänden ist es auch relativ einfach, die Bildung eines Fliessgelenkes am Fuss mit der notwendigen Rotationsfähigkeit sicherzustellen. Bei gedrungenen Tragwänden sind modifizierte Betrachtungen erforderlich, da hier Querkrafteffekte (v.a. Gleitschub) besonders wichtig sind (vgl. 5.6).

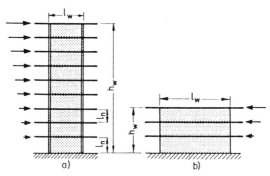

Bild 5.7: Schlanke Tragwände a) und gedrungene Tragwände b)

Schlanke Tragwände gemäss Bild 5.7a werden zur Aussteifung von mittelhohen und hohen Gebäuden sehr häufig verwendet. Oft werden mehrere Tragwände zu Servicekernen zusammengefügt (vgl. Bild 5.21).

Gedrungene Tragwände gemäss Bild 5.7b kommen in niedrigen Gebäuden oder in den unteren Geschossen von mittelhohen und hohen Gebäuden vor. Der Biegewiderstand von solchen Wänden kann im Vergleich zur Einwirkung auch bei minimaler Bewehrung sehr gross sein. Infolge der geringen Höhe sind relativ grosse Horizontalkräfte und damit Querkräfte erforderlich, damit der Biegewiderstand an der Einspannstelle erreicht werden kann. Bei verschiedenen Erdbeben haben gedrungene Wände unter Erdbebeneinwirkung oft auf schrägen Zug versagt. In Abschnitt 5.6 wird jedoch gezeigt, dass es gut möglich ist, ein biegeplastisches Verhalten zu gewährleisten. Die Energiedissipation wird allerdings durch die starken Querkrafteffekte verkleinert. Aus diesem Grund ist es ratsam, solche Wände auf einen *vergrösserten Anteil an der Ersatzkraft* zu bemessen, wodurch entsprechend *kleinere Duktilitätsanforderungen* resultieren.

Um den aus der Gedrungenheit resultierenden Effekten Rechnung zu tragen, wurde in [X3] vorgeschlagen, den für eine normale Tragwand gültigen Anteil an der Ersatzkraft (bzw. an der Stockwerkquerkraft) mit einem Vergrösserungsfaktor Z zu multiplizieren:

$$1.0 \leq Z = 2.5 - 0.5 \frac{h_w}{l_w} \leq 2.0 \tag{5.3}$$

Aus dieser Formel resultiert bei einem Verhältnis von $h_w/l_w \leq 3$ ein Vergrösserungsfaktor $Z \leq 2.0$. Daraus ergeben sich jedoch im allgemeinen keine Probleme, da solche Tragwände einen grossen Biegewiderstand besitzen und die erhöhten Beanspruchungen ohne weiteres aufnehmen können.

Wird der Anteil einer gedrungenen Tragwand an der Ersatzkraft bzw. an der Stockwerkquerkraft mit dem Faktor Z vergrössert, so ist μ_Δ entsprechend zu verkleinern (vgl. 2.2.6 und 2.2.7). Es ist zu beachten, dass in ein und demselben Bauwerk für zusammenwirkende Tragelemente durchaus unterschiedliche Bemessungs-Verschiebeduktilitäten verwendet werden dürfen. Diese sollten jedoch im allgemeinen ein Verhältnis von etwa 1:2 nicht überschreiten (womit die Regel gemäss 5.3.2c.2, wonach Schnittkraftumverteilungen bis etwa 30% der elastisch ermittelten Schnittkräfte zulässig sind, eingehalten wird).

c) Über die Höhe veränderlicher Wandquerschnitt

In Gebäuden mittlerer Höhe, und vor allem in Wohnbauten, ändert sich der Wandquerschnitt über die Bauwerkhöhe kaum. Da in höheren Gebäuden in den oberen Stockwerken die Schnittkräfte jedoch wesentlich kleiner sind als unten, kann dort der Wandquerschnitt reduziert werden.

Während normalerweise die Länge einer Wand und die Länge von Flanschen über die ganze Höhe gleich bleibt (Bild 5.8a), wird oft die Wandstärke von Steg und Flanschen nach oben vermindert (Bild 5.8f). Die daraus, wie auch aus einer allfälligen plötzlichen oder stetigen Änderung der Wandlänge (Bilder 5.8b bis e) resultierende Steifigkeitsänderung ist bei der Berechnung von mehreren zusammenwirkenden Wänden zu berücksichtigen. Wände mit stetig abnehmender Länge, wie

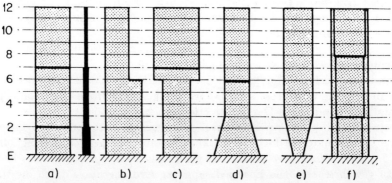

Bild 5.8: *Tragwände mit über die Bauwerkshöhe veränderlichem Wandquerschnitt*

in Bild 5.8d gezeigt, sind sehr effizient. Bei solchen Formen ist jedoch bei der Bestimmung der Lage und Länge der Gelenkzonen mit der nötigen Vorsicht vorzugehen, da diese die konstruktive Durchbildung massgeblich beeinflussen. Die Form gemäss Bild 5.8e, obwohl manchmal aus architektonischen Gründen erwünscht, ist für die Entwicklung eines plastischen Gelenkes sehr ungünstig, da dessen Länge auf einen sehr kleinen Bereich beschränkt wird. Für eine bestimmte erforderliche Verschiebeduktilität ergeben sich damit übermässige Anforderungen an die Krümmungsduktilität. Solche Wände können allenfalls in Kombination mit duktilen Rahmen verwendet werden, wobei es vorteilhaft ist, am Wandfuss ein tatsächliches Gelenk anzuordnen.

d) Tragwände mit Öffnungen

Oft weisen die Wände, sei es im Steg- oder im Flanschbereich, Öffnungen (Aussparungen) auf. Kleinere Öffnungen werden bei der Berechnung der Gesamtbeanspruchungen vernachlässigt, müssen jedoch bei der konstruktiven Durchbildung mit Sorgfalt behandelt werden. Bei grösseren Öffnungen muss deren Einfluss auf den Biege- und Schubwiderstand berücksichtigt werden.

In vielen Fällen sind regelmässig angeordnete Öffnungen für Fenster und Türen erforderlich. Bei der Anordnung dieser Öffnungen sollte darauf geachtet werden, dass ein vernünftiges, berechenbares Tragsystem gewährleistet bleibt [P1]. Insbesondere ist sicherzustellen, dass der Biegewiderstand der Tragwand durch Öffnungen nahe beim Druckrand nicht gefährdet wird. Dasselbe gilt für den vertikalen und den horizontalen Schubwiderstand, der erhalten bleiben soll, damit die Biegeüberfestigkeit mobilisiert werden kann. Sind beispielsweise die Fenster im Treppenhaus wie in Bild 5.9a angeordnet, so entstehen Probleme beim Ausbilden einer genügend duktilen Verbindung der beiden Tragwände. Die Variante gemäss Bild 5.9b, mit denselben Öffnungen etwas weiter auseinander, erlaubt die Ausbildung von Zug- und Druckdiagonalen, wodurch das Schubverhalten nicht mehr kritisch wird und die Ausbildung des Fliessgelenkes am Wandfuss erfolgen kann.

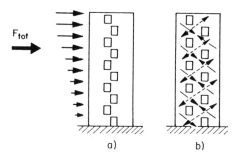

Bild 5.9: Anordnung von Öffnungen in Tragwänden

Aus Gründen der Nutzung ergeben sich bezüglich des Tragverhaltens oft unvernünftige Strukturen, bei denen die Kragwände unterbrochen werden, um im Erdgeschoss einen grossen, nicht durch Wände unterteilten Raum zu schaffen (vgl. Bild 5.10a). Diese Art von Tragwerk ist für seismische Einwirkungen in keiner Weise geeignet, da die am meisten beanspruchte Zone stark geschwächt ist. Die Querkraftübertragung von der Wand zur Fundation bewirkt einen unerwünschten Stockwerkmechanismus, der ausserordentlich hohe, oft nicht realisierbare Anforderungen an die plastische Verformbarkeit der Stützen stellt. Gleichzeitig werden durch das Kippmoment in den Stützen sehr grosse Normalkräfte erzeugt. Ein derartiges System sollte unbedingt vermieden werden.

Oft ist es möglich, durch eine als Scheibe wirkende, über solchen offenen Zonen liegende Decke den Schub auf an anderen Stellen im Bauwerk befindliche Tragwände abzuleiten (vgl. Bild 5.10b). Damit kann eine übermässige Stützenkopfauslenkung verhindert werden, und die Anforderungen an die Duktilität der Stützen sind wesentlich geringer.

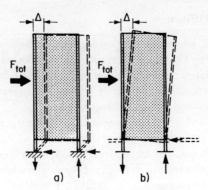

Bild 5.10: Tragwände auf Stützen

e) Gekoppelte Tragwände

Wenn die Öffnungen in einem regelmässigen und zweckdienlichen Muster angeordnet werden können, ergeben sich Tragstrukturen mit sehr guten Energiedissipationseigenschaften. Bild 5.11 zeigt einige Beispiele von Tragwänden, die durch Riegel gekoppelt sind und im folgenden als *gekoppelte Tragwände* bezeichnet werden. Die kurzen, gedrungenen Koppelungsriegel sind erheblich weicher als die Wände. Die Wände verhalten sich vorwiegend wie Kragarme, und die Riegel werden plastisch verformt. Durch eine geeignete konstruktive Durchbildung der Koppelungsriegel wird die Energiedissipation auf der ganzen Bauwerkshöhe ermöglicht. Zwei identische Wände (Bild 5.11a) oder solche mit unterschiedlicher Steifigkeit (Bilder 5.11b und c) können durch eine Reihe gleicher oder unterschiedlicher Koppelungsriegel verbunden werden.

Bei Kernen können wie in Beispiel Bild 5.11d die Tragwände über die oberste Decke hinausgehen, um Platz für technische Einrichtungen zu schaffen. Die dortige Verbindung mit einem scheibenartigen Wandstück kann als vollkommen steif betrachtet werden.

Die gekoppelten Tragwände haben bezüglich des Erdbebenwiderstandes von Bauwerken eine sehr grosse Bedeutung. Sie werden deshalb in Abschnitt 5.3.2c

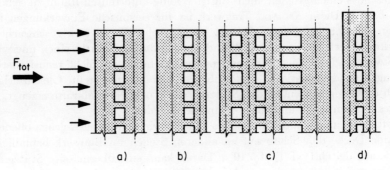

Bild 5.11: Verschiedene Arten gekoppelter Tragwände

speziell behandelt.

Sind die Koppelungsriegel stärker ausgebildet als die Wände, so können vor allem in mittleren bis hohen Gebäuden, vom Standpunkt des Erdbebenwiderstandes aus gesehen, sehr ungünstige Tragwerke entstehen. Wie Bild 5.12 zeigt, bilden sich durch Überbeanspruchung der Wandteile zwischen den Öffnungen Stockwerkmechanismen, während die eigentlichen Koppelungsriegel elastisch bleiben. Da die Wandteile zwischen den Oeffnungen nicht speziell auf Duktilität bewehrt sind, tritt ein Schubversagen ein. Die Energiedissipation ist sehr klein.

Falls solche Systeme nicht vermieden werden können, müssen massiv erhöhte Ersatzkräfte verwendet werden, damit die erforderliche Duktilität die vorhandene nicht übersteigt.

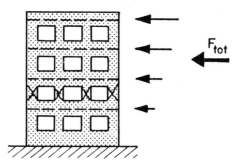

Bild 5.12: Tragwand mit für den Erdbebenwiderstand ungünstiger Anordnung von Öffnungen

Bei der Berechnung einer Tragwand stellt sich gelegentlich die Frage, ob man sie als eine einzige Wand mit Öffnungen oder als zwei gekoppelte Wände behandeln soll (vgl. Bild 5.11a und d). Zur Lösung dieser Frage vergleichen wir das Tragverhalten einer Kragarmwand mit demjenigen einer gekoppelten Tragwand. Anhand von Bild 5.13 zeigt sich, dass nur die Aufteilung der an sich gleich grossen Gesamtreaktion beeinflusst wird. In Bild 5.13a widersteht ein Moment M am Fuss des Kragarms mit Biegespannungen dem gesamten Kippmoment der Struktur, während in gekoppelten Tragwänden sowohl Momente als auch Normalkräfte vorhanden sind. Diese Reaktionen genügen der folgenden Gleichgewichtsbedingung:

$$M = M_1 + M_2 + l\,T \qquad (5.4)$$

Die Grösse der Normalkraft (Zugkraft in der einen, Druckkraft in der andern Wand) entspricht der Summe der Querkräfte der Koppelungsriegel aller darüberliegenden Geschosse und ist damit von deren Steifigkeit (relativ zur Steifigkeit der Wände) und deren Tragwiderstand abhängig. In Strukturen mit starken Koppelungsriegeln (Bild 5.13b) wird der Anteil der vertikalen Riegelquerkräfte am Gesamtmoment, ausgedrückt durch den Parameter

$$A = \frac{T\,l}{M}, \qquad (5.5)$$

relativ gross. Das Verhalten dieser Struktur entspricht praktisch demjenigen einer einzelnen Kragwand wie in Bild 5.13a und könnte ebenso behandelt werden. Bei

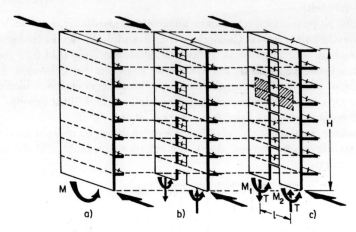

Bild 5.13: Vergleich verschiedener Systeme mit Tragwänden

schwachen Koppelungsriegeln hingegen (Bild 5.13b), wie sie oft in Wohnbauten vorkommen, wo infolge der beschränkten Raumhöhe nur eine Koppelung durch die Decken vorhanden ist, wird der Widerstand gegen das Kippmoment beinahe vollständig durch die beiden Momente M_1 und M_2 gewährleistet. In diesem Fall ist der Parameter A klein, und die beiden Wände werden jede für sich als Tragwand mit einer relativ kleinen erdbebenbedingten Normalkraft behandelt.

Aufgrund der sehr guten Energiedissipation bei Systemen mit Koppelungsriegeln kann die für normale Tragwände gültige Ersatzkraft mit dem Reduktionsfaktor R multipliziert werden:

$$0.8 \leq \quad R = \frac{1.33}{1 + A} \quad \leq 1.0 \tag{5.6}$$

falls

$$\frac{1}{3} \leq \quad A = \frac{T\,l}{M} \quad \leq \frac{2}{3} \tag{5.7}$$

Die Verschiebeduktilität ist entsprechend zu vergrössern (vgl. 5.5, Schritt 4).

Wesentliche Aspekte der Koppelung von Tragwänden durch Koppelungsriegel werden in Abschnitt 5.3.2c behandelt.

5.3 Ermittlung der Schnittkräfte

Als Grundlage für die statische oder dynamische Berechnung der Schnittkräfte in Tragwänden sind Regeln zur Modellbildung erforderlich. Diese betreffen die Ermittlung der Querschnittswerte, die geometrische Idealisierung des Tragwerks und die Berechnung der Wandquerschnitte. Bei der Berechnung der Tragwände für horizontale Ersatzkräfte müssen diese Kräfte zuerst bestimmt und über die Höhe sowie auf mehrere zusammenwirkende oder gekoppelte Tragwände verteilt werden. Anschliessend können die Schnittkräfte in den einzelnen Wänden ermittelt werden.

5.3.1 Modellbildung

a) Querschnittswerte

Bei der Festsetzung der Steifigkeiten für die statische oder dynamische Berechnung von Tragwänden muss der Einfluss der Rissebildung gebührend berücksichtigt werden. In bestimmten Fällen sind auch die Schub- und Verankerungsverformungen zu berücksichtigen. Daher werden bei gleichbleibender Geometrie entsprechend angepasste Rechenwerte verwendet.

Dieses Vorgehen führt bei der Ermittlung der Schnittkräfte infolge der horizontalen Ersatzkräfte oder bei einer dynamischen Berechnung im allgemeinen zu zufriedenstellenden Resultaten. Die im folgenden angegebenen Näherungen genügen auch zur Bestimmung der ersten Eigenfrequenz des Bauwerks, zur Abschätzung der Verformungen entsprechend den Normvorschriften und zur Bestimmung der Breite von Fugen zur Abtrennung nichttragender Elemente.

Es muss aber daran erinnert werden, dass die Steifigkeit von Stahlbetontragelementen von der Intensität der Beanspruchung bzw. von der Verschiebung, also vom Ausmass der vorgängigen Rissbildung abhängt. Es gibt daher für Stahlbetontragwerke keinen allgemein gültigen und verwendbaren Steifigkeitswert, jede Annahme ist notwendigerweise ein Kompromiss. Innerhalb der üblichen Annahmen können die Steifigkeitswerte von Tragwänden mit dem Faktor 4 variieren [F4]. Wie auch immer die Annahmen getroffen werden, sie sollten stets sowohl für die Berechnung der Eigenfrequenzen als auch der Verschiebungen infolge von Horizontalkräften verwendet werden [G2].

In Tragwerken mit duktilen Tragwänden sind wesentliche inelastische Verformungen zu erwarten. Die Ermittlung der Schnittkräfte mit einer elastischen Berechnung soll daher nur als eine die inneren und äusseren Gleichgewichtsbedingungen erfüllende Möglichkeit der Schnittkraftberechnung angesehen werden. Umlagerungen dieser Schnittkräfte sind möglich, sehr oft vorteilhaft und daher erwünscht. Die Grundsätze der Schnittkraftumverteilung wurden in 4.3.2 im Detail erklärt.

Um die Verformungen eines elastischen Wandsystems unter relativ grossen Horizontalkräften realistisch abschätzen zu können, wird ein absoluter Wert der Steifigkeit benötigt. Es wird daher ein äquivalentes Trägheitsmoment I_e angenommen, um die Verformungen für die verschiedenen Einwirkungskombinationen zu bestimmen. Da die Erstbeanspruchung der Wand für deren Bemessung nicht massgebend ist, werden die nach mehreren elastischen Beanspruchungszyklen gebildeten Risse berücksichtigt. Je nach Fall und je nach den Anforderungen an die Genauigkeit der äquivalenten Steifigkeit sind ausser den Biegeverformungen der gerissenen Wand auch die Schubverformungen nach der Bildung von Schrägrissen und die Verformungen bei der Bewehrungsverankerung am Wandfuss zu berücksichtigen.

Verformungen der Fundamente und des Baugrundes sowie Verschiebungen der Fundation im Baugrund durch Gleiten und Kippen werden in diesem Buch nicht behandelt. Es beschränkt sich allgemein auf die Verformungen der Tragstruktur, in diesem Kapitel diejenigen der Tragwände. Die genannten Einflüsse, vor allem Verformungen des Baugrundes, sind jedoch bei der Ermittlung der Eigenschwingzeit des Bauwerkes unbedingt zu berücksichtigen, ebenso wenn die Verschiebungen relativ zu benachbarten Rahmen oder Wänden ermittelt werden. Elastisch bleibende

Tragwände sind sehr empfindlich auf Verformungen in der Fundation [P37].

Für vorwiegend auf Biegung beanspruchte Tragwände kann der Rechenwert für das äquivalente Trägheitsmoment I_e zu 60% des Trägheitsmomentes des ungerissenen Bruttobetonquerschnittes I_g angenommen werden (ohne Berücksichtigung der Bewehrung) :

$$I_e = 0.6 I_g \tag{5.8}$$

Die Bedeutung der Fussindices bei den Querschnittswerten ist gleich wie in Abschnitt 4.1.2.

Werden bei elastischen gekoppelten Tragwänden zusätzlich zu den Biegeverformungen auch die Verformungen infolge von Normalkräften berücksichtigt, so können die folgenden Gleichungen benützt werden:

○ Bei Zug:

$$I_e = 0.5 I_g \;\; \text{(a)} \quad A_e = 0.5 A_g \;\; \text{(b)} \tag{5.9}$$

○ Bei Druck:

$$I_e = 0.8 I_g \;\; \text{(a)} \quad A_e = A_g \quad \text{(b)} \tag{5.10}$$

Dabei ist A_g die Fläche des Bruttobetonquerschnittes der Tragwand.

Für genauere Berechnungen kann die folgende Beziehung verwendet werden:

$$I_e = \left(0.6 + \frac{P_u}{A_g f_c'} \right) I_g \leq I_g \tag{5.11}$$

Darin ist P_u die Bemessungsnormalkraft in der Tragwand, für Zug mit negativem Vorzeichen.

Für diagonal bewehrte Koppelungsriegel [P21] mit der Höhe h und der lichten Spannweite l_n gilt (vgl. Bild 5.47):

$$I_e = \frac{0.4}{1 + 3(h/l_n)^2} I_g \tag{5.12}$$

Für konventionell bewehrte Koppelungsriegel oder -decken lautet eine Näherung [P22], [P23]:

$$I_e = \frac{0.2}{1 + 3(h/l_n)^2} I_g \tag{5.13}$$

Sind benachbarte Tragwände nur durch die Geschossdecken verbunden (vgl. Bild 5.13c), so kann die mitwirkende Breite der Decke gleich der Öffnung zwischen den Wänden oder gleich der achtfachen Deckenstärke angenommen werden [Q1], [C9], wobei der kleinere Wert massgebend ist. Studien an elastischen Modellen ergaben grössere mitwirkende Breiten, bis zur Gesamtbreite der Decke [B9]. Versuche mit bewehrten Betondecken unter zyklischer Beanspruchung ergaben jedoch weit niedrigere Werte [P24].

Bei Tragwänden mit einem Verhältnis von Höhe zu Breite $h_w/l_w > 4$ kann der Einfluss der Schubverformungen auf die Steifigkeit vernachlässigt werden. Wird jedoch ein System mit kombinierten schlanken und gedrungenen Tragwänden betrachtet, so sind die Schubverformungen zu berücksichtigen, da sonst die gedrungene

Wand als zu steif angenommen und ihr ein zu grosser Kraftanteil zugewiesen wird. Für Seitenverhältnisse $h_w/l_w < 4$ kann angenommen werden:

$$I_w = \frac{I_e}{1.2 + F} \tag{5.14}$$

unter Verwendung des Verhältnisses

$$F = \frac{30 I_e}{h_w^2\, b_w\, l_w} \tag{5.15}$$

I_w : Rechenwert des äquivalenten Trägheitsmomentes der Tragwand
b_w : Stegstärke des Wandquerschnittes
l_w : Wandlänge
h_w : Wandhöhe

In Gl.(5.14) wurden die Schubverformungen und die Verformungen bei der Bewehrungsverankerung am Wandfuss (Ausziehen der Bewehrung, Verankerungsschlupf) berücksichtigt und brauchen deshalb nicht separat erfasst zu werden.

Eine genauere Abschätzung der Biegesteifigkeit von Tragwänden kann mit Hilfe des Verhältnisses des Rissmomentes M_{cr} zum aufgebrachten maximalen Moment M_a vorgenommen werden [A1]:

$$I_e = \left(\frac{M_{cr}}{M_a}\right)^3 I_g + \left[1 - \left(\frac{M_{cr}}{M_a}\right)^3\right] I_{cr} \tag{5.16}$$

M_{cr} : Rissmoment gemäss Gl.(5.17)
M_a : Maximalmoment bei der zu berechnenden Verformung
I_{cr} : Trägheitsmoment des ideellen gerissenen Querschnittes

$$M_{cr} = \frac{f_{ct} I_g}{y_t} \quad \text{[N, mm]} \tag{5.17}$$

f_{ct} : Zugfestigkeit des Betons: $f_{ct} = 0.62\sqrt{f_c'}$ [N/mm^2]
f_c' : Rechenfestigkeit des Betons
y_t : Abstand der Neutralachse des Brutto-Betonquerschnittes zum Zugrand

Mit diesen Querschnittswerten können die Verformungen unter den horizontalen Ersatzkräften berechnet werden. Für die Beurteilung der Wirkung der Bauwerksverformungen unter Erdbeben auf die nichttragenden Elemente sind die Verformungen unter den horizontalen Ersatzkräften jedoch mit den in den Normen, z.B. [X8], gegebenen Vergrösserungsfaktoren zur Berücksichtigung der inelastischen Verformungen zu multiplizieren.

b) Geometrische Idealisierungen

Bei Tragwänden, die vorwiegend als Kragarme wirken, genügt es, die Querschnittseigenschaften als auf der vertikalen Schwerachse konzentriert anzunehmen

(Bild 5.11). Dabei findet die Schwerachse des Bruttobetonquerschnittes Verwendung.

Sind die Tragwände in jedem Stockwerk durch eine Betondecke verbunden, wird diese normalerweise als eine in ihrer Ebene vollkommen starre Scheibe angenommen. Die relativen Positionen der Wände bleiben also auch bei horizontaler Auslenkung des Systems erhalten. Der Einfluss der Verformbarkeit der Deckenscheiben wird im 6. Kapitel kurz besprochen. Unter vernachlässigung der Schub- und Torsionsverformungen der Wände, sowie des Einflusses der Wölbbehinderung auf die Steifigkeit der offenen dünnwandigen Querschnitte, kann die Berechnung für horizontale Kräfte an einem System von Kragarmen erfolgen, bei dem nur die Biegeverformungen in die Verträglichkeitsbedingungen eingehen. Eine derartige Berechnung berücksichtigt die Translation und Rotation der Geschossdecken (vgl. 5.3.2b). Es sei daran erinnert, dass eine solche elastische Berechnung, auch wenn sie nur eine Näherung ist, die Gleichgewichtsbedingungen erfüllt und zu einer zufriedenstellenden Aufteilung der Einwirkungen auf die einzelnen Wände auch für den inelastischen Zustand führt.

Sind zwei oder mehr Wände in ihrer Ebene durch Koppelungsriegel verbunden (vgl. Bild 5.11, Bild 5.13), so sind bei der Schnittkraftberechnung die steifen Endzonen der Riegel, wo diese sozusagen in den Wänden verlaufen, zu berücksichtigen. Stabmodelle solcher Strukturen können nach Bild 5.14 angenommen und mit den üblichen Rechenprogrammen für elastische Rahmen berechnet werden. Eine andere Möglichkeit besteht darin, die Koppelungsriegel als kontinuierliche elastische Schubübertragungselemente entlang der ganzen Wandhöhe zu modellieren (vgl. Bild 5.20) [C4], [B1]. Dieses Vorgehen wird in Abschnitt 5.3.2c genauer erläutert.

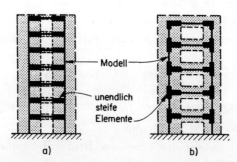

Bild 5.14: Modellbildung bei Rahmen mit gedrungenen Stäben

Es muss nochmals betont werden, dass die Genauigkeit der besprochenen Näherungen für die Steifigkeiten über einen recht grossen Bereich variieren kann. Dies gilt speziell für Tragstrukturen mit gedrungenen Stäben gemäss Bild 5.14. Bei gekoppelten Wänden können die axialen Verformungen der Wände einen wesentlichen Einfluss auf die Schubübertragung in den Koppelungsriegeln haben. Die Erfassung dieser Längenänderungen ist nach der Rissebildung jedoch äusserst schwierig. Die Querschnittseigenschaften werden üblicherweise als auf der Schwerachse oder Bezugsachse konzentriert angenommen. Unter reiner Biegung ergibt sich am ungerissenen Querschnitt die in Bild 5.15 mit der Linie (1) angedeutete Verdrehung um den Schwerpunkt des Bruttobetonquerschnittes. Nach der Rissebildung erfolgt die gleiche Verdrehung, jedoch um die Neutralachse des gerissenen Querschnittes, Linie (2), was einer Verlängerung Δ der Mittelachse entspricht. Diese Verlängerung beeinflusst die Genauigkeit der Berechnung, besonders wenn das dynamische Strukturverhalten ermittelt werden soll. Bei Beanspruchungen im inelastischen Bereich ist die Bedeutung dieser Verlängerung aber relativ klein. Die einfache Betrachtung nach Bild 5.15 zeigt auch, dass eine genauere rechnerische Modellierung eigentlich eine in jeder Höhe der Wand verschiedene, von den aktuellen Schnittkräften abhängige Lage der Neutralachse zu berücksichtigen hätte, wodurch wiederum die Schnittkräfte beeinflusst würden. Diese Schwierigkeiten können bei der Verwendung von finiten Elementen umgangen werden. Die Kosten für eine einigermassen genaue Berechnung mit finiten Elementen sind jedoch oft wirtschaftlich nicht vertretbar, da der Aufwand an Zeit und Rechenkosten relativ gross ist und für die Eingabe eine mit Hilfe irgendeiner Methode vorgängig bemessene Struktur vorhanden sein muss.

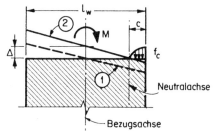

Bild 5.15: Biegerotationen bei gerissenem und bei ungerissenem Wandquerschnitt

c) Zur Berechnung der Wandquerschnitte

Für die Ermittlung von Verformungen, Spannungen und Tragwiderstand von Wandquerschnitten kann auf die bekannten Methoden des Gleichgewichts der Kräfte und der Verträglichkeit unter der Annahme von eben bleibenden Querschnitten zurückgegriffen werden (vgl. Abschnitt 3.3.2). Da die Tragwandquerschnitte von allgemein üblichen Stabquerschnitten ziemlich abweichen, können die sonst verwendbaren Bemessungshilfen wie z.B. Interaktionsdiagramme für Biegung mit Normalkraft von Rechteckquerschnitten meist nicht angewendet werden. Oft muss bei der Bemessung der Bewehrungen auf die grundlegenden Beziehungen zurückgegriffen und eine Lösung 'von Hand' durchgeführt werden [P1]. Die Berechnung besteht aus einer Anzahl von ziemlich schnell konvergierenden iterativen Schritten und eignet sich relativ gut zur Programmierung für Kleinrechner (vgl. 3.3.2b).

Bei der Berechnung eines Tragwandquerschnittes für Biegung mit Normalkraft kann ein erhöhter Berechnungsaufwand auch durch die mehrlagige Anordnung der Bewehrung entstehen. Ein einfaches Beispiel eines Querschnittes mit unterschiedlicher mehrlagiger Bewehrung zeigt Bild 5.16. Diese Wand ist typisch für gekoppelte Tragwände gemäss Bild 5.11. Die vier gezeigten Bewehrungen sind auf die in verschiedenen Bauwerkshöhen auftretenden Beanspruchungen ausgelegt. Wenn das (positive) Biegemoment am rechten Rand bei der stärkeren Bewehrung Zug verursacht, wird in der Wand gleichzeitig Zugkraft erwartet. Im gegenteiligen Fall

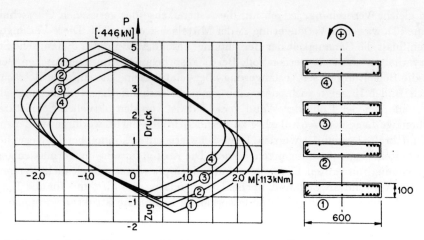

Bild 5.16: Interaktionsdiagramm für Biegung mit Normalkraft eines unsymmetrisch bewehrten Wandquerschnittes

mit einem (negativen) Moment, das auf der linken Seite Zug bewirkt, ist gleichzeitig eine Druckkraft zu erwarten. In Abschnitt 5.8 wird zu diesem Verhalten ein Rechenbeispiel dargestellt.

Die Biegemomente werden als Produkt der Normalkraft und der zugehörigen Exzentrizität, gemessen von der Bezugsachse des Tragwandquerschnittes, die im allgemeinen durch den Schwerpunkt des ungerissenen Betonquerschittes angenommen wird, ausgedrückt (vgl. Bild 3.21). Es empfiehlt sich, diese Bezugsachse auch bei der Berechnung der Querschnitte zu benützen, wobei man sich aber immer klar sein muss, dass die Schwerachse des plastifizierten Querschnittes nicht mit dieser Bezugsachse übereinstimmt. Beispielsweise ergibt sich der maximale Widerstand auf Zug bzw. Druck mit einer gleichmässigen Dehnung bzw. Stauchung über den ganzen Querschnitt als Normalkraft, die bezüglich der Bezugsachse exzentrisch liegt. Die entsprechenden Punkte sind die Maxima bzw. Minima der in Bild 5.16 gezeigten vier Kurven. In dieser Darstellung können auch die aus der statischen Berechnung erhaltenen Schnittkräfte direkt eingetragen werden, da in beiden Fällen dieselbe Bezugsachse verwendet wird.

Ähnliche Interaktionsdiagramme für Biegung mit Normalkraft können für andere Querschnitte berechnet werden. Bild 5.17 zeigt ein Beispiel für einen U-Querschnitt mit gleichmässig verteilter Bewehrung. Es empfiehlt sich, bei der Berechnung verschiedener Kombinationen von Biegung mit Normalkraft die Lage der Neutralachse, z.B in Form des Verhältnisses c/l_w, jeweils festzuhalten, da sie einen guten Anhaltspunkt für die erforderliche Krümmungsduktilität beim jeweiligen Widerstand ergibt.

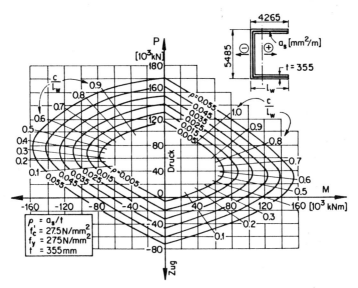

Bild 5.17: Interaktionsdiagramm für Biegung mit Normalkraft einer Wand mit U-Querschnitt

5.3.2 Berechnung

a) Bestimmung der Ersatzkräfte

Die horizontalen statischen Ersatzkräfte für die Ermittlung der Schnittkräfte, die über die Bemessung zum erforderlichen Tragwiderstand der Struktur führen, sind in Übereinstimmung mit den einschlägigen Normen anzusetzen. Das 2. Kapitel enthält Hinweise zum Vorgehen, falls solche Angaben in den Normen fehlen. Sowohl der je nach Art des Tragsystems unterschiedliche Duktilitätsfaktor als auch andere Parameter wie Wichtigkeitsfaktor (Bauwerksklassen), Einfluss des Baugrundes usw. können meist den Normen entnommen werden.

Um die Grösse der gesamten horizontalen Ersatzkraft zu ermitteln, wird die Grundschwingzeit des Bauwerks benötigt. Dies bedingt eine Abschätzung der Steifigkeiten für den stark gerissenen Zustand bei hoher, aber noch elastischer Beanspruchung durch dynamische Einwirkungen. In Abschnitt 5.3.1a werden Angaben zur Ermittlung dieser Steifigkeiten gemacht. Die Grundschwingzeit kann an einem geeigneten, gemäss dem vorangehenden Abschnitt gebildeten geometrischen Modell des Tragwerks ermittelt werden (vgl. 2.2.8a).

Mit Hilfe der Eigenschwingzeit kann die gesamte horizontale Ersatzkraft ermittelt und über die Höhe verteilt werden (vgl. 2.2.8d). Damit ergeben sich die Stockwerk-Ersatzkräfte. Anschliessend müssen die aus den Stockwerk-Ersatzkräften ermittelten Stockwerkquerkräfte auf die verschiedenen Tragwände verteilt und die Schnittkräfte am geometrischen Modell bestimmt werden. In den folgenden Abschnitten wird ein Überblick über die Berechnung von zwei typischen Tragwandsystemen gegeben.

b) Schnittkräfte in zusammenwirkenden einzelnen Tragwänden

Bild 5.18 zeigt das Modell für in einer Gruppe zusammenwirkende, über den Bauwerksgrundriss beliebig verteilte einzelne Tragwände. Der näherungsweisen elastischen Berechnung liegt die Annahme zugrunde, dass die kragarmförmigen Wände in jedem Geschoss durch in ihrer Ebene sehr steife Deckenscheiben, die jedoch keine Biegesteifigkeit aufweisen, verbunden sind.

Im speziellen Fall, in dem keine Verdrehung der Deckenscheiben im Grundriss erfolgt, resultieren bei den drei Wänden von Bild 5.18 auf der Höhe jeder Decke die gleichen Horizontalverschiebungen. Die Wände beteiligen sich daher an

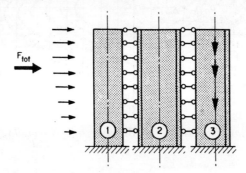

Bild 5.18: Modell für zusammenwirkende einzelne Tragwände

der Aufnahme der Stockwerk-Ersatzkraft F, der Stockwerkquerkraft V und des Stockwerkkippmomentes M im Verhältnis ihrer Steifigkeiten, die proportional zu dem in Abschnitt 5.3.1 definierten jeweiligen Trägheitsmoment sind:

$$F_i = \frac{I_i}{\Sigma I_i}\, F \quad \text{oder} \quad V_i = \frac{I_i}{\Sigma I_i}\, V \quad \text{oder} \quad M_i = \frac{I_i}{\Sigma I_i}\, M \qquad (5.18)$$

In Bild 5.19 ist eine typische Anordnung von Tragwänden im Grundriss eines Gebäudes dargestellt. Dieses Tragsystem kann auch mit der Methode von Muto (vgl. Abschnitt 4.2.5) berechnet werden. Die Stockwerkquerkraft V wirkt, sofern keine

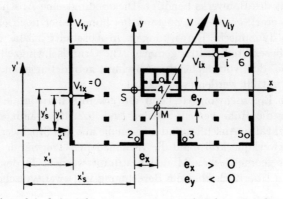

Bild 5.19: Grundrissbeispiel von zusammenwirkenden einzelnen Tragwänden

Torsionsamplifikation und und keine unplanmässigen Exzentrizitäten berücksichtigt werden (vgl. 2.3.1b), in jedem Stockwerk im Massenzentrum M des oberhalb des betrachteten Stockwerks (Horizontalschnitt) liegenden Gebäudeteils. Sie kann für praktische Zwecke in ihre Komponenten V_x und V_y aufgeteilt werden. Die Wände weisen aber nur dann die gleichen Verschiebungen auf (keine Verdrehung der Dekkenscheibe im Grundriss), wenn diese Komponenten der Stockwerkquerkraft im Steifigkeitszentrum S (Schubmittelpunkt, Rotationszentrum) des Tragwandsystems (definiert pro Stockwerk) angreifen. Dort wird zweckmässigerweise der Nullpunkt des x,y-Koordinatensystems angesetzt. In Anlehnung an die Herleitung in Abschnitt 4.2.5f müssen folgende Bedingungen erfüllt sein:

$$\Sigma\, x_i\, I_{ix} = \Sigma\, y_i\, I_{iy} = 0 \qquad (5.19)$$

$I_{ix},\, I_{iy}$: Trägheitsmoment des Wandquerschnittes i um die Achse parallel zur x- bzw. zur y-Achse durch seinen Schwerpunkt

$x_i,\, y_i$: Koordinaten der in Bild 5.19 mit 1, 2, ... i ... bezeichneten Schwerpunkte der Wandquerschnitte (Unterschiede zwischen Schwerpunkt und Schubmittelpunkt vernachlässigt)

Im allgemeinen Fall ergibt sich eine Torsionsbeanspruchung des Gesamtsystems mit Verdrehung der Deckenscheibe im Grundriss. Die Stockwerkquerkraft V_{ix} bzw. V_{iy} in jeder Wand kann aus der Stockwerkquerkraft des gesamten Gebäudes nach den folgenden Gleichungen ermittelt werden:

$$V_{ix} = \frac{I_{iy}}{\Sigma\, I_{iy}}\; V_x + \frac{(V_x\, e_y - V_y\, e_x)\; y_i\, I_{iy}}{\Sigma\, (x_i^2\, I_{ix} + y_i^2\, I_{iy})} \qquad (5.20)$$

$$V_{iy} = \frac{I_{ix}}{\Sigma\, I_{ix}}\; V_y + \frac{(V_x\, e_y - V_y\, e_x)\; x_i\, I_{ix}}{\Sigma\, (x_i^2\, I_{ix} + y_i^2\, I_{iy})} \qquad (5.21)$$

$x_i,\, y_i$: Abstand des Schubmittelpunktes der einzelnen Tragwände vom Steifigkeitszentrum des Gesamtsystems (Unterschied zwischen Schubmittelpunkt und Schwerpunkt in Bild 5.19 vernachlässigt, nicht aber im Beispiel 5.7, vgl. 5.7.2)

In Bild 5.19 sind als e_x und e_y die Abstände in den Hauptrichtungen zwischen dem Steifigkeitszentrum S und dem Massenzentrum M die planmässigen statischen Exzentrizitäten e_{sx} und e_{sy} dargestellt (in Achsrichtung positiv). Gemäss den meisten Normen sind diese durch die Bemessungsexzentrizitäten e_{dx} und e_{dy} zu ersetzen (vgl. 2.3.1b und 4.2.5h).

Die obenstehenden Näherungen lassen sich auch bei über die Bauwerkshöhe variabler Wandstärke verwenden, vorausgesetzt, die Wandstärke aller Wände verringere sich auf gleicher Höhe im gleichen Verhältnis, sodass die relativen Steifigkeiten gleich bleiben. Bei grösseren Änderungen der Steifigkeiten I_{ix} und I_{iy} in einigen Wänden von Stockwerk zu Stockwerk kann das obige Verfahren zu erheblichen Fehlern führen, die aber meist mit Hilfe einer ingenieurmässigen Beurteilung auf ein zulässiges Mass verringert werden können. Als weitere Lösung kommt, vor allem bei komplizierteren Bauwerken, eine Computerberechnung in Frage.

Die Annahme, dass die einzelnen kragarmförmigen Tragwerke durch vollkommen steife Scheiben verbunden seien, trifft bei Tragwänden weniger sicher zu als bei zusammenwirkenden Rahmen. Die Steifigkeiten der Wände und der Geschossdecken können, vor allem bei Gebäuden mit weniger als fünf Stockwerken, in der gleichen Grössenordnung liegen. Durch die Horizontalkraftübertragung können wesentliche Verformungen der Deckenscheiben entstehen, besonders bei vorfabrizierten Deckensystemen. Für solche Gebäude wurden Abweichungen der Verteilung der horizontalen Kräfte auf die elastischen Wände, abhängig von der Nachgiebigkeit der Decke, in der Grössenordnung von bis zu 20 bis 40% von der vereinfacht bestimmten Verteilung festgestellt [U3]. Vor allem für die Abschätzung der Verbindungskräfte zwischen den vorfabrizierten Deckenelementen und den Tragwänden ist ein genaueres Vorgehen erforderlich. Die Nachgiebigkeit der Deckenscheiben wird in Abschnitt 6.4.3 näher diskutiert.

Der Verbindung zwischen den als Scheiben wirkenden Decken und den Tragwänden ist schon in einem frühen Stadium des Entwurfs Beachtung zu schenken. Oft sind neben den Tragwänden grosse Öffnungen für Leitungen erforderlich, welche Steifigkeit und Tragwiderstand der Deckenscheiben und somit auch die Wirksamkeit der schlecht eingebundenen Wand wesentlich beeinflussen können. In Gebäuden mit unregelmässigen Grundrissen, z.B. mit L-Formen, bewirken die einspringenden Ecken eine frühe Rissebildung mit entsprechendem Steifigkeitsverlust [P37] (vgl. Bild 1.10).

Je grösser die erwartete inelastische Verformung des Tragwandsystems wird, desto weniger empfindlich ist es auf die Näherungen bei der elastischen Schnittkraftberechnung. Daher kann auch hier eine inelastische Umverteilung der Schnittkräfte vorgenommen werden, um eine möglichst günstige Lösung zu erhalten. So kann zum Beispiel die Wand (3) in Bild 5.18 wesentlich grösseren Schwerelasten unterworfen sein als die beiden anderen Wände. Sie kann daher wegen der günstigen Wirkung der grösseren Normaldruckkraft auch ohne zusätzliche Bewehrung grössere Biegemomente aufnehmen (vgl. Bild 5.16), und es kann auch leichter sein, das Kippmoment in der Fundation aufzunehmen. Es wird daher vorgeschlagen [X3], dass bei duktilen Tragwandsystemen der Anteil an der horizontalen Ersatzkraft irgendeiner Wand bis zu 30% vermindert und beliebig auf die anderen Tragwände verteilt werden darf.

Weiter hinten wird gezeigt, dass ähnlich wie in den Rahmen auch in den Tragwänden die Zonen potentieller plastischer Gelenke bezüglich der erforderlichen Duktilität überprüft und konstruktiv durchgebildet werden müssen.

c) Schnittkräfte in gekoppelten Tragwänden

1. Laminare Berechnung von gleichförmig gekoppelten elastischen Tragwänden
Die Vorteile von gekoppelten Tragwänden und die Modelle für den Tragwiderstand für Horizontalkräfte werden in Abschnitt 5.2.2 besprochen. Die Berechnung für die statischen Ersatzkräfte kann mit Rahmenmodellen (Bild 5.14) oder mit einer als kontinuierlich angenommenen Verbindung der Tragwände erfolgen. Die letztere Art von Berechnung, oft als laminare Berechnung bezeichnet, reduziert das statisch vielfach unbestimmte Problem auf die Lösung einer einzigen Differentialgleichung. Die Wand- und Koppelungsriegelsteifigkeiten sind dazu über die gesamte

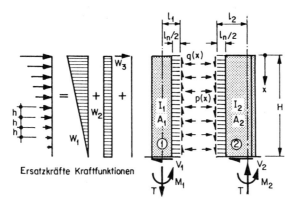

Bild 5.20: Kräfte und Modell für die laminare Berechnung von gekoppelten Tragwänden

Höhe der Struktur als konstant anzunehmen, die äusseren Kräfte sind als kontinuierliche Funktionen bzw. Einzelkräfte zu definieren. Wie Bild 5.20 zeigt, kann dies mit entsprechend gewählten Dreiecks-, Gleich- und Einzelkräften geschehen. Die Koppelungsriegel der lichten Spannweite l_n in jedem Geschoss werden durch eine infinitesimale Schicht, die über ein ganzes Stockwerk integriert die gleichen Eigenschaften wie ein Riegel aufweist, ersetzt. Da die Rotationen der beiden Wände in jeder Höhe gleich sind, treten in der Mitte der Riegel keine Momente, sondern nur Querkräfte $q(x)$ auf.

Aus der Auflösung dieses Systems ergeben sich (vgl. Bild 5.20):

- Wandmomente M_1 und M_2
- Wandquerkräfte V_1 und V_2
- Normalkraft T
- laminare Quer- und Normalkräfte q und p

Für die Verträglichkeitsbedingungen werden nur die Biege- und Normalkraftverformungen der Wände sowie die Biege- und Querkraftverformungen der Koppelungsriegel berücksichtigt. Alle diese Kräfte sind kontinuierliche Funktionen von x, können jedoch ohne weiteres in diskrete Einzelkräfte oder in pro Stockwerk abgestufte Grössen umgerechnet werden [P1].

Diese Berechnungsmethode ist in der Literatur ausführlich behandelt [B1], [R1], [R2], und es wurden Berechnungstabellen für die einfache Ermittlung der Schnittkraftverteilungen gemäss Bild 5.20 publiziert [R2], [C5], [C6].

Die Bedeutung der relativen Steifigkeit für das elastische Verhalten von gekoppelten Tragwänden wird anhand einer Parameterstudie am Querschnitt eines Gebäudekerns gemäss Bild 5.21 erläutert. In diesem 12-stöckigen Gebäude bleibt die Wandstärke von 350 mm konstant, und die Stockwerkhöhe beträgt überall 3.50 m. Die Höhe der 300 mm breiten Koppelungsriegel in sämtlichen Stockwerken wurde im allgemeinen variiert zwischen 1500 und 250 mm. Für Höhen über 400 mm wurde die Steifigkeit dieser Riegel mit Gl.(5.12) und darunter mit Gl.(5.13) ermittelt. Ferner wurde die Koppelung in sämtlichen Stockwerken allein durch eine

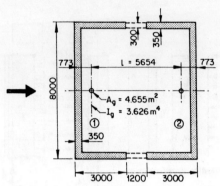

Bild 5.21: Beispiel eines Gebäudekerns mit Abmessungen

150 mm starke Geschossdecke mit mitwirkenden Breiten von 1200, 600 und 350 mm untersucht. Bild 5.22 zeigt das Verhalten dieses Tragwerks unter den horizontalen Ersatzkräften der Grössen: $W_1 = 2'000$ kN, $W_2 = 700$ kN und $W_3 = 300$ kN (Bezeichnungen gemäss Bild 5.20).

Bild 5.22a vergleicht die Wandbiegemomente für den Fall, dass beide Wände als ungerissen angenommen werden, mit denjenigen, welche resultieren, wenn die Zugwand (1) mit der Steifigkeit nach Gl.(5.9) als gerissen angenommen wird. In beiden Fällen wurden sämtliche Koppelungsriegel 1000 mm hoch angenommen. Es zeigt sich, dass Wand (2) durch die Rissebildung in Wand (1) wesentlich höher beansprucht wird.

Bild 5.22c zeigt für die Annahme einer gerissenen Wand (1) die Veränderungen der laminaren Querkraft q, wenn die Höhe der Koppelungsriegel variiert wird. Bei hohen, d.h. starken Riegeln, sind die Kräfte im unteren Drittel gross und nehmen gegen oben rasch ab. Die Ursache liegt in den infolge der Normalkraft in den Wänden entstehenden Axialverformungen, wodurch die oberen Koppelungsriegel entlastet werden. Bei schwächeren Koppelungsriegeln hingegen ist die Querkraft q von der lokalen Neigung der Wände abhängig und daher gleichmässiger über die Höhe verteilt. Die äusserste Kurve rechts zeigt den Verlauf bei einer unendlich steifen Koppelung der beiden Wände. Diese Kurve ist proportional zur Querkraft des gesamten Kragarmes unter den Einwirkungen W_1, W_2 und W_3.

Die Querkraft in den Riegeln und damit auch die Normalkraft in den Wänden wird, wie Bild 5.22d zeigt, durch eine Änderung der Höhe der Koppelungsriegel von 500 bis 1500 mm vor allem in den oberen Geschossen nicht wesentlich verändert. Es scheint aber eine Grenze der Höhe bzw. der Steifigkeit der Koppelungsriegel zu geben, ab welcher für schwächere Riegel die Normalkraft erheblich geringer wird. Diese Tatsache sollte beim Entwurf von gekoppelten Tragwänden unbedingt im Auge behalten werden.

Der Zusammenhang der in Bild 5.22b dargestellten Schnittkräfte wurde in Gl.(5.4) mit

$$M = M_1 + M_2 + l\,T$$

ausgedrückt. Es zeigt sich in diesem Beispiel, dass durch Riegel bereits mit einer

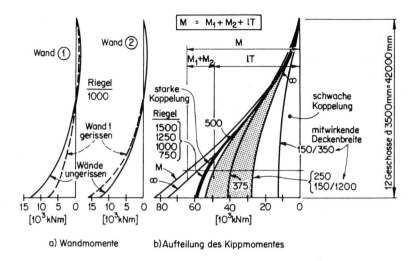

a) Wandmomente   b) Aufteilung des Kippmomentes

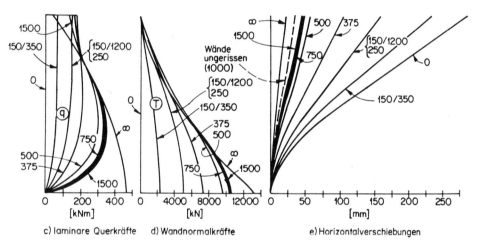

c) laminare Querkräfte   d) Wandnormalkräfte   e) Horizontalverschiebungen

Bild 5.22: Verhalten des Gebäudekerns aus gekoppelten Tragwänden unter statischen Ersatzkräften

Höhe von 500 mm eine sehr wirksame Koppelung erreicht werden kann, da der Anteil $l \cdot T$ am Kippmoment relativ gross wird. Eine Vergrösserung der Riegelsteifigkeit darüber hinaus erhöht den Koppelungseffekt nicht mehr entsprechend. Bei einer Koppelung mit Riegeln von 250 mm Höhe oder mit einer Decke von 150 mm Stärke und mit verschiedenen mitwirkenden Deckenbreiten werden die beiden Wände immer mehr zu reinen Kragarmen, und der Anteil der Biegemomente $M_1 + M_2$ steigt deshalb stark an. Die punktierte Fläche in der Figur zeigt den Bereich an, in dem nach Gl.(5.7) der Beitrag $l \cdot T$ liegen sollte, um eine gute Energiedissipation zu ermöglichen.

Schliesslich sind in Bild 5.22e die elastischen Biegelinien des Tragwerks dargestellt. Die Verkleinerung der Verschiebungen als grosser Nutzen einer wirksamen

Koppelung ist klar ersichtlich. Es dürfte einleuchten, dass die während eines Bebens auftretenden inelastischen Verschiebungen ebenfalls entsprechend kleiner werden.

2. Umverteilung der Schnittkräfte in elastisch-plastischen gekoppelten Tragwänden
Berechnungen am elastischen Tragsystem, wie im obigen Beispiel, bilden die Basis der Bemessung und der Zuordnung des Tragwiderstandes zu den einzelnen Teilen des Systems. Es muss jedoch daran erinnert werden, dass unter starken Erdbeben wesentliche Teile des Tragwerks plastifizieren. Dazu kommt, dass zur Entwicklung eines vollständigen Mechanismus' eine gewisse Duktilität erforderlich ist. Der gewünschte Energiedissipationsmechanismus ist dem in Bild 1.4a dargestellten Mechanismus bei Rahmen mit starken Stützen und schwachen Riegeln sehr ähnlich. Er erfordert die Plastifizierung aller Koppelungsriegel und die Entwicklung eines Fliessgelenkes am Fuss jeder Tragwand, während in der ganzen übrigen Struktur keine inelastischen Verformungen vorgesehen sind. Dies ist der Fall, weil die Wände normalerweise wesentlich stärker sind als die Koppelungsriegel. Ein derartiger Mechanismus ist in Bild 5.23d dargestellt. Wie im Falle der duktilen Rahmen (vgl. 4.3.2) kann auch hier bei der Bemessung eine Umverteilung der Schnittkräfte vorgenommen werden. Dadurch wird eine für praktische Zwecke besser geeignete Verteilung der Bewehrung erreicht.

Die elastische Berechnung hat zu den in Bild 5.23a und b dargestellten Biegemomenten M_1 und M_2 geführt. Dabei sind die Einflüsse der Rissebildung gemäss Abschnitt 5.3.1 bereits berücksichtigt. Obwohl M_1 kleiner ist als M_2, ist dafür mehr Bewehrung erforderlich, da die Wand (1) zusätzlich zum Biegemoment einer grossen Normalzugkraft unterworfen ist. Im Gegensatz dazu wird der Biegewiderstand der Wand (2) durch die wirkende Normaldruckkraft erhöht. Das Biegemoment in Wand (1) kann daher um bis zu 30% vermindert und dasjenige der unter Druck stehenden Wand (2) um denselben Betrag erhöht werden. Diese umverteilten Biegemomente sind in Bild 5.23a und b schraffiert. Bei duktilen Tragwänden könnten weit höhere inelastische Momentenumlagerungen zugelassen werden; die angegebenen maximal 30% stellen einen vorsichtigen Grenzwert zur Beschränkung der Rissebildung bei mittleren Beben dar. Als Folge der Momentenumlagerung verändern sich auch die Wandquerkräfte in der gleichen Grössenordnung.

Ähnliche Überlegungen führen zu einer beabsichtigten Umverteilung der vertikalen Querkräfte in den Koppelungsriegeln. Es hat sich gezeigt, dass Koppelungsriegel beachtliche Duktilitäten aufweisen können [P1], [P21]. Sie müssen aber unbedingt für die entsprechenden sehr grossen plastischen Verformungen bemessen und konstruktiv durchgebildet werden (vgl. Abschnitt 5.4.4). Eine typische, elastisch ermittelte Verteilung der Querkräfte in den Koppelungsriegeln bzw. der laminaren Querkräfte ist in Bild 5.23c (Kurve) gezeigt. Aus praktischen Gründen sollten möglichst viele gleiche Koppelungsriegel vorgesehen werden. Daher wird von der Möglichkeit der Umverteilung der Querkräfte in vertikaler Richtung und damit auch der Momente in den Koppelungsriegeln Gebrauch gemacht. Die Reduktion der Querkraft in einem Koppelungsriegel sollte 20% der elastisch ermittelten Querkraft nicht überschreiten. Dieses Vorgehen erlaubt es, eine grössere Anzahl von Koppelungsriegeln gleich auszubilden.

Bei der Umverteilung der Querkräfte in vertikaler Richtung ist sicherzustellen, dass die Summe der Querkräfte sämtlicher Koppelungsriegel, die als Normalkraft

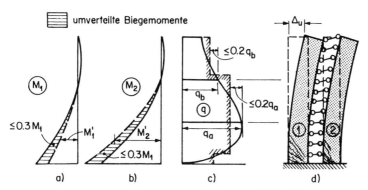

Bild 5.23: Momentenumverteilung am Beispiel eines Gebäudekerns aus gekoppelten Tragwänden

in den Wänden den Momentenanteil $l \cdot T$ am Wandfuss bewirkt, erhalten bleibt. Dies bedeutet, dass die Fläche unter der abgetreppten Linie in Bild 5.23c nicht kleiner sein darf als die Fläche unter der ursprünglichen Kurve aus der elastischen Berechnung. Diese Fläche sollte aber auch nicht wesentlich überschritten werden, da sonst der Widerstand des Tragwerks gegen Kippmomente unnötig erhöht würde. Im Berechnungsbespiel für gekoppelte Tragwände (Abschnitt 5.8) wird gezeigt, wie dies einfach kontrolliert werden kann.

Unter Berücksichtigung der Gleichgewichtsbedingung Gl.(5.4) ist es auch möglich, die Momentenanteile $M_1 + M_2$ und $l \cdot T$ zu verändern, was die Normalkraft T und die Querkräfte in den Koppelungsriegeln beeinflusst. Der entsprechende Aufwand ist jedoch kaum gerechtfertigt, da mit den beiden oben erklärten Umverteilungen gemäss Bild 5.23 meistens eine praktische und ökonomische Lösung gefunden werden kann.

3. Gekoppelte Wände mit variablem Querschnitt
Die laminare Berechnung ist allgemein sehr geeignet, da man alle Beanspruchungen als einfache kontinuierliche Funktionen erhält. Sobald jedoch abrupte Änderungen in der Geometrie und demzufolge der Steifigkeit auftreten, was sich in der Praxis oft nicht vermeiden lässt, ergeben sich mathematische Schwierigkeiten, die im Rahmen einer Bemessung nicht überwunden werden können. Es wurden verschiedene Vorschläge gemacht, um diesen Problemen mit Näherungen beizukommen, aber die Vorteile aus der Einfachheit der laminaren Berechnung gehen dabei verloren. Es kann jedoch immer eine allgemeine Rahmenberechnung mit Hilfe eines Computerprogrammes, unter Berücksichtigung der speziellen Eigenschaften der hohen Koppelungsriegel (vgl. Bild 5.14), vorgenommen werden.

Die laminare Berechnung kann auch mit der Methode der finiten Differenzen durchgeführt werden [S2], die es ermöglicht, einen grossen Teil der ursprünglichen Einfachheit der Methode zu erhalten. Die Genauigkeit ist genügend, wenn die Struktur dabei vertikal in bis zu 40 Streifen aufgeteilt wird.

Beide Methoden der laminaren Berechnung (mit Hilfe von Tabellen oder mittels finiter Differenzen) können verschiedenen Randbedingungen wie etwa der teilweisen Einspannung am Wandfuss zur Berücksichtigung von Fundamentverdrehungen

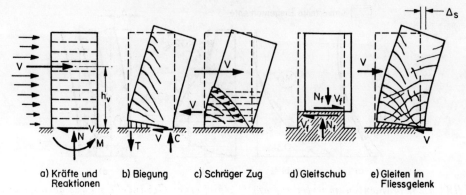

a) Kräfte und   b) Biegung   c) Schräger Zug   d) Gleitschub   e) Gleiten im
   Reaktionen   Fliessgelenk

Bild 5.24: Versagensarten von kragarmartigen Tragwänden

angepasst werden. Ebenso kann die oft vorhandene Situation einer sehr steifen Koppelung der Wände im obersten Geschoss berücksichtigt werden. Ausser im Falle von sehr weichen Koppelungsriegeln beeinflusst eine solche Verbindung die massgebenden Beanspruchungen in den unteren beiden Dritteln des Tragsystems nicht. Im obersten Drittel können wesentliche Erhöhungen der Wandmomente und der Normalkräfte auftreten, sie werden aber, wie aus Bild 5.22 ersichtlich, für die Bemessung kaum massgebend.

5.4   Bemessung und konstruktive Durchbildung

Grundlage für die Bemessung und die konstruktive Durchbildung der Tragwände ist die Kenntnis der möglichen Versagensarten. Um ein erwünschtes Verhalten erzielen zu können, müssen im Hinblick auf Biegewiderstand und Duktilität sowie zur Erzielung des notwendigen Schubwiderstandes bestimmte rechnerische und konstruktive Regeln befolgt werden. Ähnliches gilt für Koppelungsriegel von gekoppelten Tragwänden.

5.4.1   Versagensarten

Voraussetzung für den Entwurf und die Berechnung eines Tragwerks mit duktilen Tragwänden ist, dass der Tragwiderstand, die inelastischen Verformungen und damit auch die Energiedissipation im gesamten System durch Fliessgelenke, die sich nur in genau definierten Zonen ausbilden dürfen, bestimmt werden. Es dürfen keine spröden Mechanismen oder solche von ungenügender Duktilität auftreten.

Mit Hilfe der Methode der Kapazitätsbemessung muss eine bestimmte Hierarchie des Tragwiderstandes, die zu den gewünschten Mechanismen führt, sichergestellt werden.

Die Energiedissipation in einer durch horizontale Kräfte beanspruchten Tragwand muss hauptsächlich durch Fliessen der Biegebewehrung im Bereich des plastischen Gelenkes, meist am Wandfuss, erfolgen (vgl. Bild 5.24b und e). Versagensarten, die unbedingt verhindert werden müssen, sind jene infolge schrägen Druckes und insbesondere schrägen Zuges (Bild 5.24c), hervorgerufen durch Querkräfte. Zu verhindern sind auch Instabilitäten dünner Wandteile oder der Druckbewehrung, Versagen infolge Gleitschubs entlang der Arbeitsfugen (vgl. Bild 5.24d) wie auch Versagen im Bereich von Bewehrungsstössen oder Bewehrungsverankerungen infolge Überbeanspruchung des Verbundes. Ferner müssen die Einflüsse, die vor allem infolge von Querkraftwirkungen zu frühzeitiger Abnahme von Steifigkeit und Tragwiderstand und daher zu verringerter Energiedissipation führen, auf ein zulässiges Mass beschränkt werden. Diese Aspekte werden im Abschnitt 5.4.3 besprochen, wobei speziell auf Bild 5.45 hingewiesen sei.

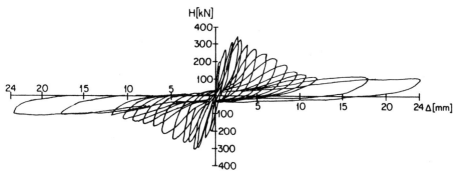

Bild 5.25: Hystereseverhalten einer Tragwand mit ungenügendem Schubwiderstand

Ein Beispiel für das Verhalten einer sehr ungünstig ausgebildeten Tragwand bei zyklischer Beanspruchung ist in Bild 5.25 dargestellt. Die stetige Abnahme des Tragwiderstandes und der Fähigkeit zur Energiedissipation ist offensichtlich. In dieser Wand war der ungenügende Schubwiderstand für dieses unerwünschte Verhalten massgebend.

Bild 5.26 zeigt das deutlich bessere Verhalten einer nach den allgemein üblichen Methoden [A1] bemessenen Versuchswand, bei der keine besonderen Massnahmen zur Verbesserung der Energiedissipation ergriffen wurden [O1]. Eine fortschreitende Abnahme der Steifigkeit mit zunehmender Verschiebeduktilität ist aber auch in diesem Falle deutlich sichtbar. Ebenso ist festzustellen, dass bei einer Verschiebung gleich der maximalen des vorangegangenen Belastungszyklus' der vorherige Tragwiderstand nicht mehr erreicht wird. Obwohl der Tragwiderstand am Ende jedes Beanspruchungszyklus', dargestellt durch die Umhüllende in Bild 5.26, nahe bei demjenigen einer identischen, aber nur in einer Richtung beanspruchten Wand (B3) liegt, ist die Energiedissipationsfähigkeit der beiden Wände doch sehr unterschiedlich.

In letzter Zeit wurden vor allem in Japan und in den Vereinigten Staaten zahlreiche theoretische Arbeiten zur Herleitung von mathematischen Modellen für ein solches hysteretisches Verhalten mit abnehmender Steifigkeit und abnehmendem Tragwiderstand durchgeführt mit dem Ziel, das nichtlineare Verhalten von Tragelementen unter verschiedenen Erdbebenanregungen rechnerisch besser erfassen zu können. Diese Studien setzen oft voraus, dass ein Verhalten gemäss Bild 5.25 und Bild 5.26 unvermeidbar ist und der Natur des Stahlbetons entspricht.

In den folgenden Abschnitten wird jedoch gezeigt, dass dies nicht der Fall

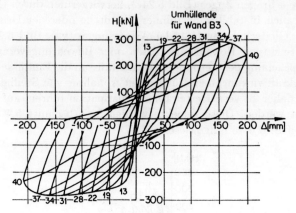

Bild 5.26: Hystereseverhalten einer Tragwand mit wesentlichen Schubverformungen

zu sein braucht und dass Stahlbetontragwände, die in den kritischen Zonen mit genügender Sorgfalt konstruktiv durchgebildet werden, ein wesentlich besseres und unter Umständen sogar ein optimales Verhalten aufweisen. Bild 5.27 zeigt das Verhalten einer solchen Wand mit Rechteckquerschnitt in einem Versuch im Massstab 1:3. Man erkennt, dass bis zu einer Verschiebeduktilität von mindestens $\mu_\Delta = 4$ ein sehr stabiles Verhalten erreicht werden konnte [P27], [P53]. Das Versagen infolge Aubeulens, das weiter hinten noch näher diskutiert wird, trat erst nach zwei weiteren Zyklen mit einer Verschiebeduktilität von $\mu_\Delta = 6$ ein, was einer seitlichen Auslenkung der Wand von 3.5% der Wandhöhe entsprach. Die geprüfte Wand war Teil einer gekoppelten Tragwand mit einer Normalkraft aus Schwerelasten von etwa $0.1 f_c' A_g$. Während der zyklischen Verschiebungen wurde die Normalkraft entsprechend den in Bild 5.27 angegebenen Werten verändert, und zwar jeweils dann, wenn die maximale Verschiebung eines Belastungszyklus' erreicht war. Die Kurven zeigen die Entwicklung der Biegeüberfestigkeit sehr schön. $M_{i,eff}$ ist der unter Berücksichtigung der oben erwähnten Werte der Normalkraft mit der effektiven Fliessspannung des Stahles von 440 N/mm² (Rechenfestigkeit = 380 N/mm²) ermittelte Tragwiderstand. Für $\mu_\Delta = +4$ ergibt sich

$$M_{max}/M_i \approx (440/380)(1190/1070) = 1.29.$$

Für $\mu_\Delta = -4$ wird diese Grösse 1.20. Somit ist der Überfestigkeitsfaktor für den Tragwiderstand nach Gl.(1.13) $\lambda_o \approx 1.25$. Für $\mu_\Delta = 6$ erhöht er sich auf $\lambda_o \approx 1.38$, etwa entsprechend dem Wert $\lambda_o = 1.40$, der für Wände mit voller Duktilität und Stahl mit $f_y = 380$ N/mm² in [X3] empfohlen wird (vgl. 3.2.2a).

Das beobachtete Hystereseverhalten von konstruktiv gut durchgebildeten Tragwänden ist ähnlich wie dasjenige von Riegeln. Die plastische Rotationsfähigkeit von Tragwänden kann jedoch durch Schubeinflüsse, wie sie im Abschnitt 5.4.3 genauer behandelt werden, beeinträchtigt werden. Auch können die Schubverformungen im Fliessgelenk einer Wand wesentlich grösser sein als in anderen, vorwiegend elastisch beanspruchten Bereichen [O2].

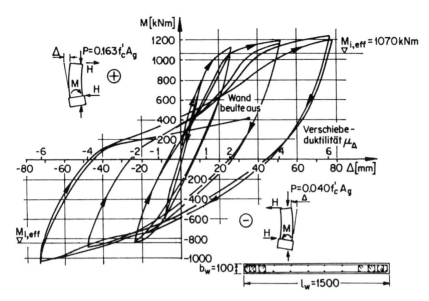

Bild 5.27: Stabiles Hystereseverhalten einer duktilen Tragwand

5.4.2 Bemessung für Biegewiderstand und Duktilität

a) Biegeverhalten

Die Ermittlung des Biegewiderstandes von Tragwänden beruht auf den bekannten Prinzipien der Stahlbetonbemessung und wurde in den Abschnitten 3.3.2 und 5.3.1c kurz besprochen (vgl. auch Bilder 3.18 und 3.21). Die Fähigkeit eines Querschnittes, plastische Rotationen überstehen zu können, ausgedrückt als Krümmungsduktilität, folgt aus den gleichen Prinzipien. Der Widerstand für Biegung und Normalkraft eines Wandquerschnittes und die zugehörige Krümmungsduktilität im Bereich plastischer Gelenke können ausgehend von bestimmten angenommenen Dehnungsebenen ermittelt werden. Dabei ist für das Versagen des Querschnittes bei üblichen Bewehrungsgehalten die Grenz-Betonrandstauchung $\varepsilon_{cu} \approx 0.003$ massgebend.

Der *Einfluss einer Normalkraft* auf die Grenz-Krümmungsduktilität wird aus Bild 5.28 ersichtlich. Bei reiner Biegung oder bei Biegung mit kleiner Normaldruckkraft und speziell mit Normalzugkraft gilt die Ebene (1). Die Höhe der Druckzone c_1 ist klein, verglichen mit der gesamten Wandlänge l_w. Daher nimmt auch die in Abschnitt 3.1.2 definierte Grenz-Krümmungsduktilität Φ_u/Φ_y beachtliche Werte an und wird meist genügend gross sein, um die während einer starken seismischen Beanspruchung erforderlichen Gelenkrotationen zu erlauben.

Unterliegt die Wand gleichzeitig zur Biegung einer grossen Normaldruckkraft, so ist eine grosse Biegedruckzone erforderlich, was einem grossen Neutralachsabstand c_2 entspricht. Die durch die Ebene (2) dargestellte Dehnungsverteilung zeigt die resultierende, wesentlich kleinere Grenz-Krümmungsduktilität.

Oft sollte jedoch eine Tragwand mit grosser Normaldruckkraft die gleiche Krümmungsduktilität wie eine solche unter reiner Biegung oder unter Biegung mit Zug-

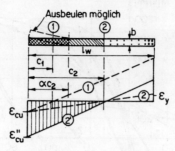

Bild 5.28: Dehnungsebenen von rechteckigen Tragwand-Querschnitten

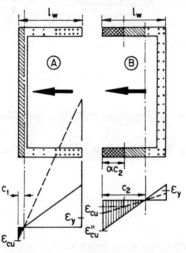

Bild 5.29: Dehnungsebenen von U-förmigen Tragwand-Querschnitten

kraft haben. Dies ist z.B. der Fall in der Druckwand eines gekoppelten Tragwandsystems (vgl. Bild 5.11). Diese sollte somit eine Dehnungsverteilung gemäss der
Ebene (2'), die parallel zu der zur Zugwand gehörenden Ebene (1) verläuft, entwikkeln können. Dies würde an der Druckkante Betonstauchungen ε_{cu}'' bedingen, die
wesentlich über dem Wert ε_{cu} liegen. Eine solche Krümmung kann natürlich nur erreicht werden, wenn der derart stark beanspruchte Beton entsprechend umschnürt
ist. Die Umschnürung des Betons wird in Abschnitt 5.4.2e behandelt.

Der *Einfluss der Querschnittsform* auf die Grenz-Krümmungsduktilität kann
anhand der in Bild 5.29 dargestellten Wände mit U-Querschnitt untersucht werden.

Im Falle von Wand (A), unter der durch den Pfeil angedeuteten Einwirkung,
kann die Druckkraft, entsprechend der Summe der Fliesskraft der Bewehrungsstäbe
in den Schenkeln und einer wesentlichen Normaldruckkraft, durch die schraffierte,
relativ schmale Druckzone im Flansch aufgenommen werden. Die Höhe der Druckzone c_1 ist sehr klein, und die grosse Neigung der gestrichelt gezeichneten möglichen
Dehnungsebene lässt eine sehr grosse Krümmung zu. Diese wird kaum benötigt, viel
eher liegt die erforderliche Krümmung etwa bei derjenigen entsprechend der aus-

gezogenen Linie. Die Betonrandstauchung bleibt also unkritisch. In solchen Fällen können auch bei relativ kleinen erforderlichen Duktilitäten dank Verfestigung der Bewehrung Biegemomente entwickelt werden, die erheblich über den mit Rechenfestigkeiten ermittelten Werten liegen.

Die Wand (B) dagegen benötigt eine grosse Druckzonenhöhe c_2, um die der Summe der Fliesskraft der Bewehrungsstäbe im Flansch und der Normaldruckkraft entsprechende Druckkraft zu erreichen. Nur schon die erforderliche Minimalbewehrung im Flansch entwickelt eine wesentliche Fliesskraft. Wie die gestrichelte Linie zeigt, genügt die Krümmung nicht, um dieselben Duktilitätsanforderungen wie für die Wand (A) zu erfüllen (ausgezogene Linie). Die grossen Betonstauchungen bei den Flanschenden von Wand (B) erfordern unbedingt eine Umschnürung des Betons, falls ein Sprödbruch vermieden werden soll.

Es zeigt sich also, dass das Verhältnis der Druckzonenhöhe c zur Wandlänge l_w eine massgebende Grösse darstellt. Soll die erforderliche Krümmungsduktilität ohne Umschnürung erreicht werden, so muss das Verhältnis c/l_w beschränkt werden (vgl. Abschnitt 5.4.2d).

Wie im Falle von Stützen und Riegeln basiert der rechnerische Tragwiderstand der Tragwände auf den Rechenfestigkeiten f'_c und f_y. Bei grossen inelastischen Verformungen, speziell wenn dabei grosse Krümmungsduktilitäten erforderlich werden (vgl. Bild 5.26), können aber im massgebenden Wandquerschnitt viel grössere Widerstände mobilisiert werden. Entsprechend dem Prinzip der Kapazitätsbemessung ist diese Erhöhung zu berücksichtigen. Sie kann durch den Überfestigkeitsfaktor $\Phi_{o,w}$ ausgedrückt werden, der im Fall von kragarmartigen Tragwänden durch das Verhältnis von Biegewiderstand bei Überfestigkeit zu Biegemoment infolge der Ersatzkräfte (Bemessungswert der Beanspruchung), beide im Einspannquerschnitt, definiert ist (vgl. Gl.(5.31)).

b) Sicherstellung der Wandstabilität

Bei dünnen Tragwandquerschnitten besteht im Bereich plastischer Gelenke unter grossen Druckbeanspruchungen die Gefahr des vorzeitigen Versagens durch Ausbeulen. Dies ist der Fall, wenn eine grosse Druckzonenhöhe entsprechend Dehnungsebene (2') in Bild 5.28 erforderlich ist und die Fliessgelenklänge eine Stockwerkhöhe oder mehr beträgt. Das Problem wird verschärft durch den Einfluss von zyklischen inelastischen Beanspruchungen. Versagen durch Instabilität sollte jedoch beim Erdbebenverhalten von Tragwänden nicht massgebend werden.

Zur Behandlung des Ausbeulens von Stäben mit dünnwandigen Stahlbetonquerschnitten bietet sich keine direkte und einfache theoretische Lösung an. Die Kenntnis des Versagensmechanismus' hilft jedoch dem Ingenieur, den ungünstigen Einfluss auf das duktile Gesamtverhalten von Wänden auszuschliessen. Deshalb werden in den folgenden Abschnitten die hauptsächlichen Parameter für ein Ausbeulen und deren Einfluss kurz besprochen.

Bei grossen Krümmungsduktilitäten sind die am Wandende liegenden Bewehrungsstäbe grossen Zugdehnungen unterworfen (vgl. Bild 5.27). Dabei entwickeln sich über die Höhe gleichmässig verteilte und über die Wandstärke etwa horizontal verlaufende Risse von beachtlicher Breite (vgl. Bild 5.44). Dieser Zustand ist in Bild 5.30a schematisch dargestellt. Die Spannung und Dehnung der vertika-

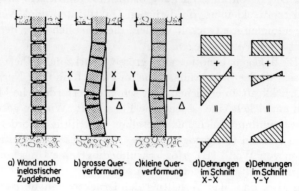

a) Wand nach inelastischer Zugdehnung   b) grosse Querverformung   c) kleine Querverformung   d) Dehnungen im Schnitt X-X   e) Dehnungen im Schnitt Y-Y

Bild 5.30: Verformungen und Dehnungsebenen im Beulbereich eines Wandquerschnittes

len Bewehrungsstäbe in diesem Zustand ist in Bild 5.31 als Punkt A markiert. Während der folgenden Umkehr der Wandverschiebungen ergibt sich vorerst eine völlige Entlastung (Punkt B). Bei einer weiteren Reduktion der Horizontalkraft und im Falle von gekoppelten Tragwänden bei einer Zunahme der Normaldruckkraft entstehen in den Stäben die Druckspannungen $f_{s,x}$. Falls sich die in Bild 5.30a gezeigten Risse nicht schliessen, muss die gesamte innere Druckkraft durch die Bewehrungsstäbe aufgenommen werden. Infolge des Bauschinger-Effektes (vgl. 3.2.2c) ist jedoch der Elastizitätsmodul des Stahles $E_{t,x}$ in diesem Stadium reduziert (Punkt X in Bild 5.31). Ein Ausknicken der Bewehrungsstäbe und damit ein Ausbeulen der Wand gemäss Bild 5.30b kann beginnen, wenn sich z.B. beim Punkt C von Bild 5.31 der Tangentenmodul auf einen kritischen Wert $E_{t,crit}$ verkleinert hat, während die Risse immer noch geöffnet sind.

Andere wichtige, das Ausbeulen beeinflussende Parameter sind jedoch schwieriger zu erfassen. Die Knicklänge des unter Druck stehenden Wandstreifens beispielsweise ist vom Einspanngrad unten beim Fundament und oben bei der ersten Decke abhängig. Angrenzende, unter Zug stehende Wandstreifen üben eine stabili-

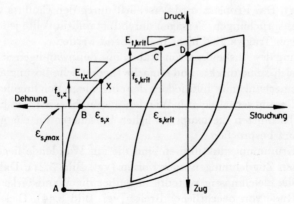

Bild 5.31: Spannungs-Dehnungs-Verhalten der Bewehrung vor dem Ausbeulen

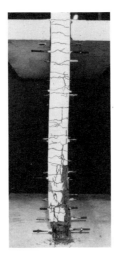

Bild 5.32: Versagen einer Wand infolge Ausbeulens [P44]

sierende Wirkung aus. Infolge der Beanspruchung durch das Kippmoment variieren die Druckstauchungen und die Spannungen über die Wandhöhe. Daher variiert auch der Tangentenmodul des Stahls in Abhängigkeit des Abstandes vom unteren Einspannquerschnitt und vom Druckrand der Wand.

Wenn sich die horizontalen Risse schliessen (Bild 5.30c), bevor der beschriebene kritische Zustand (Punkt C in Bild 5.31) erreicht wird, bauen sich Betondruckspannungen auf. Durch das Schliessen der Risse versteift sich die Wand zunehmend, und das seitliche Ausbeulen auf dieser Beanspruchungshöhe wird verhindert. Wenn jedoch der Beulvorgang beginnt, können die horizontalen Verschiebungen nur beschränkt werden, falls im betroffenen Teil des Querschnittes ein neuer Gleichgewichtszustand möglich ist. Dieser muss die inneren Kräfte aus dem Biegemoment und der Normalkraft wie auch das Querbiegemoment infolge der seitlichen Exzentrizitäten aufnehmen können (vgl. Bilder 5.30d und e).

Sind die Rissbreiten bei Beginn des Ausbeulens noch gross, können die Verschiebungen aus der Ebene, d.h. die Querverformungen, auch unter geringen Beanspruchungen rasch zunehmen. Dies bedeutet, dass nach grossen inelastischen Verschiebungen ein Ausbeulen auch bei relativ kleinen Horizontalkräften stattfinden kann. Dies zeigt Bild 5.27, wo das Verhalten einer Versuchswand [P44], die nach anfänglich stabilem Hystereseverhalten durch Ausbeulen versagte, dargestellt ist. Die Endansicht dieser Wand in Bild 5.32 zeigt das ausgebeulte Ende, die Seitenansicht in Bild 5.44 das gut sichtbare Rissebild. Eine Erhöhung der Beanspruchung der Wand ohne wesentliche Zunahme der Querverschiebungen ist hingegen möglich, wenn nur in einem kurzen Wandstreifen die Tendenz zum Ausbeulen besteht, da er durch angrenzende, unter Zug stehende Wandstreifen stabilisiert wird.

Mit zunehmenden Duktilitätsanforderungen und grösser werdenden Stauchungen in der Druckzone kann in bestimmten Fällen die Höhe der Druckzone c (Bild 5.28) zunehmen, was mit ungünstigen Umlagerungen der Druckzonenkraft verbunden ist. Eine solche Zunahme kann die Folge des Abplatzens der Be-

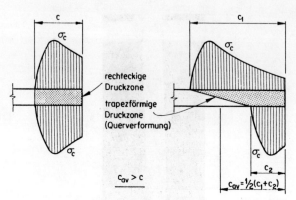

Bild 5.33: Spannungsverteilung in einer Wand ohne und mit Querverformungen

tonüberdeckung, der Abnahme der Betonfestigkeit bei wiederholten grossen Stauchungen, besonders bei wiederholten Zyklen mit grosser Duktilität, und allgemein bei einer ungleichmässigen Spannungsverteilung über die Wandstärke aufgrund der Verschiebungen aus der Wandebene heraus sein (vgl. Bild 5.30d und e). Diese Zunahme der Druckzonenhöhe c kann zu übermässigen Betonstauchungen im Randbereich des Querschnittes und zur anschliessenden Zerstörung des Betons führen. Druckverteilungen im Beton ohne und mit Berücksichtigung von Querverschiebungen werden in Bild 5.33 verglichen, wobei die Schiefstellung der Neutralachse in Bild 5.33b ins Auge sticht.

Weitere, eine analytische Behandlung erschwerende und kaum zu quantifizierende Einflüsse sind:

1. Kleine, bei der Zugbeanspruchung entstandene Betonbruchstücke oder einzelne, losgelöste Zuschlagstoffkörner können verklemmt werden und das vollständige Schliessen eines Risses verhindern (vgl. Bild 5.34). Dadurch können wesentliche Verschiebungen aus der Wandebene heraus eingeleitet werden.

2. Infolge zyklischer Verschiebungen im Riss passen die Rissflächen nicht mehr aufeinander, was ebenfalls zu Verschiebungen aus der Wandebene heraus führen kann.

3. Die Dehnungsgeschichte der vertikalen Bewehrung ist von grosser Bedeutung für das Beulen der Wand. Mehrere Beanspruchungszyklen mit mässigen plastischen Zugverformungen führen unter Umständen nicht zu Instabilität, während eine einzige Bewegung mit grossen plastischen Verformungen zum Ausbeulen unmittelbar nach der Beanspruchungsumkehr führen kann.

4. Ungleichmässiges Abplatzen der Betonüberdeckung kann für die Richtung der Querverformung massgebend sein.

5. Das Ausbeulen der Querschnitte von Bild 5.5a bis c, e, g und i kann auch durch Erdbebeneinwirkungen quer zur Wandebene beeinflusst werden. Der Beitrag solcher Querschnitte zum Widerstand gegen horizontale Kräfte

durch Biegung um ihre schwache Achse wird normalerweise vernachlässigt. Die entsprechenden inelastischen Verformungen solcher Wände können jedoch wesentlich werden, speziell wenn der Tragwiderstand in dieser Richtung durch verhältnismässig weiche duktile Rahmen und nicht durch Tragwände gewährleistet ist.

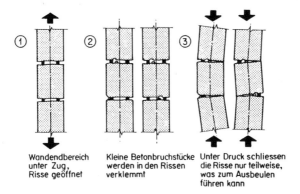

① Wandendbereich unter Zug, Risse geöffnet   ② Kleine Betonbruchstücke werden in den Rissen verklemmt   ③ Unter Druck schliessen die Risse nur teilweise, was zum Ausbeulen führen kann

Bild 5.34: Einfluss von verklemmten Betonbruchstücken auf die Wandstabilität

Da keine Bemessungsregeln betreffend die Schlankheitsverhältnisse von Stahlbetontragwänden für die beschriebene Beanspruchungsart bekannt sind, können die für gedrungene Stützen gebräuchlichen Normvorschriften als Anhaltspunkt dienen. Bei solchen Stützen soll das Verhältnis der Höhe zur Breite, l_n/b, den Wert 10 nicht übersteigen [A1]. Bei Wänden wird für l_n die lichte Höhe verwendet. Wie in Abschnitt 4.2a dargestellt, kann die Situation kritisch werden, wenn bei einer relativ grossen Druckzonenhöhe die erforderliche Krümmungsduktilität (vgl. Bild 5.28, Dehnungsebene (2')) ebenfalls gross ist. Diese Kombination ist glücklicherweise ziemlich selten anzutreffen. Sie tritt jedoch bei Wandquerschnitten mit grossen Zugflanschen und gleichzeitig schmalen Druckzonen (vgl. Bild 5.5e und Bild 5.29, Wand (B)) auf, und sie konnte auch in Versuchen beobachtet werden [V1], [P44].

In Ermangelung einer ausreichenden Zahl von entsprechenden Versuchen wird in [P29], [X3] als ingenieurmässige Lösung empfohlen, unter Beachtung der im folgenden noch aufzuführenden Ausnahmen, in der äusseren Hälfte der wie üblich ermittelten Druckzone die Wand mindestens $l_n/10$ stark auszubilden:

$$b \geq \frac{l_n}{10} \quad \text{längs} \quad \frac{c}{2}$$

Dabei sind l_n die lichte Höhe bzw. der Abstand der wirksamen seitlichen Abstützungen der Wand (vgl. Bild 5.7) und c der Abstand der neutralen Achse von der Druckkante. Unter Verwendung der Bezeichnungen von Bild 5.28 erstreckt sich der Bereich dieser Mindeststärke also über $0.5c_1$ oder $0.5c_2$. Hier beträgt die Betonstauchung bei der für die Ermittlung des Tragwiderstandes angenommenen Grenz-Betonrandstauchung von $\varepsilon_{cu} = 0.003$ überall mehr als 0.0015. Bild 5.35 zeigt die Anwendung der obigen Bedingung.

Diese Empfehlung für die Mindestwandstärke wurde für Tragwände abgeleitet, bei denen Verschiebeduktilitäten von $\mu_\Delta \approx 4$ erwartet werden. In [V1], [B14]

wurde angeregt, die Mindestwandstärke von der erforderlichen Duktilität abhängig
zu machen. Einerseits ist bei kleineren inelastischen Verformungen die Gefahr seitlicher Instabilitäten geringer, womit schlankere Wände möglich sind, andererseits ist
bei grösseren Duktilitäten eine grössere Wandstärke erforderlich. Die Wandstärke b
sollte daher in Abhängigkeit von der Verschiebeduktilität der folgenden Gleichung
genügen:

$$b \geq \frac{l_n}{10\sqrt{3.5\Phi_{o,w}/\mu_\Delta - 0.25}} \tag{5.22}$$

Bei einem Überfestigkeitsfaktor (vgl. 1.3.4c) der Tragwand $\Phi_{o,w} = 1.4$ ergibt sich für
eine Verschiebeduktilität von $\mu_\Delta = 2.5$ die Bedingung $b \geq l_n/13$ und für $\mu_\Delta = 5$ die
Bedingung $b \geq l_n/8.5$. Ein Wert $\Phi_{o,w} > 1.4$ bedeutet, dass ein grösserer als der für
die Aufnahme der Erdbeben-Ersatzkraft erforderliche Tragwiderstand vorhanden
ist. Damit reduziert sich die erforderliche Duktilität und somit auch die erforderliche
Wandstärke. Ist beispielsweise ein um 50% zu grosser Tragwiderstand vorhanden,
d.h. $\Phi_{o,w} = 2.1$, so ergibt sich für $\mu_\Delta = 5$ die Bedingung $b \geq l_n/11$.

Ist die berechnete Betondruckzonenhöhe c klein, wie dies durch die Dehnungsebene (1) in Bild 5.28 charakterisiert ist, kann die Druckzone durch die angrenzenden unter Zug stehenden Wandstreifen stabilisiert werden. Wenn also der Abstand
der Faser mit einer Stauchung von $\varepsilon_{cu}/2$ zum Druckrand kleiner ist als $2b$ oder
$0.15l_w$, braucht die Einschränkung von $b \geq l_n/10$ bzw. nach Gl.(5.22) nicht beachtet zu werden [X3]. Diese Bedingungen sind erfüllt, wenn für die Neutralachse
gilt:

$$c \leq 4b \quad \text{und} \quad c \leq 0.3l_w$$

Die Dehnungsebene (1) gemäss Bild 5.28 stellt sich im allgemeinen in leicht bewehrten Wänden mit kleiner Schwerelast ein und erfüllt diese Bedingungen.

Es darf allgemein angenommen werden, dass sich die Fliessgelenkzone nur in
Gebäuden mit drei oder mehr Geschossen gegen das erste Stockwerk hin derart
ausdehnt, dass die Kriterien für die Wandstabilität kontrolliert werden müssen.

Gewisse, unter Druck stehende Wandstreifen gewährleisten eine kontinuierliche
seitliche Halterung benachbarter gedrückter Wandstreifen (vgl. Bild 5.35). Daher
können Wandbereiche mit Stauchungen über $\varepsilon_{cu}/2$, die innerhalb der Distanz $3b$ von
einer Zone mit seitlicher Halterung liegen, von den Schlankheitsbeschränkungen be-
freit werden. Bild 5.35a zeigt drei solche Bereiche. Der schraffierte Teil des Flansches
liegt allerdings zu weit vom Steg weg, um effektiv gehalten zu sein, und seine Stärke
b' hat deshalb der Bedingung $b' \geq l_n/10$ bzw. Gl.(5.22) zu genügen. Im weiteren
ist festzuhalten, dass ein Flansch stets eine Mindestbreite von $l_n/5$ haben sollte
(vgl. Bild 5.35a links). Andernfalls ist eine Randverstärkung gemäss Bild 5.35c
oder auch Bild 5.5f vorzusehen. Derartige, genügend kräftig ausgebildete Randverstärkungen stabilisieren die Biegedruckzone sehr wirkungsvoll [B14]. Auch ist
in solchen Verstärkungen die Anordnung einer Umschnürungsbewehrung einfacher
(Bild 5.38), und der umschürte Bereich weist im Verhältnis zum Gesamtquerschnitt
eine wesentlich grössere Fläche auf als bei dünnen Rechteckquerschnitten.

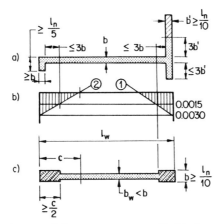

Bild 5.35: Minimale Wandabmessungen zur Verhinderung vorzeitiger Instabilität

c) Erforderliche Krümmungsduktilität

Ob eine Tragwand in der Lage ist, die der in 3.1.4 definierten Verschiebeduktilität entsprechenden plastischen Verformungen zu überstehen, hängt von der Rotationsfähigkeit des meist am Wandfuss liegenden Fliessgelenkes ab. Die Gelenkrotationen sind ihrerseits von der zur Verfügung stehenden Grenz-Krümmungsduktilität und der Gelenklänge abhängig [P1].

Die Gelenklänge l_p ist primär eine Funktion der Wandlänge l_w, und das Verhältnis l_p/l_w liegt typischerweise zwischen 0.5 und 1.0. Die dem Fliessbeginn im massgebenden Querschnitt entsprechende Verschiebung nimmt naturgemäss mit der Wandhöhe h_w zu. Sie wird normalerweise am obersten Punkt der Wand gemessen und zur Definition der Verschiebeduktilität verwendet. Die für eine bestimmte Verschiebeduktilität $\mu_\Delta = \Delta/\Delta_y$ erforderliche Krümmungsduktilität $\mu_\phi = \phi/\phi_y$ wird somit vom Schlankheitsverhältnis der Wand h_w/l_w beeinflusst. Diese Beziehung wurde bereits in Gl.(3.8) ausgedrückt und ist in Bild 5.36 dargestellt, wobei die schraffierten Bereiche unterschiedliche Annahmen für die Gelenklänge l_p andeuten [P28], [P53]. Bild 5.36 zeigt, dass besonders für schlanke Wände bei Verschiebeduktilitäten über $\mu_\Delta = 5$ sehr grosse Krümmungsduktilitäten erforderlich werden.

d) Sicherstellung der Krümmungsduktilität

Bei Riegeln kann durch die in 4.4.2.c gegebenen Beschränkungen der maximalen Biegebewehrung auf einfache Weise sichergestellt werden, dass eine für die Zwecke der Erdbebenbemessung genügende Krümmungsduktilität vorhanden ist [A1], [X3]. Da Tragwände sehr unterschiedliche Querschnittsformen aufweisen können, verschiedene Bewehrungsanordnungen möglich sind und zusätzlich eine Normalkraft vorhanden ist, kann die Duktilität nicht mit einer so einfachen Bedingung wie bei den Riegeln sichergestellt werden.

Bei der Berechnung eines Wandquerschnittes für Biegung mit Normalkraft gemäss den Bildern 3.21 und 5.17 wird stets der Neutralachsabstand c ermittelt.

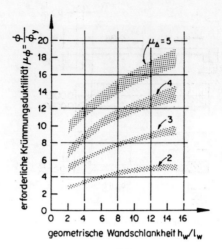

Bild 5.36: Erforderliche Krümmungsduktilität am Fuss einer Tragwand als Funktion der Schlankheit und der Verschiebeduktilität

Wie bereits am Ende von 5.4.2a festgestellt, kann das Verhältnis c/l_w als Indikator für die zur Mobilisierung des Tragwiderstandes erforderliche Krümmungsduktilität benützt werden. In Bild 5.29 wurde ferner gezeigt, dass mit einem festgelegten Wert für ε_{cu} unterschiedliche Neutralachsabstände (c_1 und c_2) für verschiedene Wandquerschnittsformen sehr unterschiedliche Werte für die Krümmungsduktilitäten ergeben. Die erforderliche Krümmungsduktilität in den Fliessgelenken von Tragwänden wurde in Abschnitt 5.4.2c in Beziehung zur Verschiebeduktilität gesetzt. Dieser Zusammenhang ist in Bild 5.36 dargestellt. Es handelt sich um eine Weiterentwicklung der in [P28] publizierten Überlegungen, bei denen eine von der Wandlänge l_w und der Wandschlankheit h_w/l_w abhängige Gelenklänge l_p eingeführt wurde (vgl. 3.1.5). Beispielsweise ergibt sich für eine Wand mit $h_w/l_w = 8$ und der Verschiebeduktilität $\mu_\Delta = 4$ eine erforderliche Krümmungsduktilität von $\mu_\phi \approx 11$.

Die Fliesskrümmung eines Querschnittes kann folgendermassen angenähert werden:

$$\phi_y = \frac{\varepsilon_y + \varepsilon_{ce}}{l_w} \tag{5.23}$$

Die Fliessdehnung des Bewehrungsstahles ε_y liegt in der Grössenordnung von 0.002. Die gleichzeitig am Druckrand erreichte, noch weit im elastischen Bereich liegende Betonstauchung ε_{ce} kann für diese Abschätzung vorsichtigerweise eher gross, d.h. zu 0.0005 angenommen werden. In Querschnitten mit nur einem, auf Zug beanspruchten Flansch kann bei wesentlichen Normalkräften, oder wenn der wie in normalen Biegeelementen ermittelte Biegebewehrungsgehalt 1% überschreitet, der Wert ε_{ce} grösser werden. Er kann falls nötig mit den üblichen Gleichungen für Stahlbeton ermittelt werden. Benützt man jedoch die Stauchung 0.0005, ergibt sich eine Krümmung beim Fliessbeginn von $\phi_y = 0.0025/l_w$. Für die Wand des vorherigen Beispiels erhält man damit eine erforderliche Krümmung von $\phi = 11\phi_y = 0.0275/l_w$.

Die üblichen Tragwiderstandsberechnungen beruhen meist auf der konservativen

Annahme von $\varepsilon_{cu} = 0.003$ (vgl. Abschnitt 3.3). Es hat sich jedoch gezeigt [P1], dass an der Druckkante eine Grenzstauchung von 0.004 erreicht werden kann, bevor die Zerstörung des Betons einsetzt. Mit dem Wert 0.004 wird im obigen Beispiel die Höhe der Druckzone bei einer Krümmung von $11\phi_y$

$$c = \frac{0.004\,l_w}{0.0275} = \frac{l_w}{7}.$$

In Versuchen der Universität von Kalifornien, Berkeley, lagen die erreichten maximalen Krümmungen im Bereich von $0.045/l_w$ bis $0.076/l_w$ bei Versuchswänden mit $l_w = 2388$ mm, und die Verschiebeduktilitäten betrugen rund $\mu_\Delta = 9$ [V1].

Das bisher Gesagte gilt für Kragwände, bei denen eine Verschiebeduktilität von $\mu_\Delta = 4$ erforderlich ist, wenn die Überfestigkeit entsprechend einem Überfestigkeitsfaktor von z.B. $\Phi_{o,w} = 1.4$ mobilisiert wird. Die Ermittlung von $\Phi_{o,w}$ bei Wänden wird in Abschnitt 5.4.3 behandelt. Für Wände mit kleineren Anforderungen an die Verschiebeduktilität oder mit einer grösseren unbeabsichtigten Überfestigkeit ($\Phi_{o,w} > 1.4$) kann die (ohne Umschnürung) unter den Schnittkräften des erforderlichen Tragwiderstandes *zulässige Höhe der Druckzone* vorsichtig zu

$$c_c = 0.4\,\frac{\Phi_{o,w}}{\mu_\Delta}\,l_w \tag{5.24}$$

angenommen werden. Im Hinblick auf die relative Grobheit der in den Normen gegebenen horizontalen Ersatzkräfte und der Unsicherheiten bei der Abschätzung der erforderlichen Verschiebeduktilität ist eine genauere Berechnung im allgemeinen nicht angemessen.

In kritischen Fällen kann jedoch die (ohne Umschnürung) unter den Schnittkräften des erforderlichen Tragwiderstandes zulässige Höhe der Druckzone mit Hilfe der folgenden Formel genau ermittelt werden:

$$c_c = \frac{8.6\,\Phi_{o,w}}{(\mu_\Delta - 0.7)(17 + h_w/l_w)}\,l_w \tag{5.25}$$

Diese Gleichung berücksichtigt den Einfluss der Verschiebeduktilität μ_Δ auf die Krümmungsduktilität μ_ϕ gemäss Bild 5.36 etwas genauer.

Überschreitet die gemäss Abschnitt 3.3.2b ermittelte Höhe der Druckzone c bei dem für die horizontalen Ersatzkräfte vorgesehenen, mit den Rechenfestigkeiten ermittelten Tragwiderstand (Biegemoment und Normalkraft) den Wert c_c gemäss den Gleichungen (5.24) bzw. (5.25), so kann die erforderliche Duktilität nur bei einer Überschreitung der Betonrandstauchung von 0.004 erreicht werden. Um diese zu ermöglichen, ist eine Umschnürung des Betons erforderlich.

e) Umschnürung des Betons

1. Umschnürungszone:
Es ist derjenige Bereich des Wandquerschnittes zu umschnüren, in dem die Betonstauchungen über 0.004 liegen. In Bild 5.37 zeigt die Dehnungsebene (1) für eine bestimmte Tragwand die gemäss Bild 5.36 für eine gewünschte Verschiebeduktilität μ_Δ erforderliche Grenzkrümmung ϕ_u, bei der die Grenz-Betonrandstauchung $\varepsilon_{cu} =$

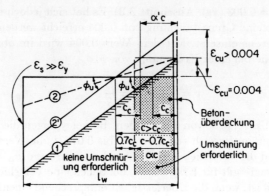

Bild 5.37: Dehnungsverteilungen in Wandquerschnitten

0.004 gerade erreicht ist. Hiefür kann die zugehörige (ohne Umschnürung) zulässige Druckzonenhöhe c_c mit den Gleichungen (5.24) oder (5.25) abgeschätzt werden. Die Druckzonenhöhe c der Dehnungsebene (2) ergibt sich aus den Schnittgrössen des erforderlichen Widerstandes. Wie grössere Biegedruckzonen entstehen, wurde anhand der Bilder 5.28 und 5.29 gezeigt. Da die erforderliche Grenzkrümmung ϕ_u gegeben ist, muss die Dehnungsebene (2') parallel zur Dehnungsebene (1) sein. Sie entspricht den gleichen inneren Kräften wie die Dehnungsebene (2). Um für diese Kräfte die gleiche Krümmung wie bei der Dehnungsebene (1), das bedeutet also die Dehnungsebene (2'), erreichen zu können, ist der Teil $\alpha'c$ des Querschnittes mit Stauchungen über 0.004 zu umschnüren. Aus Bild 5.37 ergibt sich $\alpha' = 1 - c_c/c$.

Die berechnete Druckzonenhöhe c kann jedoch unter Umständen überschritten werden, da unter zyklischer Beanspruchungsumkehr die Druckzonenhöhe etwas zunimmt. Dies vor allem aufgrund der zunehmenden Abplatzungen der Betonüberdeckung und der Abnahme der Druckfestigkeit im umschnürten Beton. Ein anderer Grund ist die Querverformung von dünnen Querschnitten, die sich in einer Zunahme der durchschnittlichen Druckzonenhöhe c_{av} äussert (vgl. Bild 5.33). Deshalb wird vorgeschlagen, die Länge der umschnürten Zone auf αc zu erweitern, wobei

$$\alpha = 1 - 0.7\frac{c_c}{c} \geq 0.5 \quad \text{für} \quad \frac{c_c}{c} \leq 1 \tag{5.26}$$

Ist c nur ein wenig grösser als c_c, ergeben sich für α unpraktisch kleine Werte. In solchen Fällen ist mindestens die Hälfte der theoretischen Druckzone zu umschnüren, d.h. $\alpha \geq 0.5$. Die Anwendung dieser Gleichung wird in Abschnitt 5.8.2 (Schritt 16) gezeigt.

2. Umschnürungsbewehrung:

Die Umschnürung des Betons hat in ähnlicher Weise wie in Stützen zu geschehen, jedoch mit dem Unterschied, dass kaum je der gesamte Wandquerschnitt umschnürt werden muss. Es sollen die Vertikalstäbe umfassende Bügel und Verbindungsstäbe mit einem Gesamtquerschnitt gemäss den folgenden Gleichungen (ähnlich den Gl.(3.28) und Gl.(3.29) für Rechteckstützen) vorgesehen werden, wobei das Verhältnis c/l_w den Wert 0.3 nur selten übersteigt.

$$A_{sh} = m_w \frac{f'_c}{f_{yh}} \left(0.5 + 0.9\frac{c}{l_w}\right) s_h h'' \tag{5.27}$$

$$0.12 \leq \ m_w \ \geq 0.3 \left(\frac{A^*_g}{A^*_c} - 1\right) \tag{5.28}$$

A_{sh} : Querschnitt der Bügel und Verbindungsstäbe in der betrachteten Richtung

A^*_g : Bruttobetonfläche der zu umschnürenden Querschnittsteile der Wand

A^*_c : Von den Bügeln und Verbindungsstäben (Aussenkante) umschnürte Betonfläche der zu umschnürenden Querschnittsteile

f'_c : Rechenwert der Betondruckfestigkeit

f_{yh} : Rechenwert der Fliessspannung der horizontalen Querbewehrung

s_h : Vertikaler Abstand der horizontalen Bügel und Verbindungsstäbe

h'' : Breite der umschnürten Betonquerschnittsfläche rechtwinklig zu den entsprechenden Bügeln und Verbindungsstäben gemessen

m_w : Berücksichtigt den Einfluss des Verhältnisses A^*_g/A^*_c

Die zu umschnürende Fläche hat die Länge αc, gemessen vom Druckrand. In den Beispielen der Bilder 5.28 und 5.29 ist diese Länge mit αc_2 bezeichnet, und die zu umschnürende Fläche ist doppelt schraffiert.

Um eine wirksame Umschnürung zu gewährleisten, soll der vertikale Abstand der horizontalen Bügel- und Verbindungsstäbe s_h höchstens betragen [X3]:

a) sechsmal den Durchmesser der Vertikalbewehrungsstäbe
b) die Hälfte der Stärke des umschnürten Bauteils
c) 150 mm

Eine Umschnürung erfordert eine nahe den Wandoberflächen angeordnete, d.h. eine zweischnittige Vertikalbewehrung. Wände mit einer einschnittigen Längsbewehrung in der Mitte können daher nicht umschnürt werden.

Die Umschnürung des Betons soll sich in vertikaler Richtung über den *Bereich des potentiellen plastischen Gelenkes* erstrecken, dessen Länge für diesen Zweck zum grösseren der beiden Werte

a) Wandlänge l_w
b) ein Sechstel der Gesamthöhe h_w,

höchstens aber $2\,l_w$, angenommen wird.

Ein Anwendungsbeispiel zu diesen Regeln zur Ermittlung der Umschnürungsbewehrung findet sich in Abschnitt 5.8.2 (Schritt 16).

f) Stabilisierung der Vertikalbewehrung

Wenn die Vertikalbewehrung bis zur Fliessgrenze auf Druck beansprucht wird, besteht die Gefahr, dass sie ausknickt, d.h. ihre Stabilität verliert. Es wird daher empfohlen, eine 'Stabilisierungs-' oder 'Haltebewehrung' entsprechend den nachstehenden Regeln vorzusehen.

1. Stabilisierungszone:

Es sind die Vertikalstäbe in denjenigen Bereichen des Wandquerschnittes zu stabilisieren, in denen die folgende Bedingung erfüllt ist:

$$\rho_l = \frac{\Sigma A_b}{b\,s_v} \geq \frac{2}{f_y} \quad [\text{N, mm}] \tag{5.29}$$

ρ_l : lokaler Vertikalbewehrungsgehalt

ΣA_b : Summe der Querschnittsflächen [mm²] der vom Haltestab
            umfassten Vertikalbewehrungsstäbe inklusive der Anteile all-
            fälliger Zwischenstäbe (vgl. folgenden Abschnitt 5.4.2f.2.1).
            Längsstäbe, die mehr als 75 mm innerhalb der Innenkante ei-
            nes Bügels liegen, müssen bei der Ermittlung des Wertes ΣA_b
            nicht berücksichtigt werden.

b : Wandstärke

s_v : Horizontaler Abstand der Vertikalbewehrungsstäbe.

f_y : Rechenwert der Fliessspannung der Vertikalbewehrung

Zur Erläuterung dieser Bedingung dient Bild 5.38. Für den linken Wandteil gilt $\rho_l = 2\,A_b/b\,s_v$. Im Falle eines geringen lokalen Bewehrungsgehaltes ($\leq 2/f_y$) tragen die Vertikalstäbe wenig zum Druckwiderstand bei, und ihr Ausknicken hat keinen Einfluss auf den Gesamttragwiderstand, sodass keine Haltebewehrung erforderlich ist.

In den mit der Bedingung Gl.(5.29) definierten Bereichen muss mit der Plastifizierung der Bewehrung gerechnet werden. Bei wiederholter Beanspruchungsumkehr fliesst die Bewehrung auf Druck noch über einen zusätzlichen Bereich des Querschnittes, da die vorgängig stark auf Zug plastifizierten Stäbe zuerst unter Druck fliessen müssen, bevor sich wieder eine Betondruckkraft aufbauen kann. Es ist jedoch nicht wahrscheinlich, dass in diesem zusätzlichen Bereich der Bewehrungsgehalt über $2/f_y$ liegt.

2. Stabilisierungsbewehrung:

Als Stabilisierungsbewehrung sollen horizontale Haltestäbe, d.h. Bügel und die Vertikalstäbe umfassende Verbindungsstäbe, wie folgt vorgesehen werden:

1. Die Bewehrung soll so angeordnet werden, dass jeder Vertikalstab bzw. ganze Bündel von Vertikalstäben nahe der Betonoberfläche von einer 90°-Abbiegung eines Bügels oder mindestens von einem 135°-Endhaken eines Verbindungsstabes gehalten werden. Beträgt der Abstand zweier Vertikalstäbe weniger als 200 mm, so dürfen allfällige Stäbe dazwischen ungehalten bleiben.

2. Der erforderliche Bewehrungsquerschnitt kann wie folgt ermittelt werden:

$$A_{te} = \frac{\Sigma A_b\, f_y}{16\, f_{yh}} \cdot \frac{s_h}{100} \quad [\text{N, mm}] \tag{5.30}$$

A_{te} :   Querschnittsfläche eines horizontalen Haltestabes in der Richtung des möglichen Ausknickens des gehaltenen Vertikalstabes [mm²].

ΣA_b, f_y :   Wie Abschnitt 5.4.2f.1

f_{yh}, s_h :   Wie Abschnitt 5.4.2e.2

3. Der vertikale Abstand der horizontalen Bügel und Verbindungsstäbe s_h soll nicht mehr als der sechsfache Durchmesser des gehaltenen Vertikalstabes betragen.

4. Die Bügel und Verbindungsstäbe dürfen gleichzeitig auch zur Umschnürung des Betonkerns und, wenn geeignet, auch zur Querkraftübertragung verwendet werden.

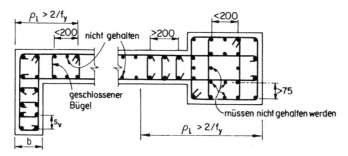

Bild 5.38: Querbewehrung in den Fliessquerschnitten von Tragwänden

Die kreisförmige Anordnung von Vertikalbewehrung, umfasst von einer Spiral- oder Kreisbügel-Bewehrung, hat sich auch in Rechteckquerschnitten als sehr wirksam erwiesen [V1], obwohl das Ausmass des abplatzenden Oberflächenbetons zunimmt.

Die Stabilisierungsbewehrung soll sich wie die Umschnürungsbewehrung in vertikaler Richtung über den *Bereich des potentiellen plastischen Gelenkes* erstrecken, wie er am Schluss des vorangehenden Abschnittes definiert ist.

In den Teilen der Wand *oberhalb des plastischen Gelenkes*, wo der Gehalt an Druckbewehrung $\rho_l > 2/f_y$ beträgt und die erwartete Druckspannung im Bewehrungsstahl infolge eines Biegemomentes, das dem nach Bild 5.41 erforderlichen Biegewiderstand entspricht, zwischen 0.5 und 1.0f_y liegt, braucht die Querbewehrung nur die Anforderungen, die für Bereiche von Stützen ausserhalb von Gelenkbereichen und Endbereichen gelten, zu erfüllen (Abschnitt 4.5.10d.2). Die Bereiche, in denen die Stahlspannungen über 0.5f_y liegen, können aus der Lage der Neutralachse c einfach ermittelt werden.

Ein Anwendungsbeispiel zu diesen Regeln zur Ermittlung der Stabilisierungsbewehrung findet sich in 5.8.2 (Schritt 16).

g) Anforderungen an die Querbewehrung

Die Anforderungen an die Querbewehrung im Bereich eines potentiellen plastischen Gelenkes einer Tragwand können anhand des Beispiels von Bild 5.39 wie folgt zusammengefasst werden:

1. Da für eine Erdbebeneinwirkung in N-Richtung die Druckzonenhöhe c den kritischen Wert c_c gemäss den Gleichungen (5.24) oder (5.25) übersteigt, ist im äusseren, doppelt schraffierten Teil der Druckzone über die Höhe αc eine Umschnürungsbewehrung gemäss Abschnitt 5.4.2e vorzusehen.

2. Für eine Erdbebeneinwirkung in N-Richtung sind im einfach schraffierten Teil der Schenkel des U-förmigen Querschnittes (oben in Bild 5.39, nur links eingetragen) die Vertikalstäbe mit einer Stabilisierungsbewehrung gemäss Abschnitt 5.4.2f gegen Ausknicken zu halten, da dort $\rho_l \geq 2/f_y$.

3. Für eine Erdbebeneinwirkung in S-Richtung sind im Flansch des U-förmigen Querschnittes (unten in Bild 5.39) die Vertikalstäbe ebenfalls mit einer Stabilisierungsbewehrung gemäss Abschnitt 5.4.2f gegen Ausknicken zu halten, da dort $\rho_l > 2/f_y$. Auch diese Flächen sind einfach schraffiert.

4. In allen anderen, nicht schraffierten Teilen des Querschnittes braucht die Querbewehrung nur den Anforderungen aus der Schubbeanspruchung (vgl. 5.4.3) zu genügen.

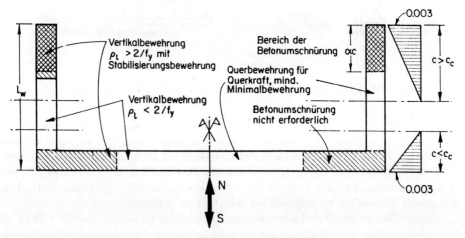

Bild 5.39: Wandteile mit der für verschiedene Zwecke erforderlichen Querbewehrung

h) Begrenzungen der Vertikalbewehrung

Der lokale Vertikalbewehrungsgehalt ρ_l, gemäss Gl.(5.29) bezogen auf die Bruttobetonquerschnittsfläche, soll in der ganzen Wand zwischen $0.7/f_y$ [N/mm²] und $16/f_y$ [N/mm²] liegen. Dies ergibt für verschiedene Sorten von Bewehrungsstahl:

Stahlfliessgrenze f_y [N/mm²]	275	380	460
$\rho_{l,min} = 0.7/f_y$	0.25%	0.18%	0.15%
$\rho_{l,max} = 16/f_y$	5.8%	4.2%	3.5%

Die *Maximalbewehrung* ist durch die Platzverhältnisse bei Stössen der Vertikalstäbe und durch die Grösse der Kraft der Bewehrung bedingt. Die *Minimalbewehrung* (Mindestbewehrung) entspricht den üblichen Anforderungen der Normen [A1] [X3] für Schwind- und Temperatureffekte. Diese Werte für den Mindestbewehrungsgehalt genügen jedoch im allgemeinen kaum, um ein befriedigendes Risseverhalten zu erreichen, da die Bewehrung unmittelbar nach der Rissebildung ins Fliessen kommt.

Die Anforderungen aus der Windbeanspruchung, die diejenigen aus der Erdbebenbeanspruchung übersteigen können, müssen natürlich ebenfalls erfüllt werden. Allgemein sollte bei Stahlbetonbauten darauf geachtet werden, dass die mit der Minimalbewehrung aufnehmbaren Schnittkräfte mindestens den Rissschnittkräften entsprechen, damit sich ein befriedigendes Risseverhalten ergibt. Diese Anforderung ist bei der Einwirkung von Schwerelasten und Windkräften wichtig, jedoch weniger bei seismischen Beanspruchungen, wo die inneren Kräfte im wesentlichen die Folge von Verschiebungen und nicht von äusseren Kräften sind. Hier tritt nach der Rissebildung nicht ein Bruch durch Zerreissen der Bewehrung ein, sondern der Widerstand fällt auf den Fliesswiderstand zurück, der mindestens gleich dem erforderlichen Tragwiderstand sein muss. Damit sich aber in einem solchen Fall im Stegbereich der Wand nicht breite Sammelrisse ergeben, ist auch dort eine gleichmässig verteilte Minimalbewehrung einzulegen.

In Wänden, die stärker als 200 mm sind oder in denen die Schubspannung den Wert $0.3\sqrt{f_c'}$ [N/mm^2] übersteigt, soll mindestens eine zweischnittige Vertikalbewehrung, je eine Lage nahe der beiden Oberflächen, angeordnet werden. Eine einschnittige zentrische Vertikalbewehrung, wie sie oft in dünnen Wänden verwendet wird, gewährleistet kein zufriedenstellendes Schubrissverhalten in der Fliessgelenkzone bei wiederholter Beanspruchungsumkehr, speziell bei grossen Schubspannungen.

In den Umschnürungszonen soll der horizontale *Abstand der Vertikalbewehrung* 200 mm, in den übrigen, elastisch bleibenden Zonen 450 mm oder die dreifache Wandstärke nicht überschreiten. Der *Durchmesser der Stäbe* in einem beliebigen Teil der Wand soll einen Zehntel der Wandstärke nicht übersteigen.

Verschiedene dieser Empfehlungen basieren mehr auf allgemeiner praktischer Erfahrung sowie auf ingenieurmässiger Beurteilung und weniger auf theoretischen Forschungsarbeiten.

i) Abstufung der Vertikalbewehrung

Unter Verwendung der statischen horizontalen Ersatzkräfte werden für einzelne oder gekoppelte Tragwände die in Bild 5.22a und b dargestellten Biegemomente ermittelt. Würde die vertikale Bewehrung genau entsprechend diesem Momentenverlauf abgestuft, könnten sich während eines starken Bebens irgendwo entlang der ganzen Tragwand plastische Zonen ausbilden. Dies ist unerwünscht, da plastische Zonen eine besondere und viel aufwendigere Gestaltung der Bewehrung erfordern. Einige dieser besonderen Anforderungen wurden in den vorangehenden Abschnitten beschrieben. Dazu kommt, dass in Stahlbetonwänden, analog wie bei Riegeln in den Zonen fliessender Biegebewehrung, der Querkraftwiderstand abnimmt. Somit würde überall in der Wand eine zusätzliche horizontale Schubbewehrung erforderlich. Es ist daher zweckmässig, den Ort der plastischen Zone, normalerweise am Fuss der Wand, klar festzulegen, indem im übrigen Teil der Wand ein höherer als der auf der Basis der Momente aus den Ersatzkräften ermittelte Biegewiderstand gewährleistet wird.

Die Momentengrenzwerte aus der dynamischen Beanspruchung haben von den mit statischen Ersatzkräften ermittelten Momenten abweichende Verläufe. Diese Tatsache wird bei Berechnungen mit Hilfe der modalen Superposition sofort klar [B11]. Ähnliche Resultate erhält man mit Zeitverlaufsberechnungen auf Grund von wirklichen Erdbebenaufzeichnungen [B11], [F2], [I1], [K5]. Einige typische, an einer zwanzig Stockwerke hohen Tragwand mit bestimmten Bodenbewegungen und unter der Annahme verschiedener Fliessmomente am Wandfuss ermittelte Momentengrenzwertlinien sind in Bild 5.40 dargestellt [F2]. Der Verlauf der Momentengrenzwerte ist ungefähr linear über die Höhe sowohl bei plastischem als auch bei elastischem Verhalten der Tragwand.

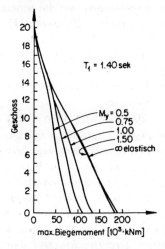

Bild 5.40: Momentengrenzwertlinien für eine 20-geschossige Tragwand für verschiedene Fliessmomente am Wandfuss

Bild 5.41 zeigt für eine Tragwand eines Gebäudes mit 11 Geschossen die Momentenlinie infolge der Ersatzkräfte. Nachdem der massgebende Querschnitt am Wandfuss bemessen worden ist, d.h. Durchmesser, Anzahl und genaue Lage der Längsbewehrung festgelegt sind, kann der mit den Rechenfestigkeiten der Baustoffe berechnete Biegewiderstand, der bei gleichzeitiger Wirkung einer realistisch angenommenen Normalkraft in diesem Querschnitt entwickelt wird, ermittelt werden. Daraus folgt die gemäss den Feststellungen zu Bild 5.40 linear angenommene gestrichelte Momentenlinie. Unter Berücksichtigung des Einflusses der Querkraft auf die Zuggurtkraft, mit der konservativen Annahme eines Versatzmasses von l_w, erhält man schliesslich die in der Figur gezeichnete ausgezogene Linie des empfohlenen erforderlichen Biegewiderstandes. Diese Annahme mag konservativ erscheinen, da das Versatzmass am Wandfuss bei der hier erforderlichen Schubbewehrung für oft beinahe die gesamte Querkraft (geringer oder kein Beitrag des Betons an den Schubwiderstand, vgl. Gl.(3.43) und Hinweis für den Fall der Normalzugkraft) eher in der Grössenordnung von $0.5l_w$ liegen dürfte [P1]. Sie soll jedoch näherungsweise, wie nachfolgend begründet, auch den Einfluss der nach oben veränderlichen Normalkraft berücksichtigen. Die ausgezogene Linie kann dann zur Abstufung der Vertikalbewehrung verwendet werden.

Der Bedarf an Vertikalbewehrung in einer Wand ist nicht direkt proportional zum Biegemoment, sondern auch von der vorhandenen Normalkraft abhängig. Die für reine Biegung erforderliche Bewehrung wird durch eine Normaldruckkraft reduziert, wie man z.B. im Diagramm von Bild 5.17 erkennt. Bei über die Höhe gleich bleibender Vertikalbewehrung nimmt in den oberen Stockwerken der Biegewiderstand mit abnehmender Normaldruckkraft ebenfalls ab. Die Normalkraft in Kragwänden liegt normalerweise deutlich unter dem im M-P-Interaktionsdiagramm für das maximal mögliche Biegemoment erforderlichen Wert. Das Diagramm zeigt, dass in diesem Fall der Biegewiderstand des Wandquerschnittes auf relativ kleine Änderungen der Normalkraft relativ empfindlich ist.

Die Vertikalbewehrung kann im allgemeinen nach der ausgezogenen Linie von Bild 4.45 und ohne weitere Berücksichtigung der Normalkraft abgestuft werden. In Zweifelsfällen ist jedoch zu überprüfen, ob der unter Berücksichtigung der Normalkraft ermittelte Biegewiderstand mindestens den Wert der gestrichelten Linie erreicht. Die Zuggurtkraft aus der Querkraft ist dabei zu berücksichtigen. Die Stäbe der abgestuften Vertikalbewehrung sollten aber besser ausserhalb der ausgezogenen Linie verankert werden [A1]. Dabei handelt es sich vor allem um die eher dicken Stäbe an den Enden des Wandquerschnittes. Die Bewehrung im 'Stegbereich', oft kaum stärker als die Mindestbewehrung gemäss Abschnitt 5.4.2h, trägt ebenfalls zum Biegewiderstand bei und wird meist ohne Reduktion bis an den Kopf der Wand geführt.

Die hier beschriebene Methode der Abstufung der Vertikalbewehrung wird in Bild 5.42 mit den berechneten inelastischen Reaktionen zweier gekoppelter Tragwände unter der Anregung durch drei verschiedene Beben [T3] verglichen. Dabei zeigt sich, dass der empfohlene erforderliche Biegewiderstand allen auftre-

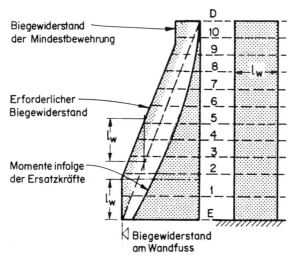

Bild 5.41: Momentenlinien für die Bemessung von Tragwänden

tenden Biegebeanspruchungen genügt und für die Zuggurtkraft aus der Querkraft eine genügende Reserve besteht.

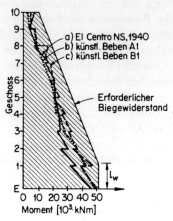

Bild 5.42: Vergleich der dynamischen Momentenbeanspruchung von gekoppelten Tragwänden mit dem erforderlichen Biegewiderstand

5.4.3   Schubbemessung

a) Ermittlung der maximalen Querkräfte

Die Schubbeanspruchung darf für den Tragwiderstand der Wand nicht massgebend werden und soll auch die Energiedissipation während der zyklischen Beanspruchung nicht wesentlich reduzieren. Daher ist für die Bemessung eine zuverlässige Schätzung der während eines Erdbebens auftretenden maximalen Querkräfte erforderlich. Die Energiedissipation soll dabei wie bei Rahmen hauptsächlich über Biegefliessverformungen geschehen.

Das Vorgehen entsprechend der Grundidee der Kapazitätsbemessung ist ähnlich wie bei den duktilen Rahmen (vgl. 4.5). Die Bemessungsquerkraft darf nicht kleiner sein als die Querkraft, die bei der Entwicklung der Biegeüberfestigkeit am Wandfuss M_o auftritt. Für die bereits auf Biegung bemessenen Kragarmwand muss daher der Überfestigkeitsfaktor $\Phi_{o,w}$ ermittelt werden:

$$\Phi_{o,w} = \frac{\text{Biegeüberfestigkeit}}{\text{Moment infolge der Ersatzkräfte}} = \frac{M_o}{M_E} \qquad (5.31)$$

Damit ergibt sich die Querkraft bei Überfestigkeit V_o zu

$$V_o = \Phi_{o,w} \, V_E \qquad (5.32)$$

V_E ist die am elastischen System ermittelte Querkraft in beliebiger Höhe der Wand infolge der darüber angreifenden Ersatzkräfte. Bei den Momenten M_o und M_E handelt es sich um die Werte am Wandfuss. Der Überfestigkeitsfaktor ist von der Stahlsorte und vom Widerstandsreduktionsfaktor Φ abhängig (vgl. 1.3.4) und wird auch von der vorgenommenen Umverteilung der elastisch ermittelten Momente M_E innerhalb des Tragwandsystems beeinflusst.

Die Biegeüberfestigkeit bei Wänden muss auf jeden Fall unter Berücksichtigung einer realistischen Normaldruckkraft bestimmt werden (vgl. 5.5, Schritt 11). Die Überfestigkeit ist bei Wänden etwas unsicherer als bei Riegelquerschnitten, da der Einfluss der Materialeigenschaften schwieriger abzuschätzen ist. Wände mit einer kleinen Druckzone (vgl. Bild 5.29) zeigen infolge frühzeitiger Verfestigung der Zugbewehrung eine grössere Zunahme des Widerstands. Ferner nimmt der Biegewiderstand von Wandquerschnitten mit wesentlicher Normaldruckkraft stark zu, sofern im Zeitpunkt der Erdbebeneinwirkung die wirkliche Druckfestigkeit des Betons erheblich über dem verlangten Wert f'_c liegt.

Die Querkraft kann auch durch dynamische Einflüsse vergrössert werden.

Wird das Verhalten durch die erste Eigenschwingung dominiert, so ergibt sich eine Verteilung der dynamischen Stockwerkträgheitskräfte ähnlich den horizontalen Ersatzkräften in Normen (vgl. Bild 5.43a und b). Die Resultierende der Trägheitskräfte $F = V_E$ liegt typischerweise bei $h_1 \approx 0.7h_w$.

Wird hingegen das Verhalten von der zweiten und der dritten Eigenschwingung wesentlich beeinflusst, können die Stockwerkträgheitskräfte gemäss Bild 5.43c verteilt sein, wobei die Resultierende nun wesentlich tiefer, d.h. auf der Höhe von h_2 liegt. Entwickelt sich jetzt am Stützenfuss ein plastisches Gelenk mit der Biegeüberfestigkeit M_o, so ist die auftretende Querkraft offensichtlich erheblich grösser als im ersten Fall. Die Wahrscheinlichkeit, dass am Wandfuss infolge der Anregung von höheren Eigenschwingungen ein plastisches Gelenk mit grossen plastischen Rotationen auftritt, ist jedoch kleiner. Die Biegemomente für diese drei

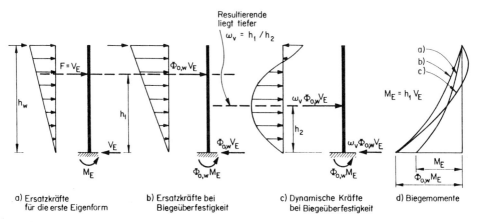

Bild 5.43: Vergleich der horizontalen Ersatzkräfte mit den dynamischen Kräften

Kraftverteilungen sind einander in Bild 5.43d gegenübergestellt.

Der Beitrag der höheren Eigenschwingungen an die Querkraft vergrössert sich typischerweise mit zunehmender Schwingungszeit der ersten Eigenform (vgl. Form häufiger Spektren). Für Wandsysteme wächst daher diese Querkraftvergrösserung etwa mit zunehmender Anzahl Stockwerke. Aus der Untersuchung [B11] wurde die folgende Empfehlung [X3] zur Bestimmung der Bemessungsquerkraft abgeleitet:

$$V_w = \omega_v\,\Phi_{o,w}\,V_E \tag{5.33}$$

Diese Gleichung gilt für die Querkraft sowohl am Fuss als auch in beliebiger Höhe einer Wand.

Der aus Bild 5.43 ersichtliche *dynamische Vergrösserungsfaktor für die Querkraft in Tragwänden* $\omega_v = h_1/h_2$ kann in Abhängigkeit von der Stockwerkanzahl n folgendermassen geschätzt werden:

o Gebäude mit bis zu sechs Stockwerken:

$$\omega_v = 0.9 + \frac{n}{10} \tag{5.34}$$

o Gebäude mit mehr als sechs Stockwerken:

$$\omega_v = 1.3 + \frac{n}{30} \leq 1.8 \tag{5.35}$$

Gl.(5.35) basiert auf der Annahme, dass sich sowohl am Wandfuss als auch in den oberen Stockwerken die Querkräfte genügend gross ergeben, wenn zur Berechnung von V_E mit anschliessender Vergrösserung die horizontalen Ersatzkräfte verwendet werden. Aufgrund von zahlreichen elastischen Berechnungen wurden jedoch auch schon verbesserte Querkraftgrenzwertlinien vorgeschlagen [I1]. In [K5] wird ein Konzept für die Näherungsberechnung der Querkraftbeanspruchung plastifizierender Tragwände ('Wandscheiben') nach dem Antwortspektren-Verfahren entwickelt.

Wie die weiter hinten folgenden Beispiele zeigen, kann die mit Gl.(5.33) berechnete Querkraft besonders im Bereich des plastischen Gelenkes für die Wandstärke massgebend werden.

Für Gebäude mit grösserer Bedeutung (z.B. Infrastrukturbauten, Spitäler etc.) schreiben die Normen normalerweise entsprechend höhere Ersatzkräfte vor. Dadurch können bei gleicher Erdbebeneinwirkung wegen des grösseren Tragwiderstandes kleinere plastische Verformungen erwartet werden. Aus diesem Grunde wurde in [B11] angeregt, dass die Werte für die dynamischen Vergrösserungsfaktoren der Querkräfte nach den Gleichungen (5.34) und (5.35) durch Division durch den Risikofaktor R (vgl. Tabelle von Bild 2.38) mit Werten zwischen 1.0 und 1.3 verkleinert werden können. Die Werte ω_v nach den Gl.(5.34) und (5.35). wurden für ein Erdbeben vom Typ El Centro kalibriert [B11] und müssen für Beben mit wesentlich anderem Frequenzgehalt angepasst werden.

Gewisse Wände, vor allem bei niedrigen bis mittelhohen Gebäuden, haben selbst mit der Minimalbewehrung einen Biegetragwiderstand, der wesentlich über dem erforderlichen liegt. Bei solchen Wänden ist keine oder nur eine geringe Duktilität erforderlich, und sie werden sich vorwiegend elastisch verhalten. Daher ist es unnötig, sie auf eine Querkraft zu bemessen, die höher ist, als es einem solchen Verhalten entspräche. Hiefür beträgt der Duktilitätsfaktor typischerweise $\mu_\Delta \approx 1$. Die Bemessungsquerkraft kann daher auf den folgenden Wert beschränkt werden:

$$V_w \leq \mu_\Delta\,V_E \tag{5.36}$$

Bei der Bemessung für die mit Hilfe von Gl.(5.33) bzw. (5.36) ermittelte maximal mögliche Querkraft ist es nicht erforderlich, einen Widerstandsreduktionsfaktor Φ einzuführen, da dieser bereits in Φ_o berücksichtigt ist, d.h. es kann $\Phi = 1.0$ gesetzt werden (vgl. 1.3.4a).

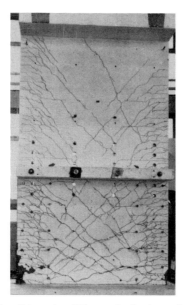

Bild 5.44: Schräge Risse im Fliessgelenk einer duktilen Tragwand

b) Bemessung für schrägen Druck und schrägen Zug

1. Nominelle Schubspannung
Da sich bei Wänden der Berechnungsaufwand zur Ermittlung der tatsächlichen statischen Höhe nicht rechtfertigt, wird üblicherweise [A1], [X3] ähnlich wie im Falle von Stützenquerschnitten der Wert $d = 0.8l_w$ angenommen. Damit ergibt sich die nominelle Schubspannung infolge der Querkraft V zu

$$v = \frac{V}{0.8\,b_w\,l_w} \qquad (5.37)$$

2. Bereiche plastischer Gelenke
Zur Verhinderung eines Versagens auf schrägen Druck, das in auf Schub überbewehrten Wänden mit Flanschen vorkommen kann [A1], [X3], [X5], wird auch in Tragwänden üblicherweise eine obere Grenze für v_i angesetzt (obere Schubspannungsgrenze). Da der Steg in beiden Schrägrichtungen stark gerissen sein kann (vgl. Bild 5.44), ist die zur Bildung von Fachwerkstreben verfügbare Druckfestigkeit des Betons möglicherweise wesentlich reduziert. Daher sollte die nominelle Schubspannung (infolge V_w mit $\Phi = 1.0$) im plastischen Gelenk von Tragwänden auf jeden Fall wie bei Stützen gemäss Gl.(3.35) begrenzt werden auf $v_i = 0.9\sqrt{f_c'}$ [N/mm²].

Versuche der Portland Cement Association [O1] und der Universität von Kalifornien, Berkeley [B12], [V1], haben allerdings gezeigt, dass trotz einer solchen Begrenzung der Schubspannungen nach einigen Beanspruchungszyklen mit Verschiebeduktilitäten von $\mu_\Delta \geq 4$ eine Stegzerstörung auftreten kann. Wenn die Verschiebeduktilität $\mu_\Delta = 3$ oder weniger betrug, konnten Schubspannungen von wenigstens $v_i = 0.9\sqrt{f_c'}$ [N/mm²] erreicht werden. Eine solche, sich unter Umständen

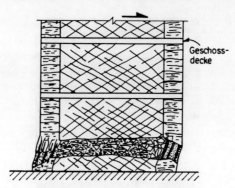

Bild 5.45: Zerstörung des Steges nach mehreren Beanspruchungszyklen mit grossen Verschiebeduktilitäten

über den ganzen Steg erstreckende Stegzerstörung ist in Bild 5.45 dargestellt. Sind Randverstärkungen mit einer Gruppe von gut umschnürten Vertikalstäben vorhanden, so kann auch nach dem Versagen des Steges noch eine wesentliche Schubkraft übertragen werden, weil diese Verstärkungen als gedrungene Stützen wirken [B12], [V1]. Es ist jedoch zu empfehlen, bei der Bemessung zur Verhinderung eines schrägen Druckbruchs nur auf den Tragwiderstand des Steges abzustellen und nicht auf die erst in zweiter Linie wirksamen Randverstärkungen. Um dies sicherzustellen, sind entweder die Duktilitätsanforderungen bei Wänden mit grossen Schubspannungen klein zu halten oder, wenn dies nicht möglich ist, ist die nominelle Schubspannung (infolge V_w mit $\Phi = 1.0$) im plastischen Gelenk wie folgt zu begrenzen:

$$v_i \leq \left(1.2\,\frac{\Phi_{o,w}}{\mu_\Delta} + 0.16\right)\sqrt{f_c'} \ \leq 0.9\sqrt{f_c'} \quad [\text{N/mm}^2] \tag{5.38}$$

In gekoppelten Tragwänden ergibt sich für die typischen Werte $\Phi_{o,w} = 1.4$ und $\mu_\Delta = 5$, $v_{i,max} = 0.5\sqrt{f_c'}$ [N/mm^2]. Für Wände beschränkter Duktilität mit den Werten $\Phi_{o,w} = 1.4$ und $\mu_\Delta = 2.5$ erhalten wir $v_{i,max} = 0.83\sqrt{f_c'}$ [N/mm^2], womit wir also nahe an den Höchstwert von $0.9\sqrt{f_c'}$ [N/mm^2] gelangen. Die Gleichung (5.38) berücksichtigt auch einen allfälligen, absichtlich grösser gemachten Biegewiderstand, wodurch der Duktilitätsbedarf verkleinert wird, mit dem dann grösseren Faktor $\Phi_{o,w}$ und erlaubt in diesem Fall eine höhere Schubbeanspruchung.

Wie im Falle von Riegeln in Rahmen nimmt auch der Schubwiderstand von Wänden nach wiederholter zyklischer Beanspruchung durch Biegung im plastischen Bereich ab. Die regelmässige Anordnung horizontaler und vertikaler Bewehrung im Stegbereich der Wände verbessert jedoch anerkanntermassen den inneren Zusammenhalt des diagonal gerissenen Betons. Sie verbessert damit auch die Mechanismen der nicht durch die Stegbewehrung erfolgenden Schubübertragung, was sich in einer Erhöhung des in den vorangehenden Abschnitten mit v_c bezeichneten *Beitrags des Betons an den Schubwiderstand* ausdrückt (vgl. 3.3.3). Konservativerweise kann in den potentiellen Gelenkzonen der Wand mit einer Normaldruckkraft P_u gemäss Gl.(3.43) angenommen werden:

$$v_c = 0.6\sqrt{P_u/A_g} \quad [\text{N,mm}^2]$$

Ist P_u eine Normalzugkraft, so gilt $v_c = 0$ (vgl. 3.3.3a). P_u ist die Bemessungsnormalkraft in der Wand, ermittelt aus den mit Lastfaktoren multiplizierten Kennwerten der Einwirkung (vgl. 1.3.3) oder eine andere für die Kapazitätsbemessung wesentliche Normalkraft. A_g ist die Bruttobetonquerschnittsfläche der Wand, inklusive Flansche und Randverstärkungen.

Die *Bemessung der Schubbewehrung* ist nach Gl.(3.44) vorzunehmen. Die Schubbewehrung besteht aus horizontalen Stäben, die an den Enden des Wandquerschnittes voll verankert sind. Dabei hat der vertikale Abstand der Bewehrungsstäbe s_h sowohl den Bedingungen für die Schubbewehrung von Riegeln als auch denjenigen von Stützen (3.3.3a) zu genügen. Versuche haben gezeigt, dass durch die Wahl von kleineren Durchmessern in kleinerem Abstand für die Stegbewehrung, bei sonst gleichen Verhältnissen, das hysteretische Verhalten verbessert wird [I2]. Diese Regeln haben den Zweck, das Versagen infolge schrägen Zuges in der Fliessgelenkzone während eines sehr starken Erdbebens zu verhindern.

Versagen infolge schrägen Zuges mit vorangehendem Fliessen der horizontalen Schubbewehrung wurde in Versuchen unter hoher simulierter seismischer Einwirkung beobachtet, auch wenn Schubbewehrung gemäss Gl.(3.44) oder sogar noch mehr vorgesehen wurde. Nach mehreren grossen Verschiebungen mit Beanspruchungsumkehr bilden sich Betondruckdiagonalen unter Winkeln kleiner als $45°$ zur Horizontalen aus, wodurch die Schubbewehrung überbeansprucht werden kann. Derartige, in Versuchen aufgebrachte, ausserordentlich grosse und zahlreiche Verschiebungen mit Beanspruchungsumkehr sind jedoch auch für sehr starke Erdbeben nicht repräsentativ.

3. Elastische Bereiche
Sofern eine Wand gemäss der Methode der Kapazitätsbemessung entsprechend den Momentengrenzwertlinien des Bildes 5.41 bemessen ist, bleibt sie in den oberen Stockwerken, bzw. oberhalb des plastischen Gelenkes, elastisch. Es ergeben sich dort keine Duktilitätsanforderungen, und der Schubwiderstand wird nicht durch plastische Verformungen reduziert. Verschiedene für die plastifizierenden Bereiche geltende Einschränkungen entfallen. Die nominelle Schubspannung kann gemäss Gl.(3.34) auf

$$v_i \leq 0.2 \, f_c' \leq 6 \quad [\text{N/mm}^2]$$

erhöht werden [X3], [X5]. Der Beitrag des Betons v_c an den Schubwiderstand wird gemäss Gl.(3.40) in Rechnung gestellt. Daher können allgemein im oberen Teil einer Wand sowohl die Stegstärke als auch die Schubbewehrung erheblich reduziert werden. Die Einsparungen bei der Schubbewehrung entsprechen etwa dem infolge der Annahme eines linearen Momentenverlaufs entstehenden zusätzlichen Aufwand an Biegebewehrung (Bild 5.41).

c) Bemessung für Gleitschub

Es scheint, dass der Schub in Tragwänden dank der gleichmässiger verteilten Längsbzw. Vertikalbewehrung besser aufgenommen werden kann als in Riegeln, wo unter zyklischer Querkraftbeanspruchung hoher Intensität Gleitverschiebungen entstehen, die das hysteretische Verhalten wesentlich verschlechtern.

Ein Grund dafür besteht darin, dass die meisten Wände infolge von Schwerelasten einer gewissen Normalkraft unterliegen, die dazu beiträgt, dass sich die beim Fliessen der Zugbewehrung im vorherigen Beanspruchungszyklus gebildeten Risse wieder schliessen. Wegen der sehr regelmässig verteilten und gut eingebetteten Bewehrung quer zu einer potentiellen Gleitfuge ist auch die Dübelwirkung besser. Diese gute Verteilung der Längsstäbe bewirkt, dass sich Biegeanrisse nicht im Stegbereich zu einem entsprechend breiteren Riss vereinigen und eine potentielle Gleitfuge bilden können, wie dies bei Riegeln oft zu beobachten ist.

Aufgrund des besseren Risseverhaltens und der Begrenzungen für die Schubspannung nach Gl.(5.38) erscheint es bei schlanken Tragwänden nicht notwendig, quer über den Bereich potentieller Gleitfugen eine Diagonalbewehrung vorzusehen, wie dies in Abschnitt 3.3.3b für Riegel empfohlen wird. Bei gedrungenen duktilen Wänden hingegen wird empfohlen, einen Teil der Querkraft durch Diagonalbewehrung aufzunehmen (vgl. Abschnitt 5.6).

Der Abstand der vertikalen Bewehrungsstäbe in Stegen von Tragwänden soll allgemein und insbesondere im Bereich potentieller Gleitfugen (Arbeitsfugen)

- die zweieinhalbfache Wandstärke und
- 450 mm

nicht überschreiten. Liegt die potentielle Gleitfuge im Bereich des plastischen Gelenkes, so ist ein wesentlich kleinerer Abstand, etwa gleich der Wandstärke, vorzuziehen.

Arbeitsfugen stellen Schwächungen des Querschnittes dar. Deshalb können dort übermässige Gleitverschiebungen stattfinden [P1]. Der Aufrauhung des erhärteten Betons ist daher besondere Aufmerksamkeit zu schenken, damit die Schubverzahnung gewährleistet ist. Die erforderliche vertikale Bewehrung quer über die Arbeitsfuge wird nach Gl.(3.46) ermittelt. Im allgemeinen wird nur kontrolliert, ob die gesamte vorhandene Bewehrung mindestens der erforderlichen entspricht. Zur Ermittlung der für die 'Klemmkraft' verfügbaren Bewehrung können in Querschnitten gemäss Bild 5.5a, b, c und d alle vorhandenen vertikalen Stäbe berücksichtigt werden. Da die Schubübertragung vor allem im Steg stattfindet, sollten demgegenüber vertikale Stäbe in breiten Flanschen (vgl. Bild 5.5e bis h) nicht eingerechnet werden. In wesentlich gekoppelten Wänden, d.h. wenn der Wert A gemäss Gl.(5.5) über 0.33 liegt, kann das System als ein einziger Kragarm betrachtet werden, wobei beide Wände zusammen den gesamten Schub übertragen und die erdbebeninduzierte Normalkraft nicht berücksichtigt zu werden braucht. Sind die Wände jedoch schwach gekoppelt, d.h. wenn $A < 0.33$, so sollen die beiden Wände für die Bemessung der Bewehrung über die Arbeitsfuge als unabhängige Elemente mit Normalkräften aus Schwerelasten und Erdbeben-Ersatzkräften je für sich betrachtet werden.

5.4.4　Bemessung von Koppelungsriegeln

Da die Hauptfunktion der Koppelungsriegel von gekoppelten Tragwänden (Bild 5.11) in der Übertragung von Querkräften von einer Tragwand zur anderen besteht (vgl. Bilder 5.22 und 5.23), müssen sie vor allem auf Schub bemessen werden.

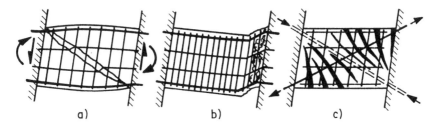

Bild 5.46: Mechanismen für den Schubwiderstand in Koppelungsriegeln

a) Tragverhalten

Zahlreiche Koppelungsriegel wurden in der Vergangenheit unter der Annahme eines gewissen Beitrags des Betons an den Schubwiderstand wie gewöhnliche Biegebalken bemessen. Solche Riegel versagen zwangsläufig infolge schrägen Zuges (vgl. Bild 5.46a), wie sich auch beim Alaska-Erdbeben 1964 in der Stadt Anchorage zeigte [U2]. Der schräg verlaufende Hauptriss teilt den relativ kurzen Riegel in zwei dreieckförmige Teile. Kann nun die dem Biegewiderstand des Riegels entsprechende Querkraft nicht allein durch den Beitrag der Bügelbewehrung übertragen werden, so wird ein spröder Schubbruch erfolgen. In solchen Riegeln ist es auch unter monodirektionaler Beanspruchung schwierig, den vollen Biegetragwiderstand zu erreichen [P22]. Daher sind konventionell orthogonal bewehrte Koppelungsriegel für die in Bild 5.23d vorausgesetzte Energiedissipation nicht geeignet. Wird genügend Schubbewehrung vorgesehen, damit auch beim Erreichen des Biegewiderstandes an beiden Enden des Riegels kein Bügelfliessen eintreten kann, so resultiert möglicherweise eine gewisse beschränkte Duktilität. Nach wenigen Beanspruchungszyklen werden jedoch an den Rändern des Riegels die oben und unten gebildeten Biegerisse zusammenlaufen und ein plötzliches Schubversagen zur Folge haben, wie dies in [P1] gezeigt ist (Bild 5.46b). Dieses Verhalten wurde durch Untersuchungen an einzelnen Riegeln [P23] sowie an Modellen von gekoppelten Tragwänden [P1], [P31] bestätigt. Es stellte sich auch heraus, dass es unter zyklischer Beanspruchung schwierig ist, die grossen Verbundspannungen entlang der parallelen Bewehrungsstäbe entsprechend dem grossen Momentengradienten aufrechtzuerhalten. Solche parallelen Stäbe (vgl. Bild 5.46a und b) neigen daher dazu, Zug über die gesamte Riegellänge zu entwickeln, und der Schub wird vor allem über eine einzige Betondruckdiagonale quer über den ganzen Riegel übertragen.

Diese Überlegungen führen dazu, in Koppelungsriegeln das System der in Bild 5.46c gezeigten Diagonalbewehrung zu verwenden. Während bei der ersten Beanspruchung die erforderliche Diagonaldruckkraft vor allem durch den Beton übertragen wird, lagert sie sich bei den folgenden Zyklen mehr und mehr auf die Bewehrung um (parallele gestrichelte Linien in Bild 5.46c). Dies vor allem deshalb, weil diese Bewehrungsstäbe in den vorangehenden Beanspruchungszyklen unter Zug grosse plastische Verformungen erlitten haben (ausgezogene Linie in Bild 5.46c). Durch diese Verlagerung der diagonalen Zug- und Druckkraft auf die Bewehrung ergibt sich ein sehr duktiles System mit ausgezeichneten Energiedissipations-Eigenschaften [P23], [P33]. Derart bewehrte Riegel können die grossen aufgezwungenen Verformungen infolge des inelastischen Verhaltens der gekoppelten Tragwände (vgl. Bild 5.23d) gut mitmachen und die entsprechenden Kräfte aufnehmen [P1], [P31]. Die inelastischen Verformungen in solchen Riegeln während eines Erdbebens sind wesentlich grösser als in den damit gekoppelten Wänden. Darüber hinaus können während eines halben Bewegungszyklus' der Kragarmwände in den Koppelungsriegeln, die auf Krümmungsänderungen der Tragwände sehr empfindlich sind, mehrere Momentenwechsel vorkommen, dies vor allem infolge der Anteile der höheren Eigenschwingungsformen (hauptsächlich der zweiten und dritten). Während eines Erdbebens müssen also in den Koppelungsriegeln wesentlich mehr Beanspruchungszyklen erwartet werden als in den dazugehörenden Tragwänden [M9].

b) Bemessung der Bewehrung

Die Bewehrung von diagonal bewehrten Koppelungsriegeln ergibt sich aus dem Kräftegleichgewicht [P1]. Bei bekannten Abmessungen wird die Bemessungsquerkraft in Riegelmitte (Momentennullpunkt) in die entsprechenden diagonalen Komponenten zerlegt. Dies wird in Bild 5.71 für ein Rechenbeispiel gezeigt. Aus der diagonalen Zugkraft kann die erforderliche Bewehrung leicht ermittelt werden.

Während der inelastischen Beanspruchung von gekoppelten Tragwänden nimmt der Beitrag des Betons zur Übertragung der diagonalen Druckkraft nach und nach ab, und die diagonalen Bewehrungsstäbe müssen schliesslich die volle Kraft ohne auszuknicken übernehmen können. Daher sind Querbügel oder rechteckige Spiralbewehrungen erforderlich, die ein vorzeitiges Ausknicken der Bewehrungsstäbe verhindern. Diese Bewehrungen können mit Gl.(4.55) bemessen werden. Ihr Abstand sollte, ungeachtet des Durchmessers der Diagonalbewehrung, 100 mm nicht übersteigen [P1].

Das Tragmodell für den diagonal bewehrten Koppelungsriegel beruht auf einer einfachen Gleichgewichtsbetrachtung und ist von der Schlankheit des Riegels unabhängig. Es kann in allen Fällen angewendet werden, vorausgesetzt, dass die Querkräfte des Riegels aus den Schwerelasten vernachlässigbar klein sind. Sind die Koppelungsriegel dagegen so schlank wie bei Biegebalken üblich, können sich an den Enden Fliessgelenke ausbilden, die dann wie in Riegeln von duktilen Rahmen ausgebildet werden müssen.

Die Gefahr des Versagens infolge Gleitschubes und die Beeinträchtigung der Biegeduktilität nimmt mit dem Verhältnis der Riegelhöhe zur lichten Spannweite h/l_n und mit der Schubspannung zu. Es wird daher empfohlen, in Koppelungsriegeln die gesamte Querkraft infolge seismischer Beanspruchung durch diagonal verlaufende Bewehrung aufzunehmen, falls die Schubspannung über

$$v_i = 0.1 \, \frac{l_n}{h} \, \sqrt{f_c'} \quad [\text{N/mm}^2] \tag{5.39}$$

liegt. Es sollte im Auge behalten werden, dass diese Bedingung derart streng gefasst ist, weil die Koppelungsriegel viel grösseren plastischen Rotationen unterworfen sind als Brüstungsträger ähnlicher Abmessungen in Rahmen. Die Neigung der Diagonalbewehrung ist keinen Einschränkungen unterworfen.

Nach Gl.(5.39) ist bei einem nur mit Bügeln und Längsstäben bewehrten Balken mit einem Schlankheitsverhältnis von $l_n/h = 4$ eine Schubspannung bis $v_i = 0.4\sqrt{f_c'}$ zugelassen. Nach den Empfehlungen von 3.3.3b sollte jedoch bei Schubspannungen dieser Höhe und bei fehlenden Schwerelasten eine gewisse Diagonalbewehrung in den potentiellen Gelenkzonen an den beiden Enden vorgesehen werden. Daher kann es in solchen Fällen auch praktischer sein, zwei Bündel Diagonalbewehrung mit einem Neigungswinkel von etwa 12° über die ganze Spannweite vorzusehen.

Die Schubspannung als Mass für die schiefe Druckbeanspruchung des Betons ist in diagonal bewehrten Riegeln bedeutungslos, da ja auch die Druckkräfte durch Bewehrung aufgenommen werden. Deshalb ist *keine Beschränkung der Schubspannungen* v_i (obere Schubspannungsgrenze) erforderlich (vgl. 3.3.3a.2).

Da die Diagonalbewehrung meist als Gruppe von vier oder mehr Stäben ausgebildet wird (vgl. Bild 5.71), ist Vorsicht am Platze, damit bei der Kreuzung der Diagonalen unter sich oder mit der Wandbewehrung keine Platzprobleme entstehen. Infolge der Konzentration der Verankerungskräfte in den angrenzenden gekoppelten Wänden ist die übliche Verankerungslänge für die Gruppen der Diagonalstäbe um 50% zu erhöhen, und es ist eine Stabilisierungsbewehrung gemäss Gl.(5.30) anzuordnen. Im weiteren ist eine konstruktive sekundäre Bewehrung aus Bügeln und Längsstäben vorzusehen, um eine Auflösung des stark gerissenen Betons zu verhindern (siehe auch Hinweis am Schluss von 5.4.4b).

In der anschliessenden Betondecke verlegte Bewehrung kann mit dem Koppelungsriegel zusammenwirken. Die mitwirkende Breite der Decke kann wie bei T-Querschnitten (vgl. 4.4.2.b) nicht genau bestimmt werden. Beim Fliessen der Diagonalbewehrung entfernen sich die beiden gekoppelten Wände voneinander, und die Deckenbewehrung erhält eine Zugbeanspruchung.

Die beiden in Bild 5.47 gezeigten, schematisch dargestellten Koppelungsriegel illustrieren dieses Phänomen. Die Rotation der Endflächen des Koppelungsriegels bei gleichbleibender Länge l_n der Horizontalfasern ergibt nach der Bildung von schrägen Zugrissen eine zum Fliessen führende Zugkraft in der verlängerten Diagonalen (Bild 5.47a). Die entsprechende Diagonaldruckkraft führt, da sie im Beton nur eine kleine Druckspannung bewirkt, zu einer nur unwesentlichen Stauchung der Druckdiagonalen. Dies bewirkt eine Verlängerung Δl_n der Horizontalfasern (Bild 5.47b) des Koppelungsriegels, wodurch alle horizontalen Bewehrungsstäbe im oder nahe beim Riegel, z.B. in der Decke, eine entsprechende Zugdehnung erfahren.

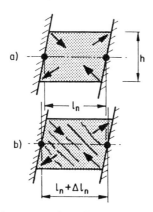

Bild 5.47: Dehnungen plastifizierender Koppelungsriegel

Der Beitrag der horizontalen Deckenbewehrung der Querschnittsfläche A_{ss} an den Tragwiderstand des Koppelungsriegels kann mit Hilfe von Bild 5.48 aus Gleichgewichtsbetrachtungen ermittelt werden. Die Fliessmomente an den Enden des Riegels sind:

$$M_l \quad = T_d\, z \cos\alpha = A_{sd}\, f_y\, z \cos\alpha \qquad (5.40)$$

$$M_r = M_l + T_h\, z = (A_{sd} \cos\alpha + A_{ss})\, f_y\, z \qquad (5.41)$$

Damit wird der Schubwiderstand des Koppelungsriegels:

$$V_i = \frac{M_l + M_r}{l_n} = (2\, A_{sd}\, \cos\alpha + A_{ss})\, \frac{z}{l_n}\, f_y \qquad (5.42)$$

Nach einigen inelastischen Beanspruchungszyklen erreicht auch die Druckbewehrung den Fliesszustand, d.h. $C_d = T_d$ und die Horizontalstäbe stehen über die ganze Spannweite unter Zug. Die in Bild 5.48 schraffierte Betondruckdiagonale steht dann nur unter der Druckkraft $C_c = T_h/\cos\alpha$. Es zeigt sich, dass für die betrachtete Beanspruchungsrichtung die Bewehrung in der Decke keinen Beitrag an das Biegemoment auf der linken Seite leistet, wohl aber das Biegemoment auf der rechten Seite vergrössert, solange die entsprechende diagonale Druckkraft C_d durch den Beton aufgenommen werden kann.

Zusätzlich zu der in Bild 5.48 dargestellten Bewehrung ist längs und quer eine konstruktive Minimalbewehrung ähnlich wie bei Tragwänden einzulegen ($\rho_l \geq 0.7/f_y$ gemäss 5.4.2h).

c) Decken als Koppelungsriegel

Wie schon in Abschnitt 5.3.2c erwähnt wurde, können Tragwände auch durch Deckenplatten gekoppelt werden, obwohl deren Wirksamkeit beschränkt ist. Das Verhalten der Decken ist in Bild 5.49 schematisch dargestellt. Wenn während eines Erdbebens in den Wänden genügend grosse Rotationen auftreten, können in den Decken mit Hilfe des in Bild 5.49b gezeigten Fliessmechanismus Schubkräfte von einer Wand zur andern übertragen werden. Die von den Wänden weiter entfernt liegenden Deckenteile tragen jedoch weniger bei, da sie sich durch Querbiegung und Verdrillung den von den Wänden aufgezwungenen Verdrehungen zu entziehen versuchen (vgl. Bild 5.49c). Die Schubübertragung von den Tragwänden auf

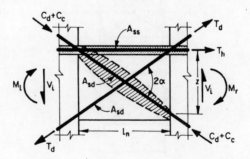

Bild 5.48: Beitrag der Deckenbewehrung an den Tragwiderstand des Koppelungsriegels

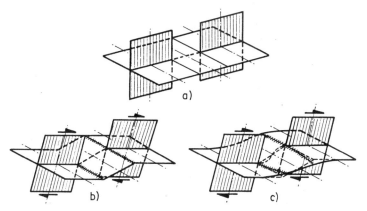

Bild 5.49: Koppelung von Tragwänden nur durch Betondecken

die Deckenplatte erfolgt vor allem an den der Öffnung zugewandten Enden der Wände, und es ist daher dort ein lokales Versagen infolge Durchstanzens zu erwarten. Risse infolge der Verdrillung der Decke sowie Schubverformungen um den Krafteinleitungsbereich sind die Ursache des relativ schlechten hysteretischen Verhaltens dieses Systems [P24]. Daher wird empfohlen, die Koppelung von Tragwänden mit Hilfe von Geschossdecken im allgemeinen nicht als wesentlichen Beitrag an die Energiedissipation zu betrachten.

Das Verhalten des Systems kann durch die Konzentration von gut umschnürter Deckenbewehrung in einem relativ schmalen Bereich (vgl. Bild 5.50) zu einem gewissen Grad verbessert werden. Die Verbügelung mit Stäben kleiner Durchmesser ergibt einen leicht erhöhten Schubwiderstand und verhindert bei genügend enger Anordnung ein Ausknicken der unter Druck stehenden Bewehrungsstäbe vor allem in den Fliessgelenkzonen. Ihr Beitrag zur Verbesserung des Durchstanzverhaltens ist jedoch unwesentlich. Die Wirksamkeit eines solchen Deckenstreifens wird erhöht, wenn die Schubübertragung zwischen Wandende und Decke verstärkt werden kann. Dies kann beispielsweise erreicht werden, indem ein Walzprofil quer zur Wand in die Decke eingelegt wird (vgl. Bild 5.51). Das Prinzip ist demjenigen der Stahlpilze in Flachdecken sehr ähnlich.

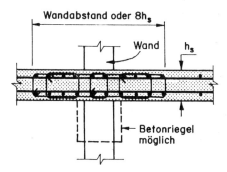

Bild 5.50: Konzentrierte Bewehrung in der Koppelungsdecke

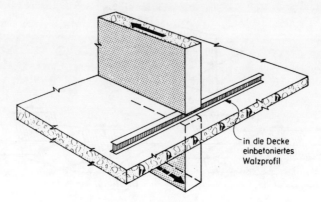

in die Decke
einbetoniertes
Walzprofil

Bild 5.51: Durchstanzverstärkung am Ende der Wand

Bei verhältnismässig kleinen Riegeln (vgl. gestrichelte Linie in Bild 5.50) kann auch ohne Verstärkung der Bewehrung im Koppelungsstreifen der Decke der Biegewiderstand des Unterzugs durch die mitwirkende Deckenbewehrung stark vergrössert werden. Bei grossen Rotationen der Tragwände ist dann ein Schubversagen des Deckenstreifens unvermeidlich. Der Versuchskörper von Bild 5.52 zeigt ein solches Verhalten.

Bild 5.52: Schubversagen eines schwachen Riegels zwischen gekoppelten Tragwänden

5.5 Bemessungsschritte bei Tragwänden

In den vorangehenden Abschnitten wurden das Verhalten und die Berechnung sowie Bemessung und konstruktive Durchbildung von Tragwänden unter Erdbebeneinwirkung allgemein behandelt. In diesem Abschnitt werden nun die hauptsächlichen Folgerungen zusammengefasst und die schrittweise Anwendung der Methode der Kapazitätsbemessung unter Bezugnahme auf eine gekoppelte Tragwand dargestellt. Dabei werden noch einige spezifisch für gekoppelte Tragwände gültige Ergänzungen gegeben. Ein Rechenbeispiel, das dem gezeigten Vorgehen entspricht, folgt in 5.8.

Schritt 1: Überprüfung der Geometrie
Vor dem Beginn der Berechnung ist die Geometrie des Tragwerks zu überprüfen, um sicherzustellen, dass in den massgebenden Zonen kompakte Querschnitte vorhanden sind, deren Abmessungen zur Energiedissipation geeignet sind. Die Querschnitte von Tragwänden und allfälligen Koppelungsriegeln sollen die in den Abschnitten 5.4.2b (Wandstabilität) bzw. 1.6.5a (Riegelstabilität) aufgeführten Bedingungen erfüllen.

Schritt 2: Ermittlung der Ersatzkräfte
Die horizontalen statischen Ersatzkräfte werden entsprechend Kapitel 2 bzw. den anzuwendenden Normen ermittelt und über die Gebäudehöhe verteilt. Dazu ist eine Verschiebeduktilität μ_Δ zu wählen (vgl. 2.2.7).

Schritt 3: Ermittlung der Schnittkräfte am elastischen System
Mit den Ersatzkräften und den Schwerelasten können an einem elastischen Tragwerkmodell die entsprechenden Schnittkräfte berechnet werden. Dabei sind die Angaben zur Modellbildung in Abschnitt 5.3.1 zu beachten. Für die Schnittkräfte infolge der Ersatzkräfte kann entweder eine Rahmenberechnung (Bild 5.14) oder eine Berechnung mit dem laminaren Modell (Bild 5.20) durchgeführt werden. Typische Resultate sind in Bild 5.22 dargestellt.

Schritt 4: Überprüfung der Ersatzkraft und der Verschiebeduktilität
Mit den Normalkräften und den Momenten am Wandfuss kann bei gekoppelten Tragwänden der in Gl.(5.5) definierte Parameter $A = T\,l/M$ ermittelt werden. Sofern Gl.(5.7) erfüllt ist, muss nach Gl.(5.6) der Reduktionsfaktor R bestimmt werden. Damit können die Ersatzkraft und die elastisch berechneten Schnittkräfte proportional verkleinert und die ursprünglich gewählte Verschiebeduktilität μ_Δ entsprechend vergrössert werden.

Schritt 5: Überprüfung der Fundation
Um unnötige spätere Änderungen zu vermeiden, ist in diesem Stadium der Bemessung zu kontrollieren, ob die Fundamente der Tragwände in der Lage sind, mindestens das 1.5-fache Kippmoment M_E in den Untergrund einzuleiten. Es muss daran erinnert werden, dass ein sorgfältig, aber ohne unnötige Widerstandsreserven bemessenes Tragsystem während der grossen inelastischen Verformungen mindestens das 1.4-fache Kippmoment M_E mobilisieren kann (Überfestigkeit, vgl. 1.3.4c). Daher muss die Fundation einen über diesem Wert liegenden Tragwiderstand aufweisen, da sonst die beabsichtigte Energiedissipation gar nicht stattfinden kann. Dieser

Problemkreis wird im 8. Kapitel näher behandelt.

Schritt 6: Bemessung der Koppelungsriegel

Allfällige Koppelungsriegel werden für die ermittelten Beanspruchungen aus Biegung und Querkraft bemessen. Normalerweise wird eine verbügelte Diagonalbewehrung verwendet, für deren Bemessung ein Widerstandsreduktionsfaktor $\Phi = 0.9$ angemessen erscheint (dient gleichzeitig dem Biege- und dem Schubwiderstand, dabei $v_c = 0$). Die Verankerung der Diagonalbewehrung erfordert besondere Sorgfalt, ebenso die Ausbildung der Querbügel- oder rechteckigen Spiralbewehrung, damit das Ausknicken der Diagonalbewehrung auf jeden Fall verhindert werden kann. Die Bewehrung ist so genau wie möglich auf den erforderlichen Tragwiderstand auszulegen. Um dies zu erreichen, kann die Querkraftbeanspruchung der Koppelungsriegel vertikal umgelagert werden (Bild 5.23c, Abschnitt 5.3.2c). Übermässiger Tragwiderstand in den Koppelungsriegeln kann zu Schwierigkeiten bei der Bemessung der Wände und der Fundation führen.

Der Beitrag der Deckenbewehrung an den Tragwiderstand der Koppelungsriegel wird nach Bild 5.48 abgeschätzt.

Schritt 7: Ermittlung der Überfestigkeit der Koppelungsriegel

Um sicherzustellen, dass der Schubwiderstand der gekoppelten Tragwand nicht überschritten und die maximale Beanspruchung der Fundation richtig angesetzt wird, muss die Überfestigkeit der potentiellen plastischen Bereiche abgeschätzt werden. Dazu wird für jeden Koppelungsriegel j die Querkraft bei Überfestigkeit $V_{o,j}$ aufgrund der effektiv vorhandenen Bewehrung, bei einer Stahlfliessspannung der Diagonalbewehrung von $\lambda_o f_y$ (vgl. 3.2.2), ermittelt. Enthalten die Betondecken parallel zu den Koppelungsriegeln eine wesentliche Bewehrung, so ist bei der Berechnung der Überfestigkeit der Beitrag dieser Bewehrung zum Biege- und somit auch zum Schubwiderstand des Riegels gemäss Gl.(5.42) zu berücksichtigen.

Schritt 8: Ermittlung der Bemessungsnormalkräfte und -momente am Fuss der Tragwände

Zur Ermittlung der erforderlichen Vertikalbewehrung in den Tragwänden sind die massgebenden Bemessungswerte der Beanspruchung wie folgt zu bestimmen (vgl. 1.3.3):

1. $P_u = 0.9 P_D + P_E$: Normalzugkraft oder kleine Normaldruckkraft und $M_{u,1}$

   $P_u = P_D + 1.3 P_L + P_E$: Normaldruckkraft und $M_{u,2}$

   P_u : Bemessungsnormalkraft der Wand inklusive Erdbebeneinwirkung

   P_E : Normalkraft in der Wand (Zug oder Druck) infolge der horizontalen statischen Ersatzkräfte

   P_D : Normaldruckkraft infolge Dauerlasten (vgl. 1.3.2a)

   P_L : Normaldruckkraft infolge abgeminderter Nutzlasten (vgl. 1.3.2b)

   $M_{u,1}$: Bemessungsmoment am Wandfuss, das gleichzeitig mit der Normalzugkraft infolge Erdbebenkräften auftritt (vgl. Bild 5.22a)

   $M_{u,2}$: Bemessungsmoment am Wandfuss, das gleichzeitig mit der Normaldruckkraft infolge Erdbebenkräften auftritt (vgl. Bild 5.22a)

2. Eine Momentenumverteilung ist nach Abschnitt 5.3.2c.2 innerhalb der folgenden Bedingungen möglich und kann z.b. bei grossem Bedarf an Zugbewehrung dazu dienen, einen Teil des Biegemomentes von der Zug- auf die Druckwand umzulagern:

   a) $M'_{u,1} = M_{u,1} - \Delta M \quad \geq 0.7 M_{u,1}$
   b) $M'_{u,2} = M_{u,2} + \Delta M \quad \leq M_{u,2} + 0.3 M_{u,1}$

   Dabei sind $M'_{u,1}$ und $M'_{u,2}$ die neuen Bemessungsmomente für die Zug- bzw. die Druckwand nach der Momentenumverteilung gemäss Bild 5.23a und b.

Schritt 9: Biegebemessung des Querschnittes am Fuss der Tragwände
Mit den massgebenden Schnittkräften am Wandfuss kann die Biegebemessung der Wände durchgeführt werden. Dabei wird zweckmässigerweise zuerst die Mindestbewehrung festgelegt (vgl. 5.4.2h). Zur Ermittlung der Vertikalbewehrung kann in Abweichung von allfälligen verschärften Regeln für Normalkraftbeanspruchung ein Widerstandsreduktionsfaktor $\Phi = 0.9$ verwendet werden. Diese Festsetzung rechtfertigt sich auch aus den Bedingungen gemäss 5.4.2e, wonach Querschnittsteile von Tragwänden mit starker Druckbeanspruchung umschnürt werden sollen, damit die erforderliche Krümmungsduktilität gewährleistet ist.

Im Hinblick auf die Ermittlung der Biegeüberfestigkeit (Schritt 11) ist die genaue Anordnung der Bewehrungsstäbe festzulegen.

Schritt 10: Ermittlung der Normalkräfte der Tragwände infolge Überfestigkeit der Koppelungsriegel
Die maximale Normalkraft in einer der beiden Tragwände infolge Überfestigkeit der Koppelungsriegel könnte man durch Aufsummieren aller durch Koppelungsriegel oberhalb des betrachteten Wandquerschnittes eingeleiteten Querkräfte bei Überfestigkeit $V_{o,E}$ erhalten. Für mehrstöckige Tragsysteme wäre dies jedoch unnötig konservativ, da kaum in sämtlichen Riegeln gleichzeitig die Überfestigkeit erreicht wird. Deshalb wird empfohlen, ähnlich wie bei Rahmen (4.5.5), die maximalen Normalkräfte infolge Überfestigkeit der Koppelungsriegel wie folgt zu bestimmen:

$$P_{o,E} = \left(1 - \frac{n-j}{80}\right) \sum_{j}^{n} V_{o,E} \qquad \text{wobei} \quad n - j \leq 20 \qquad (5.43)$$

Dabei bedeutet $n - j$ die Anzahl der Stockwerke über dem betrachteten Niveau j.

Schritt 11: Ermittlung der Biegeüberfestigkeit der Tragwände
Um das maximal mögliche Kippmoment abzuschätzen, das bei der Ausbildung des plastischen Mechanismus im gekoppelten Tragwandsystem auftreten kann, ist eine Annahme für die bei der seismischen Beanspruchung realistischerweise auftretenden Schwerelasten zu treffen. Die Normalkräfte in den Wänden können unter vernachlässigung der Nutzlast wie folgt berechnet werden:

$$P_o = P_D + P_{o,E} \qquad (5.44)$$

Für den maximalen Wert $P_{o,1}$ (maximaler Druck) und den minimalen Wert $P_{o,2}$ (Zug oder minimaler Druck) sind unterschiedliche Richtungen der Erdbebeneinwirkung und somit unterschiedliche Vorzeichen beim Zahlenwert von $P_{o,E}$ zu berücksichtigen.

Damit können die Biegeüberfestigkeitsmomente $M_{o,1}$ und $M_{o,2}$ jedes Wandquerschnittes, bzw. für die Zug- und Druckwand am Wandfuss, bei diesen Normalkräften entsprechend den genauen konstruktiven Gegebenheiten berechnet werden. Dabei finden die Materialkennwerte (λ_o) gemäss 3.3.2b Anwendung.

Schritt 12: Ermittlung der Überfestigkeitsfaktoren des Tragwandsystems
Der Überfestigkeitsfaktor des gekoppelten Tragwandsystems kann entsprechend Gl.(5.31) ermittelt werden aus:

$$\Phi_{o,w} = \frac{M_{o,1} + M_{o,2} + l\,P_{o,E}}{M_E} \tag{5.45}$$

Der ideale Wert für $\Phi_{o,w}$ (bzw. ψ_o) kann mit Hilfe der Materialkennwerte (λ_o) gemäss Abschnitt 3.3.2 und dem Widerstands-Reduktionsfaktor (Φ) nach Gl.(1.15) bestimmt werden. Ist der Wert aus Gl.(5.45) kleiner, so ist die Berechnung auf Fehler zu überprüfen. Dabei muss allerdings der Einfluss der Abminderung gemäss Gl.(5.43) beachtet werden.

Ist dagegen der Wert aus Gl.(5.45) wesentlich grösser, so sollte das Tragsystem überprüft werden, um die Ursache dieses erhöhten effektiven Tragwiderstandes festzustellen. Dies kann bei unnötig konservativen Annahmen, die kaum zu ökonomischen Bauwerken führen, oder bei schwach beanspruchten Strukturen mit Minimalbewehrung der Fall sein. Zur Interpretation der Werte $\Phi_{o,w}$ ist natürlich die genaue Kenntnis der im Koppelungssystem und in den Tragwänden verwendeten Stahlsorten erforderlich.

Schritt 13: Ermittlung der Bemessungsquerkräfte in den Tragwänden
Unter Verwendung des Konzeptes der inelastischen Umverteilung der Schnittkräfte nach Abschnitt 5.3.2c.2 kann die maximale Querkraft in beliebiger Höhe in einer Wand i gemäss der folgenden Gleichung abgeschätzt werden:

$$V_{w,i} = \omega_v\,\Phi_{o,w}\left(\frac{M_{o,i}}{M_{o,1} + M_{o,2}}\right)V_E\,;\quad i = 1,2 \tag{5.46}$$

Dabei bedeuten:

ω_v	:	Dynamischer Vergrösserungsfaktor gemäss Gl.(5.34) und (5.35)
V_E	:	Gesamte Querkraft der beiden Wände infolge der Ersatzkräfte
$\omega_v\,\Phi_{o,w}$	$\leq$	μ_Δ gemäss Gl.(5.36)
$M_{o,1},\,M_{o,2}$	:	Gemäss Schritt 11

Der Klammerausdruck in Gl.(5.46) berücksichtigt die Aufteilung der gesamten Querkraft auf die beiden Tragwände, welche bei der Entwicklung der Überfestigkeit von der elastisch ermittelten Verteilung verschieden ist. Damit wird auch die Veränderung der Querkräfte, die aus einer allfälligen Umverteilung der Bemessungsmomente von der Zug- auf die Druckwand resultiert, berücksichtigt.

Schritt 14: Schubbemessung der Tragwände im plastischen Gelenk
Die Bemessung für schräge Druck- und Zugkräfte im Bereich des plastischen Gelenkes wird nach 5.4.3b durchgeführt. Es muss die Wandstärke überprüft und die erforderliche horizontale Schubbewehrung berechnet werden. Zur Ermittlung des Beitrages des Betons an den Schubwiderstand werden die entsprechenden Normalkräfte $P_{o,1}$ und $P_{o,2}$ berücksichtigt.

Schritt 15: Bemessung der Tragwände für Gleitschub
Vor allem im plastischen Gelenk der Wände und insbesondere in den dortigen Arbeitsfugen ist zu prüfen, ob die vertikale Bewehrung den Anforderungen von Gl.(3.46) entspricht. Dabei können meist die beiden gekoppelten Wände gemäss 5.4.3c als einziger Querschnitt behandelt werden ($A > 0.33$).

Schritt 16: Ermittlung der Umschnürungs- und der Stabilisierungsbewehrung im plastischen Gelenk der Tragwände
Aus den oben aufgeführten Kombinationen der Einwirkungen kann die massgebende Lage der Neutralachse in den Wandquerschnitten im Bereich des plastischen Gelenkes bestimmt werden. Gemäss den Abschnitten 5.4.2e und 5.4.2f wird daraus in den betroffenen Bereichen des Wandquerschnittes die Bewehrung zur Umschnürung des Betons und zur Stabilisierung der Vertikalbewehrung ermittelt.

Schritt 17: Abstufung der Vertikalbewehrung in den Tragwänden
Die Abstufung der Vertikalbewehrung wird entsprechend dem in Bild 5.41 dargestellten linearen Verlauf des erforderlichen Biegewiderstandes vorgenommen. Damit soll verhindert werden, dass in den Wänden infolge der Beanspruchungen aus den höheren Eigenschwingungsformen oberhalb des Einspannquerschnittes Fliessgelenke entstehen können.

Schritt 18: Schubbemessung und Ermittlung der Stabilisierungsbewehrung oberhalb des plastischen Gelenkes in den Tragwänden
Oberhalb der plastischen Gelenke (elastische Bereiche) ist die Schubbemessung der Wände nach 5.4.3b.3 durchzuführen.

Die Stabilisierungsbewehrung oberhalb der plastischen Gelenke hat die am Schluss von 5.4.2f.2 festgehaltenen Anforderungen zu erfüllen.

Schritt 19: Bemessung der Fundation
Für die Bemessung der Fundation werden die Schnittkräfte bei Überfestigkeit der Wände im Einspannquerschnitt $P_{o,1}, P_{o,2}, M_{o,1}, M_{o,2}$ und $V_w = V_{w,1} + V_{w,2}$ verwendet. Bei gekoppelten duktilen Tragwänden soll die Fundation diese Kräfte mit ihrem mit den Rechenfestigkeiten der Baustoffe ermittelten Tragwiderstand aufnehmen können (vgl. 8. Kapitel).

5.6 Besonderheiten gedrungener Tragwände

Die Ausführungen in den Abschnitten 5.1 bis 5.5 gelten im allgemeinen sowohl für schlanke als auch für gedrungene Tragwände, wobei jedoch die häufiger vorkommenden schlanken Tragwände oft im Vordergrund stehen. Dem Ingenieur wird es ohne besondere Schwierigkeiten möglich sein zu entscheiden, welche Teile allenfalls nur auf schlanke oder nur auf gedrungene Tragwände anzuwenden sind.

In diesem Abschnitt 5.6 werden nun noch wichtige und vorgängig nicht dargestellte Besonderheiten bei gedrungenen Tragwänden, die vorwiegend im Zusammenhang mit Querkrafteffekten (v.a. Gleitschub) stehen, behandelt.

5.6.1 Arten von gedrungenen Wänden

Gedrungene Tragwände sind Wände mit einem Verhältnis Wandhöhe zu Wandlänge $h_w/l_w < 3$ (vgl. 5.2.2b). Sie sind in niedrigeren, seismisch beanspruchten Gebäuden oft zu finden. Sie kommen auch in hohen Gebäuden vor, wenn sie nur über die ersten paar Geschosse oberhalb der Fundation gehen und dort einen grossen Teil des Erdbebenwiderstandes aufzubringen haben. Aufgrund ihres Verhaltens können die gedrungenen Wände in drei Kategorien eingeteilt werden.

1. Elastische Wände
In Gebäuden von geringer Höhe ist der Tragwiderstand der gedrungenen Tragwände oft so gross, dass auch bei den grössten erwarteten Erdbebenkräften ein elastisches Verhalten vorliegt. Dies ist bei der Mehrheit der gedrungenen Wände der Fall.

2. Abhebende Wände
In vielen Fällen ist die Normalkraft in gedrungenen Wänden wegen der kleinen Schwerelasten relativ klein. Der Widerstand gegen horizontale Kräfte ist durch das maximal mögliche Moment unmittelbar vor bzw. beim Umkippen gegeben, vorausgesetzt, es sind keine Zugpfähle oder steife Verbindungen zu anderen Fundamenten vorhanden. Ein zweckmässiges, jedoch noch wenig erprobtes Vorgehen besteht darin, das Abheben der Wand von speziell konstruierten Unterlagsfundamenten zu erlauben [P35]. In solchen Fällen sollte der Tragwiderstand der Wand etwas grösser sein als derjenige, der dem Moment beim Umkippen entsprechen würde, wodurch ein elastisches Verhalten der Wand sichergestellt ist (vgl. 8. Kapitel).

3. Duktile Wände
In gewissen Fällen können gedrungene Wände mit genügend starken Fundationen praktisch nicht für ein elastisches Verhalten während des Bemessungsbebens ausgebildet werden. Deshalb kann doch eine beachtliche Duktilität erforderlich sein, wobei aber einige Besonderheiten zu beachten sind: Diese Art Wände kommt in niedrigen Gebäuden vor, wo einige wenige Wände die gesamten horizontalen Trägheitskräfte aufnehmen müssen, ohne dass ein Abheben von den Fundationsflächen erfolgt. Sie können jedoch auch in vielstöckigen Rahmengebäuden, die nur in den untersten Stockwerken mit Tragwänden ausgesteift sind, vorkommen. Der Biegewiderstand einer gedrungenen Wand kann so gross sein, dass ein entsprechender Schubwiderstand nur sehr schwer erreichbar ist. Solche Wände könnten schliesslich auf Schub versagen. Dies kann nur akzeptiert werden, falls die erforderliche Duktilität viel

kleiner ist als bei den schlanken Tragwänden. Solche gedrungene Wände gelten als Strukturen mit reduzierter Duktilität, was entsprechend erhöhte statische Ersatzkräfte erfordert (vgl. 5.2.2b).

5.6.2 Biegeverhalten und Anordnung der Bewehrung

Obwohl die Annahme eines eben bleibenden Querschnittes vor allem bei kleinem Verhältnis h_w/l_w erheblich verletzt wird, ist der Einfluss dieser Idealisierung bei der Entwicklung des vollen Biegewiderstandes, wenn die Biegebewehrung fliesst und ihre Kräfte praktisch unabhängig von den Dehnungen sind, nicht sehr gross. Folglich kann die übliche Berechnung des Biegewiderstandes auch bei gedrungenen Wänden mit zufriedenstellenden Resultaten angewandt werden (vgl. 5.4.2a, Bild 3.21).

Eine regelmässige Verteilung der Vertikalbewehrung über den ganzen Wandquerschnitt ergibt im Fliesszustand theoretisch eine kleinere Krümmungsduktilität als bei einer Konzentration der Bewehrung an den Wandenden, ist aber im allgemeinen vorzuziehen, da die Biegedruckzone infolge der kleineren Druckbewehrung vergrössert und zudem auch die Dübelwirkung verbessert wird. Beides ist für den Gleitschubwiderstand wichtig. Bei den für gedrungene Wände typischen kleinen Normalkräften ist die Abnahme der Krümmungsduktilität infolge regelmässiger Verteilung der Bewehrung nicht wesentlich [P1]. Die möglichen Duktilitätsfaktoren bei einer Grenz-Betonrandstauchung von 0.003 liegen meist weit über den erforderlichen Duktilitäten unter seismischer Beanspruchung. Bei der grössten seismischen Beanspruchung sind die Betonrandstauchungen aber sehr wahrscheinlich kleiner als 0.003, was mässigen Betondruckspannungen entspricht. Dies ist ein Vorteil, da der Beton in der Biegedruckzone unter grosser zyklischer Beanspruchung infolge der Schubbeanspruchung entlang den Rissflächen einem beträchtlichen Verschleiss unterworfen ist.

5.6.3 Schubtragverhalten

Aufgrund der anderen geometrischen Verhältnisse, der Randbedingungen und der Krafteinleitung sind bei gedrungenen Wänden die für Balken entwickelten Modelle für den Schubwiderstand nicht unbesehen anwendbar. Unter anderen untersuchte Barda [B13] das Verhalten von gedrungenen Wänden, die für ein Schubversagen bemessen waren. Es stellte sich heraus, dass neben dem Beitrag der horizontalen Schubbewehrung ein wesentlicher Teil der am oberen Ende der Wand eingetragenen Kraft über eine Druckdiagonale direkt in den Einspannquerschnitt abgeleitet wird.

a) Versagen durch schrägen Zug

Ist die horizontale Schubbewehrung ungenügend, so ist es möglich, dass sich von Ecke zu Ecke eine schräge Bruchebene entwickelt (vgl. Bild 5.53a). Da der Schrägzugwiderstand bei gedrungenen Wänden von der Art der Krafteinleitung an der oberen Kante der Wand wesentlich beeinflusst wird, ist bei der Behandlung dieses Effektes in den verschiedenen Bemessungsfällen jedoch eine gewisse Vorsicht geboten. Versagen durch schrägen Zug kann sich nämlich auch entlang von steileren Bruchebenen entwickeln (vgl. Bild 5.53b). Wenn dabei die Möglichkeit besteht, die Querkraft auf einen anderen Bereich der Wand umzulagern, muss ein solcher Schrägriss nicht zum Versagen führen. Die Verwendung eines Randträgers zur Kraftumlagerung am oberen Wandende ist ein Beispiel dafür. Dadurch kann der Schrägzug verringert und die Querkraftübertragung in die Fundation durch schrägen Druck vergrössert werden. Im übrigen muss aber ein Versagen durch schrägen Zug durch die Anordnung einer genügenden horizontalen Schubbewehrung verhindert werden.

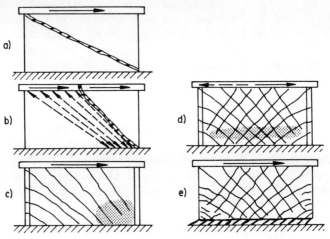

Bild 5.53: Schubversagensarten von gedrungenen Wänden

b) Versagen durch schrägen Druck

Ist die nominelle Schubspannung in der Wand gross und eine entsprechende horizontale Bewehrung vorhanden, so kann der Beton unter der schrägen Druckbeanspruchung versagen. Dies ist vor allem in Wänden mit Endflanschen (vgl. Bild 5.53c) möglich, die einen sehr grossen Biegewiderstand aufweisen. Im allgemeinen sind jedoch grosse nominelle Schubspannungen und entsprechende Kräfte in gedrungenen Wänden eher selten, da die Fundation meist nicht in der Lage ist, die entsprechenden Kippmomente aufzunehmen.

Bei zyklischer Beanspruchung entwickeln sich zwei Scharen von Schrägrissen, und ein Versagen infolge schrägen Druckes kann sich im Vergleich zu monodirektionaler Beanspruchung schon bei wesentlich kleinerer Beanspruchung einstellen, da die kreuzweise verlaufenden Risse sich zyklisch öffnen und schliessen, wodurch die Druckfestigkeit des Betons erheblich reduziert wird. Oft dehnt sich die Bruchzone des Betons rasch über die ganze Wandlänge aus (vgl. Bild 5.53d) [B13]. Ein Versagen infolge schrägen Druckes bewirkt eine grosse irreversible Abnahme des Tragwiderstandes und sollte in Wänden, die sich duktil zu verhalten haben, unbedingt verhindert werden. Zur Gewährleistung des duktilen Verhaltens muss die nominelle, beim Biegewiderstand vorhandene Schubspannung begrenzt werden.

c) Versagen durch Gleitschub

Durch die Begrenzung der nominellen Schubspannung und eine entsprechende horizontale Schubbewehrung kann ein Versagen durch schrägen Druck oder schrägen Zug vermieden werden. Eigentlich wäre zu erwarten, dass die zur Energiedissipation erforderlichen inelastischen Verformungen hauptsächlich vom Fliessen der vertikalen Biegebewehrung herrührten. Nach einigen Zyklen umkehrender Beanspruchung mit wesentlichem Fliessen in der Biegebewehrung findet jedoch eine Gleitschubverschiebung entlang von aus Biegerissen entstandenen horizontalen Rissen statt, wodurch sich vorwiegend *im Einspannquerschnitt der Wand* ein Schubmechanismus von sehr beschränkter Höhe bildet (Bild 5.53e). Diese Gleitschubverschiebungen bewirken eine wesentliche Verminderung der Steifigkeit, speziell bei verhältnismässig geringen Beanspruchungen am Anfang des Rückverschiebezyklus, womit die Fähigkeit zur Energiedissipation ebenfalls abnimmt [P35].

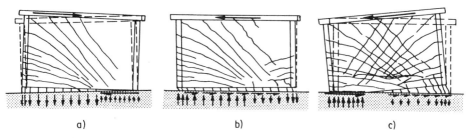

a)   b)   c)

Bild 5.54: Bildung von Gleitmechanismen im Einspannquerschnitt

Die Entwicklung dieses Mechanismus' ist in Bild 5.54 im Detail dargestellt. Im ersten Beanspruchungszyklus wird bei grossen plastischen Biegeverformungen der grösste Teil der Querkraft über die Biegedruckzone übertragen (Bild 5.54a). Da der Beton in der verhältnismässig kleinen Biegedruckzone noch nicht gerissen ist, sind die horizontalen Gleitschubverschiebungen im Einspannquerschnitt trotzdem noch klein. Nach der Beanspruchungsumkehr entwickeln sich aber in der vormaligen Biegedruckzone Risse, und die vertikalen Bewehrungsstäbe in der vormaligen Zugzone, die wesentliche plastische Zugdehnungen erfahren haben, stehen unter Druck. Bevor das Biegemoment im Einspannquerschnitt genügend gross ist, um diese Stäbe durch Druck zum Fliessen zu bringen, bildet sich ein breiter durchgehender Riss entlang des Wandfusses (Bild 5.54b). In diesem Riss wird die Querkraft vor allem über die Dübelwirkung der Bewehrungsstäbe übertragen. Da dieses System aber weich ist, ergeben sich relativ grosse horizontale Verschiebungen. Diese Gleitschubverschiebungen hören erst auf, wenn die unter Druck stehende Bewehrung fliesst, der Riss sich dort schliesst und die Querkraft wieder in der jetzigen Biegedruckzone durch den Beton übertragen werden kann (Bild 5.54c). Infolge der vorgängigen Verschiebungen muss die Biegedruckkraft aber über unebene bzw. nicht mehr aufeinander passende Rissoberflächen übertragen werden. Dies bedeutet eine Reduktion sowohl der Steifigkeit als auch des Tragwiderstandes der Schubübertragung durch Verzahnung der Zuschlagstoffkörner, d.h. durch Reibung.

Während der weiteren inelastischen Beanspruchungszyklen ist eine fortschreitende Abnahme der Schubübertragung durch Reibung entlang der potentiellen Gleitebene zu erwarten. Infolge der Zerstörung des Verbundes bei der vertikalen Bewehrung und infolge des Bauschinger-Effekts nimmt die Steifigkeit der Dübelwirkung ebenfalls stark ab [P1]. Schliesslich können die Verschiebungen zu einem Versatz in der vertikalen Bewehrung führen (vgl. Bild 5.54c), und die gesamte Querkraft muss über diese stark deformierten Stäbe übertragen werden. Das Versagen einer gedrungenen Tragwand infolge Gleitschubes ist in Bild 5.55 zu sehen (Laborversuch).

Bild 5.55: Versagen einer gedrungenen Tragwand infolge Gleitschubes

5.6.4   Bemessung für schrägen Druck

Um ein Versagen durch schrägen Druck zu verhindern, muss die nominelle Schubspannung v_i begrenzt werden (5.6.3b). Dazu können konservativerweise die gleichen Werte (obere Schubspannungsgrenze) wie für normale (schlanke) Tragwände gemäss 5.4.3b verwendet werden, d.h. im allgemeinen Gl.(3.35) und eher selten vorsichtigerweise Gl.(5.38). Diese können für die Wahl der Wandstärke massgebend sein.

5.6.5   Bemessung für Gleitschub

a) Bemessungsart

In Abschnitt 3.3.3b wurde dargelegt, dass in Tragwänden aller Arten in durch Gleitschub gefährdeten Querschnitten die Bedingung für die Klemmkraft bzw. für die Vertikalbewehrung gemäss Gl.(3.46) erfüllt werden sollte. In gedrungenen Tragwänden, die eine gewisse (reduzierte) Duktilität durch Fliessen der Vertikalbewehrung erreichen sollen, ist der *Bereich des Einspannquerschnittes* zusätzlich gemäss den hier nachfolgend dargestellten Regeln zu behandeln, sofern der in 5.6.5c definierte Faktor $R_D > 0$ ist.

b) Wirkung einer Diagonalbewehrung

Die Tragwirkungen bei Gleitschub, bestehend aus der Querkraftübertragung infolge
Dübelwirkung der Bewehrung quer über die Gleitebene und infolge Verzahnung der
Zuschlagstoffkörner, sind in [P1], [M7], [M8] dargestellt. In diesen Untersuchungen
wurden die Einflüsse der vorhandenen Risse und die Art der Behandlung der Arbeitsfuge [P1] an Versuchskörpern unter reiner Schubbeanspruchung untersucht. Im
Einspannquerschnitt von gedrungenen Wänden, wo die Bildung eines durchgehenden Risses durch eine Arbeitsfuge begünstigt wird, sind aber auch Biegemomente zu
übertragen. Die Schubübertragung wird sich daher in bedeutendem Mass von der
Risseverzahnung auf der ganzen Wandlänge, wo zyklisches Öffnen und Schliessen
der Risse stattfindet, auf die Dübelwirkung der vertikalen Wandbewehrung und die
Reibung in der Biegedruckzone verlagern (Bild 5.54). Versuche an Wänden [P35]
haben die ungünstigen Auswirkungen von übermässigen Gleitschubverschiebungen,
aber auch die deutlichen Verbesserungen des Verhaltens durch die Anordnung einer Diagonalbewehrung, die die Gleitebene kreuzt, gezeigt. Eine solche Bewehrung
reduziert die Gleitschubverschiebungen und erhöht den Schubwiderstand. Der heu-
tige Stand des Wissens erlaubt jedoch erst provisorische Empfehlungen bezüglich
der Anordnung und Menge der erforderlichen Diagonalbewehrung in gedrungenen
Wänden. Das Erkennen der wesentlichen Einflussgrössen erleichtert aber die Festlegung der endgültigen Bewehrung wesentlich.

c) Einfluss der Duktilitätsanforderungen auf die Diagonalbewehrung

Versuche haben gezeigt [P1], dass bei kleinen Rissbreiten, die einem elastischen
Verhalten der Bewehrung entsprechen, der Schubwiderstand durch Verzahnung
der Zuschlagstoffkörner in den Rissen, im folgenden *Risseverzahnung* genannt, den
Tragwiderstand des Tragelementes auf schrägen Zug oder Druck übersteigt. Daher ist der Gleitschub bei elastisch bleibenden Bauteilen kein massgebendes Be-
messungskriterium. Sobald jedoch während eines Erdbebens die Schubübertragung
hauptsächlich auf die wechselnden Biegedruckzonen beschränkt ist, wird das Verhalten viel weicher. Infolge der starken Reduktion der Kontaktfläche zwischen den
beiden Rissufern während den plastischen Biegeverdrehungen steigt die Schubspannung in der Druckzone rasch an. Dies bewirkt, zusammen mit den Verschiebungen im Riss, einen zunehmenden Verschleiss des Betons an den Berührungsflächen
mit einer entsprechenden Reduktion der maximal möglichen Reibungskoeffizien-
ten. Die Notwendigkeit einer Beschränkung des Schubgleitens und damit die *Notwendigkeit der Anordnung von Diagonalbewehrung* nimmt daher mit zunehmenden
Duktilitätsanforderungen zu. Für nach üblichen Grundsätzen bewehrte gedrungene
Wände kann der Anteil an dem Teil der Querkraft, der nicht durch Dübelwirkung
der Vertikalbewehrung und durch die Biegedruckzone übertragen wird und für den
eine Diagonalbewehrung einzulegen ist, mit folgender Beziehung abgeschätzt werden:

$$R_D = k \frac{aV_{el} - V_i}{V_{el}} \geq 0 \qquad (5.47)$$

V_{el} : Theoretische Querkraft in einer voll elastisch bleibenden Wand, d.h. Querkraft entsprechend der Beschleunigung aus dem elastischen Spektrum ($\mu_\Delta = 1$)

V_i : Querkraftwiderstand der Wand

k : Faktor abhängig von a und b

a : Verhältnis des Querkraftwiderstandes V_i zur Querkraft V_{el}, bei dem für die Übertragung der Querkraft keine Diagonalbewehrung erforderlich ist ($R_D = 0$)

b : Verhältnis der Querkraft V_E zur Querkraft V_{el}, bei dem die ganze Querkraft mit Diagonalbewehrung zu übertragen ist ($R_D = 1$)

Die Werte für a, b und damit auch für k sind also von subjektiven Annahmen abhängig.

Falls $V_i \geq 0.6\,V_{el}$, darf angenommen werden, dass der Gleitschub kein Problem darstellt. Es sind nur verhältnismässig geringe plastische Verformungen und somit noch eine gute Rissverzahnung und eine entsprechende Gleitschubübertragung zu erwarten. Deshalb ist mit $a = 0.6$ keine Diagonalbewehrung erforderlich. Beträgt hingegen die Querkraft V_E z.B. nur $0.2\,V_{el}$, so sind grosse plastische Verformungen mit verschwindender Risseverzahnung und entsprechender Gleitschubübertragung zu erwarten; daher ist in diesem Fall mit $b = 0.2$ die ganze Querkraft V_E mit Diagonalbewehrung aufzunehmen. Mit diesen Werten für a und b und wenn der Querkraftwiderstand wie üblich so gewählt ist, dass $V_i = V_E/0.9$, ergibt sich ein Wert von $k = 2.65$.

Wie oben definiert, ist V_i der Querkraftwiderstand der Wand. Da bei der seismischen Bemessung für Schub der Biegewiderstand bei Überfestigkeit berechnet werden muss, ist es bequemer, die entsprechende Querkraft bei Überfestigkeit $V_o = \lambda_o\,V_i$ zu verwenden. Damit kann Gl.(5.47) durch den folgenden einfachen Ausdruck ersetzt werden:

$$R_D = 1.6 - \frac{2.65}{\lambda_o} \cdot \frac{V_o}{V_{el}} \leq 1.0 \qquad (5.48)$$

Der Parameter R_D erfasst den ungefähren Einfluss der Duktilitätsanforderungen auf das Gleitschubverhalten und wird im folgenden zusammen mit den anderen Einflussgrössen berücksichtigt.

d) Dübelwirkung der Vertikalbewehrung

In konventionell bewehrten gedrungenen Wänden ist jeweils die Situation bei der Beanspruchungsumkehr nach dem Fliessen in einer Richtung besonders kritisch, da sich dann der Riss über die ganze Länge der Wand öffnen kann (vgl. Bild 5.54b). Bis sich die beiden Rissufer auf der Druckseite der Wand wieder berühren, müssen das Biegemoment und die gesamte Querkraft durch die vertikale Bewehrung übertragen werden. Da grössere plastische Verformungen unter Zug stattgefunden haben, muss die Vertikalbewehrung ein erhebliches Druckfliessen erfahren, bevor sich der Riss wieder schliessen kann. Um dies zu erreichen, ist ein Biegemoment erforderlich, das nahe beim Biegewiderstand des allein durch die Vertikalbewehrung gebildeten Querschnittes liegt. Dieses Moment kann mehr als die Hälfte des Biegewiderstandes des Querschnitts ausmachen. Daher muss über die Vertikalstäbe gleichzeitig auch eine relativ grosse Querkraft übertragen werden.

Grundsätzlich kann zwischen zwei Arten der Schubübertragung durch die Vertikalstäbe, Dübelwirkung und Versatz (engl. 'kinking'), unterschieden werden. (Das Erzeugen einer Klemmkraft durch Vertikalstäbe gemäss 3.3.3b bewirkt primär eine Schubübertragung durch den Beton.) Die zweite Art ist an und für sich wesentlicher, aber sie ist mit erheblich grösseren Gleitverschiebungen verbunden als die erste [P1]. Wie Bild 5.55 zeigt, kann der Beitrag an den Gleitschubwiderstand durch Versatz der Vertikalstäbe erst bei einer Verschiebung von mehreren Millimetern mobilisiert werden. Eine Schubübertragung durch Versatz wird daher nicht in Rechnung gestellt. Da ferner die meisten Vertikalstäbe fliessen müssen, bevor der Riss sich schliessen kann, können zudem nur verhältnismässig wenige Stäbe im elastisch bleibenden Kern des Querschnittes durch Dübelwirkung einen Beitrag an den Gleitschubwiderstand leisten.

Um ein wesentliches Schubgleiten vor dem Schliessen des kritischen Risses in der Biegedruckzone zu verhindern, wäre eine Diagonalbewehrung, die wenigstens etwa die halbe Querkraft aufnehmen kann, erforderlich. Dazu kommt, dass durch die Diagonalbewehrung, wenn keine speziellen Vorkehrungen getroffen werden, der Biegewiderstand und damit die Querkraft im Querschnitt noch erhöht wird. Es scheint auch, dass ein gewisses Mass an inelastischem Gleiten erforderlich ist und akzeptiert werden muss, bevor die Rissverzahnung in der Biegedruckzone voll wirksam wird.

Schubversuche mit Arbeitsfugen [P1], bei denen die Schubübertragung im Riss durch das Aufbringen von Wachs auf eine sauber abgezogene Betonoberfläche verhindert wurde, ergaben gute Resultate für die Querkraftübertragung durch Bewehrungsstäbe D6, D10 und D12 ($f_y = 275$ N/mm²) bei zunehmender Gleitverschiebung. Die Stäbe standen jedoch durch die angreifenden äusseren Lasten nicht alle gleichzeitig unter Zug. Unter der Annahme, dass wegen der gleichzeitig vorhandenen Zugkraft die Dübelwirkung in gedrungenen Wänden bei einer Gleitverschiebung von 1 mm etwa 60% der in diesen Versuchen gemessenen Werte beträgt, kann erwartet werden, dass die im Wandsteg durch Dübelwirkung der Vertikalbewehrung übertragene nominelle Schubspannung den folgenden Wert annimmt:

$$v_{do} = 0.25\, \rho'_n\, f_y \tag{5.49}$$

Darin ist ρ'_n der Bewehrungsgehalt nur infolge der über den Querschnitt gleichmässig verteilten Vertikalbewehrung mit Bezug auf den Betonquerschnitt der ganzen Wand. Damit wird der Gleitschubwiderstand infolge Dübelwirkung der Vertikalbewehrung:

$$V_{do} = 0.25\, \rho'_n\, f_y\, b_w\, l_w \tag{5.50}$$

Dieser Beitrag zum gesamten Gleitschubwiderstand wird mobilisiert, wenn eine allfällige Diagonalbewehrung (vgl. Bild 5.56) fliesst und damit die erforderliche Gleitverschiebung stattfindet.

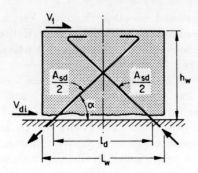

Bild 5.56: Diagonalbewehrung bei gedrungenen Wänden

e) Beitrag der Biegedruckzone

Es muss nochmals betont werden, dass der grösste Teil der Schubübertragung in einem plastifizierten Tragwandquerschnitt durch Reibung in der Biegedruckzone geschieht. Entsprechende Versuche [M7], [M8] zeigten, dass es eine obere Grenze gibt, über die hinaus auch eine Erhöhung der Klemmkraft infolge Bewehrung oder äusserer Druckkräfte zu keiner Steigerung des Schubwiderstandes mehr führt. Dieser Grenzwert liegt für monodirektionale Beanspruchung in der Grössenordnung einer Schubspannung von $v = 0.35 f_c'$ [M7]. In Versuchen [M8] wurde festgestellt, dass dieser Widerstand unter zyklischer Beanspruchung etwa 20% abnahm, sofern die Gleitverschiebung 2 mm nicht überstieg. Bei Versuchen mit gedrungenen Wänden konnte Schubgleiten mit Verschiebungen in dieser Grössenordnung beobachtet werden [P35]. Es ist daher unwahrscheinlich, dass ein Widerstand von mehr als etwa $0.25 f_c'$ erreicht werden kann. Aus diesem Grund soll zur Sicherstellung der Übertragung der Querkraft die Schubspannung

$$v_f = 0.25 f_c' \tag{5.51}$$

in der wirksamen Kontaktfläche A_f nicht überschritten werden. Diese Fläche kann gemäss Bild 5.57 definiert werden. Die Druckfläche in Flanschen kann nur zu einem kleinen Teil zur Schubübertragung herangezogen werden, da der strukturelle Zusammenhalt nicht gewährleistet ist.

Der Beitrag der nach Bild 5.57 definierten Biegedruckzone an den Gleitschubwiderstand kann somit wie folgt angenommen werden:

$$V_f = 0.25 f_c' A_f = 0.25 f_c' m b_w c \tag{5.52}$$

Dabei wird der Beitrag des trapezoidförmigen Flanschteiles durch den Faktor m berücksichtigt:

$$m = 1 + \frac{b^2}{c b_w} \qquad \text{für} \quad c \geq b \tag{5.53}$$

$$m = 1 + \frac{2b - c}{b_w} \qquad \text{für} \quad c \leq b \tag{5.54}$$

$$m = 1.0 \qquad \text{für} \quad b = 0 \tag{5.55}$$

Die Höhe der Druckzone c spielt natürlich eine wichtige Rolle. Bei gleicher Querkraft nimmt das Einspannmoment und damit die Höhe der Druckzone mit der

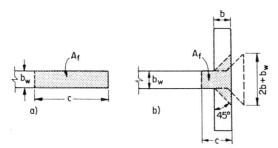

Bild 5.57: Zur Schubübertragung in der Biegedruckzone wirksame Flächen

Wandhöhe h_w zu. Umgekehrt nimmt bei konstanter Wandhöhe und Querkraft die Druckzonenhöhe c bei zunehmender Wandlänge l_w ab. Daher wird der Beitrag der Biegedruckzone an die Querkraftübertragung proportional zum Verhältnis h_w/l_w zunehmen. Die Lage der Neutralachse ist also ein wichtiger Parameter, der auch eine allfällig vorhandene Normalkraft berücksichtigt.

Versuche haben gezeigt, dass Wände mit Flanschen (vgl. Bild 5.5f) bei im übrigen gleichen Eigenschaften wie rechteckige Querschnitte (vgl. Bild 5.5a) viel früher Zerstörungen zeigen, da der Steg durch den Flansch durchstanzen kann, wie dies in Bild 5.57b angedeutet ist [P35].

f) Beitrag der Diagonalbewehrung

Wird zur Gleitschubübertragung Diagonalbewehrung verwendet, so leistet diese einen Beitrag zum Schubwiderstand. Darüberhinaus ist auch ihr Beitrag an den Biegewiderstand zu berücksichtigen. Die in Bild 5.56 gezeigte übliche Bewehrungsanordnung kann bei Fliessen in beiden Diagonalrichtungen auf Druck bzw. auf Zug das folgende Moment aufnehmen:

$$M_d = 0.5\, l_d\, A_{sd}\, f_{yd}\, \sin\alpha = h_w V_1 \tag{5.56}$$

A_{sd} : Gesamtquerschnitt der Diagonalbewehrung (Bild 5.56)
f_{yd} : Fliessspannung der Diagonalbewehrung
l_d : horizontaler Hebelarm der Diagonalbewehrung (Bild 5.56)
α : Neigung der symmetrisch angeordneten Diagonalbewehrung
V_1 : Zur Entwicklung von M_d erforderliche Querkraft

Die Summe der Horizontalkomponenten der Kräfte in den Diagonalbewehrungen ist jedoch grösser als die Querkraft V_1. Daher kann die Diagonalbewehrung auch den infolge anderer Ursachen wie z.B. infolge Biegewiderstandes der Vertikalbewehrung erforderlichen Gleitschubwiderstand erbringen. Dieser, durch die Diagonalbewehrung bewirkte zusätzliche Widerstand gegen Gleitschub beträgt nach Bild 5.56:

$$V_{di} = A_{sd}\, f_{yd}\, \cos\alpha - V_1 = A_{sd}\, f_{yd}\left(\cos\alpha - \frac{l_d}{2h_w}\sin\alpha\right) \tag{5.57}$$

Aus dieser Gleichung ist ersichtlich, dass der Wirkungsgrad der Diagonalbewehrung mit abnehmender Neigung α und kleiner werdendem Abstand l_d zunimmt.

Oft ist es möglich, den Kreuzungspunkt der Diagonalbewehrung in die Gleitebene zu legen, d.h. es wird $l_d = 0$. Damit verschwindet M_d nach Gl.(5.56), und
die Diagonalbewehrung kann allein für die Übertragung der dem Biegewiderstand
infolge Vertikalbewehrung entsprechenden Querkraft verwendet werden, vorausgesetzt, dass die Verschiebungen gross genug sind, um Fliessen in beiden Richtungen
zu gewährleisten.

Um sicherzustellen, dass oberhalb des Einspannquerschnittes kein Gleitschub-
bruch erfolgt, ist die Diagonalbewehrung mindestens bis zum kleineren Wert von
$0.5\,l_w$ und h_w über den Einspannquerschnitt hinaufzuziehen.

g) Kombinierte Tragwirkungen

Unter Berücksichtigung der oben definierten Grössen kann für die folgende
geschätzte Querkraft Diagonalbewehrung vorgesehen werden:

$$V_{di} = R_D \left(\frac{V_o - V_{do} - V_f}{V_o} \right) (V_o - V_1) \tag{5.58}$$

Gemäss den in 5.6.5a dargestellten Überlegungen muss der Teil der Querkraft,
der nicht durch die Dübelwirkung der Vertikalbewehrung, die Biegedruckzone und
die Diagonalbewehrung übertragen wird, ausserhalb der Biegedruckzone durch Risseverzahnung übertragen werden.

Für Bemessungszwecke kann es einfacher sein, in Gl.(5.58) anstatt Querkräfte
mit dem Querschnitt $0.8\,b_w\,l_w$ berechnete Schubspannungen wie $v_i = V_o/(0.8\,b_w\,l_w)$
zu verwenden.

Durch Einsetzen der Gleichungen (5.48), (5.49) und (5.53) sowie unter Verwen-
dung der weiter vorne definierten Ausdrücke $V_o = \Phi_{o,w}\,V_E$ und $V_{el} = \mu_\Delta\,V_E$ ergibt
sich:

$$V_{di} = \left(1.6 - \frac{2.65}{\lambda_o} \cdot \frac{\Phi_{o,w}}{\mu_\Delta} \right) \left(1 - \frac{\rho'_n}{3.2} \cdot \frac{f_y}{v_i} - \frac{mc}{3.2l_w} \cdot \frac{f'_c}{v_i} \right) (V_o - V_1) \tag{5.59}$$

Die Spannungsverhältnisse f_y/v_i und f'_c/v_i geben direkt die entsprechenden Beiträge
an den Gleitschubwiderstand an. Weitere Angaben zur Bedeutung der einzelnen
Teile der Gl.(5.59) sind im Rechenbeispiel in Abschnitt 5.9 zu finden.

5.6.6   Bemessung für schrägen Zug

Das Hauptziel der Schubbemessung von gedrungenen Wänden im Bereich des plastischen Gelenkes besteht darin, die erforderliche Rotationsduktilität zu gewährleisten.
Ein Versagen infolge schrägen Zuges ist daher bei gedrungenen Wänden, ebenso wie
bei den anderen behandelten Tragelementen, unter allen Umständen zu verhindern.
Versuche haben gezeigt, dass sich der in Bild 5.53a dargestellte Bruchmechanismus
kaum einstellt. Eher bildet sich ein fächerartiges schräges Druckfeld nach Bild 5.53b
aus. Daher wird, basierend auf diesem Tragmodell, das nachfolgend beschriebene
einfache Vorgehen empfohlen.

Vorsichtigerweise wird angenommen, dass die Querkraft V_o am oberen Ende der
Wand über die ganze Länge gleichmässig angreift. Für ein Seitenverhältnis

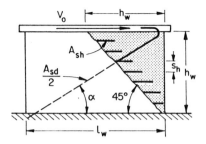

Bild 5.58: Modell zur Verhinderung des Schubversagens durch schrägen Zug

$h_w/l_w \leq 1$ erhält der schattierte Teil in Bild 5.58 unter der Annahme einer Bruchebene mit der Neigung von 45° einen Teil der Querkraft $\Delta V = V_o h_w/l_w$. Diese Kraft soll nun von der horizontalen Schubbewehrung der Fläche A_{sh} mit dem vertikalen Abstand s_h und durch die Horizontalkomponente der Diagonalbewehrung mit der Fläche $A_{sd}/2$ übernommen werden. Da in gedrungenen Tragwänden die Normalkraft im allgemeinen verhältnismässig gering ist, kann der an sich mögliche Beitrag des Betons an den Schubwiderstand gemäss Gl.(3.43) vernachlässigt werden. Entsprechend Bild 5.58 erhalten wir:

$$A_{sh} = \frac{s_h}{h_w f_{yh}} \left(V_o \frac{h_w}{l_w} - \frac{f_{yd} A_{sd}}{2} \cos \alpha \right) \tag{5.60}$$

Diese Gleichung für die horizontale Schubbewehrung im Bereich des plastischen Gelenkes gilt auch für den Teil desselben oberhalb der Diagonalbewehrung ($A_{sd} = 0$) bzw. für den Fall, dass keine Diagonalbewehrung vorhanden ist.

Für $h_w/l_w > 1$ wird oberhalb des plastischen Gelenkes, d.h. oberhalb von $l_p = l_w$, die Schubbewehrung gleich wie in schlanken Tragwänden nach Gl.(3.44) mit v_c nach Gl.(3.40) bestimmt.

Der erforderliche Schubwiderstand einer Wand hat dem vorhandenen Biegewiderstand zu entsprechen, damit ein duktiles Verhalten gewährleistet ist. Daher kann die erforderliche horizontale Bewehrung A_{sh} in Beziehung zur vertikalen Bewehrung A_{sn} und zur totalen Diagonalbewehrung A_{sd} gesetzt werden, wobei der Beitrag der Diagonalbewehrung an den Biegewiderstand ebenfalls berücksichtigt wird. Unter Anwendung der Prinzipien der Kapazitätsbemessung gilt mit guter Genauigkeit:

$$\rho_h = \lambda_o \frac{f_{yn}}{f_{yd}} \left[\frac{d_s}{h_w} \rho_n - \left(0.4 - \frac{l_d \tan \alpha}{2 l_w} \right) \frac{l_w f_{yd}}{h_w f_{yn}} \rho_d' \right] \tag{5.61}$$

Dabei sind:

$$\rho_h = \frac{A_{sh}}{b_w s_h} \quad \text{(a)} \qquad \rho_n = \frac{A_{sn}}{b_w l_w} \quad \text{(b)} \qquad \rho_d' = \frac{A_{sd} \cos \alpha}{b_w l_w} \quad \text{(c)} \tag{5.62}$$

f_{yh}, f_{yn} und f_{yd} sind die Fliessspannungen der horizontalen, vertikalen und diagonalen Bewehrung mit den entsprechenden Querschnittsflächen A_{sh}, A_{sn} und A_{sd}. d_s ist der Abstand zwischen dem Schwerpunkt der Vertikalbewehrung und der Druckkante (in symmetrischen Wänden $d_s = 0.5\,l_w$). Die Anwendung dieser Gleichungen wird ebenfalls im Beispiel von Abschnitt 5.9 gezeigt.

5.6.7   Gedrungene Wände mit Randverstärkungen

In Japan werden Tragwände traditionellerweise mit Randverstärkungen ausgeführt. Das Verhalten solcher gedrungener Wände (vgl. Bild 5.59a) wurde in den letzten zwanzig Jahren hauptsächlich an der Universität von Kyushu eingehend erforscht [T4], [T5]. Bei der Bemessung dieser Wände wird vor allem Wert auf grossen Tragwiderstand und weniger auf Duktilität gelegt. Das für die Schubübertragung angenommene Bemessungsmodell ist ähnlich demjenigen bei ausgefachten Rahmen. Die Rahmenwirkung der Randelemente kombiniert sich mit dem Schubwiderstand des Steges, der vor allem als schräges Druckfeld wirkt, wie dies in Bild 5.59a angedeutet wird. Nach dem Versagen des Steges infolge schrägen Zuges sollten die meist wie Stützen bewehrten vertikalen Randelemente den erforderlichen Schubwiderstand aufbringen und ein Versagen infolge Horizontalschubes entsprechend Bild 5.55 verhindern. Wegen der Normalkraftbeanspruchung aus dem Kippmoment wird in den Randverstärkungen kein Fliessen erwartet. Das hysteretische Verhalten solcher Wände ist aber ziemlich unbefriedigend, wie auch das Versuchsbeispiel in Bild 5.25 zeigt.

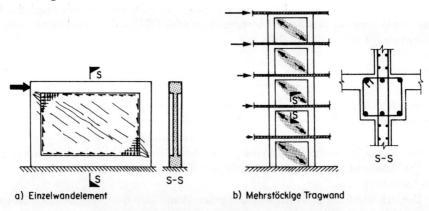

a) Einzelwandelement   b) Mehrstöckige Tragwand

Bild 5.59: Tragwände mit Randverstärkungen

Die Verwendung und Untersuchung von solchen Tragwänden beeinflusste in Japan auch die Modellierung von mehrstöckigen Tragwänden sehr stark. Dabei wird erwartet, dass sich die Wandteile in jedem Stockwerk gemäss Bild 5.59b ziemlich genau wie die einzelne, in Bild 5.59a dargestellte gedrungene Wand verhalten. Weiter wird angenommen, dass der horizontale Riegel am oberen Ende der Wand in jedem Stockwerk als Zugglied eines Fachwerkes wirkt, während der Steg die Diagonaldruckkraft aufnimmt. Versuche zeigen jedoch ein anderes Verhalten. Die Schrägrisse entstehen in einem steileren Winkel, ähnlich dem Bild in Bild 5.44. Das in Bild 5.59b gezeigte Tragmodell würde eine hohe Spannungskonzentration in den Ecken erforderlich machen, und die vorhandene Wandbewehrung wäre nur schlecht ausgenützt. Ebenso ist es unwahrscheinlich, dass der zusätzliche Beton und die Bewehrung für den in Bild 5.59b im Querschnitt dargestellten Riegel den Tragwiderstand oder das allgemeine Verhalten solcher Wände verbessert [I2]. Solche Riegel sind also nur gerechtfertigt, um die Bewehrung von in eine Tragwand laufenden Tragelementen gut zu verankern.

5.7 Bemessungsbeispiel für zusammenwirkende einzelne Tragwände

Im folgenden wird ein Beispiel für die Bemessung von in einer Gruppe zusammenwirkenden einzelnen Tragwände dargestellt. Das Beispiel ist allgemein gehalten und
nicht auf die Anwendung einer bestimmten Norm ausgerichtet. Bei Grössen, die im
Laufe der Bemessung angenommen werden müssen ($\gamma_D, \gamma_L, \gamma_E$, Eigenschaften von
Bewehrungsstählen usw.) werden in den Kapiteln 1 bis 3 angegebene Werte verwendet.

5.7.1 Beschreibung und Annahmen

Bild 5.60a zeigt den auf einem 6 m-Raster basierenden regelmässigen Grundriss
eines 6-stöckigen, 20 m hohen Warenhauses. Bei den Stahlbetondecken handelt es
sich um eine Kassettenkonstruktion. Neun kragarmförmige Tragwände nehmen die
gesamte horizontale Einwirkung auf. Die Kassettendecken sind sehr biegeweich, und
es wird daher angenommen, dass zwischen den Tragwänden keine biegesteife Verbindung besteht. In diesem Beispiel werden die Schnittkräfte für die massgebenden
Tragwände mit T-Querschnitt (Wände (3) bis (8)) und anschliessend die Bewehrung in deren Einspannquerschnitt ermittelt.

Dabei werden die folgenden Werte verwendet:

Verschiebeduktilität	μ_Δ	=	4.0
Betonfestigkeit	f'_c	=	35 N/mm²
Fliessgrenze der Bewehrung (HD)	f_y	=	400 N/mm²
Horizontale Ersatzkraft (total)	F_{tot}	=	13'000 kN
Kippmoment (total)	M_F	=	240'000 kNm
Normaldruckkraft in einer Wand mit T-Querschnitt			
– infolge Dauerlasten	P_D	=	8'000 kN
– infolge mit α abgeminderter Nutzlasten	P_L	=	1'300 kN

Bild 5.60a zeigt, dass im ersten Geschoss das Massenzentrum M des Gebäudes 3.00
m und das Steifigkeitszentrum S 2.24 m links der Stütze in der Mitte des Gebäudes
liegt. Die Lage der Schwerachsen, der Schwerpunkte sowie der Schubmittelpunkte
der drei Typen der einzelnen Tragwände sind Bild 5.60b zu entnehmen (bei Wand
(3) Schubmittelpunkt im Schwerpunkt angenommen). Die Trägheitsmomente sind
in der Tabelle von Bild 5.61 zusammengestellt.

5.7.2 Verteilung der Stockwerkquerkraft

Entsprechend dem in Abschnitt 5.3.2b beschriebenen Vorgehen wird mit den Träg-
heitsmomenten aus der Tabelle von Bild 5.61 der Anteil jeder Tragwand an der
Stockwerkquerkraft des gesamten Gebäudes ermittelt. Dazu wird je eine in der
x- und der y-Richtung wirkende *Einheits-Stockwerkquerkraft*, im folgenden kurz
Einheitsquerkraft $S_x = 1$ bzw. $S_y = 1$ genannt, auf die neun Tragwände aufgeteilt.
Dazu können die Gleichungen (5.20) und (5.21) wie folgt angeschrieben werden:

$$S_{ix} = S'_{ix} + S''_{ix} \qquad \text{und} \qquad S_{iy} = S'_{iy} + S''_{iy}$$

Darin sind S'_{ix} bzw. S'_{iy} die Anteile aus der Stockwerkverschiebung in Richtung der x- bzw. y-Achse und S''_{ix} bzw. S''_{iy} diejenigen aus der Stockwerkverdrehung infolge der Exzentrizitäten e_y bzw. e_x für eine Einheitsquerkraft in der x- bzw. y-Richtung.

Für eine Einheitsquerkraft in Richtung der y-Achse $S_y = 1$ mit der Exzentrizität e_x gilt

$$S'_{iy} = \frac{I_{ix}}{\sum I_{ix}} \qquad \text{und} \qquad S''_{iy} = \frac{e_x \, x_i \, I_{ix}}{\sum (x_i^2 \, I_{ix} + y_i^2 \, I_{iy})}$$

Die Verschiebungsanteile der Einheitsquerkraft S'_{iy} sind in der zweiten Kolonne der Tabelle von Bild 5.62 aufgeführt. Das Steifigkeitszentrum liegt um

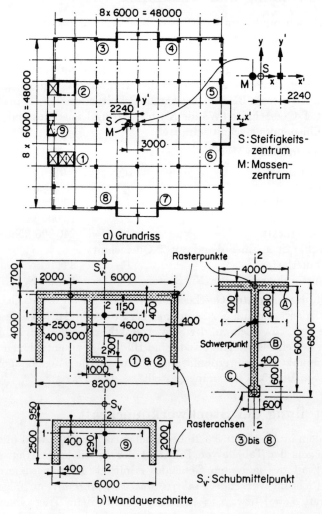

Bild 5.60: Gebäudegrundriss und Querschnitte der drei Wandtypen eines 6-stöckigen Warenhauses

Wand	Achse	I_g [m^4]	F [a]	I_w [b] [m^4]
1	1-1	12.4	0.14	5.55
	2-2	63.3	0.87	18.35
6	1-1	19.7	0.34	7.68
	2-2	2.2	0.06	1.05
9	1-1	2.2	0.05	1.06
	2-2	20.4	0.38	7.75

[a] gemäss Gl.(5.15)
[b] gemäss Gl.(5.14)

Bild 5.61: Trägheitsmomente der drei Wandtypen

$x' = \Sigma x_i' S_{iy}' / \Sigma S_{iy}' = -2.24$ m neben der Stütze in Gebäudemitte (vgl. Bild 5.60a).
Die planmässige statische Exzentrizität der Einheitsquerkraft beträgt
$e_{sx} = 2.24 - 3.00 = -0.76$ m.
Nach Gl.(4.37) ergibt sich die für die Wände (5) und (6) massgebende Bemessungsexzentrizität zu
$e_{dx} = e_{sx} + 0.1b = -0.76 + 0.1 \cdot 48.4 = 4.08$ m.
Damit können die Verdrehungsanteile der Einheitsquerkraft ermittelt werden:

$$S_{iy}'' = \frac{4.08\, x_i\, I_{iy}}{19'960 + 24'924} = \frac{x_i\, I_{iy}}{11'002}$$

S_{iy}'' und die Summe der Verschiebungs- und Verdrehungsanteile S_{iy} finden sich in
den letzten beiden Kolonnen der Tabelle von Bild 5.62.
    Für eine Einheitsquerkraft in Richtung der x-Achse beträgt die Bemessungs-
exzentrizität $e_{dy} = e_{sy} + 0.1b = 0 + 4.84 = 4.84$ m (b = mittlere Breite). Die
Verschiebungs- und Verdrehungsanteile finden sich in der Tabelle von Bild 5.63.

i	I_{ix} [m^4]	S_{iy}' [-]	x_i' [m]	$x_i' S_{iy}'$ [m]	x_i [m]	$x_i I_{ix}$ [m^5]	$x_i^2 I_{ix}$ [m^6]	S_{iy}'' [-]	S_{iy} [-]
1	5.55	0.145	−22.07	−3.200	−19.83	−110.1	2'183	−0.010	0.135
2	5.55	0.145	−22.07	−3.200	−19.83	−110.1	2'183	−0.010	0.135
3	1.05	0.027	−8.08	−0.218	−5.84	−6.1	36	−0.001	0.026
4	1.05	0.027	8.08	0.218	10.32	10.8	111	0.001	0.028
5	7.68	0.200	24.00	4.800	26.24	201.5	5'287	0.018	0.218
6	7.68	0.200	24.00	4.800	26.24	201.5	5'287	0.018	0.218
7	1.05	0.027	8.08	0.218	10.32	10.8	111	0.001	0.028
8	1.05	0.027	−8.08	−0.218	−5.84	−6.1	36	−0.001	0.026
9	7.75	0.202	−26.95	−5.444	−24.71	−191.5	4'732	−0.017	0.185
	38.41	1.000		−2.244		0.7 [a]	19'966	−0.001 [a]	0.999 [a]

[a] Rundungsungenauigkeit

Bild 5.62: Verteilung der Einheitsquerkraft in y-Richtung auf die Wände i

i	I_{iy} [m⁴]	S'_{ix} [-]	y_i [m]	$y_i^2 I_{iy}$ [m⁶]	S''_{ix} [-]	S_{ix} [-]
1	18.35	0.260	−13.90	3'545	−0.028	0.232
2	18.35	0.260	13.90	3'545	0.028	0.288
3	7.68	0.109	24.00	4'424	0.020	0.129
4	7.68	0.109	24.00	4'424	0.020	0.129
5	1.05	0.015	8.08	69	0.001	0.016
6	1.05	0.015	−8.08	69	−0.001	0.014
7	7.68	0.109	−24.00	4'424	−0.020	0.089
8	7.68	0.109	−24.00	4'424	−0.020	0.089
9	1.06	0.015	0.00	–	–	0.015
	70.58	1.001 [a]		24'924	0.000	1.001 [a]

[a] Rundungsungenauigkeit

Bild 5.63: Verteilung der Einheitsquerkraft in x-Richtung auf die Wände i

5.7.3   Bemessung einer Wand

Aus den obigen Berechnungen ergibt sich, dass die T-förmige Wand (5) am stärksten beansprucht wird, da sie 21.8% der Einheitsquerkraft in y-Richtung und 1.6% derjenigen in x-Richtung aufzunehmen hat. In den folgenden Abschnitten wird diese Wand für eine Erdbebeneinwirkung in y-Richtung bemessen. Am Schluss folgt die Bemessung für eine Erdbebeneinwirkung in x-Richtung.

a) Ermittlung der Schnittkräfte

Das Kippmoment und die Querkraft infolge der Ersatzkraft am Fuss der Wand (5) für eine Einwirkung in y-Richtung betragen nach der Tabelle von Bild 5.62:

$M_E = 0.218 \cdot 240'000 = 52'320$ kN

$V_E = 0.218 \cdot 13'000 = 2'834$ kN

Die gleichzeitig wirkende Normaldruckkraft infolge Schwerelasten beträgt:

$P_u = P_D + 1.3 P_L = 8'000 + 1.3 \cdot 1'300 = 9'690$ kN bzw.

$P_u = 0.9 P_D = 0.9 \cdot 8'000 = 7'200$ kN

Die durchschnittliche Druckbeanspruchung aus der Normalkraft ist relativ klein:

$P_u/(f'_c A_g) = 9'690 \cdot 10^3/(35 \cdot 4.16 \cdot 10^6) = 0.067$

Die maximale Zugbewehrung ergibt sich bei minimaler Druckbeanspruchung von

$P_u/(f'_c A_g) \approx 0.050$.

Die Bilder 5.60b und 5.64 zeigen die Einzelheiten der Wand (5). Die Vorbemessung ergab im Querschnittsteil (C) eine stärkere Vertikalbewehrung als im Teil (A). Um eine bessere Verteilung der Bewehrung zu erreichen, wird eine Umverteilung der Beanspruchung von 13% von Wand (5) zu Wand (6) gemäss Abschnitt 5.3.2b vorgenommen. Das in Wand (5) in Teil (A) Druck bewirkende Moment reduziert sich damit auf

$M_u = 0.87 \cdot 52'320 = 45'520$ kNm, während sich das in Wand (6) in Teil (C) Druck bewirkende Moment vergrössert auf:

$M_u = 1.13 \cdot 52'320 = 59'120$ kNm

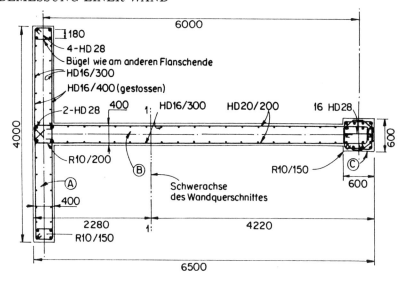

Bild 5.64: Abmessungen und Bewehrung der Wand (5)

Mit einem Widerstandsreduktionsfaktor $\Phi = 0.9$ beträgt der erforderliche Tragwiderstand für Beanspruchungen, die

— im Querschnittsteil (A) Druck erzeugen:
$M_i = 45'520/0.9 = 50'600$ kNm
$P_i = 7'200/0.9 = 8'000$ kN $\Rightarrow e = 6.32$ m von der Schwerachse
— im Querschnittsteil (C) Druck erzeugen:
$M_i = 59'120/0.9 = 65'700$ kNm
$P_i = 8'000$ kN $\Rightarrow e = 8.21$ m von der Schwerachse

b) Biegebemessung und Überfestigkeitsfaktoren

Im *Lastfall 1* (Ersatzkraft in negativer y-Richtung) steht der Flansch, d.h. der Querschnittsteil (A), unter Druck. In den 400 mm starken Wandteilen ohne Stäbe grösserer Durchmesser legen wir Stäbe HD16 im Abstand von 300 mm ein (Bild 5.64). Dies ergibt:
$A_s = 2 \cdot 201/0.3 = 1'340$ mm^2/m und
$\rho = 1'340/(1'000 \cdot 400) = 0.335\%$,
d.h. mehr als der minimale Bewehrungsgehalt nach 5.4.2h von
$\rho = 0.7/f_y = 0.7/400 = 0.175\%$.

Unter der Annahme, dass die Druckresultierende 100 mm von der Flanschkante entfernt angreift und, wenigstens für die Vorbemessung, bei vernachlässigung des Beitrages der Stäbe im Flansch, erhalten wir die Zugkraft im Steg, d.h. im Querschnittsteil (B), zu
$T_b = (6.5 - 0.4 - 0.6)1'340 \cdot 400 \cdot 10^{-3} = 5.5 \cdot 536 = 2'948$ kN.

Die Beiträge an den Biegemomentenwiderstand, bezogen auf den angenommenen Angriffspunk der Druckkraft, betragen nach den Bildern 5.60b und 5.64:

infolge T_b: $(0.5 \cdot 5.5 + 0.3)2'948$ $=$ $8'991$ kNm

infolge P_i: $-(6.32 - 2.28 + 0.1)8'000$ $=$ $-33'120$ kNm

somit infolge T_c (Zugkraft in Element (C)): $=$ $-24'129$ kNm

Daraus: $T_c = 24'129/(6.5 - 0.3 - 0.1) = 3'956$ kN

Damit beträgt der erforderliche Bewehrungsquerschnitt in Teil (C) näherungsweise:

$\Rightarrow A_{s,erf} \approx 3'956 \cdot 10^3/400 = 9'890$ mm^2

Mit 16 Stäben HD28 in Teil (C) erhalten wir

$\Rightarrow A_{s,vorh} = 9'852$ mm^2.

Damit wird $T_c = 9'852 \cdot 400 \cdot 10^{-3} = 3'941$ kN.

Nun kontrollieren wir die Lage des Angriffspunktes der Druckkraft im Flansch. Die gesamte Druckkraft im Flansch ergibt sich aufgrund der Gleichgewichtsbedingung (vgl. 3.3.2b):

$C_a = T_b + T_c + P_i = 2'948 + 3'941 + 8'000 = 14'889$ kN

$\rightarrow a = C_a/(0.85 f_c' \, b) = 14'889 \cdot 10^3/(0.85 \cdot 35 \cdot 4'000) = 125$ mm

Der Angriffspunkt liegt damit $125/2 = 63$ mm von der Flanschkante entfernt.

Die Berücksichtigung der Bewehrung nahe der Neutralachse ($c = 125/0.81 = 154$ mm), die etwa in der Mitte des 400 mm starken Flansches liegt, ergibt nur unwesentliche Abweichungen. Die Näherung ist damit genügend genau.

Der Biegewiderstand um die Achse 1-1 durch den Schwerpunkt des Querschnittes bei Wirkung der Normaldruckkraft $P_i = 8'000$ kN ergibt sich aus den inneren Kräften wie folgt:

$$M_i = \quad x_a\,C_a \quad = (2.28 - 0.5 \cdot 0.125)\,14'889 \quad = \quad 33'016k \text{ Nm}$$

$$x_b\,T_b \quad = (4.22 - 2.75 - 0.6)\,2'948 \quad = \quad 2'565 \text{ kNm}$$

$$x_c\,T_c \quad = (4.22 - 0.3)\,3'941 \quad = \quad 15'449 \text{ kNm}$$

$$M_{i,erf} \quad = 50'600 \text{ kNm} \quad < \quad M_{i,vorh} \quad = \quad 51'030 \text{ kNm}$$

Diese kleine Abweichung ($< 1\%$) wird toleriert, und eine genauere Rechnung ist nicht notwendig.

Für diesen Lastfall 1 mit einem Überfestigkeitsfaktor $\lambda_o = 1.4$ für den verwendeten Bewehrungsstahl HD (vgl. Tabelle von Bild 3.6) wird der Überfestigkeitsfaktor von Wand (5) nach (Gl.(5.31)):

$\Phi_{o,w} = 1.4 \cdot 51'030/52'320 = 1.365$

Im *Lastfall 2* (Ersatzkraft in positiver y-Richtung) steht der Querschnittsteil (C) unter Druck. Bei Annahme der neutralen Achse $c = 880$ mm von der Aussenkante hat der rechteckige Spannungsblock die Höhe $a = 0.81 \cdot 880 = 713$ mm. Aus der entsprechenden Dehnungsebene erhalten wir für die 16 Stäbe HD28 in (C) eine durchschnittliche Druckspannung von $f_s = 298$ N/mm^2. Damit ergeben sich folgende innere Kräfte:

Teil (C):	$C_c = 0.85 \cdot 35 \cdot 600^2 \cdot 10^{-3}$		$=$	$10'710$ kN
	$C_s = 9'852 \cdot 298 \cdot 10^{-3}$		$=$	$2'936$ kN
Teil (B):	$C_c = 0.85 \cdot 35 \, (713 - 600) \, 400 \cdot 10^{-3}$		$=$	$1'345$ kN
	$C_s =$ vernachlässigt		$=$	—
Innere Druckkraft total			$=$	$14'991$ kN
Äussere Druckkraft P_i			$=$	$-8'000$ kN
Erforderliche innere Zugkraft			$=$	$6'991$ kN
Teil (B):	$T_b \approx (5.5 - 0.5) \, 536$		$=$	$2'680$ kN
Erforderliche Zugkraft in Teil (A):		T_a	$=$	$4'311$ kN

Damit beträgt der erforderliche Bewehrungsquerschnitt im Teil (A):
$\Rightarrow A_{erf} = 4'311 \cdot 10^3 / 400 = 10'778$ mm^2
Mit 22 Bewehrungsstäben HD16 ($4'422$ mm^2) und 10 Bewehrungsstäben HD28 ($6'158$ mm^2) erhalten wir
$\Rightarrow A_{s,vorh} = 10'580$ mm^2. Damit wird $T_a = 4'232$ kN.
Der Biegewiderstand um die Achse 1-1 durch den Schwerpunkt des Wandquerschnittes, bei Wirkung der Normaldruckkraft $P_i = 8000$ kN, ergibt sich aus den inneren Kräften wie folgt:

$M_i =$	$x_c(C_c + C_s)$	$= (4.22 - 0.3)(10'710 + 2'936)$	$=$	$53'492$ kNm
	$x_b \, C_c$	$= (4.22 - 0.6 - 0.5 \cdot 0.113)1'345$	$=$	$4'793$ kNm
	$x_b \, T_b$	$= (0.5 \cdot 5 - 2.28 + 0.4)2'680$	$=$	$1'662$ kNm
	$x_a \, T_a$	$= (2.28 - 0.2)4'232$	$=$	$8'803$ kNm
$M_{i,erf}$		$= 65'700$ kNm $<$ $M_{i,vorh}$	$=$	$68'750$ kNm

Diese Näherung ist genügend genau, und ein weiterer Berechnungsgang mit einer neuen Lage der Neutralachse erübrigt sich.
Der gesamte Biegewiderstand der Wände (5) und (6) beträgt damit:
$M_5 + M_6 = 51'030 + 68'750 = 119'800$ kNm $>$ $2 \cdot 52'320/0.9 = 116'300$ kNm.
Für diesen Lastfall 2 beträgt der Überfestigkeitsfaktor von Wand (5):
$\Phi_{o,w} = 1.4 \cdot 68'750/52'320 = 1.84$,
für die Wände (5) und (6) zusammen jedoch
$\Phi_{o,w} = 1.4 \cdot 119.8/(2 \cdot 52'320) = 1.60$ $>$ $\Phi_{o,ideal} = \lambda_o/\Phi = 1.4/0.9 = 1.56$.

c) Ermittlung der Bemessungsquerkraft und Bemessung für schräge Druck- und Zugkräfte

Nach Gl.(5.34) beträgt der dynamische Vergrösserungsfaktor:
$\omega_v = 0.9 + 6/10 = 1.3 + 6/30 = 1.5$
Daher erhalten wir gemäss Gl.(5.33) die für die Wand bei Zug im Querschnittsteil (C) massgebende Querkraft:
$V_w = 1.5 \cdot 1.84 \cdot 2'834 = 7'822$ kN
Nach Gl.(5.36): $V_w \leq \mu_\Delta \, V_E = 4.0 \cdot 2'834 = 11'336$ kN
Da die Beanspruchung unter Berücksichtigung der Überfestigkeit ermittelt wurde, gilt $\Phi = 1.0$, und damit erhalten wir mit Gl.(5.37) die nominelle Schubspannung beim erforderlichen Schubwiderstand zu:
$v_i = 7'822 \cdot 10^3/(0.8 \cdot 6'500 \cdot 400) = 3.76$ N/mm^2
Die Schubspannung darf den Wert gemäss Gl.(5.38) nicht überschreiten:

$v_i = [(1.2 \cdot 1.84/4.0) + 0.16]\sqrt{35} = 0.71\sqrt{35} = 4.21 \text{ N/mm}^2 > 3.76 \text{ N/mm}^2$

Bei der minimalen Normaldruckkraft von $P_u = 7'200$ kN erhalten wir gemäss Gl.(3.43):

$v_c = 0.6\sqrt{7'200 \cdot 10^3/(4.16 \cdot 10^6)} = 0.79 \text{ N/mm}^2$

Daraus folgt mit Gl.(3.44):

$\Rightarrow A_v/s_h = (3.76 - 0.79) \cdot 400/400 = 2.97 \text{ mm}^2/\text{mm}$

Bei Verwendung von Bewehrungsstäben HD 20 beträgt der erforderliche Abstand:

$s_h \leq 2 \cdot 314/2.97 = 211$ mm $\Rightarrow 200$ mm

Oberhalb des potentiellen plastischen Gelenkes ($l_p \approx l_w = 6.5$m), d.h. etwa ab der zweiten Geschossdecke, wird der Bedarf an horizontaler Schubbewehrung wesentlich kleiner, und eine Reduktion der Wandstärke kann angezeigt sein.

d) Ermittlung der Umschnürungs- und der Stabilisierungsbewehrung

Die grösste Druckzonenhöhe beträgt $c = 880$ mm.

Der zulässige Wert ergibt sich gemäss Gl.(5.24) zu

$c_c = (0.4 \cdot 1.84/4.0)6'500 = 1'196$ mm > 880 mm.

Unter der grösseren Normaldruckkraft $P_u = 9'690$ kN nimmt die Höhe der Druckzone zu. Wir schätzen den Wert c unter Verwendung der bereits ermittelten inneren Kräfte:

Druckkräfte:	T_a wie vorher	=	4'232 kN
	T_b geschätzt	=	2'300 kN
	$P_i = 9'690/0.9$	=	10'767 kN
Erforderliche innere Druckkraft			17'299 kN
	C_c im Teil (C) wie vorher	=	10'710 kN
	C_s mit Annahme $f_s = 380 \text{ N/mm}^2$	=	3'744 kN
	$\rightarrow C_c$ im Teil (B) erforderlich	=	2'845 kN

Die Höhe der Druckzone im Teil (B) beträgt daher

$a = 2'845 \cdot 10^3/(0.85 \cdot 35 \cdot 400) = 239$ mm, und die gesamte Druckzonenhöhe:

$a = 600 + 239 = 839$ mm

Daraus folgt: $c = 839/0.81 = 1'036$ mm $< c_c = 1'196$ mm

Es ist daher keine Umschnürung des Betons erforderlich. Unter Verwendung der genaueren Gl.(5.25) erhalten wir:

$$c_c = \frac{8.6 \cdot 1.84 \cdot 6'500}{(4.0 - 0.7)\,(17 + 20/6.5)} = 1'552 \text{ mm} > 1'196 \text{ mm}$$

Die Druckzonenhöhe für die Einwirkung in der entgegengesetzten Richtung ist sehr viel kleiner, $c \approx 154$ mm, und somit ist auch hier die Krümmungsduktilität ohne Umschnürung des Betons sichergestellt.

Die Ermittlung der Stabilisierungsbewehrung wird hier nicht gezeigt. Eine solche ist aber in Teilbereichen des Querschnittes notwendig (siehe dazu Beispiel in 5.8.2, Schritt 16).

e) Erdbebeneinwirkung in x-Richtung

Das Kippmoment und die Querkraft infolge der Ersatzkraft am Fuss der Wand (5) für eine Einwirkung in x-Richtung betragen gemäss der Tabelle von Bild 5.63:

$M_E = 0.016 \cdot 240'000 = 3'840$ kNm und
$V_E = 0.016 \cdot 13'000 = 208$ kN.

Die Normaldruckkraft liegt wiederum im Bereich von 7'200 kN$< P_u <$ 9'690 kN.

Eine Überschlagsrechnung zeigt, dass der Biegewiderstand des Querschnittes gemäss Bild 5.64 ausreicht. Mit 4 Bewehrungsstäben HD28 an beiden Enden des Flansches erhalten wir unter vernachlässigung des Beitrages der Normalkraft den Biegewiderstand von:

$M_i = 4 \cdot 616 \cdot 400 \cdot 10^{-3} (4.0 - 2 \cdot 0.13) = 3'686$ kNm

Nun müssen nur noch der mit den Rechenfestigkeiten der Baustoffe definierte Tragwiderstand und die entsprechende Überfestigkeit des Querschnittes von Bild 5.64 bestimmt werden. Die Normaldruckkraft wird dabei wie in 5.7.3a zu $P_u = 0.9 P_D =$ 7'200 kN bzw. $P_i = 8'000$ kN angenommen.

Mit der Annahme von $c = 1'400$ mm erhalten wir $a = 1'134$ mm. Gemäss der Dehnungsverteilung über den Querschnitt beträgt mit $\varepsilon_{cu} = 0.003$ und $E_s = 200'000$ N/mm^2 die Stahlspannung auf der Achse 2-2:

$f_s = (2'000 - 1'400) \, 0.003 \cdot 200'000/1'400 = 257$ N/mm^2.

Die inneren Zugkräfte betragen in

Teil (C)		: T_c	$= 9'852 \cdot 257 \cdot 10^{-3}$	$= 2'532$ kN
Teil (B)		: T_b	$= 5.5 \cdot 1'340 \cdot 257 \cdot 10^{-3}$	$= 1'895$ kN
Teil (A):	4 HD28	: T_a'	$= 2'464 \cdot 400 \cdot 10^{-3}$	$= 986$ kN
	12 HD16	: T_a''	$\approx 2'412 \cdot 400 \cdot 10^{-3}$	$= 965$ kN
	2 HD28	: T_a''	$= 1'232 \cdot 257 \cdot 10^{-3}$	$= 317$ kN
Äussere Druckkraft		: $P_i =$		$= 8'000$ kN
Erforderliche innere Druckkraft				$= 14'695$ kN

Vorhandene innere Druckkraft in Teil (A):

C_c	$= 0.85 \cdot 35 \cdot 1'134 \cdot 400 \cdot 10^{-3}$	$=$	$13'495$ kN
C_s	$= T_a'$	$=$	986 kN
HD16 Bewehrungsstäbe etwa		$\approx$	300 kN
			$14'781$ kN

Die Übereinstimmung von Zug- und Druckkraft ist zufriedenstellend.

Der Biegewiderstand um die Achse 2-2 beträgt damit:

Aus	T_c, T_b, T_a''		$=$	0 kNm
$M_{i,vorh} =$	$y_a' T_a'$	$= (2.0 - 0.13)986$	$=$	$1'843$ kNm
	$y_a'' T_a''$	$= 1.0 \cdot 965$	$=$	965 kNm
	$y_c C_c$	$= (2.0 - 0.5 \cdot 1.134)13'495$	$=$	$19'338$ kNm
	$y_s C_s$	$= (2.0 - 0.13)968$	$=$	$1'843$ kNm
	Bewehrung HD16	: $300 \cdot 1.5$	$=$	450 kNm
$M_{i,erf} =$	$3'840/0.9 = 4'267$ kNm	$\ll M_{i,vorh}$	$=$	$24'439$ kNm

Damit erhalten wir:

$\Phi_{o,w} = 1.4 \cdot 24'439/3'840 = 8.91 \gg \Phi_{o,ideal} = 1.56$

Es besteht somit eine sehr grosse Reserve beim Biegewiderstand. Sie könnte verkleinert werden, wenn die Bewehrungsstäbe HD28 von den Flanschenden gegen den Steg hin verschoben würden.

Entsprechend erhalten wir die Bemessungsquerkraft in x-Richtung gemäss Gl.(5.33):

$V_w = 1.5 \cdot 8.91 \cdot 208 = 2'780$ kN

Oder gemäss Gl.(5.36):

$V_w = 4.0 \cdot 208 = 832$ kN $< 2'780$ kN, woraus

$v_i = 832 \cdot 10^3 / (0.8 \cdot 4'000 \cdot 400) = 0.65$ N/mm^2.

Dieser Wert ist überhaupt nicht kritisch, da nur schon die minimale Bewehrung von HD16 im Abstand von 400 mm der folgenden Schubspannung entspricht:

$v_i = 2 \cdot 201 \cdot 400 / (400 \cdot 400) = 1.0$ N/mm$^2 > 0.65$ N/mm^2

5.8 Bemessungsbeispiel für gekoppelte Tragwände

Im folgenden wird ein Beispiel für die Bemessung gekoppelter Tragwände dargestellt. Als Bemessungsgrössen werden wie in Abschnitt 5.7 in den Kapiteln 1 bis 3 angegebene Werte verwendet. Das Vorgehen folgt weitgehend den in 5.5 beschriebenen Schritten.

5.8.1 Beschreibung und Annahmen

In einem 10-stöckigen, im Grundriss in beiden Hauptrichtungen symmetrischen Gebäude werden die Horizontalkräfte in der einen Richtung durch an den beiden Enden angeordnete gekoppelte Tragwände und in der anderen Richtung durch Stahlbetonrahmen über sechs Felder von je 7.35 m Spannweite aufgenommen.

Die angenommenen Abmessungen der gekoppelten Tragwände sind in Bild 5.65

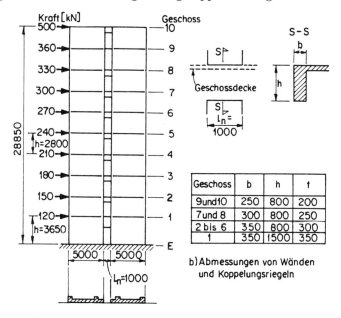

Geschoss	b	h	t
9 und 10	250	800	200
7 und 8	300	800	250
2 bis 6	350	800	300
1	350	1500	350

b) Abmessungen von Wänden und Koppelungsriegeln

a) Abmessungen und Kräfte

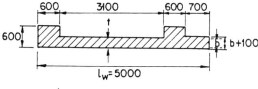

c) Querschnitt der linken Wand

Bild 5.65: Abmessungen der gekoppelten Tragwände

Stockwerk	Dauerlast [kN]	Nutzlast [kN]
10	320	80
9	350	100
7 und 8	400	100
6	430	100
2 bis 5	480	100
1	500	120
Erdgeschoss total	4'320	1'000

Bild 5.66: Schwerelasten für das Beispiel von Bild 5.65

dargestellt, zusammen mit den auf die gekoppelten Wände entfallenden Anteile an den horizontalen statischen Ersatzkräften. Den Werten wurde eine Verschiebeduktilität $\mu_\Delta = 4$ und ein Zuschlag bei der totalen Ersatzkraft von 10% für Torsionsamplifikation und unplanmässige Exzentrizität (vgl. 2.3.1b) zu Grunde gelegt. Die totale horizontale Ersatzkraft (Querkraft im Einspannquerschnitt) pro gekoppeltes Tragwandpaar an den Enden des Gebäudes beträgt 2'660 kN.

Die gesamten Schwerelasten einschliesslich der Wände und Riegel, die in jedem Geschoss in die gekoppelten Wände eingeleitet werden, sind in der Tabelle von Bild 5.66 zusammengestellt. Es darf angenommen werden, dass die Schwerelasten in den Tragwänden eine gleichmässige Druckbeanspruchung hervorrufen. Die lastwirksame Fläche beträgt 45 m² pro Wand.

Es werden die folgenden Materialkennwerte verwendet:

Riegelbewehrung (R, D)	f_y	=	275 N/mm²
Wandbewehrung (HD)	f_y	=	380 N/mm²
Bügel und Verbindungsstäbe (R, D)	f_y	=	275 N/mm²
Beton bis 2. Geschossdecke	f'_c	=	30 N/mm²
Beton über 2. Geschossdecke	f'_c	=	25 N/mm²

Zwei Riegel, die senkrecht zu den Tragwänden über die sechs Felder durch das ganze Gebäude laufen, münden bei den 600 mm breiten Verstärkungen in jede Tragwand. In diesen 'Ersatzstützen' von 600 mm × 600 mm Querschnitt ergab die Bemessung auf Erdbebeneinwirkung einen Vertikalbewehrungsgehalt von 1%.

Die Tragwände sind unten in einer 30 m langen und 7.5 m hohen Fundationswand eingespannt.

5.8.2 Bemessungsschritte

Schritt 1: Überprüfung der Geometrie

a) Wandstabilität

Zur Sicherstellung der Wandstabilität im plastischen Gelenk muss Gl.(5.22) erfüllt werden:

$b \geq 3'500/(10 \cdot \sqrt{3.5 \cdot 1.56/5 - 0.25}) = 381$ mm

Dabei wurde angenommen, dass $l_n \approx 3'500$ mm, $\Phi_{o,w} \geq \lambda_o/\Phi = 1.4/0.9 = 1.56$ und

$\mu_\Delta \leq 5$. Da die Wandstärken an den Wandenden gemäss Bild 5.67 grösser sind als 381 mm, ist die obige Bedingung erfüllt.

b) Riegelstabilität

Zur Sicherstellung der Stabilität der Koppelungsriegel müssen die Gleichungen (1.19) und (1.20) erfüllt werden. Für die ungünstigsten Fälle wird:

$l_n/b_w \leq 1'000/250 = 4 \ll 25$

$l_n h/b_w^2 \leq 1'000 \cdot 1'500/350^2 = 12 \ll 100$

Die Stabilität der Koppelungsriegel ist somit gewährleistet.

Schritt 2: Ermittlung der Ersatzkräfte

Die Ermittlung der Ersatzkräfte wird hier nicht dargestellt. Das Ergebnis ist unter 5.8.1 und in Bild 5.65a wiedergegeben.

Schritt 3: Ermittlung der Schnittkräfte am elastischen System

a) Querschnittswerte

Die genauen Abmessungen der Wand vom Erdgeschoss bis zum 6. Geschoss sind in Bild 5.67 gezeigt. Für die Ermittlung der Querschnittswerte des Bruttobetonquerschnittes wurde eine y'-Achse willkürlich in der Mitte des Wandquerschnittes angenommen. Die Berechnungen sind in der Tabelle von Bild 5.68 zusammengestellt und erfolgen mit Hilfe der vier numerierten Querschnittsteile (Teilflächen).

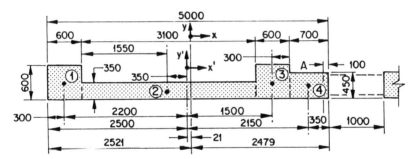

Bild 5.67: Abmessungen der Wand zur Ermittlung der Querschnittswerte

Zur Berücksichtigung der Rissbildung werden gemäss Abschnitt 5.3.1a die folgenden Rechenwerte angenommen:

- Zugwand: $I_e = 0.5 I_g = 0.5 \cdot 5.046 = 2.52 \text{ m}^4$

            $A_e = 0.5 A_g = 0.5 \cdot 2.12 = 1.06 \text{ m}^4$

- Druckwand: $I_e = 0.8 I_g = 0.8 \cdot 5.046 = 4.04 \text{ m}^4$

            $A_e = A_g = 2.12 \text{ m}^2$

Für die Berechnung der elastischen Schnittkräfte infolge der horizontalen statischen Ersatzkräfte wird das Trägheitsmoment der Wand in den oberen Geschossen entsprechend der Wandstärke (siehe Bild 5.65b) vermindert, ohne jedoch die Lage der Schwerachse neu zu bestimmen. Diese Näherung genügt angesichts der groben Festlegung der wirksamen Querschnittswerte durchaus.

Zur Berücksichtigung der Rissbildung und der wesentlichen Schubverformungen in den diagonal bewehrten Koppelungsriegeln wird das äquivalente Trägheitsmo-

Teil i	x' [10^3 mm]	A_i [10^3 mm^2]	$x'A_i$ [10^6 mm^3]	x [10^3 mm]	xA_i [10^6 mm^3]	x^2A_i [10^9 mm^4]	I_y [10^9 mm^4]
1	−2.20	360	−792	−2.221	−800	1'777	11
2	−0.35	1'085	−380	−0.371	−403	149	869
3	1.50	360	540	1.479	532	787	11
4	2.15	315	677	2.129	671	1'429	13
Σ	—	2'120	45	—	0	4'142	904

$x'_s = 45 \cdot 10^6 / (2'120 \cdot 10^3) = 21$ mm
$I_{yy} = (4'142 + 904)\,10^9 = 5.046$ m^4

Bild 5.68: Querschnittswerte (Bruttobetonquerschnitt) der Tragwand

ment mit Gl.(5.12) bestimmt. Nach Bild 5.65 beträgt $l_n = 1'000$ mm. Die verschiedenen Trägheitsmomente der Kopplungsriegel sind in der Tabelle von Bild 5.69 zusammengestellt.

Stockwerk	h [m]	b [m]	I_g [m^4]	h/l_n [−]	I_e [m^4]
9 und 10	0.80	0.25	0.0107	0.80	0.00147
7 und 8	0.80	0.30	0.0128	0.80	0.00175
2 bis 6	0.80	0.35	0.0149	0.80	0.00204
1	1.50	0.35	0.0984	1.50	0.00507

Bild 5.69: Querschnittswerte der Koppelungsriegel

b) Schnittkräfte

An einem elastischen System werden die in Bild 5.70 dargestellten Riegelquerkräfte sowie die Biegemomente, Quer- und Normalkräfte der Wände infolge der Ersatzkräfte ermittelt. Das gesamte Kippmoment infolge der in Bild 5.65a gezeigten horizontalen Kräfte beträgt $M_E = 51'540$ kNm. Dieser Wert kann auch mit der Gleichgewichtsbedingung Gl.(5.4) verifiziert werden:

$M = M_1 + M_2 + l\,T = 7'003 + 12'166 + 5.958 \cdot 5'433 = 51'538$ kNm

Darin wurden die Werte für M_1, M_2 und T den Bildern 5.70b und d entnommen. Der Abstand der Wandschwerachsen beträgt nach Bild 5.67

$l = (2 \cdot 2'479 + 1'000) = 5'958$ mm.

Schritt 4: Überprüfung der Ersatzraft und der Verschiebeduktilität

Der durch die Normalkräfte in den Wänden aufgenommene Anteil am Kippmoment beträgt gemäss Gl.(5.5):

$A = l\,T/M = (5.928 \cdot 5'433)/(51'538) = 0.628$.

Unter Verwendung von Gl.(5.6) erhalten wir den Reduktionsfaktor

$R = 1.33/(1 + 0.628) = 0.82 > 0.80$.

Die in Bild 5.70 dargestellten Schnittkräfte werden mit diesem Faktor multipliziert.

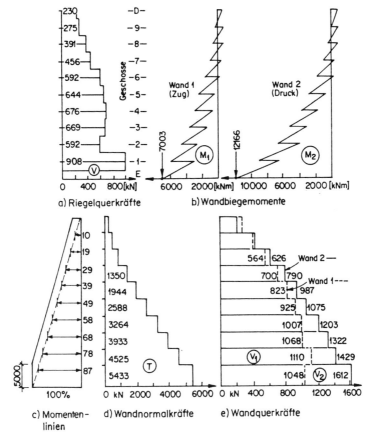

Bild 5.70: Schnittkräfte der gekoppelten Tragwände infolge der horizontalen statischen Ersatzkräfte (für $\mu_\Delta = 4$)

Eine Verkleinerung der Ersatzkräfte bei gleicher dynamischer Erdbebeneinwirkung entspricht aber einer Zunahme der erforderlichen Duktilität. Ausgehend vom ursprünglich zur Bestimmung der statischen Ersatzkräfte angenommenen Wert $\mu_\Delta = 4.0$ erhalten wir nun die neue erforderliche Duktilität $\mu_\Delta = 4.0/0.82 = 4.88$.

Schritt 5: Überprüfung der Fundation
Es wird angenommen, dass durch die massiven Fundationswände eine volle Einspannung der Tragwände gewährleistet ist.

Schritte 6 und 7: Bemessung und Ermittlung der Überfestigkeit der Koppelungsriegel

a) Riegel im 2. bis 8. Geschoss
Die Eigenlast der Riegel wird vernachlässigt. Eine Diagonalbewehrung ist erforderlich, sofern die Schubspannung nach Gl.(5.39) überschritten wird:

$$v_i = 0.1 \, (l_n/h) \sqrt{f'_c} = 0.1 \, (1'000/800) \sqrt{30} = 0.68 \, \text{N/mm}^2$$

Die kleinste vorhandene Schubspannung im obersten Koppelungsriegel beträgt nach
Bild 5.70a mit $\Phi = 0.85$

$$v_i = V/(\Phi\, b_w d) = (0.82 \cdot 230'000)/(0.85 \cdot 250 \cdot 0.8 \cdot 800) = 1.39 \text{ N/mm}^2$$
$$> 0.68 \text{ N/mm}^2.$$

Daher ist in allen Koppelungsriegeln eine Diagonalbewehrung vorzusehen, welche
die gesamte Querkraft aus den Erdbebenkräften aufnimmt (vgl. Abschnitt 5.4.4b).
Dabei wird hier angenommen, dass der Beitrag der Deckenbewehrung an den Schubwiderstand gemäss Bild 5.48 vernachlässigt werden kann.

Die Lage der Diagonalbewehrung sowie der zugehörigen Mittelachsen können
Bild 5.71 entnommen werden. Die Diagonalkräfte betragen:
$$C_b = T_b = V/(2\sin\alpha) \quad \text{wobei} \quad \tan\alpha = 310/500 = 0.62 \ \rightarrow \ \alpha = 31.8°$$
Der erforderliche Bewehrungsquerschnitt wird daher:
$$A_{sd} = T_b/(\Phi f_y) = V/(2\Phi f_y \sin\alpha) = V/(2 \cdot 0.9 \cdot 275 \cdot 0.527) = V/261 \text{ N/mm}^2$$
Für die Bemessungsquerkraft im 4. Geschoss von
$$V_u = 0.82 \cdot 676 = 554 \text{ kN ergibt sich}$$
$$\Rightarrow A_{sd,erf} = 554'000/261 = 2'123 \text{ mm}^2.$$
Mit vier Stäben D28 erhalten wir $A_s = 2'463 \text{ mm}^2 > A_{s,erf}$. Die Verwendung
von vier Stäben D24 mit $A_s = 1'810 \text{ mm}^2$ wird möglich, wenn man eine vertikale Schnittkraftumverteilung (vgl. Bild 5.23) durchführt. Nach Abschnitt 5.3.2c.2
sind Momenten- und damit auch Querkraftumverteilungen von bis zu 20% zulässig.

Wir versuchen also, in allen Riegeln vom zweiten bis zum achten Geschoss vier
Stäbe D24 zu verwenden. Die dieser Bewehrung entsprechende Bemessungsquerkraft beträgt:
$$V_u = (1'810/2'123)554 = 472 \text{ kN}; \quad \text{für 7 Riegel: } V_u = 7 \cdot 472 = 3'304 \text{ kN}$$
Die gesamte über die sieben Stockwerke aufzunehmende Bemessungsquerkraft be-
trägt nach Bild 5.70a:
$$\Sigma V_u = 0.82(592 + 669 + 676 + 644 + 592 + 456 + 391) = 3'295 \text{ kN}$$
Die vorgesehene Bewehrung ist also gerade ausreichend. Die maximale Reduktion
einer Querkraft infolge Umverteilung beträgt mit $V_{u,erf} = 0.82 \cdot 676 = 554 \text{ kN}$:
$$(V_{u,erf} - V_{u,vorh})/V_{u,erf} = (554 - 472)/554 = 14.8\% < 20\%$$

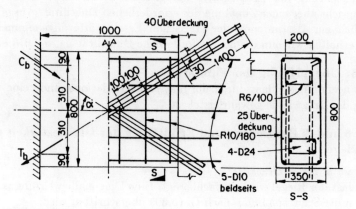

Bild 5.71: Detailangaben für einen typischen Koppelungsriegel

Die zur Verhinderung des Ausknickens der vier Stäbe D24 (je $A_s = 452$ mm^2) erforderliche Querbewehrung beträgt nach Gl.(5.30) in Abschnitt 5.4.2f:

$\Rightarrow A_{te} = (\Sigma A_b f_y) s/(16 f_{yt} \cdot 100 \text{ mm}) = (452 \cdot 275) s/(16 \cdot 275 \cdot 100) = 0.283s$ mm

wobei $s \leq 100$ mm und $s \leq 6d_b = 6 \cdot 24 = 144$ mm sein soll (Abschnitt 5.4.4b). Daraus folgen Haltestäbe in Form geschlossener Querbügel R6 im Abstand $s = 100$ mm.

Die Verankerungslänge der geraden Stäbe D24 beträgt normalerweise nach Gl.(3.52):

1. $l_{db} = (380 A_b)/(c\sqrt{f_c'}) = (380 \cdot 452)(27\sqrt{30}) = 1'161$ mm, wobei nach Bild 5.71 der Achsabstand $2c = 24 + 30 = 54$ mm beträgt. Nach Abschnitt 5.4.4b ist für Gruppen von Diagonalstäben die Verankerungslänge um 50% zu erhöhen:
   $l_d = 1.5 \cdot 1'161 \approx 1'750$ mm

2. Werden auch innerhalb der Wand Querbügel verwendet, so kann die Verankerungslänge entsprechend Gl.(3.51) verkleinert werden. Mit Bügeln R6 im Abstand $s = 100$ mm ergibt sich nach Gl.(3.53):
   $k_{tr} = (A_{tr} f_{yt})/(10s) = (28.3 \cdot 275)/(10 \cdot 100) = 7.8$ mm
   und damit der Reduktionsfaktor
   $m = c/(c + k_{tr}) = 27/(27 + 7.8) = 0.776$, woraus nach Gl.(3.51) folgt:
   $l_d = 0.776 \cdot 1.5 \cdot 1'161 = 1'351$ mm
   Aus Bild 5.71 ist ersichtlich, dass eine Verankerungslänge von
   $l_{d,vorh} = 1'400$ mm $> 1'351$ mm vorhanden ist.

Die Querkraft bei Überfestigkeit V_o dieser 800 mm hohen Riegel vom 2. bis zum 8. Stockwerk mit der obigen Bewehrung ergibt sich mit $\lambda_o = 1.25$ (vgl. Bild 3.6) zu:
$V_o = 1.25 A_s f_y 2\sin\alpha = 1.25 A_s \cdot 275 \cdot 2 \cdot 0.527 = 0.362 A_s = 0.362 \cdot 1'810 = 655$ kN
Ferner ist in diesen Koppelungsriegeln eine konstruktive Bewehrung zur Risseverteilung einzulegen. Mit 10 Stäben R10 längs und vertikalen Bügeln R10 im Abstand $s = 180$ mm erhalten wir
$\rho_l = 10 \cdot 78.5/(350 \cdot 800) = 0.28\% > 0.25\% = 0.7/f_y$ (vgl. 5.4.4b)
$\rho_v = 2 \cdot 78.5/(180 \cdot 350) = 0.25\%$

b) Riegel im 9. und 10. Geschoss
Mit 4 Stäben D16 in beiden Diagonalen ($A_s = 804$ mm^2) erhalten wir eine dieser Bewehrung entsprechende Bemessungsquerkraft von:
$V_u = \Phi f_y A_s 2\sin\alpha = 0.9 \cdot 275 \cdot 804 \cdot 2 \cdot 0.527 \cdot 10^{-3} = 210$ kN
Gemäss Bild 5.70 beträgt die mittlere aufzunehmende Bemessungsquerkraft
$V_u = 0.82(275 + 230)/2 = 208$ kN < 210 kN.
Für die Querbewehrung zur Verhinderung des Ausknickens der vier Stäbe D16 mit einem maximalen Abstand von $6 \cdot 16 = 96$ mm ≈ 100 mm können die gleichen Bügel R6 wie in den unteren Geschossen verwendet werden. Die Verankerungslänge der Diagonalbewehrung wird wie für die Stäbe D24 ermittelt.
Die Querkraft bei Überfestigkeit dieser zwei Riegel beträgt mit $\lambda_o = 1.25$ je:
$V_o = (\lambda_o/\Phi)V_u = (1.25/0.9) \cdot 210 = 291$ kN

c) Riegel im 1. Geschoss
Dieser Riegel ist $1'500$ mm hoch. Daher gilt: $\alpha = 50° \rightarrow \sin\alpha = 0.766$

$\Rightarrow A_{s,erf} = 0.82 \cdot 908'000/(2 \cdot 0.9 \cdot 275 \cdot 0.766) = 1'976$ mm^2

Unter Verwendung von 4 Stäben D28 ($A_s = 2'463$ mm^2) in beiden Diagonalen mit ähnlicher Anordnung wie in den oberen Stockwerken, jedoch Querbügeln R10 im Abstand $s = 100$ mm, erhalten wir die Querkraft bei Überfestigkeit mit $\lambda_o = 1.25$:

$V_o = 1.25 \cdot 2'463 \cdot 275 \cdot 2 \cdot 0.766 \cdot 10^{-3} = 1'297$ kN

Schritt 8: Ermittlung der Bemessungsnormalkräfte und -momente am Fuss der Tragwände

a) Zugwand

Für die Zugwand ergeben sich die folgenden Schnittkräfte am Wandfuss:

Biegemoment aus Bild 5.70b: $M_{u,1} = 0.82 \cdot 7'003 = 5'740$ kNm

Die Normalkräfte betragen nach der Tabelle von Bild 5.66:

- Dauerlast $P_D = 0.5 \cdot 4'320 = 2'160$ kN
- Nutzlast $P_L = 0.5 \cdot 1'000 \cdot \alpha = 500\alpha$, wobei
  als Funktion der lastwirksamen Fläche (Gl.(1.3)):
  $\alpha = 0.3 + 3/\sqrt{10 \cdot 45} = 0.44 \rightarrow P_L = 500 \cdot 0.44 = 220$ kN
- Normalzugkraft infolge der Ersatzkräfte gemäss Bild 5.70d:
  $P_E = -0.82 \cdot 5'433 \approx -4'482$ kN

Die resultierende Bemessungsnormalkraft am Fuss der Zugwand beträgt damit:

$P_u = 0.9 P_D + P_E = 0.9 \cdot 2'160 - 4'482 = -2'538$ kN   (Zug)

Die Exzentrizität wird: $e = M_{u,1}/P_u = 5'740/2'538 = 2.262$ m

Der erforderliche Normalkraftwiderstand beträgt:

$P_i = 2'538/0.9 = 2'820$ kN   mit $e = 2.26$ m

b) Druckwand

Für die Druckwand werden die Bemessungsschnittkräfte wegen der Momentenumverteilung erst nach der Bemessung der Zugwand im 4. Abschnitt von Schritt 9 bestimmt.

Schritt 9: Biegebemessung des Querschnittes am Fuss der Tragwände

a) Mindestbewehrung

Die vertikale Mindestbewehrung der 350 mm starken Querschnittsteile (2) in Bild 5.67 beträgt nach 5.4.2h:

$\rho_{l,min} = 0.7/f_y = 0.7/380 = 0.18\%$

Stäbe HD12 im Abstand von 300 mm auf beiden Seiten ergeben

$\rho_l = 226/(350 \cdot 300) = 0.215\% > 0.18\%$

Die vertikale Mindestbewehrung der 600 mm starken Teile (1) und (3), die auch als Stützen der Rahmen in der anderen Richtung dienen, beträgt gemäss Abschnitt 4.5.9a:

$A_s = 0.008 \cdot 600^2 = 2'880$ mm^2

In einer derartigen 'Stütze' sind mindestens 12 Stäbe erforderlich, z.B. 12 HD20, was einem Querschnitt von $3'768$ mm^2 entspricht.

b) Biegebewehrung des Zugwandquerschnittes

Wir ermitteln nun für die Zugwand die Bewehrung in Querschnittsteil (1), vgl. Bild 5.67. Da die Bemessungsnormalkraft eine Zugkraft ist, nehmen wir den Angriffspunkt der inneren Druckresultierenden nur 100 mm von der Aussenkante von

Teil (4) an. Für diesen Fall betragen die Zugkräfte mit $f_y = 380$ N/mm² nach Bild 5.67:

Teil (1): $A_{s1} f_y = 380 \cdot 10^{-3} \cdot A_{s1}$ $= 0.38 A_{s1}$ kN/mm²
Teil (2): $0.215\% \cdot 3'100 \cdot 350 \cdot 380 \cdot 10^{-3}$ $= 886$ kN
Teil (3): $3'768 \cdot 380 \cdot 10^{-3}$ $= 1'432$ kN
Teil (4): vernachlässigt $= $ ——

Nun können die Beiträge an den Biegewiderstand bezüglich der Achse durch den Schwerpunkt der Druckkraft (Linie A in Bild 5.67) berechnet werden. Sie werden im folgenden mit den Nummern der Querschnittsteile bezeichnet. In Schritt 8 wurde $e = 2.26$ m bestimmt.

$M_2 = 886 (0.5 \cdot 3.1 + 0.6 + 0.7 - 0.1) = 2'437$ kNm
$M_3 = 1'432 (0.3 + 0.7 - 0.1) = 1'289$ kNm
$P_i e_A = -2'820 (2.26 + 2.479 - 0.1) = 13'082$ kNm
Daher muss $M_1 = -(M_2 + M_3 - P_i e_A) = 9'356$ kNm sein.

$\Rightarrow A_{s1,erf} = 9'356/[(5.0 - 0.3 - 0.1)380 \cdot 10^{-3}] = 5'351$ mm²

Wir könnten dafür 12 Stäbe HD24 mit $A_{s,1} = 5'428$ mm² in Teil (1) einlegen. Diese Bewehrung kann aber vermindert werden, wenn von der Möglichkeit der Momentenumverteilung auf die andere Wand, die unter Druck steht und deshalb einen erhöhten Biegewiderstand aufweist, Gebrauch gemacht wird.

Die im Abschnitt a) ermittelte Mindestbewehrung von 12 Stäben HD20 mit $A_{s,1} = 3'768$ mm² in Teil (1) ist jedoch etwas zu knapp. Wir versuchen es daher mit 14 Stäben HD20 mit $A_{s,1} = 4'396$ mm², die eine Zugkraft von $T = 0.38 \cdot 4'396 = 1'670$ kN erbringen.

c) Biegewiderstand des Zugwandquerschnittes

Der Biegewiderstand des Wandquerschnittes mit der oben bestimmten Bewehrung kann nun berechnet werden. Da Teil (4) nahe bei der Neutralachse liegt, können die entsprechenden Zug- und Druckkräfte im Bewehrungsstahl vernachlässigt und die dortige Bewehrung später bestimmt werden.

Totale innere Zugkraft: $1670 + 886 + 1432 = 3'988$ kN
Äussere Zugkraft $P_i = 2'820$ kN
Daher beträgt die innere Druckkraft $C = 1'168$ kN

Daraus folgt die Höhe des Druckspannungsblocks in Teil (4):
$a = 1'168'000/(0.85 \cdot 30 \cdot 450) = 102$ mm, d.h. die neutrale Achse liegt nur $102/0.85 = 120$ mm von der Druckkante von Teil (4) entfernt.

Der Biegewiderstand bezüglich der y-Achse durch den Schwerpunkt des Querschnittes (vgl. Bild 5.67) beträgt unter Verwendung der x-Werte aus Bild 5.68:

Teil (1): $+ 1'670 \cdot 2.221 = 3'709$ kNm
Teil (2): $+ 886 \cdot 0.371 = 329$ kNm
Teil (3): $- 1'432 \cdot 1.479 = -2'118$ kNm
Teil (4): $+ 1'168 (2.479 - 0.051) = 2'836$ kNm
$P_i = 1'670 + 886 + 1'432 - 1'168 = 2'820$ kN, $M_i = 4'756$ kNm

Der Vergleich mit dem erforderlichen Biegewiderstand ergibt:
$M_{i,vorh}/M_{i,erf} = 4'756/(5'740/0.9) = 0.746 > 0.7$,
d.h. die 30%-Begrenzung für die Momentenumverteilung in Abschnitt 5.3.2c.2 wird

mit der gewählten Bewehrung von 14 Stäben HD20 in Teil (1) nicht überschritten.

d) Ermittlung der Bemessungsschnittkräfte am Fuss der Druckwand

Das Biegemoment beträgt gemäss Bild 5.70b unter Berücksichtigung einer Momentenumverteilung von 25.4% von Wand (1):

$M_{u,2} = (12'166 + (1 - 0.746) \cdot 7'003)0.82 = 11'430$ kNm

Die Normalkräfte betragen nach Bild 5.70d und Schritt 8 in Abschnitt 5.5:

$P_u = P_D + 1.3P_L + P_E = 2'160 + 1.3 \cdot 220 + 5'433 \cdot 0.82 = 6'899$ kN oder

$P_u = 0.9P_D + P_E = 0.9 \cdot 2'160 + 5'433 \cdot 0.82 = 6'397$ kN (massgebend)

$\Rightarrow e = 11'430/6'397 = 1.787$ m $<$ 2.521 m (vgl. Bild 5.67)

e) Biegebemessung des Querschnittes am Wandfuss

Da die Normaldruckkraft innerhalb des Wandquerschnittes angreift (vgl. Bild 5.67), genügt die in den Teilen (2) und (3) vorgesehene Zugbewehrung. In Teil (4) ist nur eine Mindestbewehrung erforderlich, z.B.:

$\Rightarrow$ 6 Stäbe HD16: $A_s = 1'206$ mm$^2 > \rho_{l,min} = 0.0018 \cdot 700 \cdot 450 = 567$ mm^2.

Die Vertikalbewehrung am Wandfuss ist in Bild 5.72 dargestellt.

Da der Biegewiderstand des Querschnittes ausreichend erscheint, wird auf dessen Berechnung verzichtet und direkt die Biegeüberfestigkeit ermittelt (Schritt 11).

Schritt 10: Ermittlung der Normalkräfte der Tragwände infolge Überfestigkeit der Koppelungsriegel

Aus dem vorangehenden Abschnitt ergibt sich bei gleichzeitiger Überfestigkeit aller Koppelungsriegel die Querkraft:

$\Sigma V_{o,i} = 1'297 + 7 \cdot 655 + 2 \cdot 291 = 6'464$ kN

Kontrolle: $6'464/(5'433 \cdot 0.82) = 1.45 > 1.25/\Phi = 1.39$

Die geschätzte maximale Normalkraft am Fuss einer Wand infolge Erdbeben beträgt nach Gl.(5.43):

$P_{o,E} = (1 - (n - j)/80) \Sigma V_{o,E} = (1 - 10/80) \cdot 6'464 = 5'656$ kN

Zwischen dem 3. und 4. Geschoss ergibt sich mit $n - j = 7$:

$P_{o,E} = (1 - 7/80) (6'464 - 1'297 - 2 \cdot 655) = 3'520$ kN

Schritt 11: Ermittlung der Biegeüberfestigkeit der Tragwände

a) Zugwand

Die bei der Ermittlung der Biegeüberfestigkeit der Zugwand zu berücksichtigende Normalkraft beträgt nach Gl.(5.44):

$P_{o,1} = P_D + P_{o,E} = 2'160 - 5'656 = -3'496$ kN (Zug)

Dabei wurde der Wert von P_D aus Schritt 8 und derjenige von $P_{o,E}$ aus Schritt 10 verwendet.

Unter der Annahme, dass in der vertikalen Wandbewehrung eine Zugspannung von $\lambda_o f_y = 1.4 f_y$ entwickelt wird, steigt die innere Zugkraft im Querschnitt auf $T = 1.4 \cdot 3'988 = 5'583$ kN. Damit wird die innere Druckkraft

$C = 5'583 - 3'496 = 2'087$ kN,

und mit einer Erhöhung der Betonfestigkeit um 25% wird

$a = 2'087'000/(0.85 \cdot 1.25 \cdot 30 \cdot 450) = 145$ mm.

Mit der Berechnung der einzelnen Anteile wie unter Schritt 9 ergibt sich die Biegeüberfestigkeit der Zugwand zu:

$M_{o,1} \approx 1.40 (3'709 + 329 - 2'118) + 2'087 \cdot 2.407 = 7'711$ kNm

b) Druckwand

Für die Druckwand gilt nach Gl.(5.44):

$P_{o,2} = P_D + P_{o,E} = 2'160 + 5'656 = 7'816$ kN (Druck)

Die Lage der Neutralachse wird als

$c = a/\beta_1 = 600/0.85 = 706$ mm

von der Aussenkante des Querschnittsteils (1) liegend geschätzt. Damit erhalten wir unter Bezug auf Bild 5.67 die folgenden Kräfte, wobei bei Teil (2) nur mit $\Phi_m = 1.15$ statt mit λ_o gerechnet wurde:

Teil (4):	Zug: $1.40 \cdot 1'260 \cdot 380 \cdot 10^{-3}$	=	642 kN
Teil (3):	Zug: $1.40 \cdot 1'432$	=	2'005 kN
Teil (2):	Zug: $1.15 \cdot 886$	=	1'019 kN
Totale innere Zugkraft		=	3'666 kN

Teil (1):   o   Die totale Druckkraft ist gleich der Summe der Normalkraft $P_{o,2}$ und der totalen inneren Zugkraft:

$7'816 + 3'666$ = 11'482 kN

o   Annahme, dass die äussere Hälfte der Bewehrung unter Druck fliesst:

$0.5 \cdot 1'670$ = 835 kN

o   Annahme, dass die innere Hälfte unter der halben Fliessspannung steht:

$0.5 \cdot 0.5 \cdot 1'670$ = 418 kN

o   Erforderliche Betondruckkraft = 10'229 kN

Wiederum mit einer Erhöhung der Betondruckfestigkeit um 25% wird

$a = 10'229/(0.85 \cdot 1.25 \cdot 600) = 535$ mm < 600 mm und somit

$c = 535/0.85 = 629$ mm.

Die Beiträge der einzelnen Teilkräfte an das Moment um die Schwerachse werden mit den Abmessungen von Bild 5.67 und der Tabelle von Bild 5.68 ermittelt:

Teil (4):	$642 \cdot 2.129$	=	+	1'367 kNm
Teil (3):	$2'005 \cdot 1.479$	=	+	2'965 kNm
Teil (2):	$-1'019 \cdot 0.371$	=	−	378 kNm
Teil (1):	$10'230 (2.521 - 0.5 \cdot 0.535)$	=	+	23'053 kNm
	$835 (2.521 - 0.25 \cdot 0.6)$	=	+	1'980 kNm
	$418 (2.521 - 0.75 \cdot 0.6)$	=	+	866 kNm
$P_{o,2} = 7'816$ kN,	$M_{o,2}$	=		29'853 kNm

Die Biegeüberfestigkeit der Druckwand ist also sehr gross, sie kann jedoch nicht wesentlich verkleinert werden.

Schritt 12: Ermittlung der Überfestigkeitsfaktoren des Tragwandsystems

Das gesamte Kippmoment $M = M_E$ wurde in Schritt 3 ermittelt. Gemäss Gl.(5.45) erhalten wir mit $P_{o,E} = 5'656$ kN aus den Schritten 10 und 11:

$$\Phi_{o,w} = (M_{o,1} + M_{o,2} + P_{o,E} \cdot l)/M_E$$
$$= (7'711 + 29'853 + 5'656 \cdot 5.958)/(0.82 \cdot 51'540) = 1.686$$

Wäre jeder Querschnitt genau auf den gemäss der Einwirkung erforderlichen Widerstand ausgelegt, so könnte der Überfestigkeitsfaktor unter Berücksichtigung der folgenden zwei Punkte aus Bild 5.70 ermittelt werden:

1. Die in den Koppelungsriegeln bzw. Wänden verwendeten verschiedenen Bewehrungsarten ($f_y = 275$ N/mm² bzw. 380 N/mm²) führen zu unterschiedlichen Überfestigkeiten (Faktoren $\lambda_o/\Phi = 1.25/0.9 = 1.39$ bzw. $1.40/0.9 = 1.56$).

2. Der Anteil der Koppelungsriegel am Widerstand gegen das Kippmoment, ausgedrückt durch den Faktor A beträgt (vgl. Schritt 4): $A = 0.628$

Folglich wäre $\Phi_{o,w} = [1.56(M_1 + M_2) + 1.39\,l\,T]/M = 1.56(1 - A) + 1.39A = 1.45$
Das vorgängig bemessene Tragsystem weist also eine Tragreserve von
$(1.686 - 1.45)/1.45 = 16\%$
auf, obwohl gemäss Gl.(5.43) eine Reduktion der Normalkräfte vorgenommen wurde. Da in den Tragwänden eine nur wenig über dem Minimum liegende Bewehrung eingelegt wurde, liesse sich aber der Überschuss an Tragwiderstand nicht wesentlich verkleinern.

Schritt 13: Ermittlung der Bemessungsquerkräfte in den Tragwänden
Die Bemessungsquerkraft des Tragwandsystems beträgt gemäss Gl.(5.33)
$V_w = \omega_v\,\Phi_{o,w}\,V_E$
Dabei beträgt nach Gl.(5.35) $\omega_v = 1.6$ und nach Schritt 12 $\Phi_{o,w} = 1.686$, während
$V_E = 0.82 \cdot 2'660 = 2'180$ kN. Damit wird
$V_w = 1.6 \cdot 1.686 \cdot 2'180 = 5'880$ kN.
Diese Querkraft kann auf die beiden Tragwände im Verhältnis ihrer Biegeüberfestigkeiten im Einspannquerschnitt verteilt werden, wie dies in Abschnitt 5.5, Schritt 13, gezeigt wird:

$$V_{w,1} = \frac{M_{o,1}}{M_{o,1} + M_{o,2}}V_w = \frac{7'711}{7'711 + 29'853} \cdot 5'880 = 1'207 \text{ kN} \quad (21\%)$$

$$V_{w,2} = \frac{M_{o,2}}{M_{o,2} + M_{o,2}}V_w = \frac{29'853}{7'711 + 29'853} \cdot 5'880 = 4'673 \text{ kN} \quad (79\%)$$

Da die Druckwand eine relativ grosse Biegeüberfestigkeit aufweist, wird ihr ein entsprechend grosser Teil der Querkraft zugeordnet. Aus der elastischen Berechnung (vgl. Bild 5.70) resultierte für diese Wand nur eine Querkraft von $1'612$ kN (60.6%).

Schritt 14: Schubbemessung der Tragwände im plastischen Gelenk
Die Bemessung für schräge Druck- und Zugkräfte wird gemäss 5.4.3c durchgeführt.
a) Druckwand
Mit $V_{w,2} = 4'673$ kN, $\Phi = 1.0$ und $d = 0.8\,l_w$ erhalten wir nach Gl.(5.37):
$v_i, = 4'673'000 / (0.8 \cdot 5'000 \cdot 350) = 3.34$ N/mm²
Gemäss Gl.(5.38) soll die dem erforderlichen Schubwiderstand entsprechende Schubspannung in den Gelenkzonen den folgenden Wert nicht überschreiten:

$v_{i,max} = (1.2\Phi_{o,w}/\mu_\Delta + 0.16)\sqrt{f_c'} = (1.2 \cdot 1.686/4.88 + 0.16)\sqrt{f_c'}$
$\qquad\quad = 0.575\sqrt{30} = 3.15$ N/mm² < 3.34 N/mm

Um diese geringe Überschreitung zu berücksichtigen, kann die Wandstärke in den unteren Geschossen von 350 auf 380 mm oder aber die Betonfestigkeit von $f'_c = 30$ N/mm² auf 35 N/mm² erhöht werden. Mit letzterem wird:

$v_{i,max} = 0.575 \sqrt{35} = 3.40$ N/mm² > 3.34 N/mm²

Oder mit $b = 380$ mm: $v_i = 3.34 \cdot 350/380 = 3.08$ N/mm² < 3.15 N/mm

Wir erhöhen die Wandstärke bei gleichbleibender Betonqualität. Die Bruttoquerschnittsfläche nimmt daher zu auf:

$A_g = 2'120'000 + 3'100 \cdot 30 = 2'213'000$ mm²

Unter Verwendung von Gl.(3.43) mit $P_{o,2} = 7'816$ kN aus Schritt 11b wird:

$v_c = 0.6 \sqrt{P_u/A_g} = 0.6 \sqrt{7'816'000/2'213'000} = 1.13$ N/mm²

Gemäss Gl.(3.44) erhalten wir:

$\Rightarrow A_v/s = (v_i - v_c)b/f_y = (3.08 - 1.13) \cdot 380/380 = 1.95$ mm²/m

Für horizontale Stäbe HD16 auf beiden Seiten erhalten wir den Abstand

$s = 2 \cdot 201/1.95 = 206$ mm, und wir wählen $s = 200$ mm.

b) Zugwand

Der Schubwiderstand der Zugwand muss mindestens

$v_i = 1'207'000 / (0.8 \cdot 5'000 \cdot 380) = 0.80$ N/mm² entsprechen.

Da $P_{o,1}$ eine Normalzugkraft ist, gilt: $v_c = 0$ und $v_i - v_c = 0.80$ N/mm².

Die für $v_i - v_c = 3.08 - 1.13 = 1.95$ N/mm² bei der Bemessung als Druckwand eingelegten Bügel sind daher genügend.

c) Weitere Hinweise

Diese Schubbemessung gilt für den Bereich des potentiellen plastischen Gelenkes, der gemäss 5.4.2e.2 eine Höhe von

$l_w = 5'000$ mm bzw. $h_w/b = 28'850/6 = 4'808 < 5'000$ mm

aufweist. Aus praktischen Gründen wird die für den Einspannquerschnitt berechnete Bewehrung über zwei Geschosse durchgezogen (vgl. Bild 5.70).

Obwohl die Wandstärke auf 380 mm erhöht wurde, braucht die vertikale Bewehrung nicht angepasst zu werden, da im Steg die Bedingung

$\rho_l = 2 \cdot 113 / (300 \cdot 380) = 0.20\% > \rho_{l,min} = 0.18\%$

nach wie vor erfüllt ist. Die vorherige Berechnung des Biegewiderstandes behält daher ihre Gültigkeit.

Schritt 15: Bemessung der Tragwände für Gleitschub

Bei der Bildung eines plastischen Gelenkes in der Zugwand können Biegerisse durchaus bis zur rechnerischen neutralen Achse, d.h. bis 120 mm von der Druckkante in den Querschnitt eindringen. Dies gilt insbesondere für die Arbeitsfugen. Als Folge davon müsste sich der Schubwiderstand in vermehrtem Mass durch Dübelwirkung der vertikalen Wandbewehrung und weniger durch Reibung entlang der ganzen Wand aufbauen. Dies wäre mit bedeutendem Schubgleiten verbunden. Da die Wände stark gekoppelt sind ($A = 0.63 > 0.33$), müsste Schubgleiten gleichzeitig in beiden Wänden erfolgen, bevor sich ein Bruch ereignen könnte. Effektiv erfolgt aber eine Umlagerung der Querkraft von der Zugwand auf die Druckwand auf gleiche Weise, wie sich im Querschnitt einer einzelnen Wand der Widerstand gegen Schubgleiten von der Zug- in die Druckzone verlagert. Daher können gemäss Abschnitt 5.4.3c die beiden gekoppelten Tragwände, was den Gleitschub betrifft, wie ein einziger Querschnitt behandelt werden.

Bei der Anwendung von Gl.(3.46)

$$A_{vf} = (V_u - \Phi \mu P_u)/(\Phi \mu f_y)$$

sind im Zusammenhang mit der Kapazitätsbemessung die gesamte Querkraft bei Überfestigkeit aus Schritt 13

$$V_u = V_w = 5'880 \text{ kN} = 2.69 \cdot V_E$$

und die minimale Normaldruckkraft (Dauerlast) aus der Tabelle von Bild 5.66

$$P_D = 4'320 \text{ kN}$$

zu berücksichtigen. Damit folgt mit $\Phi = 1.0$ und $\mu = 1.4$ für mindestens 5 mm Rauhigkeit in der Arbeitsfuge:

$$\Rightarrow A_{vf} = (5'880'000 - 1.0 \cdot 1.4 \cdot 4'320'000)/(1.0 \cdot 1.4 \cdot 380) < 0$$

Falls jedoch die Rauhigkeit der Arbeitsfuge kleiner ist, gilt $\mu = 1.0$; wir erhalten

$$\Rightarrow A_{vf} = 4'015 \text{ mm}^2.$$

Bild 5.72 und den vorangehenden Berechnungen kann entnommen werden, dass die gesamte in vier Gruppen angeordnete Vertikalbewehrung pro Wand

$$\Rightarrow A_{st} = 4'396 + 2'486 + 3'768 + 1'206 = 11'856 \text{ mm}^2 \gg 0.5 \cdot 4'016 \text{ mm}^2 \text{ beträgt.}$$

Als andere Möglichkeit der Berechnung könnte die Druckwand mit $V_w = 4'673$ kN und einer Normaldruckkraft von $P_{o,2} = 7'816$ kN kontrolliert werden. In diesem Fall ist wegen Gleitschubes keine Bewehrung erforderlich, da nach Gl.(3.46) gilt:

$$\Phi \mu P_u > 7'816 \text{ kN} > V_u = 4'673 \text{ kN}$$

Wird dagegen die Zugwand für sich allein betrachtet, wird wie erwartet der Gleitschub massgebend. Mit Gl.(3.46) und

$$V_u = V_{w,1} = 1'207 \text{ kN aus Schritt 13 und mit}$$

$$P_u = P_{o,1} = -3'496 \text{ kN aus Schritt 11a erhalten wir für}$$

$$\mu = 1.4: A_{vf} = (1'207'000 + 1.4 \cdot 3'496'000)/(1.4 \cdot 380) = 11'470 \text{ mm}^2$$

$$\mu = 1.0: A_{vf} = (1'207'000 + 1.0 \cdot 3'496'000)/(1.0 \cdot 380) = 12'380 \text{ mm}^2$$

Diese Bewehrungsquerschnitte liegen in der Grössenordnung der vorhandenen Bewehrung von $A_{st} = 11'856 \text{ mm}^2$.

Wie jedoch bereits festgestellt wurde, kann die Zugwand nicht für sich allein versagen. Aus diesen Zahlen ist ersichtlich, dass unter den betrachteten extremen Beanspruchungen eine Umlagerung auf die Druckwand stattfindet, welche, falls nötig, die gesamte Querkraft von 5'880 kN aufzunehmen vermag.

Schritt 16: Ermittlung der Umschnürungs- und der Stabilisierungsbewehrung im plastischen Gelenk der Tragwände

a) Umschnürung des Betons

Die ohne Umschnürung zulässige Höhe der Druckzone ist gemäss Gl.(5.24):

$$c_c = 0.4 \, (\Phi_{o,w}/\mu_\Delta) \, l_w = 0.4 \, (1.686/4.88) \cdot 5'000 = 691 \text{ mm}$$

In Schritt 11b wurde für die Druckwand eine geringere Druckzonenhöhe von 629 mm bestimmt. Daher ist in der Druckzone des Querschnittes gemäss Bild 5.72 keine Umschnürung des Betons erforderlich.

Wäre jedoch die Normalkraft in der Wand infolge höherer Dauerlasten und stärkerer Koppelungsriegel grösser, könnte der Wert c_c überschritten werden. Die Druckzone würde wesentlich über den $600 \cdot 600 \text{ mm}^2$ grossen Randteil hinausgehen. Um die Anwendung der Umschnürungsregeln zu zeigen, wird deshalb ein modifizierter Wandquerschnitt (ohne Randverstärkung in Teil (1), vgl. Bild 5.73) den gleichen Schnittkräften unterworfen. Für diese rechteckige Druckzone ergibt sich

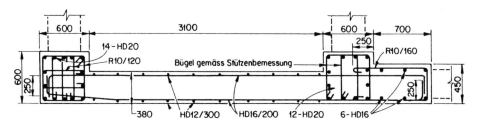

Bild 5.72: Abmessungen und Bewehrung der Wand im Einspannquerschnitt

nach Schritt 11b eine Höhe von etwa

$c = (600/380)\, 629 = 993$ mm > 691 mm

Die ohne Umschnürung zulässige Höhe der Druckzone kann mit der genaueren Gl.(5.25) bestimmt werden zu:

$$c_c = \frac{8.6\,\Phi_{o,w}\,l_w}{(\mu_\Delta - 0.7)(17 + h_w/l_w)} = \frac{8.6 \cdot 1.686 \cdot 5'000}{(4.88 - 0.7)(17 + 28'850/5'000)}$$

$$c_c = 762 \text{ mm} \; < \; 993 \text{ mm}$$

In diesem Fall ist in der Druckzone eine Umschnürungsbewehrung erforderlich.

Die 14 Stäbe HD20 im Randteil (1) von Bild 5.72 können nun gemäss Bild 5.73 angeordnet werden. Entsprechend Abschnitt 5.4.2e und Gl.(5.26) erhalten wir den Faktor:

$\alpha = 1 - 0.7\,(c_c/c) = 1 - 0.7\,(762/993) = 0.463 \; < \; 0.5$,

d.h. die äussere Hälfte der Druckzone ist zu umschnüren. Die zu umschnürende Bruttoquerschnittsfläche beträgt:

$A_g^* = 380 \cdot 0.5 \cdot 993 = 188'700$ mm^2

Die entsprechende Kernquerschnittsfläche beträgt unter der Voraussetzung von Bügeln R12 mit 38 mm Überdeckung:

$A_c^* = (380 - 2 \cdot 38)(0.5 \cdot 993 - 38) = 139'400$ mm^2

Nach Gl.(5.28) erhalten wir

$m_w = 0.12 > 0.3\,(188'700/139'400 - 1) = 0.106$.

Damit wird die Umschnürungsbewehrung gemäss Gl.(5.27) mit

$s_h \leq 6\,b_d = 6 \cdot 20 = 120$ mm, bzw. $s_h < 0.5\,(380 - 2 \cdot 28) = 162$ mm

$h'' = 140$ mm (für einen Verbindungsstab in Bild 5.73),

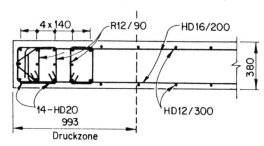

Bild 5.73: Umschnürungsbewehrung in der Druckzone eines modifizierten Wandquerschnittes

$c = 993$ mm, $f'_c = 30$ N/mm^2 und $f_{yh} = 275$ N/mm^2:

$\Rightarrow A_{sh} = 0.12 \cdot 120 \cdot 140\,(30/275)\,(0.5 + 0.9\,(993/5'000) = 149$ mm^2

Wir wählen Stäbe R12 im Abstand $s_h = (113/149)\,120 = 91 \approx 90$ mm.

Aus Bild 5.73 ist auch ersichtlich, dass der umschnürte Bereich von etwa 560 mm
Länge aus praktischen Gründen länger ist als das Minimum von $0.5 \cdot 993 = 487$ mm.

b) Stabilisierung der Vertikalbewehrung

Die Vertikalstäbe HD20 in Querschnittsteil (1) von Bild 5.67 bzw. 5.72 sind über
die gesamte Länge des potentiellen Gelenkbereiches zu stabilisieren, d.h. über zwei
volle Geschosse.

Der massgebende Gehalt an Vertikalbewehrung gemäss Gl.(5.29) beträgt:

$\rho_l = \Sigma A_b / b\, s_v = 4'396/600^2 = 1.22\% > 2/f_y = 2/380 = 0.53\%$

Mit Gl.(5.30) und $s_h \leq 6 \cdot 20 = 120$ mm erhalten wir den erforderlichen Querschnitt der Bügel und Verbindungsstäbe pro Stab HD20:

$\Rightarrow A_{te} = (A_b f_y / 16 f_{yh})(s_h/100$ mm$) = (314 \cdot 380/16 \cdot 275)(120/100) = 33$ mm^2
< 78.5 mm^2

Eine Stabilisierung mit Stäben R10 im Abstand von $s_h = 120$ mm ist also ausreichend. Infolge der Erdbebeneinwirkung quer zur Wandebene kann jedoch eine
Verstärkung dieser Bewehrung in den $600 \cdot 600$ mm^2 Teilen erforderlich sein.

Am anderen Ende der Wand, im Querschnittsteil (4) mit den Vertikalstäben
HD16 (vgl. Bild 5.72), gilt:

$\rho_l = 6 \cdot 201 / (450 \cdot 700) = 0.38\% < 0.53\%$

Die Stäbe HD16 müssen somit nicht stabilisiert werden, und eine konstruktive Querbewehrung von U-förmigen Bügeln R10 im Abstand von $s_h = 160$ mm genügt.

Schritt 17: Abstufung der Vertikalbewehrung in den Tragwänden

Die zur Abstufung der Vertikalbewehrung in Bild 5.41 dargestellte ausgezogene
Momentenlinie für den erforderlichen Biegewiderstand ist in Bild 5.70c ebenfalls
in Funktion des Biegewiderstandes am Wandfuss (100%) aufgetragen. Damit wird
auch der Einfluss der Querkraft auf die Zuggurtkraft (Versatzmass) und der Einfluss
der nach oben veränderlichen Normalkraft berücksichtigt (vgl. 5.4.2i). Die verankerte Bewehrung muss mindestens um die Verankerungslänge l_d über diese Linie
hinausgehen. Nachfolgend wird jedoch − im Sinne einer Überprüfung dieser Regeln
−die erforderliche Bewehrung aufgrund des Momentenwertes aus der in den Bildern
5.41 und 5.70c gestrichelten Linie bestimmt.

a) Zugwand auf der Höhe der Decke über dem 2. Geschoss

Der Wandquerschnitt hat auf dieser Höhe gemäss Bild 5.70c mindestens 78% des
Biegewiderstandes im Einspannquerschnitt aufzuweisen. Im Rahmen der relativ
groben Näherungen, z.B. beim verwendeten Momentenverlauf, sind allzu genaue
Berechnungen nicht gerechtfertigt. Die Schnittkräfte für diesen Querschnitt werden
daher wie folgt bestimmt:

1. Erforderlicher Widerstand: Den Berechnungen in Schritt 9c und Schritt 8 entnehmen wir den Biegewiderstand am Wandfuss zu 4'756 kNm bei gleichzeitiger Zugkraft
von 2'820 kN. Im 2. Geschoss ist daher mindestens $M_i = 0.78 \cdot 4'756 = 3'710$ kNm
erforderlich.

Die zugehörige Normalkraft oberhalb des zweiten Geschosses erhalten wir gemäss Bild 5.70d:

$$P_E = \quad 0.82 \cdot 3'933 \qquad\qquad = 3'224 \text{ kN}$$
$$P_D = \quad 2'160 - 0.5(500 + 480) \quad = 1'670 \text{ kN}$$
$$P_u = \quad 0.9 P_D - P_E = 0.9 \cdot 1'670 - 3'224 \quad = -1'721 \text{ kN} \quad (\text{Zug})$$
$$P_i = \quad -1'721/0.9 \qquad\qquad = -1'912 \text{ kN} \quad (\text{Zug})$$
Exzentrizität: $e = 3'710/1'912 \qquad = 1.94$ m

2. Bemessung der Bewehrung: Es ist naheliegend, dass nur im Querschnittsteil (1) eine erhebliche Verminderung der Bewehrung möglich sein wird (vgl. Bilder 5.67 und 5.72).

Die vertikale Bewehrung im Teil (2) der auf dieser Höhe (über der Decke) 300 mm starken Wand (vgl. Bild 5.65b) kann auf HD12 im Abstand von 350 mm reduziert werden.

$\rho_l = 2 \cdot 113 / (300 \cdot 350) = 0.215\% \quad > \quad \rho_{l,min} = 0.18\%$

Damit werden die Kräfte aus den Bewehrungen der Querschnittsteile nach Bild 5.67 und Schritt 9b:

Teil (1):		$= 0.38 A_{s1}$	kN/mm²
Teil (2):	$0.215\% \cdot 3'100 \cdot 300 \cdot 380 \cdot 10^{-3} =$	760	kN
Teil (3):	unverändertes Minimum $=$	1'432	kN
Teil (4):	vernachlässigt	−	

Die Beiträge an den Biegewiderstand um eine Achse A', durch eine angenommene Lage der Resultierenden der inneren Druckkräfte, 50 mm von der Druckkante (nahe bei Linie A in Bild 5.67) werden damit:

M_2	$= 760(0.5 \cdot 3.1 + 0.6 + 0.7 - 0.05) =$	2'128 kNm	
M_3	$= 1'432(0.3 + 0.7 - 0.05) =$	1'360 kNm	
$P_i e'_A$	$= -1'912(1.940 + 2.479 - 0.05) =$	−8'354 kNm	
Daher muss M_1		$= -4'866$ kNm	sein.

$\Rightarrow A_{s1,erf} = 4'866/[(5.0 - 0.3 - 0.05)380 \cdot 10^{-3}] = 2'754 \text{ mm}^2$

In Teil (1) könnten somit je 6 Stäbe HD20 und HD16 ($A_s = 3'090 \text{ mm}^2$) verwendet werden. Diese müssten um $l_w = 5'000$ mm plus die Verankerungslänge über das zweite Geschoss hinauslaufen. Der Bewehrungsgehalt im Teil (4) ('Stütze') ist damit auf $\rho_l = 3'090/600^2 = 0.86\%$, nahe dem zulässigen Minimum (vgl. Schritt 9a), abgesunken und genügt unter Umständen den Erdbebenbeanspruchungen in der anderen Hauptrichtung nicht mehr.

Damit ist auch klar, dass im vorliegenden Fall die Bewehrung nach oben nicht weiter verringert werden sollte. Die konservativ erscheinenden Anforderungen von Bild 5.41 können also im allgemeinen ohne Schwierigkeiten erfüllt werden.

b) Druckwand auf der Höhe der Decke über dem 2. Geschoss
Bei der Bemessung des Einspannquerschnittes war im Querschnittsteil (4) nur die Mindestbewehrung erforderlich (vgl. Schritt 9e), die über die Höhe der Tragwand nicht wesentlich verringert werden kann. Eine Reduktion der Druckbewehrung in Teil (1) hat einen vernachlässigbaren Einfluss auf den Biegewiderstand. Der Querschnitt über dem 2. Geschoss braucht daher nicht mehr auf Biegung kontrolliert zu werden. Um das allgemeine Vorgehen zu zeigen, wird die Rechnung hier jedoch

trotzdem vorgeführt:

1. *Erforderlicher Widerstand:* Aus der Ermittlung der Biegeüberfestigkeit am Wandfuss (vgl. Schritt 11b) ergibt sich der dortige Biegewiderstand zu:
$M_i = 29'853/(0.9 \cdot 1.686) = 19'760$ kNm, wobei $\Phi = 0.90$ und gemäss Schritt 12 $\Phi_{o,w} = 1.686$ eingesetzt werden.

Mit Hilfe von Bild 5.70c erhalten wir damit den erforderlichen Biegewiderstand bei der Decke über dem 2. Geschoss:
$M_i = 0.78 \cdot 19'670 \approx 15'300$ kNm
Die Nutzlast kann gemäss Gl.(1.3) mit
$\alpha = 0.3 + 3/\sqrt{8 \cdot 45} = 0.46$ abgemindert werden:
$P_L = 0.46 \cdot 0.5 (1'000 - 220) = 179$ kN
Damit wird
$P_u = P_D + 1.3 P_L + P_E = 1'670 + 1.3 \cdot 179 + 3'224 = 5'127$ kN und
$P_i = 5'127/0.9 \approx 5'700$ kN (Druck).

2. *Vorhandener Widerstand:* Unter der Annahme, dass die Resultierende der inneren Druckkräfte in der Mitte von Querschnittsteil (1) liegt, betragen die Beiträge an den Biegewiderstand um eine Achse durch diesen Punkt:

Teil (4):	$(1'206 \cdot 0.38)(5.0 - 0.35 - 0.3)$	$=$	$1'994$ kNm
Teil (3):	$1'432(5.0 - 1.0 - 0.3)$	$=$	$5'298$ kNm
Teil (2):	$760(0.5 \cdot 3.10 + 0.3)$	$=$	$1'406$ kNm
Teil (1):	vernachlässigt	$=$	$-$
			$8'698$ kNm

Exzentrizität: $e_1 = 8'698 / 5'700 = 1.526$ m links der Mitte von Teil (1).
Damit wird $e = (2.521 - 0.30) + 1.526 = 3.747$ m von der Achse y in Bild 5.67 und
$M_i = 3.747 \cdot 5'700 = 21'360$ kNm $> M_{i,erf} = 15'300$ kNm

Bei diesem Überschuss an Biegewiderstand sind keine weiteren Kontrollen erforderlich. Im Falle eines kleineren Überschusses wäre die oben als in der Mitte von Teil (1) angenommene Lage der inneren Druckkräfte zu überprüfen:

Total Zugkraft: $1'206 \cdot 0.38 + 1'432 + 760$	$=$	$2'650$ kN
Äussere Druckkraft	$=$	$5'700$ kN
Entspricht einer inneren Druckkraft von		$8'350$ kN
Druckbewehrung in Teil (1): 14 HD20	$=$	$-1'670$ kN
Bei angenommener Lage der inneren Druck- kräfte vom Beton aufzunehmen	$=$	$6'680$ kN

Erforderliche Betondruckfläche: $A_{c,erf} = 6'680'000/(0.85 \cdot 25) = 314'400$ mm^2
Angenommene Betondruckfläche: $A_c = 600^2 = 360'000$ mm^2.

Diese Annahme war also genügend genau.

Schritt 18: Schubbemessung der Tragwände im 3. Geschoss

a) Zugwand:
Die Querkraft in der Zugwand auf der betrachteten Höhe kann durch eine proportionale Verminderung der gesamten Querkraft ermittelt werden. Nach Schritt 13 nimmt die Zugwand 21% der gesamten Querkraft auf, und so folgt aus Bild 5.70e:

$V_i \approx [0.21 \cdot 0.82\,(1'068 + 1'322)]\,\omega_v\,\Phi_{o,w} = 411 \cdot 1.6 \cdot 1.686 = 1'110$ kN

$v_i = 1'110'000 / (0.8 \cdot 5'000 \cdot 300) = 0.93$ N/mm²

Dieser Wert ist relativ klein, und es ist zu vermuten, dass die Querkraft bei maximaler Normaldruckkraft für die Schubbemessung massgebend wird.

b) Druckwand

Die Querkraft in der Druckwand beträgt 79% der gesamten Querkraft. Sie wird nach Bild 5.70e oder gemäss einem Vergleich mit der Zugwand:

$V_i \approx [0.79 \cdot 0.82\,(1'068 + 1'322)]\,\omega_v\,\Phi_{o,w} = 1'110 \cdot 0.79/0.21 = 4'176$ kN

$v_i = 4'176 \cdot 10^3 / (0.8 \cdot 5'000 \cdot 300) = 3.48$ N/mm² $<$ $0.2f_c' = 5.0$ N/mm² (Gl.3.34)

Der Beitrag des Betons an den Schubwiderstand in den elastischen Bereichen der Wand v_c kann nach Gl.(3.38) und mit $A_g = 1'965'000$ mm² (auf dieser Höhe der Wand) ermittelt werden:

$$v_c = (1 + 3\,P_u/(A_g\,f_c')] \cdot (0.07 + 10\rho_w)\sqrt{f_c'}$$
$$= (1 + (3 \cdot 5'720 \cdot 10^3) / 1'965'000 \cdot 25) \cdot (0.07 + 10 \cdot 1.3\%)\sqrt{25} = 0.27\sqrt{25}$$
$$= 1.34 \text{ N/mm}^2$$

$\Rightarrow A_v/s_h = (v_i - v_c)\,b_w/f_y = (3.48 - 1.35)\,300/380 = 1.68$ mm²/m

Bei der Verwendung von Stäben HD12 auf beiden Seiten der Wand ergibt sich der Abstand von

$s_h = 2 \cdot 113\,/\,1.68 = 134$ mm. Gewählt wird $s_h = 120$ mm.

(Es könnten aber auch Stäbe HD16 im Abstand von 220 mm verwendet werden.) Die auf dieser Höhe erforderliche Schubbewehrung liegt noch wesentlich über der Mindestbewehrung:

$\rho_{vorh} = 2 \cdot 113/(300 \cdot 120) = 0.63\%$ $>$ $\rho_{min} \approx 0.18\%$ (vgl. 3.3.3a.6)

Die Schubbewehrung kann also nach oben noch weiter vermindert werden.

Im weiteren könnte noch gezeigt werden, dass in gut bearbeiteten Arbeitsfugen der oberen Stockwerke Gleitschub für die Bemessung der Vertikalbewehrung nicht massgebend wird.

Schritt 19: Bemessung der Fundation

Die Bemessung der Fundation wird hier nicht dargestellt (vgl. Bemerkung am Schluss von 5.8.1 und Schritt 5).

5.9 Bemessungsbeispiele für gedrungene Tragwände

In diesem Abschnitt werden drei verschiedene Beispiele für die Bemessung gedrungener Wände dargestellt. Als Bemessungsgrössen werden wie in den Abschnitten 5.7 und 5.8 die in den Kapiteln 1 bis 3 gegebenen Werte verwendet.

5.9.1 Wand mit hoher Erdbebenbeanspruchung

a) Beschreibung und Annahmen

Eine eingeschossige Tragwand mit den in Bild 5.74a gezeigten Abmessungen soll einen Ersatzkraftanteil bzw. eine Querkraft (inkl. Vergrösserungsfaktor Z nach Gl.(5.3)) von $V_E = 1'600$ kN aufnehmen, die entlang des oberen Randes auf der ganzen Wandlänge gleichförmig eingeleitet wird. Diese Kraft wurde mit einer Verschiebeduktilität von $\mu_\Delta = 2.5$ ermittelt. Für die Bestimmung der Bewehrung können die verhältnismässig kleinen Schwerelasten vernachlässigt werden.
Es werden die folgenden Materialkennwerte verwendet:

- Bewehrungsstahl (D) $f_y = 275$ N/mm^2
- Beton $f_c' = 25$ N/mm^2

b) Vorbemessung

Bei einer Wandstärke von 250 mm beträgt die nominelle Schubspannung:
$v_i = V_E/(\Phi\, 0.8\, b_w\, l_w) = 1'600'000/(0.85 \cdot 0.8 \cdot 250 \cdot 7'000) = 1.34$ N/mm^2
Dies entspricht $0.27\sqrt{f_c'}$ [N/mm^2] und liegt weit unterhalb des zulässigen Maximalwertes $v_{i,max}$ (vgl. 5.6.4 bzw. 5.4.2b).

gemäss 5.6.2 wird vorerst eine gleichmässig verteilte Vertikalbewehrung, bestehend beidseits aus Stäben D12 im Abstand von 300 mm, angenommen. Nach Gl.(5.29) und 5.4.2h erhalten wir:
$\Rightarrow \rho_n = 2 \cdot 113/(250 \cdot 300) = 0.30\% > \rho_{l,min} = 0.7/f_y = 0.25\%$
Der Mindestbewehrungsgehalt wird somit übertroffen. Diese Bewehrung kann etwa das folgende Einspannmoment aufnehmen:

$$M_1 = (\rho_n b_w l_w)\, f_y\, (0.5 - 0.05) l_w$$
$$= (0.30\% \cdot 250 \cdot 7'000)\, 275 \cdot 0.45 \cdot 7'000 \cdot 10^{-6} = 4'548 \text{ kNm}$$

Der gesamte erforderliche Biegewiderstand im Einspannquerschnitt beträgt jedoch:
$M_{i,erf} = h_w V_E /\Phi = 4.0 \cdot 1'600 / 0.9 = 7'111$ kNm
Daher wird in den Wandendbereichen weitere Bewehrung zur Aufnahme des Differenzmomentes M_2 vorgesehen:
$M_2 = M_{i,erf} - M_1 = 7'111 - 4'548 = 2'563$ kNm
Der dafür erforderliche Bewehrungsquerschnitt beträgt etwa:
$\Rightarrow A_{s2} = 2'563 \cdot 10^6/[275\,(7'000 - 2 \cdot 275)] = 1'580$ mm^2
Wir verwenden 8 Stäbe D16 mit $A_s = 1'608$ mm^2 an beiden Enden der Wand (Bild 5.74a).

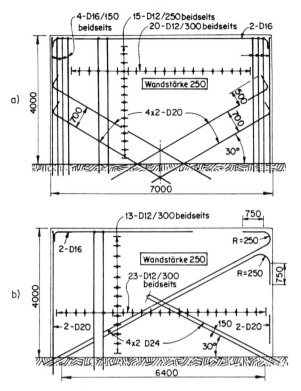

Bild 5.74: Abmessungen und Bewehrungen der gedrungenen Wand

c) Biegewiderstand der Wand

Mit der vertikalen Bewehrung gemäss Bild 5.74a kann nun der Biegewiderstand genauer bestimmt werden. Da die Druckzone ziemlich klein ist, nehmen wir an, dass nur die Hälfte der 8 Stäbe D16 im Endbereich unter Druck fliesst. Damit kann die Höhe des rechteckigen Druckspannungsblocks wie folgt abgeschätzt werden:

$a = (40 \cdot 113 + 4 \cdot 201)\, 275/(0.85 \cdot 25 \cdot 250) = 276$ mm

Der Abstand der Neutralachse vom Druckrand beträgt damit

$c = 276/0.85 \approx 325$ mm.

Der Biegewiderstand $M_{i,vorh}$ beträgt daher etwa:

$$
\begin{aligned}
(40 \cdot 113 \cdot 275)\,(0.5 \cdot 7'000 - 0.5 \cdot 276)\,10^{-6} &= & 4'179 \text{ kNm} \\
(8 \cdot 201 \cdot 275)\,(7'000 - 275 - 0.5 \cdot 276)\,10^{-6} &= & 2'913 \text{ kNm} \\
M_{i,vorh} &= & 7'092 \text{ kNm} \quad \approx M_{i,erf}
\end{aligned}
$$

d) Ermittlung der Diagonalbewehrung

Wir bestimmen zuerst die einzelnen Grössen der Gleichung (5.59):

$$V_{di} = \left(1.6 - \frac{2.65}{\lambda_o} \cdot \frac{\Phi_{o,w}}{\mu_\Delta}\right)\left(1 - \frac{\rho'_n f_y}{3.2\, v_i} - \frac{m\,c\,f'_c}{3.2\, l_w\, v_i}\right)(V_o - V_1)$$

Die Querkraft bei Biegeüberfestigkeit beträgt:
$V_o = \lambda_o M_i/h_w = 1.25 \cdot 7'092 / 4.0 = 2'216$ kN
Daher wird: $\Phi_{o,w} = V_o/V_E = 2'216/1'600 = 1.39$
Zur Ermittlung von V_E wurde $\mu_\Delta = 2.5$ verwendet.
Die Schubspannung beim Erreichen der Biegeüberfestigkeit beträgt:
$v_i = V_o/(0.8\, b_w\, l_w) = 2'216 \cdot 10^3/(0.8 \cdot 250 \cdot 7'000) = 1.58$ N/mm²
Der Vertikalbewehrungsgehalt im Stegbereich beträgt: $\rho_n = 0.30\%$
Die Lage der Neutralachse wurde zu $c = 325$ mm berechnet, und gemäss Bild 5.57
und Gl.(5.55) gilt für rechteckige Querschnitte m = 1.0.

Wird Diagonalbewehrung wie in Bild 5.74a mit $l_d = 0$ eingelegt, ergibt sich
gemäss Gl.(5.56): $V_1 = M_d/h_w = 0$

Mit diesen Ausdrücken erhalten wir aus Gl.(5.59) den erforderlichen Beitrag der
Diagonalbewehrung an den Gleitschubwiderstand:

$$V_{di} = \left(1.6 - \frac{2.65}{1.25} \cdot \frac{1.39}{2.5}\right)\left(1 - \frac{0.003 \cdot 275}{3.2 \cdot 1.58} - \frac{1 \cdot 325 \cdot 25}{3.2 \cdot 7'000 \cdot 1.58}\right)(2'216 - 0)$$
$$= 567 \text{ kN}$$

Dies sind 26% der Bemessungsquerkraft V_o. Damit folgt aus Gl.(5.57) oder aus einer
Gleichgewichtsbedingung mit $l_d = 0$ und $\alpha = 30°$:
$\Rightarrow A_{sd} = V_{di} / (f_{yd} \cos\alpha) = 567 \cdot 10^3/(275 \cdot \cos 30°) = 2'377$ mm²
Vier Stäbe D20 in jeder Richtung weisen eine Querschnittsfläche von
$\Rightarrow A_{sd} = 2'512$ mm² auf (Bild 5.74a).

e) Bemessung für schrägen Zug

Die erforderliche horizontale Schubbewehrung wird entsprechend der in Bild 5.74
gezeigten Bewehrungsanordnung mit Gl.(5.60) bestimmt:

$$\frac{A_{sh}}{s_h} = \frac{1}{h_w f_{yh}}\left(V_o \frac{h_w}{l_w} - \frac{f_{yd} A_{sd}}{2} \cos 30°\right)$$
$$= \frac{1}{4'000 \cdot 275}\left(2'216 \cdot 10^3 \frac{4'000}{7'000} - \frac{275 \cdot 2'512}{2} \cos 30°\right) = 0.88 \text{ mm}^2/\text{mm}$$

Bei Verwendung von Stäben D12 ergibt sich der erforderliche Abstand zu:
$\Rightarrow s_h = 2 \cdot 113/0.88 = 257$ mm ≈ 250 mm
Dieser Abstand wird in Bild 5.74a verwendet.

Die erforderliche Horizontalbewehrung kann auch mit der leicht konservativeren
Gl.(5.61) berechnet werden, wobei:

$d_s \approx 0.5 \cdot 7'000 = 3'500$ mm; $l_d = 0$; $f_{yh} = f_{yn} = f_{yd} = 275$ N/mm²
$\rho_n = A_{sn}/(b_w l_w) = (40 \cdot 113 + 16 \cdot 201)/(250 \cdot 7'000) = 0.442\%$
$\rho'_d = A_{sd} \cos\alpha/(b_w l_w) = 2'512 \cdot \cos 30°/(250 \cdot 7'000) = 0.124\%$

Damit wird:

$\Rightarrow \rho_h = 1.25 \cdot 1[3'500 \cdot 0.442\%/4'000 - (0.4 - 0) \cdot 7'000 \cdot 1 \cdot 0.124\%/4'000] = 0.375\%$

Der vorhandene Bewehrungsgehalt beträgt

$\rho_{h,vorh} = 2 \cdot 113/(250 \cdot 250) = 0.362\%$.

5.9.2 Alternativlösung für die gedrungene Wand mit hoher Erdbebenbeanspruchung

a) Beschreibung und Annahmen

Wir betrachten die gleiche Wand wie im vorangehenden Abschnitt und versuchen, die Diagonalbewehrung auch für den Biegewiderstand auszunützen. Alle anderen Merkmale der Wand und die Materialkennwerte sind gleich wie in Abschnitt 5.9.1a.

b) Vorbemessung

Für die Anordnung in Bild 5.74b ($\alpha = 30°$, $l_d = 6'400$ mm) wird geschätzt, dass zur Aufnahme des Gleitschubes die nach Gl.(5.59) durch die Diagonalbewehrung zu übernehmende Querkraft etwa 20% der Querkraft bei Biegeüberfestigkeit betrage:

$V_{di} = 0.20\,\Phi_{o,w}\,V_E \approx 0.2 \cdot 1.4 \cdot 1'600 = 448$ kN

Damit folgt aus Gl.(5.57)

$\Rightarrow A_{sd} = V_{di}/[f_{yd}(\cos\alpha - l_d \sin\alpha/2h_w)] = 448'000/[275(\cos 30° - 6.4\sin 30°/8.0)]$
$= 3'496$ mm^2.

Wir verwenden in jeder Richtung 4 Stäbe D24 mit
$\Rightarrow A_{sd} = 8 \cdot 452 = 3'616$ mm^2 und einer Neigung von $\alpha = 30°$ gemäss Bild 5.74b.

Das durch die Diagonalbewehrung aufgenommene Biegemoment beträgt nach Gl.(5.56):

$M_d = -0.5 \cdot 6'400 \cdot 3'616 \cdot 275 \cdot \sin 30° \cdot 10^{-6}$ $\qquad = 1'591$ kNm

Das durch die Vertikalbewehrung im Steg aufgenommene

Moment wird aus 5.9.1b übernommen:	M_1	$=$	4'548 kNm
Aus der gegebenen Einwirkung	$M_{i,erf}$	$=$	7'111 kNm
Verbleibende Differenz	M_2	$=$	972 kNm

Daher ist in den Wandendbereichen die folgende Bewehrung erforderlich:
$\Rightarrow A_{s2} = 972 \cdot 10^6/[275(7'000 - 2 \cdot 50)] = 512$ mm^2

An beiden Wandenden werden 2 Stäbe D20 (628 mm^2) eingelegt.

c) Biegewiderstand der Wand

Nun wird mit der in Bild 5.74b dargestellten Bewehrung der Biegewiderstand der Wand überprüft. Dabei wird angenommen, dass von den Stäben D12 mit dem Stabquerschnitt 113 mm^2 nur $2 \cdot 21 = 42$ Stäbe auf Zug fliessen und an den Biegewiderstand beitragen, und dass die Randstäbe D20 auf Druck fliessen. Es ergibt sich damit

$a = 42 \cdot 113 \cdot 275/(0.85 \cdot 25 \cdot 250) = 246$ mm und
$c = 246/0.85 = 289$ mm, und somit wird:

$$M_1 = 42 \cdot 113 \cdot 275 \, (3'500 - 0.5 \cdot 246) \, 10^{-6} \qquad\qquad = 4'407 \text{ kNm}$$
$$M_2 = 2 \cdot 314 \cdot 275 \, (7'000 - 100) \, 10^6 \qquad\qquad\quad = 1'192 \text{ kNm}$$

und aus Gl.(5.56) $\qquad\qquad\qquad\qquad\qquad\qquad M_d \;\; = 1'591$ kNm

$$M_{i,erf} = 7'111 \text{ kNm} \quad < \quad M_{i,vorh} \qquad\qquad\quad = 7'190 \text{ kNm}$$

d) Ermittlung der Diagonalbewehrung

Gemäss Gl.(5.57) ergeben die je 4 Stäbe D24 in beiden Diagonalrichtungen einen Schubwiderstand von:

$$V_{di} = 3'616 \cdot 275 [\cos 30° - 6.4 \cdot \sin 30° / (2 \cdot 4.0)] / 10^3 = 463 \text{ kN}$$

Aus Gl.(5.56) folgt:

$$V_1 = M_d / h_w = 1'591 / 4.0 = 398 \text{ kN}$$

Für diese Wand gilt:

$$V_o \approx \lambda_o \cdot M_{i,vorh} / h_w = 1.25 \cdot 7'190 / 4.0 = 2'247 \text{ kN und somit}$$

$$\Phi_{o,w} = V_o / V_E = 2'247 / 1'600 = 1.40$$

$$v_i = 2'247 \cdot 10^3 / (0.8 \cdot 250 \cdot 7'000) = 1.61 \text{ N/mm}^2$$

Damit ergibt sich nach Gl.(5.59) der erforderliche Beitrag der Diagonalbewehrung an den Gleitschubwiderstand:

$$
\begin{aligned}
V_{di,erf} &= \left(1.6 - \frac{2.65 \cdot 1.4}{\lambda_o \cdot 2.5} \right) \left(1 - \frac{0.3\% \cdot 275}{3.2 \cdot 1.61} - \frac{1.0 \cdot 289 \cdot 25}{3.2 \cdot 7'000 \cdot 1.6} \right) (2'247 - 398) \\
&= 488 \text{ kN}
\end{aligned}
$$

Es wurde ein Widerstand $V_{di} = 463$ kN nachgewiesen. Der Unterschied beträgt zirka 5% und kann in Anbetracht der verschiedenen eher konservativen Annahmen toleriert werden.

e) Bemessung für schrägen Zug

Aus Gl.(5.60) erhalten wir wiederum:

$$\Rightarrow A_{sh}/s_h = [1/(4'000 \cdot 275)] \cdot [(4.0/7.0) \cdot 2'247'000 - (275 \cdot 3'626/2) \cdot \cos 30°]$$
$$= 0.776 \text{ mm}^2/\text{mm}$$

Mit horizontalen Stäben D12 auf beiden Seiten ergibt sich ein Abstand von:

$$\Rightarrow s_h = 2 \cdot 113/0.776 = 291 \text{ mm} \approx 300 \text{ mm}$$

Gemäss der konservativen Näherung von Gl.(5.61) mit

$$\rho_n = (46 \cdot 113 + 4 \cdot 314)/(250 \cdot 7'000) = 0.369\%$$
$$\rho_d' = 3'616 \cdot \cos 30° / (250 \cdot 7'000) = 0.179\%$$
$$\rho_h = 1.25 \, [(3.5/4.0) \cdot 0.369\% - [0.4 - 6.4 \cdot \tan 30° / (7.0 \cdot 2)] \, (7.0/4.0) \cdot 0.179\%]$$
$$= 0.35\%$$

ergibt sich der etwas geringere Abstand von:

$$\Rightarrow s_h = 2 \cdot 113/(250 \cdot 0.35\%) = 258 \text{ mm}$$

5.9.3 Wand mit kleiner Erdbebenbeanspruchung

Eine 200 mm starke, gedrungene Wand mit im übrigen gleichen Abmessungen und Materialkennwerten wie in Bild 5.74 hat einen Ersatzkraftanteil bzw. eine Querkraft von nur $V_E = 700$ kN aufzunehmen.

Für diese Kraft genügt wahrscheinlich die vertikale Mindestbewehrung. Im Steg des Querschnittes werden daher Stäbe D10 im Abstand 300 mm vorgesehen.

$\rho_n = 2 \cdot 78.5 \,/\, (200 \cdot 300) = 0.262\% \;>\; \rho_{l,min} = 0.25\%$

In den Wandendbereichen werden je 2 vertikale Bewehrungsstäbe D16 eingelegt.

Wir nehmen an, dass der rechteckige Druckspannungsblock etwa die folgende Höhe aufweist:

$a = (7'000 \cdot 200 \cdot 0.262\% \cdot 275)/(0.85 \cdot 25 \cdot 200) = 237$ mm

Daher erhalten wir mit einigen Näherungen über den Betrag und die Lage der Zugkraft in den Stäben D10:

$$
\begin{aligned}
M_1 &\approx (6'300 \cdot 200 \cdot 0.262\% \cdot 275)\,(0.5 \cdot 6'300 - 119)\,10^{-6} &&= \quad 3'206 \text{ kNm} \\
M_2 &\approx 2 \cdot 201 \cdot 275\,(7'000 - 100)\,10^{-6} &&= \quad\underline{\;\;763 \text{ kNm}} \\
M_{i,vorh} & &&= \quad 3'969 \text{ kNm}
\end{aligned}
$$

$M_{i,erf} = F h_w/\Phi = 700 \cdot 4.0/0.9 = 3'111$ kNm $<\; M_{i,vorh}$

Bei Überfestigkeit erhalten wir

$V_o = 1.25 \cdot 3'969/4.0 = 1'240$ kN und $\Phi_{o,w} = 1'240/700 = 1.77$.

Der erste Teil der Gl.(5.59) wird damit zu: $(1.6 - (2.65/1.25) \cdot 1.77/2.5) = 0.099$ gegenüber dem entsprechenden Wert von 0.422 für die Wand in Bild 5.74a. Der erforderliche Beitrag einer Diagonalbewehrung an den Gleitschubwiderstand ist vernachlässigbar klein; es es braucht keine Diagonalbewehrung eingelegt zu werden.

Die Schubspannung beträgt:

$v_i = V_o/(0.8 b_w l_w) = 1'240'000/(0.8 \cdot 200 \cdot 7'000) = 1.11 \text{ N/mm}^2 = 0.22\sqrt{f'_c} \ll v_{i,max}$

Mit Hilfe der Gl.(5.62) und (5.61) ermitteln wir den erforderlichen Gehalt an Horizontalbewehrung :

$\Rightarrow \rho_n = (6'700 \cdot 200 \cdot 0.262\% + 4 \cdot 201)/(200 \cdot 7'000) = 0.31\%$

$\rho_h = 1.25(3.5/4.0)0.31\% = 0.34\%$

Es werden horizontale Stäbe D10 auf beiden Seiten mit dem folgenden vertikalen Abstand eingelegt:

$s_h = 2 \cdot 78.5/(200 \cdot 0.34\%) = 231$ mm $\Rightarrow 225$ mm

Kapitel 6

Duktile gemischte Tragsysteme

6.1 Einleitung

In den vorangehenden zwei Kapiteln werden die Bemessung und die konstruktive Durchbildung von duktilen Rahmen und Tragwänden behandelt. Dabei werden die horizontalen Kräfte entweder nur durch Rahmen oder nur durch Wände aufgenommen. In vielen Gebäuden sind jedoch diese beiden Arten von Tragsystemen miteinander kombiniert. Werden die horizontalen Kräfte durch zusammenwirkende voll duktile Rahmen und Tragwände aufgenommen, so sprechen wir von einem *duktilen gemischten Tragsystem*.

Die gemischten Systeme können die Vorteile ihrer Bestandteile kombinieren. Da unten eingespannte Tragwände sehr steif sind, können die Stockwerkverschiebungen während eines Erdbebens klein gehalten werden. Noch wichtiger ist die Tatsache, dass durch Tragwände die Bildung von Stockwerkmechanismen (Stützenmechanismen, 'soft storeys', vgl. Bild 1.13e und f) verhindert werden kann. Andererseits können duktile Stahlbetonrahmen, die mit Tragwänden zusammenwirken, vor allem in den oberen Stockwerken einen wesentlichen Beitrag an die Energiedissipation liefern.

Trotz dieser Vorteile und obwohl gemischte Tragsysteme ziemlich häufig vorkommen, wurden bisher relativ wenige Forschungsanstrengungen unternommen [B17], [B18], um eine geeignete Bemessungsmethode für seismische Beanspruchungen zu entwickeln. Einige analytische Studien von bestehenden Gebäuden sowie Versuche [P27] auch auf dem Rütteltisch [A8] deuteten auf ein hervorragendes inelastisches Verhalten unter Erdbebenbeanspruchung hin [B15].

Dieses Kapitel befasst sich mit gemischten Tragsystemen, mit besonderem Gewicht auf dem inelastischen Verhalten, der gegenseitigen Beeinflussung der Rahmen und Tragwände sowie dem Gesamtverhalten. Wie zu erwarten, hängt das Bemessungsverfahren stark vom Einfluss des dominierenden Teiles des Systems ab. Daher wird das Vorgehen für ein allgemeines Gebäude mit zusammenwirkenden duktilen Rahmen und Tragwänden von Parametern abhängig sein, die Werte zwischen den in den Kapiteln 'Duktile Rahmen' und 'Duktile Tragwände' für die reinen Systeme angegebenen Werten annehmen. Es wird versucht, den Bemessungsvorgang einfach zu halten, dabei aber einen kontinuierlichen Übergang von reinen Rahmensystemen über gemischte Tragsysteme bis zu reinen Tragwandsystemen zu gewährleisten.

Es werden auch einige besondere Varianten betreffend den Anteil der Tragwände am gemischten System besprochen; es ist aber nicht möglich, alle denkbaren Kombinationen zu behandeln. Das allgemeine Vorgehen eignet sich auch zur Erweiterung und Anwendung bei unkonventionellen Problemstellungen, wobei aber eine ingenieurmässige Beurteilung aufgrund der Gesamtphilosophie der Kapazitätsbemessung unerlässlich ist.

In den vorangehenden Kapiteln wurde von den traditionellen Methoden der elastischen Berechnung von Tragsystemen mit Hilfe der statischen horizontalen Ersatzkräfte Gebrauch gemacht. Die dabei resultierende Verteilung des Widerstandes gegen Horizontalkräfte wird für Rahmen und Tragwände unter Erdbebeneinwirkungen allgemein als befriedigend beurteilt. Dies trifft jedoch bei gemischten Tragsystemen aus Rahmen und Tragwänden nicht zu. Aus dem grundsätzlich verschiedenen Verhalten von Rahmen und Tragwänden ergibt sich, dass bei Kombinationen drastische Unterschiede zwischen elastisch-statischem und elastisch-plastisch-dynamischem Verhalten zu erwarten sind.

Das unterschiedliche Verhalten rührt daher, dass bei gleicher oder mindestens ähnlicher Einwirkung entweder die Schub- oder die Biegeverformungen vorherrschend sind, wie dies in Bild 6.1 dargestellt ist. Während ein Rahmen vor allem eine Schubverformung zeigt, da die Schubsteifigkeit der Stützen eines Geschosses relativ klein ist, verhält sich die Tragwand wie ein Biegeträger mit, im Vergleich zu den Stützen, sehr kleinen Schubverformungen. Rahmen und Tragwände nach Bild 6.1 unterstützen sich daher in den unteren Geschossen und wirken sich in den oberen Geschossen entgegen. Die Art der Kraftaufteilung zwischen den beiden Tragsystemen, ermittelt aufgrund einer elastischen Berechnung, kann vom dynamischen Verhalten unter seismischer Anregung stark abweichen.

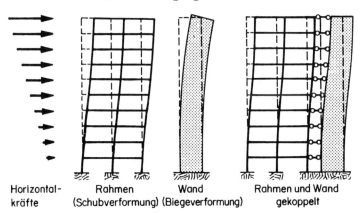

| Horizontal-kräfte | Rahmen (Schubverformung) | Wand (Biegeverformung) | Rahmen und Wand gekoppelt |

Bild 6.1: Verschiebungen von Rahmen, Tragwänden und gemischten Tragsystemen durch horizontale Kräfte

Im folgenden wird schrittweise ein Bemessungsvorgehen beschrieben, ähnlich demjenigen im 4. Kapitel für Rahmen, das der Philosophie der Kapazitätsbemessung entspricht. Die Darstellung beschränkt sich auf die für die grössten Erdbebenbeanspruchungen des Gebäudes wesentlichen Aspekte. Das Hauptgewicht wird demnach auf die Duktilität gelegt und somit darauf, Menschenleben gefährdende

Schäden und insbesondere einen Einsturz zu verhindern. Die im 4. und 5. Kapitel beschriebenen Kriterien bezüglich der Steifigkeit und des Mindesttragwiderstandes, beide wichtig für die Schadenbegrenzung, gelten auch für gemischte Tragsysteme und werden in diesem Kapitel nicht mehr speziell erwähnt. Ebenfalls wird auf eine erneute Darstellung der Bemessung und konstruktiven Durchbildung von Tragelementen wie Riegeln, Stützen, Rahmenknoten und Tragwänden verzichtet.

6.2　Arten von gemischten Tragsystemen

In diesem Abschnitt werden häufig vorkommende Arten von gemischten Systemen aus Rahmen und Tragwänden beschrieben und deren Modellierung, Verhalten und Beanspruchungen diskutiert.

6.2.1　Zusammenwirkende Rahmen und Tragwände

Bei der Mehrheit der mehrgeschossigen Stahlbetongebäude unter horizontalen Kräften wirken räumliche Rahmen mit Tragwänden zusammen. Bild 6.2a zeigt den etwas vereinfachten Grundriss eines symmetrischen, 12-geschossigen Gebäudes. Anstelle von einzelnen Tragwänden werden auch häufig Gebäudekerne mit geschlossenen Querschnitten (Bild 5.21) oder gekoppelte Tragwände (Bild 5.11) verwendet.

Die Eigenschaften der beiden unterschiedlichen Arten von Tragsystemen können gemäss Bild 6.2b in einem Modell mit einem einzigen ideellen Rahmen und einer einzigen ideellen Tragwand zusammengefasst werden. Wie schon in 4.1.1.3 ausgeführt wurde, ist es allgemein üblich, die Stahlbetondecken in ihrer Ebene als unendlich steife Scheiben anzunehmen. Dies erlaubt es, die Verschiebungen aller Rahmen und Tragwände in einem Stockwerk in einfachen linearen Beziehungen zu formulieren (vgl. Bild 4.6). Nur wenn die Deckenscheiben relativ schlank sind und grosse Kräfte in relativ steife Wände eingeleitet werden müssen, speziell wenn diese Wände weit voneinander entfernt liegen, ist die Nachgiebigkeit der Deckenscheiben zu berücksichtigen (vgl. 6.4.3). In diesem Abschnitt wird zwischen sämtlichen Rahmen und Tragwänden und somit auch zwischen dem ideellen Rahmen und der ideellen Tragwand gemäss Bild 6.2b eine in horizontaler Richtung starre Verbindung vorausgesetzt (vgl. Bild 6.2b). Am Fusse der Wände und der Rahmenstützen wird meist eine volle Einspannung angenommen.

Die typischen Resultate aus der elastischen statischen Berechnung von drei Beispielsystemen unter horizontalen Erdbeben-Ersatzkräften sind in Bild 6.3 dargestellt. Der Grundriss derselben ist in Bild 6.2a gezeigt. Die Beispielsysteme bestehen aus sieben zweifeldrigen Rahmen und aus zwei Tragwänden. Um den Einfluss der Wandsteifigkeit auf die Aufteilung der Beanspruchungen auf die beiden Teilsysteme zu zeigen, wurden Wandlängen l_w von 4, 6 und 8 m angenommen, was Wandsteifigkeiten im Verhältnis von 0.13, 0.42 und 1.00 entspricht. Jedes der drei 12-geschossigen Gebäude wurde den gleichen horizontalen Ersatzkräften unterworfen. Daher weisen alle drei Gebäude auf jeder Höhe in Bild 6.3a das gleiche totale Kippmoment (Gesamtmoment) auf. Wie erwartet, nimmt mit der Wandsteifigkeit auch der Anteil der Wände am Kippmoment zu. In den oberen Stockwerken werden die Tragwände jedoch immer weniger wirksam, und ihr Anteil am Kippmoment

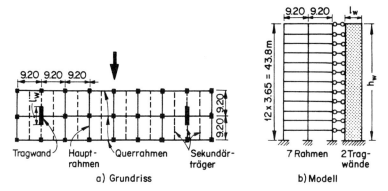

Bild 6.2: Grundriss und Modell eines typischen gemischten Tragsystems

wird oberhalb der halben Höhe vernachlässigbar klein. Die Differenz zwischen dem Gesamtmoment und dem Moment in den Tragwänden wird auf jeder Höhe durch die sieben Rahmen aufgenommen. Dieser Anteil ist für die 6 m lange Wand in Bild 6.3a durch die Schraffur gekennzeichnet. Da das Verschiebungsverhalten der beiden Teilsysteme in den oberen Geschossen gemäss Bild 6.1 sehr verschieden ist, haben dort die Rahmen ein Biegemoment aufzunehmen, das grösser ist als das gesamte Kippmoment infolge der horizontalen Ersatzkräfte, d.h. Rahmen und Tragwände wirken sich entgegen.

Die Aufteilung der Stockwerkquerkräfte auf Wände und Rahmen zeigt Bild 6.3b. Mit der Wandsteifigkeit nimmt auch der Anteil der Wände an der Querkraft retiv und über die Höhe stark ab. Beispielsweise muss bei der 4 m-Wand oberhalb des dritten Stockwerks beinahe die gesamte Stockwerkquerkraft durch die Stützen der Rahmen aufgenommen werden. Bild 6.3 verdeutlicht die Tatsache, dass Tragwände in gemischten Tragsystemen im allgemeinen nur in den unteren Geschossen einen

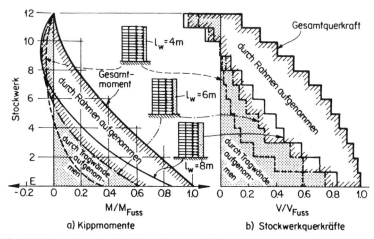

Bild 6.3: Aufteilung der statisch berechneten Kippmomente und Stockwerkquerkräfte auf Tragwände und Rahmen gemischter Tragsysteme

wesentlichen Beitrag an die Abtragung der horizontalen Kräfte leisten. Speziell bei weniger steifen Wänden nimmt dieser Beitrag in den oberen Geschossen rasch ab.

Der Beitrag aller Tragwände an den Widerstand gegen die horizontalen statischen Ersatzkräfte kann mit dem Verhältnis der Querkräfte in den Wänden zur Gesamtquerkraft ausgedrückt werden, wobei die Werte am Fuss des Tragwerks verwendet werden. Dieses *Wandschubverhältnis* η_v gemäss Gl.(6.8), das also für statische Einwirkung definiert ist, wird im folgenden benützt, um die maximale Schubbeanspruchung der Wände bei dynamischer Einwirkung und dynamischem Verhalten abzuschätzen. Für die drei Beispieltragwerke betragen die Werte $\eta_v = 0.59$, 0.75 und 0.83 mit zunehmender Wandlänge (vgl. Bild 6.3b).

Der Beitrag der Riegel der Stahlbetonrahmen an den Widerstand gegen horizontale statische Kräfte ist in Bild 6.4 veranschaulicht. Er kann erfasst werden durch das Verhältnis der Summe der vertikalen Querkräfte sämtlicher Riegel eines Stockwerkes infolge der horizontalen Ersatzkraft, ΣV_{Riegel}, zur gesamten Querkraft am Fuss des Tragwerks, V_{Fuss}, d.h. zur Ersatzkraft. Es ist leicht einzusehen, dass mit abnehmender Wandsteifigkeit die Beanspruchung der Rahmen ansteigt. Der Wert ΣV_{Riegel} ist zur Summe der Riegelendmomente infolge der Ersatzkräfte proportional. Daher nehmen auch die Riegel- und Stützenmomente und die Stützenquerkräfte zu.

Die Fläche unter jeder Kurve in Bild 6.4 ist proportional zu den erdbebeninduzierten Normalkräften in den äusseren Stützen und daher auch proportional zum Anteil der Rahmen an den Kippmomenten in Bild 6.3.

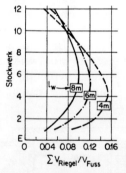

Bild 6.4: Statisch berechnete Riegelquerkräfte in Rahmen von gemischten Tragsystemen

Es besteht eine grosse Ähnlichkeit zwischen den Riegel- und Wandschnittkräften in gemischten Tragsystemen und den entsprechenden Schnittkräften bei gekoppelten Tragwänden gemäss Abschnitt 5.3.2c. Dies zeigt auch ein Vergleich der Bilder 6.3a bzw. 6.4 mit den Bildern 5.22b bzw. 5.23c. Daher ist das dort dargestellte Konzept der Umverteilung der Schnittkräfte zwischen den inelastischen Elementen der gekoppelten Tragwände ebenfalls auf die gemischten Tragsysteme anwendbar. Dies wird in Abschnitt 6.3 besprochen.

Bei gemischten Tragsystemen besteht keine Gefahr der Bildung von Stockwerkmechanismen (Stützenmechanismen, vgl. Bild 1.4b und Bilder 1.13e und f), da das Biegeverhalten der Tragwände die horizontalen Verschiebungen weitgehend bestimmt. Deshalb können die Orte der Energiedissipation in einem solchen Tragwerk frei gewählt werden. Ein gut geeigneter Mechanismus für die Rahmen von Bild 6.2 ist in Bild 6.5a gezeigt. Bei diesem Mechanismus entwickeln sich im Falle einer hohen seismischen Beanspruchung plastische Gelenke in allen Riegeln und am Fusse der Stützen und Wände. Bei der obersten Decke können sich in den Stützen oder besser in den Riegeln Gelenke bilden. Der Hauptvorteil dieses Mechanismus liegt darin, dass die konstruktive Durchbildung der Gelenke in Riegeln allgemein einfacher ist als in Stützen. Darüberhinaus erlaubt die Verhinderung der Gelenkbildung in den Stützen, dass die Bewehrungsstösse in jedem Stockwerk am unteren Stützenende angeordnet werden können und nicht auf halber Stützenhöhe liegen müssen. Werden Riegel grosser Spannweite verwendet oder wird die Bemessung der Riegel ohnehin durch die Schwerelasten und nicht durch die Erdbebenbeanspruchungen dominiert (vgl. 4.8), so kann es vorteilhaft sein, die Entwicklung von Fliessgelenken an beiden Enden aller Stützen über die gesamte Höhe des Bauwerks zuzulassen (vgl. Bild 6.5c).

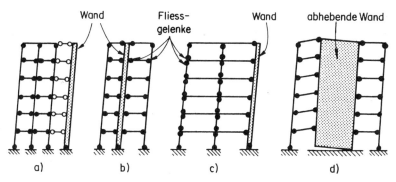

Bild 6.5: Energiedissipationsmechanismen für verschiedene gemischte Tragsysteme

6.2.2 Durch Riegel verbundene Rahmen und Tragwände

Tragwände können in ihrer Ebene durch Riegel mit benachbarten Rahmen verbunden sein. Das Modell eines derartigen Systems zeigt Bild 6.6a. Die Riegel mit den Spannweiten l_1 und l_2 sind biegesteif mit den Tragwänden verbunden. Solche Tragwerke können als Rahmen berechnet werden, bei denen die mit den Wänden verbundenen Riegel gemäss Bild 5.14 mit unendlich steifen Teilen von der Aussenkante bis zur Achse der Wand verlängert werden. Mögliche Mechanismen für solche Systeme sind in den Bildern 6.5b und c dargestellt. In den Riegeln müssen sich bei oder nahe der Tragwand Fliessgelenke ausbilden. Bei den Stützen ist es jedoch dem Ingenieur überlassen, ob sich die Gelenke in den Riegeln oder in den Stützen über und unter jeder Decke bilden sollen.

Ein derartiges System könnte auch beim Gebäude von Bild 6.2a vorhanden sein, falls die Wände mit benachbarten Stützen in ihrer Ebene durch Riegel verbunden wären. In diesem Fall ergäbe sich ein Tragsystem aus sieben Rahmen mit einem Modell wie in Bild 6.2b und zwei Rahmen mit Tragwänden mit einem Modell wie Bild 6.6a, jedoch mit nur je einer Stütze beidseits der Tragwand.

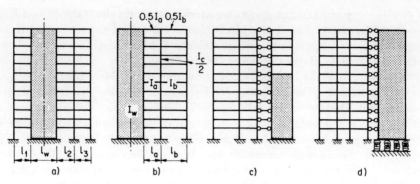

Bild 6.6: Modelle verschiedener gemischter Tragsysteme

Für solche Systeme von zusammenwirkenden Rahmen und Tragwänden wurden vereinfachte Berechnungsverfahren entwickelt, die sich vor allem für die Vorbemessung eignen [K2]. Das dabei verwendete Modell ist in Bild 6.6b gezeigt. Die Steifigkeit der Tragwände wird in einer einzigen Wand mit der Summe der Trägheitsmomente I_w zusammengefasst. Wo erforderlich, sind die Schubverformungen der Einzelwände nach Abschnitt 5.3.1a, Gl.(5.14) und (5.15), ebenfalls zu berücksichtigen. Die direkt in die Tragwände mündenden Riegel, wie etwa mit den Spannweiten l_1 und l_2 in Bild 6.6a, werden in jedem Stockwerk zu einem einzigen Riegel mit dem Trägheitsmoment I_a und der Spannweite l_a gemäss Bild 6.6b so zusammengefasst, dass das Verhältnis I_a/l_a der Summe der relativen Steifigkeiten $k = I/l$ der zusammengefassten Riegel entspricht (Definition analog wie für Stützen, vgl. Gl.(4.8)). Alle anderen Riegel, wie etwa mit der Spannweite l_3 in Bild 6.6a oder die Riegel der sieben Rahmen von Bild 6.2a, werden ebenfalls pro Stockwerk zusammengefasst und auf analoge Weise durch einen einzigen Riegel mit den Eigenschaften I_b und l_b gemäss Bild 6.6b ersetzt. Schliesslich werden alle Stützen des Gebäudes zu zwei identischen Stützen mit je dem halben Trägheitsmoment $0.5\,I_c$ der Summe der Trägheitsmomente aller Stützen des wirklichen Tragwerks zusammengefasst. Der Faktor 0.5 berücksichtigt, dass zwei Stützen alle Stützen ersetzen, während nur je ein Riegel alle entsprechenden Riegel eines Stockwerks ersetzt. Für einen gewissen Bereich der relativen Steifigkeiten wurden für Tragwerke der Art von Bild 6.6b Standardlösungen berechnet [K2].

Eine andere gebräuchliche Technik ersetzt alle Rahmen mit einer einzigen äquivalenten Schub-Tragwand, die über die gesamte Höhe des Systems kontinuierlich mit einer einzigen äquivalenten Biege-Tragwand verbunden ist. Dieses Vorgehen ist ähnlich der bei gekoppelten Tragwänden verwendeten laminaren Berechnung (5.3.2c).

Bevor die endgültige Bemessung der einzelnen Tragelemente vorgenommen werden kann, ist die Lage aller in den Riegeln und Stützen vorgesehenen Fliessgelenke genau festzulegen, damit das Verfahren der Kapazitätsbemessung angewendet werden kann.

6.2.3 Gemischte Tragsysteme mit Tragwänden auf nachgiebigen Fundationen

Es ist allgemein üblich, Tragwände am Fuss als voll eingespannt zu betrachten. Es liegt aber auf der Hand, dass bei derart grossen Tragelementen die volle Einspannung sehr schwierig oder überhaupt nicht erreicht werden kann. Die Nachgiebigkeit der Fundation kann von Verformungen des Baugrundes und von solchen innerhalb des Fundationstragwerks, z.B. von Pfählen, herrühren. Aus den Fussrotationen resultiert ein wesentlicher Anteil der Wandverschiebungen. Sie können daher die Steifigkeit der Wand und ihren Anteil an Erdbebenkräften innerhalb eines gemischten Tragwerks wesentlich beeinflussen. Die Wirklichkeit ist schwierig einzugrenzen, da die Steifigkeit der Fundation nur mit relativ geringer Zuverlässigkeit abgeschätzt werden kann. Dazu kommt, dass die Bodensteifigkeiten für statische und dynamische Beanspruchungen sehr verschieden sind. Im zweiten Fall wird das Baugrundverhalten auch von Frequenz und Amplitude der Bewegung beeinflusst.

Um das Verhalten von gemischten Tragsystemen darzustellen, werden im folgenden einige charakteristische Grössen unter stets gleichen horizontalen statischen Ersatzkräften (um einen sinnvollen Vergleich zu ermöglichen) und unter dem El Centro-Beben von 1940 kurz verglichen. Dabei wirde das 12-geschossige Tragwerk von Bild 6.2a und b verwendet. Die statischen Ersatzkräfte greifen in jedem Stockwerk an, mit einer über die Höhe etwa linear veränderlichen Grösse. Es werden Wände mit den Längen $l_w = 3$ m und 7 m, was etwa den üblichen Grenzwerten der Wandsteifigkeiten entspricht, berücksichtigt. Die Wandschubverhältnisse η_v nach Abschnitt 6.2.1 bzw. Gl.(6.8) betragen 0.44 und 0.80.

Die Modellierung von zusammenwirkenden Rahmen und Tragwänden auf nachgiebigen Fundationen ist in Bild 6.6d angedeutet. Die dort gezeigten Federn am Wandfuss können für den Fall horizontaler Einwirkungen auch durch einen Biegebalken gemäss Bild 6.7 ersetzt werden. Mit diesem Modell wurden verschiedenste Einspanngrade am Fuss der Wände des gemischten Systems untersucht. Die folgende Diskussion beschränkt sich jedoch auf die Extremwerte der in Bild 6.7 eingetragenen Steifigkeit K. Für $K = 0$ ergibt sich am Wandfuss ein Gelenk.

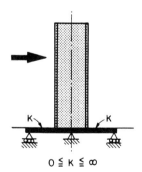

Bild 6.7: Modellierung der teilweisen Einspannung am Fuss einer Tragwand

a) Elastisches Verhalten unter statischen Ersatzkräften

Die wichtigsten Resultate der statischen elastischen Berechnung sind in den Bildern 6.8 und 6.9 dargestellt. Es zeigt sich, dass das elastische Verhalten des Tragwerks unter den Ersatzkräften bei einer mittleren Wandsteifigkeit vom Einspanngrad am Wandfuss nicht entscheidend beeinflusst wird. Bei grösserer Wandsteifigkeit ist der Einfluss der Nachgiebigkeit der Fundation jedoch wesentlicher. Die Unterschiede im Verhalten bei den betrachteten Extremwerten sind in den unteren Geschossen grösser als in den oberen.

Die Stockwerkverschiebungen werden vor allem in den unteren Geschossen bei steifen Tragwänden stark durch den Einspanngrad am Wandfuss beeinflusst, wie Bild 6.8a zeigt. Die Variation der Riegelendmomente bei der Innenstütze über die Gebäudehöhe ist in Bild 6.8b dargestellt. Sie kann mit derjenigen der Riegelquerkräfte gemäss Bild 6.4 verglichen werden. Es zeigt sich, dass beim Verlust der Einspannung am Fuss der steifen 7 m-Wand die Riegelendmomente und damit die Rahmenschnittkräfte überhaupt, vor allem in den unteren Geschossen, wesentlich grösser werden. Besonders wichtig ist die grosse Zunahme der Stützenquerkraft im Erdgeschoss, wie dies in Bild 6.8c zu sehen ist.

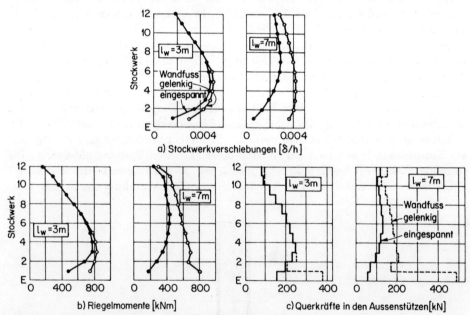

Bild 6.8: Statisch berechnete Stockwerkverschiebungen und Schnittkräfte in den Rahmen gemischter Tragsysteme

Die Wirkung eines Gelenkes am Fuss von Tragwänden auf die Wandschnittkräfte ist in Bild 6.9 dargestellt. Die Biegemomente in den weichen Tragwänden werden oberhalb des ersten Geschosses durch die Änderung der Fusseinspannung kaum beeinflusst (Bild 6.9a). Bei steifen Wänden, die bei voller Einspannung einen wesentlichen Teil der Kippmomente aufnehmen, ergeben sich jedoch wesentliche Unterschiede. Da von der ersten Decke bis zum Gelenk am Wandfuss das Biegemoment auf Null abnimmt, findet dort ein Vorzeichenwechsel der Querkraft statt. Wie Bild 6.9b zeigt, ist dieser Sprung im Querkraftverlauf sowohl bei steifen als auch bei weicheren Wänden sehr gross. Die Rahmenstützen im Erdgeschoss müssen deshalb eine Stockwerkquerkraft aufnehmen, die erheblich grösser ist als die gesamte Ersatzkraft auf dem Gebäude. Dies ist in Bild 6.8c als grosser Sprung bei der Stützenquerkraft zu sehen. Die Übertragung dieser grossen Querkraft zwischen Tragwänden und Rahmenstützen durch die Scheibenwirkung der ersten Geschossdecke ist daher genauer zu untersuchen.

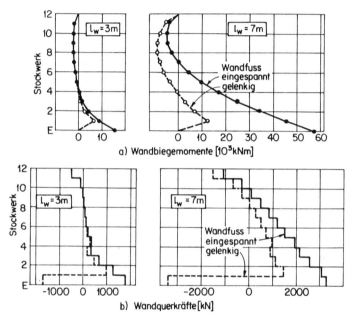

Bild 6.9: *Statisch berechnete Schnittkräfte in den Tragwänden gemischter Tragsysteme*

Es muss betont werden, dass die in den Bildern 6.8 und 6.9 erläuterten Extremfälle des Wandfuss- bzw. Fundationsverhaltens in wirklichen Tragwerken kaum vorkommen. Die Folgerung aus dieser vereinfachten Betrachtung besteht jedoch darin, dass bei Wänden mit mässiger Steifigkeit, d.h. mit einem Wandschubverhältnis $\eta_v < 0.5$, der Einfluss der Nachgiebigkeit der Fundation auf die Verschiebungen, Biegemomente und Querkräfte infolge statischer Ersatzkraft oberhalb des ersten Geschosses vernachlässigt werden kann.

Die in den Bildern 6.8 und 6.9 dargestellten Schnittkraftverläufe, kombiniert mit den Schnittkräften infolge von Schwerelasten, werden traditionellerweise zur Ermittlung von Umhüllenden der Schnittkräfte und für die Bemessung der einzelnen Tragelemente verwendet. Es ist jedoch noch zu untersuchen, ob diese Umhüllenden auch für gemischte Systeme unter dynamischer Einwirkung zutreffend sind.

b) Elastisch-plastisches Verhalten unter dynamischer Einwirkung

Um die Unterschiede bei den Verschiebungen und Schnittkräften zwischen statisch-elastischer und dynamisch-elastisch-plastischer Berechnung aufzuzeigen, wird in diesem Abschnitt das Beispieltragwerk von Bild 6.2 noch weiter betrachtet. Alle seine Tragelemente wurden nach den in Abschnitt 6.3 angegebenen Regeln bemessen. Anschliessend wurde das System rechnerisch dem El Centro-Beben (1940) unterworfen [G4]. In einigen Fällen wurde auch die Wirkung des extremen Pacoinadamm-Bebens (1971) untersucht. Im Rechenmodell entstanden unter dem El-Centro Beben am Wandfuss und in den Riegeln sämtlicher Stockwerke plastische Gelenke.

Als wichtigster Einzelparameter, der das seismische Verhalten eines gemischten Tragsystems beeinflusst, wurde die Zunahme der Grundschwingzeit infolge der Abnahme der Wandsteifigkeit bei der Bildung eines Gelenkes am Wandfuss ermittelt. Ist der Beitrag der Wand an den Schubwiderstand des Tragwerkes klein, was bedeutet, dass das Wandschubverhältnis η_v klein ist, so ist der Einfluss der Steifigkeitsänderung infolge der flexiblen Lagerung am Wandfuss auf die Grundschwingzeit vernachlässigbar. Daher ergibt sich beim Gesamtverhalten des Tragwerks bei gegebenem Erdbeben keine wesentliche Änderung. Dies zeigt auch das Verschiebungs-Zeitverhalten von zwei Beispieltragwerken in Bild 6.10. Es sind nur die Verschiebungen der Decken des 3. und 12. Stockwerks dargestellt. Für die Wand von 3 m Länge sind die Unterschiede in den ersten 10 sec vernachlässigbar. Im Fall der 7 m-Wand ist die Vergrösserung der Grundschwingzeit jedoch deutlich sichtbar. Die grössten Verschiebungen wurden durch die Einführung eines Gelenkes am Wandfuss aber nicht massgeblich verändert. Dies gilt allerdings nicht unbedingt für andere Erdbeben.

Im Hinblick auf die Bemessung ist es wichtig, den Einfluss der Wandfusslagerung auf die während der seismischen dynamischen Einwirkung auftretenden maximalen Schnittkräfte zu bestimmen und mit den Resultaten für die beiden vorher betrachteten Extremfälle unter statischen Ersatzkräften zu vergleichen. Derartige Vergleiche werden für die wichtigsten Bemessungsgrössen in den folgenden Abschnitten vorgenommen.

Die Umhüllenden der maximalen Stockwerkverschiebungen des Beispieltragwerks mit eingespannten und gelenkig gelagerten Tragwänden von 3 m und 7 m Länge, infolge des El Centro-Bebens, sind in Bild 6.11 dargestellt. Die in gewissen Normen [X8] empfohlene Grenze für die Stockwerkverschiebung von 1% der Höhe ist ebenfalls eingezeichnet. Obwohl die Verteilung über die Höhe des Tragwerks verschieden ist, hat die Art der Fusspunktlagerung keinen wesentlichen Einfluss auf die maximalen Werte. Ein Vergleich von Bild 6.8a mit Bild 6.11 zeigt wie erwartet, dass sich die Formen der Verläufe der Stockwerkverschiebungen aus der statischen und der dynamischen Berechnung über die Gebäudehöhe nicht entsprechen. Damit werden auch die Grenzen eines Duktilitätsfaktors, angewendet auf lokale Verschiebungen wie z.B. Stockwerkverschiebungen, sichtbar. Beispielsweise ergibt sich im Falle der 3 m langen Wand für beide Lagerungsarten für die maximale Stockwerkverschiebung im 5. Stock aus dem Verhältnis der Werte aus Bild 6.11 und Bild 6.8a eine Verschiebeduktilität von etwa 2. Werden jedoch für die eingespannte Lagerung die 'dynamischen' und 'statischen' Verschiebungen im obersten Stockwerk verglichen, resultiert ein Duktilitätsfaktor von etwa 4.5.

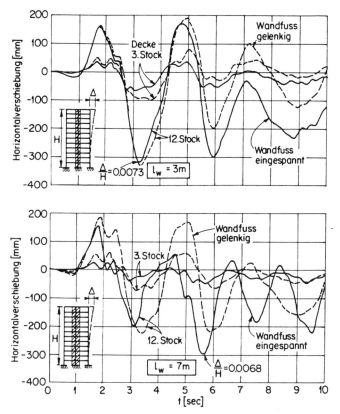

*Bild 6.10: Dynamisches Verschiebungs-Zeitverhalten von 12-geschossigen gemisch-
ten Tragsystemen (El Centro-Beben)*

Die Grösse der Wandbiegemomente bei gelenkigem Wandfuss lag allgemein innerhalb derjenigen für die voll eingespannte Wand. Die Momentengrenzwerte aus
den dynamischen Berechnungen sind in Bild 6.12 dargestellt. Sie können mit den
Momenten infolge der statischen Ersatzkräfte gemäss Bild 6.9a und den Werten des
erforderlichen Biegewiderstandes, nach den Regeln von Abschnitt 6.3 (Bild 6.26)
verglichen werden. Dabei ist zu beachten, dass in den Bildern 6.12 bis 6.15 als
Widerstandsgrösse der wahrscheinliche mittlere Widerstand mit $\Phi_m = 1.13$ (vgl.
1.3.4b) verwendet wurde. Beispielsweise ergibt sich am Fuss der eingespannten 7
m-Wand, ausgehend vom Bemessungsmoment in Bild 6.9 $M_E = 57'500$ kNm, ein mit
Rechenfestigkeiten ermittelter erforderlicher Biegewiderstand von $M_i = M_E/\Phi =
57'500/0.9 = 63'900$ kNm. Der mittlere, in Bild 6.12 dargestellte Biegewiderstand
liegt bei $1.13 M_i$, d.h. bei $72'200$ kNm. Dass am Wandfuss das dynamisch berechnete Moment ($\approx 82'000$ kNm) den mittleren Widerstand ($\approx 72'000$ kNm)
übersteigt, hängt mit dem für die dynamische Berechnung angenommenen bilinearen Momenten-Krümmungs-Diagramm zusammen, bei dem im plastischen Bereich eine Steigung (Verfestigung) von 5% der Steigung im elastischen Bereich an-

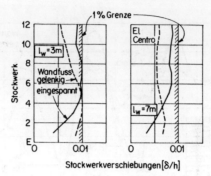

Bild 6.11: Dynamisch berechnete Stockwerkverschiebungen bei gemischten Tragsystemen

genommen wurde. Bei der grössten Krümmung im plastischen Gelenk kann sich deshalb ein ziemlich grosses Moment ergeben. Analoges gilt für die Darstellungen in den Bildern 6.14, 6.23 und 6.27.

Bei diesem Vergleich der Biegemomente zeigt sich, dass zwischen den dynamisch aus dem El Centro Erdbeben und den statisch erhaltenen Verläufen über die Bauwerkshöhe sehr wenig Zusammenhang besteht. Speziell der obere Bereich der Tragwand, welcher gemäss der statischen Berechnung kleine bis keine Momente erhalten, werden während einer seismischen Einwirkung stark beansprucht. Deshalb führt die direkte Verwendung der Resultate aus der statischen Berechnung der Schnittkräfte im Falle von gemischten Tragsystemen zu ungenügenden Entwurfsgrössen. Weiter hinten wird gezeigt, wie dieses Problem relativ einfach gelöst werden kann.

Ähnliche Vergleiche können für die in Bild 6.13 dargestellten Wandquerkräfte gemacht werden. Die grossen Querkräfte am Wandfuss, die sich bei gelenkiger Lagerung der Wand aus der statischen elastischen Berechnung für die Ersatzkräfte gemäss Bild 6.9b ergaben, treten nach der dynamischen Berechnung nicht auf. Es zeigt sich aber, dass in den oberen Geschossen die dynamischen Wandquerkräfte viel grösser sein können als die mit der statischen Berechnung ermittelten Werte.

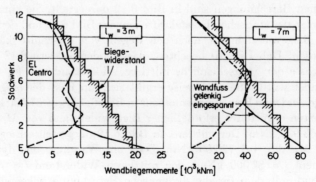

Bild 6.12: Vergleich der dynamisch berechneten Biegemomente mit dem erforderlichen Biegewiderstand der Tragwände gemischter Tragsysteme

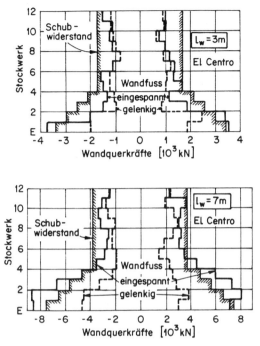

Bild 6.13: Vergleich der dynamisch berechneten Querkräfte mit dem erforderlichen Schubwiderstand der Tragwände gemischter Tragsysteme

Die Werte für den erforderlichen Schubwiderstand wurden nach den Regeln von Abschnitt 6.3 (Bild 6.24) bestimmt.

Da die Wände unter der El Centro-Anregung im allgemeinen grössere Momente und Querkräfte gemäss den Bildern 6.12 und 6.13 als jene aus der statischen elastischen Berechnung gemäss Bild 6.9 erhalten, ist es nicht erstaunlich, dass die Rahmenstützen entsprechend weniger beansprucht sind. Die Bilder 6.14 und 6.15 zeigen die maximalen Momente und Querkräfte in den Innenstützen beim El Centro-Beben. Es ist interessant, dass diese Schnittkräfte von den radikalen Änderungen in der Wandlagerung kaum beeinflusst werden. Der allgemeine Verlauf der Querkräfte über die Gebäudehöhe gemäss Bild 6.15 kann mit demjenigen von Bild 6.8c aus der elastischen Berechnung für die statischen Ersatzkräfte verglichen werden. (Der Verlauf der Querkräfte in Innen- und Aussenstützen über die Gebäudehöhe ist ähnlich.) Obwohl die Querkräfte in den Stützen des ersten Geschosses bei gelenkig gelagerter Wand durchwegs grösser sind als bei eingespannter Wand, erreichen sie nicht die aus der elastischen statischen Berechnung resultierenden Grössen (vgl. Bild 6.8c).

Das 12-geschossige Beispieltragwerk verhält sich auch ohne Einspannung am Wandfuss zufriedenstellend, wobei jedoch betont werden muss, dass dies bei anderen Erregungsfunktionen nicht unbedingt der Fall ist. In kleineren und steiferen Gebäuden kann die Abnahme der Steifigkeit infolge Verlustes der Einspannung am Wandfuss eine erhöhte Beanspruchung des Tragwerks bewirken. Als allgemeine Re-

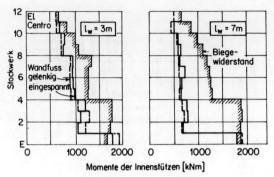

Bild 6.14: Vergleich der dynamisch berechneten Biegemomente mit dem erforderlichen Biegewiderstand der Innenstützen gemischter Tragsysteme

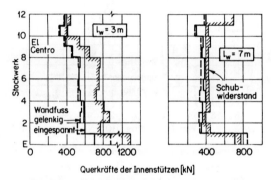

Bild 6.15: Vergleich der dynamisch berechneten Querkräfte mit dem erforderlichen Schubwiderstand der Innenstützen gemischter Tragsysteme

gel kann jedoch festgehalten werden, dass diese höheren Beanspruchungen von den entsprechenden Tragwerken meist leicht aufgenommen werden können.

In der vorangegangenen Diskussion wurden gemischte Tragsysteme für zwei extreme Bedingungen am Wandfuss betrachtet. Bei der Berechnung wird meist eine volle Einspannung vorausgesetzt, obwohl diese in Wirklichkeit kaum erreicht werden kann. Die Parametervariationen zeigen aber, dass diese Annahme auch bei recht nachgiebigen Fundationen das elastoplastische Verhalten kaum beeinflusst.

c) Abhebende Wände und räumliche Wirkungen

Die Einspannung am Wandfuss nimmt auch ab, wenn die Fundation teilweise vom Baugrund abhebt. Im Extremfall erfolgt gemäss Bild 6.16 bei der Fundation eine Kippbewegung der Wand um eine Achse nahe ihrer Druckkante. Dieser Vorgang kann auf das Verhalten gemischter Tragsysteme einen grossen Einfluss haben.

Da eine abhebende Tragwand ein relativ steifer Körper ist, treten in jedem Stockwerk Rotationen von ähnlicher Grössenordnung wie am Wandfuss auf (Bild 6.5d). Dies bewirkt ein Anheben der Querriegel, die am Zugrand der Wand in diese einmünden (Bild 6.16), und eine entsprechende Verdrillung der Decken-

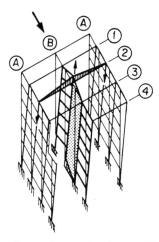

Bild 6.16: Aktivierung der Querrahmen durch eine Kippbewegung der Tragwände

platten. In den oberen Geschossen sind die Verschiebungen ähnlich wie diejenigen einer nicht abhebenden Wand, bei der sich am Wandfuss ein Fliessgelenk mit wesentlichen Rotationen gebildet hat. Wie Bild 5.24b zeigt, sind in diesem Fall die Verformungen des gedrückten Betons über die (vertikale) Länge des Fliessgelenkes klein, verglichen mit den Verlängerungen der fliessenden Bewehrung am Zugrand. Infolge der Diagonalrisse (vgl. Bild 5.44) dehnt sich das Fliessen in der Bewehrung über eine Vertikaldistanz von der Grössenordnung der Wandlänge l_w aus. Diese ungleichen plastischen Verformungen der beiden Wandränder bewirken eine Starrkörperrotation der oberen Geschosse, etwa gleich wie im Fall der abhebenden Fundation [B15].

Aufgrund dieser Betrachtungen können die wesentlichen, bei der Bemessung und konstruktiven Durchbildung gemischter Tragsysteme zu berücksichtigenden Effekte infolge abhebender Wände wie folgt festgehalten werden:

1. Die in Bild 6.16 ersichtlichen, den Querriegeln aufgezwungenen Verformungen sollten mindestens bei der konstruktiven Durchbildung und der Ermittlung des Querkraftwiderstandes der Querriegel berücksichtigt werden, auch wenn diesen in bezug auf den Erdbebenwiderstand keine primäre Rolle zufällt [B15].

2. Haben die Querriegel einen relativ grossen Biegewiderstand, so bewirken sie die Einleitung einer exzentrischen Vertikalkraft in der Nähe des Zugrandes der Tragwand auf der Höhe jeder Decke.

   Bei den sich nach oben bewegenden Teilen der Wand ist die obere Bewehrung der Querriegel unter Zug. Dort kann die mitwirkende Zugflanschbewehrung (vgl. 4.4.2b), die in Richtung der Querriegel eingelegt ist, besonders gross sein [Y2]. Daher kann der Biegewiderstand der Tragwand durch die Reaktionen aus den Querriegeln wesentlich erhöht werden. Diese Zunahme des Biegewiderstandes kann aber wieder zu höheren horizontalen Wandquerkräften führen, die zu berücksichtigen sind, soll ein vorzeitiges Schubversagen der

Wand verhindert werden [M12]. Die in 6.3 dargestellten Bemessungsschritte müssen unter Verwendung des in 6.2.1 eingeführten Wandschubverhältnisses entsprechend gestaltet werden.

3. Die erhöhten Normalkräfte in den Wänden können in der Gelenkzone am Wandfuss eine Anpassung der Umschnürungsbewehrung erforderlich machen (vgl. 5.4.2e).

4. Der rückhaltende Effekt der Querriegel auf die Neigung der Wände kann auch deren Steifigkeit wesentlich erhöhen [B15]. Ist der Anteil der Wände an der Steifigkeit des gesamten gemischten Tragsystems gross, so wird dessen Grundschwingzeit kleiner, und die Querkräfte in den Wänden höherer Gebäude nehmen zu (vgl. z.B. Bild 2.43).

5. Sich neigende Tragwände nach Bild 6.16 können zusätzliche Mechanismen der Energiedissipation mobilisieren. Dies kann in Querriegeln der Fall sein,. aber auch die plastischen Gelenke in allen in der Wandebene liegenden Riegeln nahe des Zugrandes der Tragwände können erheblichen zusätzlichen plastischen Rotationen unterworfen sein, wie dies in Bild 6.5d dargestellt ist.

6. Die durch die Wände in die angehobenen Querriegel eingeleiteten Querkräfte bewirken am anderen Ende der Riegel Zugkräfte in den Stützen. Werden diese nicht berücksichtigt, so können sich plastische Gelenke entwickeln, die keine entsprechende konstruktive Durchbildung aufweisen [Y2].

7. Sofern bei der Bemessung die Folgen dieser räumlichen Effekte berücksichtigt werden, hat die Kippbewegung der Wände eine für das Gesamtverhalten des Tragwerks unter seismischer Beanspruchung günstige Wirkung [M12].

6.2.4   Gemischte Tragsysteme mit Tragwänden beschränkter Höhe

Obwohl die Tragwände in den meisten Gebäuden über die volle Höhe gehen, können sie aus architektonischen oder anderen Gründen auch auf tieferem Niveau enden. Da am Wandende eine abrupte Änderung der Gesamtsteifigkeit erfolgt, können bei seismischer Einwirkung Probleme entstehen. Derartige Diskontinuitäten bewirken dynamische Beanspruchungen, die durch die übliche elastische statische Berechnung für Ersatzkräfte nicht erfasst werden können. Es ist daher zu vermuten, dass diese Zone vorzeitigen Schaden erleiden könnte und dass die Duktilitätsanforderungen über dem Verformungsvermögen der beteiligten Tragelemente liegen würden, was zu einer wesentlichen Reduktion des Erdbebenwiderstandes führen könnte.

Die elastischen statischen Berechnungen zeigen andererseits, dass bei gemischten Tragsystemen die Tragwände in den oberen Geschossen keine günstige Wirkung haben. Bild 6.3 legt den Schluss nahe, dass ein tiefer liegendes Wandende den erforderlichen Tragwiderstand der Rahmen in den oberen Geschossen sogar reduzieren könnte. Auch könnten eventuell die Stockwerkverschiebungen in diesen Geschossen verkleinert werden.

Im folgenden wird wiederum das Verhalten einiger Beispieltragwerke, ähnlich denjenigen am Anfang dieses Kapitels, alle mit einem Grundriss gemäss Bild 6.2a, verglichen, um allgemeine Schlüsse bezüglich des Einflusses der Wandhöhe ziehen zu können. Wiederum werden sowohl das statische elastische Verhalten unter stets gleichen horizontalen Ersatzkräften als auch das dynamische elastoplastische Verhalten unter der El Centro-Anregung betrachtet und verglichen.

Die geometrischen Eigenschaften und damit die Steifigkeiten der Tragelemente der Beispieltragwerke werden gleich angenommen wie in den vorangehenden Abschnitten. Es werden Systeme mit gelenkig gelagerten und eingespannten Tragwänden von 3 m und 7 m Länge untersucht. Bei den stets 12-geschossigen Tragwerken werden solche mit Wandhöhen von 3, 6, 9 und 12 Stockwerken sowie ein Rahmen ohne Wand betrachtet. Die Tragwände gehen dabei vom Fuss bis auf die angegebenen Höhen. Tragsysteme mit Wänden, die erst in einer gewissen Höhe beginnen, sind für seismische Beanspruchungen nicht geeignet und werden hier nicht betrachtet.

a) Elastisches Verhalten unter statischen Ersatzkräften

Im Falle der 3 m langen eingespannten Wände hat eine abnehmende Wandhöhe einen kleinen Einfluss auf die Horizontalverschiebungen. Dies liegt an der relativ

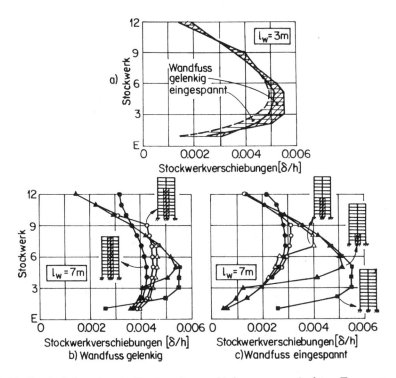

Bild 6.17: Statisch berechnete Stockwerkverschiebungen gemischter Tragsysteme mit Tragwänden unterschiedlicher Höhe

grossen Verformbarkeit dieser Wände. Daher ergibt ein Fehlen der Wand in den oberen Geschossen und auch eine Steifigkeitsabnahme durch gelenkige Lagerung am Wandfuss nur eine geringe Vergrösserung der Stockwerkverschiebungen. Bild 6.17a zeigt die Bereiche der Stockwerkverschiebungen für die fünf verschiedenen Tragwerke mit 3 m langen, am Fuss eingespannten oder gelenkig gelagerten Wänden.

Im Falle der 7 m langen eingespannten Wände ändert das Verhalten mit abnehmender Wandhöhe stärker, wie Bild 6.17c zeigt. Die Stockwerkverschiebungen oberhalb der gekürzten Wände nähern sich rasch den Werten des reinen Rahmens an. Die Abnahme der Fusseinspannung bis zu einem Gelenk verringert die Steifigkeit der Wände erheblich und damit auch den Einfluss der Wandhöhe. Dies zeigt ein Vergleich der Bilder 6.17b und c. Diesen Bildern kann ein weiteres interessantes Merkmal entnommen werden: Ist in den obersten Geschossen keine Wand vorhanden, so nehmen die Stockwerkverschiebungen in den obersten zwei oder drei Stockwerken ab. Dies rührt vom grundsätzlich verschiedenen Verhalten der beiden Arten von Tragwerken infolge statischer Kräfte her, wie dies schon in Bild 6.1 dargestellt wurde.

Die Verteilung der Stockwerkverschiebungen der Tragwerke mit Wänden unterschiedlicher Höhe und Lagerung am Wandfuss ergibt einen guten Überblick über das Verhalten dieser Systeme. Die Stützenquerkräfte und speziell die Riegelend-

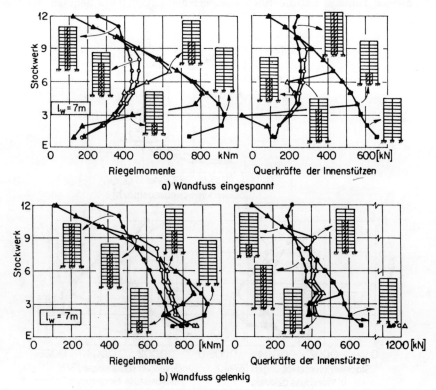

Bild 6.18: Statisch berechnete Schnittkräfte in den Rahmen gemischter Tragsysteme mit Tragwänden unterschiedlicher Höhe

momente sind etwa proportional zu den Stockwerkverschiebungen. Daher ist es nicht überraschend, dass eine Änderung bei den Randbedingungen der 3 m langen Wand die Riegelmomente nicht wesentlich beeinflusst. Erhebliche Änderungen bei den Stützenquerkräften erfolgen nur in den untersten zwei Geschossen. Der wesentlich grössere Einfluss der 7 m langen, unten eingespannten Wände auf die Riegelmomente und Querkräfte der Innenstützen ist aus Bild 6.18a ersichtlich. Er ist demjenigen bei den Stockwerkverschiebungen gemäss Bild 6.17c sehr ähnlich. Dies gilt auch für die gelenkig gelagerten Wände (vgl. Bilder 6.18b und 6.17b).

In Bild 6.19a und b sind die Wandbiegemomente für die 3 m langen Wände dargestellt. Sie sind in den ersten drei Stockwerken für beide Fälle der Wandfusslagerung praktisch unabhängig von der Höhe der Wand. Bei gelenkiger Lagerung bewirken die Rahmen eine teilweise Einspannung der Wand auf der Höhe der ersten Decke (Bild 6.19b). Aus den Momentengradienten ist ersichtlich, dass auch die Querkraftbeanspruchungen der Wände verschiedener Höhe für beide Wandlagerungen ähnlich sind.

Für die 7 m langen Wände können, mit Ausnahme derjenigen mit einer Höhe von nur drei Geschossen, für die statische Beanspruchung ähnliche Schlüsse gezogen werden. Die Verläufe der Wandbiegemomente über die Höhe sind für diese Wände in den Bildern 6.19c und d wiedergegeben. Das Auftreten von Biegemo-

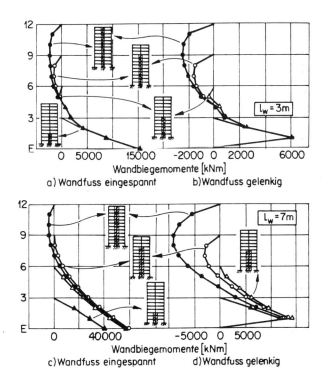

Bild 6.19: Statisch berechnete Biegemomente in den Tragwänden mit unterschiedlicher Höhe in gemischten Tragsystemen

menten ähnlicher Grösse auf der Höhe der ersten Decke im Falle aller gelenkig gelagerten 7 m-Wände hat beträchtliche und in unterschiedlichen Richtungen wirkende Querkräfte ober- und unterhalb der ersten Decke zur Folge. Die ähnlichen Querkräfte (Momentengradienten) im Erdgeschoss für die Wände verschiedener Höhen deuten an, dass gemischte Tragsysteme mit Wänden verschiedener Höhe ähnliche Wandschubverhältnisse η_v aufweisen.

Zusammenfassend kann gesagt werden, dass bei gleicher Lagerung am Wandfuss der Beitrag der Wände an den Biege- und Schubwiderstand des gemischten Tragsystems für horizontale statische Ersatzkräfte in der unteren Hälfte des Tragsystems durch die Höhe dieser Wände nicht wesentlich beeinflusst wird.

b) Elastisch-plastisches Verhalten unter dynamischer Einwirkung

Um die Brauchbarkeit der Schnittkräfte aus der elastischen Berechnung für statische Ersatzkräfte beurteilen zu können, wurden einige dieser gemischten Tragsysteme mit Tragwänden beschränkter Höhe unter der Annahme eines elastisch-plastischen Verhaltens (wie in 6.2.3b) rechnerisch den Einwirkungen des El Centro-Bebens 1940 unterworfen. Die Beispieltragwerke mit den 3-, 6- und 9-geschossigen Tragwänden, am Wandfuss gelenkig gelagert bzw. eingespannt, wurden nach Abschnitt 6.3 bemessen. Zu Vergleichszwecken wurden die Fälle 'Wand über die ganze Höhe' und 'ohne Wand (nur Rahmen)' ebenfalls eingeschlossen. Das reine Rahmensystem wurde nur für 80% der statischen Ersatzkraft der gemischten Tragsysteme bemessen.

Die maximalen Stockwerkverschiebungen sind in Bild 6.20 dargestellt. Die Unterschiede sind bei der 3 m langen Wand verschiedener Höhe (Bilder 6.20a und b) kleiner als bei der 7 m langen Wand (Bilder 6.20c und d), wie dies schon unter statischen Ersatzkräften der Fall war. Die Stockwerkverschiebungen des reinen Rahmens sind allgemein am grössten. Dies liegt an der grösseren Flexibilität der reinen Rahmen. Die Tragwerke mit gelenkig gelagerten Tragwänden weisen über die Höhe gleichmässigere Verschiebungen und am oberen Ende der Wand geringere Diskontinuitäten auf. Die Schnittkräfte wie Momente und Querkräfte in den Wänden und Stützen werden im Zusammenhang mit dem Bemessungsvorgehen in

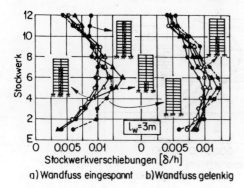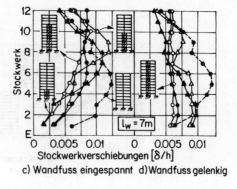

a) Wandfuss eingespannt b) Wandfuss gelenkig c) Wandfuss eingespannt d) Wandfuss gelenkig

Bild 6.20: Dynamisch berechnete Stockwerkverschiebungen bei gemischten Tragsystemen mit Tragwänden unterschiedlicher Höhe

Abschnitt 6.3 besprochen.

Diese hier zusammengefasste Untersuchung [G4] zeigt, dass auch von entsprechend bemessenen gemischten Tragsystemen mit Tragwänden beschränkter Höhe ein gutes seismisches Verhalten erwartet werden kann. In den Rahmen oberhalb der Wandenden wurden keine übermässigen Duktilitätsanforderungen festgestellt. Auch eine Verminderung der Einspannung am Wandfuss bis zur gelenkigen Lagerung ergab keine ernsthafte Beeinträchtigung des Verhaltens, wie dies schon bei der Betrachtung der gemischten Systeme mit über die ganze Höhe gehenden Wänden in Abschnitt 6.2.3b festgestellt werden konnte.

Weiter hinten wird gezeigt, dass das für gemischte Systeme mit über die ganze Höhe gehenden Tragwänden verwendete Bemessungsvorgehen auch bei Wänden beschränkter Höhe, leicht angepasst, angewandt werden kann.

Die in Abschnitt 6.2 dargestellten Fälle sollten vor allem das allgemeine und weniger das genaue Verhalten der Tragwerke erläutern. Die aufgeführten Resultate haben auch deshalb eine beschränkte Gültigkeit, weil die Modellierung vor allem auf den vorgenommenen Vergleich abgestimmt wurde. Zudem wurden bei den dynamischen Vergleichsberechnungen nur ein bis zwei Erdbebenzeitverläufe verwendet.

6.3   Bemessungsschritte bei gemischten Tragsystemen

In diesem Abschnitt werden die Schritte zur Kapazitätsbemessung von gemischten Tragsystemen beschrieben. Dabei wird nach einem ähnlichen Muster wie in Abschnitt 4.10 für Rahmen und in Abschnitt 5.5 für Tragwände vorgegangen.

Wie bereits früher erklärt, besteht die Grundidee der Kapazitätsbemessung darin, eine rationale Hierarchie des Tragwiderstandes der Elemente eines Tragwerks zu gewährleisten. Daher wird auch bei der Bemessung der vor allem infolge von Horizontalkräften beanspruchten Tragelemente in gemischten Tragsystemen, die nicht fliessen oder, wie etwa infolge Schubes, nicht spröde versagen sollen, zur Ermittlung des erforderlichen Tragwiderstandes R_i nach der folgenden allgemeinen Gleichung vorgegangen (vgl. 4.5.4a und 5.4.3a):

$$R_i \geq S_u \geq \omega \, \Phi_o S_E \qquad (6.1)$$

R_i : Mit den Rechenfestigkeiten ermittelter Tragwiderstand (vgl. 1.3.4a)

S_u : Bemessungswert der Beanspruchung (vgl. 1.3.3)

ω : Dynamischer Vergrösserungsfaktor, der das Verhältnis zwischen der unter dynamischer Einwirkung auftretenden Beanspruchung und dem elastisch aufgrund der statischen Ersatzkräfte ermittelten Wert angibt, wobei die grössten Werte während der inelastischen Beanspruchungsphase des Tragwerks erwartet werden (vgl. 4.5.4 und 5.4.3a).

Φ_o : Überfestigkeitsfaktor für den Bemessungswert der Beanspruchung aus Erdbeben (vgl. 1.3.4c)

S_E : Schnittkraft im elastischen System infolge der Erdbeben-Ersatzkräfte (vgl. 1.3.3)

Der Widerstandsreduktionsfaktor Φ bei R_i gemäss Gl.(1.1) entfällt, da er bei der Bemessung auf Beanspruchungen, die unter Berücksichtigung der Überfestigkeit plastischer Gelenke ermittelt wurden, gleich 1.0 gesetzt wird (vgl. 1.3.4a).

Soweit erforderlich werden die einzelnen Bemessungsschritte erläutert und begründet, teilweise recht ausführlich, vor allem was die Besonderheiten gemischter Tragsysteme betrifft. Dadurch soll das Verständnis für die getroffenen Annahmen und das Vorgehen erleichtert werden.

Schritt 1: Ermittlung der Ersatzkräfte
Die horizontalen statischen Ersatzkräfte sind nach den im 2. Kapitel beschriebenen Grundsätzen zu bestimmen.

Schritt 2: Ermittlung der Schnittkräfte am elastischen System
Die elastischen Schnittkräfte infolge der Ersatzkräfte werden für den Rahmen mit Tragwänden ermittelt. Diese werden als Biegemomente M_E, Querkräfte V_E, Normalkräfte P_E bezeichnet. Bei der Berechnung des elastischen Tragwerks ist der Einfluss der Rissebildung auf die Steifigkeiten sowohl bei den Rahmen (vgl. 4.1.2)

als auch bei den Tragwänden (vgl. 5.3.1a) zu berücksichtigen. Alle Tragelemente werden am Fusse des Tragwerks normalerweise als voll eingespannt angenommen. In gewissen Fällen kann die Berücksichtigung einer elastischen Einspannung angezeigt sein (vgl. Bild 6.7).

Die Schnittkräfte infolge der Ersatzkräfte werden mit denjenigen infolge Schwerelasten, multipliziert mit den entsprechenden Lastfaktoren, überlagert (vgl. 1.3.3). Einzelheiten dazu sind unter Verwendung von Lastfaktoren nach [X8] in Abschnitt 4.3.1 aufgeführt.

Schritt 3: Momentenumverteilung in den Rahmen
Falls vorteilhaft, können die Momente aus Schritt 2 sowohl horizontal in und zwischen den Riegeln eines ebenen Teilrahmens in jedem Stockwerk als auch vertikal zwischen den Riegeln im gleichen Feld der verschiedenen Stockwerkeumverteilt werden.

Die Ziele und das Vorgehen bei der Momentenumverteilung bei durchlaufenden Riegeln in Rahmen wurden in Abschnitt 4.3.2 behandelt. Es wurde darauf hingewiesen, dass mit einer Umverteilung von weniger als 30% der maximalen Momente meist ein zweckmässiger Ausgleich erreicht werden kann.

Ein Vorteil der Momentenumverteilung entlang von Riegeln ist die Verkleinerung der negativen Stützenmomente, die sich zum Beispiel aus der Kombination $M_u = M_D + 1.3 M_L + M_E^{\leftarrow}$ (vgl. 1.3.3) bei den Aussenstützen ergeben. Dadurch nimmt jedoch das allerdings meist nicht massgebende positive Moment im gleichen Querschnitt aus der Kombination $M_u = M_D + 1.3 M_L + M_E^{\rightarrow}$ zu. In diesem zweiten Fall wirken die Momente aus den Schwerelasten und diejenigen infolge Ersatzkräften, in Schritt 2 überlagert, einander entgegen. Bild 6.21 zeigt als Beispiel die Grössenordnung der Riegelbemessungsmomente bei den Aussenstützen des Rahmens nach Bild 6.2 in den verschiedenen Stadien der Berechnung. Die Momente infolge Schwerelasten (immer negativ) sind durch Kreise, die Kombination mit den Momenten $M_E^{\leftarrow}$ oder $M_E^{\rightarrow}$ durch Punkte dargestellt.

Wird eine *horizontale Momentenumverteilung* zwischen den Riegeln eines Geschosses durchgeführt, so können in unserem Beispiel die Riegelmomente bei den äusseren Stützen auf die in Bild 6.21 mit Kreuzen angedeuteten Werte verändert werden. Es zeigt sich, dass nun die positiven und die negativen Momente etwa von vergleichbarer Grösse sind. In diesem Zusammenhang wird daran erinnert, dass eine solche Momentenumverteilung auch eine Umverteilung der Querkräfte zwischen den Stützen ergibt, wobei aber deren Summe im ebenen Teilrahmen erhalten bleibt.

Da in den unteren Geschossen die Tragwände einen grossen Beitrag an den Querkrafts- und den Momentenwiderstand leisten (Bild 6.3), sind die Biegebeanspruchungen der Riegel in diesen Zonen relativ klein. Die Verteilung der Riegel- und Wandmomente über die Höhe des elastischen Tragwerks hängt von der relativen Steifigkeit der beiden Teiltragwerke ab.

Um das Tragwerk auch in ausführungstechnischer Hinsicht zu optimieren, wird eine möglichst grosse Anzahl identischer Riegel angestrebt. Deshalb ist auch eine *vertikale Umverteilung der Riegelmomente* in Betracht zu ziehen. Die Grundsätze einer vertikalen Umverteilung sind dieselben wie bei der Bemessung der Koppelungsriegel bei gekoppelten Tragwänden gemäss Bild 5.23. Die im Beispiel von Bild 6.21 als Kreuze gezeigten Bemessungsmomente können vertikal umverteilt

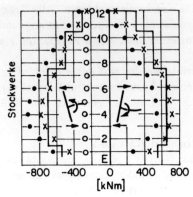

○ Momente infolge Schwerelasten
  x Lastfaktor

● Momente infolge Schwerelasten
  und Erdbeben – Ersatzkräften
  (elastische Berechnung)

x nach horizontaler Umverteilung

ı nach vertikaler Umverteilung

Bild 6.21: Umverteilung der Riegelmomente bei den Aussenstützen des gemischten Tragsystems gemäss Bild 6.2

werden, bis sich die eingezeichnete Treppenlinie ergibt. Damit können Riegel mit gleichem Biegewiderstand über mehrere Geschosse angeordnet werden. Die Fläche unter der Treppenlinie entspricht etwa derjenigen unter der durch die Kreuze begrenzten Kurve. Dies bedeutet, dass der Anteil der Rahmen am Kippmoment infolge der Horizontalkräfte durch die vertikale Momentenumverteilung nur unwesentlich verändert wird.

Aufgrund der vertikalen Momentenumverteilung veränder sich pro Stockwerk die in einige oder sogar die in alle Stützen eingeleiteten Momente. Folglich nimmt der Anteil der Stützen an der Stockwerkquerkraft in gewissen Geschossen ab (z.B. 5. Stock in Bild 6.21) und in anderen zu (z.B. 2. Stock in Bild 6.21). Um sicherzustellen, dass der gesamte, durch die Ersatzkräfte geforderte Schubwiderstand eines Stockwerks nicht abnimmt, ist eine Umverteilung der Querkräfte in horizontaler Richtung, d.h. zwischen Stützen und Tragwänden, erforderlich. Es wird weiter unten gezeigt, dass die oberen Bereiche der Tragwand mit genügend Querkraft- und Biegewiderstand versehen werden, um anstelle der Stützen zusätzliche Querkräfte aufnehmen zu können.

Um sicherzustellen, dass in den Riegeln bei kleineren Erdbeben kein vorzeitiges Fliessen stattfinden kann, soll die Reduktion der Riegelmomente durch horizontale und vertikale Umverteilungen 30% nicht übersteigen. Ebenso müssen andere Beanspruchungskombinationen, wie die Beanspruchung nur durch Schwerelasten allein, überprüft werden, damit der Riegelwiderstand für alle massgebenden Fälle noch genügend ist.

Schritt 4: Biegebemessung der Riegel

Alle massgebenden Riegelquerschnitte werden bemessen, damit die erforderlichen Tragwiderstände erreicht werden, und die Bewehrung wird festgelegt.

Dieser Routineschritt erfordert die Ermittlung von Anzahl und Durchmesser der Bewehrungsstäbe in jedem massgebenden Querschnitt (vgl. 3. Kapitel), entsprechend den oben nach der Umverteilung erhaltenen Momentengrenzwertlinien. Dabei ist es wichtig, die Lage der zwei Gelenkzonen in jeder Spannweite für jede der beiden Richtungen der Erdbebeneinwirkungen zu bestimmen (vgl. Bild 6.5a). Zur

Ermittlung der plastischen Gelenke, die ein Fliessen der unteren Biegebewehrung erfordern, sind beide Kombinationen $M_u = M_D + 1.3M_L + M_E$ und $M_u = 0.9M_D + M_E$ für beide Richtungen der Erdbebeneinwirkung zu berücksichtigen, da sie Gelenke an verschiedenen Orten ergeben können.

Die konstruktive Durchbildung der Riegel ist nach den in Abschnitt 4.4 dargestellten Grundsätzen durchzuführen.

Schritt 5: Ermittlung der Biegeüberfestigkeit der Riegelgelenke
In jedem Riegel wird die Überfestigkeit der beiden Fliessgelenke pro Spannweite je für die beiden Richtungen der Erdbebeneinwirkung ermittelt.

Das Vorgehen berücksichtigt die Verfestigung des Bewehrungsstahls und die mitwirkende Bewehrung in den benachbarten Teilen des Riegels. Einzelheiten sind in Abschnitt 4.4.2e beschrieben.

Schritt 6: Bestimmung der Riegel-Überfestigkeitsfaktoren bei den Stützen
Der Riegel-Überfestigkeitsfaktor Φ_o in der Stützenachse wird für jede Stütze in jedem Geschoss und für beide Beanspruchungsrichtungen ermittelt. Dieser Faktor wird dazu verwendet, die bei plastifizierten Riegeln in die Stützen eingeleiteten maximalen Momente zu bestimmen. Die Definition dieses Faktors sowie dessen Ermittlung bei Innen- und Aussenstützen ist in den Abschnitten 4.4.2f und 4.5.3 wiedergegeben. Die Riegelmomente auf den Stützenachsen können grafisch aus den aufgezeichneten Momentengrenzwertlinien erhalten werden, nachdem die Überfestigkeitsmomente in der genauen Lage der beiden Fliessgelenke eingetragen wurden (vgl. Bild 4.113a).

Schritt 7: Ermittlung der Bemessungsquerkräfte der Riegel
Die Querkräfte $V_{o,E}$ in den Riegeln, bei der Entwicklung der Überfestigkeit in den Fliessgelenken gemäss Schritt 5, werden für beide Richtungen der Erdbebeneinwirkung bestimmt. Kombiniert mit den Querkräften infolge Schwerelasten werden die Querkraftsgrenzwertlinien jeder Spannweite ermittelt.

Die maximalen, durch Stockwerkverschiebungen erzeugten Querkräfte $V_{o,E}$ werden auch in Schritt 10 zur Bestimmung der maximalen Stützennormalkräfte verwendet.

Schritt 8: Schubbemessung der Riegel
Für die Schubbemessung der Riegel gelten die Ausführungen in 4.10, Schritt 12.

Schritt 9: Konstruktive Durchbildung der Riegel
Für die konstruktive Durchbildung der Riegel gelten die Ausführungen in 4.10, Schritt 13.

Schritt 10: Ermittlung der Bemessungsschnittkräfte der Stützen

a) Bemessungsnormalkräfte
In jedem Stockwerk werden die infolge Erdbeben bzw. infolge der maximalen horizontalen Verschiebung in den Stützen auftretenden Normalkräfte ähnlich wie in

4.5.5 ermittelt:

$$P_{o,E} = R_v \sum_{n-j}^{n} V_{o,E}, \quad \text{wobei} \tag{6.2}$$

$$R_v = 1 - (n-j)/67 \geq 0.7 \tag{6.3}$$

R_v ist ein Reduktionsfaktor für die maximal erwartete Kraft, der die Anzahl $n - j$ der Stockwerke über dem betreffenden Schnitt berücksichtigt.

Die Riegelquerkräfte $V_{o,E}$ in jedem Stockwerk infolge der horizontalen Verschiebungen wurden in Schritt 7 berechnet. Die Wahrscheinlichkeit, dass sich in allen Riegeln oberhalb einer bestimmten betrachteten Höhe gleichzeitig die Fliessgelenke bei voller Überfestigkeit entwickeln, nimmt mit zunehmender Anzahl Geschoss oberhalb des betrachteten Schnittes ab. Der Reduktionsfaktor R_v nach Gl.(6.3) berücksichtigt diesen Effekt bei gemischten Tragsystemen. Gl.(6.3) ergibt dieselben Werte wie die Tabelle von Bild 4.26 für einen dynamischen Vergrösserungsfaktor von $\omega \leq 1.4$.

Die Ermittlung der Bemessungsnormalkräfte der Stützen erfolgt gemäss den Gleichungen (4.63) und (4.64).

b) Bemessungsquerkräfte
Für jede Stütze der oberen Stockwerke wird ähnlich wie in 4.5.7 mit Gl.(4.68) die Bemessungsquerkraft

$$V_{col} = \omega_c \, \Phi_o \, V_E \tag{6.4}$$

ermittelt, wobei der hier im Fall gemischter Systeme verwendete dynamische Vergrösserungsfaktor für die Querkräfte ω_c anzusetzen ist als:

- für das unterste Geschoss $\omega_c = 2.5$,
- für die mittleren Geschosse $\omega_c = 1.3$ und
- für das oberste Geschoss $\omega_c = 2.0$.

Die Bemessungsquerkraft in den Stützen im Erdgeschoss soll nicht kleiner als nach Gl.(4.69) angenommen werden.

Das Vorgehen zur Bestimmung der Bemessungsquerkräfte für die Stützen von gemischten Systemen ist somit sehr ähnlich demjenigen bei der Kapazitätsbemessung von duktilen Rahmen in Abschnitt 4.5.7. Da ein Schubversagen in jedem Fall verhindert werden soll, ist das Verfahren relativ konservativ. Aus Fallstudien ergab sich jedoch, dass die Querkraft für die Querbewehrung in den Stützen trotzdem sehr selten massgebend wird.

Dynamische Berechnungen von gemischten Tragsystemen zeigten, dass die im untersten und im obersten Geschoss auftretenden Stützenquerkräfte die elastisch berechneten Werte (V_E von Schritt 2) bei weitem übertreffen können [G4]. Es ist jedoch festzuhalten, dass in den üblichen gemischten Tragsystemen, wie Bild 6.3b zeigt, die Querkräfte V_E in diesen zwei speziellen Geschossen oft sehr klein sind.

c) Bemessungsmomente
Die Momente in den Stützen über und unter jeder Deckenplatte werden ähnlich wie in 4.5.6 ermittelt:

$$M_{col,red} = R_m(\omega \, \Phi_o \, M_E - 0.3 \, h_b \, V_{col}) \tag{6.5}$$

$$\text{mit} \quad 0.75 \leq \quad R_m = 1 + 0.5(\omega - 1)\left(10\frac{P_u}{f'_c A_g} - 1\right) \quad \leq 1 \tag{6.6}$$

ω : Dynamischer Vergrösserungsfaktor für die Biegemomente in den Stützen. Die Werte ω für den Fall eines gemischten Tragsystems mit einer über die ganze Höhe reichenden Tragwand sind in Bild 6.22a gegeben ($\omega \leq 1.2$)

Φ_o : Riegel-Überfestigkeitsfaktor bei der betrachteten Stütze und für die betrachtete Beanspruchungsrichtung (aus Schritt 6)

h_b : Statische Höhe des in die Stütze mündenden Riegels

R_m : Reduktionsfaktor für das Bemessungsmoment in den Stützen für den Fall eines gemischten Tragsystems mit $P_u / \left(f'_c A_g \right) \leq 0.1$, wobei P_u bei Zug negativ einzusetzen ist.

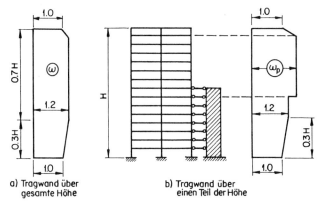

a) Tragwand über gesamte Höhe   b) Tragwand über einen Teil der Höhe

Bild 6.22: Dynamische Vergrösserungsfaktoren für die Momente der Stützen gemischter Tragsysteme

In Abschnitt 4.5.4 wurde dargelegt, dass der Hauptzweck des dynamischen Vergrösserungsfaktors für die Biegemomente ω darin besteht, die Zunahme der Momentenbeanspruchungen der Stützen infolge der höheren Eigenschwingungsformen zu berücksichtigen. Die Eigenschwingungsformen der gemischten Tragsysteme werden stark durch das Verformungsverhalten der Tragwand beeinflusst. Über die ganze Höhe verlaufende Wände verhindern, dass die Stützen durch lokale Verformungen infolge höherer Eigenschwingungsformen stärker beansprucht werden können. Es hat sich gezeigt, dass hier, im Gegensatz zu den Werten für duktile Rahmen (Tabelle von Bild 4.30) ein Wert $\omega = 1.2$ die Stützen in den oberen Geschossen genügend gegen Überbeanspruchung, d.h. Bildung von Fliessgelenken, schützt, sofern Tragwände über die volle Höhe des Tragwerks vorhanden sind. Bild 6.23 zeigt die für das El Centro-Beben berechneten Momente in den Stützen des gemischten Tragsystems von Bild 6.2 für über die gesamte Höhe reichende und unten voll eingespannte Tragwände von 3 m und 7 m Länge. Die Treppenlinie zeigt den wahrscheinlichen mittleren Biegewiderstand ($M_m = \Phi_m M_{col}/\Phi$, in dieser Studie [G4]: $\Phi_m \approx 1.13$ und $\Phi = 1.0$) und basiert auf den Empfehlungen dieses Schrittes. Daraus ist ersichtlich, dass sich nur auf der Fundation und beim Dach Fliessgelenke bilden.

Der dynamische Vergrösserungsfaktor für die Biegemomente in den Stützen ge-

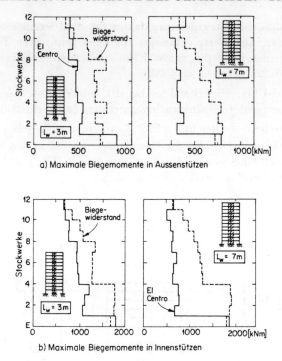

Bild 6.23: *Vergleich der dynamisch berechneten Biegemomente mit dem erforderlichen Biegewiderstand der Stützen gemischter Tragsysteme*

mischter Tragsysteme ist relativ klein ($\omega \leq 1.2$). Deshalb wird die aus dem zweiten Summanden von Gl.(6.6) resultierende Verminderung der Bemessungsmomente infolge kleiner Normaldruckkraft oder Normalzugkraft 20% selten übersteigen. Um die Rechnung zu vereinfachen, kann bei der Bemessung ein Wert von $R_m = 1.0$ verwendet werden.

Wird bei der Ermittlung der Biegemomente in den Stützen der Reduktionsfaktor R_m berücksichtigt, so kann auch die Bemessungsquerkraft V_{col} aus Gl.(6.4) mit R_m verkleinert werden.

Wände beschränkter Höhe gemäss Bild 6.6c gewährleisten denselben Schutz gegen die Fliessgelenkbildung in den Stützen wie Wände über die volle Höhe, aber nur bis ein Stockwerk unterhalb des oberen Endes der Wand. Wie in allen anderen Fällen der gemischten Tragsysteme ist am Fuss des Tragwerks mit Fliessgelenkbildung zu rechnen.

Die Stützen der gemischten Tragsysteme, die über das obere Ende einer Wand beschränkter Höhe hinausgehen, sind gegen Fliessgelenkbildung weniger gut geschützt, jedoch immer noch besser als diejenigen von reinen Rahmen. Daher ist für Stützen in diesem Teil des Rahmens ein verhältnismässig grosser Biegewiderstand erforderlich, um die gewünschte Hierarchie des Tragwiderstandes zu gewährleisten. Der maximale Wert des dynamischen Vergrösserungsfaktors ω_p für die Biegemomente in den Stützen gemischter Tragsysteme mit Wänden beschränkter Höhe kann daher zwischen $\omega = 1.2$ (vgl. Bild 6.22a) und den für reine Rahmen geltenden Werten gemäss der Tabelle von Bild 4.30 interpoliert werden:

$$\omega_p = \omega - \frac{h_w}{H}(\omega - 1.2) \tag{6.7}$$

Dabei ist h_w die Höhe der Tragwand und H die Gesamthöhe des Tragsystems. Diese Vergrösserung der Stützenendmomente sollte bei allen Stützen von einem Geschoss unterhalb des Wandendes bis zu einem Geschoss unterhalb des Dachgeschosses vorgenommen werden. Die Anwendung dieser einfachen Regel auf das Beispieltragwerk von Bild 6.2, für dessen reinen Rahmen $\omega = 1.8$ gilt, ergibt $\omega_p = 1.5$, wenn die Tragwand über 6 Stockwerke geht.

Die Regeln für die Festlegung der dynamischen Vergrösserungsfaktoren für die Momente in gemischten Tragsystemen mit Wänden beschränkter Höhe sind in Bild 6.22b dargestellt.

Schritt 11: Ermittlung der Vertikalbewehrung der Stützen
Siehe 4.10, Schritt 15.

Schritt 12: Ermittlung der Querbewehrung der Stützen
Siehe 4.10, Schritt 16.

Schritt 13: Bemessung der Rahmenknoten
Die Bemessung der Rahmenknoten erfolgt nach den Regeln in 4.7 bzw. 4.10, Schritt 17.

Schritt 14: Ermittlung der Bemessungsnormalkräfte und -momente am Fuss der Tragwände
Die Bemessungsnormalkräfte in den Tragwänden werden für die entsprechenden Kombinationen der Einwirkungen von Schwerelasten und Erdbebenkräften ermittelt.

Im Beispiel von Bild 6.2 wurde stillschweigend angenommen, dass infolge der horizontalen Kräfte auf das Gebäude in den Tragwänden keine Normalkraft entsteht. In diesem Fall betragen die Bemessungsnormalkräfte typischerweise:

$$P_u = 0.9 P_D \quad : \quad \text{Minimale Bemessungsnormalkraft}$$
$$P_u = P_D + 1.3 P_L \quad : \quad \text{Maximale Bemessungsnormalkraft}$$

Im allgemeinen wird die erste Bedingung zusammen mit den Bemessungsmomenten infolge Erdbebeneinwirkung für die Bemessung der vertikalen Bewehrung der Wand massgebend.

Wenn die Wände mit den Stützen durch steife Riegel verbunden sind, wie z.B. in Bild 6.6a, erhält man die Normalkräfte in den Wänden infolge der Erdbeben-Ersatzkräfte aus der elastischen Berechnung (Schritt 2). Dies gilt ebenfalls, wenn für die Abtragung horizontaler Kräfte anstelle von einzelnen Tragwänden gekoppelte Tragwände (vgl. 5.5) mit Rahmen zusammenwirken. Die Bemessungsnormalkräfte sind in solchen Fällen nach 5.5, Schritt 8 zu bestimmen.

Schritt 15: Biegebemessung des Querschnittes am Fuss der Tragwände
Mit der ungünstigsten Kombination von Biegemoment und Normalkraft wird für den Einspannquerschnitt an jedem Wandfuss die erforderliche Vertikalbewehrung

bestimmt. Dabei kann unabhängig von der Höhe der Normalkraftbeanspruchung ein Widerstandsreduktionsfaktor $\Phi = 0.9$ verwendet werden.

Im Hinblick auf die Ermittlung der Biegeüberfestigkeit ist die genaue Anordnung der Bewehrungsstäbe in jeder Wand festzulegen.

Schritt 16: Ermittlung der Biegeüberfestigkeit der Tragwände

Mit der Annahme $P_{o,E} = 0$ kann die Biegeüberfestigkeit mit der Normalkraft infolge Dauerlast P_D allein bestimmt werden. Ist jedoch eine Wand mit einem Rahmen steif verbunden (wie z.B. in Bild 6.6a), muss P_D mit der entstehenden Normalkraft $P_{o,E}$ kombiniert werden (vgl. 5.5, Schritt 11).

Schritt 17: Ermittlung der Überfestigkeitsfaktoren der Tragwände

Der Überfestigkeitsfaktor $\Phi_{o,w}$, als Verhältnis der Biegeüberfestigkeit M_o der Wand gemäss den angeordneten Bewehrungen zum Biegemoment M_E infolge der Ersatzkräfte gemäss Gl.(5.31), wird für jede Tragwand am Wandfuss ermittelt. Bedeutung und Verwendung dieses Faktors bei Wänden sind in 5.4.3a beschrieben.

Schritt 18: Bestimmung des Wandschubverhältnisses

Das Wandschubverhältnis η_v eines gemischten Tragsystems ist das Verhältnis der Summe der Querkräfte infolge der Ersatzkräfte am unteren Ende aller Tragwände $V_{w,E}$ zur gesamten horizontalen Ersatzkraft für das Tragsystem $F_{tot} = V_{E,tot}$:

$$\eta_v = \frac{\sum V_{w,E}}{V_{E,tot}} \tag{6.8}$$

Aus Bild 6.3b folgt, dass dieses Verhältnis für obere Stockwerke über die Höhe rasch abnehmen und im oberen Teil sogar negativ werden würde. Daher ist der Parameter η_v nur am Fuss des Tragsystems eine sinnvolle Grösse zur Angabe des von den Tragwänden übernommenen Anteils an der Erdbebeneinwirkung (vgl. 6.2.1).

Schritt 19: Ermittlung der Bemessungsquerkräfte in den Tragwänden

Am Wandfuss wird die Bemessungsquerkraft für jede Wand gemäss der folgenden Gleichung ermittelt:

$$V_{w,Fuss} = \omega_v^* \, \Phi_{o,w} \, V_{w,E} \quad \text{mit} \tag{6.9}$$

$$\omega_v^* = 1 + (\omega_v - 1)\,\eta_v \tag{6.10}$$

Dabei ist ω_v der in reinen Tragwandsystemen anzuwendende dynamische Vergrösserungsfaktor für die Querkraft in Tragwänden gemäss den Gleichungen (5.34) und (5.35).

Das Vorgehen bei der Bemessung von Wänden in gemischten Tragsystemen ist somit dem für reine Tragwandsysteme in Abschnitt 5.4.3 dargestellten zweistufigen Vorgehen sehr ähnlich.

Bei Tragwandsystemen wird zuerst die Querkraft infolge der statischen Ersatzkräfte auf den Wert, der bei der Bildung des Fliessgelenkes am Wandfuss unter Überfestigkeit auftritt, vergrössert. Dies wird durch den Überfestigkeitsfaktor $\Phi_{o,w}$ erreicht. Dann wird die Vergrösserung der Querkraft bei dynamischer Beanspruchung des Tragsystems berücksichtigt. Während der Mobilisierung des Fliessgelenkes am Wandfuss kann durch die Beiträge der höheren Eigenschwingungsformen der Schwerpunkt der Trägheitskräfte wesentlich tiefer liegen, als dies bei der Berechnung mit horizontalen Ersatzkräften (Bild 5.43) der Fall ist. Der Beitrag der höheren Eigenschwingungsformen nimmt mit der Anzahl der vorhandenen Stockwerke zu. Dieser Effekt wird durch den dynamischen Vergrösserungsfaktor für die Querkraft in den Tragwänden ω_v nach Gl.(5.34) und (5.35) berücksichtigt.

Bei gemischten Systemen hat sich gezeigt [G4], dass bei gegebener Erdbebenanregung die erdbebeninduzierte, dynamische Querkraft in den Tragwänden mit zunehmender Mitwirkung der Wände bei der Abtragung der Erdbebenkräfte ebenfalls zunimmt. Die Mitwirkung kann durch das mittlere Wandschubverhältnis η_v nach Schritt 18 erfasst werden. Für $\eta_v < 1$ liegt der dynamische Vergrösserungsfaktor ω_v^* gemäss Gl.(6.10) zwischen 1 und ω_v.

Bei der Verwendung von Bewehrungsstahl HD (Fliessgrenze $f_y = 380 \text{ N/mm}^2$) für die Vertikalbewehrung eines 12-geschossigen gemischten Tragsystems ergibt sich mit $\Phi_{o,w} \approx 1.6$, $\Phi = 1.0$, $\omega_v = 1.7$, $\eta_v = 0.6$ und $\omega_v^* = 1.42$ der erforderliche Schubwiderstand zu $V_w = 2.27 V_E$. Im Vergleich dazu beträgt der erforderliche Schubwiderstand einer nur auf den Tragwiderstand für die Ersatzkräfte und nicht nach dem Verfahren der Kapazitätsbemessung bemessenen Wand mit $\Phi = 0.85$ [X3] $V_w = V_E/0.85 = 1.18 V_E$.

Gleichung (6.9) erfordert also einen relativ grossen Schubwiderstand. Fallstudien [G4] ergaben jedoch oft Querkräfte, die bis 30% über den Werten von Gl.(6.9) lagen. Von allen hier vorgeschlagenen Berechnungsschritten erwies sich die Abschätzung der Bemessungsquerkräfte am wenigsten zufriedenstellend. Einige diesbezügliche Fragen werden daher in Abschnitt 6.4.4 noch genauer besprochen.

Oberhalb des Wandfusses soll der Schubwiderstand in den Tragwänden mindestens der in Bild 6.24 dargestellten Grenzwertlinie entsprechen. Wie Bild 6.3b

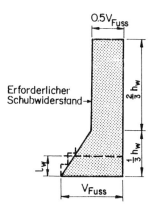

Bild 6.24: Verlauf des erforderlichen Schubwiderstandes für Tragwände gemischter Tragsysteme. (Die Höhe einer Stufe entspricht der Stockwerkhöhe.)

zeigt, kann die durch die statische Berechnung erhaltene Querkraft in der oberen Hälfte der Wand recht klein sein. Während starker dynamischer Beanspruchungen entstehen jedoch auch auf dieser Höhe wesentlich grössere Querkräfte. Eine lineare Vergrösserung der statisch ermittelten Kräfte ergäbe eine völlig unzutreffende Voraussage der in den oberen Geschossen auftretenden dynamischen Querkräfte [B15].

Deshalb wurde basierend auf Fallstudien der in Bild 6.24 dargestellte Verlauf des erforderlichen Schubwiderstandes festgelegt, der auf dem in Schritt 19 bestimmten Wert am Wandfuss beruht.

In Bild 6.25 sind einige Resultate der dynamischen Untersuchung eines 12-geschossigen Gebäudes mit dem erforderlichen Schubwiderstand gemäss Bild 6.24 verglichen. Es zeigt sich, dass unter der El Centro-Anregung die Grenzwertlinie bei relativ schlanken Wänden mit $\eta_v \leq 0.57$ zufriedenstellende Werte liefert. Bei der 7 m langen Wand ($\eta_v = 0.83$) sind jedoch die dynamischen Querkräfte in den unteren Geschossen grösser als der erforderliche Schubwiderstand. Bei gelenkig gelagerten Wänden ergab die dynamische Berechnung kleinere Querkräfte, speziell bei grösserer Wandlänge l_w, wie dies auch zu erwarten war. Die für die Pacoimadamm-Anregung berechneten Querkräfte liegen durchwegs über den vorgeschlagenen Werten. (In diesem Zusammenhang sei nochmals darauf hingewiesen, dass der Wandschubanteil η_v nach Gl.(6.8) nur für unten eingespannte Wände definiert wurde.)

Schritt 20: Schubbemessung der Tragwände im plastischen Gelenk
Für die Bemessung der Tragwände für schräge Druck- und Zugkräfte ist nach 5.5, Schritt 14, vorzugehen.

Für die Wandstärke im Bereich des plastischen Gelenkes wird die Bemessung auf schrägen Druck oft massgebend. Aufgrund der Querkraft nach Gl.(6.9) und der Beschränkungen der maximalen Schubspannungen gemäss Gl.(5.38) kann beim Wandfuss eine grössere Wandstärke als ursprünglich angenommen erforderlich sein.

Schritt 21: Bemessung der Tragwände für Gleitschub
Für die Bemessung der Tragwände aller Arten für Gleitschub gilt Gl.(3.46). Für gedrungene Tragwände sind zusätzlich die in 5.6.5 dargestellten Bedingungen zu erfüllen.

Schritt 22: Ermittlung der Umschnürungs- und der Stabilisierungsbewehrung im plastischen Gelenk der Tragwände
Über die beim Einspannquerschnitt angenommene Ausdehnung des plastischen Gelenkes ist eine zur Umschnürung des Betons im Druckbereich und zur Stabilisierung der Vertikalstäbe ausreichende Bewehrung vorzusehen. Diese Massnahmen zur Gewährleistung der Duktilität sind dieselben, wie sie für Tragwände in 5.4.2e und f beschrieben wurden.

Schritt 23: Abstufung der Vertikalbewehrung in den Tragwänden
Die Vertikalbewehrung in den Wänden ist nach der in Bild 6.26 gegebenen Linie des erforderlichen Biegewiderstandes abzustufen. Deren Verlauf ist in den oberen Geschossen etwas konservativer als derjenige für Tragwände nach Bild 5.41. Er kann, aufbauend auf dem in Schritt 2 in der elastischen Berechnung ermittelten Momentendiagramm infolge der Ersatzkräfte, nach Bild 6.26 leicht konstruiert werden. Dabei ist es wichtig, dass die Momentenlinie auf dem vorhandenen, mit Rechenfestigkeiten der Baustoffe ermittelten Biegewiderstand am Einspannquerschnitt der Wand basiert und nicht auf dem Moment in diesem Querschnitt infolge der Ersatzkräfte. Da die Linie dem erforderlichen Biegewiderstand entspricht, müssen die Bewehrungsstäbe mindestens um die volle Verankerungslänge darüber hinaus

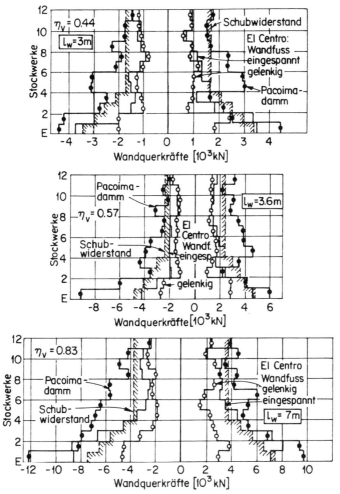

Bild 6.25: Vergleich der dynamisch berechneten Querkräfte mit dem erforderlichen Schubwiderstand der Tragwände gemischter Tragsysteme

geführt werden. Die Gründe zur Festlegung dieses Verlaufes sind in Abschnitt 5.4.2i dargelegt.

In Bild 6.27 werden die maximalen Biegemomente infolge des El Centro-Bebens (1940) und des Pacoimadamm-Bebens (1971) mit dem wahrscheinlichen mittleren Biegewiderstand aus der Bemessung gemäss Bild 6.26 verglichen. Dazu wurden zwei 12-geschossige Gebäude mit dem in Bild 6.2 gezeigten Grundriss und 3 m bzw. 7 m langen Wänden untersucht. Beide Tragsysteme wurden nach der Methode der Kapazitätsbemessung entworfen. Der Biegewiderstand enthält für das El Centro-Beben vor allem im unteren Gebäudeteil gewisse Reserven. In verschiedenen Momenten der extremen (und unrealistischen) Pacoima-Anregung wurde er jedoch in den meisten Geschossen erreicht. Die Berechnung zeigte aber auch, dass die er-

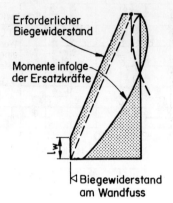

Bild 6.26: Momentenlinien für die Bemessung von Tragwänden gemischter Tragsysteme

forderlichen Krümmungsduktilitäten in den oberen Stockwerken, sogar bei dieser extremen Anregung, sehr klein waren. Zur Untersuchung des Einflusses der in Abschnitt 6.2.3 diskutierten nachgiebigen Fundationen wurden dieselben Tragsysteme mit gelenkig gelagerten Tragwänden ebenfalls der El Centro-Anregung unterworfen. Aus Bild 6.27 ist ersichtlich, dass die Biegebeanspruchung in den oberen Geschossen derjenigen der unten vollständig eingespannten Tragwände sehr ähnlich ist.

Schritt 24: Schubbemessung und Ermittlung der Stabilisierungsbewehrung oberhalb des plastischen Gelenkes in den Tragwänden
Auf der Grundlage des erforderlichen Schubwiderstandes nach Bild 6.24 kann die erforderliche horizontale Wandbewehrung auf jeder Höhe berechnet werden. Dabei ist auf die für die Gelenkzonen und für die elastisch bleibenden Bereiche verschiedenen Beiträge des Betons an den Schubwiderstand v_c zu achten (vgl. 5.4.3b). Während in der Gelenkzone, die sich bis zur Höhe l_w über dem Einspannquerschnitt ausdehnen kann (vgl. Bild 6.26), der grösste Teil der Querkraft V_w durch Bewehrung aufgenommen werden muss, kann in den oberen, elastisch bleibenden Bereichen

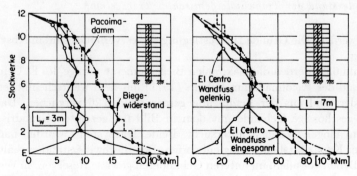

Bild 6.27: Vergleich der dynamisch berechneten Biegemomente mit dem erforderlichen Biegewiderstand der Tragwände gemischter Tragsysteme

der Wand der Beton einen wesentlichen Beitrag leisten, wodurch die erforderliche Schubbewehrung stark abnimmt.

Für die Ermittlung der Stabilisierungsbewehrung oberhalb des plastischen Gelenkes gilt Schritt 18 in Abschnitt 5.5.

6.4 Spezielle Fragen der Modellbildung und Bemessung

Die in den vorangegangenen Abschnitten beschriebenen Bemessungsverfahren und die Diskussion des Verhaltens gemischter Tragsysteme beschränken sich notwendigerweise auf einfache und regelmässige Tragsysteme. Die in wirklichen Bauwerken vorkommenden vielfältigen Formen der Kombination von Rahmen und Tragwänden erfordern, wie übrigens auch bei anderen Bemessungsproblemen im Ingenieurwesen, insbesondere bei der Modellbildung, ein grosses Mass an fachlichem Können, damit die beschriebenen Grundsätze sinnvoll angewendet werden können. Das obenstehende Vorgehen in Bemessungsschritten muss gegebenenfalls angepasst werden. Im folgenden werden einige spezielle Fragen behandelt und Hinweise für deren Behandlung mit entsprechenden Anpassungen der Grundmethode gegeben.

6.4.1 Stark unregelmässiges Tragsystem für horizontale Kräfte

Es ist eine anerkannte Tatsache, dass bei Tragwerken für horizontale Kräfte mit zunehmenden Abweichungen von Regelmässigkeit und Symmetrie das Verhalten unter seismischer Beanspruchung immer weniger zuverlässig vorausgesagt werden kann. Beispiele von Unregelmässigkeiten sind etwa grosse Änderungen der Wandabmessungen über die Höhe, Wände, die auf verschiedenen Höhen enden, oder zurückgesetzte Gebäudeteile. Unsymmetrisch im Gebäude plazierte Tragwände führen zu grossen Exzentrizitäten der angreifenden Horizontalkräfte bezüglich des Steifigkeitszentrums (Schubmittelpunkt, Rotationszentrum) des Tragsystems.

6.4.2 Torsionseffekte

Die meisten Normen machen einfache und zweckmässige Vorschriften zur Behandlung von Torsionseffekten. Als wichtiger Parameter für die Torsion wird allgemein die planmässige statische Exzentrizität, d.h. die Distanz zwischen dem Massenzentrum des oberhalb des betrachteten Stockwerks liegenden Gebäudeteils und dem Steifigkeitszentrum des Tragsystems im betrachteten Stockwerk verwendet (vgl. 2.3.1b, 4.2.5h und 5.3.2b). In einem einigermassen regelmässigen Gebäude ändert die Exzentrizität von Stockwerk zu Stockwerk nicht wesentlich. Unsicherheiten bei der planmässigen Exzentrizität werden durch eine in den Normen festgelegte zusätzliche, unplanmässige Exzentrizität berücksichtigt. Die meist noch mit Amplifikationsfaktoren für die Torsionsschwingung multiplizierten Exzentrizitäten (vgl. 2.3.1b) bewirken höhere Beanspruchungen, speziell der Tragelemente, die weiter vom Steifigkeitszentrum entfernt liegen. Da in beiden Hauptrichtungen sowohl maximale als auch minimale Exzentrizitäten zu berücksichtigen sind, wird das derart bemessene Tragsystem, verglichen mit demselben System ohne Torsionseffekte, nebst einem höheren Verdrehungswiderstand auch einen höheren Verschiebungswiderstand aufweisen.

Es wurde bereits betont, dass in gemischten Tragsystemen der Beitrag von Tragwänden an den horizontalen Tragwiderstand über die Höhe drastisch ändert. Beispiele dafür sind in Bild 6.3 gezeigt. Aus diesem Grund kann sich auch das Steifigkeitszentrum in unymmetrischen Systemen von Stockwerk zu Stockwerk wesentlich verschieben.

Um die Veränderung der Exzentrizität über die Höhe zu veranschaulichen, gehen wir von dem in Bild 6.2a dargestellten Tragsystem aus. Aus Gründen der Symmetrie ergibt sich hier keine Verschiebung des Steifigkeitszentrums über die Höhe. Es wird nun aber die linke Tragwand durch zwei 6 m lange Wände in der gleichen Ebene, 9.2 m vom linken Ende des Gebäudes, und die rechte Wand durch einen Standardrahmen ersetzt (vgl. Bild 6.28). Bei der gleichen seitlichen Verschiebung wie die Rahmen nehmen im Erdgeschoss die beiden Tragwände nun 75% der Gesamtquerkraft (vgl. Bild 6.3b) auf. Das Steifigkeitszentrum liegt damit 19.03 m vom Massenmittelpunkt des Gebäudes entfernt. Im achten Geschoss übernehmen die beiden Tragwände jedoch nur noch etwa 12% der Stockwerkquerkraft, d.h. etwa gleich viel wie ein Rahmen. Auf dieser Höhe ist die Exzentrizität vernachlässigbar. Wie Bild 6.28 zeigt, verändern sich sowohl Betrag als auch Richtung der statisch berechneten planmässigen Exzentrizität über die Höhe des Tragsystems ganz beträchtlich. Die Torsionseffekte auf Stützen und Wände in diesem System hängen dabei vor allem vom gesamten Torsionswiderstand des Tragsystems einschliesslich der Fassadenrahmen in den langen Seiten des Gebäudes ab.

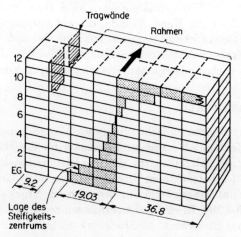

Bild 6.28: Variation der planmässigen Exzentrizität in einem unymmetrischen, 12-geschossigen gemischten Tragsystem

6.4.3 Nachgiebigkeit von Deckenscheiben

In den meisten Gebäuden sind die Verformungen der Decken infolge ihrer Beanspruchung als Scheiben vernachlässigbar. Übernehmen jedoch Tragwände in langen und schmalen Gebäuden den Hauptteil der seismischen Beanspruchung, kann es erforderlich sein, den Einfluss der Deckenverformungen auf die Aufteilung der Einwirkungen auf Rahmen und Tragwände abzuklären.

Bild 6.29 zeigt den Grundriss eines Gebäudes mit drei verschiedenen Positionen von identischen Tragwänden. Das Gebäude ist demjenigen von Bild 6.2a ähnlich, und es wird angenommen, dass der Beitrag der Tragwände zum Tragwiderstand für Horizontalkräfte in allen drei Fällen gleich sei. Die mit der Abtragung der horizontalen Kräfte verbundenen Scheibenverformungen sind in der Figur gestrichelt und relativ zueinander etwa massstäblich eingezeichnet. Die Verformungen im Fall von Bild 6.29a sind vernachlässigbar im Vergleich zu den beiden anderen Fällen.

Zur Beantwortung der Frage, ob solche Verformungen wesentlich sind, sind die folgenden Punkte zu betrachten:

1. Für den Fall des elastischen Verhaltens wird bei Vernachlässigung der Deckenverformungen der Kraftanteil der Rahmen in Bild 6.29b und c wesentlich unterschätzt. Die Deckenverformungen sollten, selbst wenn sie nur mit Hilfe grober Näherungen abgeschätzt werden, mit den Stockwerkverschiebungen der elastischen Berechnung verglichen werden. Eine Deckenscheibe sollte als nachgiebig betrachtet werden sofern die maximale Verformung in ihrer Ebene grösser ist als die doppelte durchschnittliche Stockwerkverschiebung der benachbarten Stockwerke [X4].

2. In duktilen Tragwerken werden unter starken Erdbeben wesentliche inelastische Verformungen erwartet. Je grösser diese Verformungen sind, desto weniger wichtig sind die aus den elastischen Deckenverformungen resultierenden, unterschiedlichen Verschiebungen der Rahmen.

3. Wie Bild 6.3b zeigt, nimmt der Beitrag der Wände zum horizontalen Tragwiderstand gemischter Tragsysteme mit der Höhe über dem Einspannquerschnitt ab. Daher werden die Kräfte in den oberen Geschossen unter gleichen

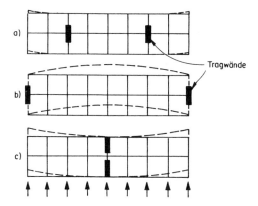

Bild 6.29: Nachgiebigkeit von Deckenscheiben

Rahmen gleichmässiger verteilt. Die Beanspruchung der Deckenscheiben auf Biegung und Schub wird dadurch stark reduziert, und die Deckenverformungen in den oberen Geschossen nehmen entsprechend ab.

4. Es wird erwartet, dass die durch Beschleunigungen erzeugten horizontalen Trägheitskräfte mit dem Abstand vom Wandfuss zunehmen, während, wie dargelegt, die Beanspruchungen der Deckenscheiben infolge der abnehmenden Mitwirkung der Tragwände kleiner werden. Daraus kann geschlossen werden, dass die Verformbarkeit der Deckenscheiben in gemischten Tragsystemen nach Bild 6.2 weniger wichtig ist als in Gebäuden, in denen der Widerstand gegen Horizontalkräfte vollständig durch Tragwände erbracht wird.

6.4.4   Erforderlicher Schubwiderstand der Tragwände

Eine Anzahl von dynamischen Fallstudien an Tragsystemen der Art von Bild 6.2 mit 3 m bis 8 m langen Tragwänden zeigt, dass die nach Abschnitt 6.3 bemessenen Systeme folgende Eigenschaften aufweisen:

1. Die inelastischen Verformungen während des El Centro-Bebens liegen innerhalb der in den meisten Normen angegebenen Grenzwerte. Die Stockwerkverschiebungen bleiben durchwegs unterhalb von 1%.

2. In den Stützen der oberen Geschosse treten keine Fliessgelenke auf.

3. Für die ermittelten Stützenquerkräfte kann ein Schubversagen der Stützen ohne eine übermässige Schubbewehrung verhindert werden.

4. Die an Wand- und Stützenfüssen erforderlichen Krümmungsduktilitäten bleiben genügend weit unterhalb der im Labor bei entsprechend konstruierten Versuchskörpern erreichten Werte.

5. Die Querkräfte in den Wänden auf der Höhe der oberen Stockwerke werden durch die Linien des empfohlenen erforderlichen Schubwiderstandes gemäss Bild 6.24 ausreichend abgedeckt. Die maximalen dynamischen Querkräfte am Fuss des Tragsystems übersteigen jedoch die Bemessungsquerkräfte (Bild 6.25).

Die letztere Tatsache verursachte Besorgnis und wurde in der Folge näher untersucht [G4]. Zuerst wurde der zeitliche Verlauf der grössten Querkräfte und Momente am Fuss der Tragwände unter der El Centro-Anregung in den Einspannquerschnitten betrachtet. Dazu wurden die Schnittkräfte in Zeitschritten von 0.1 sec während einer Beanspruchungsdauer von 10 sec festgehalten. In Bild 6.30a ist die Auftretenshäufigkeit der grössten Querkräfte, Biegemomente und deren gleichzeitige Kombination dargestellt. Es handelt sich dabei um die normierten Anteile der während den 10 sec erreichten und in Bild 6.25 gezeigten Maximalwerte. So zeigt sich beispielsweise, dass die Querkraft am Fuss der 7 m langen Wand 19mal über 60% des Maximalwertes anstieg. Bei der 3 m langen Wand wurden 90% der maximalen Querkraft 3mal, bei der 3.6 m langen Wand 90% des maximalen Fussmomentes 2mal überschritten.

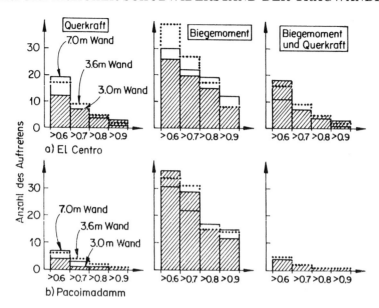

Bild 6.30: Auftretenshäufigkeit dynamisch berechneter grosser Biegemomente und Querkräfte am Fuss der Tragwände eines gemischten Tragsystems

Wie erwartet, sind solche Häufigkeitsverteilungen stark von den Charakteristiken der Anregungsfunktion abhängig. Bild 6.30b zeigt für die extrem starke Pacoimadamm-Anregung ein wesentlich anderes Muster. Während die normierten Biegemomente von vergleichbarer Häufigkeit sind, ist das Auftreten von grossen Querkräften bzw. von gleichzeitigen grossen Querkräften und Biegemomenten wesentlich seltener. Eine Verkleinerung des Zeitschrittes unter 0.1 sec liess keine aussagekräftigeren Resultate erwarten.

In Bild 6.31 sind weitere aufschlussreiche Werte dargestellt. Hier ist die totale Zeitdauer, während der in den ersten 10 sec eine bestimmte Querkraft überschritten wurde, für die beiden Erdbebenanregungen dargestellt. Die Resultate sind ziemlich beruhigend. Ein Vergleich mit Bild 6.30a zeigt, dass während des El Centro-Bebens bei der 3 m langen Wand 90% der maximalen Querkraft zwar 3mal, aber während total nur 0.12 sec überschritten wurden. Bei der 7 m langen Wand beträgt die berechnete Dauer der 19mal 60% des Maximalwertes überschreitenden Querkräfte nur 0.26 sec. Die Querkraft liegt bei dieser Wand nur gerade während 0.02 sec über 90% des Maximalwertes.

Obwohl das Verhindern eines Schubversagens bei seismischen Bemessungen von allergrösster Wichtigkeit ist, kann als Folge dieser Studie [G4] ein zeitweises Überschreiten der Bemessungsquerkraft (vgl. 5. oben) aus folgenden Gründen in Kauf genommen werden:

1. Die berechneten maximalen Querkräfte sind von sehr kurzer Dauer. Obwohl zu dieser Frage keine experimentellen Arbeiten vorliegen, ist nicht anzunehmen, dass während eines wirklichen Erdbebens innerhalb von wenigen Hundertstelssekunden ein Schubversagen eintreten kann.

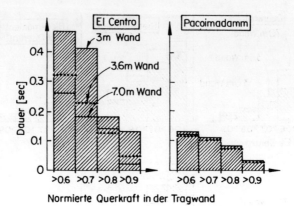

Bild 6.31: Auftretensdauer dynamisch berechneter grosser Querkräfte am Fuss der Tragwände eines gemischten Tragsystems

2. Die analytisch ermittelten Querkräfte sind stark von den verwendeten Berechnungsmodellen abhängig. Diese haben bestimmte Grenzen, speziell was die Berücksichtigung schräger Risse in beiden Richtungen und den Einfluss des Fliessens infolge Biegung auf das Schrägrissverhalten anbelangt.

3. Der während eines extremen Bebens mobilisierbare wahrscheinliche mittlere Schubwiderstand einer Wand ist grösser als der in der Bemessung gemäss Gl.(6.9) verwendete, mit Rechenfestigkeiten ermittelte Wert.

4. Angesichts der hohen Dehnungsgeschwindigkeiten während der kurzen Beanspruchungspulse ist eine gewisse Erhöhung des Schubwiderstandes zu erwarten.

5. Gewisse inelastische Schubverformungen während der sehr wenigen Phasen maximaler Querkraft können als zulässig erachtet werden.

6. Untersuchungen zeigten, dass die Tragwände und die Stützen der Rahmen nicht zur gleichen Zeit den maximalen Querkräften unterworfen sind. Daher dürfte keine Gefahr eines Schubversagens des gesamten Tragwerks bestehen.

7. Das gleichzeitige Auftreten von maximaler Querkraft und maximalem Biegemoment in Tragwänden während der seismischen Beanspruchungen ist nach den Berechnungen etwa gleich häufig wie die maximale Querkraft, d.h. bei maximaler Querkraft ist meist auch die Biegebeanspruchung maximal. Die Bemessungsempfehlungen für Schub in Abschnitt 5.4.3b wurden auf dieser Annahme aufgebaut. Die Empfehlungen stellen auch sicher, dass die Wandstärke genügend gross ist, damit die Schubspannungen auch während solcher Beanspruchungsspitzen genügend klein bleiben (vgl. Gl.(5.33).

6.4.5 Beitrag der Tragwände an den Erdbebenwiderstand gemischter Systeme

Wie zu erwarten war, ergab die dynamische Untersuchung des seismischen Verhaltens gemischter Tragsysteme, dass Tragwände die Beanspruchung der Stützen durch Biegemomente wesentlich reduzieren. Dies liegt vor allem daran, dass die Eigenschwingungsformen der relativ steifen Wände die Bildung von extremen Verformungen in den wesentlich weicheren Stützen verhindern. Daher sind die Zunahmen der Biegemomente in den Stützen über oder unter den Riegeln infolge höherer Eigenschwingungsformen viel kleiner als bei den im Beispiel von Bild 4.21 dargestellten duktilen Rahmen. Dies wurde durch die Einführung eines kleineren dynamischen Vergrösserungsfaktors für die Momente $\omega = 1.2$ in Zwischengeschossen, wie in 6.3, Schritt 10 besprochen und in Bild 6.22 dargestellt, berücksichtigt.

Der Beitrag aller Wände an den horizontalen Tragwiderstand wird durch das Wandschubverhältnis η_v nach 6.3, Schritt 18 berücksichtigt. Der minimale, in den Beispielen vorkommende Wert betrug für die beiden 3 m langen Wände $\eta_v = 0.44$.

Es stellt sich nun die Frage nach dem Mindestwert für das Wandschubverhältnis η_v, für den das in Abschnitt 6.3 beschriebene Bemessungsvorgehen noch anwendbar ist. Bei abnehmendem Wert η_v wird ein immer grösserer Anteil an den Kräften den Rahmen zugeordnet, und folglich sollten sich die Bemessungsgrössen denjenigen reiner Rahmen im 4. Kapitel annähern. Bei einem genügend kleinen Wert von z.B. $\eta_v \leq 0.1$ kann bei der Bemessung der Beitrag der Wände vernachlässigt werden. Die Wände können in diesem Fall als Sekundärelemente betrachtet werden, welche die durch die Rahmen gegebenen Verschiebungen ohne Überbeanspruchung mitzumachen haben. Ein Mindestwert für η_v wurde nicht bestimmt. Es darf aber angenommen werden, dass $\eta_v = 0.33$ dafür angemessen ist.

Für gemischte Systeme mit $0.1 \leq \eta_v \leq 0.33$ scheint daher eine lineare Interpolation zwischen den Werten η_v, ω_c, ω_v^* und R_m für duktile gemischte Tragsysteme und den entsprechenden Werten für duktile Rahmen angebracht.

Kapitel 7

Tragsysteme mit beschränkter Duktilität

7.1 Einleitung

In den Kapiteln 4 bis 6 werden die Bemessungsgrundlagen für voll duktile Tragsysteme behandelt. Bei gewissen Tragwerken erfordert die Erdbebenbeanspruchung jedoch keine erhebliche Duktilität (vgl. Bild 7.1). Diese Tatsache wird auch bei der Einteilung der Tragsysteme in Duktilitätsklassen (vgl. 2.2.7b) berücksichtigt. Für Tragsysteme mit beschränkter Duktilität können die hohen Anforderungen an die konstruktive Durchbildung der potentiellen plastischen Bereiche reduziert werden.

Ein Tragwerk kann aus verschiedenen Gründen mit beschränkter Duktilität bemessen werden:

1. Manche Tragsysteme weisen zum vorneherein einen Tragwiderstand gegen horizontale Einwirkungen auf, der wesentlich über demjenigen liegt, welcher bei einem voll duktilen Verhalten erforderlich wäre (vgl. Bild 7.1b). Daher ist unter der Wirkung des Bemessungsbebens in derartig widerstandsfähigen Bauwerken nur eine verhältnismässig kleine Duktilität erforderlich. Ein typisches Beispiel stellt das Gebäude in Bild 7.1c dar, bei dem die Schwerelasten und nicht die Erdbebeneinwirkungen für die Wahl der Abmessungen des Rahmens massgebend sind. Einige der wesentlichen Fragen betreffend Rahmen mit dominierenden Schwerelasten werden im Abschnitt 4.8 behandelt. Bei einer entsprechend quantifizierbaren Reduktion der erforderlichen Duktilität können auch die Anforderungen an die konstruktive Durchbildung heruntergesetzt werden.

2. In Fällen mit Schwierigkeiten oder relativ hohen Zusatzkosten bei der konstruktiven Durchbildung für volle Duktilität, kann die Annahme von höheren Erdbeben-Ersatzkräften mit entsprechend kleineren Anforderungen an die Duktilität vorgezogen werden. Gewisse Einsparungen können sich auch bei der durchgehenden Vereinfachung der konstruktiven Durchbildung für nur beschränkte Duktilität ergeben (Bild 7.1a).

3. Oft lassen sich Tragwerke, meist mittlerer Grösse, nicht eindeutig einer der in den Kapiteln 4 bis 6 behandelten Tragwerksarten zuordnen (Bild 7.1c). Daher

lässt sich auch ihr Verhalten unter Erdbebeneinwirkung nur näherungsweise erfassen. In solchen Fällen kann eine Bemessung auf erhöhte Ersatzkräfte mit verminderten Anforderungen an die Duktilität, ohne wesentliche Mehrkosten, die bessere Lösung sein. Auf diese Weise lassen sich auch Unsicherheiten bei für Erdbebeneinwirkungen nicht sehr geeigneten Tragsystemen umgehen.

4. In gewissen Fällen, speziell bei hohen Gebäuden (Bild 7.1e), kann für den erforderlichen Tragwiderstand die Windeinwirkung (elastisches Tragwerksverhalten) massgebend sein. Auch wenn in solchen Tragwerken eine grosse Duktilität einfach anzubieten wäre, ist diese für die zu erwartenden Erdbebeneinwirkungen unter Umständen nicht erforderlich. Deshalb kann eine konstruktive Durchbildung der potentiellen plastischen Bereiche für beschränkte Duktilität genügen.

5. Ähnliche Verhältnisse wie bei massgebender Windeinwirkung können vorliegen, wenn an die Erhaltung der Betriebsfähigkeit eines Bauwerks hohe Anforderungen gestellt werden, wenn also ein im Verhältnis zum Sicherheitsbeben starkes Betriebsbeben berücksichtigt werden muss. In solchen Fällen kann der wegen des Betriebsbebens erforderliche, verhältnismässig hohe Tragwiderstand eine Reduktion der erforderlichen Duktilität und somit die konstruktive Durchbildung der potentiellen plastischen Bereiche für beschränkte Duktilität erlauben.

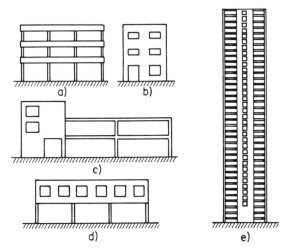

Bild 7.1: Beispiele von Bauwerken beschränkter Duktilität

Tragwerke mit beschränkter Duktilität weisen unter Erdbebeneinwirkung ein Verhalten zwischen demjenigen elastischer und demjenigen voll duktiler Bauwerke auf. Leider wurde bisher nur wenig Forschung betrieben, was die Bestimmung der massgebenden Parameter und die verminderten Anforderungen an die konstruktive Durchbildung von Tragsystemen mit beschränkter Duktilität anbelangt. Es ist jedoch offensichtlich, dass derartige Tragwerke, sofern sie richtig durchgebildet und gebaut sind, den Anforderungen genügen können.

Das Ziel dieses Kapitels ist es, für Tragwerke beschränkter Duktilität Grundlagen zur Bemessung zu geben, die einerseits genügend konservativ ist, andererseits aber trotzdem zu wirtschaftlichen Bauwerken führt. Die Grundlagen können auch zur Abschätzung des Duktilitätspotentials und damit des Erdbebenverhaltens von bestehenden, nicht auf volle Duktilität ausgelegten Tragwerken, verwendet werden.

Grundsätzlich wäre es möglich, für Tragwerke mit beschränkter Duktilität eine Bemessungsmethode ähnlich derjenigen für Tragwerke mit nicht-seismischen Einwirkungen zu verwenden. Dabei müsste aber zur Gewährleistung einer vernünftigen Hierarchie des Tragwiderstandes im vollständigen Energiedissipations-Mechanismus vor allem mit erheblich veränderten Widerstandsreduktionsfaktoren operiert werden [A6]. Das Ergebnis wäre trotzdem in manchen Fällen fragwürdig.

Ist jedoch die zur Bemessung voll duktiler Tragwerke verwendete Methode der Kapazitätsbemessung einmal bekannt, erscheint es vernünftiger und einfacher, diese ebenfalls, allerdings in stark vereinfachter Form, für Tragwerke beschränkter Duktilität zu verwenden. Deshalb wurde dieses Vorgehen auch für die in diesem Kapitel behandelten Bauwerke beschränkter Duktilität gewählt.

7.2   Vorgehen bei der Bemessung

Das Vorgehen bei der Bemessung von Tragwerken beschränkter Duktilität basiert auf folgenden Grundsätzen:

1. Die mögliche oder gewünschte Duktilität des Tragwerks ist aufgrund der gegebenen Randbedingungen bzw. aufgrund von Vorbemessung, Untersuchungen der massgebenden Tragwerkselemente oder ausführlichen Berechnungen des dynamischen Verhaltens zu schätzen. Ein diesbezüglicher grösserer Aufwand lohnt sich aber bei der Bemessung derartiger Tragwerke selten. Es empfiehlt sich eher, sich auf Erfahrung, gesunden Ingenieurverstand, Normempfehlungen [X7], [X10], [X11] und allgemeine Hinweise, entsprechend den Beispielen von Bild 7.1, abzustützen.

2. Mit der angenommenen, beschränkten Bemessungs-Verschiebeduktilität μ_Δ kann gemäss Kapitel 2 die statische Ersatzkraft einfach bestimmt werden.

3. Die Bemessungswerte der Schnittkräfte werden mit den Kombinationen der Bemessungswerte der Einwirkungen Schwerelasten und Erdbeben-Ersatzkräfte (vgl. 1.3.3) auf der Basis eines elastischen Tragwerksverhaltens bestimmt. Bei unregelmässigen Systemen kann dieser Schritt relativ hohe Anforderungen an die Modellierung stellen. Da nur eine beschränkte Duktilität gewährleistet ist, ist eine Umverteilung der Schnittkräfte, die bereits ein inelastisches Verhalten des Tragwerks voraussetzt, nur in reduziertem Masse zulässig. Im Sinne einer Richtlinie soll die Abminderung der maximalen Biegemomente in Rahmenriegeln den folgenden Grenzwert nicht übersteigen:

$$\Delta M[\%] = 7\mu_\Delta - 5 \ \leq 30 \tag{7.1}$$

4. Wird nicht mit einem vollständig elastischen Verhalten gerechnet ($\mu_\Delta > 1$), so sind im Tragwerk die gleichen Fliessgelenke wie bei voll duktilen Tragsystemen zu erwarten. Diese potentiellen plastischen Bereiche sind klar festzulegen, damit dort die für eine beschränkte oder allenfalls auch volle Duktilität erforderliche konstruktive Durchbildung gewährleistet werden kann. Mit Hilfe verschiedener Versagensmechanismen ist abzuklären, ob Bereiche mit vergleichsweise hohen lokalen Duktilitätsanforderungen vorhanden sind (vgl. z.B. Bild 4.16). In solchen Fällen ist ein anderer Energiedissipationsmechanismus zu wählen, oder es ist die Bemessungsduktilität μ_Δ für das gesamte Tragwerk zu reduzieren und die Ersatzkraft entsprechend zu erhöhen.

5. Das Prinzip der Kapazitätsbemessung, wie es für voll duktile Tragwerke entwickelt wurde, wird auch hier angewendet, damit diejenigen Teile des Tragsystems, welche elastisch bleiben sollen, gegen Überbeanspruchung, ausgehend von den angrenzenden Fliessbereichen, geschützt sind und kein sprödes Versagen möglich ist. Die Bestimmung der für die spröden Elemente massgebenden Schnittkräfte kann jedoch mit stark vereinfachten Regeln entsprechend den folgenden Abschnitten erfolgen.

6. Gewisse Tragwerke sind sehr unregelmässig und erfordern grobe Vereinfachungen bei der Modellbildung zur rechnerischen Behandlung. So ist etwa zu beachten, dass zwischen einem Rahmen mit hohen Riegeln und breiten Stützen und einer Tragwand mit Öffnungen (Aussparungen) ein kontinuierlicher Übergang besteht. Die Grösse der Öffnungen bestimmt, ob ein rahmenartiges oder ein tragwandartiges Verhalten zu erwarten ist. In derartigen, praktisch nicht allgemein klassierbaren Fällen ist der Ingenieur auf sein eigenes Urteil angewiesen. Das hier vorgeschlagene Vorgehen für Tragwerke beschränkter Duktilität ist jedoch auf Ungenauigkeiten in der Modellbildung nicht sehr empfindlich.

   Spezielle Probleme der Modellbildung ergeben sich bei gemischten Tragsystemen. In solchen Fällen kann es vorteilhaft sein, für die Abtragung der horizontalen Kräfte das wirkliche Tragwerk auf ein geeignetes primäres System zu reduzieren. Durch die Befreiung gewisser Tragelemente von der Aufgabe, zum Tragwiderstand gegen horizontale Kräfte beizutragen, kann ein komplexes, schwer erfassbares System in ein einfaches System oder mehrere einfache Teilsysteme beschränkter Duktilität überführt werden. Die ausgeschlossenen Elemente sind als Sekundärelemente zu behandeln, welche nur ihren Anteil zur Abtragung der Schwerelasten übernehmen müssen, ihr Beitrag an die Abtragung der Horizontalkräfte wird vernachlässigt. Trotzdem sind ihre kritischen Bereiche konstruktiv auf beschränkte Duktilität durchzubilden, damit die Abtragung der Schwerelasten auch bei den durch das primäre System kontrollierten Verschiebungen des Tragwerks sichergestellt ist. Bild 7.1c zeigt ein für dieses Vorgehen geeignetes Tragwerk.

7. Aufgrund der verminderten Duktilitätsanforderungen können die Regeln zur konstruktiven Durchbildung der potentiellen plastischen Bereiche gelockert werden. In den weiteren Abschnitten dieses Kapitels werden entsprechende

Vorschläge dargelegt. Angesichts des Mangels an verfügbaren Forschungsergebnissen basieren diese Vorschläge auf einer ingenieurmässigen Beurteilung durch die Verfasser und insbesondere auf Interpolationen zwischen dem Verhalten voll duktiler und demjenigen üblicher Tragelemente ohne spezielle konstruktive Durchbildung. Sie beruhen also im allgemeinen nicht auf experimentellen Untersuchungen zur beschränkten Duktilität.

7.3   Rahmen mit beschränkter Duktilität

Dieser Abschnitt behandelt die Bemessung der Elemente von Rahmen mit beschränkter Duktilität, d.h. mit einem Verschiebeduktilitätsfaktor μ_Δ zwischen etwa 3 und 4 (vgl. 2.2.7b). Oft werden Verweise auf die entsprechenden Abschnitte des 4. Kapitels beigefügt, um Ähnlichkeiten zu den für voll duktile Rahmen ($\mu_\Delta \approx 6$) gültigen Regeln oder Anpassungen derselben zu erklären. Vorerst wird in Abschnitt 7.3.1 die Bemessung der Riegel behandelt. Die Bemessung von Stützen wird für zwei verschiedene inelastische Rahmenverhalten in separaten Abschnitten dargestellt. Zuerst werden im Abschnitt 7.3.2 die Stützen von mehrstöckigen Rahmen mit einem 'starke Riegel – schwache Stützen' – Mechanismus behandelt. Dabei geht es typischerweise um Stützen von Rahmen, für deren Widerstand gegen Horizontalkräfte die Windkräfte und nicht die Erdbeben-Ersatzkräfte massgebend sind. Anschliessend wird im Abschnitt 7.3.3 das grundsätzlich verschiedene Vorgehen bei der Bemessung von Stützen erklärt, welche Teil eines Stockwerkmechanismus' ('soft storey-Mechanismus') sind. Dieser Mechanismus darf in Rahmen mit wenigen Geschossen zugelassen werden, wo ein 'starke Riegel – schwache Stützen' – Mechanismus nur schwerlich oder gar nicht vermieden werden kann. Schliesslich wird in 7.3.4 auch die Bemessung von Knoten in Rahmen mit beschränkter Duktiliät behandelt.

7.3.1   Riegel

a) Duktile Riegel

Wie bei den voll duktilen Rahmen können die Grenzwertlinien der Biegemomente infolge der Kombinationen der Einwirkungen gemäss 1.3.3 zur Festlegung der Bereiche potentieller plastischer Gelenke verwendet werden (vgl. Bild 4.16). Da es relativ einfach ist, in Riegeln ausreichende Duktilität zu gewährleisten, können auch Fliessgelenke, welche etwas von den Stützen entfernt liegen und deshalb einen erhöhten Duktilitätsbedarf aufweisen (vgl. Bild 4.16), verwendet werden. Diese Lösung erweist sich oft als nützlich, da Rahmen beschränkter Duktilität häufig von den Schwerelasten dominiert sind. Bild 4.97d zeigt, dass es in solchen Fällen schwierig sein kann, ein plastisches Gelenk mit fliessender unterer Bewehrung nahe der Stütze zu plazieren.

Während die Bestimmung für die minimale Zugbewehrung gemäss Gl.(4.46) einzuhalten ist, darf der maximale Bewehrungsgehalt gemäss Gl.(4.47) auf den folgenden Wert erhöht werden:

$$\rho_{max} = \frac{7}{f_y} \quad [\text{N/mm}^2] \tag{7.2}$$

Um jedoch eine angemessene Krümmungsduktilität zu gewährleisten, auch wenn $\mu_\Delta \leq 4$ ist, sowie zur Aufnahme nicht vorhergesehener Beanspruchungswechsel, ist in den massgebenden Querschnitten der Riegel, analog zu Gl.(4.48), der folgende Gehalt an Druckbewehrung vorzusehen:

$$\rho' = \frac{\mu_\Delta}{8}\rho \geq \frac{\rho}{4} \tag{7.3}$$

In den Bereichen plastischer Gelenke ist eine Stabilisierungsbewehrung zur Verhinderung des vorzeitigen Ausknickens der Längsbewehrung sehr wichtig (vgl. 4.4.5). Infolge der kleineren inelastischen Stahldehnungen darf jedoch der horizontale Abstand der Stabilisierungsbewehrung für die Druckstäbe des Durchmessers d_b (vgl. Bild 4.22), welche nicht mehr als 200 mm voneinander entfernt sind, erhöht werden:

$$6 \leq \frac{s}{d_b} = 16 - 2\mu_\Delta \leq 12 \tag{7.4}$$

Der Durchmesser der Querbewehrung ergibt sich aus Gl.(4.55) oder aus der Schubbemessung und sollte mindestens 8 mm betragen.

Auch wenn die auftretenden Krümmungsduktilitäten nicht unbedingt gross genug sind, um in der Zugbewehrung zu einer Verfestigung zu führen, kann doch der Einfachheit halber in beiden Gelenken einer Riegelspannweite die Biegeüberfestigkeit des Querschnittes wie für duktile Rahmen nach Gl.(4.49) ermittelt werden. Die Verwendung eines kleineren Wertes λ_o zur Erreichung einer etwas höheren Genauigkeit ist selten gerechtfertigt. Die entsprechenden, aus den Horizontalverschiebungen resultierenden Querkräfte können aus der Gleichgewichtsbedingung nach den Gleichungen (4.51) bis (4.54) ermittelt, und die Schubbewehrung kann nach 3.3.3 bestimmt werden. Unter Berücksichtigung der geringeren plastischen Verformungen ($\mu_\Delta \leq 4$) und der damit geringeren Schädigung des Betons im Bereich der Fliessgelenke, kann der Beitrag des Betons an den Schubwiderstand in den plastischen Gelenken der Riegel wie folgt angesetzt werden:

$$v_c = (4 - \mu_\Delta)\frac{v_b}{3} \geq 0 \tag{7.5}$$

Der Wert v_b ist dabei nach Gleichung Gl.(3.37) zu bestimmen.

Auch bei vollständiger Schubumkehr ist in den Fliessgelenkbereichen von Riegeln beschränkter Duktilität keine Diagonalbewehrung erforderlich.

b) Elastische Riegel

Selbst wenn in Rahmen beschränkter Duktilität die Stützen und nicht die Riegel die Energie dissipierenden Elemente sind (Bilder 7.2b bis d), führt die Methode der Kapazitätsbemessung zu geeigneten, praktischen Lösungen. Die Biegeüberfestigkeit der Fliessgelenke in den Stützen unmittelbar ober- und unterhalb eines Knotens kann einfach bestimmt werden. Die Summe dieser Momente, ohne jede

Vergrösserung für dynamische Effekte, kann als Moment an den dortigen Riegelenden verwendet werden. Da die Schwerelasten für den erforderlichen Tragwiderstand der Riegel massgebend sind, können die infolge Stützenüberfestigkeit resultierenden Momente in den Riegeln normalerweise ohne zusätzliche Bewehrung elastisch aufgenommen werden (vgl. 4.8). Weil deshalb in den Riegeln keine Duktilität erforderlich ist, ergeben sich für die konstruktive Durchbildung keine besonderen Anforderungen.

7.3.2   Stützen bei Riegelmechanismen

a) Bestimmung der Bemessungsschnittkräfte

Die Ermittlung der Normalkräfte, Querkräfte und Biegemomente zur Bemessung der Stützenquerschnitte basiert auf den im Abschnitt 4.5 gegebenen Grundlagen, wobei jedoch wesentliche Vereinfachungen möglich sind. Es ist daran zu erinnern, dass, mit einigen in 7.3.3 behandelten Ausnahmen, das Ziel der Bemessung darin besteht, einen 'schwachen Riegel – starke Stützen' – Mechanismus aufrecht zu erhalten. Zu diesem Zweck wird das entsprechend modifizierte Vorgehen zur Bemessung von Stützen duktiler Rahmen gemäss Abschnitt 4.5.8 hier beschrieben.

1. bis 4.: Diese Punkte behandeln die Berechnung des Rahmens und die Bemessung der Riegel und bleiben gleich wie bei voll duktilen Rahmen.

5. Bei der Ermittlung des Riegel-Überfestigkeitsfaktors bei einer Stütze Φ_o gemäss 4.4.2f und 4.5.3 ergeben sich für die Rahmen beschränkter Duktilität oft wesentlich grössere Werte als für die voll duktilen Rahmen. Der Grund dazu liegt in den dominierenden Schwerelasten (vgl. 4.8). Falls die folgende Gleichung erfüllt ist, so ist zu erwarten, dass das Tragsystem unter dem Bemessungsbeben elastisch bleibt:

$$\Phi_o \geq \Phi_{o,max} = \frac{\lambda_o \, \mu_\Delta}{\Phi} \tag{7.6}$$

Darin ist μ_Δ der zur Bemessung des Tragsystems beschränkter Duktilität angenommene Verschiebeduktilitätsfaktor. Wird beispielsweise ein Rahmen beschränkter Duktilität unter Verwendung von Stahl HD mit $\lambda_o = 1.4$ auf $\mu_\Delta = 3$ bemessen, so kann ein elastisches Verhalten erwartet werden, falls gilt $\Phi_o \geq \Phi_{o,max} = 1.4 \cdot 3/0.9 = 4.7$. Bei der Bemessung der Stützen brauchen also Werte von Φ_o, welche grösser sind als $\Phi_{o,max}$, nicht verwendet zu werden.

6. Da der Riegel-Überfestigkeitsfaktor bei einer Stütze Φ_o bei Tragsystemen beschränkter Duktilität die von den Riegeln in die Stützen eingeleiteten Momente meistens überschätzt, ist die Verwendung von weniger konservativen Faktoren für die Berücksichtigung der dynamischen Effekte gerechtfertigt. Es werden daher für den dynamischen Vergrösserungsfaktor für das Biegemoment in den Stützen ω (vgl. 4.5.4), der die ungleichmässige Verteilung der Knotenmomente infolge höherer Eigenschwingungsformen berücksichtigt, die folgenden Werte empfohlen:

   a)   Im Erdgeschoss und bei der obersten Decke:
      $\omega = 1.0$ für ebene und $\omega = 1.1$ für räumliche Rahmen.

   b)   In allen Geschossen dazwischen:
      $\omega = 1.1$ für ebene und $\omega = 1.3$ für räumliche Rahmen.

7. In 4.5.5 wird begründet, dass die erdbebeninduzierte Normalkraft in den Stützen als Summe der durch die über dem betrachteten Schnitt liegenden Riegel eingeleiteten Querkräfte $V_{o,E}$ zu ermitteln ist, d.h. $P_{o,E} = \Sigma V_{o,E}$. Zur Bestimmung der Riegelquerkräfte braucht Φ_o jedoch nicht grösser als $\Phi_{o,max}$ gemäss Gl.(7.6) angenommen zu werden. Eine weitere Verfeinerung wie die Einführung des Reduktionsfaktors R_v für die Normalkraft gemäss der Tabelle von Bild 4.26 ist nicht gerechtfertigt. Die maximalen und minimalen Bemessungsnormalkräfte P_u werden mit den Gleichungen (4.63) und (4.64) wie für duktile Rahmen ermittelt.

8. Die Bemessungsquerkräfte in den Stützen können unter Beachtung von $\Phi_o \leq \Phi_{o,max}$ gemäss Gl.(6.7) wie folgt angenommen werden:

$$V_{col} = 1.1\,\Phi_o V_E \quad \text{für ebene Rahmen}$$
$$V_{col} = 1.3\,\Phi_o V_E \quad \text{für räumliche Rahmen}$$

9. Die massgebenden Bemessungsmomente an Kopf und Fuss der Stützen in den oberen Geschossen werden mit Gl.(4.66) ermittelt:

$$M_{col,red} = R_m \left(\omega \Phi_o M_E - 0.3 h_b V_{col} \right)$$

Der Momentenreduktionsfaktor R_m für Stützen mit kleiner Normaldruckkraft kann der Tabelle von Bild 4.30 entnommen werden. Dieser Aufwand ist jedoch selten gerechtfertigt, und in den meisten Fällen kann $R_m = 1.0$ verwendet werden.

Es sei darauf hingewiesen, dass die nach den obigen Regeln ermittelten erdbebeninduzierten Schnittkräfte, basierend auf der Überfestigkeit der Fliessgelenke in den Riegeln, im allgemeinen ziemlich konservativ sein dürften. Sie werden jedoch, was die Stützenabmessungen und den Bewehrungsgehalt anbelangt, selten massgebend, und das Vorgehen ist sehr einfach.

b) Bemessung und konstruktive Durchbildung der Stützen

Die Anordnung der Vertikal- und der Querbewehrung in den Stützen hat den allgemeinen Regeln in den Abschnitten 4.5.9 und 4.5.10 zu genügen. Gewisse Regeln der Bemessung und konstruktiven Durchbildung können jedoch etwas gelockert werden:

1. Obwohl am Fuss der Stützen der oberen Stockwerke keine inelastischen Verformungen erwartet werden, können grosse Zug- und Druckbeanspruchungen in den vertikalen Bewehrungsstäben auftreten. Im Bereiche von Stössen der Vertikalbewehrung ist daher den Anforderungen von 3.4.4, insbesondere den Gleicungen (3.59) bzw. (3.60), zu genügen. Auch ist bei Abkröpfungen eine Bewehrung für die Ablenkkraft gemäss Gl.(3.61) einzulegen.

2. Vorausgesetzt, dass $\mu_\Delta \leq 3$, darf die Längsbewehrung auch am Stützenfuss des Erdgeschosses, wo ein Fliessgelenk zu erwarten ist, gestossen werden. In diesem Fall hat die Querbewehrung gemäss Bild 4.32b ebenfalls Gl.(3.59) bzw. (3.60) zu genügen. Natürlich ist auch hier eine Bewehrung für die Ablenkkraft von Abkröpfungen gemäss Gl.(3.61) anzuordnen.

3. Die Schubbewehrung im Bereich des plastischen Gelenkes am Stützenfuss des Erdgeschosses ist unter der Annahme zu ermitteln, dass der Beitrag des Betons an den Schubwiderstand v_c bei Normaldruckkraft bzw. Normalzugkraft nach den Gleichungen (3.38) bzw. (3.39) bestimmt, jedoch nicht höher als nach Gl.(7.5) für Riegel angenommen wird. Der Mindestwert von v_c ist jedoch durch Gl.(3.42) gegeben.

Für die nach 7.3.2a bemessenen Stützen in den oberen Geschossen und für den elastischen Teil der Stützen im Erdgeschoss ist der Beitrag des Betons an den Schubwiderstand nach den Gleichungen (3.38) bzw. (3.39) zu bestimmen.

Die Regeln über den vertikalen Abstand der Schubbewehrung von Stützen im Abschnitt 4.5.10 sind auch hier anzuwenden.

4. Die Umschnürungsbewehrung in den Bereichen potentieller Fliessgelenke ist nach Abschnitt 3.3.2a, Gl.(3.25) und (3.28) zu ermitteln.

5. Die Stabilisierungsbewehrung zu der unter Druck stehenden Vertikalbewehrung ist im Bereich des plastischen Gelenkes am Stützenfuss des Erdgeschosses nach den Regeln für Riegel (Gl.(7.4)) festzulegen. In den Endbereichen der Stützen in den oberen Geschossen, wo keine Fliessgelenke erwartet werden, soll der vertikale Abstand dieser Bewehrung das Zwölffache des Durchmessers der zu haltenden Vertikalbewehrung nicht überschreiten.

Diese Regeln gelten nur für Stützen, deren Schnittkräfte nach Abschnitt 7.3.2a ermittelt wurden.

7.3.3   Stützen bei Stockwerkmechanismen

Sozusagen den Übergang von Rahmenmechanismen mit Riegelgelenken (Riegelmechanismen) zu Stockwerkmechanismen (Stützenmechanismen) gemäss Bild 1.4 bilden Rahmenmechanismen mit Fliessgelenken in den Innenstützen gemäss Bild 4.96. Solche Rahmenmechanismen eignen sich recht gut zur Energiedissipation in Tragsystemen mit beschränkter Duktilität.

Falls gezeigt werden kann, dass die erforderliche Rotationsduktilität und damit die Krümmungsduktilität in den potentiellen plastischen Bereichen der Stützen nicht zu gross werden, kann die Bildung von Fliessgelenken in beliebigen Stockwerken erlaubt werden. Damit sind Stockwerkmechanismen nach Bild 7.2b bis d in Tragsystemen beschränkter Duktilität zugelassen. Die Beispiele in den Bildern 7.1a und d sind typisch für solche Tragsysteme. Stockwerkmechanismen bieten oft beträchtliche Vorteile bei niedrigen Rahmen mit dominierenden Schwerelasten. Es wird im Abschnitt 4.8 gezeigt, dass in solchen Fällen der Mechanismus nach

Bild 7.2a, mit starken Stützen, schwierig zu erreichen ist. Wenn jedoch Stockwerkmechanismen wie in den Bildern 7.2b bis d das inelastische Verhalten kontrollieren, ist es relativ leicht, die Riegel stärker auszubilden damit diese elastisch bleiben.

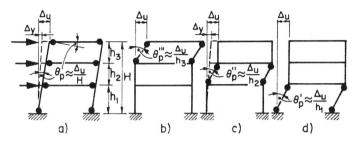

Bild 7.2: Verschiebemechanismen von Rahmen beschränkter Duktilität

Als Beispiel für das näherungsweise, aber rationale Bemessungsvorgehen wird der Rahmen von Bild 7.2 verwendet. Dabei wird vorausgesetzt, dass alle gezeigten Rahmen identisch sind und die gleichen Horizontalkräfte aufzunehmen haben. Deshalb beträgt die maximale elastische Verschiebung aller Rahmen am oberen Ende Δ_y. Damit wird der Verschiebeduktilitätsfaktor $\mu_\Delta = \Delta_u/\Delta_y$ definiert. Für den 'schwache Riegel – starke Stützen' – Mechanismus in Bild 7.2a betragen die Rotationen der Fliessgelenke in den Riegeln und an den Stützenfüssen etwa $\theta_p = \Delta_u/H$. Es ist klar, dass die Rotationsduktilitäten in allen acht Fliessgelenken etwa gleich gross sind wie die Gesamt-Verschiebeduktilität, d.h. $\mu_\theta \approx \mu_\Delta$, falls zwischen den einzelnen Geschossen nicht erhebliche Steifigkeitsunterschiede vorhanden sind. Empfehlungen für die Bemessung der Elemente derartiger Rahmen beschränkter Duktilität werden in den vorangehenden Abschnitten 7.3.1 und 7.3.2 gegeben.

Dieser Abschnitt behandelt die Fälle, in denen die Stützen die schwachen Glieder bilden (Bilder 7.2b bis d). Für die gleiche Gesamtduktilität μ_Δ sind die Stützengelenke wesentlich grösseren Gelenkrotationen $(\theta'_p, \theta''_p, \theta'''_p)$ unterworfen und weisen damit einen grösseren Bedarf an Rotationsduktilität auf. Diese beträgt näherungsweise:

$$\mu_c = \mu_{\theta,i} = \frac{H}{h_i}\mu_\Delta \qquad (7.7)$$

wobei $\mu_c = \mu_{\theta,i}$ die Rotationsduktilität der Stützenfliessgelenke im i-ten Stockwerk mit der Geschosshöhe h_i ist.

Soll nun der Duktilitätsbedarf μ_c einer solchen Stütze auf einen realistischen, erreichbaren Wert begrenzt werden, so muss die Duktilität des Gesamtrahmens reduziert werden auf:

$$\mu_\Delta \leq \frac{h_i}{H}\mu_c \qquad (7.8)$$

Wenn die Rotationsduktilität der Stütze beispielsweise auf $\mu_c \leq 4$ beschränkt werden soll, erhält man unter der Annahme gleicher Geschosshöhen für den Rahmen von Bild 7.2 eine für die Ersatzkräfte massgebende Gesamtduktilität von $\mu_\Delta = 4/3 = 1.33$. Da das maximale Moment und die maximale Normalkraft gleichzeitig auftreten, sind meist die Stützen im untersten Geschoss massgebend.

Es zeigt sich also, dass bei der Entwicklung von Stockwerkmechanismen mit Stützen beschränkter Duktilität, z.B. bei einem vierstöckigen Gebäude, etwa auf die gleichen Erdbebenkräfte wie bei elastischem Verhalten bemessen werden muss. Wird umgekehrt der Rahmen von Bild 7.2 auf eine Verschiebeduktilität von $\mu_\Delta = 2$ und entsprechend niedrigere Erdbebenkräfte bemessen, so ist eine Stützenrotationsduktilität in der Grössenordnung von $\mu_c = 2H/h_i \approx 6$ erforderlich. Dies würde eine konstruktive Durchbildung der Fliessgelenkzonen in den Stützen wie im Falle von voll duktilen Rahmen gemäss Abschnitt 4.5 erfordern. Abgesehen von der Verschiebung des Stossbereiches auf die Stützenmitte bietet diese Art der Durchbildung jedoch keine Schwierigkeiten. Das Tragwerk als ganzes ist also auf beschränkte Duktilität, die Fliessgelenkbereiche der Stützen jedoch auf volle Duktilität zu bemessen.

Für ein- oder zweistöckige Rahmen ergeben sich aus dem Stockwerkmechanismus keine übermässigen Anforderungen an die Duktilität der Stützenfliessgelenke. Diese können daher konstruktiv durchgebildet werden wie die Stützengelenke im Abschnitt 7.3.2, mit der Ausnahme, dass die Grösse μ_Δ durch μ_c zu ersetzen ist. Bei einem zweistöckigen Rahmen mit $h_1 = 4$ m und $h_2 = 3$ m, der auf eine Gesamtduktilität von $\mu_\Delta = 2$ bemessen wird, sind die Stützen im untersten Geschoss für $\mu_c = 2 \cdot 7.0/4.0 = 3.5$ auszulegen.

7.3.4   Rahmenknoten

Da über Verhalten und Bemessung von Rahmenknoten unter Erdbebenbeanspruchung relativ wenig Information vorhanden ist, wurden diese im Abschnitt 4.7 ausführlich dargestellt. In diesem Abschnitt werden deshalb nur noch jene Aspekte behandelt, welche für Tragsysteme beschränkter Duktilität Vereinfachungen zulassen. Als Resultat der kleineren inelastischen Stahldehnungen kann erwartet werden, dass der Knotenkern weniger geschädigt wird. Dies sollte zu einem grösseren Beitrag des Betons an den Schubwiderstand und zu einer besseren Verankerung der Bewehrung im Knoten führen.

a) Ermittlung der inneren Kräfte

Die Bestimmung der am Knoten wirkenden Kräfte wird in den Abschnitten 4.7.4a, b und c unter Bezug auf Bild 4.53 gezeigt. Sind an beiden Seiten einer Innenstütze plastische Gelenke zu erwarten, so sind die Knotenkräfte entsprechend zu bestimmen (Bild 4.53b), z.B. unter Verwendung von Gl.(4.104). In Rahmen beschränkter Duktilität sind jedoch die erforderlichen Krümmungsduktilitäten kleiner. Der Einfluss der Verfestigung ist klein und beim Material-Überfestigkeitsfaktor λ_o vernachlässigbar. Darüber hinaus wird der untenliegende Bewehrungsstahl beim Knoten unter Umständen gar nicht fliessen, da sich das Fliessgelenk mit Zug an der Riegelunterseite, falls überhaupt, in gewisser Entfernung von der Stützenkante entwickelt. Solche Beispiele sind in Bild 4.97 zu sehen. Nach der Bestimmung der Überfestigkeit der beiden Fliessgelenke jeder Riegelspannweite können die entsprechenden Momente in den Stützenachsen oder an den Stützenaussenkanten einfach ermittelt werden.

Als Beispiel eines Rahmens mit beschränkter Duktilität wird der dreifeldrige Rahmen von Bild 4.97 analysiert. Für die in Bild 4.97g gezeigten Positionen der plastischen Gelenke kann bei Überfestigkeit ein Moment von $M_{oB}^{\rightarrow} = 264$ kNm links der Innenstütze (B) erwartet werden. Aufgrund der Lage der positiven plastischen Gelenke in der Spannweite B-C kann sich rechts der Stütze (B) nur ein Moment von 33 kNm entwickeln. Dieses Moment erzeugt in der untenliegende Bewehrung nicht Zug sondern Druck. Das in die Stütze (B) eingeleitete Moment, welches eine Querkraft im Knoten erzeugt, beträgt demnach nur $\Sigma M_{B,col}^{\rightarrow} = 264 - 33 = 231$ kNm. Dies ist wesentlich weniger als das vergleichbare Moment, welches sich beim voll duktilen, erdbebendominierten Rahmen am Knoten nach Bild 4.53 ergibt.

Da das Momentendiagramm für alle Spannweiten, mit je zwei Fliessgelenken mit Überfestigkeit, vorhanden ist, können die in die Stützen eingeleiteten Riegelmomente und damit die entsprechenden Stützenquerkräfte ermittelt werden. Anschliessend sind die inneren Kräfte, wie sie in Bild 4.53b und c gezeigt sind, zu bestimmen. Unter Verwendung der Gleichungen (4.85), (4.94), (4.96) oder selten Gl.(4.104) kann die horizontale Knotenquerkraft V_{jh} berechnet werden.

Werden Stockwerk- und somit Stützenmechanismen wie in Bild 7.2b, c und d zugelassen, so ist umgekehrt vorzugehen, indem zuerst die maximal möglichen Stützenmomente über und unter dem Knoten bestimmt werden. Die Knotenquerkraft kann nun aus den inneren vertikalen oder horizontalen Kräften, welche zusammen im Gleichgewicht sein müssen, ermittelt werden.

b) Schubspannungen im Knoten

Die Knotenschubspannungen werden in dieser Art Tragwerk kaum massgebend, der Grenzwert nach Gl.(4.110) sollte jedoch möglichst nicht überschritten werden.

c) Beitrag des Betons an den Schubwiderstand

Der Beitrag der Betondruckdiagonalen an den Schubwiderstand wurde im Abschnitt 4.7 getrennt für elastische (Gl.(4.101) und (4.102)) und für inelastische Knoten (Gl.(4.113)) behandelt. Für die Ermittlung des Beitrages der Betondruckdiagonalen an den Widerstand gegen horizontale Knotenquerkräfte kann zur Interpolation bei beschränkter Duktilität Gl.(4.101) wie folgt erweitert werden:

$$V_{ch} = \frac{A_s'}{A_s} \left[(1.5 - 0.2\mu_\Delta) \frac{C_j P_u}{A_g f_c'} - 0.1\mu_\Delta + 0.6 \right] V_{jh} \qquad (7.9)$$

Diese Gleichung ist für Bemessungszwecke in Bild 7.3 dargestellt. Beim eingezeichneten Beispiel beträgt der Anteil der Betondruckdiagonalen (vgl. Bild 4.56a) am Widerstand gegen die gesamte horizontale Knotenquerkraft V_{jh}, welche durch die symmetrische Riegelbewehrung ($A_s' = A_s$) in die Stütze eingeleitet wird, etwa 55%. Dabei wurde angenommen, dass es sich um die Stütze eines Rahmens handelt, der mit $\mu_\Delta = 2.5$ bemessen wurde, und die unter einer Normalkraft von mindestens $C_j P_u = 0.2 f_c' A_g$ steht. Die verbleibenden 45% der gesamten Knotenquerkraft V_{jh} müssen durch horizontale Knotenschubbewehrung aufgenommen werden, wie das mit der gestrichelten Geraden angedeutet ist.

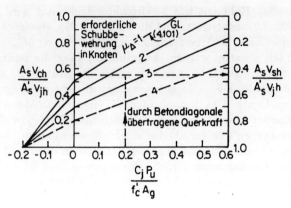

Bild 7.3: Beiträge an den Schubwiderstand gegen die im Knoten wirkende horizontale Querkraft bei Rahmen beschränkter Duktilität

Der Widerstand gegen vertikale Querkräfte wird durch die Duktilitätsanforderungen an die plastischen Gelenke in den angrenzenden Riegeln kaum beeinflusst, wenn die Stütze, nach Abschnitt 7.3.2 bemessen, elastisch bleiben soll. Der Grund liegt darin, dass die vertikalen Druckspannungen in der Stütze am oberen und unteren Rand des Knotens (vgl. Bild 4.56a) durch die Schnittkräfte der plastifizierenden Riegel nicht beeinflusst werden. Der Beitrag der Betondruckdiagonalen (Bild 4.56) an den Widerstand gegen vertikale Knotenquerkräfte wird durch Gl.(4.102) erfasst. Daher kann für Knoten von Rahmen beschränkter Duktilität nach Bild 7.2a mit elastisch bleibenden und symmetrisch bewehrten Stützen ($A'_{sc} = A_{sc}$) angenommen werden:

$$V_{cv} = \left(0.7 + \frac{C_j P_u}{A_g f'_c}\right) V_{jv} \tag{7.10}$$

Es ist zu bemerken, dass für den gemäss 4.7.5 für Knoten in räumlichen Rahmen mit den Gleichungen (4.126) und (4.127) ermittelten Wert $C_j < 1.0$ gilt. Ist in einer Stütze eine Normalzugkraft vorhanden, so sinkt der Beitrag des Betons auf null, wenn die Zugkraft $C_j P_u \le -0.2 f'_c A_g$ ist. Dazwischen kann eine einfache Interpolation analog zu Bild 7.3 verwendet werden.

Die obigen Regeln wurden für Rahmen beschränkter Duktilität mit 'schwache Riegel – starke Stützen' – Mechanismen entwickelt (vgl. Bild 7.2a). Werden Stockwerkmechanismen der Art der Bilder 7.2b, c und d zugelassen, so müssen die Rollen von Riegeln und Stützen und deshalb auch die entsprechenden Gleichungen vertauscht werden. Das Vorgehen ist folgendermassen zu modifizieren:

1. Der Beitrag der Betondruckdiagonalen an den Widerstand gegen vertikale Knotenquerkräfte ist nach Gl.(7.10) mit $P_u = 0$ zu ermitteln, wobei V_{jh} durch V_{jv} zu ersetzen ist. Ferner ist aus den im Abschnitt 7.3.3 erwähnten Gründen μ_Δ durch μ_c, die erforderliche Rotationsduktilität der Stütze, zu ersetzen.

2. Der Beitrag der Betondruckdiagonalen an den Widerstand gegen horizontale Knotenquerkräfte ist nach Gl.(7.10) mit $P_u = 0$ zu ermitteln, wobei auch hier V_{jv} durch V_{jh} zu ersetzen ist.

d) Knotenschubbewehrung

Die Knotenschubbewehrung ist nach 4.7.4f unter Verwendung der folgenden einfachen Beziehungen zu bestimmen:

$$V_{sh} = V_{jh} - V_{ch} \quad (4.98) \qquad V_{sv} = V_{jv} - V_{cv} \quad (4.100)$$
$$A_{jh} = V_{sh}/f_{yh} \quad (4.116) \qquad A_{jv} = V_{sv}/f_{yv} \quad (4.117)$$

Die horizontale Knotenschubbewehrung soll jedoch nicht geringer sein als die Querbewehrung in den benachbarten Stützen.

e) Verbund und Verankerung

Die Angaben in Bild 4.68 zur Begrenzung des Stabdurchmessers in Form eines zulässigen Verhältnisses d_b/h_c basieren auf sehr konservativen Annahmen. Während der Entwicklung der Fliessgelenke auf beiden Seiten des Knotens in den angrenzenden Riegeln soll der vorzeitige Schlupf der durch den Innenknoten laufenden Bewehrung verhindert werden. Es wurde bereits darauf hingewiesen, dass dieser Schlupf in Rahmen beschränkter Duktilität kaum eintritt. Daher können die strengen Bedingungen, welche in duktilen Rahmen oft die Wahl des Stabdurchmessers beschränken, wesentlich gelockert werden.

Als Parameter für die Abminderung der erforderlichen Verankerungslängen kann nicht die Gesamtduktilität μ_Δ verwendet werden. Dies deshalb, weil die Spannungen in der Bewehrung beidseits der Knoten stark variieren können. In manchen Fällen kommt es sogar bei der grössten erwarteten Duktilität nicht zur Bildung von Fliessgelenken beidseits eines Knotens. Daraus resultiert ein wesentlich kleinerer Gradient der Stahlspannung quer über den Knoten.

Zur Entwicklung des Vorgehens für eine Abminderung der Verankerungslängen in Innenknoten von Rahmen beschränkter Duktilität wird das Beispiel von Bild 7.4a verwendet. Typischerweise ist die obere Bewehrung A_s grösser als die untere A'_s. Die Mindestwerte für das Verhältnis A'_s/A_s sind durch Gl.(7.3) gegeben. In Bild 7.4 wird konservativerweise angenommen, dass das Moment M_{12} infolge eines Fliessgelenkes unter Mobilisierung der Überfestigkeit im Querschnitt 1-2 entstehe. Auf der anderen Seite des Knotens entwickelt sich M_{34} basierend auf der unter Zug stehenden unteren Bewehrung A'_s. Dieses Moment kann, muss aber nicht, zu einem Fliessgelenk führen. Um die vernünftigerweise zu erwartenden grössten Spannungsgradienten als Mass für die mittlere Verbundspannung abschätzen zu können, muss die Grösse der möglichen Spannungen an den in Bild 7.4a mit (1) bis (4) bezeichneten Stellen kurz analysiert werden:

1. Falls sich in einer Riegelspannweite ein erstes Fliessgelenk entwickelt, dann wird dies im Schnitt 1-2 geschehen. Es kann dabei in der oberen Bewehrung bei Überfestigkeit die maximale Spannung $f_{s1} = \lambda_o f_y$ erreicht werden. Für Rahmen beschränkter Duktilität ist diese Annahme konservativ.

2. Zur gleichen Zeit bewirkt das Moment M_{34} auf der gegenüberliegenden Seite eine Zugspannung f_{s4} in der unteren Riegelbewehrung beim Punkt (4). In einem voll duktilen, erdbebendominierten Rahmen kann sich ein Fliessgelenk, möglicherweise mit Überfestigkeit, entwickeln. In diesem Fall gilt $f_{s4} = \lambda_o f_y$.

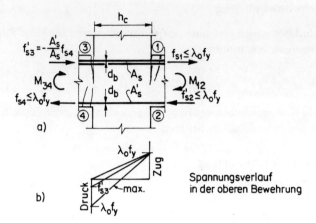

Bild 7.4: Verlauf der Stahlspannungen (Zug und Druck) in einem Innenknoten

Bei Rahmen beschränkter Duktilität, speziell wenn die Schwerelasten auf den Riegeln wesentlich sind, entsteht ein Fliessgelenk, falls überhaupt, in einer gewissen Entfernung von der Stütze. Ein Beispiel dafür ist in Bild 4.97g zu sehen. In einem solchen Fall bleibt die untere Bewehrung beim Punkt (4) elastisch, $f_{s4} < f_y$. Ist einmal der Ort beider plastischer Gelenke in einer Riegelspannweite gefunden, kann der Maximalwert von Momenten wie M_{34} einfach bestimmt werden. Damit ist die maximale Stahlspannung im Punkt (4) ebenfalls bekannt. Diese ist oft recht klein und in gewissen Fällen, wie in der mittleren Spannweite des Rahmens von Bild 4.97g, entstehen nicht einmal Zugspannungen.

Die Grösse dieser Stahlspannungen ist für die massgebenden Spannungsgradienten in den Riegelbewehrungen bestimmend.

3. Die Abschätzung der Stahlspannung im Punkt (3) von Bild 7.4a kann auf der konservativen Annahme aufgebaut werden, dass infolge vorherigem Fliessen der oberen Bewehrung bleibende Risse bestehen. Deshalb muss im Schnitt 3-4 die gesamte Biegedruckkraft durch die obere Riegelbewehrung übertragen werden. Die Druckspannung beträgt $f'_{s3} = -(A'_s/A_s)f_{s4} < f_y$. Sind obere und untere Bewehrung in diesem Schnitt gleich, so kann die Druckspannung f'_{s3} möglicherweise $\lambda_o f_y$ erreichen.

4. Nach der Abschätzung der Stahlspannungen in den Punkten (1) und (3) kann der Spannungsgradient und damit die durchschnittliche Verbundspannung entlang der oberen Bewehrung ermittelt werden. Der maximale, nur bei sehr grosser Duktilität erreichbare Gradient beträgt $2\lambda_o f_y/h_c$. Die Beschränkungen für den Stabdurchmesser in Bild 4.68 gelten für diesen Grenzfall. Normalerweise ist der Gradient jedoch kleiner. Für die obere Bewehrung kann er konservativerweise als $(\lambda_o f_y + f'_{s3})/h_c$ angenommen werden. Diese Spannungsgradienten sind in Bild 7.4b dargestellt. Für den speziellen Fall mit $f'_{s3} = 0$ beträgt die durchschnittliche Verbundspannung nur die Hälfte des maximal

möglichen Wertes. Es kann daher der maximale Stabdurchmesser d_b für diesen Fall verdoppelt werden.

Als Folge dieser Überlegungen können die Verankerungsbedingungen entsprechend den mittleren Spannungsgradienten gelockert werden. Die Grenzwerte von Bild 4.68 sind dazu mit dem Faktor R_b zu multiplizieren:

$$R_b = \frac{2\lambda_o f_y}{\lambda_o f_y + f'_{s3}} = \frac{2}{1 + f'_{s3}/(\lambda_o f_y)} \leq 2.0 \qquad (7.11)$$

Eine weitere Vergrösserung des Stabdurchmessers, für den Fall dass in der oberen Bewehrung im Punkt (3) Zug herrscht, ist nicht zweckmässig. Deshalb wird der Wert R_b auf 2.0 beschränkt.

Als Beispiel ergibt sich für den Knoten eines Rahmens beschränkter Duktilität mit $\mu_\Delta = 2.4$ (vgl. Bild 7.4a) und den Rechenwerten $f_y = 380$ N/mm², $\lambda_o = 1.4$, $h_c = 550$ mm, $P_u = 0.2 f'_c A_g$, gemäss Gl.(7.3) $A'_s \geq (\mu_\Delta/8)A_s = 0.3 A_s$, $f_{s4} = -0.5 f_y$ und daher $f'_{s3} = -0.3 f_{s4} = 0.15 f_y$ (Druck). Mit Gl.(7.11) erhält man nun: $R_b = 2/[1 + (0.15/1.4)] = 1.8$, und mit Hilfe von Bild 4.68:
$\Rightarrow d_b \leq 1.8 h_c/35 \approx 28$ mm.

Für einen voll duktilen Rahmen mit Fliessgelenken auf beiden Seiten der Stütze ergibt sich unter Einhaltung von $A'_s = 0.5 A_s$ und damit $f'_{s3} = 0.5 \lambda_o f_y = 266$ N/mm² gemäss Gl.(7.11):
$R_b = 2/[1 + 266/(1.4 \cdot 380)] = 1.33$.
Der Durchmesser der oberen Riegelbewehrung muss daher auf
$\Rightarrow d_b \leq 1.33 \cdot 550/35 \approx 20$ mm beschränkt werden. Für den voll duktilen Rahmen ist zudem der Durchmesser der unteren Bewehrungsstäbe, welche bis in den Verfestigungsbereich beansprucht werden, auf
$\Rightarrow d_b \leq 1.0 \cdot 550/35 \approx 16$ mm zu beschränken.

Der Faktor R_b, welcher das Verhältnis des abgeschätzten Gradienten der Stahlspannung zum maximal möglichen Wert darstellt, erlaubt also die Bestimmung der reduzierten Verankerungsanforderungen sowohl der oberen als auch der unteren Riegelbewehrung.

Ähnliche Betrachtungen sollten bei der Wahl des Stabdurchmessers der vertikalen Stützenbewehrung gemacht werden. Ungünstige Verbund- und Verankerungsverhältnisse können entstehen, wenn in Stützen von Rahmen beschränkter Duktilität plastische Gelenke unter- oder oberhalb von Knoten vorgesehen werden, wie dies z.B. bei den in den Bildern 7.2b und c gezeigten Mechanismen der Fall ist.

7.4　Tragwände mit beschränkter Duktilität

Dieser Abschnitt behandelt die Bemessung von Tragwänden mit beschränkter Duktilität d.h. mit Verschiebeduktilitätsfaktoren μ_Δ zwischen etwa 2.5 und 3.5 (vgl. 2.2.7b). Oft werden Verweise auf die entsprechenden Abschnitte des für voll duktile Tragwände ($\mu_\Delta \approx 5$) gültigen 5. Kapitels beigefügt. Es wird unterschieden zwischen Tragwänden mit dominierender Biegebeanspruchung (vgl. 7.4.1) und Tragwänden mit dominierender Schubbeanspruchung (vgl. 7.4.2).

Die Abmessungen der Tragwände werden oft durch die Nutzung des Bauwerks und weniger durch Anforderungen an den Tragwiderstand bestimmt. Es ist daher oft der Fall, dass der resultierende Tragwiderstand von Tragwänden den bei einem duktilen Bauwerksverhalten erforderlichen übersteigt. In solchen Fällen kann die Bemessung und die konstruktive Durchbildung der Tragwand für beschränkte Duktilität oder für ein elastisches Tragwerksverhalten vorgenommen werden.

7.4.1　Tragwände mit dominierender Biegebeanspruchung

Es muss auch hier betont werden, dass bei einer Tragwand, die unter seismischer Beanspruchung eine gewisse Duktilität zu entwickeln hat, alles unternommen werden sollte, um die inelastischen Verformungen auf die durch Biegung dominierten Teile der Wand zu beschränken. Daher erlaubt auch bei Wänden beschränkter Duktilität die Methode der Kapazitätsbemessung die beste Voraussage des inelastischen Verhaltens beim Bemessungsbeben.

Bei kragarmartigen Tragwänden ist diese Methode sehr einfach. Es ist bloss sicherzustellen, dass der Schubwiderstand der Wand grösser ist als der maximal erforderliche. Dieser hängt mit der Entwicklung der Biegeüberfestigkeit am Wandfuss zusammen. Deshalb sollte der Biegewiderstand einer Tragwand, um eine wirtschaftliche Lösung zu erreichen, auch nicht wesentlich grösser sein als dies zur Aufnahme der aus den Erdbeben-Ersatzkräften resultierenden Biegemomente notwendig ist.

Es ist jedoch nicht selten der Fall, dass nur schon durch Anordnung der die Mindestbewehrungen um ein Weniges übertreffenden vertikalen und horizontalen Wandbewehrungen, oft ergänzt durch einige traditionell begründete Zulagen in den Wandendbereichen, der Biegewiderstand der Wand erheblich grösser ist als notwendig. Dieser vermeintlich auf der sicheren Seite liegende Biegewiderstand kann beim Ingenieur einen falschen Sicherheitseindruck hervorrufen, da die Wand vorzeitig, d.h. vor der Bildung eines plastischen Gelenkes am Wandfuss, auf Schub versagen kann.

Wird jedoch die Hierarchie 'Schubwiderstand > Biegewiderstand' auch in Wänden beschränkter Duktilität eingehalten, so kann der Bemessungsvorgang wesentlich vereinfacht werden. Bei der Ermittlung des Biegewiderstandes darf aber der Einfluss der Normalkraft nicht ausser acht gelassen werden.

a) Sicherstellung der Wandstabilität

Die Stabilität der Tragwände ist in diesem Zusammenhang selten ein Problem. In 5.4.2b werden verschiedene für das Ausbeulen in den potentiellen plastischen Bereiche wesentliche Parameter besprochen, und es wird daraus geschlossen, dass dieses

Phänomen nur bei Wänden höher als drei Geschosse abzuklären ist. Für die oft höheren Wände beschränkter Duktilität gibt Gl.(5.22) die untere Begrenzung der Wandstärke in der Druckzone der Fliessgelenkbereiche. Wird beispielsweise eine sechs Geschosse hohe rechteckige Wand für eine Duktilität von $\mu_\Delta = 2$ bemessen, erfordert Gl.(5.22) unter der Annahme von $\Phi_{o,w} = 1.4$ eine minimale Wandstärke von 6.5% der freien Wandhöhe, im allgemeinen der Stockwerkhöhe. Dieser Bedingung ist leicht zu genügen. Gemäss 5.4.2b entfällt jedoch selbst diese Anforderung, wenn gezeigt werden kann, dass die Höhe der Biegedruckzone klein ist. Wenn immer möglich sollten stabile, kompakte Wandquerschnitte der Art von Bild 5.35 verwendet werden.

b) Sicherstellung der Krümmungsduktilität

Eine beschränkte Verschiebeduktilität erfordert auch nur eine beschränkte Krümmungsduktilität (vgl. 5.4.2c). Die Krümmungsduktilität von Wänden resultiert vor allem aus inelastischen Dehnungen der Bewehrung und weniger aus grossen Betonstauchungen. Eine beschränkte Krümmungsduktilität ist daher relativ leicht zu erreichen, wobei jedoch die Betonstauchungen an der Druckkante (vgl. Bilder 5.28 und 5.29) verhältnismässig klein bleiben können. Bild 5.36 zeigt die typischen Beziehungen zwischen Verschiebungs- und Krümmungsduktilität, die auch für gedrungene Wände mit $h_w/l_w < 3$ gelten, welche bei Tragwerken mit beschränkter Duktilität relativ häufig vorkommen.

c) Umschnürung des Betons

Daraus kann geschlossen werden, dass bei solchen Tragwerken in den Endbereichen der Wandquerschnitte zur Umschnürung des gedrückten Betons im allgemeinen keine zusätzliche Querbewehrung erforderlich ist. Im Zweifelsfalle kann diese Annahme mit den Gleichungen (5.24) und (5.25), welche die ohne Umschnürung zulässige Höhe der Druckzone beschreiben, überprüft werden. So ist bei der bereits erwähnten Tragwand mit $\mu_\Delta = 2$ und $\Phi_{o,w} = 1.4$ nach Gl.(5.24) keine Umschnürungsbewehrung nötig, wenn die Biegedruckzone 28% der Länge des Wandquerschnittes l_w nicht überschreitet.

d) Stabilisierung der Vertikalbewehrung

Das Verhindern des Ausknickens der Vertikalbewehrung ist ein anderer wichtiger Aspekt, wenn die Tragsicherheit eines Bauwerks auf der Mobilisierung von Duktilität beruht. Die wesentlichen Fragen werden in 5.4.2.f besprochen. Da die erforderliche Duktilität eher klein ist, wird im potentiellen Fliessgelenkbereich kein Abplatzen des Betons erwartet. Daher dürfte das Ausknicken von mittelgrossen Bewehrungsstäben (Durchmesser ≥ 20 mm) trotz dem wesentlich werdenden Bauschingereffekt kein massgebendes Problem sein. Es wird deshalb empfohlen, Verbindungsstäbe mit einem Durchmesser von mindestens einem Viertel des gehaltenen vertikalen Stabes (Querschnitt A_b) nur dann vorzusehen, wenn der lokale Gehalt an

Vertikalbewehrung gemäss Gleichung (5.29) die Bedingung

$$\rho_l = \frac{\sum A_b}{b\,s_v} > \frac{3}{f_y} \quad [\text{N, mm}] \tag{7.12}$$

erfüllt. Für $f_y = 460$ N/mm² ergibt dies $\rho_l > 0.65\%$. Die Einzelheiten sind in den Bildern 5.38 und 5.39 definiert. Der vertikale Abstand dieser Verbindungsstäbe soll die im Abschnitt 5.4.2f.3 gegebene Grenze nicht überschreiten.

e) Abstufung der Vertikalbewehrung

Die Abstufung der vertikalen Wandbewehrung, (vgl. 5.4.2i) soll mit Vorsicht geschehen, um sicherzustellen, dass die auftretenden inelastischen Verformungen auf den nach den obigen Regeln bewehrten Wandfuss beschränkt bleiben. Deshalb ist die Linie des erforderlichen Biegewiderstandes gemäss Bild 5.41 zu verwenden.

f) Schubbemessung

Die Schubbemessung der Tragwand hat den Regeln von Abschnitt 5.4.3 zu genügen. Die Bemessungsquerkraft beträgt nach Gl.(5.33) und (5.36)

$$V_w = \omega_v \Phi_{o,w} V_E \ \le \ \mu_\Delta V_E$$

Dabei bedeuten ω_v der dynamische Vergrösserungsfaktor für die Querkraft in Tragwänden und $\Phi_{o,w}$ der Überfestigkeitsfaktor der Tragwand gemäss der Definition in 5.4.3a (Gl.(5.34) bzw. (5.35) und (5.31)). Dieser einfache, aber konservative Ansatz führt normalerweise zu einer mässigen horizontalen Schubbewehrung. Die Beschränkung der Wandquerkraft auf $V_w \le \mu_\Delta V_E$ bedeutet, dass die Querkraft nicht grösser anzunehmen ist als diejenige bei elastischem Verhalten der Wand. Dies ist ein konservativer, auf dem Prinzip der gleichen Verschiebungen basierender, oberer Grenzwert.

Zur Begrenzung der nominellen Schubspannung als Mass für die schiefe Druckspannung gilt für Bereiche plastischer Gelenke Gl.(5.38). Für elastisch bleibende Bereiche gilt Gl.(3.34).

Zur Bestimmung der erforderlichen Schubbewehrung in Bereichen plastischer Gelenke ist der Beitrag des Betons an den Schubwiderstand v_c abzuschätzen. Ähnlich wie bei der Bemessung von Stützen beschränkter Duktilität im Bereich eines möglichen plastischen Gelenkes (7.3.2b.2) wird die Grundgleichung für Tragwände Gl.(3.43) modifiziert:

$$v_c \ \le \ \frac{4 - \mu_\Delta}{3}\left(0.27\sqrt{f_c'} + \frac{P_u}{4A_g}\right), \quad \text{jedoch} \quad v_c \ \ge \ 0.6\sqrt{\frac{P_u}{A_g}} \tag{7.13}$$

Dabei ist P_u die minimale Normaldruckkraft, z.B. 90% derjenigen aus der Dauerlast minus einer allfälligen Zugkraft infolge der Erdbeben-Ersatzkräfte. Ist P_u eine Zugkraft, so ist $v_c = 0$ anzusetzen.

g) Koppelungsriegel

Die Koppelungsriegel übertragen Querkräfte zwischen zwei Tragwänden und sind empfindlich auf Gleitschubversagen nach Bild 5.46b, wenn sie grossen zyklischen Schubbeanspruchungen bei gleichzeitig grossen Duktilitäten unterliegen. Aus diesem Grund ist bei Koppelungsriegeln in Tragwerken mit voller Duktilität gemäss Abschnitt 5.4.4 die in den Bildern 5.48 und 5.71 gezeigte Diagonalbewehrung einzulegen, wenn die nominelle Schubspannung den Grenzwert nach Gl.(5.39) übersteigt. Für Koppelungsriegel in Tragwerken mit beschränkter Duktilität kann dieser Grenzwert für $\mu_\Delta \leq 4$ wie folgt erhöht werden:

$$v_i \leq (5 - \mu_\Delta) \frac{l_n}{10\,h} \sqrt{f_c'} \leq 0.2 f_c' \leq 6 \quad [\text{N, mm}] \tag{7.14}$$

Bei der Verwendung von diagonal bewehrten Koppelungsriegeln wird die Schubspannung mit den aus der elastischen Schnittkraftberechnung entnommenen Querkräften, mit oder ohne Umverteilung zwischen den Stockwerken, bestimmt, d.h. $V_i = V_u/\Phi$, wobei $\Phi = 0.90$. In diesem Fall sind keine Bügel oder Verbindungsstäbe, ausser denjenigen zur Erhaltung der Form des gerissenen Riegels, erforderlich (Bild 5.71).

Ist Gl.(7.14) erfüllt, so sind können konventionell bewehrte Koppelungsriegel gemäss den Bildern 5.46a und b bevorzugt werden. In diesem Fall beruht der Querkraftwiderstand hauptsächlich auf der Bügelbewehrung, einer wesentlichen Komponente des traditionellen Fachwerkmodelles. Der Querkraftwiderstand derartiger Koppelungsriegel ist nach der Methode der Kapazitätsbemessung auf die gemäss der vorhandenen konstruktiven Durchbildung ermittelte Biegeüberfestigkeit der Einspannquerschnitte auszurichten. Eine Ausnahme dazu bilden die elastisch bleibenden Koppelungsriegel ($\Phi_o > \mu_\Delta$).

7.4.2 Tragwände mit dominierender Querkraftbeanspruchung

a) Grundlagen des Bemessungsvorgehens

Als allgemeine Regel kann festgehalten werden, dass Wände mit Querschnitten der Art der Bilder 5.5a bis d die erforderliche Duktilität mobilisieren können, wenn das inelastische Verhalten durch Biegefliessen dominiert wird. Die Voraussetzungen für dieses Verhalten sind im vorangehenden Abschnitt dargestellt. Werden jedoch Querschnitte mit Flanschen von der Art der Bilder 5.5e bis h verwendet, ist häufig der mit Rechenfestigkeiten ermittelte Biegewiderstand des Einspannquerschnittes, sogar nur mit der normgemässen minimalen Vertikalbewehrung, grösser als der mit den Erdbeben-Ersatzkräften ermittelte erforderliche Biegewiderstand. Manchmal ist der Widerstand sogar grösser als er für ein elastisches Verhalten der Wand erforderlich ist.

Der bemessende Ingenieur ist in diesem Fall versucht, zur Kontrolle des Querkraftwiderstandes nur die horizontalen statischen Ersatzkräfte zu verwenden. Dann kann die Wand auf Schub, d.h. auf schrägen Zug versagen, bevor sich ein plastisches Gelenk am Wandfuss entwickelt, wodurch der Widerstand erheblich abnimmt und

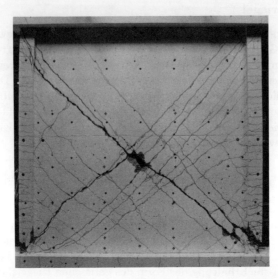

Bild 7.5: Versagen einer Wand infolge schrägem Zug nach inelastischer zyklischer Beanspruchung

eine wesentlich geringere als die erwartete Bruchduktilität mobilisiert werden kann. Bei dieser Art Tragwand wird das inelastische Verhalten somit durch Querkraft und nicht durch Biegung dominiert.

Ein Versagen auf schrägen Zug infolge Querkraft muss nicht unbedingt spröde sein. Fliesst jedoch die horizontale Schubbewehrung, so folgt darauf eine rasche Abnahme sowohl der Steifigkeit als auch der Energiedissipationsfähigkeit und schliesslich auch des Widerstandes. Diese Abnahme wächst mit der durch inelastische Schubverformungen entwickelten Duktilität. Das Beispiel einer gedrungenen Versuchswand in zwei Dritteln der wirklichen Grösse, welche schliesslich auf Schub versagte, ist in Bild 7.5 gezeigt. Das Rissbild und der Bruchwiderstand können nur verstanden werden, wenn das in Bild 7.6 dargestellte hysteretische Verhalten analysiert wird. Die Querkraft beim auf den gemessenen Materialfestigkeiten basierenden rechnerischen Biegewiderstand der Wand war um 28% grösser als der ebenfalls mit den gemessenen Materialfestigkeiten rechnerisch ermittelte Schubwiderstand. Dabei betrugen der Beitrag des Betons an den Schubwiderstand 55% und der Beitrag der horizontalen Schubbewehrung gemäss Gl.(3.45) 45% des Schubwiderstandes. Nach einer Anzahl von Verschiebungszyklen kleiner Amplitude ($\Delta < \Delta_y$), wurde im 9. Zyklus der rechnerische Biegewiderstand in positiver Beanspruchungsrichtung bei einer Verschiebeduktilität von $\mu_\Delta = 2.5$ erreicht und sogar leicht überschritten. In allen folgenden Beanspruchungszyklen, besonders in negativer Beanspruchungsrichtung, wurde nach der Bildung von 5 mm breiten schrägen Rissen eine wesentliche Reduktion der Steifigkeit und des Tragwiderstandes beobachtet. Bei einer Verschiebeduktilität μ_Δ von mehr als -3.75 verschwand der Schubwiderstand und damit der Tragwiderstand beinahe vollständig.

Eine gewisse Verminderung der Fähigkeit zur Energiedissipation kann in derarti-

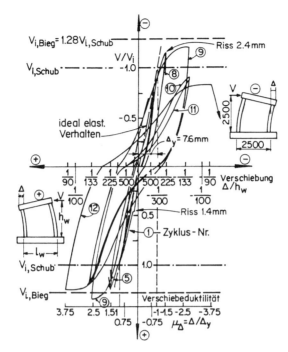

Bild 7.6: Hysteretisches Verhalten einer gedrungenen Wand bei Schubversagen

gen Wänden akzeptiert werden, vorausgesetzt dass die erforderliche Verschiebeduktilität nicht zu einer übermässigen Verminderung des Tragwiderstandes führt. Die Bemessung dieser Tragwände kann auf der Basis einer Beziehung zwischen Schubwiderstand und Duktilitätsvermögen [A12] gemäss Bild 7.7 vorgenommen werden. Das Vorgehen ist ähnlich demjenigen zur Ermittlung des Querkraftverhaltens von Brückenstützen [A13].

Bild 7.6 zeigt, dass der anfängliche Schubwiderstand der Versuchswand nach zyklischer Beanspruchung mit grösser werdendem Duktilitätsbedarf abnahm. Wenn also die Querkraft für das inelastische Verhalten einer Wand massgebend ist, müssen der in Rechnung gestellte Schubwiderstand und die Bemessungsduktilität verkleinert werden.

Der anfängliche Schubwiderstand $V_{i,e}$ einer Wand (vgl. Bild 7.7) kann mit den Modellen für nicht-seismische Beanspruchungen, welche mit einem wesentlichen Beitrag des Betons rechnen (Gl.(3.40)), ermittelt werden. Dieser Beitrag und damit der Schubwiderstand nimmt jedoch mit zunehmendem Duktilitätsbedarf ab. Der Schubwiderstand $V_{i,e}$ darf also nur in Rechnung gestellt werden, wenn die Duktilitätsanforderungen sehr klein sind. Im Sinne eines konservativen Vorgehens ist dieser Schubwiderstand nur bei der Bemessung elastisch bleibender Tragwände ($\mu_\Delta \leq 1$, Bemessung für $\geq$ 'elastische' Ersatzkraft = Querkraft) zu verwenden (Linie (A) in Bild 7.7). Übersteigt hingegen der Schubwiderstand V_{if} der Wand, der überwiegend basierend auf dem Beitrag der horizontalen Schubbewehrung (Beitrag des Betons an den Schubwiderstand nur mit Gl.(3.43) berechnet) ermittelt wird, die Querkraft beim Erreichen des Biegewiderstandes bei Überfestigkeit, so kann ein duktiles, durch Biegung kontrolliertes Verhalten erwartet werden (Linie (B) in Bild 7.7). Damit wurden zwei Grenzfälle betrachtet.

Bei gedrungenen Tragwänden ohne Diagonalbewehrung gegen Schubgleiten gemäss 5.6.5 ist eine Beschränkung der für plastisches Biegeverhalten anzusetzenden Bemessungsduktilität auf einen Wert $\mu_{\Delta f}$ vorzunehmen, der in Abhängigkeit von der Wandschlankheit A_r festgesetzt werden kann. Die Wandschlankheit ist wie folgt definiert:

$$A_r = \frac{h_w}{l_w} \tag{7.15}$$

Dabei ist h_w die freie Höhe und l_w die Länge der Wand im Horizontalschnitt.

Damit kann die Duktilität $\mu_{\Delta f}$ mit der folgenden Gleichung abgeschätzt werden [X3]:

$$\mu_{\Delta f} = 0.5\,(3A_r + 1) \ \leq 5 \tag{7.16}$$

Beispielsweise sollten die horizontalen Ersatzkräfte einer Wand gemäss Bild 7.6 ($A_r = 1$) einer Verschiebeduktilität von 2 entsprechen, falls diese Duktilität aus Biegefliessen resultieren soll. Andererseits erlaubt Gl.(7.16) für $A_r \geq 3$ Verschiebeduktilitäten von $\mu_\Delta = 5$ mit entsprechend niedrigeren Ersatzkräften.

Der Fall einer auf Schub versagenden Wand mit beschränkter Duktilität ist in Bild 7.7 durch die Linie (C) dargestellt und liegt somit zwischen den beiden oben betrachteten Grenzfällen. Der Biegewiderstand dieser Wand ist grösser als der gemäss den Ersatzkräften erforderliche. Deshalb wird nach einigen inelastischen Beanspruchungszyklen der Schubwiderstand $V_{i,c}$ die Beanspruchbarkeit beschränken. Dies ist zulässig, wenn bei der Bestimmung der Ersatzkräfte eine reduzierte Verschiebeduktilität $\mu_\Delta < \mu_{\Delta f}$ verwendet wird. Bei der Ermittlung von $V_{i,c}$ ist der Beitrag des Betons an den Schubwiderstand höchstens nach Gl.(3.43) anzusetzen.

b) Anwendung des Bemessungsvorgehens

Das folgende, vereinfachte Beispiel soll der Illustration des Vorgehens bei der Bemessung einer solchen Tragwand dienen.

Eine Tragwand der Schlankheit $A_r = 2$ wäre bei elastischem Verhalten auf einen Bemessungswert der horizontale Querkraft (Ersatzkraft) von 4000 kN zu bemessen. Kann die Biegeduktilität sichergestellt werden, so darf nach Gl.(7.16) mit

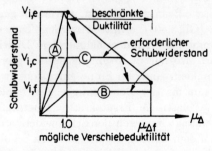

Bild 7.7: Beziehung zwischen Schubwiderstand und Duktilitätsvermögen

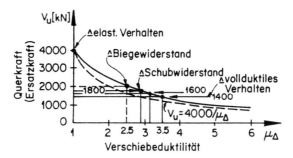

Bild 7.8: Beziehung zwischen Bemessungswert der Querkraft V_u und Verschiebeduktilität μ_Δ für eine Wand mit beschränkter Duktilität

einer Verschiebeduktilität von $\mu_{\Delta f} = 0.5(3 \cdot 2 + 1) = 3.5$ gerechnet werden. Aus dem inelastischen Bemessungsspektrum, wie z.B. Bild 2.28, kann die Reduktion der Querkraft (Ersatzkraft) für dieses Tragsystem mit relativ kleiner Grundschwingzeit T_1 in Funktion der Bemessungsduktilität μ_Δ leicht bestimmt werden. Die für dieses Beispiel verwendete Beziehung zwischen dem Bemessungswert der Querkraft V_u (Ersatzkraft) und der Verschiebeduktilität μ_Δ ist in Bild 7.8 dargestellt. Damit kann die Bemessungsquerkraft (Ersatzkraft) auf 1400 kN verkleinert werden. (Der hier nicht verwendete Verlauf für die Abminderungsfunktion $V_u = V_{el}/\mu_\Delta$ (vgl. 2.2.6a), gültig für langsam schwingende Bauwerke, ist gestrichelt eingezeichnet). Infolge der vorhanden breiten Flansche beträgt die dem Bemessungswert des Biegewiderstandes bei minimaler Vertikalbewehrung entsprechende Querkraft jedoch 2000 kN. Bild 7.8 zeigt, dass sich bei dominierendem Biegeverhalten für diesen Wert eine Verschiebeduktilität von $\mu_\Delta \approx 2.5$ ergibt. Nach der Methode der Kapazitätsbemessung wäre daher für die Wand ohne Berücksichtigung eines dynamischen Vergrösserungsfaktors ein mit Rechenfestigkeiten zu ermittelnder Schubwiderstand in der Grössenordnung von $V_i = V_o = \lambda_o \cdot 2000/\Phi \approx 3100$ kN erforderlich. Wir entscheiden uns deshalb, diese Wand beschränkter Duktilität für dominierende Querkraftbeanspruchung zu bemessen. Es zeigt sich, dass eine Bemessungsquerkraft von 1800 kN nicht übermässig viel Schubbewehrung erfordert. Unter Verwendung der Beziehung in Bild 7.8 und der entsprechenden Eckwerte

o 1400 kN $= V_{i,f} \cdot \Phi$ für $\mu_\Delta = \mu_{\Delta f} = 3.5$ und
o 4000 kN $= V_{i,e} \cdot \Phi$ für $\mu_\Delta = 1.0$

ergibt sich für 1800 kN $= V_{i,c} \cdot \Phi$ eine Verschiebeduktilität von etwa $\mu_\Delta = 3.1$. Gemäss Bild 7.8 erhalten wir für $\mu_\Delta = 3.1$ eine Querkraft von etwa 1600 kN. Eine Bemessung auf einen mit Rechenfestigkeiten zu ermittelnden Schubwiderstand von $V_{i,c} = 1800/\Phi \approx 2100$ kN ist deshalb völlig ausreichend.

Zur Bestimmung der erforderlichen Schubbewehrung kann für die Abschätzung des Beitrages des Betons v_c ein Vorgehen ähnlich dem in Bild 7.7 dargestellten angewendet werden. Da die erforderliche Schubbewehrung in Wänden, deren Biegewiderstand durch kleine Vertikalbewehrungen dominiert ist, gering ist, lohnt sich dieser Aufwand aber kaum. Falls dies trotzdem angebracht erscheint, kann eine lineare Interpolation verwendet werden, indem zur Bestimmung von v_c beim Schubwiderstand $V_{i,e}$ Gl.(3.40) und bei $V_{i,f}$ Gl.(3.43) benutzt wird. In den meisten Fällen ist jedoch die konservativere, für Tragwände mit dominierender Biegebeanspruchung gegebene Gleichung (7.13) für diese Abschätzung geeigneter.

c) Schadenbegrenzung

Tragwerke mit beschränkter Duktilität erleiden unter dem Bemessungsbeben kleinere Verformungen und sind daher leichter zu reparieren als voll duktile, die sich entsprechend stärker verformen. Bei konstruktiv gut durchgebildeten Tragwänden beschränkter Duktilität ergeben sich infolge der inelastischen Biegeverformungen nur mässige Rissbreiten. Versuche haben jedoch gezeigt, dass Wände mit leichter Schubbewehrung dazu neigen, nur wenige Schrägrisse sehr grosser Breite zu entwickeln. In der in Bild 7.5 gezeigten Wand bildete sich bei einer knapp dem halben Schubwiderstand entsprechenden Beanspruchung im Zyklus (1) in positiver Richtung plötzlich ein schräger Hauptriss von 1.4 mm Breite. Bei einer $\mu_\Delta = 1.5$ entsprechenden Verschiebung ($\Delta = h_w/225$) in negativer Richtung in Zyklus (8) wuchs die Breite des Diagonalrisses auf 2.4 mm an.

Diese Tatsache ist im Auge zu behalten, wenn leicht bewehrte Wände beschränkter Duktilität Anwendung finden. Zur Sicherstellung einer besseren Schadenbegrenzung bei mässigen Erdbeben kann es bei solchen durch Querkraft dominierten Tragwänden besser sein, sie, wenn überhaupt, nur auf sehr kleine Duktilitäten auszulegen. Dies kann oft durch etwas mehr Bewehrung ohne grosse Kosten erreicht werden.

7.5 Gemischte Tragsysteme mit beschränkter Duktilität

Die in den vorangehenden Abschnitten dieses Kapitels für verschiedene Tragsysteme beschränkter Duktilität beschriebenen Grundlagen sind auch auf die entsprechenden Elemente gemischter, im 6. Kapitel behandelter Tragsysteme anwendbar. Aus diesem Grund wird hier für diese Tragsysteme kein spezielles Bemessungsvorgehen dargestellt.

In typischen gemischten Tragsystemen dieser Art, wie beispielsweise demjenigen in Bild 7.1c, sind die Tragwände für die Abtragung der horizontalen Einwirkungen dominierend. Deshalb kann meist ein in Abschnitt 7.3 behandeltes primäres Tragsystem eingeführt werden.

Kapitel 8

Fundationen

8.1 Einleitung

Unter Fundation verstehen wir das eigentliche Fundationstragwerk aus Stahlbeton (Fundamente, Verbindungsriegel, steife Kasten, Wannen), Pfählen, Schlitzwänden etc. sowie den darunterliegenden Baugrund. Dieses Kapitel erläutert die wesentlichen Besonderheiten der Fundationen für seismische Beanspruchungen. Dabei wird vorausgesetzt, dass die Windbeanspruchung für die Fundationsbemessung nicht massgebend wird.

Eine der wichtigsten Anforderungen bei der Erdbebenmessung von Fundationen besteht darin, die Schwerelasten unter Aufrechterhaltung des gewählten Mechanismus zur Energiedissipation sicher abzutragen. Beim Entwurf eines Fundationstragwerks ist es daher unerlässlich, dass vorerst alle Wege zur Abtragung der Erdbebenkräfte im gesamten Tragsystem klar definiert werden. Anschliessend können die Zonen der Energiedissipation im Tragwerk des Überbaus und allenfalls in der Fundation derart festgelegt werden, dass die erforderlichen lokalen Duktilitätsanforderungen innerhalb der festgelegten Grenzen der einzelnen Tragelemente bleiben. Es ist speziell darauf zu achten, dass mögliche Schäden im Fundationstragwerk die Abtragung der Schwerelasten nicht in Frage stellen [T1].

Bei der Wahl eines Fundationssystems sind dessen mögliche Beanspruchungen und Versagensarten zu berücksichtigen. Deshalb werden die Fundationen für die in den Kapiteln 4 und 5 behandelten Rahmen- und Tragwandsysteme getrennt behandelt. Auf die Angabe von Regeln zur konstruktiven Durchbildung wird dagegen verzichtet, da dieselben Prinzipien wie bei den Tragwerken des Überbaus Anwendung finden.

Die Regeln für die konstruktive Durchbildung der verschiedenen Tragelemente der Fundation werden durch die Art des Verhaltens unter seismischer Beanspruchung bestimmt. Können keine inelastischen Verformungen auftreten, so genügen die allgemein üblichen Regeln wie bei der Bemessung auf Windkräfte und Schwerelasten. Ist jedoch in gewissen Teilen der Fundation Fliessen vorgesehen, so sind die betreffenden Elemente nach den Prinzipien der vorangehenden Kapitel so konstruktiv durchzubilden, dass die erforderlichen Duktilitäten erreicht werden können. Aus diesen Gründen ist schon *beim Entwurf klar festzulegen, ob inelastische Deformationen im Fundationssystem zugelassen werden sollen oder nicht.* Elastisch bleibende und duktile Fundationssysteme werden deshalb im folgenden getrennt behandelt [A10],[B19].

Die Bemessung einer Fundation ist oft sehr empfindlich auf die angenommene Verteilung der Bodenpressungen, welche direkt die Schnittkräfte beeinflusst. Daher ist den Streuungen der Bodeneigenschaften, speziell im Hinblick auf die wiederholte dynamische Beanspruchung in beiden Richtungen, Rechnung zu tragen, indem etwa für die Bodensteifigkeit unter zyklischer dynamischer Beanspruchung verschiedene Werte berücksichtigt werden.

Die in diesem Kapitel beschriebenen Bemessungsprizipien können sowohl in gleicher Weise auf Fundationen von Stahlbeton- als auch von Stahlhochbauten angewandt werden.

8.2   Wahl des Fundationsverhaltens

Es sind geeignete Arten von Fundationen zu wählen, welche das für das grösste erwartete Erdbeben vorausgesetzte Verhalten des obenliegenden Tragwerks des Überbaus ermöglichen. Dabei ist sowohl beim Tragwerk des Überbaus als auch bei der Fundation klar zwischen elastischem und inelastischem Verhalten zu unterscheiden. Diese Unterscheidung ist die Grundvoraussetzung für die in den vorangehenden Kapiteln beschriebene deterministische Bemessungsmethode. Die in den folgenden Abschnitten beschriebenen Fälle decken nicht die gesamte Ingenieurpraxis ab. Die gegebenen Prinzipien können jedoch vom Ingenieur auch auf andere, verwandte Fälle angewandt werden.

8.2.1   Elastische Tragwerke des Überbaus

Unter Umständen kann das Tragwerk des Überbaus die Beanspruchungen aus dem Bemessungserdbeben elastisch aufnehmen. Dies kann beabsichtigt sein, oder der vorhandene Tragwiderstand ist infolge anderer Gründe genügend gross. Fundationen für elastische Tragwerke des Überbaus werden in drei Gruppen unterteilt.

a) Elastische Fundationstragwerke

Im diesem Falle wird von allen tragenden Elementen des Bauwerks, das heisst im Tragwerk des Überbaus und im Fundationstragwerk, erwartet, dass sie keine plastischen Verformungen erfahren. Unter hohen seismischen Einwirkungen ist es normalerweise nur bei niedrigen und bei langen Gebäuden mit Tragwänden möglich, diese Bedingung zu erfüllen.

b) Duktile Fundationstragwerke

Ist der Tragwiderstand des Tragwerks des Überbaus grösser als dem Bemessungsbeben entsprechen würde, so kann der Ingenieur mit Hilfe des Fundationstragwerks die maximal aufnehmbaren Erdbebenkräfte begrenzen. In solchen Fällen ist das Fundationstragwerk und nicht das Tragwerk des Überbaus der Ort der hauptsächlichen Energiedissipation während des inelastischen Verhaltens des Bauwerks. Alle Anforderungen an duktile Tragelemente sind in diesem Falle durch die Fundation zu erfüllen. Bevor eine solche Wahl getroffen wird, sind jedoch die Konsequenzen von Schäden im Fundationstragwerk sorgfältig abzuwägen. Die nach dem Fliessen in den meistbeanspruchten Zonen recht grossen Risse können in der Fundation schwierig zu lokalisieren sein. Dazu kommt, dass Reparaturen infolge des erschwerten Zugangs zu den beschädigten Stellen, speziell wenn diese noch im Grundwasser liegen sollten, sehr aufwendig werden können.

c) Abhebende Fundationstragwerke

Bei der Bemessung von Fundationen zu Tragwänden ergibt sich auch bei bescheidener Bewehrung der Tragwände oft das Problem der Einleitung von relativ grossen den Biegewiderständen entsprechenden Biegemomenten in den Baugrund, ohne dass die Fundation versagt und das Gesamtsystem kippt. In solchen Fällen kann für Teile oder für das ganze Bauwerk ein abhebendes Fundationstragwerk gewählt werden (vgl. 8.4.3). Voraussetzung dazu ist eine detaillierte dynamische Untersuchung des Schaukelvorganges. Bei solchen Bauwerken ist die maximale, im Tragwerk des Überbaus mögliche Horizontalkraft gegeben. Abhebende Teile des Überbaus und zugehörige Teile der Fundation können dann für elastisches Verhalten bemessen werden.

8.2.2 Duktile Tragwerke des Überbaus

In den vorangehenden Kapiteln ist die Methode der Kapazitätsbemessung für duktile Tragwerke des Überbaus beschrieben. Sie beruht darauf, die Energiedissipation gewissen Zonen zuzuordnen, während die übrigen, elastisch bleibenden Teile des Tragwerks eine genügende Tragreserve gegen Fliessen aufweisen müssen. Damit die Überfestigkeit des Tragwerks des Überbaus für horizontale Kräfte entwickelt werden kann, muss das Fundationstragwerk die daraus resultierenden Beanspruchungen auf den Baugrund oder auf Pfähle abtragen können, sonst kann das vorausgesetzte inelastische Verhalten des Überbaus gar nicht eintreten.

Es ist bewusst zu entscheiden, ob diese Beanspruchungen aus dem duktilen Verhalten des Überbaus durch ein elastisches Fundationstragwerk aufgenommen oder ob in extremen Fällen Zonen inelastischer Verformungen in der Fundation zugelassen werden sollen.

8.2.3 Bodenpressungen

Bei der Festlegung von Rechenwerten für die zulässige Bodenpressung für Beanspruchungen durch Fundamente infolge Gebrauchlasten wird im allgemeinen ein Sicherheitsfaktor von mindestens zwei verwendet. Unter Erdbebeneinwirkungen, auch bei vollständiger Mobilisierung der Überfestigkeit im Tragwerk oder in Teilen desselben, werden die Beanspruchungen des Untergrundes daher kaum kritisch. Dies ist jedoch mit den Bodenpressungen des jeweiligen Bauwerkes bei Überfestigkeit zu kontrollieren, damit inelastische Verformungen des Untergrundes nicht zu bleibenden Verschiebungen bei einem sonst unbeschädigten Gebäude führen können.

8.2.4 Bodenreibung

Horizontalkräfte können durch Reibung auf den Baugrund übertragen werden. In
der Tabelle von Bild 8.1 sind empfohlene Reibungsbeiwerte für Betonfundamente
zusammengestellt [U5]. Dabei handelt es sich um Maximalwerte, für deren Mobilisierung grössere Verschiebungen erforderlich sind. Soweit Adhäsion erwartet werden
kann, ist dieser Effekt im Reibungsbeiwert inbegriffen.

Untergrund	Reibungsbeiwert
intakter sauberer Fels	≥ 0.70
sauberer Kies, Kiessand, grober Sand	0.55 bis 0.60
sauberer mittelfeiner bis feiner Sand, siltiger grober bis mittelfeiner Sand, siltiger oder toniger Kies	0.45 bis 0.55
sauberer feiner Sand, siltiger oder toniger feiner bis mittlerer Sand	0.35 bis 0.45
feiner sandiger Silt, nicht-plastischer Silt	0.30 bis 0.35
sehr steifer und harter oder vorbelasteter Ton	0.40 bis 0.50
mittelsteifer und steifer Ton und siltiger Ton	0.30 bis 0.35

Bild 8.1: Reibungsbeiwerte für Betonfundamente auf verschiedenen Böden

8.3 Fundationen für Rahmen

8.3.1 Einzelfundamente

Die Kräfte von Stützen infolge Schwerelasten und Erdbebenkräften können durch
Einzelfundamente auf den Baugrund abgegeben werden (vgl. Bild 8.2). Dies ist oft
der Fall, wenn z.B. aus technischen Gründen eine Fundamentplatte nicht sinnvoll
oder möglich ist.

Die Aufnahme von Kippmomenten durch ein Einzelfundament ist stark von
der gleichzeitig wirkenden Normaldruckkraft abhängig. Die grundsätzlich anzustrebende Situation, in der sich am Fuss der Stütze ein Fliessgelenk ausbildet, ist in
Bild 8.2a dargestellt. Ist jedoch das Einzelfundament nicht gross genug, so kann
dies auf einer Seite zum Abheben von der Fundamentfläche führen, während Stütze

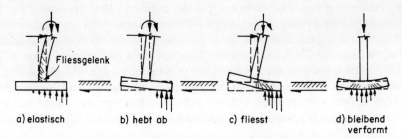

Bild 8.2: Verhalten von Einzelfundamenten

und Fundament elastisch bleiben (Bild 8.2b). Ohne geeignete vorbeugende Massnahmen können dann im Baugrund plastische Verformungen entstehen. Werden die Prinzipien der Kapazitätsbemessung nicht berücksichtigt, kann auch der Fall von Fliessverformungen nur im Fundament eintreten (Bild 8.2c). Durch die bleibenden Fliessverformungen kann dann am Rande und an den Ecken des Fundamentes der Kontakt mit dem Boden verloren gehen (Bild 8.2d). Dadurch erhöhen sich in der Mitte die Bodenpressungen aus Schwerelasten, und Setzungen können die Folge sein. Zudem ist der Korrosionsschutz der Hauptbewehrung nicht mehr gewährleistet, und eine Reparatur ist praktisch unmöglich.

Die hier beschriebenen Einzelfundamente eignen sich vor allem für ein- bis zweigeschossige Gebäude.

8.3.2   Verbundene Einzelfundamente

Eine geeignete Massnahme zur Aufnahme von grossen Biegemomenten aus den Fliessgelenken am Stützenfuss besteht im Einbau von steifen Verbindungsriegeln. Bild 8.3 illustriert den hohen Grad der erreichbaren Einspannung der Stützen bei dieser Art des Fundationstragwerks.

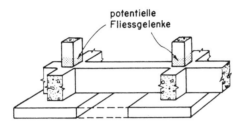

Bild 8.3: Mit Riegeln verbundene Einzelfundamente

Solche relativ hohe Verbindungsriegel können mit dem Tragwiderstand aus den Rechenfestigkeiten der Baustoffe die Überfestigkeitsmomente der Stützen normalerweise gut aufnehmen. Obwohl auch die Einzelfundamente einen gewissen Anteil der Überfestigkeitsmomente aufnehmen können, genügt es im allgemeinen, wenn sie für die Vertikalkräfte aus Schwerelasten und Erdbebenkräften ausgelegt werden, wobei der Zustand der Überfestigkeit im Mechanismus des duktilen Rahmentragwerks des Überbaus massgebend ist. Auch die Vertikalkräfte aus den Querkräften der Verbindungriegel sind zu berücksichtigen. Das Modell dieses Systems ist im Bild 8.4a dargestellt.

Wenn der Tragwiderstand des Fundationstragwerks auf den Schnittkräften des Überbaus bei Überfestigkeit beruht, ist kein Fliessen in der Fundation zu befürchten, und somit muss die Fundation auch nicht für duktiles Verhalten konstruktiv durchgebildet werden.

Der Anschluss der Stütze an das Fundament bzw. den Verbindungsriegel ist sorgfältig zu bemessen. Es handelt sich um ähnliche Situationen wie sie in den Bildern 4.47a,b,c und 4.48a und b dargestellt sind.

Sind die Bodenpressungen unter den Fundamenten zu verrringern, so kann die Auflagefläche vergrössert werden, indem die Einzelfundamente, wie dies in Bild 8.3

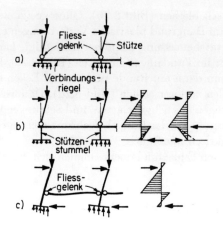

Bild 8.4: Modelle für Einzelfundamente mit Verbindungsriegel

gestrichelt angedeutet ist, zu Streifenfundementen verbunden werden.

Befindet sich die tragfähige Bodenschicht auf einem tieferen Niveau, so können die Stützen unterhalb des Verbindungsriegels weitergeführt werden. (Bild 8.5). Bei diesen Stützenstummeln ist spezielle Vorsicht geboten, damit inelastische Verformungen und Schubversagen vermieden werden. Es ist im allgemeinen vorzuziehen, die Energiedissipation auf die Fliessgelenke in den Stützen zu beschränken, wie dies in Bild 8.5 links angedeutet ist.

Das Modell von Bild 8.4b zeigt, dass Moment und Querkraft im Stützenstummel durch die Art der Übertragung der horizontalen Erdbebenkräfte (Stützenquerkräfte) auf den Baugrund (z.B. auf der Höhe des Verbindungsriegels oder durch die Einzelfundamente) und durch den Grad der Einspannung im Einzelfundament, bzw. der Rotation und Verschiebung des Einzelfundamentes auf dem Baugrund, beeinflusst werden. Es ist daher wichtig festzulegen, ob die Stützenquerkräfte auf der Höhe des Verbindungsriegels oder erst bei den Fundamenten aufgenommen werden sollen.

In Ausnahmefällen können in den Verbindungsriegeln Fliessgelenke vorgesehen werden (vgl. Bild 8.4c und Bild 8.5 rechts). Die Kapazitätsbemessung der Stütze ober- und unterhalb des Verbindungsriegels hat in diesem Falle dem in Abschnitt 4.5 beschriebenen Vorgehen zu folgen. In gleicher Weise sind auch die im Abschnitt

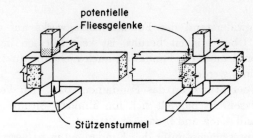

Bild 8.5: Einzelfundamente mit Verbindungsriegeln und Stützenstummeln

4.7 erklärten Prinzipien zur Bemessung des Knotens neben dem plastischen Gelenk zu beachten.

Verbindungsriegel in den beiden orthogonalen Richtungen haben auch den Zweck, den Zusammenhalt des gesamten Fundationstragwerks sicherzustellen. Die Abschätzungen der Übertragung der horizontalen Kräfte zwischen Einzelfundamenten und Untergrund sind allgemein recht ungenau. Aus diesem Grund sollten die Verbindungsriegel eine gewisse Umlagerung der Horizontalkräfte zwischen den einzelnen Stützenfundamenten ermöglichen. Gewisse Normen [A6] empfehlen, für die Bemessung dieser Tragelemente Zug- und Druckkräfte zu berücksichtigen. Eine typischer Wert für diese Kräfte ist 10% der maximalen Normalkraft der angrenzenden Stützen.

8.3.3 Steife Untergeschosse

Ein- oder mehrstöckige, durch Stahlbetonwände ausgesteifte Untergeschosse (steife Kasten, Wannen), ergeben ideale Verhältnisse zur Einleitung der Kräfte aus Rahmentragwerken. Da die Schnittkräfte infolge Überfestigkeit des Rahmentragwerks leicht aufgenommen werden können, bieten sich bei der Bemessung der Untergeschosse als elastische Fundationstragwerke kaum besondere Probleme.

8.4 Fundationen für Tragwände

Da der Widerstand gegen die seismischen Beanspruchungen, statt gleichmässig im Gebäudegrundriss verteilt, auf oft wenige Stellen mit Tragwänden konzentriert ist, werden dort die Anforderungen an die Fundation sehr hoch. Das Verhalten des Fundationstragwerks wird für das Verhalten des Tragwerks des Überbaus massgebend (vgl. 5.1 Abschnitte 1 und 2). Deshalb werden diese Fundationen hier etwas ausführlicher behandelt.

8.4.1 Elastische Fundationstragwerke

Die Bemessung von elastischen Fundationen für elastisch bleibende Tragwände bedarf keiner weiteren Erklärungen (vgl. 8.2.1a).

Die einfachen Prinzipien für elastische Fundationen von duktilen Tragwerken des Überbaus (vgl. 8.2.2) werden im folgenden beschrieben.

a) Beanspruchung

Die Beanspruchung der Fundation wird gemäss dem Prinzip der Kapazitätsbemessung durch die Schnittkräfte aus der massgebenden Kombination von Erdbebenkräften und Schwerelasten, nach Entwicklung der Überfestigkeit im Fliessgelenk der entsprechenden Tragwand, meist im Einspannquerschnitt, erhalten (vgl. 5.4 und 5.5). Für die Ermittlung der Beanspruchungen der einzelnen Elemente des Fundationssystems sind zuerst die Boden- bzw. Pfahlreaktionen zu ermitteln. Dabei sind Grenzwerte anzunehmen, um die Unsicherheiten bezüglich Steifigkeit und Tragwiderstand des Bodens abzudecken (vgl. 8.1).

Für Fundationen zu duktilen Stahlbetontragwänden gemäss Abschnitt 5.4 ist die vom inelastischen Tragwerk des Überbaus übertragene Beanspruchung wie folgt anzusetzen:

1. Das Biegemoment bei der Entwicklung der Überfestigkeit im Einspannquerschnitt, das zusammen mit der entsprechenden Normalkraft wirkt, beträgt nach Gl.(5.31) $M_o = \Phi_{o,w} M_E$. Dabei ist $\Phi_{o,w}$ der Biege-Überfestigkeitsfaktor der Wand und M_E das Einspannmoment im Wandfuss infolge horizontaler Ersatzkräfte.

2. Als massgebende erdbebeninduzierte Querkraft soll am Fuss der Kragwand die für die Bemessung der Gelenkzone nach Gl.(5.33) ermittelte Querkraft $V_o = \omega_v \Phi_{o,w} V_E$ verwendet werden. Dabei sind ω_v der dynamische Vergrösserungsfaktor für die Querkraft in Tragwänden nach Gl.(5.34) oder (5.35) und V_E ist die Querkraft am Wandfuss infolge horizontaler Ersatzkräfte. Bei Tragwänden von gemischten Tragsystemen ist ω_v^* gemäss Gl.(6.10) zu verwenden.

3. Zusammen mit diesen erdbebeninduzierten Beanspruchungen sind die mit den Lastfaktoren multiplizierten Beanspruchungen aus Schwerelasten zu berücksichtigen (vgl. Gl.(1.8) und (1.9)).

b) Bemessung der Fundation

Alle Teile des Fundationstragwerks sollen die Beanspruchungen infolge Überfestigkeit des Überbaus mit dem Tragwiderstand der Rechenfestigkeiten aufnehmen können. Widerstandsreduktionsfaktoren Φ brauchen nicht verwendet zu werden, bzw. sie können $\Phi = 1.0$ gesetzt werden (vgl. 1.3.4a).

c) Bodenpressungen

Die Fundationen sind so zu gestalten, dass allfällige inelastische Verformungen des Bodens unter den Beanspruchungen bei Überfestigkeit des Überbaus vernachlässigbar klein bleiben.

d) Konstruktive Durchbildung

Im derart bemessenen Fundationstragwerk werden keine plastischen Verformungen und keine Energiedissipation erwartet. Daher werden auch keine besonderen Anforderungen an die konstruktive Durchbildung gestellt. Es darf also ein allfälliger Beitrag des Betons an den Schubwiderstand in Rechnung gestellt werden (Gl.(3.37) bis (3.43)), und an die Umschnürung werden die gleichen Anforderungen gestellt, wie sie für Bauwerke gelten, die von Beanspruchungen aus Schwerelasten und Wind dominiert sind.

e) Fundationen für Tragwände mit beschränkter Duktilität

Die obenstehenden Prinzipien können auch bei Tragwänden beschränkter Duktilität, welche nach der Methode der Kapazitätsbemessung bemessen worden sind, angewendet werden.

8.4.2 Duktile Fundationstragwerke

Im Falle der bereits im Abschnitt 8.2.1b beschriebenen duktilen Fundationstragwerke liegt der Ort der hauptsächlichen Energiedissipation in der Fundation. Es ist nochmals zu betonen, dass die Folgen einer ausgedehnten Rissebildung in Elementen der Fundation vorgängig sorgfältig abzuklären sind (oft keine Reparaturmöglichkeit). Bei der Bemessung sind die nachfolgend behandelten Punkte zu beachten.

a) Fliessbereiche

Die für die Energiedissipation vorgesehenen Bereiche sind klar zu definieren und entsprechend auszubilden. Wenn diese Tragelemente in ihren Proportionen wesentlich von denjenigen üblicher Rahmen abweichen, sind die erforderlichen Rotationsduktilitäten gegebenenfalls zu überprüfen.

Bei gedrungenen Fundationselementen ist das Schlankheitsverhältnis zur Ermittlung der möglichen Duktilität wie bei den Kragwänden im Kapitel 5 zu berücksichtigen. Dabei ist als Länge des Verbindungsriegels bzw. der Verbindungswand die Distanz zwischen dem Momentennullpunkt und dem Momentenmaximum im Fliessgelenk zu verwenden.

b) Duktilitätskontrolle

Die Grösse der auf das gesamte Tragsystem wirkenden Ersatzkraft, welche zur Bildung der Fliessgelenke in der Fundation führt, ist von der Duktiliät der Fundationstragelemente abhängig und nicht von derjenigen des Überbaus. Die Bemessungsduktilität muss somit auf das Duktilitätsvermögen (Grenzduktilität) der Fundationstragelemente abgestimmt sein.

c) Querkraftsbeanspruchungen

Die Querkräfte in den verschiedenen Teilen des Fundationstragwerks werden unter Anwendung der Prinzipien der Kapazitätsbemessung bestimmt, wobei die Entwicklung der Überfestigkeit in den plastischen Bereichen vorausgesetzt wird. In gedrungenen Biegeelementen des Fundationstragwerks kann die Schubbeanspruchung massgebend werden, und die Anordnung einer diagonal verlaufenden Hauptbewehrung, ähnlich derjenigen in den im Abschnitt 5.4.4 behandelten Koppelungsriegeln, kann vorteilhaft sein.

d) Inelastische zyklische Beanspruchungen

Den Auswirkungen der inelastischen, zyklischen Beanspruchung von Fundamentverbindungsriegeln, Einzelfundamenten, Pfählen und Pfahlköpfen ist, da experimentelle Untersuchungen fehlen, besondere Beachtung zu schenken. Inelastisch zyklisch beanspruchte Fundationstragwerke wurden bisher nicht vollständig erforscht und die Empfehlungen, z.B. in Normen, decken daher nicht alle möglichen Fälle ab. Deshalb sollte bei der Bemessung und der konstruktiven Durchbildung solcher Elemente entsprechend vorsichtig und konservativ vorgegangen werden.

e) Elastisch bleibende Tragwände

Wenn die massgebenden Querschnitte der Tragwände mit dem Widerstand aus den Rechenfestigkeiten die der Überfestigkeit der Fundation entsprechenden Beanspruchungen aufnehmen können, so haben die Tragwände keinen speziellen erdbebenbedingten konstruktiven Regeln zu genügen. Es können die üblichen Regeln für die Bemessung von Stahlbetontragwerken auf Schwerelasten und Windkräfte angewendet werden.

8.4.3   Abhebende Fundationstragwerke

Unter Voraussetzung einer detaillierten dynamischen Untersuchung des Schaukelvorganges kann dieser ab einem bestimmten Niveau der Erdbebeneinwirkung eine zulässige Art der Energiedissipation darstellen (vgl. 8.2.1c). Der untere Wert der Horizontalkraft, bei welchem das Abheben der einen Fundamentkante beginnen darf, sollte mit Hilfe von Überlegungen über die Schadenbegrenzung abgeschätzt werden. Er kann etwa der Ersatzkraft von Tragwerken mittlerer Duktilität ($\mu_\Delta \approx 3$) entsprechen. Dadurch wird erreicht, dass die Schaukelbewegung bei etwa gleicher Erdbebeneinwirkung einsetzt wie der Fliessbeginn bei Tragwerken mit beschränkter Duktilität.

Zur Untersuchung der Schaukelbewegung werden die Tragwände des Überbaus und deren Fundationstragwerk als Einheit betrachtet (vgl. Bild 8.6). Die Schaukelbewegung beinhaltet eine Interaktion zwischen Boden und Bauwerk. Schaukelbewegungen von Teilen des Bauwerks auf darunterliegenden Teilen werden hier nicht behandelt.

Da mit abhebenden Fundamenten kaum Erfahrungen vorliegen, sind für die Bemessung und Abklärung der Ausführbarkeit spezielle dynamische Untersuchungen vorzunehmen [P36]. Einige Auswirkungen der Abnahme des Einspanngrades am Fuss von Tragwänden werden im Abschnitt 6.2.3 behandelt. Bei der Bemessung abhebender Fundamente von Tragwänden sind namentlich die in den folgenden Abschnitten behandelten Aspekte zu beachten.

a) Vertikalkräfte

Die auf das abhebende Tragwerk wirkenden Vertikalkräfte ergeben sich gemäss Gl.(1.8) und (1.9) aus den mit Lastfaktoren multiplizierten Schnittkräften infolge der Schwerelasten und der Erdbebenkräfte, insbesondere aus den Beiträgen der mit der Tragwand verbundenen Deckenplatten und Riegel, welche durch die Kippbewegung der Tragwand plastifizieren. Mit einer kippenden Wand verbundene Tragelemente können, bedingt durch die in den oberen Stockwerken recht grossen Relativverschiebungen (vgl. Bild 6.16), voll plastifizieren (Überfestigkeit). Das räumliche Verhalten des gesamten Tragwerks ist also unbedingt zu berücksichtigen. Diese zwischen der kippenden Wand und angrenzenden, nicht kippenden Rahmen liegenden Riegel (vgl. Bild 6.16) sind für die erforderliche Duktilität auszubilden um die Abtragung der Schwerelasten auch im plastifizierten Zustand sicherzustellen. Auch hier sind die Grundsätze der Kapazitätsbemessung anzuwenden.

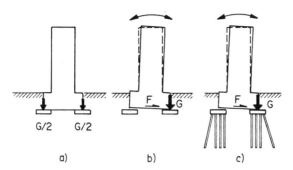

Bild 8.6: Abhebende Fundationstragwerke

b) Horizontalkräfte

Die horizontalen Kräfte, welche gleichzeitig mit den obigen Vertikalkräften auf eine Wand wirken, ergeben sich aus den zum Kippen erforderlichen Kräften, bei denen auch der Einfluss der Verbindungen zu anderen Tragwänden oder Rahmen durch Deckenplatten und Riegel zu berücksichtigen ist. Die totale Horizontalkraft auf das Tragwerk wird berechnet als Summe der horizontalen Kräfte auf alle kippenden Wände und nichtkippenden Rahmen, welche durch steife Deckenscheiben wirksam verbunden sind.

c) Duktilitätsanforderungen

Bei abhebenden Fundamenten ist eine ausführliche Berechnung durchzuführen, um die Duktilitätsanforderungen an die Tragelemente, ausgenommen die elastisch bleibenden kippenden Tragwände, zu ermitteln. Damit wird sichergestellt, dass die aufgrund der angenommenen Verschiebeduktilität erforderlichen Werte nicht überschritten werden. Dies bedingt eine vollständige Berücksichtigung des Verhaltens der tragenden Elemente des Gebäudes unter den horizontalen und vertikalen Verschiebungen infolge der Kippbewegung der Tragwände.

d) Bodenpressungen

Durch das Abheben des Fundationstragwerkes auf der einen Seite wirken auf der anderen Seite grosse Kräfte auf den Baugrund. Die kraftübertragenden Flächen sind daher so auszulegen, dass im Boden keine übermässigen plastischen Verformungen entstehen, welche schwierig vorauszusagen wären und vorzeitig bleibende Verschiebungen und Verformungen im sonst unbeschädigten Bauwerk bewirken könnten. Diese Überlegungen können zu zusätzlichen unabhängigen, kraftverteilenden Fundamenten führen, welche bei den Kippunkten oder -linien unter die normalen Fundamenten plaziert werden (Bild 8.6). Ihre Grösse wird derart festgelegt, dass die auftretenden Kräfte ausreichend verteilt werden, damit im Untergrund keine plastischen Verformungen auftreten. Die zusätzlichen Fundamente können aber auch einfach auf eine begrenzte, sicher aufnehmbare Bodenpressung beim Abheben auf der Gegenseite ausgelegt werden (vgl. Bild 8.6b).

e) Konstruktive Durchbildung

Werden alle Beanspruchungen einer abhebenden Wand und ihrer Fundation gemäss den Prinzipien der Kapazitätsbemessung bestimmt und die Einflüsse duktiler, nicht abhebender benachbarter Rahmen und anderer Tragelemente berücksichtigt, so darf angenommen werden, dass das schaukelnde Tragwerk gegen Überbeanspruchung genügend geschützt ist. Entspricht der Tragwiderstand den Anforderungen, so kann im schaukelnden Haupttragwerk kein Fliessen und auch kein Versagen eintreten. Derartige Tragwerke sind daher nicht nach den speziellen Regeln für seismisch beanspruchte Elemente, sondern nach den allgemein gültigen Regeln konstruktiv durchzubilden.

8.4.4   Pfahlgründungen

a) Verhalten unter Erdbebeneinwirkung

Während eines Erdbebens konzentrieren sich bei den Tragwänden grosse Kippmomente und grosse Horizontalkräfte, die von Pfählen, welche die Fundation dieser Wände bilden, aufzunehmen sind. Bild 8.7 zeigt typische Fälle für derartige Fundationen. In allen drei Fällen wird angenommen, dass im links gezeichneten Pfahl infolge von Schwerelasten und Horizontalkräften eine wesentliche Zugkraft resultiert. Die zum Gleichgewicht erforderlichen Kräfte aus dem umgebenden Untergrund sind durch Pfeile angedeutet.

   Die übliche und wünschbare Situation ist in Bild 8.7a gezeigt, wo eine duktile Tragwand von einer entsprechend bemessenen elastisch bleibenden Fundation, bestehend aus Pfählen und Pfahlkopfplatte, welche die Schnittkräfte aus der Überfestigkeit der Tragwand mit dem Tragwiderstand aus den Rechenfestigkeiten aufnehmen kann, getragen wird.

   In duktilen Fundationstragwerken gemäss den Abschnitten 8.2.1b und 8.4.2 kann die Energiedissipation den Pfählen zugewiesen werden, während die Tragwand elastisch bleibt. In dem in Bild 8.7b gezeigten Fall wird die Energie vor allem durch Fliessen der Zugbewehrung im Zugpfahl dissipiert. Die Nachteile dieses Mechanismus mit der Bildung von breiten Rissen im Pfahl weit im Untergrund liegen auf der Hand. Die entsprechende grosse Druckkraft im anderen Pfahl erfordert wie in

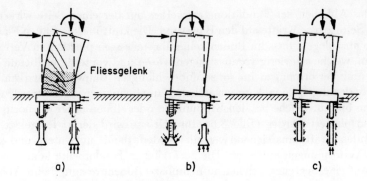

Bild 8.7: Tragwände auf Pfahlgründungen

Stützen eine wesentliche Umschnürungsbewehrung gemäss den Gleichungen (3.22) und (3.25).

Eine andere und in Bild 8.7c dargestellte Möglichkeit der Energiedissipation in der Fundation besteht in der Verwendung von Reibungspfählen. Dies kann jedoch ebenfalls zu Problemen führen, wurden doch beim Erdbeben von Mexico-City 1985 derartige Pfähle zum Teil vollständig aus dem Untergrund gezogen [M15].

b) Wirkung von Horizontalkräften auf Pfähle

Das genaue Verhalten von Pfählen unter horizontalen Kräften und damit Biegebeanspruchungen kann nur sehr schwer vorausgesagt werden. Eine Vorhersage des dynamischen Verhaltens unter Erdbebeneinwirkungen hängt unter anderem vom verwendeten Rechenmodell, der Abbildung der Bodensteifigkeits- und Dichteverteilung, der Frequenzabhängigkeit der Bodenreaktionen und der aus der Wellenabstrahlung und der inneren Reibung resultierenden Dämpfung ab [W5]. Für einfachere Berechnungen kann das Modell eines Balkens auf elastischer Bettung verwendet werden, wobei die Lage eines einzelnen Pfahles in einer Pfahlgruppe durch geeignete Variation der Reaktion des Untergrundes entlang des Pfahles berücksichtigt wird [M16].

Die Pfahlverschiebung im Boden wird vom dynamischen Erdbebenverhalten des Tragwerks des Überbaus und in gewissen Fällen auch vom kinematischen Verhalten des Bodens selbst beeinflusst. Die resultierenden Pfahl- und Bodenbeanspruchungen können zu starken Krümmungen in den Pfählen führen, vor allem wenn die Pfähle durch unterschiedlich steife Bodenschichten führen (Bild 8.8). In solchen Fällen kann es schwierig sein, die Bildung von plastischen Gelenken in den Pfählen zu verhindern, um einer Beschädigung der Pfähle während der durch die Trägheitskräfte des Überbaus erzeugten Bewegung vorzubeugen, selbst wenn die Prinzipien der Kapazitätsbemessung angewendet wurden.

Gebäude auf geneigtem Baugrund können auf Pfählen fundiert werden, die zwischen Bodenoberfläche und Pfahlkopfplatte in jüngeren Auffüllungen oder sogar frei in der Luft stehen. Die Schubsteifigkeit derartiger Pfähle, die sich ähnlich verhalten wie die im Bild 4.3 dargestellten und mit den Gleichungen (4.5) bis (4.9) bemessenen Stützen, sollte bei der Aufteilung der Horizontalkraft auf die einzelnen Pfähle berücksichtigt werden.

Hat der Ingenieur nicht sichergestellt, dass die gesamte Erdbebenhorizontalkraft durch andere Tragwirkungen als durch horizontale Kräfte an den Pfahlköpfen auf den Untergrund übertragen wird, so bildet die Annahme von Fliessgelenken an den Pfahlköpfen die beste Lösung (Bild 8.7). Die Pfähle sind entsprechend zu bewehren, damit die gemäss 8.4.4c erforderliche Duktilität gewährleistet ist. Ergibt sich aus der Berechnung, dass sich Fliessgelenke auch weiter unten in den Pfählen bilden könnten, sind diese Bereiche analog zu bewehren.

Bei Pfahlgründungen sollte die gesamte Horizontalkraft den Pfählen zugeordnet werden, ausser wenn folgendes gezeigt werden kann:

1. Die Horizontalkraft wird beim Bodenkontakt einer grossen Fundation durch Querrippen oder andere direkt gegen den vertikal anstehenden Boden betonierte Tragelemente (z.B. Kellerumfassungswände) direkt auf den ungestörten

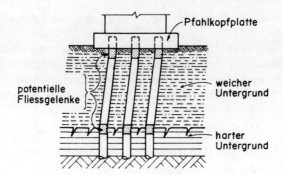

Bild 8.8: Fliessgelenke in Pfählen bei unterschiedlichen Bodenschichten

Untergrund abgegeben. Kraftübertragungen auf aufgefüllte Bodenpartien dürfen nicht in Rechnung gestellt werden.

2. Bei einer solchen Übertragung der Horizontalkraft bleiben die Schubverformungen in der Bodenschicht unterhalb der Pfahlkopfplatte vernachlässigbar klein (sonst würden die Pfähle einen grossen Teil der Horizontalkraft übertragen).

Eine Kraftübertragung in den Boden durch Reibung (vgl. 8.2.4) sollte nur in denjenigen Bereichen eines Fundationstragwerks berücksichtigt werden, wo sichergestellt ist, dass trotz Setzungen usw. ein erheblicher Teil der Schwerelasten direkt über die Kontaktfläche in den Baugrund übertragen wird.

Pfähle können Horizontalkräfte durch Querpressungen gegen den Baugrund (Lochleibung) oder bei Schrägstellung durch Längskräfte abtragen (vgl. Bild 8.6).

c) Konstruktive Durchbildung der Pfähle

Die Bemessung und die konstruktive Durchbildung der Pfähle hat nach den für die Bemessung von Stützen geltenden Regeln zu erfolgen. Das obere Ende eines Pfahles ist wie ein potentielles plastisches Gelenk zu bewehren, wobei die plastische Länge l_p, gemessen ab der Unterkante der Pfahlkopfplatte, gleich der grösseren Querschnittsabmessung des Pfahles, mindestens aber als 450 mm anzunehmen ist.

Selbst wenn sich aus den Berechnungen für einen Pfahl mit der Querschnittsfläche A_g keine Zugkraft ergibt, ist mindestens eine Vertikalbewehrung mit dem Querschnitt A_{st} gemäss der folgenden Gleichung vorzusehen:

$$\frac{2.2 A_g}{f_y} \leq A_{st} = \frac{1560 \sqrt{A_g}}{f_y} \leq \frac{1.1 A_g}{f_y} \qquad [\text{N,mm}^2] \qquad (8.1)$$

Diese Beziehung gilt für $0.5 \cdot 10^6 \text{ mm}^2 \leq A_g \leq 2 \cdot 10^6 \text{ mm}^2$.

Die maximal zulässige Vertikalbewehrung in der potentiellen Gelenkzone hat den Bedingungen für Stützen gemäss Abschnitt 4.5.9 zu genügen. Um die Entwicklung des Fliessgelenkes sicherzustellen, ist es wichtig, dass alle Vertikalbewehrungsstäbe in der Pfahlkopfplatte genügend verankert sind (Bild 8.10).

Im weiteren sind die nachfolgend gegebenen Regeln zu beachten.

1. Stahlbetonpfähle

In den Bereichen potentieller plastischer Gelenke ist die Querbewehrung zur Querkraftübertragung und Umschnürung nach den Regeln für Stützen im Abschnitt 4.5.10b und c auszubilden. Daran angrenzend sollen über eine Länge von mindestens drei mal die grössere Querschnittsabmessung des Pfahles (vgl. Bild 8.10) nebst den Kriterien für die Schubbewehrung auch die Kriterien für die Umschnürungsbewehrung, wie in den Bereichen anschliessend an die Gelenkbereiche, gemäss 4.5.10c eingehalten werden.

Ist keine grosse Duktilität erforderlich, so kann der in potentiellen Gelenkbereichen von Stützen notwendige Gehalt an Umschnürungsbewehrung ρ_s gemäss den Gleichungen (3.25) und (3.28) reduziert werden auf:

$$\rho_{s,r} = \alpha \rho_s \tag{8.2}$$

Der Faktor α kann Bild 8.9 entnommen werden. Die dort dargestellten Beziehungen wurden mit Hilfe üblicher Annahmen für die Krümmungsduktilität, Fliessgelenklänge und Verhältnis von Biegemoment zu Querkraft M/V erhalten (in M/VD bedeutet D: Pfahldurchmesser). Die Beziehungen stimmen gut mit Versuchsresultaten überein [P48].

Für die Stabilisierungsbewehrung zur Verhinderung des vorzeitigen Ausknickens der Vertikalbewehrung gelten die Kriterien gemäss 4.5.10d.

In den übrigen Bereichen ist eine minimale Vertikalbewehrung von 0.25% des Betonquerschnittes, mindestens aber vier profilierte Bewehrungsstäbe von 16 mm Durchmesser, einzulegen. Eine Querbewehrung in Form einer Bügel- oder Spiralbewehrung mit einem vertikalen Abstand der Lagen von höchstens 16 Durchmessern der Vertikalbewehrung ist ebenfalls erforderlich [A6].

2. Vorgespannte Betonpfähle:

Im Spannbett hergestellte vorgespannte Betonpfähle, mit oder ohne zusätzliche schlaffe Vertikalbewehrung, gewährleisten Fliessgelenkrotationen, welche Verschiebeduktilitäten von $\mu_\Delta = 8$ entsprechen, wenn die Umschnürungsbewehrung nach den Gleichungen (3.25) und (3.28) eingelegt wird [P48]. Dabei ist jedoch der Klammerausdruck zur Berücksichtigung des Einflusses der Normalkraft durch den fol-

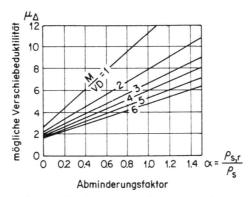

Bild 8.9: Abminderungsfaktor für die Umschnürungsbewehrung in Stahlbetonpfählen

genden Ausdruck zu ersetzen:

$$\left(0.5 + \frac{1.25}{\Phi}\left[\frac{P_u}{f'_c A_g} + f_p\right]\right) \tag{8.3}$$

Darin ist f_p die Betondruckspannung infolge der Vorspannkraft.

Die Stabilisierungsbewehrung zur Verhinderung des Ausknickens einzelner Vorspannlitzen, welche vorher auf Zug bis über ihre Fliessgrenze hinaus beansprucht worden sind, ist schwierig zu definieren. Begrenzte experimentelle Erfahrungen deuten darauf hin, dass vorzeitiges Ausknicken verhindert werden kann, wenn der Maximalabstand der Querbewehrung auf $s_h \leq 3.5\,d_b$ beschränkt wird, wobei für d_b der nominelle Durchmesser der verwendeten Vorspannlitze einzusetzen ist [P48].

3. Betonpfähle mit Stahlmantel

Die Tatsache, dass eine ausreichende Umschnürungsbewehrung ein einwandfreies Verhalten von Druckgliedern gewährleistet, lässt den Schluss zu, dass die in der Praxis oft verwendeten stahlummantelten Pfähle ebenfalls ein befriedigendes Verhalten aufweisen. Die Voraussage des Verhaltens derartiger Pfähle ist jedoch nicht so einfach, da sich der Stahlmantel in einem zweiachsigen Spannungszustand befindet, wobei sein Beitrag an den Pfahlbiegewiderstand vom Verbund zwischen Stahlmantel und Betonfüllung abhängig ist. Das Verhalten ist auch deswegen recht komplex, weil der Stahlmantel während der elastisch-plastischen Beanspruchung des Pfahles Schubspannungen, Längsspannungen aus Normal- und Biegebeanspruchung sowie Ringspannungen aus der Umschnürungsfunktion aufzunehmen hat.

Bild 8.10 zeigt einen typischen runden Pfahl mit Stahlummantelung, Vertikalbewehrung und spiralförmiger Umschnürungsbewehrung. Experimentelle Untersuchungen [P48] zeigten, dass das Verhalten von Pfählen mit bis in die Pfahlkopfplatte geführter Stahlummantelung vom lokalen Beulen der Ummantelung im massgebenden Querschnitt beeinflusst wird (Verminderung der Umschnürung infolge Ausbeulen). Unabhängig von der Wandstärke des Stahlrohres begann das Beulen bei Verschiebeduktilitäten von $\mu_\Delta \approx 4$.

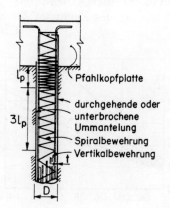

Bild 8.10: Stahlummantelter Pfahl mit Vertikalbewehrung und spiralförmiger Umschnürungsbewehrung

Der Bruch des Stahlmantels erfolgte, wenn im Pfahl keine Umschnürungsbewehrung angeordnet war, bei $\mu_\Delta \approx 5$. War dagegen eine angemessene Spiralbewehrung vorhanden, so konnte ein sehr duktiles Verhalten beobachtet werden, sogar wenn der Stahlmantel nur ein kurzes Stück in den Pfahlrost hineinführte (vgl. linke Seite des Pfahles in Bild 8.10). In diesen Versuchen wurde ein Gleiten des Stahlmantels relativ zum Betonkern beobachtet, weshalb im massgebenden Querschnitt nur eine beschränkte Mitwirkung des Mantels, wenn überhaupt, erwartet werden darf.

Der Stahlmantel verbessert den Tragwiderstand des Pfahles und bewirkt allgemein ein stabileres hysteretisches Verhalten. Die Fähigkeit zur Energiedissipation ist jedoch stark von der Wandstärke des Stahlmantels abhängig. In Versuchen mit Verhältnissen Pfahldurchmesser zu Wandstärke $D/t = 34$ die Energiedissipation über eine Anzahl von Lastzyklen mit $\mu_\Delta = \pm 4$ etwa 40% grösser als bei einem im übrigen identischen Versuchskörper mit $D/t \approx 200$, welcher sich gleich wie eine typische, nicht ummantelte Stütze verhielt [P48].

Aus diesen Untersuchungen wurde daher der Schluss gezogen, dass Stahlummantelungen, sogar mit den typischen kurzen Enden in der Pfahlkopfplatte, das hysteretische Verhalten der Pfähle im Vergleich zu analogen, nicht ummantelten Pfählen wesentlich verbessern und zwar sowohl was den Tragwiderstand als auch was die Energiedissipation betrifft. Voraussetzung dafür ist ein Verhältnis von $D/t \leq 70$, sowie die Anordnung von Vertikal- und Umschnürungsbewehrung wie in nicht ummantelten Pfählen. Derart ummantelte Pfähle bewahren ihren Tragwiderstand für Schwerelasten während der grossen bei einem Erdbeben auftretenden plastischen Verformungen. Wenn auch der Beginn des Beulens keine unmittelbare Verschlechterung des Tragverhaltens zur Folge hat, so bewirkt doch die anschliessende erneute Streckung eine beschleunigte Reduktion des Tragwiderstandes infolge der grossen Dehnungen. Die Ummantelung könnte während allfälligen späteren, wesentlich schwächeren Beben spröde versagen. Um kaum mögliche Reparaturen zu vermeiden, wird daher für die Bemessung empfohlen [P48], die Duktilität auf $\mu_\Delta = \pm 4$, den Beginn des Beulens, zu beschränken.

In [A6] wird für das oberste Drittel des Pfahles, mindestens aber über 2.5 m, eine Vertikalbewehrung von 0.5%, mit einer Spiralbewehrung von minimal 6 mm Durchmesser und einer maximalen Ganghöhe von 200 mm, verlangt.

8.4.5 Einfluss der Verformungen des Baugrundes

Verformungen der Fundation beeinflussen das elastische und inelastische Verhalten von Tragwänden sehr stark. Meist sind es vor allem die Verformungen des Baugrundes und nicht diejenigen des Fundationstragwerks, welche die Steifigkeit der Tragwand wesentlich beeinflussen. Es gibt aber keine Berechnungsmethoden, welche das Verhalten des Baugrundes mit einer Genauigkeit ähnlich derjenigen der Berechnung des Stahlbetontragwerks erfassen können.

Bei elastischem Verhalten, sowohl der Tragwand als auch des Baugrundes, kann mit einer Simulation der Steifigkeit des Untergrundes durch elastische Federn die Grösse der Fundationsrotation abgeschätzt werden. Unter der Voraussetzung, dass das Verhältnis des Kippmomentes am Wandfuss infolge statischer Ersatzkräfte zum Trägheitsmoment der Fundationsfläche, M_E/I_F, bei allen Tragwänden innerhalb des Bauwerkes etwa gleich gross ist, werden die relativen Steifigkeiten und damit die Verteilung der Beanspruchungen durch Fundationsverdrehungen nicht wesentlich beeinflusst. Empfehlungen zur allfälligen Berücksichtigung der Boden-Struktur-Interaktion bei dynamischem Tragwerksverhalten sind in [A6] zu finden.

Die elastischen Verformungen des Baugrundes können zur Bestimmung der Grundschwingzeit in die Gesamtverschiebung des Bauwerkes eingeschlossen werden (vgl. 2.2.8a.3). Da diese Verformungen relativ grossen Streuungen unterliegen, sollte die aus diesem Effekt resultierende Verminderung der horizontalen statischen Ersatzkraft (je nach Form des Spektrums im Bereich der Grundschwingzeit) bezogen auf den Wert ohne Verformungen des Baugrundes, 20% nicht übersteigen. Für den voll eingespannten Fall sollen die inelastischen Verformungen zur Entwicklung der erforderlichen Verschiebeduktilität allein aus Verdrehungen der plastischen Gelenke des Tragwerks, wie z.B. am Fuss der Tragwand oder im inelastischen Fundationstragwerk und nicht aus dem Baugrund kommen. Es sind keine inelastischen Verformungen des Baugrundes erwünscht. Für eine vorgegebene Verschiebeduktilität ergeben sich sonst nämlich viel grössere Anforderungen an die Rotations- und Krümmungsduktilitäten in den plastischen Gelenken [P48]. Dies deshalb, weil sich die Verformung beim Fliessbeginn aus Boden- und Tragwerksverformungen, die Fliessverformungen jedoch nur aus Tragwerksverformungen ergeben (vgl. 2.2.8b für elastische Baugrundverformungen).

8.4.6 Beispiele von Fundationen für Tragwände

Um die in den vorangehenden Abschnitten beschriebene Bemessungsmethode zu illustrieren, werden einige stark vereinfachte Beispiele dargestellt und diskutiert.

Beispiel 1: Einzelne Tragwand auf einer Flachfundation
Eine einfache Tragwand unter Erdbebenkräften und Schwerelasten steht auf einem Flachfundament nach Bild 8.11. Die horizontale Erdbebenkraft soll über Reibung an der Unterseite und eine Erddruckkraft am Ende der Fundamentplatte in den Baugrund eingeleitet werden. Es liegt auf der Hand, dass durch dieses System jedoch keine wesentliche Biegezugkraft von der Wand in den Baugrund übertragen werden kann. Die Zugkraft kann nur in die Bodenplatte eingeleitet aber nicht weitergeleitet werden. Daher kann sich am Fuss der Tragwand kein plastisches Gelenk ausbilden. Die Flachfundation besitzt nur eine kleine Kippstabilität, und es kann erforderlich werden, die Ausbildung eines abhebenden Fundaments in Betracht zu ziehen, wenn

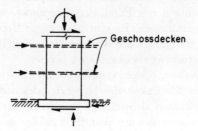

Bild 8.11: Fundation für eine einzelne Tragwand

nicht sehr grosse Schwerelasten vorhanden sind.

Sind dagegen Pfähle mit wesentlichem Zugwiderstand vorhanden (vgl. Bild 8.7a), so kann das plastische Gelenk am Wandfuss entstehen. Der Gelenkbereich mit speziellen Anforderungen an die konstruktive Durchbildung gemäss Abschnitt 5.4 ist in Bild 8.7a schattiert. Gemäss den Ausführungen im Abschnitt 8.4.1 über elastische Fundationen haben die Pfähle und Pfahlköpfe einen mit den Rechenfestigkeiten ermittelten Tragwiderstand aufzuweisen, der mindestens der Überfestigkeit des plastischen Gelenkes der Kragwand entspricht.

Beispiel 2: Zwei Tragwände auf einer gemeinsamen Fundation
Zwei Tragwände sind auf einen gemeinsamen hohen Fundationsträger auf Pfählen gestellt (Bild 8.12). Die Beanspruchungen aus Erdbebenkräften und Schwerelasten sowie die entsprechenden Reaktionen im Baugrund sind durch Pfeile qualitativ angedeutet. Bei einem solchen Fundationsträger wird der grösste Teil der durch die beiden Tragwände über die schattierten Gelenkbereiche eingeleiteten Biegemomente durch den zwischen den beiden Wänden liegenden Teil des Fundationsträgers aufgenommen. Der Schubbeanspruchung in dieser Zone ist spezielle Aufmerksamkeit zu schenken. Werden die Beanspruchungen der Fundation nach den Prinzipien der Kapazitätsbemessung ermittelt, so kann das Fliessen in der Fundation verhindert werden. Ein allfälliger Beitrag des Betons an den Schubwiderstand darf daher in Rechnung gestellt werden. Diese Art von Fundation ergibt, verglichen mit dem System in Bild 8.7, relativ kleine Pfahlbeanspruchungen, und die Bildung der Fliessgelenke in den Wänden kann sichergestellt werden. Im Verbindungsbereich zwischen Wänden und Fundationsträger ist eine sorgfältige konstruktive Durchbildung zur Gewährleistung der Kontinuität, des Schubwiderstandes und der Verankerung der Bewehrung, ähnlich wie bei den Rahmenknoten, erforderlich.

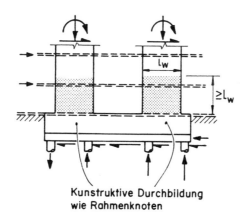

Kunstruktive Durchbildung
wie Rahmenknoten

Bild 8.12: Gemeinsame Fundation für zwei Tragwände

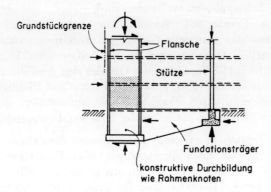

Bild 8.13: Fundation für Tragwände am Gebäuderand

Beispiel 3: Tragwand am Gebäuderand

Oft ist es, z.B. wegen einer Grundstücksgrenze mit einem dort anschliessenden bereits bestehenden Gebäude, schwierig bis unmöglich, Tragwände, die am
Gebäuderand, d.h. bei einer Aussenwand liegen, in die Fundation einzuspannen.
Auch Gebäudekerne, bestehend aus zwei oder mehreren Tragwänden mit Flanschen, sind oft am Gebäuderand plaziert. Trotzdem sollten sie den grössten Teil der
horizontalen Kräfte aufnehmen und somit grosse Kippmomente in die Fundation
einleiten.

Bild 8.13 zeigt eine Lösung mit einem hohen Fundationsträger, der den Kern
mit einem oder mehreren benachbarten Stützenfundamenten verbindet. Dadurch
wird der innere Hebelarm am Wandfuss vergrössert und die in den Baugrund ein-
zuleitenden Kräfte werden verkleinert. Die Normalkräfte in den Stützen infolge
Schwerelasten, abzüglich allfällige abhebende Kräfte aus der Erdbebenbeanspruchung, tragen zur Stabilisierung bei, wenn Erdbebenkräfte entgegengesetzt zu der
in Bild 8.13 gezeigten Richtung wirken.

Zur Bemessung des Fundationstragwerks sind die Schnittkräfte infolge Überfestigkeit der Tragwand zu verwenden. Der Verbindungszone der Tragwand mit

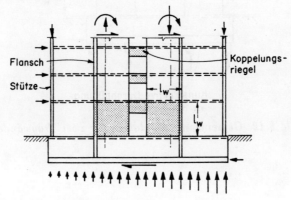

Bild 8.14: Fundation für Tragwände an den Stirnseiten langer Gebäude

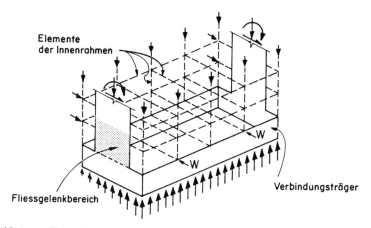

Elemente
der Innenrahmen

W

W

Verbindungsträger

Fliessgelenkbereich

Bild 8.15: Fusseinspannung einer Tragwand durch Untergeschossdecken

dem Fundationsträger muss grosse Aufmerksamkeit geschenkt werden. Sie ist als Rahmenecke zu betrachten und unterliegt einer hohen zyklischen Wechselbeanspruchung. Daher kann in diesen Bereichen eine spezielle Schubbewehrung erforderlich sein.

Beispiel 4: Fundation für gekoppelte Tragwände
Der Tragwiderstand von gekoppelten Tragwänden kann wesentlich grösser sein als der Momentenwiderstand der beiden Wände allein (vgl. (Gl.5.4)). Es sind daher massive Fundationen erforderlich, damit die duktilen gekoppelten Wände ihre volle Überfestigkeit in den zur Energiedissipation erforderlichen Fliessbereichen entwikkeln können. Bild 8.14 zeigt einen Fundationsträger, welcher sowohl Kräfte von zwei gekoppelten Tragwänden als auch von zwei Stützen am Gebäuderand erhält. Die potentiellen Gelenkbereiche sind in der Figur schattiert. Die Höhe der Fundation ist klein verglichen mit dem System der gekoppelten Wände. Sie benötigt daher eine kräftige Bewehrung, um die Beanspruchungen infolge der Überfestigkeitsmomente in den Tragwänden aufnehmen zu können. Die Zone unter der Öffnung im Erdgeschoss ist von besonderer Bedeutung, da sie grosse Querkräfte zu übertragen hat.

Beispiel 5: Tragwände an den Stirnseiten langer Gebäude
Einzelne oder gekoppelte Tragwände zur Aufnahme des grössten Teils der Erdbebenkräfte an den Enden eines langen Gebäudes tragen relativ kleine Schwerelasten. Daher ist es sehr schwierig, dazu Fundationen auszubilden, welche vor dem Erreichen der Überfestigkeit der Tragwände nicht Abheben oder gar Umkippen. In solchen Fällen werden diese Fundationen mit demjenigen des übrigen Tragwerks verbunden, um zusätzliche Schwerelasten nutzen zu können. Bild 8.15 zeigt zwei Endwände an den Stirnseiten eines länglichen Gebäudes, die durch ein kastenartiges Tragwerk aus äusseren und vielleicht auch aus inneren Verbindungsträgern sowie den Boden des Erdgeschosses verbunden sind. Die Einspannung der duktilen Endwände wird vor allem durch die beiden langen Verbindungsträger, welche normalerweise die Kräfte der Aussenstützen aufnehmen, gewährleistet. Die Überfestigkeitsmomente der Tragwände werden in die zugehörigen Fundationsträ-

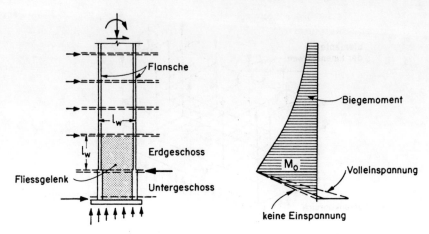

Bild 8.16: Fundation für gekoppelte Tragwände

ger eingeleitet und bewirken dort, und vor allem auch in den Verbindungsträgern, durch die wirkenden Bodenpressungen eine hohe Biegebeanspruchung. Daher ist oben und unten in diesen Trägern eine massive Biegebewehrung erforderlich.

Der Aufwand an Biegebewehrung in den Verbindungsträgern kann wesentlich verringert werden, wenn die Tragwände in die im Bild 8.14 mit W bezeichneten Positionen verschoben werden können.

Beispiel 6: Wandeinspannung durch Untergeschossdecken
Ist ein Untergeschoss mit steifen Umfassungswänden vorhanden, so kann es vorteilhaft sein, die Einspannmomente der inneren Tragwände oder des Gebäudekernes infolge Erdbebenbeanspruchung auf die als Randträger wirkenden Umfassungswände zu übertragen. Eine solche innere Tragwand mit Flanschen ist in Bild 8.16 dargestellt. Die Flachfundation unter der Wand nimmt vor allem die Vertikalkräfte aus der Wand auf. Das Überfestigkeitmoment M_o der duktilen Wand wird durch ein Kräftepaar in der Untergeschossdecke bzw. im Untergeschossboden aufgenommen. Diese beiden Scheiben sind daher zur Weiterleitung dieser Kräfte zu den Randträgern zu bemessen.

Der Einspanngrad der mit dem Baugrund in Kontakt stehenden Wand ist schwierig abzuschätzen, und eine Berücksichtigung der extremen Werte entsprechend den Momentendiagrammen in Bild 8.16 ist empfehlenswert. Eine gewisse Einspannung ist in jedem Fall anzunehmen, um sicherzustellen, dass die Querkraft in der Wand zwischen Untergeschossboden und -Decke nicht unterschätzt wird. Bei den grossen Querkräften in dieser relativ kleinen Zone kann die Verwendung von Schrägbewehrung sinnvoll sein.

Die Ausdehnung des plastischen Gelenkes in den Bereich unterhalb der Untergeschossdecke hinein (in Bild 8.16 schattiert) ist nicht eindeutig abgrenzbar. Auch hier sollte die konstruktive Durchbildung der Bewehrung ein duktiles Verhalten gewährleisten. Eine solche Durchbildung muss daher auch über die Höhe l_w unterhalb der Erdgeschossdecke bzw. über die ganze Untergeschosshöhe erfolgen.

Beispiel 7: Duktile Fundation für elastische Tragwände

Bei Einzelfundamenten ist es schwierig, die durch Tragwände eingeleiteten Biege-momente aufzunehmen (Bild 8.11). Dies kann jedoch mit Hilfe eines massiven Ver-bindungsträgers zwischen zwei oder mehreren Tragwänden gemäss Bild 8.12 und Bild 8.17 erfolgen.

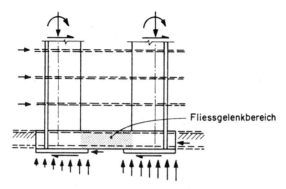

Bild 8.17: Duktile Fundation für elastische Tragwände

Ist der Biegewiderstand der Wände zu gross, so kann der Ingenieur das Funda-tionstragwerk als Hauptquelle der Energiedissipation wählen. Entsprechend haben sich im Verbindungsträger gemäss Bild 8.17 zwischen den beiden Tragwänden die er-forderlichen plastischen Gelenke auszubilden. Solche Verbindungsträger sind gleich zu behandeln wie die in Abschnitt 5.4.4 besprochenen Koppelungriegel und mit Diagonalbewehrung zur Aufnahme des Momentes und der Querkraft zu versehen. Der erforderliche Momentenwiderstand hängt von der Baugrundsteifigkeit ab. In den meisten Fällen empfiehlt es sich jedoch, das volle Moment zu übertragen und in den Baugrund nur die vertikalen Normalkräfte einzuleiten.

Ist der Fundationsträger bemessen und dessen Überfestigkeit ermittelt, so kann im Einspannquerschnitt der entsprechende, mit den Rechenfestigkeiten zu bestim-mende Tragwiderstand vorgesehen werden, so dass in den Tragwänden keine Plasti-fizierung erfolgt. Damit brauchen die Tragwände nicht mehr speziell duktil sondern nur noch nach den allgemeinen Stahlbetonregeln bemessen zu werden. Dadurch entfallen die Bewehrungen zur Umschnürung des Betons und zur Stabilisierung der Vertikalbewehrung sowie ein Teil der Schubbewehrung.

Für nicht symmetrische Wandquerschnitte, oder bei verschiedenen Wandabmes-sungen, wie auch infolge des Einflusses der unterschiedlichen vertikalen Normal-kräfte, kann der Biegewiderstand einer Wand in der einen Richtung wesentlich klei-ner sein als in der anderen. In solchen Fällen kann der Ingenieur bei der einen Wand eine Plastifizierung erlauben, während die andere, in ihrer starken Richtung bean-spruchte Wand, elastisch bleibt. Für die Beanspruchung in umgekehrter Richtung gilt dasselbe mit vertauschten Rollen der beiden Tragwände.

Anhang A:
Beispiel der Kapazitätsbemessung

Wie im 1. Kapitel dargelegt wird, eignet sich die Methode der Kapazitätsbemessung nicht nur für Stahlbetonhochbauten, sondern auch für andere Tragwerke und Tragsysteme.

A.1 Tragsystem

Das in diesem Beispiel etwas vereinfacht behandelte Tragsystem, ein Stahlkamin, ist in Bild A.1a dargestellt.

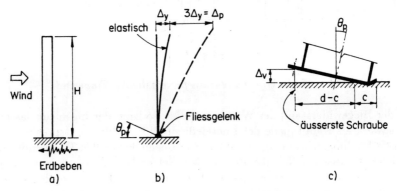

Bild A.1: Stahlkamin: Geometrie von Tragwerk und Tragsystem

A.2 Einwirkungen

1. Windkräfte
Die Windkräfte erzeugen am Fuss des Kamins ein Bemessungskippmoment $M_{u,W}$.

2. Erdbebenkräfte
Aufgrund einer Abschätzung der Grundfrequenz des Kamins wird für die am Standort gegebene Seismizität ein Kippmoment infolge der Ersatzkraft bei (hypothetischem) elastischem Verhalten ermittelt ('elastische Ersatzkraft'). Es beträgt, ausgedrückt in Funktion des Kippmomentes infolge Wind:

$$M_{E,el} = 4M_{u,W}$$

Eine Verschiebeduktilität von $\mu_\Delta = 5$ erscheint für diesen Kamin als zulässig. Unter Verwendung der Gleichungen (2.7) und (2.9) ergibt sich das Kippmoment infolge Erdbeben-Ersatzkraft:

$$M_E = M_{E,el}/5 = 0.8\, M_{u,W}$$

Für den Tragwiderstand im Einspannquerschnitt ist also die Windbeanspruchung M_W und nicht die Erdbebenbeanspruchung massgebend. Für das Bemessungsbeben ergeben sich deshalb inelastische Verformungen entsprechend

$$\mu_\Delta = M_{E,el}/M_{u,W} = 4$$

Der als zulässig betrachtete Wert von $\mu_\Delta = 5$ dürfte also nicht erreicht werden.

A.3 Bemessungsvorgehen

Bei einem schweren Erdbeben darf sich am Kaminfuss ein Fliessgelenk bilden. In einem dünnwandigen Rohrquerschnitt dürfte dies jedoch schwierig zu erreichen sein, da dieser vorher ausbeulen könnte. Deshalb wählen wir die Festhalteschrauben als den Ort der plastischen Verformung. Der Kamin inklusive Kaminfuss wird stärker ausgebildet, damit er in allen Beanspruchungszuständen praktisch vollständig elastisch bleibt.

A.4 Bemessung

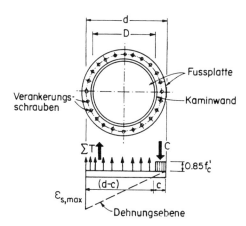

Bild A.2: Kräfte am Kaminfuss

1. Bolzengrösse
Die Querschnittsfläche A_b der n Verankerungsschrauben wird unter Verwendung der für Stahlbeton gebräuchlichen Bemessungsmethoden bestimmt (vgl. Bild A.2). Die Schrauben leisten dabei keinen Beitrag an die Druckkraft C. Die aufzunehmenden Schnittkräfte sind das Kippmoment $M_{u,W}$ und die Normalkraft aus Schwerelast P_D.

2. Biegeüberfestigkeit
Mit Hilfe des gewählten Schraubenquerschnittes und der Überfestigkeit des Stahles auf Zug $\lambda_o f_y$ kann das bei gleichzeitiger Normalkraft P_D mögliche Kippmoment M_o berechnet werden.

3. Bemessung des Kamins
Die Wandstärke ist so zu wählen, dass die Stahlspannungen f_s für die Bemessungsschnittkräfte P_D und M_o unterhalb der Fliessgrenze bleiben ($f_s < f_y$). Analoge

Bedingungen gelten für einen allfälligen Beulnachweis.

4. Fundation

Die Fundationsabmessungen werden aufgrund der Stabilitätsanforderungen für die Beanspruchungen P_D und M_o bestimmt. Die Bewehrung soll dabei nicht fliessen. Bei der konstruktiven Durchbildung sind keine besonderen Massnahmen erforderlich.

A.5 Gewährleistung der Duktilität

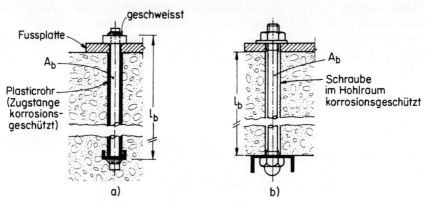

Bild A.3: Einzelheiten der Kaminverankerung (zwei mögliche Lösungen)

1. Konstruktive Einzelheiten

Die Wahl der *freien Länge* l_b der plastifizierenden Verankerungsschrauben soll sicherstellen, dass die erforderliche Verlängerung ohne übermässige Verfestigung oder Bruch stattfinden kann. Die Verankerung der Fliesskräfte ist an beiden Enden zu gewährleisten.

Bild A.3 zeigt zwei mögliche Lösungen. Die Verankerungsschrauben nach Bild A.3b können falls erforderlich ausgewechselt werden. Die Verankerung der Schrauben an ihren beiden Enden sollte so ausgebildet sein, dass die Schrauben auch auf Druck fliessen können, damit nach inelastischen Zugverformungen auch während der ganzen Gegenbewegung Energie dissipiert werden kann. Diese Druckverankerung an der Fussplatte und im Fundament ist in Bild A.3 nicht dargestellt.

2. Duktilität

Da eine Verschiebeduktilität $\mu_\Delta = \Delta_u/\Delta_y = 4$ zu entwickeln ist, beträgt die plastische Verformung $\Delta_p = 3\Delta_y$. Die Rotation des Kamins infolge plastischer Verformung der Schrauben beträgt

$$\theta_p = \frac{3\Delta_y}{H}$$

Mit der Fusspunktrotation nach Bild A.2 erhalten wir die erforderliche Verlängerung der äussersten Schraube:

$$\Delta_v = (d - c)\theta_p = \frac{3\Delta_y}{H}(d - c)$$

3. Bolzenlänge

Wenn wir die Stahldehnungen beschränken auf $\epsilon_{s,max} \approx 15\epsilon_y$, so gilt

$$\Delta_v = 15\epsilon_y l_b$$

Dabei ist l_b die freie Schraubenlänge, welche sich plastisch verlängern kann (vgl. Bild A.3):

$$l_b \geq \frac{\Delta_v}{15\epsilon_y} = \frac{3\Delta_y(d-c)}{H15\,\epsilon_y}$$

A.6 Zahlenbeispiel

Annahmen für das Zahlenbeispiel:

- Kaminhöhe $\qquad\qquad\qquad\qquad$ H $\qquad\qquad$ = $\quad$ 50 m
- Kamindurchmesser $\qquad\qquad\quad$ D $\qquad\qquad$ = $\quad$ 3.0 m
- Näherung $\qquad\qquad\qquad\qquad\quad$ $d-c \approx D$ = $\quad$ 3.0 m
- Maximale elastische Verschiebung
  der Kaminspitze (Fliessbeginn) $\quad$ Δ_y $\qquad\qquad$ = $\quad$ $H/250 = 200$ mm
- Fliessdehnung im Stahl $\qquad\qquad$ ϵ_y $\qquad\qquad$ = $\quad$ 0.002

Damit erhalten wir mit Hilfe der obigen Gleichung eine erforderliche freie Schraubenänge l_b von:

$$l_b = \frac{3 \cdot 200 \cdot 3000}{50 \cdot 10^3 \cdot 15 \cdot 0.002} = 1200 \text{ mm}$$

Anhang B:
Koeffizienten zur Rahmenberechnung

Zur Berechnung mehrstöckiger Rahmen unter horizontalen Erdbeben-Ersatzkräften nach Abschnitt 4.2.5 muss die Lage des Wendepunktes der Stützenbiegelinie bekannt sein, damit der Rahmen an diesen Stellen in Teilrahmen aufgeteilt werden kann (vgl. Bild 4.4). Nach [M1] liegen diese Wendepunkte auf der für jede Stütze in jedem Stockwerk in Funktion von Geometrie und Steifigkeitsverhältnissen zu bestimmenden Höhe ηh. Der Wert η kann, ausgehend vom Grundwert η_o (Tabelle von Bild B.1), durch Addition der Korrekturwerte $\eta_1, \eta_2,$ und η_3 bestimmt werden. Bei den hier wiedergegebenen Tabellenwerten für dreieckförmige Verteilungen der Ersatzkräfte handelt es sich um Auszüge aus den vollständigen Tabellen in [M1].

Die verwendeten Bezeichnungen sind folgendermassen definiert (vgl. Bild 4.5):

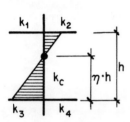

h	:	Geschosshöhe
η	:	$\eta_o + \eta_1 + \eta_2 + \eta_3$
$\bar{k}$	:	$(k_1 + k_2 + k_3 + k_4)/(2k_c)$
k_i	:	relative Steifigkeit des Riegels $i : I_i/l_i$
k_c	:	relative Steifigkeit der Stütze: I_c/h
η_o	:	Grundwert
η_1	:	Korrekturwert Riegelsteifigkeit
η_2	:	Korrekturwert Geschosshöhe oben
η_3	:	Korrekturwert Geschosshöhe unten
m	:	Anzahl vorhandener Geschosse
n	:	betrachtetes Geschoss

m	n	$\bar{k}$								
		0.1	0.2	0.3	0.4	0.6	0.8	1.0	3.0	5.0
1	1	0.80	0.75	0.70	0.65	0.60	0.60	0.55	0.55	0.55
2	2	0.50	0.45	0.40	0.40	0.40	0.40	0.45	0.45	0.50
	1	1.00	0.85	0.75	0.70	0.65	0.65	0.60	0.55	0.55
	3	0.25	0.25	0.25	0.30	0.35	0.35	0.40	0.45	0.50
3	2	0.60	0.50	0.50	0.50	0.45	0.45	0.45	0.50	0.50
	1	1.15	0.90	0.80	0.75	0.70	0.65	0.65	0.55	0.55
	4	0.10	0.15	0.20	0.25	0.30	0.35	0.40	0.45	0.45
	3	0.35	0.35	0.35	0.40	0.40	0.45	0.45	0.50	0.50
4	2	0.70	0.60	0.55	0.50	0.50	0.50	0.50	0.50	0.50
	1	1.20	0.95	0.85	0.80	0.70	0.70	0.65	0.55	0.55
	6	-0.15	0.05	0.15	0.20	0.30	0.35	0.35	0.45	0.45
	5	0.10	0.25	0.30	0.35	0.40	0.40	0.45	0.50	0.50
6	4	0.30	0.35	0.40	0.40	0.45	0.45	0.45	0.50	0.50
	3	0.50	0.45	0.45	0.45	0.45	0.45	0.50	0.50	0.50
	2	0.80	0.65	0.55	0.55	0.55	0.50	0.50	0.50	0.50
	1	1.30	1.00	0.85	0.80	0.70	0.65	0.65	0.55	0.55
	8	-0.20	0.05	0.15	0.20	0.30	0.35	0.35	0.45	0.45
	7	0.00	0.20	0.30	0.35	0.40	0.40	0.45	0.50	0.50
	6	0.15	0.30	0.35	0.40	0.45	0.45	0.45	0.50	0.50
8	5	0.30	0.45	0.40	0.45	0.45	0.45	0.45	0.50	0.50
	4	0.40	0.45	0.45	0.45	0.45	0.50	0.50	0.50	0.50
	3	0.60	0.50	0.50	0.50	0.50	0.50	0.50	0.50	0.50
	2	0.85	0.65	0.60	0.55	0.55	0.50	0.50	0.50	0.50
	1	1.30	1.00	0.90	0.80	0.70	0.70	0.65	0.55	0.55
	10	-0.25	0.00	0.15	0.20	0.30	0.35	0.40	0.45	0.45
	9	-0.05	0.20	0.30	0.35	0.40	0.40	0.45	0.50	0.50
	8	0.10	0.30	0.35	0.40	0.40	0.45	0.45	0.50	0.50
	7	0.20	0.35	0.40	0.40	0.45	0.45	0.50	0.50	0.50
10	5	0.40	0.45	0.45	0.45	0.45	0.50	0.50	0.50	0.50
	3	0.60	0.55	0.50	0.50	0.50	0.50	0.50	0.50	0.50
	2	0.85	0.65	0.60	0.55	0.55	0.50	0.50	0.50	0.50
	1	1.35	1.00	0.90	0.80	0.75	0.70	0.65	0.55	0.55
	m-1	-0.30	0.00	0.15	0.20	0.30	0.30	0.35	0.45	0.45
	m-2	-0.10	0.20	0.25	0.30	0.40	0.40	0.40	0.45	0.50
	m-3	0.05	0.25	0.35	0.40	0.40	0.45	0.45	0.50	0.50
	m-4	0.15	0.30	0.40	0.40	0.45	0.45	0.45	0.50	0.50
	m-5	0.25	0.35	0.40	0.45	0.45	0.45	0.45	0.50	0.50
≥ 12	m-6	0.30	0.40	0.40	0.45	0.45	0.50	0.50	0.50	0.50
	Mitte	0.45	0.45	0.45	0.45	0.50	0.50	0.50	0.50	0.50
	4	0.55	0.50	0.50	0.50	0.50	0.50	0.50	0.50	0.50
	3	0.65	0.55	0.50	0.50	0.50	0.50	0.50	0.50	0.50
	2	0.70	0.70	0.60	0.55	0.55	0.50	0.50	0.50	0.50
	1	1.35	1.05	0.90	0.80	0.70	0.70	0.65	0.55	0.55

Bild 2.1: Grundwert η_o für m-geschossige Hochbauten (nach [M1])

α_1	$\bar{k}$								
	0.1	0.2	0.3	0.4	0.6	0.8	1.0	3.0	5.0
0.4	0.55	0.40	0.30	0.25	0.20	0.15	0.15	0.05	0.05
0.5	0.45	0.30	0.20	0.20	0.15	0.10	0.10	0.05	0.05
0.6	0.30	0.20	0.15	0.15	0.10	0.10	0.05	0.05	0.00
0.7	0.20	0.15	0.10	0.10	0.05	0.05	0.05	0.00	0.00
0.8	0.15	0.10	0.05	0.05	0.05	0.05	0.00	0.00	0.00
0.9	0.05	0.05	0.05	0.05	0.00	0.00	0.00	0.00	0.00

$$\alpha_1 = (k_1 + k_2)/(k_3 + k_4) < 1$$

Falls $\alpha_1 > 1$: mit Kehrwert $\alpha_1' = 1/\alpha_1$ ermittelten Wert η_1 negativ einsetzen.

Bild B.2: Korrekturwert η_1 für unterschiedliche Riegelsteifigkeiten

α_2	α_3	$\bar{k}$								
		0.1	0.2	0.3	0.4	0.6	0.8	1.0	3.0	5.0
2.0		0.25	0.15	0.15	0.10	0.10	0.10	0.05	0.05	0.00
1.8		0.20	0.15	0.10	0.10	0.05	0.05	0.05	0.00	0.00
1.6	0.4	0.15	0.10	0.10	0.05	0.05	0.05	0.05	0.00	0.00
1.4	0.6	0.10	0.05	0.05	0.05	0.05	0.05	0.00	0.00	0.00
1.2	0.8	0.05	0.05	0.05	0.00	0.00	0.00	0.00	0.00	0.00
1.0	1.0	0.00	0.00	0.00	0.00	0.00	0.00	0.00	0.00	0.00
0.8	1.2	-0.05	-0.05	-0.05	0.00	0.00	0.00	0.00	0.00	0.00
0.6	1.4	-0.10	-0.05	-0.05	-0.05	-0.05	-0.05	0.00	0.00	0.00
0.4	1.6	-0.15	-0.10	-0.10	-0.05	-0.05	-0.05	-0.05	0.00	0.00
	1.8	-0.20	-0.15	-0.10	-0.10	-0.05	-0.05	-0.05	0.00	0.00
	2.0	-0.25	-0.15	-0.15	-0.10	-0.10	-0.10	-0.05	-0.05	0.00

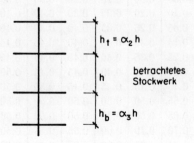

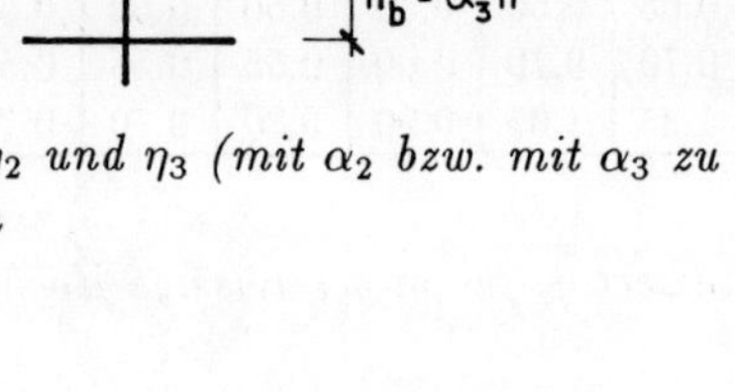

Bild B.3: Korrekturwerte η_2 und η_3 (mit α_2 bzw. mit α_3 zu bestimmen) für unterschiedliche Stockwerkhöhen

Literaturverzeichnis

Abkürzungen siehe Seite 553

[A1]   ACI 318-83: *Building Code Requirements for Reinforced Concrete*, ACI, 1983.

[A2]   Andrews A.L.: *Slenderness Effects in Earthquake Resisting Frames*, Bulletin NZSEE, Vol.10, No.3, Sept.1977.

[A3]   ACI-ASCE Committee 352: *Revised Recommendations for the Design of Beam-Column Joints*, ACI Journal, Vol.73, No.7, July 1976.

[A4]   Agent R., Postelnicu T.: *Analysis of Structures with Reinforced Concrete Shear-Walls. Simplified Method of Analysis, Design Tables and Diagrams, Numerical Examples*, Editura Technica, Bukarest, 1982.

[A6]   ATC: *Tentative Provisions for the Development of Seismic Regulations for Buildings*, ATC 3-06, Applied Technology Council, Palo Alto, USA, June 1978.

[A7]   Aoyama H.: *Outline of Earthquake Provisions in the Recently revised Japanese Building Code*, Bulletin NZSEE, Vol.14, No.2, 1981.

[A8]   Abrams D.P., Sozen M.A.: *Experimental Study of Frame-Wall Interaction in Reinforced Concrete Structures Subjected to Strong Earthquake Motions*, University of Illinois, Urbana-Champain, Civil Engineering Studies Structural Research Series 460, 1979.

[A9]   Aktan A.E., Bertero V.V.: *Conceptual Seismic Design Frame-Wall Structures*, Journal of Structural Engineering, ASCE, Vol.110, No.11, Nov.1984

[A10]   Allardice N.W., Fenwick R.C., Taylor P.W., Williams R.L.: *Foundations for Ductile Frames*, Bulletin NZSEE, Vol.11, No.2, Juni 1978.

[A11]   Aoyama H.: *Earthquake Resistant Design of Reinforced Concrete Frame Building with 'Flexural Walls'*, Journal of the Faculty of Engineering, University of Tokyo (B), Vol.XXXIX, No.2, 1987.

[A12]   Ang B.G., Priestley M.J.N., Paulay T.: *Seismic Shear Strength of Circular Reinforced Concrete Columns*, Structural Journal ACI, Vol.86, No.1, Jan.1989.

[A13]   ATC: *Seismic Retrofitting Guidelines for Highway Bridges*, ATC-12, Federal Highway Administration Report, FHVA/RD 83/007, Virginia, 1983.

[A14] Arnold C., Reithermann R.: *Building Configuration and Seismic Design*, John Wiley & Sons, New York, 1982.

[A15] Ammann W.J., Vogt R.F., Wolf J.P.: *Das Erdbeben von Mexiko vom 19. September 1985*, Schweizer Ingenieur und Architekt, Heft 13, 1986.

[A16] Aktan A.E., Bertero V.V.: *Prediction of Seismic Responses of RC Frame-Coupled Wall Structures*, Report UCB/EERC-82/12, August 1982.

[B1] Beck H.: *Contribution to the Analysis of Shear Walls*, ACI Journal, Vol.59, pp 1055-1070, Aug.1962.

[B2] Bertero V.V., Popov E.P.: *Seismic Behaviour of Ductile Moment- Resisting Reinforced Concrete Frames*, Reinforced Concrete Structures in Seismic Zones, SP-53, ACI, pp 247-291, 1977.

[B3] Birss G.R.: *The Elastic Behaviour of Earthquake Resistant Reinforced Concrete Interior Beam-Column Joints*, Research Report No.78-13, CEUCC, Feb.1978.

[B4] Blakely R.W.G., Edmonds F.D., Megget L.M., Wood J.H.: *Cyclic Load Testing of Two Refined Reinforced Concrete Joints*, Bulletin NZSEE, Vol.12, No.3, Sept.1979.

[B5] Beckingsale C.W.: *Post-Elastic Behaviour of Reinforced Concrete Beam-Column Joints*, Research Report 80-20, CEUCC Aug.1980.

[B6] Blakely R.W.G., Megget L.M., Priestley M.J.N.: *Seismic Performance of Two Full Size Reinforced Concrete Beam-Column Joint Units*, Bulletin NZSEE, Vol.8, No.1, pp 38-69, March 1975.

[B7] Burguieres S.T., Jirsa J.O., Longwell J.E.: *The Behaviour of Beam-Column Joints Under Bidirectional Load Reversals*, CEB, Bulletin d'information, No.132, pp 221-228, April 1979.

[B8] Barnard P.R., Schwaighofer J.: *Interaction of Shear Walls Connected Solely Through Slabs*, Proceedings symposium on Tall Buildings, University of Southampton, April 1966, Pergamon Press, 1967.

[B10] Burns R.J.: *An Approximate Method of Analysing Coupled Shear- Walls Subjected to Triangular Loading*, 3rd WCEE, Vol.III, New Zealand 1965.

[B11] Blakely R.W.G., Cooney R.C, Megget L.M.: *Seismic Shear Loading at Flexural Capacity in Cantilever Wall Structures*, Bulletin NZSEE Vol.8, No.4, Dec.1975.

[B12] Bertero V.V., Popov E.P., Wang T.Y., Vallenas J.: *Seismic Design Implications of Hysteretic Behaviour of Reinforced Concrete Structural Walls*, 6th WCEE, Vol.5, New Delhi, 1977.

[B13] Barda F.: *Shear Strength of Low-Rise Walls with Boundary Elements*, Dissertation, Lehigh University, Bethlehem, Pa., 1972.

[B14]   Bertero V.V: *Seismic Behaviour of RC Wall Structural Systems*, 7th WCEE, Vol.6, Istanbul, Turkey, 1980.

[B15]   Bertero V.V., Aktan A.E., Charney F., Sause R.: *Earthquake Simulation Tests and Associated Experiments, Analytical and Correlation Studies of One-Fifth Scale Model*, SP-84, ACI, 1985.

[B16]   Bertero V.V., Shadh H.: *El Asnam, Algeria Earthquake October 10, 1980*, Earthquake Research Institute, Jan.1983.

[B17]   Bertero V.V.: *Lessons learnt from Recent Earthquakes and Research Implications for Earthquake-Resistant Design of Building Structures in the United States*, Earthquake Spectra, EERI, Vol.2, No.4, Okt.1986.

[B18]   Bertero V.V.: *State of the Art in Seismic Resistant Design of RC Frame-Wall Structural Systems*, 8th WCEE, San Francisco, 1984, pp 613-620.

[B19]   Binney J.R, Paulay T.: *Foundations for Shear Wall Structures*, Bulletin NZ-SEE, Vol.13, No.2, Juni 1980.

[B20]   Bolt B.A.: *Erdbeben, eine Einführung*, Springer, Berlin, 1984, 236p.

[B21]   Bolt B.A., Horn W.L., Macdonald G.A., Scott R.F.: *Geological Hazards*, Springer, Berlin, 1975.

[B22]   Bachmann H.: *Stahlbeton I und Stahlbeton II*, Vorlesungsautographie, Eidgenössische Technische Hochschule (ETH), Zürich, 1989.

[B23]   Bachmann H., Wieland M.: *Erdbebensicherung von Bauwerken*, Vorlesungsautographie, Eidgenössische Technische Hochschule (ETH), Zürich, 1979.

[B24]   Bachmann H.: *Specified Damage Patterns for Calibration of Earthquake Code Regulations*, 9th WCEE, Tokyo, Japan, 1988.

[B25]   Bachmann H. et al.: *Die Erdbebenbestimmungen der Norm SIA 160*, Dokumentation D044, Schweiz. Ingenieur- und Architektenverein, Zürich, 1989.

[B26]   Bath M.: *Introduction to Seismology*, Birkhäuser-Verlag, Basel & Stuttgart, 1973.

[C1]   CTB: *Tall Building Criteria and Loading*, Council of Tall Buildings and Urban Habitat, Vol.CL, 1980.

[C2]   CTB: *Structural Design of Tall Concrete and Masonry Buildings*, Council of Tall Buildings and Urban Habitat, Vol.CB, 1978.

[C3]   Collins M.P., Mitchell D.: *Shear and Torsion Design of Prestressed and Non-Prestressed Concrete Beams*, Prestressed Concrete Institute Journal, Vol.25, No.5, Sept/Oct 1980.

[C4]   Chitty L.: *On the Cantilever Composed of a Number of Parallel Beams Interconnected by Cross Bars*, The London, Edinburgh and Dublin Philosophical Magazine and Journal of Science, Vol.75, Oct.1947.

[C5]   Coull A., Choudhury J.R.: *Stresses and Deflections in Coupled Shear Walls*, ACI Journal Vol.64, Feb.1967.

[C6]   Coull A., Choudhury J.R.: *Analysis of Coupled Shear-Walls*, ACI Journal, Vol.64, Sept.1967.

[C7]   Coull A., Pouri R.D.: *Analysis of Coupled Shear Walls of Variable Thickness*, Building Science, Pergamon Press, Vol.2, 1967.

[C8]   Cardenas A.E., Magura D.D.: *Strength of High-Rise Shear Walls – Rectangular Cross Sections*, SP-36, ACI, 1973.

[C9]   Coull A., El Hag A.A.: *Effective Coupling of Shear-Walls by Floor Slabs*, ACI Journal, Vol.72, No.8, Aug.1975.

[C10] Cook D.L.R.: *The Design and Detailing of Beam-Column Joints*, Master of Engineering Report, CEUCC 1984.

[C11] CEB: *Model Code for Seismic Design of Concrete Structures*, CEB, Bulletin No.165, Mai 1985.

[C12] Corley W.G., Fiorato A.E., Oesterle R.G.: *Structural Walls*, ACI SP-72, 1981.

[C13] Charney F.A., Bertero V.V.: *An Analytical Evaluation of the Design and Analytical Seismic Response of a Seven Storey Reinforced Concrete Frame-Wall Structure*, Report UCB/EERC-82/08, EERC, 1982.

[C14] Cheung P., Paulay T., Park R.: *A Reinforced Cocrete Column Joint of a Prototype One-Way Frame with Floor Slab Designed for Earthquake Resistance*, CEUCC, Research Report 87-6, Juli 1987.

[C15] Ciampi V., Eligehausen R., Bertero V.V., Popov E.P.: *Hysteretic behaviour of Deformed Reinforcing Bars Under Seismis Exitation*, 7th European Conference on Earthquake Engineering, Athen, Vol.4, Sept.1982.

[D1]   Dieterle R.: *Modelle für das Dämpfungsverhalten von schwingenden Stahlbetonträgern im ungerissenen und gerissenen Zustand*, Bericht 111, Institut für Baustatik und Konstruktion, Eidgenössische Technische Hochschule (ETH), Zürch, Birkhäuser-Verlag, Basel, 1981.

[D2]   Dowrick D.J.: *Earthquake Resistant Design for Engineers and Architects*, 2nd Ed., John Wiley & Sons, New York, 1987.

[E1]   Eligehausen R., Popov E.P., Bertero V.V.: *Local Bound Stress-Slip Relationships of Deformed Bars under Generalized Excitations*, Report UCB/EERC 83/23, EERC 1983.

[E2]   EMPA: *Eigenschaften des schweizerischen Bewehrungsstahles*, Mitteilung der Eidg. Materialprüfungsanstalt (EMPA), Dübendorf, unveröffentlicht, 1988.

[F1]   Fenwick R.C., Irvine H.M.: *Reinforced Concrete Beam-Column Joints for Seismic Loading*, Bulletin NZSEE Vol.10, No.3, Sept.1977, Part II: Experimental Results, Vol.10, No.4, Dec.1977.

[F2]   Fintel M., Derecho A.T., Freskasis G.N., Fugelso L.E., Gosh S.K.: *Structural Walls in Earthquake Resistant Structures*, Progress Report to the National Science Foundation, Portland Cement Association, Skokie, Aug.1975.

[F3]   Fenwick R.C.: *Strength Degradation of Reinforced Concrete Beams under Cyclic Loading*, Dept. of Civil Engineering, University of Auckland, New Zealand, Report No.304, April 1983.

[F4]   Freeman S.A., Czarnecki R.M., Honda K.K.: *Significance of Stiffness Assumptions on Lateral Force Criteria*, SP-63: "Reinforced Concrete Structures Subjected to Wind and Earthquake Forces", ACI 1980.

[F5]   Filippou F.C., Popov E.V., Bertero V.V.: *Effects of Bond Deterioration on Hysteretic Behaviour of Reinforced Concrete Joints*, Report UCB/EERC-83/19, EERC 1983.

[F6]   Fenwick R.C.: *Strength Degradation of Concrete Beams under Cyclic Loading*, Bulletin NZSEE, Vol.16, No.1, March 1983.

[G1]   Gill W.D., Park R., Priestley M.J.N.: *Ductility of Rectangular Reinforced Concrete Columns with Axial Load*, Research Report 79-1, CEUCC, Feb.1979.

[G2]   Gates W.E.: *The Art of Modelling Buildings for Dynamic Seismic Analysis*, Earthquake-Resistant Reinforced Concrete Building Construction, Proceedings of a workshop held at the University of California, Berkeley, Vol.II, 1977.

[G3]   Goodsir W.J.: *The Design of Coupled Frame-Wall Structures for Seismic Actions*, Research Report 85-8, CEUCC, 1985.

[G4]   Goodsir W.J., Paulay T., Carr A.J.: *A Study of the Inelastic Seismic Response of Reinforced Concrete Coupled Frame- Shear Wall Structures*, Bulletin NZSEE Vol.16, No.3, Sept.1983.

[H1]   Heidebrecht A.C., Stafford-Smith B.: *Approximate Analysis of Tall-Wall Frame Structures*, Journal of the Structural Division, ASCE, Vol.99, No.ST2, p.199ff.

[H2]   Hollings et al: *Earthquake Performance of a Large Boiler*, 8th European Conference on Earthquake Engineering, Lissabon, Vol.5, 1986.

[H3]   Hurtig E., Stiller H.: *Erdbeben und Erdbebengefährdung*, Akademie-Verlag Berlin, 1984.

[H4]   Hutchinson et al: *Draft Revision of NZS 4203:1984: Seismic Provisions*, Bulletin NZSEE, Vol.19, No.3, Sept.1986

[I1]   Igbal M., Derecho A.T.: *Inertial Forces over Height of Reinforced Concrete Structure Walls During Earthquakes*, SP- 63: "Reinforced Concrete Structures Subjected to Wind and Earthquake Forces", ACI 1980.

[I2]   Illya R., Bertero V.V.: *Effects of Amount and Arrangement of Wall-Panel Reinforcement on Hysteretic Behaviour of Reinforced Concrete Walls*, Report No.UCB/EERC-80/04, EERC Feb.1980.

[I3]   International Association for Earthquake Engineering: *Earthquake Resistant Regulations - A World List*, Tokyo, 1984.

[J1]   Jury R.D.: *Seismic Load Demands on Columns of Reinforced Concrete Multistorey Frames*, Research Report 78-12, CEUCC, Feb.1978.

[K1]   Kelly T.E.: *Some Comments on Reinforced Concrete Structures Forming Column Hinge Mechanisms*, Bulletin NZSEE, Vol.10, No.4, 1977.

[K2]   Khan F.R., Sbarounis J.A.: *Interaction of Shear Walls with Frames in Concrete Structures Under Lateral Loads*, Journal of the Structural Division, ASCE, Vol.90, No.ST3, June 1964.

[K3]   Kanada K., Kondo G., Fujii S., Morita S.: *Relation Between Beam Bar Anchorage and Shear Resistance at Exterior Beam-Column Joints*, Transaction of the Japan Concrete Institute, Vol.6, 1984.

[K4]   Kitayama K., Asami S., Otani S., Aoyama H.: *Behaviour of Reinforced Concrete Three-Dimensional Beam-Column Connections with Slabs*, Transactions of the Japan Concrete Institute, Vol.8, 1986.

[K5]   Keintzel E.: *Zur Querkraftbeanspruchung von Stahlbeton-Wandscheiben unter Erdbebenlasten*, Beton- und Stahlbetonbau 83 (1988) H.7/8.

[L1]   Lukose K., Gergely P., White R.N.: *Behaviour and Design of RC Lapped Splices for Inelastic Cyclic Loading*, Submitted in September 1981 for possible publication in the ACI Journal.

[L2]   Leonhardt F., Mönning E.: *Vorlesungen über Massivbau*, 6 Teile, Springer, Berlin, 1973.

[L2]   Leon R., Jirsa O.J.: *Bidirectional Loading of RC Beam-Column Joints*, Earthquake Spectra, EERI, Vol.2, No.3, May 1986.

[M1]   Muto K.: *Aseismic Design Analysis of Buildings*, Maruzena, Tokyo, 1974.

[M2]   Ma S.Y., Bertero V.V., Popov E.P.: *Experimental and Analytical Studies on the Hysteretic Behaviour of Reinforced Concrete Rectangular and T-Beams*, Report EERC- 76/2, EERC, 1976.

[M3]   Montgomery C.J.: *Influence of P-Delta-Effects on Seismic Design*, Canadian Journal of Civil Engineering, Vol.8, 1981.

[M4]   Moss P.J., Carr A.J.: *The Effects of Large Displacements on the Earthquake Response of Tall Concrete Frame Structures*, Bulletin NZSEE, Vol.13, No.4, Dec.1980.

[M5]   Megget L.M.: *Cyclic Behaviour of Exterior Reinforced Concrete Beam-Column Joints*, Bulletin NZSEE, Vol.7, No.1, March 1974.

[M6]   Mac Gregor J.G., Hage S.E.: *Stability Analysis and Design of Concrete Frames*, Journal of the Structural Division, ASCE, Vol.103, ST10, Oct.1977.

[M7]   Mattock A.H.: *Shear Transfer Under Monotonic Loading, Across an Interface Between Concrete Cast at Different Times*, Structures and Mechanics Report SM 76-3, University of Washington, Seattle, Sept.1976.

[M8]   Mattock A.H.: *Shear Transfer Under Cyclically Reversing Loading: Across an Interface Between Concretes Cast at Different Times*, Structures and Mechanics Report SM 77-1, University of Washington, Seattle, June 1977.

[M9]   Mahin S.A., Bertero V.V.: *Nonlinear Seismic Response of a Coupled Wall System*, Journal of the Structural Division, Proceedings ASCE, Vol.102, ST9, Sept.1976.

[M10] Milburn J.R., Park R.: *Behaviour of Reinforced Concrete Beam- Column Joints Designed to N2S 3101*, Research Report S2-7, CEUCC, 1982.

[M11] Megget L.M.: *Anchorage of Beam Reinforcement in Seismic Resistant Reinforced Concrete Frames*, Master of Engineering Report, CEUCC, 1971.

[M12] Morgan B., Hirashi H., Corley N.G.: *Medium Scale Wall Assemblies: Comparison of Analysis and Test Results*, Earthquake Effects on Reinforced Concrete Structures, US-Japan Research, SP- 84, ACI, 1985.

[M13] Mander J.V., Priestley M.J.N., Park R.: *Seismic Design of Bridge Piers*, Research Report 84-2, CEUCC Feb.1984.

[M14] Meinheit D.F., Jirsa J.O.: *Shear Strength of RC Beam-Column Connections*, Journal of the Structural Division, ASCE, Vol.107, ST11, Nov.1983.

[M15] Mitchell D.: *Structural Damage Due to the 1985 Mexico Earthquake*, Proceedings 5th Canadian Conference on Earthquake Engineering, Balkema, Rotterdam

[M16] Müller F.P., Keintzel E.: *Erdbebensicherung von Hochbauten*, Ernst & Sohn, Berlin, 1984.

[M17] Markevicius V.P., Gosh S.K.: *Required Shear Strength of Earthquake Resistant Shear Walls*, Dept. of Civil Engineering and Engineering Mechanics, University of Illinois, Chicago, Feb.1987.

[M18] Mayer-Rosa D., Sägesser R.: *Erdbebengefährdung in der Schweiz*, Schweizer Ingenieur und Architekt, Zürich, Feb.1978.

[N1]   *New Zealand Reinforced Concrete Design Handbook*, N.Z. Portland Cement Association, Wellington, 1978.

[N2]   Newmark N.M., Hall W.J.: *Earthquake Spectra and Design*, EERC, 1982.

[N3]   Newmark N.M., Rosenblueth E.: *Fundamentals of Earthquake Engineering*, Prentice-Hall, 1971.

[N4]   NZSEE Study Group: *Structures of Limited Ductility*, Bulletin NZSEE, Vol.19, No.4, Dez.1986.

[O1]   Oesterle R.G., Fiorato A.E., Corley W.G.: *Reinforcement Details for Earthquake-Resistant Structural Walls*, Concrete International Design & Construction, Vol.2, No.12, 1980.

[O2]   Oesterle R.G., Fiorato A.E., Aristazabal-Ochoa J.D., Corley W.G.: *Hysteretic Response of Reinforced Concrete Structural Walls*, SP-63: "Reinforced Concrete Structures Subjected to Wind and Earthquake Forces", ACI 1980.

[O3]   Otani S., Li S., Aoyama H.: *Moment-Redistribution in Earthquake Resistant Design of Ductile Reinforced Concrete Frames*, Transactions of the Japan Concrete Institute, Vol.9, 1987.

[P1]   Park R., Paulay T.: *Reinforced Concrete Structures*, John Wiley & Sons, New York, 1975.

[P2]   Park R., Gamble W.: *Reinforced Concrete Slabs*, John Wiley & Sons, New York, 1980.

[P3]   Paulay T.: *Seismic Design of Ductile Moment Resisting Reinforced Concrete Frames, Columns - Evaluation of Actions*, Bulletin NZSEE, Vol.10, No.2, pp 85-94, June 1977.

[P4]   Paulay T.: *Deterministic Design Procedure for Ductile Frames in Seismic Areas*, ACI SP-63, pp 357-381, 1980.

[P5]   Paulay T., Carr A.J., Tompkins D.N.: *Response of Ductile Reinforced Concrete Frames Located in Zone C*, Bulletin NZSEE Vol.13, No.3, Sept.1980.

[P6]   Paulay T.: *Capacity Design of Earthquake Resisting Ductile Multistorey Reinforced Concrete Frames*, Proceedings, Third Canadian Conference on Earthquake Engineering, Montreal, Vol.2, pp 917-948, June 1979.

[P7]   Paulay T.: *Development in the Design of Ductile Reinforced Concrete Frames*, Bulletin NZSEE, Vol.12, No.1, pp 35-48, March 1979.

[P8]   Potangaroa R.T., Priestley M.J.N., Park R.: *Ductility of Spirally Reinforced Concrete Columns Under Seismic Loading*, Research Report 79-8, CEUCC, Feb.1979.

[P9]   Paulay T.: *A Consideration of P-Delta Effects in Ductile Concrete Frames*, Bulletin NZSEE, Vol.11, No.3, pp 151-160, Sept.1978, and Vol.12, No.4, pp 358-361, Dec.1979.

[P10] Powell G.H., Row D.G.: *Influence of Analysis and Design Assumptions on Computed Inelastic Response of Moderately Tall Frames*, EERC, Report EERC 76-11, April 1976.

[P11] Paulay T., Park R., Priestley M.J.N.: *Reinforced Concrete Beam-Column Joints Under Seismic Actions*, ACI Journal Vol.75, No.11, pp 585-593, Nov.1978.

[P12] Park R., Yeoh Sik Keong: *Tests on Structural Concrete Beam-Column Joints with Intermediate Column Bars*, Bulletin NZSEE Vol.12, No.3, pp 189-203, Sept.1979.

[P13] Paulay T., Park R., Birss G.R.: *Elastic Beam-Column Joints for Ductile Frames*, 7th WCEE, Istanbul, Vol.6, pp 331-338, 1980.

[P14] Park R., Paulay T.: *Behaviour of Reinforced Concrete Beam-Column Joints Under Cyclic Loading*, 5th WCEE, Rome, Paper 88, 1973.

[P15] Paulay T.: *An Application of Capacity Design Philosophy to Gravity Load Dominated Ductile Reinforced Concrete Frames*, Bulletin NZSEE, Vol.11, No.I, pp 50-61, March 1978.

[P16] Paulay T., Bull I.N.: *Shear Effect on Plastic Hinges of Earthquake Resisting Reinforced Concrete Frames*, CEB, Bulletin d'information 132, pp 165-172, April 1979.

[P17] Paulay T.: *Developments in the Seismic Design of Reinforced Concrete Frames in New Zealand*, Canadian Journal of Civil Engineering, Vol.8, No.2, pp 91-113, 1981.

[P18] Powell G.H.: *Drain-2D User's Guide*, EERC, Report EERC 73-22, Oct.1973.

[P19] Paulay T., Tanza T.M., Scarpas A.: *Lapped Splices in Bridge Piers and Columns of Earthquake Resisting Reinforced Concrete Frames*, Research Report 81-6, CEUCC 1981.

[P20] Park R., Thompson K.J.: *Progress Report on Cyclic Load Tests on Prestressed, Partially Prestressed and Reinforced Concrete Interior Beam-Column Assemblies*, Bulletin NZSEE, Vol.8, No.1, pp 12-37, March 1975.

[P21] Paulay T., Santhakumar A.R.: *Ductile Behaviour of Coupled Shear Walls*, Journal of the Structural Division, ASCE, Vol.102, No.ST1, pp 93-108, Jan.1976.

[P22] Paulay T.: *Coupling Beams of Reinforced Concrete Shear Walls*, Journal of the Structural Division, ASCE, Vol.97, No.ST3, pp 843-862, March 1971.

[P23] Paulay T.: *Simulated Seismic Loading of Spandrel Beams*, Journal of the Structural Division, ASCE, Vol.97, No.ST9, pp 2407-2419, Sept.1971.

[P24] Paulay T., Taylor R.G.: *Slab Coupling of Earthquake Resisting Shear Walls*, ACI Journal, Vol.78, No.2, pp 130-140, March-April 1981.

[P25] Petersen H.B., Popov E.P., Bertero V.V.: *Practical Design of RC Structural Walls Using Finite Elements*, Proceedings of the International Association of Schell Structures' World Congress on Space Enclosures, Building Research Center, Concordia University, Montreal, pp 771-780, July 1976.

[P26] Paulay T.: *An Elasto-Plastic Analysis of Coupled Shear Walls*, Proceedings, Journal ACI, Vol.67, No.11, pp 915-922, Nov.1970.

[P27] Paulay T., Spurr D.D.: *Simulated Seismic Loading on Reinforced Concrete Frame-Shear Wall Structures*, 6th WCEE , New Delhi, Preprints 3, pp 221-226, 1977.

[P28] Paulay T., Uzumeri S.M.: *A Critical Review of the Seismic Design Provisions for Ductile Shear Walls of the Canadian Code and Commentary*, Canadian Journal of Civil Engineering, Vol.2, No.4, pp 592-601, 1975.

[P29] Paulay T.: *Earthquake Resistant Structural Walls, Proceedings of a Workshop on Earthquake Resistant Reinforced Concrete Building Construction*, EERC, Vol.3, pp 1339-1365, 1977.

[P30] Park R.: *Columns Subjected to Flexure and Axial Load*, Bulletin NZSEE, Vol 10, No.2, pp 95-105, June 1977.

[P31] Paulay T., Santhakumar A.R.: *Ductile Behaviour of Coupled Shear Walls Subjected to Reversed Cyclic Loading*, 6th WCEE, New Delhi, Preprints 3, pp 227-232, 1977.

[P32] Paulay T., Binney J.R.: *Diagonally Reinforced Coupling Beams of Shear Walls*, Shear in Reinforced Concrete, ACI SP-42, Vol.1, pp 579-598, 1974.

[P33] Paulay T.: *The Ductility of Reinforced Concrete Shear Walls for Seismic Areas*, Reinforced Concrete Structures in Seismic Zones, ACI SP-53, pp 127-147, 1977.

[P34] Paulay T.: *Coupling Beams of Reinforced Concrete Shear Walls*, Proceedings of a Workshop on Earthquake-Resistant Reinforced Concrete Building Construction, EERC, Vol.3, pp 1452-1460, 1977.

[P35] Paulay T., Priestley M.J.N., Synge A.J.: *Ductility in Earthquake Resisting Squat Shear Walls*, ACI Journal, Vol.79, No.4, pp 254-269, July-Aug.1982.

[P36] Priestley M.J.N., Evison R.J., Carr A.J.: *Seismic Response of Structures Free to Rock on their Foundations*, Bulletin NZSEE, Vol.II, No.3, pp 121-150, Sept.1978.

[P37] Poland C.D.: *Practical Application of Computer Analysis to the Design of Reinforced Concrete Structures for Earthquake Forces*, SP-63: "Reinforced Concrete Structures Subjected to Wind and Earthquake Forces", ACI, pp 409-436, 1980.

[P38] Paulay T., Williams R.L.: *The Analysis and Design of and the Evaluation of Design Actions for Reinforced Concrete Ductile Shear Walls*, Bulletin NZSEE, Vol.13, No.2, pp 108-143, June 1980.

[P39] Paulay T.: *Earthquake Resisting Shear Walls - New Zealand Design Trends*, ACI Journal, Vol.77, No.3, pp 144-152, May-June 1980.

[P40] Park R., Milburn J.R.: *Comparison of Recent New Zealand and United States Seismic Design Provisions for Reinforced Concrete Beam-Column Joints and Test Results from Four Units Designed According to the New Zealand Code*, Bulletin NZSEE, Vol.16, No.1, pp 21-42, March 1983.

[P41] Paulay T., Scarpas A.: *The Behaviour of Exterior Beam- Column Joints*, Bulletin NZSEE, Vol.14, No.3, pp 131-144, Sept.1981.

[P42] Paulay T., Park R.: *Joints in Reinforced Concrete Frames Designed for Earthquake Resistance*, Research Report 84-9, CEUCC 1984.

[P43] Park R., Paulay T.: *Concrete Structures*, Chapter 5 of "Design of Earthquake Resistant Structures", edited by E. Rosenblueth, Pentech Press Ltd., London, pp 142-194, 1979.

[P44] Paulay T., Goodsir W.J.: *The Ductility of Structural Walls*, Bulletin NZSEE, Vol.18, No.3, pp 280-269, Sept.1985.

[P45] Park R.: *Ductile Design Approach for Reinforced Concrete Frames*, Earthquake Spectra, EERI, Vol.2, No.3, May 1986.

[P46] Park R., Sampson R.A.: *Ductility of Reinforced Concrete Column Sections in Seismic Design*, ACI Journal, Vol.69, No.9, pp 543-551, Sept.1972.

[P47] Park R, Leslie P.D.: *Curvature Ductility of Circular Reinforced Concrete Columns Confined by the ACI Spiral*, 6th Australian Conference on the Mechanics of Structures and Materials, Vol.1, Christchurch, pp 342-349, Aug.1977.

[P48] Priestley M.J.N., Park, R.: *Strength and Ductility of Bridge Substructures*, Research Report 84-20, CEUCC, p.120, Dec.1984.

[P49] Paulay T, Goodsir W.J.: *The Capacity Design of Reinforced Concrete Hybrid Structures for Multistorey Buildings*, Bulletin NZSEE, Vol.19, No.1, pp 1-17, March 1986.

[P50] Paulay T.: *Design Aspects of Shear Walls for Seismic Areas*, Canadian Journal of Civil Engineering, Vol.2, No.3, 1975.

[P51] Pillai S.U., Kirk D.W.: *Ductile Beam-Column Connection in Precast Concrete*, ACI Journal, Vol.78, No.6, Nov.-Dec.1981.

[P52] Priestley M.J.N. et al: *Strength and Ductility of Bridge Substructures*, Bulletin 71, Road Research Unit, National Roads Board, Wellington, New Zealand, 1984.

[P53] Paulay T.: *The Design of Ductile Reinforced Concrete Structural Walls for Earthquake Resistance*, Earthquake Spectra, EERI, Vol.2, No.4, Okt.1986.

[P54] Park R. et al: *Structures of limited Ductility*, Bulletin NZSEE, Vol.19, No.4, Dec.1986.

[Q1]   Qadeer A., Stafford-Smith B.: *The Bending Stiffness of Slabs Connecting Shear Walls*, ACI Journal, Vol.66, No.6, pp 464-473, June 1969.

[R1]   Rosman R.: *Approximate Analysis of Shear Walls Subjected to Lateral Loads*, ACI Journal, Vol.61, pp 717-733, June 1964.

[R2]   Rosman R.: *Die statische Berechnung von Hochhauswänden mit Oeffnungsreihen*, Bauingenieur Praxis, Heft 65, Wilhelm Ernst & Sohn, Berlin, 1965.

[R3]   Renton G.W.: *The Behaviour of Reinforced Concrete Beam-Column Joints Under Cyclic Loading*, Master of Engineering Thesis, CEUCC, 1972.

[R4]   Rosenblueth E. (Editor): *Design of Earthquake Resistant Structures*, Pentech Press, London 1980.

[S1]   Scarpas A., Paulay T.: *The Inelastic Behaviour of Earthquake Resistant Reinforced Concrete Beam-Column Joints*, Research Report 81-2, CEUCC, 1981.

[S2]   Santhakumar A.R.: *The Ductility of Coupled Shear Walls*, Ph.D. Thesis, CEUCC, 1974.

[S3]   Schueller W.: *High-Rise Building Structures*, John Wiley & Sons, New York, 1977.

[S4]   Soleimani D., Popov E.P., Bertero V.V.: *Hysteretic Behaviour of Reinforced Concrete Beam-Column Subassemblages*, ACI Journal, Vol.76, No.II, pp 1179-1195, Nov.1979.

[S5]   Suzuki N., Otani S., Aoyama H.: *The Effective Width of Slabs in Reinforced Concrete Structures*, Transactions of the Japan Concrete Institute, Vol.5, pp 309-316, 1983.

[S6]   Suzuki N., Otani S., Kobayashi H.: *Three-Dimensional Beam-Column Subassemblages Under Bidirectional Earthquake Loadings*, 8th WCEE San Francisco, 1984.

[S7]   Sheikh S.A., Uzumeri S.M.: *Properties of Concrete Confined by Rectangular Ties*, CEB, Bulletin d'information, No.132, pp 53-60, 1979.

[S8]   Aiidi M., Hodson K.E.: *Analytical Study of Irregular Reinforced Concrete Structure Subjected to In-Plane Earthquake Loads*, College of Engineering Report No.59, University of Nevada, May 1982.

[T1]   Tompkins D.M.: *The Seismic Response of Reinforced Concrete Multistorey Frames*, Research Report 80-5, CEUCC 1980.

[T2]   Thompson K.J., Park R.: *Ductility of Concrete Frames Under Seismic Loading*, Research Report 75-14, CEUCC, 1975.

[T3]   Taylor R.G.: *The Nonlinear Seismic Response of Tall Shear Wall Structures*, Ph.D. Thesis, Research Report 77-12, CEUCC, 1979.

[T4]   Tomii M., Sueoka T., Hiraishi H.: *Elastic Analysis of Framed Shear Walls by Assuming their Infilled Panel Walls to be 45-Degree Orthotropic Plates*, Transactions of the Architectural Institute of Japan, Part I, No.280, June 1980, and Part II, No.284, Oct.1979.

[T5]   Tomii M., Hiraishi H.: *Elastic Analysis of Framed Shear Walls by Considering Shearing Deformation of the Beams and Columns of their Boundary Frames*, Transactions of the Architectural Institute of Japan, Part I, No.273, Nov.1978, Part II, No.274, Dec.1978, Part III, No.275, Jan.1979 and Part IV, No.276, Feb.1979.

[T6]   Taylor P.W., Williams R.C.: *Foundations for Capacity Designed Structures*, Bulletin NZSEE, Vol.12, No.2, June 1979.

[U1]   Uzumeri S.M., Seckin M.: *Behaviour of Reinforced Concrete Beam-Column Joints Subjected to Slow Load Reversals*, Publication 74-05, Department of Civil Engineering, University of Toronto, March 1974.

[U2]   U.S. Department of Commerce: *The Prince William Sound, Alaska, Earthquake of 1964 and Aftershocks*, Coast and Geodetic Survey, Vol.II, Part A, Washington, 1964.

[U3]   Unemori A.L., Roesset J.M., Becker J.M.: *Effect of Inplane Floor Slab Flexibility on the Response of Crosswall Building Systems*, SP-63: "Reinforced Concrete Structures Subjected to Wind and Earthquake Forces", ACI, pp 113-134, 1980.

[U4]   Uzumeri S.M.: *Strength and Ductility of Cast-In-Place Beam-Column Joints*, Reinforced Concrete in Seismic Zones, SP-53, ACI, pp 293-350, 1977.

[U5]   US Department of the Navy: *Soil Mechanics, Foundations and Earth Structures*, Design Manual DM-7, Alexandria VA, 1971.

[V1]   Vallenas J.M., Bertero V.V., Popov E.P.: *Hysteretic Behaviour of Reinforced Concrete Structural Walls*, Report UCB/EERC 79-20, EERC, Aug.1979.

[W1]   Wilson E.L., Hollings J.P., Dovey H.H.: *Three Dimensional Analysis of Building Systems (Extended Version)*, Report EERC 75-13, EERC, April 1975.

[W2]   Wilson E.L., Dovey H.H.: *Three Dimensional Analysis of Building Systems - Tabs*, Report EERC 72-8, EERC, Dec.1972.

[W3]   Wakabayashi M., Minami K., Nishimura Y., Imanaka N.: *Anchorage of Bent Bar in Reinforced Concrete Exterior Joints*, Transactions of the Japan Concrete Institute , Vol.5, pp 317-324, 1983.

[W4]   Wakabayashi M.: *Design of Earthquake Resistant Buildings*, McGraw-Hill, 1986.

[W5]   Withman R.V., Bialek J.: *Foundations; Design of Earthquake Structures*, Ed. E. Rosenblueth, Pentech Press.

[X1]   *Handbook of Frame Constants*, Portland Cement Association, Skokie, EBO34D, 1958.

[X2]   Portland Cement Association: *Continuous Concrete Bridges*, Skokie, EBO41E, 1941.

[X3]   NZS 3101: Part 1, Commentary NZS 3101: Part 2: *New Zealand Standard Code of Practice for the Design of Concrete Structures*, Standard Association of New Zealand, Wellington, New Zealand, 1982.

[X4]   Seismology Committee: *Recommended Lateral Force Requirements and Commentary*, Structural Engineers Association of California, 1975.

[X5]   NRCC 15555: *National Building Code of Canada 1977*, Associate Committee on the National Building Code, National Research Council of Canada, Ottawa.

[X6]   ATC-3-05: *Final Review Draft of Recommended Comprehensive Seismic Design Provisions for Buildings*, Applied Technology Council, Palo Alto, California, January 1977.

[X7]   NZS 3404: *Code for Design of Steel Structures (with Commentary)*, Standards Association of New Zealand, 1977.

[X8]   NZS 4203: *Code of Practice for General Structural Design and Design Loadings for Buildings*, Standards Association of New Zealand, 1984.

[X9]   *ICES STRUDL-II, Engineering User's Manual, Vol. 1, Frame Analysis*, 1st ed., Report R 68-91, Massachusetts Institute of Technology, Sept.1967.

[X10] UBC: *Uniform Building Code; Chapter 23, Section 2312: Earthquake Regulations*, International Conference of Building Officials, USA, 1988.

[X11] CAN-A23.3-M84: *Design of Concrete Structures for Buildings*, Canadian Standards Association, 1984.

[X12] SIA 160: *Einwirkungen auf Tragwerke*, Schweiz. Ingenieur- und Architekten-Verein, Zürich, 1989.

[X13] SIA 162: *Betonbauten*, Schweiz. Ingenieur- und Architekten-Verein, Zürich, 1989.

[X14] ISO 8930: *General principles on reliability for structures – List of equivalent terms*, International Organisation for Standardisation, 1987

[X15] D-A-CH: *Sicherheitsbegriffe im Bauwesen*, Beratungsergebnisse der Arbeitsgruppe Deutschland-Oesterreich-Schweiz (D-A-CH), März 1988.

[X16] DIN 1045: *Beton- und Stahlbetonbau, Bemessung und Ausführung*, Deutsches Institut für Normung, Berlin, 1972.

[X17] DIN 4149, Teil 1: *Bauten in Deutschen Erdbebengebieten*, Deutsches Institut für Normung, Berlin, 1981.

[X18] ÖNorm B 4015, 1. Teil: *Belastungsannahmen im Bauwesen: Erdbebenkräfte*, Österreichisches Normeninstitut, Wien, 1979.

[X19] ÖNorm B 4200, 9. Teil: *Österreichische Stahlbetonbestimmungen*, Österreichisches Normeninstitut, Wien, 1970.

[X20] EC8 - Eurocode 8: *Bauten in Erdbebengebieten; Entwurf, Bemessung, Ausführung*, Teile 1.1 bis 1.3, Entwurf Mai 1988. Kommission der Europäischen Gemeinschaften, Innenministerium Baden-Württemberg, Stuttgart, 1988.

[Y1] Yamaguchi I., Sugano S., Higachibata Y., Nagashima T., Kishida T.: *Seismic Behaviour of Reinforced Concrete Exterior Beam-Column Joints which Used Special Anchorages*, Takenaka Technical Research Report No.25, pp 23-30, (in English), 1981.

[Y2] Yoshimura M., Kurose Y.: *Inelastic Behaviour of the Building*, Earthquake Effects on Reinforced Concrete Structures, US-Japan Research, SP-84, ACI, pp 163-201, 1985.

[Y3] Yew-Chaye L., Tjitra D.S.: *Effective Flange Width Formulas for T-Beams*, Concrete International, Vol.8, No.2, pp 40-45, Feb.1986.

Abkürzungen im Literaturverzeichnis:

ACI   :   American Concrete Institute, Detroit, USA

ASCE   :   American Society of Civil Engineers, New York, USA

CEB   :   Comité Euro-International du Beton, Paris

CEUCC :   Department of Civil Engineering, University of Canterbury, Christchurch, Neuseeland

EERC   :   Earthquake Engineering Research Center, University of California, Berkely, USA

EERI   :   Earthquake Engineering Institute, El Cerrito, USA

NZSEE :   New Zealand National Society for Earthquake Engineering, Wellinton, Neuseeland

UCB   :   University of California, Berkely, USA

WCEE   :   World Conference on Earthquake Engineering

Sachwortverzeichnis